计算机与智能科学丛书

Python 应用数值方法

——解决工程和科学问题

[美] 史蒂文·C. 查布拉(Steven C. Chapra)　　　著

[法] 戴维·E. 克卢(David E. Clough)

　　张建廷　王一　吕亚飞　侯文君　　　译

清華大学出版社

北　京

北京市版权局著作权合同登记号　图字：01-2023-2460

Steven C. Chapra, David E. Clough

Applied Numerical Methods With Python For Engineers And Scientists

978-1-265-01796-5

Copyright © 2022 by McGraw-Hill Education.

All Rights reserved. No part of this publication may be reproduced or transmitted in any form or by any means, electronic or mechanical, including without limitation photocopying, recording, taping, or any database, information or retrieval system, without the prior written permission of the publisher.

This authorized Chinese translation edition is published by Tsinghua University Press Limited in arrangement with McGraw-Hill Education(Singapore)Pte.Ltd. This edition is authorized for sale in the People's Republic of China only, excluding Hong Kong, Macao SAR and Taiwan.

Translation Copyright © 2023 by McGraw-Hill Education(Singapore) Pte.Ltd and Tsinghua University Press Limited.

版权所有。未经出版人事先书面许可，对本出版物的任何部分不得以任何方式或途径复制传播，包括但不限于复印、录制、录音，或通过任何数据库、信息或可检索的系统。

此中文简体翻译版本经授权仅限在中华人民共和国境内(不包括中国香港特别行政区、澳门特别行政区和台湾地区)销售。

翻译版权©2023 由麦格劳-希尔教育(新加坡)有限公司与清华大学出版社有限公司所有。

本书封面贴有 McGraw-Hill Education 公司防伪标签，无标签者不得销售。

版权所有，侵权必究。举报：010-62782989，beiqinquan@tup.tsinghua.edu.cn。

图书在版编目(CIP)数据

Python应用数值方法：解决工程和科学问题 / (美)史蒂文•C.查布拉(Steven C. Chapra)，(法)戴维•E.克卢(David E. Clough) 著；张建廷等译. —北京：清华大学出版社，2024.1

(计算机与智能科学丛书)

书名原文：Applied Numerical Methods with Python for Engineers and Scientists

ISBN 978-7-302-64515-3

Ⅰ.①P… Ⅱ.①史… ②戴… ③张… Ⅲ.①软件工具—程序设计 ②数值方法—计算机辅助计算 Ⅳ.①TP311.561 ②O241-39

中国国家版本馆CIP数据核字(2023)第166616号

责任编辑：王　军
装帧设计：孔祥峰
责任校对：成凤进
责任印制：杨　艳

出版发行：清华大学出版社
　　　　　网　　　址：https://www.tup.com.cn，https://www.wqxuetang.com
　　　　　地　　　址：北京清华大学学研大厦 A 座　　　　邮　　编：100084
　　　　　社 总 机：010-83470000　　　　　　　　　邮　　购：010-62786544
　　　　　投稿与读者服务：010-62776969，c-service@tup.tsinghua.edu.cn
　　　　　质 量 反 馈：010-62772015，zhiliang@tup.tsinghua.edu.cn
印 装 者：北京鑫海金澳胶印有限公司
经　　销：全国新华书店
开　　本：170mm×240mm　　　印　　张：43.5　　　字　　数：1254 千字
版　　次：2024 年 1 月第 1 版　　　印　　次：2024 年 1 月第 1 次印刷
定　　价：158.00 元

产品编号：096188-01

推荐序

我们正处在一个信息技术高速发展的时代，大数据与人工智能推动着传统技术的智能化变革，对科学和工程技术人员的理论素养与实践能力的要求越来越高。在此技术变革时代背景下，一名合格的技术人员在学术界和工程界立身的基础就是能够发现和分析问题，以及掌握解决问题的工程实践手段。

Python 是目前能最大限度地满足这种需求的语言之一，它具有易学易懂、胶水语言的灵活性及丰富的第三方支持库特性，是技术人员入门、进阶的利器，几乎可满足当前学术界和工程界各个领域的需求。但令人遗憾的是，目前市面上很少有书籍提供从发现和分析问题到工程实践的完整解决方案。本书可满足在校学生在理论和算法学习方面的需求，并提供详细的源代码；按照从相关概念定义、理论分析、算法实现再到源代码示例的逻辑撰写，介绍 Python 在数值计算中的应用。本书译者充分结合自身在计算理论与工程实践方面的丰富经验，保证了相关理论知识与编程技巧的正确传达。

相信读者会从本书的学习中受益良多。

韩光洁 教授

河海大学信息学部副部长，物联网工程学院院长
IEEE Fellow

译 者 序

近年来，Python 编程语言以其简洁明快的风格、极高的编程效率、丰富充足的第三方库(如 Numpy 库用于数据分析，Matplotlib 库用于数据可视化，PyTorch 库用于深度神经网络计算等)，以及移植性好、扩展性高、解释性强、开源免费等优势，受到学术界和工程界的广泛欢迎。越来越多的人加入 Python 大家庭中，Python 已成为当前广受欢迎和好评的热门编程语言。

市面上关于 Python 学习的书籍有很多，但聚焦于学术界和工程界中关于工程和科学计算的应用，特别是使用数值方法解决实际工程和科学问题的书并不多见。相较于其他 Python 学习书籍，本书具有以下特点：

一是以解决问题为导向，强调理论联系实际。本书中各章均引入工程和科学中发现的实际问题，用物理和数学工具阐述问题的解决方式后，再使用 Python 编程语言详细说明如何进行工程实现，提供了从相关概念定义、理论分析到算法实现的全套解决方案。

二是以实现为目标，注重在巩固中提升。本书各章均提供解决问题的完整源代码，读者可根据自身情况，以解决现实问题为导向进行代码实践。同时，每章最后还安排有课后习题，方便读者在巩固知识的同时，进一步提升自身的代码实践能力和解决问题的水平。

三是以读者为中心，方便读者自学。本书在全书和各章节的组织逻辑上采用线性逻辑方式，并采用与一般教科书类似的内容设置和语言组织方式，使本书更易读易懂。相信本书对希望通过自学熟练掌握数值方法和 Python 的专业人士也有学习与参考价值。

基于在数值计算方法研究和工程实践中的经验，我们翻译了这本《Python 应用数值方法——解决工程和科学问题》，旨在探索一种更好的数值方法和工程实践教学方法，为培养具备更强问题分析和解决能力的信息化人才贡献自己的力量。

对于这本经典之作，译者本着"诚惶诚恐"的态度，在翻译过程中虽力求"信、达、雅"，但是鉴于水平有限，失误在所难免，如有任何意见和建议，请不吝指正，译者感激不尽！

译者

前　言

20世纪60年代，当我们作为学生首次学习使用计算机时，FORTRAN是工程和科学计算的首选语言。在接下来的半个世纪里，许多语言已被证明可用于实现研究和教学中非常有价值的数值计算；随着一系列FORTRAN改进版本的出现，ALGOL、BASIC、Pascal和C/C++等语言都进入了我们的计算工具箱。

这种演变存在的一个缺点是，这些语言中的大多数缺乏完全集成的数值算法库，无法让程序员利用大多数工程和科学应用所需的大量"工业实力"算法。

1984年，MathWorks公司通过引入一个完全集成、多范式的数值计算环境和名为MATLAB(MATrix LABoratory)的高级编程语言，弥补了这一缺陷。除了程序编程，MATLAB还允许绘图、创建用户界面，以及与其他语言进行交互。但最重要的是，MATLAB及其补充工具箱拥有庞大的内置函数和工具箱，使程序员能应用最先进的数值方法，而不必从头开发代码。

虽然MATLAB提供了高质量和功能强大的计算环境，但它的缺点是相对昂贵。尽管对于许多大学等大型组织而言，这通常可以忽略，但我们观察到，较小的咨询公司、地方政府、个人甚至像公司这样的一些大型实体都在考虑减少费用，因此需要一种成本更低的替代方案。

说到Python，Python由Guido van Rossum创建并于1991年首次发布，是一个多范式的开源计算环境，可以随时访问强大的数值例程，可供任何个人或组织免费使用。此外，它得到了良好的管理和维护，因此，它正成为越来越受欢迎的MATLAB替代品。

由于Python在工程和科学教育中的应用越来越广泛，我们决定撰写这本教科书来支持一个为期一学期的数值方法课程。课程是为那些想要学习和使用数值方法解决工程和科学问题的学生而写的。因此，这些方法是由问题(而非数学)驱动的，能提供足够的理论，让学生能深入了解相关技术及其缺点。

Python为此类课程提供了一个很好的环境，因为它很好地将高级编程语言与强大的内置数值功能相结合，以允许学生以结构化和连贯的风格实现中等复杂的算法，同时其数值能力使学生能够解决更难的问题，而不必全盘重来。

本书的基本内容、组织和教学方法与其他数值方法教科书类似，特别是，为使本书更容易阅读，有意保持对话式写作风格。本书试图直接与读者对话，部分目的是成为自学工具，因此，相信它在课堂之外对希望熟练掌握数值方法和Python的专业人士也有价值。

我们努力使本书保留有助于教学的功能，包括广泛使用实例和工程科学应用，最重要的是，让解释简单实用，以使本书尽可能"对学生友好"。

我们在这里澄清，本书内容不是深入讲授Python程序语言，而且之前不需要有Python方面的经验。我们提供了足够的Python编程背景，以方便数值方法的实现，使用归纳法让学生能够通过应用及时学习Python的各个方面，并逐渐将这些经验推广以提升对语言的熟悉程度；本书提供了许多Python代码示例，能为学生提供自己的代码开发模式。我们特意选择了Spyder集成开发环境，因为它提供一个相对友好的界面，包括许多类似 MATLAB 的功能，其中包括命令窗口、编辑器、变量资源管理器、调试工具和有用的帮助界面。精通 Python 的程序员可能会对我们漏掉一些功能感到失望，但我们强调要关注本书的主要目的：通过学习数值方法来增强 STEM(科学、技术、工程、数学)学生的能力。

本书通过介绍如何解决数值问题来增强学生的能力。我们相信，热爱工程和科学、问题解决、数学和编程的学生，最终会成为更好的专业人士，如果本书能够激发人们对这些主题的热情和欣赏，我们认为这种努力是成功的。

McGraw Hill 提供的个性化学习工具

读者可根据需要访问 mhhe.com/collegesmarter(800.331.5094)来获取 McGraw Hill 公司提供的一些在线服务。

proctorio

由 connect 中的 proctorio 托管的远程监考和浏览器锁定功能，通过启用安全选项和验证学生的身份，提供了对评估环境的控制。

这些服务与 connect 无缝集成，使教师能限制浏览器活动、记录学生活动以及验证学生是否在完成自己的作业。

及时而详细的报告让教师对潜在的学术诚信问题一目了然，从而避免个人偏见，支持基于证据的主张。

随时随地阅读　使用 McGraw-Hill 的免费 ReadAnywhere 应用程序，在方便的时候阅读或学习。ReadAnywhere 可用于 iOS 或 Android 智能手机或平板电脑，让用户访问 McGraw-Hill 工具，包括 eBook 和 SmartBook 2.0 或 connect 中的自适应学习作业。用户可在离线状态下记笔记、突出显示和完成作业。当你使用 WiFi 访问打开应用程序时，所有工作都将同步。使用你的 McGraw Hill connect 用户名和密码登录，随时随地开始学习！

Tegrity：全天候讲座　connect 中的 Tegrity 是一个工具，通过自动捕获每堂课，使课堂时间全天候可用。通过简单的一键启动和停止过程，可以一种易于搜索的格式捕获所有计算机屏幕和相应的音频。

学生可在 PC、Mac、iPod 或其他移动设备上通过易于使用、基于浏览器的界面来重播任何课程的任何部分。

教育工作者知道，学生能看到、听到和体验到的课堂资源越多，学习效果就越好。事实上，研究证明了这一点。Tegrity 独特的搜索功能可帮助学生在需要的时候，在整个学期的课堂录音中高效地找到他们需要的东西。有了 Tegrity，还可通过减轻学生对笔记的担忧来提高专注度和课堂参与度。在 connect 中使用 Tegrity 将使你更有可能看到学生的脸，而不是他们的头顶。

connect 中的 Test Builder　Test Builder 是一个基于云的工具，可在 connect 中提供。使教师能够格式化测试，这些测试可以在学习管理系统中打印、管理，或作为测试库的 Word 文档导出。Test Builder 提供了一个现代化的、精简的界面，无须下载。

Test Builder 允许你：

- 从特定标题访问所有测试库内容。
- 通过强大的过滤选项，轻松定位最相关的内容。
- 操纵问题的顺序或重排问题和/或答案。
- 将问题固定到测试中的特定位置。

- 确定你对算法问题的首选处理方式。
- 选择布局和间距。
- 添加说明并配置默认设置。

Test Builder 提供了一个安全的界面，以更好地保护内容，并允许及时更新内容。

写作作业　在 connect 和 connect Master 中，Writing Assignment(写作作业)工具提供了一种学习体验，帮助学生提高书面沟通技能并加深对概念的理解。作为一名教师，你可以更有效地分配、监控和提供写作反馈，并给出评分。

用你的方式写书　McGraw-Hill 的由 Create 提供支持的内容集是一个自助网站，它使教师能够利用 McGraw-Hill 的全面、跨学科内容创建定制课程材料和电子书。从我们的高质量教科书、文章和案例中选择你想要的，快速轻松地将其与自己的内容相结合，并利用其他受版权保护的第三方内容，如案例和文章。内容可以最适合你的课程的方式安排，你还可添加课程名称和信息。为你的课程选择最佳格式：彩色打印、黑白打印或电子书。电子书可以包含在你的 connect 课程中，也可在免费的 ReadAnywhere 应用程序中使用，用于智能手机或平板电脑访问。完成定制后，你将在几分钟内收到一份免费的数字副本供查看！访问 McGraw Hill Create——www.mcgrawhillcreate.com——从今天开始创建！

目　　录

第 I 部分

建模、计算机和误差分析

I.1　编写本书的目的

什么是数值方法，为什么要研究它们？

数值方法是用算术和逻辑运算来表述数学问题的技术。由于计算机擅长执行这些操作，因此数值方法有时被称为计算机数学。

在前计算机时代，执行这些计算的时间和繁杂工作严重限制了它们的实际应用。然而，随着运算速度快、廉价的计算机的出现，数值方法在工程和科学问题解决中起到重要作用。数值方法在我们的工作中占据了非常重要的地位，我们相信该方法应该成为每个工程师和科学家基础教育的一部分。就像我们必须在数学和科学的其他领域有坚实的基础一样，我们也应该对数值方法有一个基本的理解。特别是，我们应该对它们的能力和局限性有充分的认识。

除了对整体教育做出贡献，学习数值方法还有几个原因：

(1) 数值方法极大地扩展了可以解决的问题类型。它们能够处理大型方程组、非线性系统和复杂的几何形状，这些在工程和科学中并不罕见，而且通常无法用标准微积分解析求解。因此，它们极大地提高了解决问题的能力。

(2) 数值方法允许深入了解套装软件。在你的职业生涯中，你总是有机会使用商业上可用的预先打包的计算机程序，其中包含数值方法。通过理解这些方法背后的基本理论，可以大大提高这些程序的智能使用。在缺乏这种理解的情况下，你只能将此类软件包视为"黑匣子"，而对其内部工作原理或它们产生的结果的有效性缺乏批判性见解。

(3) 许多问题无法使用固定程序解决。如果你熟悉数值方法且擅长计算机编程，就可以设计自己的程序来解决问题，而不必购买昂贵的软件。

(4) 数值方法是学习使用计算机的一种有效手段。因为数值方法是专为计算机实现而设计的，所以它们非常适合说明计算机的能力和局限性。当在计算机上成功实施数值方法，并将其应用于解决其他棘手问题时，你将获得关于计算机如何为专业发展服务的生动演示。同时，你将学会承认和控制近似误差，这是大规模数值计算的重要组成部分。

(5) 数值方法为加强数学理解提供了一个载体。因为数值方法的一个功能是将高等数学简化为基本的算术运算，所以它们会触及一些原本晦涩难懂的原理的"具体细节"，这种替代视角可以增强理解和洞察力。

以上述原因为动力，现在可以着手了解数值方法和计算机如何协同工作，以生成数学问题的可靠解决方案，本书余下部分将对此专门进行讨论。

I.2　章节组织

本书分为 6 部分。第 I 部分的 4 章涉及基本的背景材料，后 5 部分介绍数值方法的主要应用领域。

第 1 章以一个具体示例，说明如何使用数值方法解决实际问题。为此，我们建立了一个自由下落蹦极者的数学模型。该模型基于牛顿第二定律，结果是一个常微分方程。在使用微积分开发一个封闭形式的解之后，将展示如何使用简单的数值方法生成一个类似的解。在本章结尾，对第 II 部分到第 VI 部分介绍的数值方法的主要应用领域进行概述。

第 2 章和第 3 章介绍 Spyder/Python 开发环境中的 Python 计算机语言。第 2 章通过 IPython 命令控制台和 Spyder 编辑器介绍 Python 语言。IPython 命令控制台提供了一种直观的方式来引导读者了解环境，并演示了如何执行计算和创建绘图等常见操作。Spyder 编辑器是一个交互界面，用来创建易于修改和保存的较长程序脚本。

第 3 章重点介绍 Spyder 编辑器的使用，并介绍 Python 语言的结构元素。这些元素对于实现数值方法的算法至关重要。

第 4 章讨论了误差分析这一重要课题。这是有效使用数值方法所必须了解的。该章的前面部分重点讨论由于数字计算机不能准确表示某些量而产生的舍入错误，后面部分讨论了由于使用近似方法代替精确的数学过程而产生的截断误差。

## 第 1 章

数学建模、数值方法和问题求解

本章学习目标

本章的主要目的是提供具体概念，介绍什么是数值方法，以及它们与工程和科学问题求解的关系，所涵盖的具体目标和主题如下：

- 学习如何根据科学原理建立数学模型，以模拟简单物理系统的行为。
- 了解数值方法是如何以一种可以在计算机上实现的方式生成解决方案的。
- 了解各种工程学科中使用的模型的不同类型的守恒定律，并理解这些模型的稳态解和动态解之间的差异。
- 了解我们将在本书中介绍的不同类型的数值方法。

问题引入

假设一家蹦极公司雇用了你，你的任务是预测蹦极者的速度(图 1.1)与时间的关系。这些信息将作为一个更大分析的一部分，以确定不同质量的蹦极者所需的蹦极绳的长度和强度。

你从物理学的学习中知道，加速度应该等于力与质量的比值(牛顿第二定律)，基于这一见解以及你的物理学和流体力学知识，你为速度相对于时间的变化率建立了以下数学模型：

$$\frac{\mathrm{d}v}{\mathrm{d}t} = g - \frac{c_d}{m}v^2$$

其中 v 为下降速度(m/s)，t 为时间(s)，g 为重力加速度($g \approx 9.81\mathrm{m/s}^2$)，$c_d$ 为集总阻力系数(kg/m)，m 为蹦极者的质量(kg)。阻力系数被称为"集总"是因为其大小取决于蹦极者的面积和流体密度等综合因素(见 1.4 节)。

因为这是一个微分方程，你知道微积分可以用来得到 v 作为 t 的函数的解析解或精确解。然而，接下来我们将演示另一种解法，这将涉及建立一个面向计算机的数值或近似解决方案。

除了展示如何使用计算机来解决这个特定问题，我们更一般的目标是说明：①什么是数值方法，以及②它们如何在工程和科学问题求解中发挥作用。在此过程中，我们还将展示数学模型在工程师和科学家使用数值方法的过程中如何发挥重要作用。

由于空气
阻力而产生
的向上的力

由于重力
而产生的
向下的力

图 1.1 作用于自由下落蹦极者的力

1.1 一个简单的数学模型

数学模型可以被广义地定义为用数学术语表达物理系统或过程基本特征的公式或方程式，概括来讲，它可以被表示为以下形式的函数关系：

$$因变量 = f(自变量，参数，强制函数) \tag{1.1}$$

其中，因变量是反映系统行为或状态的特征；自变量是确定系统行为的维度，如时间和空间；参数反映了系统的属性或组成；强制函数是作用于系统的外部影响。

式(1.1)的实际数学表达可以是简单的代数关系乃至大型复杂的微分方程组。例如，牛顿第二运动定律指出，物体动量随时间的变化率等于作用在其上的合力。牛顿第二定律的数学表达式或模型是一个众所周知的公式：

$$F = ma \tag{1.2}$$

其中 F 是作用在物体上的合力(N 或 kg·m/s²)，m 是物体的质量(kg)，a 是它的加速度(m/s²)。牛顿第二定律可以用式(1.1)的形式重新表述，只需要将两边除以 m 即可得出：

$$a = \frac{F}{m} \tag{1.3}$$

其中 a 为反映系统行为的因变量，F 为强制函数，m 为参数。注意，这个简单示例中没有自变量，因为还没有预测加速度在时间或空间中的变化。

式(1.3)具有物理世界的数学模型的一些典型特征。

- 它用数学术语描述自然过程或系统。
- 它代表了对现实的理想化和简单化。即该模型忽略了自然过程中可忽略的细节，而专注于本质表现。因此，牛顿第二定律不包括相对论的影响，当应用于人类可见的速度和尺度时，相对论的影响微乎其微。
- 最后，它产生了可重复的结果，因此可以用于预测目的。例如，如果一个物体上的力和它的质量已知，式(1.3)可用来计算加速度。

由于其代数形式简单，故易于得到式(1.2)的解。然而，物理现象的其他数学模型可能要复杂得多，要么不能精确地解决，要么需要比简单代数更复杂的数学方法来解决它们。为说明这种更复杂的模型，牛顿第二定律可用来确定接近地球表面的自由落体的最终速度。此例中的落体将是一个蹦极者(图 1.1)。对于这种情况，可将加速度表示为速度的时间变化率(dv/dt)，代入式(1.3)得到：

$$\frac{\mathrm{d}v}{\mathrm{d}t} = \frac{F}{m} \tag{1.4}$$

其中 v 是速度(单位是 m/s)。因此，速度的变化率等于作用在物体上的合力与质量的比值。如果合力为正值，物体就会加速；如果合力为负值，物体将减速；如果合力为零，物体的速度将保持在一个恒定水平。

接下来，我们将用可测量的变量和参数来表示合力。对于在地球附近下落的物体，合力由两个相反的力组成，即向下的重力 F_D 和向上的空气阻力 F_U(图 1.1)：

$$F = F_D + F_U \tag{1.5}$$

如果向下方向的力指定为正号，则可以使用牛顿第二定律将重力引起的力表示为：

$$F_D = mg \tag{1.6}$$

其中，g 是重力加速度($g \approx 9.81 \mathrm{m/s^2}$)。

　　空气阻力可以用多种方法表示。流体力学的知识表明，一个好的首选近似应该是假设它与速度的二次方成正比：

$$F_U = -c_d v^2 \tag{1.7}$$

　　其中 c_d 是一个比例常数，称为集总阻力系数(kg/m)。因此，下降速度越大，由空气阻力产生的上升力越大。c_d 参数描述了下落物体的特性，形状或表面粗糙度等都会影响空气阻力。在本例中，c_d 可能是衣服类型或蹦极者降落方向的函数。

　　合力是向下和向上的力之间的差。因此，由式(1.4)～式(1.7)的组合可以得到：

$$\frac{dv}{dt} = g - \frac{c_d}{m}v^2 \tag{1.8}$$

　　式(1.8)是一个将下落物体的加速度与作用在其上的力联系起来的模型。它是一个微分方程，因为它是用我们想要预测的变量的微分变化率(dv/dt)表示的。然而，与式(1.3)中牛顿第二定律的解相反，蹦极者速度的精确解[式(1.8)]不能通过简单的代数操作得到。相反，必须应用更高级的技术，如微积分，以获得精确解或解析解。例如，若蹦极者最初处于静止状态(t=0 时，v=0)，可以使用微积分来求解式(1.8)：

$$v(t) = \sqrt{\frac{gm}{c_d}} \tanh\left(\sqrt{\frac{gc_d}{m}}t\right) \tag{1.9}$$

　　其中 tanh 是双曲正切，可以直接计算[1]也可以通过如下初等指数函数来计算：

$$\tanh x = \frac{e^x - e^{-x}}{e^x + e^{-x}} \tag{1.10}$$

　　请注意，式(1.9)采用式(1.1)的一般形式，其中 $v(t)$ 是因变量，t 是自变量，c_d 和 m 是参数，g 是强制函数。

例 1.1　蹦极问题的解析解

　　问题描述。 一个质量为 68.1kg 的蹦极者从静止的热气球上跳下来，利用式(1.9)计算自由落体前 12s 的速度，同时确定在绳索无限长的情况下将达到的最终速度(或者说，蹦极者今天过得特别糟糕！)，使用 0.25kg/m 的阻力系数。

　　问题解答。 将参数代入式(1.9)，得到

$$v(t) = \sqrt{\frac{9.81 \times 68.1}{0.25}} \tanh\left(\sqrt{\frac{9.81 \times 0.25}{68.1}}t\right) \approx 51.6938 \tanh(0.18977t)$$

可以计算得到

t/s	$v/(m/s)$
0	0
2	18.7292
4	33.1118
6	42.0762

1　Python 允许通过内置函数 tanh(x)直接计算双曲正切，该函数在其数学模块中可用。

	(续表)
t/s	v/(m/s)
8	46.9575
10	49.4214
12	50.6175
∞	51.6938

根据模型，蹦极者快速加速(图 1.2)，10s 后达到 49.4214m/s 的速度。还需要注意的是，在足够长的时间后达到 516 938m/s 的最终端速度。这个速度是恒定的，因为最终重力会与空气阻力平衡，因此合力为零，停止加速。

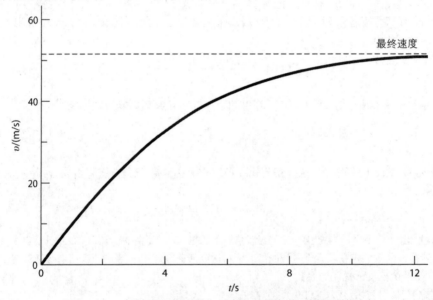

图 1.2　例 1.1 中蹦极问题的解析解，速度随时间增加并逐渐接近最终速度

式(1.9)被称为解析解或闭式解，因为它完全满足原始微分方程。遗憾的是，有许多数学模型无法精确求解，这种情况下，唯一的选择是开发一个近似于精确解的数值解。

数值方法是对数学问题进行重新表述，使之可以通过算术运算来解决。这可通过将速度的时间变化率近似(图 1.3)来说明式(1.8)：

$$\frac{\mathrm{d}v}{\mathrm{d}t} \approx \frac{\Delta v}{\Delta t} = \frac{v(t_{i+1}) - v(t_i)}{t_{i+1} - t_i} \tag{1.11}$$

其中 Δv 和 Δt 是有限时间间隔内计算的速度和时间的差值，$v(t_i)$ 是初始时间 t_i 的速度，$v(t_{i+1})$ 是之后某个时间 t_{i+1} 的速度。注意 $\mathrm{d}v/\mathrm{d}t$ 与 $\Delta v/\Delta t$ 是近似的，因为 Δt 是有限的，在微积分中有如下关系：

$$\frac{\mathrm{d}v}{\mathrm{d}t} = \lim_{\Delta t \to 0} \frac{\Delta v}{\Delta t}$$

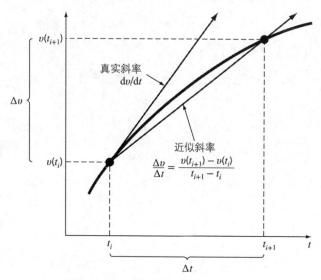

图 1.3　用有限差分近似 v 对 t 的一阶导数

式(1.11)表示相反的过程。

式(1.11)称为 t_i 时刻导数的有限差分近似，可代入式(1.8)得到

$$\frac{v(t_{i+1}) - v(t_i)}{t_{i+1} - t_i} = g - \frac{c_d}{m}v(t_i)^2$$

该式可以重新排列，得到

$$v(t_{i+1}) = v(t_i) + \left[g - \frac{c_d}{m}v(t_i)^2\right](t_{i+1} - t_i)$$

(1.12)

请注意，方括号中的项在微分方程[式(1.8)]的右侧，它提供了一种计算 v 的变化率或斜率的方法。因此，式子可以更简洁地重写为

$$v_{i+1} = v_i + \frac{dv_i}{dt}\Delta t$$

(1.13)

其中 v_i 表示时间 t_i 的速度，$\Delta t = t_{i+1} - t_i$。

我们现在可以看到，微分方程转化后，可以利用斜率以及之前的 v 和 t 的值，通过代数方式确定 t_{i+1} 时刻的速度。如果在某一时刻 t_i 给定一个速度初始值，可以很容易地计算 t_{i+1} 时刻的速度，该速度值又可以用来扩展计算，得到 t_{i+2} 时刻的速度，以此类推。因此，在这一过程中的任何时候都有：

新值=旧值+斜率×步长

该方法正式称为欧拉法，我们将在本书后面介绍微分方程时更详细地讨论它。

例 1.2　蹦极问题的数值解

问题描述。执行与例 1.1 相同的计算，但基于欧拉法使用式(1.12)计算速度，并采用 2s 的步长进行计算。

问题解答。在计算开始时($t_0=0$)，蹦极者的速度为 0，利用该信息和例 1.1 中的参数值，可以用式(1.12)计算 $t_1=2s$ 时的速度(单位为 m/s)：

$$v = 0 + \left[9.81 - \frac{0.25}{68.1} \times 0^2\right] \times 2 = 19.62$$

对于下一个间隔(从 $t=2 \sim 4\text{s}$)，重复计算，并得到结果(单位为 m/s)：

$$v = 19.62 + \left[9.81 - \frac{0.25}{68.1} \times 19.62^2\right] \times 2 \approx 36.4137$$

以类似的方式继续计算，获得如下更多的值。

t/s	v/(m/s)
0	0
2	19.6200
4	36.4137
6	46.2983
8	50.1802
10	51.3123
12	51.6008
∞	51.6938

　　结果和精确解如图 1.4 所示。可以看到，数值方法捕捉了精确解的基本特征，然而，由于我们采用了直线段来近似得到一个连续的曲线函数，这两个结果之间存在一些差异。减少这种差异的一种方法是使用更小的步长，例如，在 1 s 的间隔内应用式(1.12)可以使误差更小，因为直线段的轨迹更接近真实解。使用手工计算的情况下，越来越小的步长将使这种数值解法不切实际。然而，有了计算机的帮助，大量计算可以很容易地完成。因此，可以准确地模拟蹦极者的速度，而不必精确求解微分方程。

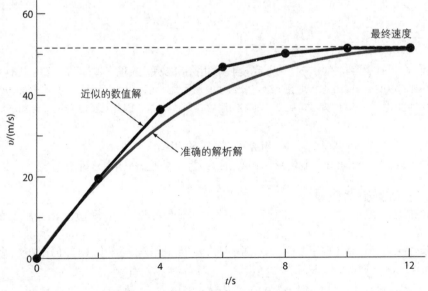

图 1.4　蹦极问题的数值解和解析解的比较

如例 1.2 所示，为得到更精确的数值结果，必须付出计算代价。每将步长减半以获得更高的精度，计算次数就会增加一倍。因此，我们看到在准确性和计算工作量之间存在一种权衡，这种权衡在数值方法中占有突出地位，并构成本书的一个重要主题。

1.2　工程与科学中的守恒定律

除了牛顿第二定律，在工程和科学中还有其他主要的组织准则，其中最重要的是守恒定律。尽管它们构成了各种复杂而强大的数学模型的基础，但工程和科学上的守恒定律在概念上很容易理解。它们都可以归结为：

$$变化=增加-减少 \tag{1.14}$$

这正是我们在使用牛顿定律为蹦极者建立力平衡时所采用的格式[式(1.8)]。

式(1.14)虽然简单，但它体现了在工程和科学中使用守恒定律的最基本方式之一，即预测时间的变化。我们将给它取一个特殊的名称——时间变量(或瞬态)计算。

除了预测变化，在不存在变化的情况下也可应用守恒定律。若变化量为零，则式(1.14)变为

$$变化=0=增加-减少$$

或

$$增加=减少 \tag{1.15}$$

因此，如果没有发生变化，则增加和减少必须是平衡的。这种情况也有一个特殊名称——稳态计算，它在工程和科学中有许多应用。例如，对于管道中稳定的不可压缩流体的流动，流入一个节点的流量必须与流出的流量相平衡，即

$$流入=流出$$

对于图 1.5 中的管道节点，可以计算出管道 4 的流量必然是 60。

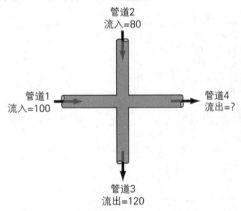

图 1.5　管道连接处稳定不可压缩流体流动的流量平衡

对于蹦极者，稳态条件对应于合力为零的情况[式(1.8)，$\mathrm{d}v/\mathrm{d}t=0$]：

$$mg = c_d v^2 \tag{1.16}$$

因此，在稳态下，向下和向上的力是平衡的，利用式(1.16)可求出最终速度：

$$v = \sqrt{\frac{gm}{c_d}}$$

尽管式(1.14)和式(1.15)可能看起来非常简单，但它们体现了守恒定律在工程和科学中的两种基本应用方式。因此，它们将成为我们在后续章节中阐明数值方法与工程和科学之间联系的重要部分。

表1.1总结了在工程中占有重要地位的一些模型和相关的守恒定律。许多化学工程问题涉及反应器的质量平衡。质量平衡源于质量守恒，它规定了反应器中化学物质的质量变化取决于反应物的质量减去生成物的质量。

表1.1　在四个主要的工程领域中常用的平衡装置和类型，对于每种情况，都指定了平衡所依据的守恒定律

领域	装置	组织原理	数学表达式
化学工程		质量守恒	质量平衡： 在单位时间内 Δ质量＝反应物–生成物
土木工程		动量守恒	力平衡： 在每个节点 Σ 水平力$(F_H) = 0$ Σ 垂直力$(F_V) = 0$
机械工程		动量守恒	力平衡： 向上的力 $x = 0$ 向下的力 $m\dfrac{\mathrm{d}^2 x}{\mathrm{d}t^2} =$向下的力–向上的力
电子工程		电荷守恒	电荷平衡： 对每个节点，Σ 电流$(i) = 0$
		能量守恒	电压平衡： 围绕每个环路， Σ 电动势$-\Sigma$ 电阻器压降$=0$ $\Sigma\xi - \Sigma iR = 0$

土木和机械工程师通常关注从动量守恒发展而来的模型。对于土木工程，力平衡被用来分析结构，如表 1.1 中的简单桁架。机械工程案例研究采用相同的原理来分析汽车的瞬态上下运动或振动。

最后，电气工程研究利用电流和能量守恒来模拟电路。由电荷守恒产生的电流守恒在本质上类似于图 1.5 中描述的流量守恒，正如流量必须在管道连接处守恒一样，电流必须在电线连接处守恒，能量守恒规定电路任何环路的电压变化必须加起来为零。

应该注意，除了化学、土木、电气和机械之外，还有其他许多工程分支，其中许多都与这四大领域有关。例如，化学工程技术广泛应用于环境、石油和生物医学工程等领域，同样航空航天工程与机械工程有许多共同之处。我们将努力在接下来的篇幅中涵盖来自这些领域的示例。

1.3 本书所涉及的数值方法

本章之所以选择欧拉法，是因为它是许多其他类型数值方法的典型代表。从本质上讲，大多数操作都是将数学运算重新组合成与数字计算机兼容的简单代数和逻辑运算，图 1.6 总结了本书涉及的主要领域。

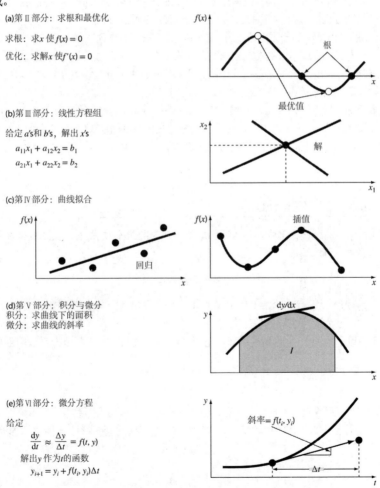

图 1.6 本书中涉及的数值方法的总结

第 II 部分讨论两个相关的主题：求根和优化，如图 1.6(a)所示，求根涉及搜索函数的零点。相反，优化涉及确定一个或多个独立变量的值，对应于函数的"最佳"或最优值。因此，如图 1.6(a)所示，优化包括识别极大值和极小值。虽然使用了一些不同的方法，但根位置和优化通常都出现在设计环境中。

第 III 部分致力于求解联立线性代数方程组，如图 1.6(b)所示。这种系统本质上类似于方程的根，因为它们关注的是满足方程的值。与满足单个方程不同的是，要寻求同时满足线性代数方程组的一组值；这样的方程出现在各种各样的问题中，也出现在工程和科学的所有学科中。特别是，它们起源于相互联系的由元素组成的大型系统的数学模型，如结构、电路或流体网络。它们也出现在数值方法的其他领域，如曲线拟合和微分方程。

作为一名工程师或科学家，你经常有机会将曲线拟合到数据点上。为此目的开发的技术可分为两大类：回归和插值，如图 1.6(c)所示。如第 IV 部分中所述，在与数据相关的误差很大的情况下采用回归；对于这些情况，策略是得出一条反映数据总体趋势的单一曲线，而不一定与任何单独的点相匹配。

相反，插值用于确定相对无误差数据点之间的中间值，这通常是列表信息的情况。这种情况下的策略是通过数据点直接拟合一条曲线，并使用该曲线来预测中间值。

如图 1.6(d)所示，第 V 部分致力于积分和微分。数值积分的物理解释是确定曲线下的面积，积分在工程和科学中有许多应用，从确定不规则物体的质心到基于离散测量集的总量计算。此外，数值积分公式在微分方程的求解中起着重要作用。第 V 部分还介绍了数值微分的方法，从微积分学习中知道，这涉及确定函数的斜率或其变化率。

最后，第 VI 部分重点讨论常微分方程的求解，见图 1.6(e)。这种方程在工程和科学的所有领域都具有重要意义，这是因为许多物理定律是用一个量的变化率(而不是这个量本身的大小)来表述的。人口变化率和下落物体的速度变化率都是量的变化率例子。可解决两种类型的问题：初值问题和边值问题。

1.4　案例研究：自由落体

背景。在自由下落蹦极模型中，假设阻力取决于速度的二次方[式(1.7)]。瑞利勋爵最初提出了一个更详细的表述，可以写成

$$F_d = -\frac{1}{2}\rho v^2 A C_d \vec{v} \tag{1.17}$$

其中 F_d 为阻力(N)，ρ 为流体密度(kg/m³)，A 为物体在运动方向上的垂直平面面积(m²)，C_d 为无量纲阻力系数，$\vec{v}$ 为速度方向的单位向量。

这种关系假设了湍流条件(即高雷诺数)，使我们可将式(1.7)中的集总阻力系数用更基本的术语表示为

$$c_d = \frac{1}{2}\rho A C_d \tag{1.18}$$

因此，集总阻力系数取决于物体的面积、流体的密度和无量纲阻力系数。后者解释了导致空气阻力的其他所有因素，如物体的"粗糙度"，例如，一件宽松的套头衫比一件时髦的连身衣的 C_d 更高。

注意，在速度非常低的情况下，物体周围的流态将是层状的，阻力和速度之间的关系是线性的，被称为斯托克斯阻力。

在开发蹦极模型时，假设向下的方向是正的。因此，式(1.7)是式(1.17)的准确表示，因为 $\bar{v}=+1$，阻力为负，因此阻力使速度降低了。

但是如果蹦极者的速度是向上的(也就是负的)会发生什么呢？这种情况下 $\bar{v}=-1$，式(1.17)产生正阻力。同样，这在物理上是正确的，因为正阻力向下作用于向上的负速度。

遗憾的是，对于这种情况，式(1.7)产生负阻力，因为它不包括单位方向向量。换句话说，通过二次方运算，它的符号和方向丢失了。因此，该模型产生了物理上不切合实际的结果，即空气阻力作用会加快向上的速度！

在本案例研究中，我们将修改模型，使其适用于向下和向上的速度。我们将针对与例 1.2 相同的情况测试修改后的模型，但初始值为 $v(0)=-40\text{m/s}$。此外，将说明如何扩展数值分析来确定蹦极者的位置。

问题解答。 以下简单的修改可将符号融入阻力中：

$$F_d = -\frac{1}{2}\rho v|v|AC_d \tag{1.19}$$

或者就集总阻力而言：

$$F_d = -c_d v|v| \tag{1.20}$$

因此，要求解的微分方程为

$$\frac{\mathrm{d}v}{\mathrm{d}t} = g - \frac{c_d}{m}v|v| \tag{1.21}$$

为确定蹦极者的位置，我们认识到移动的距离 $x(m)$ 与速度有关：

$$\frac{\mathrm{d}x}{\mathrm{d}t} = -v \tag{1.22}$$

与速度相反，上式假设向上距离为正。与式(1.12)一样，可用欧拉法对方程进行数值积分：

$$x_{i+1} = x_i - v(t_i)\Delta t \tag{1.23}$$

假设蹦极者初始位置定义为 $x(0)=0$，利用例 1.1 和例 1.2 中的参数值，可计算出 $t=2\text{s}$ 时的速度和距离为

$$v(2) = -40 + \left[9.81 - \frac{0.25}{68.1}\times-40\times40\right]\times 2 \approx -8.6326\,\text{m/s}$$

$$x(2) = 0 - (-40)\times 2 = 80\,\text{m}$$

注意，如果我们使用了错误的阻力公式，结果将是-32.1274m/s 和 80m。

下一个区间($t=2\text{s}\sim4\text{s}$)可以重复计算：

$$v(4) = -8.6326 + \left[9.81 - \frac{0.25}{68.1}(-8.6326)(8.6326)\right]\times 2 \approx 11.5346\,\text{m/s}$$

$$x(4) = 80 - (-8.6326)\times 2 = 97.2652\,\text{m}$$

不正确的阻力公式是 -20.0858m/s 和 144.2549m。

继续进行计算的结果，以及采用不正确阻力模型得到的结果，如图 1.7 所示。注意，正确的公式减速更快，因为阻力总是会使速度减小。

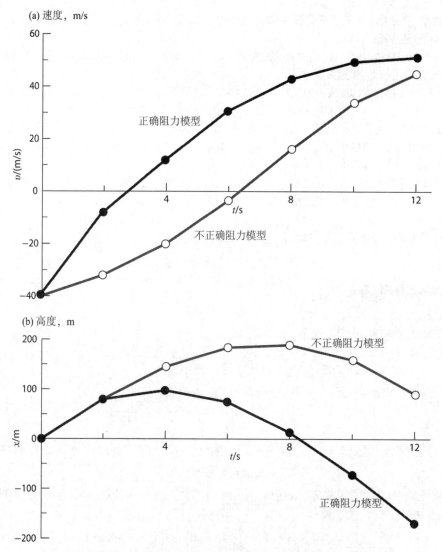

图 1.7 自由落体蹦极者的速度和高度图，具有使用欧拉法生成的向上(负)的初始速度，
显示正确的[式(1.20)]和不正确的[式(1.7)]阻力方程结果

随着时间的推移，两个速度解收敛于相同的最终速度，因为都是向下的，这种情况下，式(1.7)是正确的。然而，由于不正确的阻力情况导致更高的轨迹，对高度预测的影响非常显著。

本案例研究表明拥有正确的物理模型是多么重要。某些情况下，解决方案将产生明显不现实的结果。当前的示例更加隐蔽，因为没有可视的证据表明错误的解决方案是错误的，即不正确解决方案"看起来"是合理的。

习题

1.1 用微积分验证式(1.9)是初始条件 $v(0)=0$ 时式(1.8)的解。

1.2　对于初速度为(a)正(b)负的情况，用微积分法求解式(1.21)。(c)根据(a)和(b)的结果，执行与例 1.1 相同的计算，但初始速度为-40m/s。以 2s 为间隔计算从 $t=0s\sim12s$ 的速度值。注意，对于这种情况，在 $t=3.470239s$ 时，速度为零。

1.3　以下信息可用于银行账户：

日期	存款/元	取款/元	余额/元
5/1	220.13	327.26	1512.33
6/1	216.80	378.61	
7/1	450.25	106.80	
8/1	127.31	350.61	
9/1			

请注意，这笔钱会产生利息，计算方式为

$$利息=iB_i$$

其中 i 是以小数形式表示的月利率，B_i 是月初的初始余额。

(a)　如果利率为每月 1%($i=0.01/$月)，则使用现金守恒计算 6/1、7/1、8/1 和 9/1 的余额($i=0.01/$月)显示计算中的每个步骤。

(b)　写出现金余额的微分方程，形式为 $dB/dt=f[D(t), W(t)，i]$ 。

其中 t 为时间(月)，$D(t)$ 为存款与时间的函数($/月)，$W(t)$ 为提款与时间的函数($/月)。这种情况下，假设利息是连续复利的，即利息$=iB$。

(c)　使用欧拉法，时间步长为 0.5 个月来模拟余额。假设存款和取款在一个月内统一应用。

(d)　绘制(a)和(c)的余额与时间图。

1.4　重复示例 1.2。计算 $t=12s$，步长为(a)1 和(b)0.5s 时的速度。根据结果，你能说明计算的误差吗？

1.5　与式(1.7)的非线性关系不同，可选择将蹦极者向上的力建模为线性关系：

$$F_U=-c'v$$

式中 c' 为一级阻力系数(kg/s)。

(a)　利用微积分，得到蹦极者最初处于静止状态($t=0$ 时 $v=0$)的闭式解。

(b)　初始条件和参数值相同，重复例 1.2 的数值计算。c' 取值 11.5kg/s。

1.6　对于带有线性阻力(见上题)的自由落体蹦极者，假设第一个蹦极者的质量为 70kg，阻力系数为 12kg/s。如果第二个蹦极者的阻力系数为 15kg/s，质量为 80kg，那么第二个蹦极者要花多长时间才能达到第一个蹦极者在 9s 内达到的速度？

1.7　对于二阶阻力模型[式(1.8)]，在 $m=80$kg，$c_d=0.25$kg/m 的情况下，采用欧拉法计算自由下落的跳伞者的速度。对于 $t=0\sim20s$，步长为 1s 的情形进行计算。初始条件为在 $t=0$ 时，跳伞者的上升速度为 20m/s；在 $t=10s$ 时，伞打开，阻力系数升至 1.5kg/m。

1.8 封闭反应器中均匀分布的放射性污染物的量，以其浓度 c(Bq/L)来测量。污染物的衰减速率与其浓度成正比，即

$$衰减速率 = -kc$$

其中 k 为常数，单位为 1/d(d 代表天数)。因此，根据式(1.14)，反应器的质量平衡可表示为

$$\frac{dc}{dt} = -kc$$

$$\begin{pmatrix} 质量 \\ 变化 \end{pmatrix} = \begin{pmatrix} 衰减 \\ 减少 \end{pmatrix}$$

(a) 用欧拉法求解这个方程，从 $t=0 \sim 1d$，其中 $k=0.175/d$。采用 $\Delta t=0.1$ 天的步长。$t=0$ 时的浓度为 100Bq/L。

(b) 在半对数图上绘制解(即 $\ln c$ 与 t)并确定斜率，对结果进行解释。

1.9 一个储罐在深度 y 处装有液体，当储罐半满时 $y=0$，液体以恒定的流速 Q 被抽取以满足需求。

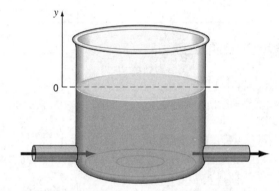

液体以正弦速率 $3Q\sin^2(t)$ 重新供应，按式(1.14)将这个系统表示为

$$\frac{d(Ay)}{dt} = 3Q\sin^2(t) - Q$$

$$(体积变化) = (流入) - (流出)$$

或者，因为表面积 A 是常数：

$$\frac{dy}{dt} = 3\frac{Q}{A}\sin^2(t) - \frac{Q}{A}$$

使用欧拉法求解 $t=0 \sim 10d$ 的深度 y，步长为 0.5d，参数值为 $A=1250m^2$，$Q=450m^3/d$。假设初始条件为 $y=0$。

1.10 对于题 1.9 中描述的同一储罐，假设流出量不是恒定的，而是取决于深度。这种情况下，深度微分方程可写成

$$\frac{dy}{dt} = 3\frac{Q}{A}\sin^2(t) - \frac{\alpha(1+y)^{1.5}}{A}$$

用欧拉法求解 $t=0 \sim 10d$ 范围内的深度 y，步长为 0.5d，参数值为 $A=1250m^2$，$Q=450m^3/d$，$\alpha=150$。假设初始条件为 $y=0$。

1.11 应用体积守恒法(见题 1.9)模拟锥形储罐内液体的液位。

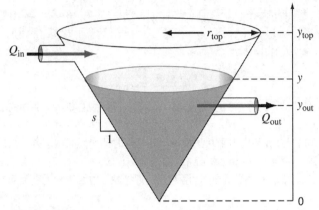

液体以正弦速率 $Q_{in}=3\sin^2(t)$ 流动，并遵从下面的式子流出：

$$Q_{out} = 3(y - y_{out})^{1.5} \qquad y > y_{out}$$
$$Q_{out} = 0 \qquad\qquad y \leqslant y_{out}$$

式中，流量的单位为 m^3/d，y 为水箱底部以上水面的高度(m)，采用欧拉法求解 $t=0\sim10d$ 的深度 y，步长 0.5 天。参数值为 $r_{top}=2.5m$，$y_{top}=4m$，$y_{out}=1m$。假设初始水位在出水管以下，$y(0)=0.8m$。

1.12　一组 35 名学生在一间长 11m、宽 8m、高 3m 的绝缘房间里上课，每个学生约占用 $0.075m^3$，发出约 80W 的热量(1W=1J/s)。如果房间是完全密封和隔热的，计算上课前 20min 内的空气温升。假设空气的热容 C_v 为 0.718kJ/(kg·K)。假设空气是 20℃ 和 101.325kPa 的理想气体。请注意，空气吸收的热量 Q 与空气质量 m、热容和温度变化之间的关系如下：

$$Q = m\int_{T_1}^{T_2} C_v dT = mC_v(T_2 - T_1)$$

空气质量可由理想气体定律求得：

$$PV = \frac{m}{\text{Mwt}} RT$$

其中 P 是气体压力，V 是气体的体积，Mwt 是气体的分子量(对于空气，为 28.97kg/kmol)，R 是理想气体常数[8.314kPa·m^3/(kmol·K)]。

1.13　下图描述了一个普通人 1d 中水分摄入和流失的各种方式。1L 作为食物摄入，身体代谢产生 0.3L。在呼吸空气时，在 1d 的时间内，吸气时交换 0.05L，呼气时交换 0.4L。人体也会通过汗水、尿液、粪便和皮肤分别流失 0.3L、1.4L、0.2L 和 0.35L。为保持稳定状态，每天要喝多少水？

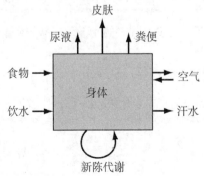

1.14 在自由下落蹦极的示例中，我们假设重力加速度恒定为 9.81m/s²。尽管当我们在地球表面附近研究坠落的物体时，这是一个不错的近似值，但当我们在海平面以上移动时，引力会减少。基于牛顿引力二次方反比定律的更一般表示可以写成

$$g(x) = g(0) \frac{R^2}{(R + x)^2}$$

其中 $g(x)$ 为海拔 x(m)处的重力加速度(m/s²)，$g(0)$=地表重力加速度(≈9.81m/s²)，R=地球半径(≈ 6.37×10^6m)。

(a) 类似于式(1.8)的推导，用力平衡法推导出速度随时间变化的微分方程，该方程利用了更完整的引力表示。然而，对于该推导，假设向上的速度是正的。

(b) 对于阻力可以忽略不计的情况，使用链式法则将微分方程表示为高度而非时间的函数。链式法则是

$$\frac{dv}{dt} = \frac{dv}{dx} \frac{dx}{dt}$$

(c) 使用微积分获得闭式解，其中在 x=0 处 v=v_0。

(d) 采用欧拉法，取 x=0～100000m 的数值解，步长为 10000m，初速度为向上 1500m/s。将结果与解析解进行比较。

1.15 假设球形液滴的蒸发速率与其表面积成正比。

$$\frac{dV}{dt} = -kA$$

式中，V 为体积(mm³)，t 为时间(min)，k 为蒸发速率(mm/min)，A 为表面积(mm²)。用欧拉法计算 t=0～10min 的液滴体积，步长为 0.25min。设 k=0.08mm/min，液滴初始半径为 2.5mm。通过确定最终计算出的体积对应的半径，验证其与蒸发速率一致，来评估结果的有效性。

1.16 一种流体被泵压入下图所示的网络。如果 Q_2=0.7m³/s，Q_3=0.5m³/s，Q_7=0.1m³/s，Q_8=0.3m³/s，请确定其他流量。

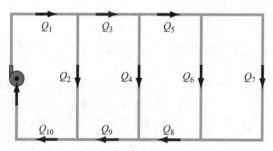

1.17 牛顿冷却定律指出，物体的温度变化率与其温度和周围介质温度(环境温度)之间的差值成正比：

$$\frac{dT}{dt} = -k(T - T_a)$$

其中 T 为物体温度(℃)，t 为时间(min)，k=比例常数(每分钟)，T_a=环境温度(℃)。假设一杯咖啡最初的温度为 70℃。如果 T_a=20℃且 k=0.019/min，则使用欧拉法计算从 t=0～20min 的温度，步长为 2min。

1.18　你是一名犯罪现场调查员，必须预测凶案受害者在 5h 内的体温。已知发现尸体时，受害者被发现的房间的温度是 10℃。

(a) 利用牛顿冷却定律(习题 1.17)和欧拉法计算受害者 5h 内的体温，k=0.12/h，Δt=0.5h，假设死者死亡时的体温为 37℃。

(b) 进一步的调查表明，室温实际上在 5h 内从 20℃线性下降。重复(a)中的计算，但要包含这一新条件。

(c) 将(a)和(b)的结果绘制在同一幅图上进行比较。

1.19　速度等于距离 x(m)变化率：

$$\frac{\mathrm{d}x}{\mathrm{d}t} = v(t) \tag{P1.19}$$

使用欧拉法对式(P1.19)和式(1.8)进行数值积分，以确定自由落体前 10s 的速度和下落距离与时间的关系，其参数和条件与例 1.2 相同。将结果绘制成图。

1.20　除了重力和阻力的向下作用外，在流体中下落的物体还受到浮力的作用，浮力与位移体积成正比(阿基米德原理)。例如，对于一个直径为 d(m)的球体，该球体的体积为 $V=\pi d^3/6$，其投影面积为 $A=\pi d^2/4$，则浮力可以计算为 $F_b=-\rho Vg$。在式(1.8)的推导中，我们忽略了浮力，因为对于像蹦极者这样在空气中运动的物体来说，浮力相对较小，然而，对于像水这样密度更大的流体，它变得更加突出。

(a) 以与式(1.8)相同的方式推导微分方程，但要包含浮力，并按第 1.4 节所述表示阻力。

(b) 将(a)的微分方程重写为球体的特殊情况。

(c) 使用(b)中建立的方程计算最终速度(即稳态情况)。落水球体的参数值为：球体直径=1cm，球体密度=2700kg/m³，水密度=1000 kg/m³，C_d=0.47。

(d) 使用欧拉法，采用步长 Δt=0.03125s，数值求解从 t=0~0.25s 的速度，初始速度为 0。

1.21　如 1.4 节所述，假设在湍流条件下，阻力的基本表示方法可以表达为

$$F_d = -\frac{1}{2}\rho A C_d v|v|$$

其中 F_d 为阻力(N)，ρ 为流体密度(kg/m³)，A 为物体在垂直于运动方向的平面面积(m²)，v 为速度(m/s)，C_d 为无量纲阻力系数。

(a) 写出速度和位置的微分方程(见习题 1.19)，来描述直径为 d(m)、密度为 ρ_s(kg/m³)的球体的垂直运动，速度的微分方程应该写成球体直径的函数。

(b) 使用欧拉法，步长为 Δt=2s，计算球体在前 14s 内的位置和速度。在计算中使用以下参数：d=120cm、ρ=1.3kg/m³、ρ_s=2700kg/m³ 和 C_d=0.47。假设球体的初始条件为：$x(0)$=100m 和 $v(0)$=-40m/s。

(c) 绘制结果图(例如 y 和 v 与 t 的关系)，并从图中估计球体何时会撞到地面。

(d) 计算体积二阶阻力系数 c_d' (kg/m)的值。注意体积二阶阻力系数是速度的最终微分方程中乘以项 $v|v|$ 的项。

1.22　如图所示，球形颗粒在静止流体中沉降时会受到三种力的作用：向下的重力(F_G)，向上的浮力(F_B)和阻力(F_D)，重力和浮力都可以用牛顿第二定律来计算，后者等于被排开的流体的重量。

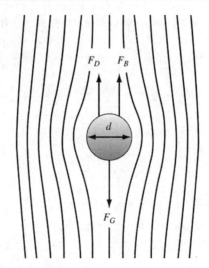

对于层流，阻力可以用斯托克斯定律计算：

$$F_D = 3\pi\mu dv$$

其中 μ 为流体的动态黏度(Pa·s)，d 为颗粒直径(m)，v 为颗粒的沉降速度(m/s)。颗粒的质量可以表示为颗粒的体积和密度 ρ_s(kg/m³)的乘积，而被置换的流体的质量可以计算为颗粒的体积和流体的密度 ρ(kg/m³)的乘积。一个球体的体积是 $\pi d^3/6$。此外，层流对应于无量纲雷诺数 Re 小于 1 的情况，其中 Re=$\rho dv/\mu$。

(a) 使用粒子的力平衡来建立 dv/dt 作为 d、ρ、ρ_s 和 μ 的函数的微分方程。

(b) 稳态时，利用该方程求解粒子的最终速度。

(c) 使用(b)的结果，计算出在水中沉降的球形泥沙颗粒的最终速度(m/s)：d=10μm，ρ=1000kg/m³，ρ_s=2650 kg/m³，μ=0.0014 Pa·s。

(d) 检查流动是否为层流。

(e) 使用欧拉法计算 t=0~2^{-15}s 的速度，其中 Δt=2^{-18}s，初始条件 $v(0)$=0。使用电子表格之类的工具来执行计算并生成图表。

1.23 如下图所示，具有均匀载荷 w=10 000 kg/m 的悬臂梁的向下挠度 y(m)可以计算为：

$$y = \frac{w}{24EI}(x^4 - 4Lx^3 + 6L^2x^2)$$

其中 x 为距离(m)，E 为弹性模量(E=2×10¹¹Pa)，I 为转动惯量(I=3.25×10⁻⁴m⁴)，L 为长度(L=4m)。

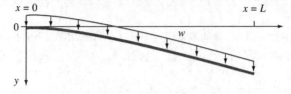

可以对这个方程求导，得到向下挠度的斜率作为 x 的函数：

$$\frac{dy}{dx} = \frac{w}{24EI}(4x^3 - 12Lx^2 + 12L^2x)$$

如果在 x=0 时 y=0，请使用此方程和欧拉法(Δx=0.125m)计算从 x=0~L 的偏转。用第一个方程计算出解析解，并绘制出结果图。

1.24 使用阿基米德原理为漂浮在海水中的球形冰球建立稳态力平衡。力平衡应表示为一个三次多项式，它表示的是水线上方的盖高度(h)、海水的密度(ρ_f)、球的密度(ρ_s)和半径(r)。

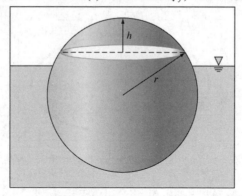

1.25 除了流体外，阿基米德原理在地质学上也被证明适用于地壳上的固体。下图描述了这样一种情况，一个较轻的锥形花岗岩山"漂浮"在地球表面一个密度较大的玄武岩层上。请注意，锥体表面以下的部分称为截锥体。

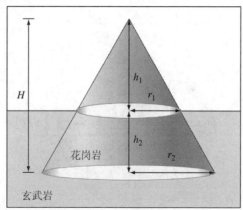

根据以下参数为上述情况建立稳态力平衡：玄武岩密度(ρ_b)、花岗岩密度(ρ_g)、锥体底部半径(r)、地表以上高度(h_1)和地表以下高度(h_2)。

1.26 如图所示，RLC 电路由三个元件组成：一个电阻(R)、一个电感(L)和一个电容(C)。流过每个元件的电流都会产生一个压降。基尔霍夫第二电压定律表明闭合电路上电压降的代数和为零：

$$iR + L\frac{\mathrm{d}i}{\mathrm{d}t} + \frac{q}{C} = 0$$

其中 i 为电流，R 为电阻，L 为电感，t 为时间，q 为电荷，C 为电容。此外，电流与电荷的关系如下：

$$\frac{\mathrm{d}q}{\mathrm{d}t} = i$$

(a) 如果初始值为 $i(0)=0$ 且 $q(0)=1\mathrm{C}$，则使用欧拉法求解 $t=0\sim0.1\mathrm{s}$ 的微分方程，步长为 $\Delta t=0.01\mathrm{s}$。计算时采用以下参数：$R=200\Omega$，$L=5\mathrm{H}$，$C=10^{-4}\mathrm{F}$。

(b) 绘制 i 和 q 与 t 的关系图。

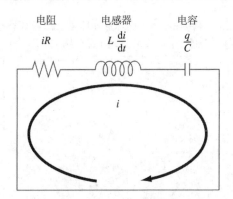

1.27　假设一个具有线性阻力(m=70kg，c=12.5kg/s)的跳伞者从飞行高度为 200m 的飞机上跳下，相对于地面的水平速度为 180m/s。

(a) 写出 x、y、v_x=dx/dt 和 v_y = dy/dt 的 4 个微分方程系统。

(b) 如果初始水平位置被定义为 x=0，使用欧拉法和 Δt=1s 来计算跳伞者在前 10s 的位置。

(c) 绘制 x 与 t 和 y 与 x 的关系图。利用图直观地估计如果降落伞无法打开，跳高者将在何时何地撞到地面。

1.28　图中显示了施加在热气球系统上的力。

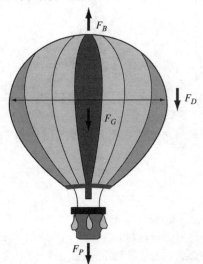

F_B 为浮力，F_G 为气体重量，F_P 为有效荷载(包括气球外壳)重量，F_D 为阻力。注意，当气球上升时，阻力的方向向下。

将阻力表示为

$$F_D = \frac{1}{2} \rho_a v^2 A C_d$$

其中 ρ_a 为空气密度(kg/m^3)，v 为速度(m/s)，A 为投影前缘面积(m^2)，C_d 为无量纲阻力系数(对于球体而言约为 0.47)。还要注意气球的总质量由两部分组成：

$$m=m_G+m_P$$

其中 m_G =膨胀气球内气体的质量(kg)，m_P=有效荷载(篮子、乘客和未膨胀气球的质量=265kg)。

假设理想气体定律成立($P=\rho RT$)，气球是一个直径为 17.3m 的完美球体，且外壳内的加热空气压力与外部空气压力大致相同。

其他必要的参数是：

- 正常大气压，P=101 300Pa
- 干燥空气的气体常数，R=287J/(kg·K)
- 气球内的空气被加热到平均温度，T=100℃
- 正常(环境)空气密度，ρ=1.2kg/m^3。

(a) 使用力平衡来建立 dv/dt 作为模型基本参数函数的微分方程。

(b) 稳态时，计算粒子的最终速度。

(c) 利用欧拉法和 Excel 计算 t=0～60s，Δt=2s 的速度，给定先前的参数和初始条件：$v(0)$=0。绘制结果图。

第 2 章

Python 基础

本章学习目标

本章介绍 Python 编程语言，重点介绍基于 Python 的数值计算。我们将通过 IPython 控制台演示如何在计算器模式下使用 Python 实现交互式计算。我们还将展示如何使用 Spyder 编辑器输入和运行 Python 代码。本章具体目标和主题包括：

- 介绍 Python 开发环境中与数值/科学计算相关的关键模块。
- 学习如何将实数和复数分配给变量。
- 学习如何为向量和矩阵赋值，包括使用 NumPy 模块中的 arange、linspace 和 logspace 函数等。
- 掌握如何在 Python 中构建数学表达式，理解优先级规则和运算符的优先顺序。
- 对 Python 内置函数进行全面了解，包括导入后用于数值计算的常用函数，如 math 和 numpy 等。
- 利用帮助功能获取内置函数的信息。
- 学习如何使用 pylab 模块生成基于方程的简单线图。

问题引入

在第 1 章，我们使用如下的力平衡公式来测算一个自由落体(如一个蹦极者)的最终速度：

$$v_t = \sqrt{\frac{m\,g}{c_d}}$$

其中，v_t 为终端速度(m/s)，g 为重力加速度($g \approx 9.81\text{m/s}^2$)，$m$=质量(kg)，$c_d$=阻力系数(kg/m)。除了计算终端速度外，还可以通过重新调整上述方程以计算阻力系数，新公式如下：

$$c_d = \frac{m\,g}{v_t^2} \tag{2.1}$$

如果我们测量得到几个不同蹦极者(已知其质量)的终端速度，式(2.1)能提供一种估算阻力系数的方法。表 2.1 中的数据就是为了实现这一目的而收集整理的。

表 2.1　不同质量的蹦极者和与之对应的终端速度

m/kg	83.6	60.2	72.1	91.1	92.9	65.3	80.9
u_t/(m/s)	53.4	48.5	50.9	55.7	54.0	47.7	51.1

在本章，我们将学习如何使用 Python 分析诸如此类数据。除了展示如何使用 Python 计算类似阻力系数的数值外，还将展示如何使用 pylab 模块提供的图形相关功能来呈现此类分析。

2.1　Spyder/IPython 运行环境[1]

Python 是一种免费的开源编程语言。Python 程序可在许多环境中开发，例如可在简单的文本编辑器(如 Windows 自带的记事本)中编写，然后在命令窗口中运行。但是对于大多数程序员，他们更喜欢使用集成开发环境(Integrated Development Environment，IDE)进行编程开发。在本书，我们选择使用 Anaconda 软件包中的 Spyder 集成开发环境，Spyder 使用 IPython 控制台。用户可通过 https://www.anaconda.com/distribution/获得此 IDE。

Spyder 集成开发环境如图 2.1 所示。我们将在 IPython 控制台中完成本章所有的学习。集成开发环境的进一步信息可通过浏览器窗口中的教程获得。在本章后面部分，我们将在编辑器窗口中输入代码并在那里运行。

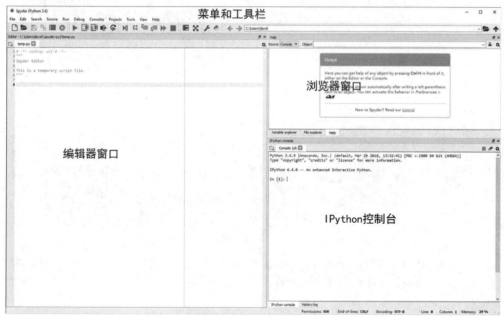

图 2.1　Spyder 集成开发环境

Python 的计算器模式会在你逐行输入命令时，按照命令的输入顺序依次运行。对于每个命令，你都会得到一个结果。因此，可将它想象成一个奇特的计算器。

1　学习本章的最佳方式是"实践"。在阅读本章的同时，请使用 Spyder IDE 完成所有练习吧！

例如，如果你输入

```
In [1]: 55-16
```

控制台将显示结果[1]

```
Out[1]: 39
```

2.2 赋值

赋值指的是将值分配给变量，它是通过将值存储在与变量对应的内存位置实现的。

2.2.1 标量

在 Python 中，标量的赋值与其他计算机编程语言类似。尝试输入：

```
a = 4
```

此时的控制台不会显示结果，而是直接进入下一个命令行。如果需要查看，可在资源管理器窗口中打开变量资源管理器，你将看到如图 2.2 所示的效果。

Name	Type	Size	Value
a	int	1	4

图 2.2　第一次看到的效果

再尝试输入命令：

```
A = 6
```

你将看到如图 2.3 所示的效果。

Name	Type	Size	Value
A	int	1	6
a	int	1	4

图 2.3　第二次看到的效果

从上述操作中可以发现，Python 中的变量名是区分大小写的，变量 A 与 a 不同。如果需要在控制台中显示变量值，只需要在命令行中输入变量名称即可：

```
A
```

这个变量的值将显示在输出行中。多个变量可以在同一行中赋值，只需要通过分号进行分隔：

```
y = -3; z = 25
```

同样可为变量赋复数值，Python 能自动完成复数计算。其中，$\sqrt{-1}$ 通常用来标识一个复数的

1　IPython 控制台将按照顺序自动将每个输入命令行编号为 In[n]，并将输出结果行编号为 Out[n]；结果行之后将自动插入一个空白行。根据需要，用户可从控制台复制结果并粘贴至其他文档，如 Microsoft Word 或 PowerPoint。

虚数单位 j，因此，一个复数值可以标识为

```
c=2+4j
```

然后输入

```
c
```

将生成输出

```
(2+4j)
```

通过导入 math 模块，Python 能使用若干预定义的变量，如 π 和欧拉数 e。

```
math.pi
3.141592653589793
```

```
math.e
2.718281828459045
```

注意，Python 的内部精度为 16 位。

Python 通常会以最大精度显示数值，我们可以使用格式化方法对其进行调整。现阶段，我们不会介绍这种方法的所有细节，详细的介绍会在后续章节中进行。以下列举两个示例。

(1) 第一个是如何将 π 的显示格式设置为小数点后四位：

```
'{0:7.4f}'. format(math.pi)
' 3.1416'
```

下面对'{0:7.4f}'进行解释：

0 代表第一项已格式化；7 代表最小字段宽度为 7 个字符；4 代表小数点后的位数；f 表示按照固定小数形式显示。

注意，使用 '表示的结果的数据类型为字符串，而非数值。

(2) 第二个是将普朗克常数 h 格式化为小数点后四位的指数形式。

首先通过 SciPy 模块引入普朗克常数：

```
import scipy.constants as pc
```

然后

```
'{0:12.4e}'.format(pc.h)
' 6.6261e-34'
```

命令中的 pc 被定义为 scipy.constants 的缩写来调用。格式化命令中的语法与第一个示例类似。

2.2.2 数组、向量和矩阵

Python 使用不同的方法来表示信息的集合。在本节，我们的主要目的不是详细介绍所有这些集合，而是侧重于数据集合。表 2.2 列出了 Python 中的各种集合。

表 2.2 Python 中的各种集合

类别	描述	示例
列表(list)	多种数据类型的集合	[2, False, 'oats', 0.618034]
元组(tuple)	不可变列表(不能扩展、缩小、删除或重新分配的元素)	(2, False, 'oats', 0.618034)

(续表)

类别	描述	示例
集合(set)	不同数据的无序排列	{2, False, 'oats', 0.618034}
字典(dictionary)	对象的集合，每个对象由键标识，而不是由数字索引或下标来标识	Fourteeners= {'Elbert':4401.2, 'Massive':4398., 'Harvard':4395.6}
数组(array)	NumPy 模块提供的一种数据类型集合，由整数下标索引，用于数值计算和统计计算	见下文示例

尽管上述的数据类型都是 Python 应用程序的组成部分，但本节主要关注表 2.2 中最后的数组 (array)类型。在 NumPy 模块中，数组也称为 ndarray 类，可使用 np. array 从列表或元组中创建。下面是一个示例：

```
import numpy as np
x = np.array( [ 12.2, 10.9, 13.6, 8.4, 11.1 ])
```

变量 x 表示一维数组，可以这样表示：

```
x
array ([12.2, 10.9, 13.6, 8.4, 11.1])
```

一个二维数组可以创建为列表的列表，如下所示：

```
A = np.array( [ [ 2, 4 ],[ 1, 3 ] ] )
```

可以表示为：

```
A
array ([[2, 4],
       [1, 3]])
```

Python 和 NumPy 模块还提供一个 matrix 类，用于简化线性代数操作和计算。矩阵能以类似数组的形式创建，或者使用 MATLAB 软件创建。Python 还允许区分行向量和列向量。下面列举一些示例：

```
A = np.matrix(' 2 4 ; 1 3 ')
A
matrix ([[2, 4],
        [1, 3]])
```

注意，np.matrix 的输入参数是字符串(用 ' 来表示)。

在使用 np.array 函数创建数组时，行向量或列向量没有区别。而使用 np.matrix 函数创建数组时，则存在区分。

```
x = np.matrix( ' 12.2 10.9 13.6 8.4 11.1 ' )

x
matrix([[12.2, 10.9, 13.6,  8.4, 11.1]])

w = np.matrix( ' 12.2 ; 10.9 ; 13.6 ; 8.4 ; 11.1 ' )

w
matrix ([[12.2],
         [10.9],
```

```
[13.6],
[ 8.4],
[11.1]])
```

可看到 Python 将这些数字以列表形式存储起来。如前所述，数组和矩阵都有助于计算。变量浏览器显示我们创建的变量，如图 2.4 所示。

A	int32	(2, 2)	[[2 4] [1 3]]
w	float64	(5, 1)	[[12.2 [10.9
x	float64	(1, 5)	[[12.2 10.9 13.6 8.4 11.1]]

图 2.4 显示创建的变量

注意，数组的大小以(行, 列)的形式给出，如 *w* 这个变量代表的矩阵有 5 行 1 列。此外，变量浏览器还显示了存储的数据类型。*w* 中的内容未完全显示，但如果双击该变量，将看到如图 2.5 所示的效果。

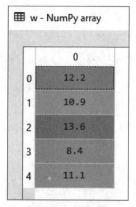

图 2.5 *w* 中的内容

可以发现在图 2.5 中，行的索引号从 0 到 4，而列的索引号为 0。这表明在 Python 中，数组的索引或下标是从 0 开始，而不是从 1 开始。这与 C 语言和其他软件(如 Excel 中的 VBA)类似[1]，而与 MATLAB 和 FORTRAN 等语言不同。

例如：

```
w[2,0]  (表示第三行, 第一列)
13.6
```

```
A[0,1]  (表示第一行, 第二列)
4
```

注意，下标用括号[ ]表示。

NumPy 模块含多个创建特殊数组的函数，这些函数可与 matrix 函数混合使用，用于创建类似的矩阵。举一个例子，我们先用 0 填充 1 个数组，然后将其转换为矩阵。代码如下：

```
Z = np.zeros((5,3))
```

1　如果使用 Option Base 1 声明，VBA 将使用 1 作为数组下标的起点。

```
Z
array([[0., 0., 0.],
       [0., 0., 0.],
       [0., 0., 0.],
       [0., 0., 0.],
       [0., 0., 0.]])
Zm = np.matrix(Z)

Zm
matrix([[0., 0., 0.],
        [0., 0., 0.],
        [0., 0., 0.],
        [0., 0., 0.],
        [0., 0., 0.]])
```

类似的函数还有 ones 和 eye，后者用于创建标识数组或矩阵。

```
O = np.ones((2,3))

O
array([[1., 1., 1.],
       [1., 1., 1.]])

I = np.eye(3,3)

I
array([[1., 0., 0.],
       [0., 1., 0.],
       [0., 0., 1.]])
```

2.2.3　下标和下标的范围

当需要引用矩阵的所有行或所有列时，可使用冒号(:)来完成。

```
A[0,:]                  (第一行，所有列)
matrix([[2, 4]])

A[:,1]                  (所有行，第二列)
matrix([[4],
        [3]])
```

注意，在使用时必须始终包含行和列的索引，即使对于单行或单列向量也是如此。还可使用冒号来选择下标的范围。

```
x[0,0:2]               (第一行，前两个数值)
matrix([[12.2, 10.9]])
```

注意，Python 列表的一个重要特性就是当指定索引范围时，结果并不包括上限。也就是说，0:2只包含 0 和 1，而不包含 2。

2.2.4　arange、linspace 和 logspace 函数

这三个函数是 NumPy 模块的一部分，通常用于创建按照一定顺序排列的数组(或矩阵)。arange的语法是：

```
np.arange(x1,x2,dx)
```

各参数的含义是："从 x1 开始一个序列，以 dx 为步长，直到 x2 为止，但不包括序列的最后一个数字 x2。"下面是一个示例：

```
x = np.arange(0,1,0.1)
```

x 将包含[0. 0.1 0.2 0.3 0.4 0.5 0.6 0.7 0.8 0.9]，但不包括上限 1。包含上限的一种方法是使用：

```
np.arange(x1,x2+dx,dx)。
```

linspace 的一般语法是：

```
np.linspace(x1,x2,n)  (表示 n 个从 x1 到 x2 等间距的点)
```

下面是一个实例：

```
d = np.linspace(1,100,8)
```

```
d
array([ 1.,      15.14285714, 9.28571429, 43.42857143,
      57.57142857, 71.71428571,85.85714286, 100.    ])
```

如果最后一个参数 n 未设置，则默认为 50。

或许我们希望一个数组中填充以对数等距排列的数字，可使用 logspace 函数实现。

```
np.logspace(logx1,logx2,n)
```

以下是一个实例：

```
np.logspace(-1,2,4)
array([ 0.1,  1. ,  10. ,  100. ])
```

默认的 log 底数是 10，但是也可以将 2 作为底数：

```
np.logspace(1,6,6,base=2.0)
array([ 2.,  4.,  8., 16., 32., 64.])
```

同样，n 默认为 50。

2.2.5 字符串

文本数据在 Python 程序中起着重要作用。字母或字符串分别用单引号或双引号('或")表示。

```
f = 'Alison'
s = 'Krauss'
```

字符串是一个字符数组，可使用索引或下标引用字符串中的元素。

```
s [2]
'a'    使用 0 作为初始索引，2 则表示第三个字符
```

可使用+号连接不同的字符串。

```
f+s
' AlisonKrauss'
```

或者更好的方法是：

```
f+' '+s
'Alison Krauss'
```

如果 Python 中有一行长代码，可通过将其括在一组括号中或使用反斜杠(\)将其拆分为两行或多行。例如：

```
a = [ 1, 2, 3, 4, 5 \
, 6, 7, 8]

a
[1, 2, 3, 4, 5, 6, 7, 8]
```

当需要将一个长字符串拆分成两行或多行时，添加 \ 将无法完成上述任务，以下是几个备选方案。

使用 \ 将字符串拆分成若干子字符串：

```
LincGetty = 'Four score and seven years ago, ' \
'our fathers brought forth, upon this continent, ' \
'a new nation ... '
```

或包含在()中：

```
LincGetty = ('Four score and seven years ago, '
'our fathers brought forth, upon this continent, '
'a new nation ... ')
```

这两种方法的结果都是：

```
LincGetty
'Four score and seven years ago, our fathers brought forth, upon this continent, a new
nation ... '
```

许多 Python 的内置函数和方法可用于对字符串进行操作。

表 2.3　常用的字符串函数和方法

函数名或方法名		描述
函数名	lens(x)	计算字符串 x 中的字符数
	str(x)	将 x 转换为字符串
	int(x)	将字符串 x 转换为整数
	float(x)	将字符串 x 转换为浮点数
方法名	endswith(suffix)	如果字符串以括号中的 suffix 结尾，则返回 True 值
	startswith(prefix)	如果字符串以括号中的 pre 开头，则返回 True 值
	index(substring)	检测是否包含子字符串(substring)，若有，则返回其索引
	upper()	将字符串中的字符全部转换为大写字符
	lower()	将字符串中的字符全部转换为小写字符
	isdigit()	如果字符串中的所有字符都是数字，则返回 True
	isalpha()	如果字符串中的所有字符都是字母，则返回 True

表 2.3 列出一些常用的方法。使用的语法是 s.methodname(•)。以下是几个实例：

```
len('How long is this string?')
24

str(3.14159)
```

```
'3.14159'

float('3.14159')
3.14159

s = 'my string'
s.startswith('my')
True

'abcde'. upper ()
'ABCDE'

s.isalpha()
False
```

可使用 print 命令显示字符串值(以及其他输出)。

```
Pres = 'Washington Adams Jefferson Madison'

print(Pres)
Washington Adams Jefferson Madison
```

注意，字符 ' 不包括在输出中。如果希望在不同的行中显示姓名，可以使用转义序列\n。

```
Pres1 = 'Washington\nAdams\nJefferson\nMadison'

print(Pres1)
Washington
Adams
Jefferson
Madison
```

2.3 数学运算

与其他计算机语言类似，Python 的标量数值运算非常简单和直接。Python 中的算术运算符如表 2.4 所示。

表 2.4 Python 中的算术运算符

符号	功能
+	加
-	减
*	乘
/	除
//	整除
%	求余
**	求幂

算术表达式通常在括号内按照从左到右的顺序进行计算。同样重要的是要认识到上面哪些操作是在其他操作之前完成的，即优先顺序。表 2.5 是 Python 计算的优先顺序表。

表 2.5　优先顺序表

符号	优先级
**	最高
-	较高
*, /, //, %	较低
+, -	最低

这些运算符将在 IPython 控制台中运行。

```
import numpy as np

np.pi * 0.5**2 / 4
0.19634954084936207     (计算直径为 0.5 的圆的面积)
```

根据表 2.5 中的优先级，操作顺序如下：

```
0.5**2 ⇨ 结果 1
np.pi * 结果 1 ⇨ 结果 22
result2 / 4 ⇨ 最终结果
```

使用变量来存储计算中的关键值是很方便的，如同在手持计算器中使用内存寄存器。

```
x = 3 ; y = 2 ; z = 1.5     (可以在同一行中使用，用;号分隔多个语句)

- x ** y  (** 最先计算，然后是-)
-9
```

如果你想强制先执行-运算，可以把它括在括号里。

```
( - x ) ** y
9
```

给定代数表达式 x^{y^z}，我们可能希望首先计算 y^z。换言之，重复求幂将从右向左计算。Python 就是这样实现的。

```
x ** y ** z
22.361590938430393

x ** ( y ** z )  (y**z 首先被计算，然后从右往左计算)
22.361590938430393

( x ** y ) ** z  (使用括号强制执行从左到右顺序的计算)
27.0
```

计算也可能涉及复数。如果定义

```
a = 2 + 4j
b = 0.5 - 0.3j
```

然后

```
1/a
(0.1-0.2j)
```

而且

```
a * b
(2.2+1.4j)
```

然后

```
a ** 2
(-12+16j)          (结果显示在括号中)
```

也可使用矩阵进行计算。

```
a = np.matrix(' 1 2 3 4 5 ')
a
matrix([[1, 2, 3, 4, 5]])

b = np.matrix(' 2 ; 4 ; 6 ; 8 ; 10 ')
b
matrix([[ 2],
        [ 4],
        [ 6],
        [ 8],
        [10]])
```

```
a*b                 (指 a 和 b 的内积)
matrix([[110]])     (注意，显示的结果中包含名称 matrix)
```

或者，使用打印功能，

```
print(a*b)          (1 × 5) * (5 × 1) ⇨ (1 × 1, 标量)
[[110]]
```

我们能计算 a 和 b 的外积吗?

```
b*a
matrix([[ 2,  4,  6,  8, 10],        (5 × 1) * (1 × 5) ⇨ (5 × 5, a square matrix)
        [ 4,  8, 12, 16, 20],
        [ 6, 12, 18, 24, 30],
        [ 8, 16, 24, 32, 40],
        [10, 20, 30, 40, 50]])
```

是的，可以计算。

下面进行矩阵计算。

```
A
matrix([[1, 2, 3],
        [4, 5, 6],
        [7, 8, 9]])
```

将 a 和 b 重新定义为向量:

```
a = np.matrix(' 1 2 3 ')
b = np.matrix(' 4 ; 5 ; 6 ')
```

以下是更多示例:

```
a*A
matrix([[30, 36, 42]])
```

```
A*b
matrix([[ 32],
        [ 77],
        [122]])
A*a
ValueError: shapes (3,3) and (1,3) not aligned: 3 (dim 1) != 1 (dim 0)
```

最后一行只是错误消息的一部分，但它是最有意义的部分，$(3 \times 3)*(1 \times 3)$的大小不匹配。我们可以进行矩阵相乘：

```
A*A
matrix([[ 30,  36,  42],
        [ 66,  81,  96],
        [102, 126, 150]])
```

还可以进行

```
A**2
matrix([[ 30,  36,  42],
        [ 66,  81,  96],
        [102, 126, 150]])        (与A*A的效果相同)
```

矩阵的转置可以计算如下：

```
A.transpose()
matrix([[1, 4, 7],        (行和列被切换)
        [2, 5, 8],
        [3, 6, 9]])
```

有时，我们希望执行数组运算，而不是矩阵乘法；换句话说，我们希望将 A 的每个元素与其对应的元素相乘，并得到结果。这在 Python 中不容易实现，但我们仍然可以使用 NumPy 模块中的乘法函数实现。

```
np.multiply(A,A)
matrix([[ 1,  4,  9],
        [16, 25, 36],
        [49, 64, 81]])
```

由此产生的一个问题是，除了矩阵对象，是否还可以使用数组对象执行这些计算。

```
a = np.array([ 1, 2, 3 ])
b = np.array([ 4, 5, 6 ])

a*b
array([ 4, 10, 18])
```

内积或点积计算为：

```
a.dot(b)
32
```

向量叉积由 cross 函数提供。

```
np.cross(a,b)
array([-3,  6, -3])
```

你可能还记得，叉积的定义是

$$a \times b = \begin{vmatrix} i & j & k \\ a_1 & a_2 & a_3 \\ b_1 & b_2 & b_3 \end{vmatrix}$$

$$= (a_2 b_3 - a_3 b_2)\,i + (a_3 b_1 - a_1 b_3)\,j + (a_1 b_2 - b_1 a_2)\,k$$

我们应该强调 IPython 控制台的两个功能。首先，你可以使用↑键调用以前的命令。当输入有错误的命令时，这尤其方便。使用↑键，你将看到上一个命令。你可以更正它，按 Enter 键，然后继续。多次使用↑键可以返回几个命令。其次，如果知道 Python 函数或方法的名称，可以通过在 Help 命令中键入名称来获取有关它的信息，例如：

```
help(int)
Help on class int in module builtins:
class int(object)
 |  int(x=0) -> integer
 |  int(x, base=10) -> integer
 |
```

将数字或字符串转换为整数，或者当没有参数时返回 0。如果 x 是一个数字，则返回 x.__int__()。对于浮点数，则会向 0 进行截断。

以上只是 Python 相关功能的一部分，还有更多的功能还没有展示。Spyder 的"帮助"菜单提供了更多通用帮助功能。另外值得一提的是，如果你有关于 Python 的特定问题，请在搜索引擎或社区中寻找答案。

2.4　使用内置函数

Python 及其许多模块都有丰富的内置函数集合。如上所述，你可以使用 Help(·)命令。如果知道函数的名称，可使用 help 命令来了解更多关于函数的信息。另一个示例如下：

```
import math
help(math.log)
Help on built-in function log in module math:

log(...)
    log(x[, base])

    Return the logarithm of x to the given base.
    If the base not specified, returns the natural logarithm (base e) of x.
```

基本的 Python 语言没有用于数值计算的内置函数库。我们经常使用的两个函数是 abs()和 round()。对于实数参数，abs()返回绝对值。对于复数，它返回模，也就是：

$$\mathrm{abs}(a + bj) = \sqrt{a^2 + b^2}$$

下面是两个示例：

```
abs(-2.45)
2.45
abs(-6+4j)
7.211102550927978
```

round ()函数将浮点数转换为最接近的整数。对于两个整数中间的数字，它舍入为最近的偶数。例如：

```
round(-7.6)
-8
round(4.5)
4
```

另外两个有用的内置函数是 max() 和 min()。

```
x = 14; y = 22
max(x,y)
22

a = np.array([2, 7, 3, -4, 3.5])
min(a)
-4.0

max(a)
7.0
```

在 Python 中，分别有 math 和 cmath 两个模块能够为我们提供日常数值计算所需的函数。特别是 cmath 模块能够为复数计算提供支持。要使用这两个模块，首先应该在 Python 中将它们引入，以 math 模块为例，如下所示：

```
import math
```

在引入 math 模块后，表 2.6 中的这些函数将变得可用[1]。要特别注意，使用这些函数时，每一个都必须以 math. 开头，如 math.exp(x)。

表 2.6　一些有用的函数

函数名	功能
sqrt(x)	$\sqrt{x}$
log(x)	$\log x$
$\log_{10}$(x)	$\log_{10} x$
log(x,b)	$\log_b x$
exp(x)	e^x

三角函数：

```
sin(x), cos(x), tan(x)
asin(x), acos(x), atan(x), atan2(x,y)
```

注意，三角函数在一般情况下，参数或结果都是以弧度为单位，而不是度。

atan(x) 函数返回的是第一象限和第四象限中的结果，如 $-\pi/2 \sim +\pi/2$；atan2(x,y) 函数返回的是一个四象限的 $\tan^{-1}(y/x)$ 结果，即 $-\pi \sim +\pi$。

双曲函数：

```
sinh(x), cosh(x), tanh(x), asinh(x), acosh(x)
```

转换函数：

1　数学模块函数的完整清单可以在 https://docs.python.org/3/library/math.html 上找到。

degrees(x)　　　将弧度转换为度,采用的公式是 $x\dfrac{180}{\pi}$

radians(x)　　　将度转换为弧度

下面是几个上述数学模块函数的具体示例:

```
math.log10(100)
2.0

math.log(100)
4.605170185988092

math.log(100)/math.log(10)
2.0

math.log(100,10)
2.0

math.exp(math.log(1))
1.0

math.sin(math.radians(45))
0.7071067811865476

math.atan(3/(-2))      (第四象限)
-0.982793723247329

math.atan2(3,-2)     (第二象限)
2.158798930342464
```

数值计算中的一个常见应用是实现一个工程或科学上的方程。回顾一下第 1 章中的式(1.9),呈自由落体形式跳下的蹦极者速度为

$$v = \sqrt{\frac{mg}{c_d}}\tanh\left(\sqrt{\frac{c_d g}{m}}\,t\right)$$

其中 v 是速度,单位是 m/s; g 是重力加速度,为 9.81m/s²; m 代表质量,单位为 kg; c_d 是阻力系数,单位为 kg/s; t 代表时间,单位为 s。

如果我们只想计算一次结果,那么使用一条 Python 语句就可以实现,当然前提是函数中所有参数的值都已设置好。例如:

```
g = 9.81 ; m = 68.1 ; cd = 0.25
t = 10
v = math.sqrt(m*g/cd)*math.tanh(math.sqrt(cd*g/m)*t)
print('{0:5.2f}'.format(v))
49.42
```

但若想重复使用公式,例如对于不同的 t 值连续求函数解,那么将公式打包到一个新函数中是一个好的处理方式,这个新函数即用户自定义函数。关于用户自定义函数,我们将在后续章节中详细讨论,本章仅用一个例子示范。

若要达成这一效果,我们需要使用 Spyder 中的编辑器窗口,如图 2.6 所示。

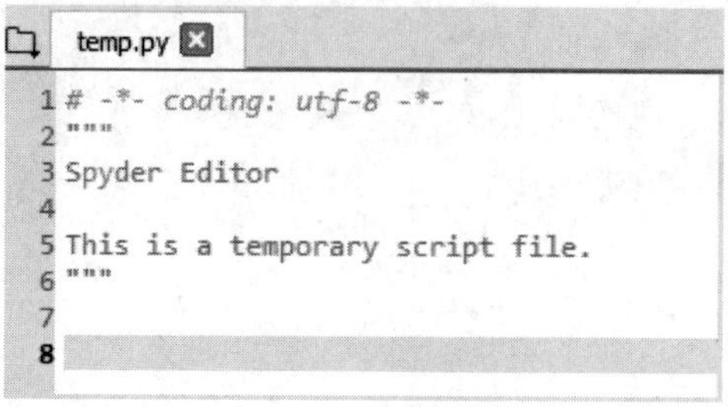

图 2.6　编辑器窗口

现在输入以下内容：

```
import math
def bungee(t):
    g = 9.81; m = 68.1; cd = 0.25
    v = math.sqrt(m*g/cd)*math.tanh(math.sqrt(cd*g/m)*t)
    return v
```

需要通过单击 Run 按钮或按 F5 键来执行上述代码。控制台应该显示一个 runfile 输出。然后，这个用户定义的函数 bungee(·) 可在控制台中用于生成结果。

```
bungee(10)
49.42136691869133
```

接下来，将借助 NumPy 模块演示 Python 中的向量化功能。我们可以创建一个数组，该数组从 0～20，步长为 2。

```
import numpy as np

tm = np.linspace(0,20,11)     (或者 tm = np.arange(0,22,2) )

tm
Out[6]: array([ 0.,  2.,  4.,  6.,  8., 10., 12., 14., 16., 18., 20.])
```

在控制台中设置 g、m 和 cd 的值。

```
g = 9.81; m=68.1; cd=0.25
```

创建一个语句，该语句使用 np.tanh 函数而不是 math.tanh 函数。

```
v = math.sqrt(m*g/cd)*np.tanh(math.sqrt(cd*g/m)*tm)
```

math 模块的函数不支持向量化，而 NumPy 模块中的相应函数支持向量化。

通过以上操作，能将公式进行向量化，具体到上例，就是将 tm 数组转换为 v 数组。

```
v
array([ 0.        , 18.72918885,33.11182504,42.07622706, 46.95749513,49.42136692,
        50.61747935, 51.18714999, 51.45599493, 51.58232304,51.64156286])
```

矩阵对象同样能够进行向量化。我们可以把数组 tm 转换成矩阵。

```
tmm = np.matrix(tm)

tmm
matrix([[ 0.,  2.,  4.,  6.,  8., 10., 12., 14., 16., 18., 20.]])
```

然后在公式中使用它。

```
v = math.sqrt(m*g/cd)*np.tanh(math.sqrt(cd*g/m)*tmm)
```

就能得到一个矩阵的结果。

此外，可将 tmm 转换为列向量，并执行计算以生成列结果。

```
tmmt = tmm.transpose()

tmmt
matrix([[ 0.],
        [ 2.],
        [ 4.],
        [ 6.],
        [ 8.],
        [10.],
        [12.],
        [14.],
        [16.],
        [18.],
        [20.]])
v = math.sqrt(m*g/cd)*np.tanh(math.sqrt(cd*g/m)*tmmt)

v
matrix([[ 0.        ],
        [18.72918885],
        [33.11182504],
        [42.07622706],
        [46.95749513],
        [49.42136692],
        [50.61747935],
        [51.18714999],
        [51.45599493],
        [51.58232304],
        [51.64156286]])
```

如前所述，这些结果可以更紧凑的形式呈现。

2.5　制图

Python 可使用 Matplotlib 模块中的 pylab 接口快速方便地进行制图。我们将在后续章节中介绍 Matplotlib 的更多功能。例如，以上一节的计算为例，创建一个 v 与 tmmt 的曲线图，可在控制台中输入：

```
import pylab
pylab.plot(tmmt,v)
[<matplotlib.lines.Line2D at 0x18404051fd0>]
```

可以在资源管理器窗口的 Plots 选项卡下看到完成的图，如图 2.7 所示。

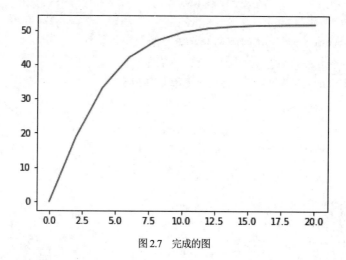

图 2.7   完成的图

用户可通过在编辑器中创建一组语句来自定义图形，如下所示。

```
import math
import numpy as np
import pylab
g = 9.81 ; m = 68.1 ; cd = 0.25
tm = np.linspace(0,20,11)
v = math.sqrt(m*g/cd)*np.tanh(math.sqrt(cd*g/m)*tm)
pylab.plot(tm,v)
pylab.title('Velocity of Bungee Jumper versus Time')
pylab.xlabel('Time in seconds')
pylab.ylabel('Velocity in m/s')
pylab.grid()
```

运行此程序时，通过选择 Plot 选项卡，绘图将显示在控制台上方的资源管理器窗口中，如图 2.8 所示。

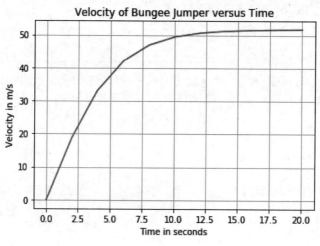

图 2.8   显示的图形

　　默认情况下，绘图一般使用蓝色实线。如果用户要使用点迹进行绘图，可以改用 scatter 函数。图 2.9 显示了点迹图。但是点迹通常用于绘制数据，而不是分析公式的结果。

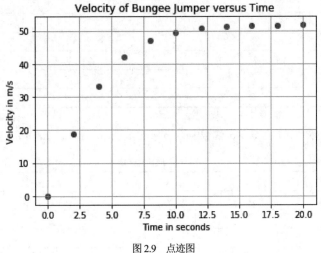

图 2.9　点迹图

```
pylab.scatter(tm,v)
```

通过在 plot 函数中添加 marker 参数，可将点迹添加到带有线条的图中，如图 2.10 所示。

```
pylab.plot(tm,v,marker='o')
```

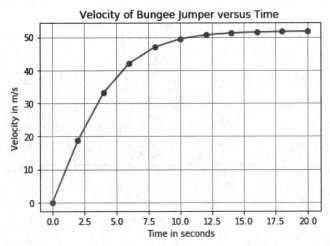

图 2.10　将点迹添加到带有线条的图

表 2.7 显示了添加不同类型的标记。

表 2.7　不同类型的标记

字符	标记	描述
.	·	点
0	○	圆

(续表)

字符	标记	描述
+	+	加号
x	×	乘号
D	◇	菱形
V	▽	倒三角形
^	△	三角形
s	□	正方形

线条和标记的颜色可以通过 plot 函数中的 color 参数进行调整。表 2.8 显示了各种颜色选择。

表 2.8 各种颜色选择

字符	颜色
k	黑色
b	蓝色
g	绿色
r	红色
c	青色
m	洋红
y	黄色
w	白色

线条的样式可以通过 plot 函数中的 linestyle 参数进行设置。表 2.9 显示了 linestyle 的选项。

表 2.9 linestyle 的选项

字符	线条样式
-	实线
--	虚线
:	点线
-.	虚点相间线

通过调整 pylab.plot 命令为

```
pylab.plot(tm,v,ls='--',c='k',marker='D')
```

可以得到图 2.11 所示的效果。

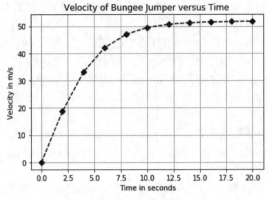

图 2.11　调整命令后的效果

注意，我们分别使用了 linestyle 和 color 的缩写 ls 和 c 作为参数输入。此外，使用 Matplotlib 模块可以更好地控制绘图格式，我们将在后续章节中详细讨论。

同样可在一张图上绘制两条不同的曲线，并提供图例。或许，我们想研究一下当阻力系数 c_d 增加 20%(到 0.30)时会发生什么。

```python
import math
import numpy as np
import pylab
g = 9.81 ; m =68.1 ; cd = 0.25
tm = np.linspace(0,20,11)
v = math.sqrt(m*g/cd)*np.tanh(math.sqrt(cd*g/m)*tm)
cd = 0.30
v1 = math.sqrt(m*g/cd)*np.tanh(math.sqrt(cd*g/m)*tm)
pylab.plot(tm,v,ls ='-',c='k',marker='D',label='cd=0.25')
pylab.plot(tm,v1,ls ='--',c='k',marker='o',label='cd=0.30')
pylab.title('Velocity of Bungee Jumper versus Time')
pylab.xlabel('Time in seconds')
pylab.ylabel('Velocity in m/s')
pylab.legend(loc='lower right')
pylab.grid()
```

可以在图 2.12 中看到，最终速度下降了大约 8m/s。

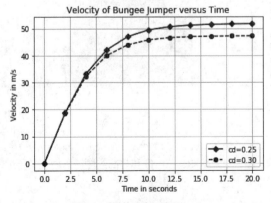

图 2.12　最终速度下降了 8m/s

可以右击图形并选择 Copy Image，然后将绘图粘贴到其他位置，例如，粘贴到文档或演示文稿中。也可使用快捷键 Ctrl+C 进行复制。

在编辑器窗口中保存程序代码是一个很好的习惯，可单击工具栏上的"保存"按钮 🖫 或选择"文件" | "保存"菜单，也可按 Ctrl+S 快捷键。保存当前代码时，工具栏上的"保存"按钮将显示不可用。当程序有多行代码时，使用编辑器(而不是控制台)会更加方便。

除了线图，还可通过 pylab 获得更多的制图样式。同样，在 Matplotlib 模块中还有更多的制图样式。

下面将介绍科学家和工程师群体中经常使用的一种绘图样式：直方图。直方图通常基于一组大规模的实验数据。在 Python 中，既可通过内置函数在内部生成这样的模拟数据集，也可从外部源读取数据。在本章中我们使用前者。

在编辑器窗口中打开一个新文件，或者使用 Ctrl+N 快捷键等方式新建。我们将使用 random 模块创建一组数据。

```
import pylab
import random
testdata = []  # 建立一个空列表
for i in range(1000):  # 进行 1000 次循环
    # 将一个随机数与 testdata 相加
    testdata.append(random.normalvariate(100,15))
pylab.hist(testdata,bins=20)
```

注意，这段代码中添加了三条注释，每条注释都以#开头。这是一个很好的习惯，有助于自己或他人理解代码。此外，还使用 range 类型为循环引入了"计数控制"。在后续章节中，我们将看到更多关于 for 循环以及其他程序结构的内容。range 类型提供了 0～999 的 1000 个整数。这段代码还展示了如何构建一个列表，从一个空列表开始，并使用 append 方法将一个条目添加到列表的末尾。最后使用 pylab 的 hist 函数创建直方图，作为典型的条形图，如图 2.13 所示。

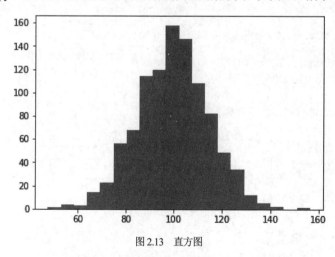

图 2.13　直方图

通过本书的学习，我们将发现 pylab 接口及其父模块 Matplotlib 的更多绘图功能，包括在复杂平面上绘制等高线、对数图、半对数图、三维图和等高线图等。如下文所述，可通过图书、互联网等多种资源了解这些功能及其他 Python 功能。

2.6　其他资源

　　本章的前几节重点介绍了 Python 的一些相关功能，我们将在本书的后续部分使用这些功能。但是，本章并不是对 Python 及其强大功能的全面介绍。如果你对进一步学习 Python 感兴趣，你应该参考一本专门讨论 Python 的优秀著作，如 Hill(2015)、Nagar(2018)、Ramalho(2015)、VanderPlas(2017)等。此外，对于初学者，也可以考虑 Tale, 2016 和 2017。

　　Python 及其各种模块有多类帮助文件。我们前面已经介绍了 help 命令，它能够直接在 IPython 控制台中使用。在 Spyder 界面中，还可将光标放在关键字上，然后按 Ctrl+I 快捷键获取帮助。举个例子，在上面的程序中，将光标放在 append 上，然后按下 Ctrl+I 快捷键，将在右上角的窗口中生成如图 2.14 所示的内容。

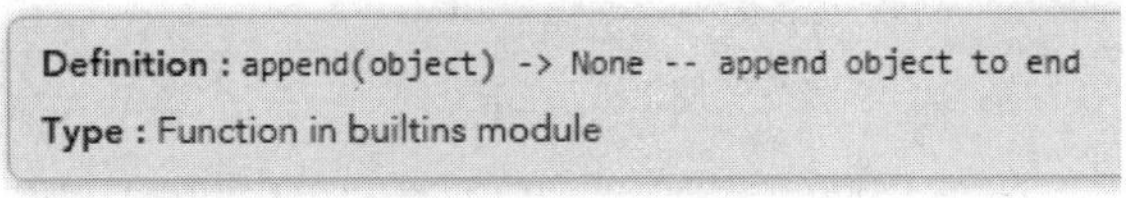

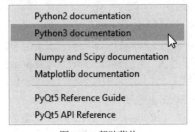

图 2.14　生成的内容

更详细的信息可通过帮助菜单和在线文档获得，如图 2.15 所示。

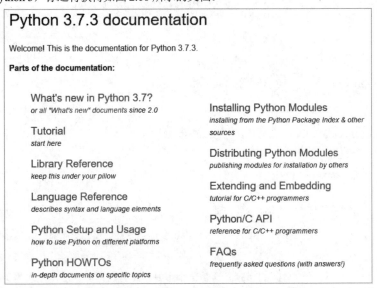

图 2.15　帮助菜单

对于 Python 3，你还将获得如图 2.16 所示的文档。

图 2.16　文档

如前所述，使用 Internet 浏览器和搜索引擎，一个关于 Python 的问题通常会引导你找到答案的来源。图 2.17 是一个示例：

how do I make a log-log plot in Python?

图 2.17　提出问题

生成该条目，如图 2.18 所示。

Python Log Plots | plotly
https://plot.ly/python/log-plot/ ▾
How to **make Log plots in Python with** Plotly. ... Get started by downloading the client and reading the primer. You can set up Plotly to work in online or offline ...

图 2.18　生成条目

许多情况下，一个好的方法是寻找 Python 代码，该代码能够执行与你正在尝试的工作类似的运算。当然，随着时间的推移，积累更多经验，你自己的知识库将足以帮助你解决新的问题。

2.7　案例研究：探索性数据分析

背景： 各类课本中充斥着由著名工程师和科学家研究发现的公式。虽然这些公式非常有用，但我们必须通过收集和分析数据来使它们变得鲜活，有时这个过程也会产生新公式；然而，在得到最终的预测公式之前，我们通常通过计算和绘制图表来研究和探索数据。大多数情况下，我们的目的是深入了解隐藏在数据中的内在模式和机制。

在本案例研究中，我们将说明 Python 如何促进此类探索性数据分析工作。将根据式(2.1)和表 2.1 中的数据估算一个以自由落体方式降落的人的阻力系数。除了计算阻力系数，我们还将通过 pylab 使用 Python 的作图功能来寻找数据中的规律。

解决方案： 可在编辑器窗口中输入表 2.1 中的数据以及重力加速度。

```
"""
Case Study
Exploratory Data Analysis
D. E. Clough
4/26/2019
"""
import numpy as np
import pylab
m = np.matrix('83.6,60.2,72.1,91.1,92.9,65.3,80.9')
vt = np.matrix('53.4,48.5,50.9,55.7,54.0,47.7,51.1')
g = 9.81
cd = g*m/np.power(vt,2)
print(cd)
```

当运行上述这段代码时，控制台将会显示：

```
[[0.28760258 0.2510626 0.27300381 0.28805605 0.31253395 0.28154345 0.30393151]]
```

关于上述代码的注释：

我们使用一个由符号"""分隔的标题。这是一个很好的编程习惯。不能使用求幂运算符**对矩阵/向量的元素进行平方运算。相反，我们使用 NumPy 模块中的 power 函数。除法运算符/能很好地处理矩阵/向量的元素除法。

可添加一些状态修改代码以计算和显示 cd 向量的一些样本统计信息。

```
cdavg = np.average(cd)
cdmin = np.min(cd)
cdmax = np.max(cd)
print('cd statistics')
print('average =', '{0:5.3f}'.format(cdavg))
print('minimum = ','{0:5.3f}'.format(cdmin))
print('maximum = ','{0:5.3f}'.format(cdmax))
```

运算结果如下。

```
cd statistics
average = 0.285
minimum = 0.251
maximum = 0.313
```

因此，平均阻力系数为 0.285，范围为 0.251~0.313 kg/m。

现在开始利用这些数据，使用式(2.1)预测最终速度。下面演示另一种格式化打印结果的方法。

```
vpred = np.sqrt(m*g/cdavg)
np.set_printoptions(precision=3)
print(vpred)
```

```
[[53.607 45.49  49.783 55.96  56.51  47.377 52.734]]
```

可将这些值与实际测量的速度进行对比。还将叠加一条虚线，表示预测结果与实际结果(1:1 或 45°线)的一致程度，从而帮助评估结果的有效性。

```
pylab.plot(vt,vpred,c='k',marker='o',mfc='w',mec='k')
pylab.plot([48,56],[48,56],ls='--',c='k',lw=1.)
pylab.grid()
pylab.title('Plot of predicted versus measured terminal velocities')
pylab.xlabel('measured')
pylab.ylabel('predicted')
```

结果如图 2.19 所示。

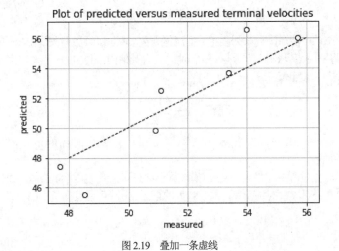

图 2.19　叠加一条虚线

在上面，我们将 mfc(标记填充颜色)和 mec(标记边缘颜色)规范添加到第一个 plot 命令中。还将 lw(linewidth)参数添加到第二个 plot 命令中。该图显示了预测和测量的最终速度之间的一致性，但存在相当大的差异。此外，我们的预测似乎在低速时较低，在高速时较高。这让人怀疑阻力系数可能有一种趋势。可通过估算阻力系数与质量的关系图来研究这一点。

```
pylab.figure()
pylab.plot(m,cd,marker='o',mfc='w',mec='k')
pylab.xlabel('mass (kg)')
pylab.ylabel('estimated drag coefficient (kg/m)')
pylab.title('Plot of drag coefficient versus mass')
pylab.grid()
```

图 2.20 的结果表明，阻力系数似乎不是恒定的，而是随着人的质量而增加。根据这一结果，可得出的结论是我们的模型需要改进。至少，这可能激励你考察更多的蹦极者进行进一步的实验，以确认你的初步发现。

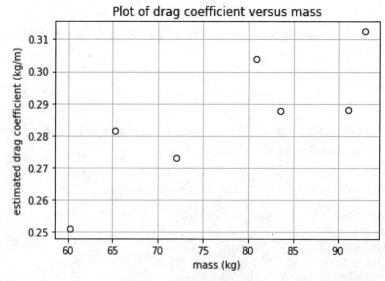

图 2.20　阻力系数与质量的关系图

此外，这个结论可能激励你去阅读相关的流体力学文献，了解更多关于阻力的科学知识。如第 1.4 节所述，你将发现参数 cd 实际上是一个合集，还有其他因素与阻力一起影响着阻力系数，如人的正面面积和空气密度：

$$c_d = \frac{C_D \rho A}{2} \tag{2.2}$$

式 2.2 中，C_D=无量纲的阻力系数，ρ=空气密度(kg/m^3)；A=正面面积(m^2)，即垂直于速度方向投影在平面上的面积。

假设在数据收集过程中密度相对恒定(如果蹦极者在同一天从同一海拔高度出发，这是一个合理的假设)，式 2.2 表明较重的跳跃者可能有较大的正面面积。可通过测量不同质量个体的正面面积来研究和证实这一假设。

习题

2.1 预测以下 Python 命令执行时会出现什么结果，解释代码是如何工作的。根据需要合理使用帮助资源。

```
import numpy as np
A = np.matrix(' 1,2,3 ; 2,4,6 ; 3,2,1 ')
print(A)

At = A.transpose()
print(At)

A1 = A[:,2]
print(A1)

nm = np.sum(np.diag(A))
print(nm)

Ad = np.delete(A,1,0)
print(Ad)
```

2.2 根据以下公式创建 Python 程序，并计算 y 值向量：

(a) $y = \dfrac{6t^3 - 3t - 4}{8\sin(5t)}$　　$0.1 \leqslant t \leqslant 0.25$

(b) $y = \dfrac{3t-2}{4t} - \dfrac{\pi}{2}t$　　$1 \leqslant t \leqslant 5$

其中，t 是在规定范围内含有 10 个值的向量。请相应地绘制 y 与 t 的曲线图。

2.3 利用以下公式编写并测试 Python 程序，计算并显示 x 值：

$$x = \frac{y(a+bz)^{1.8}}{z(1-y)}$$

其中，y 和 z 是与 x 等长的向量。使用不同的 a 和 b 值，以及不同范围的 y 和 z 进行实验。对你发现的结论进行点评。

2.4 描述运行以下 Python 语句将得到什么结果。

```
(a) import numpy as np
  A = np.matrix([[1,2],[3,4],[5,6]])
  print(A)
  A2 = A[2,:].transpose()
  print(A2)
(b) y = np.array(np.arange(0,7,1.5)).transpose()
  print(y)
(c) a = 2; b = 8; c = 4
  print(a/b*c)
  print(a/b/c)
  print(a/(b*c))
```

2.5 "驼峰"函数 $f(x)$ 定义了一条曲线，该曲线在区间范围内有两个高度不等的最大值(峰值)，运算的区间为 $a \leqslant x \leqslant b$，函数如下：

$$f(x) = \frac{1}{(x-0.3)^2 + 0.01} + \frac{1}{(x-0.9)^2 + 0.04} - 6 \qquad 0 \leqslant x \leqslant 2$$

请编写 Python 代码，计算并绘制指定范围内的 $f(x)$ 与 x，其中 x 在指定范围内包含 100 个数值。

2.6 使用 NumPy 中的 linspace 函数创建等同于以下 Python 语句的向量:

(a) np.arange(4,35,6)

(b) np.arange(-4,2)

2.7 使用 NumPy 中的 arange 函数创建向量,与使用 linspace 函数创建的以下向量等同:

(a) np.linspace(-2,1.5,8)

(b) np.linspace(8,4.5,8)

2.8 NumPy 函数 linspace(a,b,n)在 a 和 b 之间生成一个由 n 个等间距点组成的数组。描述如何使用 arange 函数生成相同的结果,并用 $a=-3$,$b=5$,$n=6$ 代入函数测试方法的有效性。

2.9 以下 Python 语句创建了一个矩阵 A:

```
import numpy as np
a1 = np.matrix(' 3 2 1 ')
a2 = np.matrix(np.arange(0,1.1,.5))
a3 = np.matrix(np.linspace(6,8,3))
A = np.vstack((a1,a2,a3))
```

(a) 请写出矩阵结果。

(b) 编写两个不同的 Python 指令,将矩阵 A 的第二行乘以 A 的第三列。确认指令能够产生相同的结果。

2.10 下式可用于计算 x 关于 y 的函数:

$$y = b\,e^{-ax}\sin(bx)\,(0.0012x^4 - 0.15x^3 + 0.075x^2 + 2.5x)$$

其中的 a、b 是参数。

(a) 编写一段 Python 代码,其中 $a=2$,$b=5$,x 为从 0 到 $\pi/2$ 的向量,增量 $\Delta x = \pi/40$。

(b) 采用逐元素方式计算向量 $z=y^2$。

(c) 将 x、y 和 z 组合成一个包含 3 列的矩阵 W,按照 "精度=3" 的格式显示 W。

(d) 在同一张图中分别生成 y 对 x、z 对 x 的曲线。该图应包括标题、轴标识、图例以及网格线。对于 y 对 x 曲线,设置蓝色实线格式。对于 z 对 x 曲线,设置为洋红色虚线格式。

2.11 由电阻、电容和电感(线圈)组成了简单电路。当开关闭合时,电容上的电压随时间的变化函数如下:

$$V(t) = V_0 e^{-\left(\frac{R}{2L}\right)t}\cos\left(\sqrt{\frac{1}{LC} - \left(\frac{R}{2L}\right)^2}\,t\right)$$

其中 t=时间(秒),V_0=初始电压(伏特),R=电阻(欧姆),L=电感(亨利),C=电容(法拉)。假设 V_0=10 伏特,R=60 欧姆,L=9 亨利,C=50 微法,使用 Python 生成从 t=0 到 0.8 秒的电压图。

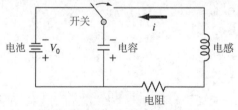

2.12 标准正态分布函数是一条类似钟形的曲线,其数学表达式如下:

$$f(z) = \frac{1}{\sqrt{2\pi}}e^{-\frac{z^2}{2}}$$

编写一段 Python 代码,按照 $z=-4$ 到 4 的区间绘制标准正态分布曲线。使用足够多的点来提供更加平滑的曲线图。纵坐标代表频率 f，横坐标代表 z。计算并在图中展示 $f(z)$ 的最大值，描述它将发生在哪个位置。

2.13 使用力 F(N)压缩弹簧，弹簧的位移 x(m)通常可用胡克定律建模为：

$$F = kx$$

其中，k 是弹簧系数(N/m)。弹簧中储存的势能 U(J)可表示为 $U = \frac{1}{2}kx^2$。

对五个弹簧进行测试，具体数值如下。

F/N	14	18	8	9	13
x/m	0.013	0.020	0.009	0.010	0.012

使用 Python 将 F 和 x 值存储在向量中，然后分别计算弹簧系数 k 和势能 U，再使用 np.max 函数计算最大势能。

2.14 在冰点(0℃)和沸点(100℃)之间，大气压下的纯水密度(kg/m³)随温度变化。这种关系可以用四阶多项式精确描述：

$$\rho = 999.904 + 0.0508007T - 0.00748423T^2 \\ + 4.11472 \times 10^{-5}\,T^3 - 1.2329 \times 10^{-7}\,T^4$$

式中，ρ 以 kg/m³ 为单位，T 以 ℃ 为单位。使用 Python 生成华氏温度向量 T_F，以 3.6℉ 的步长增量从 32℉ 开始直到 212℉。将此向量转换为另一个摄氏温度向量 T_C。然后，根据上述公式计算密度向量 ρ，绘制 ρ 与 T_C 的曲线图，并确定最大密度出现时的温度。注意，$T[℃]=(T[℉]-32)/1.8$。

2.15 曼宁方程可用于计算矩形渠中的水流速度：

$$U = \frac{\sqrt{S}}{n}\left(\frac{BH}{B + 2H}\right)^{2/3}$$

其中 U=流速(m/s)，S=河道坡度，n=糙率系数，B=河道宽度(m)，H=水深(m)。具体数据见下表。

n	S	B	H
0.035	0.0001	10	2.0
0.020	0.0002	8	1.0
0.015	0.0010	20	1.5
0.030	0.0007	24	3.0
0.022	0.0003	15	2.5

创建一个 Python 程序，将这些值存储在矩阵 P 中，其中每行表示一组数据，每列表示一个参数。添加一个或多个语句，根据参数矩阵中的值计算列向量 U 中的速度，并显示结果向量。

2.16 在科学和工程领域中，使用线段和实验数据绘图来分析数学方程是一种普遍做法。下面是一些关于溴水溶液光降解的浓度 c 与时间 t 的数据。

t/min	10	20	30	40	50	60
c/ppm	3.4	2.6	1.6	1.3	1.0	0.5

这些数据可以通过以下函数建模：

$$c = 4.84e^{-0.034t}$$

下面请使用 Python 进行绘图，分别显示使用表中数据得到的结果(使用菱形、绿色标记和黑色边缘)，以及使用函数建模得到的结果(使用绿色虚线)。其中，$0 \leqslant t \leqslant 70$ 分钟，图中应包括网格线。

2.17 Matplotlib 模块中的 pylab 接口能够支持半对数和对数绘图。除了 pylab.plot 函数外，还能使用 pylab.semilogy 实现类似功能。请修改习题 2.16 的 Python 代码，使用 semilogy 函数绘图，观察结果并解释其特征。

2.18 以下是一些关于力 F 与速度 v 的风洞数据。

v/(m/s)	10	20	30	40	50	60	70	80
F/N	25	75	380	550	610	1220	830	1450

这些数据可以通过以下函数来描述：

$$F = 0.274\, v^{1.984}$$

请使用 Python 创建一个显示数据建模结果(使用圆形，品红标记)以及函数建模结果(使用黑色细虚线)的图。在 $0 \leqslant v \leqslant 100$ 的范围内绘制函数，并标记坐标轴和网格线。

2.19 py.loglog 函数类似于 pylab.plot。请利用习题 2.18 的数据和函数创建一个 log-log 图形，并对结果进行分析评价。

2.20 余弦的麦克劳林级数展开式为

$$\cos(x) = 1 - \frac{x^2}{2!} + \frac{x^4}{4!} - \frac{x^6}{6!} + \frac{x^8}{8!} - \cdots$$

使用 Python 的 np.cos 函数创建余弦函数图(使用黑色实线)。在同一张图中再使用麦克劳林级数创建曲线图(使用黑色虚线)，麦克劳林级数从 1 到 $x^8/8!$。请为图增加图例描述。使用 math.factorial 函数生成 $n!$，x 的范围为 $0 \leqslant x \leqslant 3\pi/2$。

2.21 使用表 2.1 的数据计算面积，其结果如下表所示。

A/m²	0.455	0.402	0.452	0.486	0.531	0.475	0.487

请尝试回答以下 3 个问题。

(a) 如果空气密度为 $\rho = 1.223$ kg/m³，使用 Python 计算无量纲阻力系数 C_D 的值。

(b) 确定 C_D 值的平均值，以及最小值和最大值。

(c) 创建两个图，第一个为 A 对 m 的曲线，第二个为 C_D 对 m 的曲线，图中应包含轴坐标、标题以及网格线。

2.22 威布尔(weibull)概率分布广泛用于表征制造过程中的可靠性参数。该分布的密度函数如下：

$$f(x) = \frac{\alpha}{\beta^\alpha} x^{\alpha-1} \mathrm{e}^{-\left(\frac{x}{\beta}\right)^\alpha} \qquad x \geqslant 0$$

其中 x 是随机变量，α 是形状参数，β 是分布的尺度参数。当比例因子 $\beta=1$ 时，密度函数变为

$$f(x) = \alpha x^{\alpha-1} \mathrm{e}^{-x^\alpha} \qquad x \geqslant 0$$

(a) 请在 $0 \leqslant x \leqslant 3$ 范围内，分别创建 $a=5$ 和 $a=2$ 时的 $f(x)$ 曲线，并为曲线使用不同颜色，同时提供图例和网格线。

(b) Python 的 NumPy 模块中有一个子模块 random，它能使用 weibull 函数生成基于 $\beta=1$ 和给定 a 值的随机数字。请使用下面的代码生成 n 个随机数字。

```
np.random.weibull(alpha,n)
```

当 $a=5$ 时，利用该代码生成一个包含 1000 个随机数的数组，并绘制直方图。当 $a=2$ 时重复这个过程。描述这两个直方图之间的任何差异。

2.23　预测在控制台中输入以下命令后会显示什么：

(a) np.arange(6)

(b) np.arange(6,1,-1)

(c) np.linspace(1,6,6)

(d) np.linspace(6,1,6)

(e) np.logspace(-2,2,5)

在做出预测后，使用 Python 进行测试验证。注意与你的预测是否有差异，并作出解释。

2.24　物体的运动轨迹可以建模为

$$y = \tan(\theta_0)x - \frac{g}{2v_0^2\cos^2(\theta_0)}x^2 + y_0$$

其中 y＝运动轨迹(m)，θ_0＝初始或发射角(rad)，x＝水平距离或范围(m)，g＝重力加速度(9.81 m/s^2)，v_0＝初始速度(m/s)，y_0＝初始标高(m)。

请编写一段 Python 程序，计算当 $y_0 = 0$ m、$v_0 = 28$ m/s 时的物体运动轨迹。发射角 θ_0 范围为 15°~75°，增量为 15°；水平距离 x 范围为 0~80 m，以 5 m 为增量。

请将上述计算结果以矩阵形式呈现。矩阵中的第一个维度是行向量，对应于距离；第二个维度为列向量，对应于发射角度 θ_0。使用此矩阵生成发射角度与 y 和 x 的曲线族图。每条曲线的样式应不完全相同，同时包含描述发射角度的图例。根据需要调整 y 轴的刻度，使其最小值为 0 米。图中应包含网格线。

2.25　一级化学反应中速率与温度的关系可用阿伦尼乌斯公式表示：

$$k = k_0 \mathrm{e}^{-\frac{E}{RT}}$$

- k——温度 T 时的反应速度常数，单位为 1/秒；
- k_0——指前因子，也称为阿伦尼乌斯常数，单位与 k 相同；
- E——称为实验活化能，一般可视为与温度无关的常数，其单位为 J/mol；
- T——绝对温度，单位 K；
- R——摩尔气体常数，为 8.314 J/(mol·K)。

以 $k_0 = 7 \times 1016$ 和 $E = 1 \times 10^5$ 作为化学反应的起始条件建模。编写 Python 代码生成 253K≤T≤325K 时的反应速度常数，并创建 k 与 T 的绘图。再使用 pylab.semilogy 函数，创建 $\log_{10}k$ 与 $1/T$ 的图，并描述你的结果。

2.26　本题的图显示一个标准的在线性增长载荷作用下的梁。梁的偏转 y(m)如图(b)所示，并能用下述公式表示。

$$y = \frac{w_0}{120EIL}(-x^5 + 2L^2x^3 - L^4x)$$

- E——弹性模量，单位为 N/m^2；
- I——惯性矩，单位为 m^4。

使用这个公式和 Python 的 pylab 模块绘图描述以下量与 x 的关系。

(a) 挠度 y

(b) 转角，$\theta(x) = \dfrac{\mathrm{d}y}{\mathrm{d}x}$

(c) 力矩，$M(x) = EI\dfrac{\mathrm{d}^2 y}{\mathrm{d}x^2}$

(d) 切变，$V(x) = EI\dfrac{\mathrm{d}^3 y}{\mathrm{d}x^3}$

(e) 载荷，$w(x) = -EI\dfrac{\mathrm{d}^4 y}{\mathrm{d}x^4}$

使用以下参数进行计算：$L=600\text{cm}$，$E=50000\text{kN/cm}^2$，$I=30000\text{cm}^2$，$w_0=2.5\text{kN/cm}$，$\Delta x=10\text{cm}$。小心处理这些测量单位，并将它们转换为 SI 标准。在代码中要包含转换，在绘图中应包含网格线、轴标签和图标题等要素。

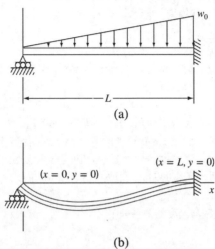

2.27 蝴蝶曲线由以下参数方程给出：

$$x = \sin(t)\left(\mathrm{e}^{\cos(t)} - 2\cos(4t) - \sin^5\left(\frac{t}{12}\right)\right)$$

$$y = \cos(t)\left(\mathrm{e}^{\cos(t)} - 2\cos(4t) - \sin^5\left(\frac{t}{12}\right)\right)$$

以 $0 \leqslant t \leqslant 100$、$\Delta t=1/16$ 的步长生成对应的 x 和 y 值。使用 Python 的 Matplotlib pylab 构建以下绘图：

(a) x 和 t，y 和 t

(b) y 和 x

2.28 上题中的蝴蝶曲线可以用极坐标表示为：

$$r = \mathrm{e}^{\sin(\theta)} - 2\cos(4\theta) - \sin^5\left(\frac{2\theta - \pi}{24}\right)$$

使用 Python 生成 r 值，其中 $0 \leqslant \theta \leqslant 8\pi$ 且 $\Delta\theta=\pi/32$。使用 pylab.polar 绘图函数生成带有蓝色虚线的蝴蝶函数的极坐标图，并包含网格线。使用帮助工具探索极坐标图命令。

第 3 章

Python 编程

本章学习目标

本章的主要目标是学习通过编写 Python 脚本来实现数值计算的方法。本章具体目标和主题包括：

- 学习如何在 Spyder 编辑器中创建 Python 脚本，并从控制台调用它们或直接在 Spyder 编辑器中运行脚本。
- 学习如何在编辑器窗口中构造简单函数。
- 了解函数和脚本的区别。
- 掌握文档开发中的良好习惯，包括脚本标题、代码行之间的注释以及代码行末尾的解释性说明。
- 学习如何在编辑器窗口中编写 Python 代码，以提示用户输入并在控制台窗口中显示结果。
- 了解如何使用 Python 读写数据文件。
- 了解如何在 Python 中实现选择和迭代的结构化编程元素。
- 更好地理解向量化以及为什么它有利于编写简洁可靠的 Python 程序。
- 学习如何将变量名、常量值和其他函数的名称传递给某个函数，以创建更通用的 Python 程序。

问题引入

在第 1 章，我们使用力平衡公式设计了一个数学模型来预测蹦极者的下落速度。该模型采用以下微分方程的形式：

$$\frac{\mathrm{d}v}{\mathrm{d}t} = g - \frac{c_d}{m}v|v|$$

其中，v_i=蹦极者的下落速度(米/秒)，g=重力加速度(约为=9.81 米/秒^2)，m=质量(千克)，c_d=阻力系数(千克/米)。

在第 1 章中，我们还学习了如何使用欧拉方程获得上述微分方程的近似解：

$$v_{i+1} = v_i + \frac{\mathrm{d}v_i}{\mathrm{d}t}\Delta t$$

上述公式可重复使用，以计算上述这个基于时间和速度的函数。但是为了获得更好的精度，必须采用足够小的Δt 步长。这将非常费时费力。但是借助 Python，我们可以轻松执行此类计算。

所以我们的目标是弄清楚如何才能实现。本章将全面介绍如何使用 Python 脚本来实现上述功能。

3.1　Python 脚本文件

如第 2 章中所述，在 Spyder/IPython 集成开发环境(IDE)中操作的一种常见方式是在 IPython 控制台中输入单个命令。而另一种更方便的操作方式是在编辑器窗口中创建 Python 脚本，这将极大地扩展 Python 解决问题的能力。Python 脚本由一系列可使用单个命令运行的语句组成。Python 脚本文件的扩展名为.py，脚本通常包含语句和称为函数的程序结构，函数一般以封装形式存在。

3.1.1　Python 脚本

脚本是以文件形式保存的 Python 语句的集合。脚本对于保存你需要在多个不同场合执行的同一系列指令很有用。当出现错误时，脚本也很有帮助，因为你可以编辑、保存脚本并重新运行它，而不必在控制台中再次输入所有命令。通过单击编辑器窗口顶部的 ▶ 按钮或按 F5 键可执行脚本，从菜单中选择 Run 也可执行脚本。

例 3.1　脚本文件
问题描述。 开发一个脚本用于计算初速度为零情况下的自由降落蹦极者的速度。
问题解答。 可以通过单击 New File 按钮 🗋，或按 Ctrl+N 组合键，在编辑器中创建一个新脚本。Spyder 编辑器将在前几行提供一个带有默认条目的新窗口。

```
# -*- coding: utf-8 -*-
"""
Created on Sat May 11 15:43:22 2019

@author: yourname
"""
```

通常你可删除第一行，并建议你在"""之间的标题中添加更多信息来描述脚本的具体用途。举个例子：

```
"""
This script computes the velocity of a free-falling bungee jumper at a specific time from
launch based on Eq 1.9.

Sat May 11 15:43:22 2019

Author:  David Clough
"""
```

在标题后输入以下 Python 语句：

```
import math
g = 9.81  # m/s^2
m = 68.1  # kg
t = 12  # s
cd = 0.25  # kg/m
v = math.sqrt(m*g/cd)*math.tanh(math.sqrt(cd*g/m)*t)
print('velocity = ',v,' m/s')
```

在上面的代码中，你会注意到我们在设置数值的行的末尾都添加了注释，用于说明这些数值的单位。这是一个很好的习惯。

使用按钮 💾 或使用 Ctrl+S 组合键将文件保存为 scriptdemo.py。通过单击 ▶ 或按 F5 键运行脚本。在控制台中，你应该看到：

```
velocity = 50.61747935192882 m/s
```

该脚本的执行过程就像你在控制台窗口中键入了它的每一行一样。当最后一步在控制台窗口中输入 g 并按下 Enter 键。你能够看到：

```
g
Out[n]: 9.81     (n:.will be a counting integer)
```

可以看到，即使 g 已经在脚本中定义，它在控制台工作区中也是可见的，并可在控制台上方的变量资源管理器中看到，如图 3.1 所示。

图 3.1　可在变量资源管理器看到脚本的定义

我们将用函数来探索这个概念。

3.1.2　Python 函数

Python 函数是接收输入参数并返回结果的脚本。它们是从函数定义之外的 Python 语句调用的。函数代码可以散布在其他 Python 脚本语句中，也可以位于单独的.py 文件中。Python 函数类似于 MATLAB、C/C++、Visual Basic、VBA[1]和 FORTRAN 等编程语言中的用户定义函数。

Python 函数的一般语法是：

```
def function_name(arguments):
    """ docstring """
    statements
    return output_results/statement
```

其中 def 代表定义，function_name 指函数名，argument 是一个或多个名称的列表，通常指变量名，但有时也代表另一个函数的名称。一个函数可以没有参数，只有一个空的()。docstring 不是必需的，但我们推荐使用。它能够提供有关函数、输入参数和返回结果的信息。在两组"""之间可以有多于一行的 docstring。statements 计算 output_results，尽管 return 语句可能会有 Python 语句。

output_results 可能有一个或多个在上述语句中计算的变量名称。注意，在 def 语句的末尾需要加上冒号(:)，并且后续语句必须缩进(使用"制表符"或四个空格)。输入函数时，编辑器和控制台会自动缩进。除了文档字符串之外，最好包含注释以说明函数中的语句。文档字符串成为函数的一个属性，可以表示为：

```
function_name.__doc__       注意，doc 前后有两条下画线
```

虽然我们可在控制台中输入函数定义，但通常将其置于编辑器窗口中并将其保存为.py 文件或具有附加脚本语句的.py 文件的一部分。通常使用小写字母和可能的其他字符(例如数字和下画线等连接符号)来命名函数。

1　VBA 是 Visual Basic for Applications 的简称，是一种编程语言，适用于不同版本的 Microsoft Office 产品(包括 Excel、Word、PowerPoint 和 Access 等)。

例 3.2　Python 函数

问题描述： 如例 3.1 所示，我们使用脚本计算自由降落的蹦极者的速度，但在这个例子中我们使用 Python 函数来计算。

问题解答： 在编辑器中创建一个新窗口并键入以下语句。

```
import math
import scipy.constants as pc
def freefall(t,m,cd):
    """
    function freefall: computes bungee jumper velocity
                with second-order drag
    input arguments:
    t = time (s), m = mass (kg), cd = drag coefficient (kg/m)
    returns velocity in m/s
    """
    g = pc.g  # retrieve gravitational acceleration from SciPy
    return math.sqrt(m*g/cd)*math.tanh(math.sqrt(g*cd/m)*t)
```

将文件保存为 freefall.py (可以选择菜单中的 File | Save 或使用快捷键 Ctrl+Shift+S)。注意，你可以给它指定任何合理的名称，但 freefall 会提醒我们这个文件所实现的功能。执行程序时可按 ▶ 或 F5，但现阶段不会有任何回应。要测试这个函数的功能，请在控制台窗口中输入以下内容：

```
freefall(12,68.1,0.25)
```

你会看到如下结果：

```
50.608007473466444
```

使用像 freefall 这样的用户自定义函数的一个好处是你可针对不同的参数重复调用它。假设你想计算一个 100 公斤的蹦极者在相同的阻力系数下 8 秒后的速度。

```
'velocity = {0:g} m/s'.format(freefall(8,100,0.25))
'velocity = 53.1749 m/s'
```

在这个例子中，我们使用 g 格式。这是一个通用格式说明符，默认为 6 位有效数字。它使用 10^{-4} 到 10^6 之间的 f 格式和超出该范围的 e 格式。

要查看文档字符串帮助文本，请输入

```
print(freefall.__doc__)
```

并应显示以下内容：

```
function freefall: computes bungee jumper velocity
                with second-order drag
input arguments:
t = time (s), m = mass (kg), cd = drag coefficient (kg/m)
returns velocity in m/s
```

注意，在本例最后，如果我们在控制台窗口中输入

```
g
```

将显示以下错误消息以及其他错误文本：

```
NameError: name 'g' is not defined
```

尽管 g 在 freefall 函数中有一个值(来自 SciPy 的 9.80665)，但在控制台工作区却没有。正如例

3.1 末尾所指出的，这是函数和一般脚本代码之间的一个重要区别。

一个函数中的变量被认为是本地变量，并且在函数执行完毕后会被删除。相比之下，脚本中的变量在脚本执行后仍然存在。

Python 函数可返回多个结果，结果在括号内显示的元组中返回。然后可以将它们提取到各自的组件中。

```python
import numpy as np
def stats(x):
    n = len(x)
    avg = np.average(x)
    s = np.std(x)
    return n,avg,s
```

这是它在 IPython 控制台中的应用示例。

```python
y = [8,5,10,12,6,7,5,4]
stats(y)
(8, 7.125, 2.5708704751503917)
```

大多数情况下，我们将在本书的其余部分使用在编辑器窗口中创建的脚本和函数文件。

3.1.3　变量作用域

Python 变量有一种被称为作用域的属性，指的是在计算环境的上下文中，变量在其中有唯一的身份和值。通常情况下，一个变量的作用域被限制在与 Python 脚本/IPython 控制台相关的工作区或函数中。这个特性可以防止程序员无意中给不同情况下的变量指定了相同的名称，防止引起混乱和错误。

任何通过 IPython 控制台直接定义的变量都存储在 Python 工作区。你可以通过在控制台中输入变量的名字来随时检查变量的值。也可在控制台中的变量资源管理器窗口中查看信息。例如在最后一个使用 stats 函数的例子中，y 是在控制台中定义的，并可在变量资源管理器中显示，如图 3.2 所示。

Name	Type	Size	
y	list	8	[8, 5, 10, 12, 6, 7, 5, 4]

图 3.2　在变量资源管理器中显示的 y

我们需要更好地理解本地变量和工作空间变量之间的关系。举一个简单例子，考虑这个实现两个数字相加的函数和脚本：

```python
def adder(a,b):
    print('x = ',x)
    s = a+b
    return s
x = 88
c = 1
d = 5
print('sum = ',adder(c,d))
print('s = ',s)
```

编辑器立即在最后一行显示警告符号⚠，并显示错误消息"未定义变量 s"。变量 s 是函数 adder

的局部变量，不能从一般脚本中"看到"。如果我们删除该语句并使用函数运行脚本，控制台将显示：

```
x = 88
sum = 6
```

很明显，从函数内部可以看到工作区中的变量 x。另一种理解是我们可以从一个函数向上看工作区，但不能从工作区向下看一个函数。下面是另一个处理多个函数的示例。

```
import numpy as np
def sgnsqr(x):
    x1 = x*abs(x)
    return x1
def sgnsqrt(x):
    print('x1 = ',x1)
    x2 = np.sqrt(abs(x))*np.sign(x)
    return x2
x = -2.0
print('x squared with sign = ',sgnsqr(x))
print('square root of x with sign = ',sgnsqrt(x))
print('x2 = ',x2)
```

Spyder 编辑器立即将两个突出显示的语句标记为错误。这是因为从 sgnsqrt 函数看不到 sgnsqr 函数中的 x1 变量。同理，在工作区中无法看到 sgnsqrt 函数本地的变量 x2。删除这两个语句再运行代码，我们得到：

```
x squared with sign = -4.0
square root of x with sign = -1.4142135623730951
```

由此我们可以得出结论，Python 工作区中的变量是全局变量。根据我们在上一节的讨论，问题出现了，是否可以更改 Python 中局部变量的作用域属性？事实证明我们可以。

如果想将函数中变量的作用域从局部更改为全局，可将其声明为全局。请参阅我们对 adder 函数的修改。

```
def adder(a,b):
    global x
    x = 88
    s = a+b
    return s
c = 1
d = 5
print('sum = ',adder(c,d))
print('x = ',x)
```

结果是：

```
sum = 6
x = 88
```

我们可以看到变量 x 的值是在函数内被分配的，但它依然可在函数之后的脚本中使用。

作为最后一种情况，我们考虑嵌入其他函数中的函数。以下是示例。

```
def fun1(x):
    b = -1
    def fun2(a,x):
```

```
        b = a*x**5
        return b
    return fun2(b,x)
print('fun1 result = ',fun1(2))
print('fun2 result = ',fun2(2,-1))
```

这里，fun2 函数嵌入 fun1 函数中。最后一行代码显示一个错误，指出未定义名称 fun2。不能在 fun1 函数之外调用 fun2 函数。如果我们删除最后一条语句，结果将是：

```
fun1 result = -32
```

这里的序列是：

(1) 调用 fun1 时使用了参数 2。

(2) fun1 返回 fun2(-1,2)的结果：

fun2 计算-1×2^5=-32

(3) 结果显示-32。

尽管此处使用的示例可能不太符合实际，但也说明了作用域这个概念的重要意义。在 Python 中创建程序时，必须始终牢记作用域的概念。

3.2　输入和输出

到目前为止，我们已经看到了许多使用 print 函数在控制台中显示结果的示例。在本节中，我们将对此进行扩展，涵盖用户输入、文件输入/输出和 Python 中数组的工作区保存/加载功能。

input 函数。这个函数允许你将用户的输入分配给对应的变量。该函数返回一个字符串结果，因此，如果你输入的是数字类型，就必须使用 float 或 int 函数对其进行转换。一般语法是：

```
s = input('prompt string')
```

结果 s 是一个字符串。下面是一个具体例子：

```
Ts = input('enter a value for the temperature in degC: ')
Tin = float(Ts)
print('Temperature in degF is ','{0:6.1f}'.format(Tin*1.8+32))
```

控制台显示为：

```
enter a value for the temperature in degC: 37
Temperature in degF is   98.6
```

如果要将代码变得更加紧凑，可以用 float 函数“包裹”input 函数：

```
Tin = float(input('enter a value for the temperature in degC: '))
```

读取数据文件。在工程和科学领域，通常需要从外部文件(通常是文本文件)中读取数据集合。这些文件可能包含数千条记录，每条记录中包含数十条数据。作为示例，我们将在此展示如何从文件中读取一个小数据集，但该方法同样可扩展到更大的文件。下面是存储在名为 testdata.txt 文件中的用制表符分隔的一组数据：

```
0           -0.109          53.8
9            0              53.6
18           0.178          53.5
27           0.339          53.5
```

36	0.373	53.4
45	0.441	53.1
54	0.461	52.7
63	0.348	52.4
72	0.127	52.2
81	−0.18	52
90	−0.588	52

我们想将该文件读入 Python 程序并将值分配给三个数组，分别是 time、x 和 y。你可以使用 Windows 中的记事本或写字板等文本编辑器创建此数据文件。NumPy 模块通常用于文本读/写任务。这是从上面的文件中获取数据并绘图的代码。

```
import numpy as np
import pylab
time,x,y = np.loadtxt('testdata.txt',unpack=True)
pylab.plot(time,x,c='k')
pylab.twinx()
pylab.plot(time,y,c='k',ls='--')
pylab.grid()
```

结果如图 3.3 所示。

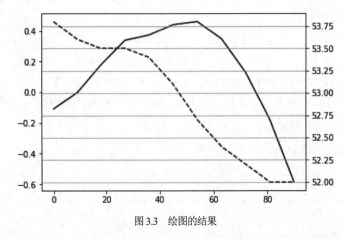

图 3.3　绘图的结果

设置 unpack=True 会导致数据以按列分隔的形式分配到变量 time、x 和 y 中。pylab.twinx()命令在右轴上绘制 y 曲线，这是因为 x 和 y 的大小差距悬殊。要获得轴标签和图例，需要做一些额外的工作，但我们不在此处描述。

通常，数据文件以逗号分隔并具有.csv 的文件扩展名。np.loadtxt 函数通过识别数据之间的空格或制表符来分隔同一记录中的数据。考虑先前数据文件 testdata.csv 的如下修改版本。

```
0,-0.109,53.8
9,0,53.6
18,0.178,53.5
27,0.339,53.5
36,0.373,53.4
45,0.441,53.1
54,0.461,52.7
63,0.348,52.4
72,0.127,52.2
```

```
81,-0.18,52
90,-0.588,52
```

可以修改 np.loadtxt 以将分隔符指定为逗号。

```
import numpy as np
time,x,y = np.loadtxt('testdata.csv',unpack=True,delimiter=',')
print(time[1],x[1],y[1])
```

得到结果是:

```
9.0 0.0 53.6
```

可在 Spyder 帮助中找到更多有关 np.loadtxt 函数的规范。值得一提的是，NumPy 模块中还有一个文件读取函数 genfromtxt()，它提供了更多选项，可管理文件记录中缺少数据等情况。

写入数据文件。将 Python 中的计算结果保存到外部文件(通常是文本文件)是一种常见的做法。然后可以由另一个 Python 程序或其他软件(如统计包、电子表格、数据库包)读取该文本文件。在下面的脚本中，我们会读取 testdata.csv 文件，然后将其写为 testdata1.txt。为了使数据以与原始文件相同的形式呈现，有必要创建并转置 time、x 和 y 的数组。

```
import numpy as np
time,x,y = np.loadtxt('testdata.csv',unpack=True,delimiter=',')
np.savetxt('testdata1.txt',np.array([time,x,y]).transpose()
    ,fmt=['%5d','%7.3f','%5.1f'])
```

生成的 testdata1.txt 文件如下所示:

```
0       -0.109     53.8
9        0.000     53.6
18       0.178     53.5
27       0.339     53.5
36       0.373     53.4
45       0.441     53.1
54       0.461     52.7
63       0.348     52.4
72       0.127     52.2
81       -0.180     52.0
90       -0.588     52.0
```

在上例中可以看到我们如何使用 fmt 说明符将特定格式应用于以上三列。

保存和加载数组。NumPy 模块提供用于存储和检索特定数组的功能。数组将以二进制格式存储在.npy 文件中。下面是 save 和 load 函数的示例。

```
import numpy as np
time,x,y = np.loadtxt('testdata.csv',unpack=True,delimiter=',')
X = np.array([time,x,y]).transpose()
np.save('Xdata.npy',X)
X2=np.load('Xdata.npy')
print(X2)
```

print 语句在控制台中生成以下输出:

```
[[ 0.    -0.109  53.8 ]
 [ 9.     0.     53.6 ]
 [18.     0.178  53.5 ]
```

```
[27.      0.339    53.5  ]
[36.      0.373    53.4  ]
[45.      0.441    53.1  ]
[54.      0.461    52.7  ]
[63.      0.348    52.4  ]
[72.      0.127    52.2  ]
[81.     -0.18     52.   ]
[90.     -0.588    52.   ]]
```

注意，结果将是一个数组。如果你有一个由 Python 程序生成的数组并希望将其加载到另一个程序中，则使用 save 和 load 函数会非常方便。

3.3　结构化编程

最简单的 Python 脚本是按顺序执行一组指令。目前为止，你在本书中看到的大多数示例都属于上述类型。也就是说，脚本语句从代码顶部开始逐行执行，一直执行到最后。因为这种自顶向下的执行方式具有高度限制性，所以所有计算机语言都提供允许程序采用非序列路径的语句。这些可以归类为：

- 决策(或选择)。基于决策的流程分支。
- 循环(或重复)。流的循环以允许重复语句。

3.3.1　决策流程

if 结构。如果逻辑条件为真，此结构允许你执行之后的语法。它的一般语法是：

```
if condition :
    statements
```

语句必须缩进，就像函数定义一样。注意冒号(:)的使用。当缩进结束的时候就是 if 结构结束使用的时候。例如，这是一个简单的 Python 函数，用于评估成绩是否合格。这在编辑器窗口中输入并保存为 SimpleIfStructureExample.py。

```
def grader(grade):
    """
    determines if a grade is passing
    input:
      grade = numerical value of grade (0 to 100)
    output:
      displayed message if grade is passing
    """
    if grade >= 60:
        print('passing grade')
```

下面是控制台中对 grader 函数的测试：

```
grader(85.6)
passing grade
```

注意，程序对 60 分以下的输入是没有无回复的。可以通过组合 if 和 print 语句使代码更紧凑。

```
if grade >= 60: print('passing grade')
```

可在该行中添加语句，用分号(;)分隔；但是我们建议仅对一条语句使用紧凑的单行 if 样式，或者使用缩进样式。后者使你的代码更具可读性。

逻辑条件。逻辑条件的最简单形式是仅存储值 True 或 False 的布尔变量。if 语句将变为：

```
if reset :
```

其中 reset 是一个布尔变量。

更常见的逻辑条件形式是比较两个值的关系表达式，如：

```
value1 relational_operator value2
```

其中 value1 和 value2 可以是常量、变量或表达式。表 3.1 中列出了基本的关系运算符。

表 3.1　Python 中的关系运算符总结

例子	运算符	关系
x == 0	==	等于
unit != 'm'	!=	不等于
a>0	>	大于
s<t	<	小于
3.9 >= a/3	>=	大于或等于
r <= 0	<=	小于或等于

Python 还允许通过使用逻辑运算符来测试多个逻辑条件。我们将强调以下几个逻辑运算符。not 用于执行表达式的逻辑否定。

```
not expression
```

如果表达式为真，则结果为假。相反，如果表达式为假(false)，则结果为真(true)。

and 用于对两个表达式进行逻辑连接。

```
expression1 and expression2
```

如果两个表达式都为真，则结果为真。如果其中一个或两个表达式的计算结果为假，则结果为假。

or 用于对两个表达式执行逻辑析取。

```
expression1 or expression2
```

如果其中一个**或**两个表达式的计算结果为真，则结果为真。如果两个表达式都为假，则结果为假。

表 3.2 总结了每个运算符的所有可能结果。就像算术运算一样，求值逻辑运算也有优先顺序。优先级从高到低为 not、and、or。

表 3.2　真值表总结了 Python 中使用的逻辑运算符的可能结果。运算符的优先顺序显示在表格顶部

x	y	最高	→	最低
		not x	x and y	x or y
T	T	F	T	T
T	F	F	F	T
F	T	T	F	T
F	F	T	F	F

在选择了优先级相同的运算符时，Python 将从左到右计算分别它们。与算术运算符一样，使用括号可以强制执行优先级顺序。让我们研究一下计算机如何使用优先级来评估逻辑表达式。

设 a =-1，b = 2，x = 1，y ='b'，评估下式哪个是 true，哪个是 false：

```
a * b > 0 and b = = 2 and x > 7 or not y > 'd'
```

为便于评估，可使用值来替换变量。

```
-1 * 2 > 0 and 2 = = 2 and 1 > 7 or not 'b' > 'd'
```

Python 的首要任务是计算任何算术表达式。在上式中只有一个-1*2。

```
-2 > 0 and 2 = = 2 and 1 > 7 or not 'b' > 'd'
```

接下来，将评估所有关系表达式。

```
-2 > 0 and 2 = = 2 and 1 > 7 or not 'b' > 'd'
F   and  T  and  F  or not F
```

注意，'b' > 'd' 为 false，因为'b'小于'd'；也就是说，它按照字母先后顺序位于'd'之前。此时，逻辑运算符按优先级顺序进行评估。最高的是 not，所以 not F = T。

```
F and T and F or T
```

and 运算符将从左到右进行评估。

```
F and F or T
   F   or T
```

最终评估的是 or 运算符，结果为 true。整个过程如图 3.4 所示。

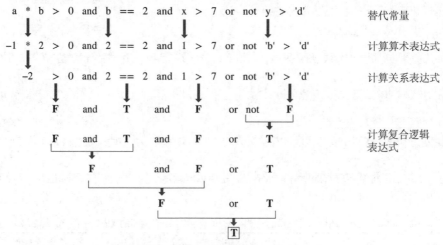

图 3.4　对复杂逻辑表达式的逐步评估

if...else 结构。此结构允许你在逻辑条件为 true 时执行一组语句，并在条件为 false 时执行另一组语句。它的一般语法是：

```
if condition :
    statements1
```

```
else:
    statements2
```

与之前的 Python 语法一样，使用 if...else 结构时也需要缩进(制表符或四个空格)。当下一个语句没有缩进时，表示该结构终止。

if...elif...else 结构。这种结构经常使用的环境是 if 结构的条件评估为 false，需要测试另一个条件。这种类型的结构发生在对于特定的问题，我们有两个以上的选择。对于这种情况，已经开发了一种特殊形式的决策结构，if…elif…else。它的一般语法是：

```
if condition1 :
    statements1
elif condition2:
    statements2
elif condition3:
    statements3
    .
    .
    .
else:
    statements_else
```

elif 的数量取决于条件数量。执行过程按优先顺序排列；也就是说，只要一个条件测试为 true，它的相关语句就会执行，且结构会退出而不检查剩余条件。其中的 else 不是必需的，除非有代码必须在所有测试条件都为 false 时执行。

例 3.3　if 结构

问题描述：对于标量，Python 内置的 NumPy 模块中的 sign 函数可以对输入的数为正数还是负数进行评估。如果是正数则返回 1 表示为 true，如果是负数则返回-1 表示 false，如果是 0 则返回 0。下面是一组控制台命令，用来说明 sign 函数的工作原理：

```
import numpy as np

np.sign(25.6)
1.0

np.sign(-1.776)
-1.0

np.sign(0)
0
```

下面请你开发一个能够实现相同功能的 Python 函数。

解决方案：首先，如果输入为正数，则可以使用 if 结构返回 1：

```
def sgn(x):
    if x > 0 :
        return 1
```

在编辑器中执行该功能后，可在控制台中对其进行测试。

```
sgn(25.6)
1
```

但是输入下面的语句将无法得到结果：

```
sgn(-1)
```

尽管该函数能够正确处理正数，如前所见，当它输入负数，将不会得到任何结果。为了弥补这个缺点，如果条件为 false，可以使用 if...else 结构来显示-1。

```
def sgn(x):
    if x > 0 :
        return 1
    else:
        return -1
```

如果我们尝试进行最后一次测试，它现在就能够提供正确的结果。

```
sgn(-1)
-1
```

虽然现在在输入正数和负数时都能得到正确的结构，但当我们输入 0 测试函数时，还是会返回 -1 这个结果。

```
sgn(0)
-1
```

这是不正确的，因为在这种情况下我们需要 0 的结果。if...else 结构可以扩展为 if...elif...else 结构以正确处理所有情况。

```
def sgn(x):
    if x > 0 :
        return 1
    elif x < 0 :
        return -1
    else:
        return 0
```

现在，我们可以用正数、负数和 0 这三种情况进行测试，以确保该函数的功能正常。

```
sgn(25.6)
1

sgn(-1.776)
-1

sgn(0)
0
```

我们注意到，其他语言具有 Select Case 或 switch 结构，允许在不考虑顺序的情况下进行多项选择。但 Python 中没有这样的语句，因此在使用 if...elif...else 结构时，一定要注意先后顺序。

3.3.2　关于参数的更多信息

对于前文我们学习到的函数示例，函数的参数在调用时必须按照它们在 def 语句中列出的先后顺序进行指定，这就是参数的位置属性。也可以使用可按任何顺序指定的关键字参数。我们在使用时，可以混合使用位置参数和关键字参数。但是位置参数必须首先出现在 def 语句的列表中。

我们将通过一个温度转换函数的例子来说明这一点。

```
def tempconvert(tempin,units='degF'):
    if units = = 'degF':
        return (tempin-32)/1.8
    else:
        return tempin*1.8+32
```

我们为上面这段代码中的 units 参数指定了一个默认值。如果在调用函数时忽略此参数，则默认情况下将从华氏温度转换为摄氏温度。但是如果为 units 参数指定了不同的字符串，例如"degC"，则转换将相反。以下是在控制台中使用该函数的示例。

```
tempconvert(98.6)
Out[86]: 36.99999999999999

tempconvert(37,units='degC')
Out[87]: 98.60000000000001
```

通过在函数定义中指定参数作为其名称，我们可按任何顺序输入参数，如：

```
tempconvert(units='degF',tempin=-40)
-40.0
```

3.3.3　循环

顾名思义，循环的目的是重复执行某项操作。根据重复的终止方式，有两种类型的循环：一类是计数控制的循环，在 Python 中称为 for 循环，在指定的重复次数后结束。第二类在 Python 中被称为 while 循环，仅在满足条件时重复。

for 循环。 for 循环将代码重复特定的次数。对于这种结构，Python 中有一个非常通用的语法：

```
for item in iterable_object:
    statements
```

这方面的一个例子是：

```
for choice in ['blue','green','yellow','magenta','cyan']
    statements
```

上述语句将按顺序重复五次，变量将从列表中的 5 种颜色中选择。在大多数的科学和工程数值应用中，我们对有起始值、结束值和步长的 for 循环更感兴趣。这里有一些例子：

- 从 1 到 25，以 1 为步长
- 从 10 到 1，以-1 为步长
- 从 0 到 100，以 10 为步长

我们可以使用一般语法：

```
for i in [1,2,3,4,5]
    statements
```

Python 提供了 range 类型来促进这些索引的规范。range 类型不是列表或数组，而是一种生成整数索引值序列的机制。它使用起来有点棘手，所以理解它很重要，因为我们经常将它与 for 循环一起使用。语法将是：

```
for index in range(start,end,step)
    statements
```

如果省略了上述语法中的 start 和 step，则

```
range(4)
```

将生成四个索引：0,1,2,3。

默认情况下 start＝0。其次，你会注意到生成的索引在到达 end 之前就停止了。让我们再用一些例子来探讨这个问题。

```
range(1,10,3)
```

这里，序列将是 1、4、7 和 10。但由于 end＝10，因此不会真正生成 10。结果将是 1、4、7。

我们经常使用循环索引变量作为数组和矩阵的下标。由于这些下标的起始点为 0，因此简单地使用 range 函数效果就很好。例如，一个有 25 个元素的数组可以通过 range(25)来编制索引(将生成 0、1、2、...、24 或 25)。

为说明这些概念，我们考虑一个 Python 函数，它能够计算从 1 到 n 的和。

```
def sumint(n):
    sum = 0
    for i in range(n):
        sum = sum + (i+1)
    return sum
print(sumint(10))
print(10*11/2)
```

执行此代码后，结果为

```
55
55.0
```

其中，第二个 print 函数使用了快捷公式

$$\sum_{i=1}^{n} i = \frac{n(n+1)}{2}$$

并确认第一个结果。由于 range 类型生成的序列是 0、1、...、n-1，因此我们必须在 sum 语句中使用 i+1。注意，i 和 sum 在函数之外没有值。另一个关注点是要检查循环终止后 i 所取的值。我们添加一个声明来做到这一点。

```
def sumint(n):
    sum = 0
    for i in range(n):
        sum = sum + (i+1)
    print('i at end of for loop = ',i)
    return sum
print(sumint(10))
print(10*11/2)
```

结果为

```
i at end of for loop = 9
55
55.0
```

可看到 i 在结束循环后有它的最后一个值。

例 3.4　使用 for 循环计算阶乘

问题描述。设计一个 Python 函数来计算阶乘[1]。

$0! = 1$

$1! = 1$

$2! = 1 \times 2 = 2$

$3! = 1 \times 2 \times 3 = 6$

$4! = 1 \times 2 \times 3 \times 4 = 24$

$5! = 1 \times 2 \times 3 \times 4 \times 5 = 120$

问题解答。可以设计一个简单的 Python 函数来实现阶乘的计算。

```
def factor(n):
    """
    computes the product of all the integers from 1 to n
    special case:  factor(0)=1
    """
    x = 1
    for i in range(n):
        x = x * (i+1)
    return x
```

以下是利用控制台对上述函数的一些测试。

```
factor(0)
1

factor(1)
1

factor(5)
120

factor(20)
2432902008176640000
```

对于 factor(5)，此循环将执行五次(i 从 0 到 4)，每次将前一个 x 乘以 i+1。结果是 120 或 5!。注意 n = 0 会发生什么。使用 range(0)，for 循环是否会执行一次？我们可以使用 Python 脚本进行测试：

```
for i in range(0):
    print(i)
```

执行此脚本时，控制台中没有得到输出，这说明循环并没有执行，range(0)不返回 i 的值[2]。这是因为我们在 for 循环之前设置了 x = 1 的值，所以这个值保留给了 factor(0)。

向量化。我们通过一些练习，就很容易实现和理解 for 循环。但是在 Python 中，将语句重复特定次数不一定是最有效的方法。借助 NumPy 模块，Python 可直接对数组和矩阵进行操作，向量化为我们提供了一种更高效的替代方案。例如下面的循环结构：

```
import numpy as np
```

1　math 模块已经有一个执行此计算的 factorial 函数。

2　这说明了一个重要原则。如果对 Python 中的语句、类型或函数的工作方式有疑问，可通过一个测试进行验证。

```
y = np.zeros(251)
for i in range(251):
    t = i * 0.02
    y[i] = np.cos(t)
```

for 循环用从 t = 0 到 50 的 251 个均匀间隔的 cos(t)值填充 y 数组。或者，我们可以使用向量化代码完成相同的操作：

```
import numpy as np
y = np.zeros(251)
t = np.arange(0.0,50.02,0.02)
y = np.cos(t)
```

需要注意，当 for 循环与数组和矩阵一起使用时，应始终优先考虑使用向量化方法实现循环。

内存的预分配。Python 不会在创建新元素时自动调整数组大小。例如，在前面的代码中，下面的这种修改将不起作用。

```
import numpy as np
for i in range(251):
    t = i * 0.02
    y[i] = np.cos(t)
```

上面的这段代码将不会正常运行，同时会在编辑器窗口上显示错误"未定义的变量 y"。你会注意到在前面的代码中，我们首先使用 np.zeros 函数创建了 y 数组。必须预先判断这个数组所需的大小。可使用的另一种方法是使用 np.append 函数逐个元素地扩展 y 的大小。

```
import numpy as np
y = np.array(0)
for i in range(250):
    t = i * 0.02
    y = np.append(y,np.cos(t))
```

预先确定数组的大小能够提高计算效率；但某些情况下，直到循环执行完毕后才能知道数组的最终大小。因此在后一种情况下，推荐使用 np.append 方法。

while 循环。只要逻辑条件为 true，while 循环就会始终执行。它的一般语法是：

```
while condition:
    statements
```

只要 condition 为 true，语句就会重复。一个简单例子是：

```
x = 8
while x > 0:
    x = x - 3
    print(x)
```

运行此代码后，结果是：

```
5
2
-1
```

注意，在下一个 while 检测到 true 之前显示-1 并退出循环。

附加循环功能。可对 for 和 while 循环进行一些修改，使得代码更灵活。其中最显著的是 break 命令。

其他编程语言(如 FORTRAN 和 Visual Basic)允许在循环代码中的任何位置退出循环。这不是

Python 的内置功能，但可以通过添加 if 语句和 break 命令来模仿该功能实现。我们可以称之为 while...break 结构。

还要注意 break 命令可用于提前退出 for 循环。这是典型语法：

```
while True:
    statements
    if condition: break
    statements
```

在上述语句中，当条件为 true 时，循环永远不会退出。当满足 break 条件时，它将按照 break 命令退出循环。当 if 语句就在 while 语句的下方时，这称为前测循环。当 if 语句穿插在语句中时，是一个中测循环；当 if 语句是最后一个语句时，被称为后测循环。在 while 循环中也可以有多个 if...break，这会提供一个非常灵活、通用的循环结构。

这是预测循环的示例：

```
x = 100
while True:
    if x < 0: break
    x = x - 5
print(x)
```

运行此脚本时控制台中显示的结果是：

```
-5
```

每个 while 循环都必须有一个退出条件，该条件将在某些时候测试为真；否则就会变成一个永远不会停止的无限循环。或者我们可将 if 测试放在循环代码的末尾并创建一个后测循环。

```
x = 100
while True:
    x = x - 5
    if x < 0: break
print(x)
```

结果与上述相同。但是此循环将比前面的循环少重复一次。还要认识到，因为这两个示例中的 print 语句没有缩进，这意味着它在循环之外。如果你希望在每次循环中打印出结果，你可以输入：

```
x = 100
while True:
    if x < 0: break
    x = x - 5
    print(x)
```

在这种情况下，输出将是：

```
100
95
90
.
.
.
5
0
-5
```

需要特别说明的是，事实上，前测、中测或后测这三种循环结构实际上都是相同的。正是这种简单性使得 FORTRAN 和 Visual Basic 等计算机语言的设计者更倾向于使用 if..break 结构。

Python 还提供了一个 continue 命令，允许循环在当前迭代终止后，继续开始循环重复。如下例：

```python
import random
i = 0
sum = 0
while True:
    x = random.normalvariate(100,20)
    if x < 100: continue
    i = i + 1
    sum = sum + x
    if i >= 10: break
avg = sum/i
print(avg)
```

此脚本的一次执行的结果是：

```
111.92167734130621
```

random.normalvariate 函数按照均值为 100、标准差为 20 的正态分布生成随机数。如果生成的随机数目小于 100，则 continue 命令会导致代码跳过后续计算并重复循环。如果 $x \geq 100$，则 i 递增，并且运行总和累加 x。在 10 次递增/累加后，循环退出，计算十次的平均值并显示在控制台。

有可能你会不经意间在 Python 中创建一个无限循环。如果这发生在 Spyder 环境中，可通过单击控制台窗口右上角的红色方形按钮来中止执行。

for 循环和 while 循环都提供了 else 语句。我们不会在本书中经常使用它，但为了保证本书内容的完整性，需要单独提及。带有 else 的每个循环类型的一般语法是：

```python
for item in iterable_object:
    statements1
    if condition: break
    statements2
else
    statements3

while True:
    statements1
    if condition: break
    statements2
else
    statements
```

如果任一循环正常终止，则执行 else 语句。如果 break 命令导致循环退出，则不会执行 else 语句。这似乎违反常识，因此请务必注意。

3.4　嵌套和缩进

我们需要明白 Python 中的结构可以相互嵌套。嵌套是指将结构放在其他结构中，无论它们是决策还是循环。以下示例说明了该概念。

例 3.5 嵌套结构

问题描述。二次方程的根

$$f(x)=ax^2+bx+c$$

可以用求根方程确定

$$x = \frac{-b \pm \sqrt{b^2 - 4ac}}{2a}$$

在给定系数值的情况下，设计一个 Python 函数来实现这个公式。

问题解答。自上而下的设计为实现上述函数提供了一种很好的方法。这种设计方式主要用于没有其他细节的一般结构。首先，我们认识到如果参数 a 为零，我们将遇到"特殊"情况；例如，单根或平凡值；否则，我们将有使用求根公式的常规情况。

```
def quadroots(a,b,c):
    """
    quadroots: roots of the quadratic equation
        quadroots(a,b,c): real and complex roots
                    of a quadratic polynomial
    input:
        a = second-order coefficient
        b = first-order coefficient
        c = zero-order coefficient
    output:
        r1: real part of the first root
        i1: imaginary part of first root
        r2: real part of the second root
        i2: imaginary part of second root
    """
    if a = = 0:
        # special cases
    else:
        # quadratic formula
    return r1,i1,r2,i2
```

接下来，我们设计更精炼的代码来处理特殊情况：

```
# special cases
if b != 0:
    # single root
    r1 = -c/b
    return r1
else:
    # trivial solution
    print('Trivial solution. Try again.')
```

我们可设计更加精炼的代码来处理求根公式：

```
# quadratic formula
d = b**2 - 4*a*c
if d >= 0:
    # real roots
    r1 = (-b+math.sqrt(d))/(2*a)
    r2 = (-b-math.sqrt(d))/(2*a)
    i1 = 0
```

```
        i2 = 0
    else:
        # complex roots
        r1 = -b/(2*a)
        i1 = math.sqrt(abs(d))/(2*a)
        r2 = r1
        i2 = -i1
    return r1,i1,r2,i2
```

然后将这些块替换回简单的"总体"框架从而给出最终结果。

```
def quadroots(a,b,c):
    """
    quadroots:  roots of the quadratic equation
        quadroots(a,b,c): real and complex roots
                        of a quadratic polynomial
    input:
        a = second-order coefficient
        b = first-order coefficient
        c = zero-order coefficient
    output:
        r1: real part of the first root
        i1: imaginary part of first root
        r2: real part of the second root
        i2: imaginary part of second root
    """
    import math
    if a = = 0:
        # special cases
        if b != 0:
            # single root
            r1 = -c/b
            return r1
        else:
            # trivial solution
            print('Trivial solution. Try again.')
    else:
        # quadratic formula
        d = b**2 - 4*a*c
        if d >= 0:
            # real roots
            r1 = (-b+math.sqrt(d))/(2*a)
            r2 = (-b-math.sqrt(d))/(2*a)
            i1 = 0
            i2 = 0
        else:
            # complex roots
            r1 = -b/(2*a)
            i1 = math.sqrt(abs(d))/(2*a)
            r2 = r1
            i2 = -i1
        return r1,i1,r2,i2
```

注意返回语句的位置以提供恰当的结果，这取决于实际情况。

如阴影部分所示，缩进有助于使代码的底层逻辑结构更加清晰。当然，这种缩进是由 Python 强制执行的。以下是来自控制台的结果，说明了该函数的执行方式。

```
quadroots(1,1,1)
(-0.5, 0.8660254037844386, -0.5, -0.8660254037844386)

quadroots(1,5,1)
(-0.20871215252208009, 0, -4.7912878474779195, 0)

quadroots(0,5,1)
-0.2

quadroots(0,0,0)
Trivial solution. Try again.
```

3.5 带有函数名称参数的 Python 函数

本书其余部分的内容涉及设计函数以对其他函数进行数值评估。尽管可以为分析每个新的方程设计定制化函数，但更好的方式是设计一个通用函数，并以参数形式传递需要分析的特定方程名称。我们称其为"函数-函数"。在详细描述如何在 Python 中实现之前，我们将首先介绍 lambda 函数，它提供了一种方便的方法来定义简单的用户定义函数，而不必开发成熟的 Python def 函数。

3.5.1 lambda 函数

lambda 函数允许你在不创建 Python def 函数的情况下创建一个简单函数。它们可使用以下语法定义：

```
function_name = lambda arglist: expression
```

以下是一个具体例子：

```
f1 = lambda x,y: x**2 + y**2
```

一旦在脚本或控制台中定义了 lambda 函数，就可以像其他函数一样使用它了。

```
f1(3,4)
25
```

lambda 函数可以包含来自工作区的参数。例如，

```
a = 4
b = 2
f2 = lambda x: a*x**b
```

其中，a 和 b 是全局变量。此脚本执行后，可在控制台中使用 f2 函数。

```
f2(3)
36
```

可在控制台中修改 a 的值，这同时会影响 f2 函数的定义。

```
a=3
f2(3)
27
```

lambda 函数属于匿名函数类型。

3.5.2 函数-函数

函数-函数是一类对其他函数进行操作的函数，一般以输入参数的形式传递给其他函数。Python 自然地接收函数名作为参数输入。举个简单例子，假设我们要创建一个函数，计算另一个函数 $f(x)$ 的值，该函数位于 $x1$ 和 $x2$ 这两个值的中点。实现上述功能的 Python 代码如下：

```python
import numpy as np
def midpoint(f,x1,x2):
    """
    this function evaluates f(x) at the midpoint
    between x1 and x2
    """
    xmid = (x1+x2)/2
    return (f(xmid))

def f(w):
    return np.sin(w)*np.cosh(w)-5

fmid = midpoint(f,0,3)
print('function value at midpoint =',fmid)
```

可以看到，midpoint 函数的 def 语句中包含了参数 f。这意味着函数-函数 midpoint 能够评估不同的函数 f。

在这里，我们通过使用函数来说明：

$$f(x) = \sin(x)\cosh(x) - 5$$

我们调用 $x1 = 0$ 和 $x2 = 3$ 的 midpoint 函数，得到结果：

```
function value at midpoint = -2.6534832023556882
```

通用性是指我们可以定义一个新函数：

$$g(x) = \frac{\pi x^2}{4}$$

并使用 midpoint 函数计算 $x1 = 1.5$ 和 $x2 = 2.78$。这里使用控制台中定义的 g(x) 的 lambda 函数。

```python
g = lambda x: np.pi*x**2/4
midpoint(g,1.5,2.78)
3.596809429094953
```

在本书的其余部分，我们将看到使用 Python 函数来执行复杂的数值方法。将创建这些函数，并使用 Python 已有模块中的其他函数，如 NumPy。

例 3.6 构建和实现功能函数

问题描述。 开发一个 Python 函数-函数来确定一个函数在一定范围内的平均值，并说明函数如何计算蹦极者的落地速度(在 $t = 0$ 到 12 秒的范围内)。

$$v(t) = \sqrt{\frac{mg}{c_d}} \tanh\left(\sqrt{\frac{c_d g}{m}}\, t\right)$$

其中 g=9.81m/s^2，m=68.1kg，c_d=0.25kg/m。

问题解答。 函数平均值可以使用 Python 内置的命令进行计算。

```
import numpy as np
import pylab
g = 9.81
m = 68.1
cd = 0.25
t = np.linspace(0,12,100)
v = np.sqrt(m*g/cd)*np.tanh(np.sqrt(cd*g/m)*t)
avgv = np.average(v)
print('average velocity = ',avgv)
pylab.plot(t,v,'k')
pylab.grid()
```

结果为：

```
average velocity = 36.08702728414769
```

查看图 3.5 可知，函数计算的结果是对曲线平均高度的合理估计。

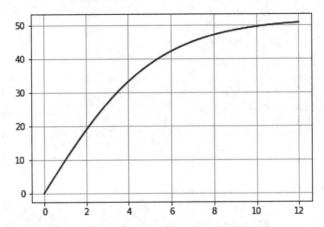

图 3.5　函数计算的结果是对曲线平均高度的合理估计

在此背景下，可以编写一个 Python 函数来执行相同的计算。

```
import numpy as np
def funcavg(a,b,n):
    """
    computes the average value of a function
    over a range
    requires import of numpy module
    input:
        a = lower bound of range
        b = upper bound of range
        n = number of intervals
    output:
        favg = average value of function
    """
    x = np.linspace(a,b,n)
    y = func(x)
    favg = np.average(y)
    return favg

def func(t):
```

```
    g = 9.81
    m = 68.1
    cd = 0.25
    f = np.sqrt(m*g/cd)*np.tanh(np.sqrt(cd*g/m)*t)
    return f
```

主函数 funcavg 使用 np.linspace 在范围内生成均匀分布的 x 值。然后将这些值传递给子函数 func，以生成 y 值。最后计算平均值。在 Editor 窗口执行时，将可从控制台调用函数：

```
funcavg(o, 12, 60)
36.012732777 68904
```

现在重写 funcavg 函数，这样它就不再是只能被 func 使用，而能作为参数传递给所有的非特定函数 f。

```
def funcavg(f,a,b,n):
    """
    computes the average value of a function
    over a range
    requires import of numpy module
    input:
        f = function to be evaluated
        a = lower bound of range
        b = upper bound of range
        n = number of intervals
    output:
        favg = average value of function
    """
    x = np.linspace(a,b,n)
    y = f(x)
    favg = np.average(y)
    return favg
```

因为我们已经从代码中删除了函数 func 并用参数 f 替换了它，所以这个版本是真正通用的。可以通过定义一个 lambda 函数从控制台中运行它。

```
import numpy as np

g = 9.81 ; m = 68.1 ; cd = 0.25

vel = lambda t: np.sqrt(m*g/cd)*np.tanh(np.sqrt(cd*g/m)*t)

funcavg(vel,0,12,60)
36.01273277768904
```

还可以向编辑器窗口添加另一个函数并将 funcavg 应用于该函数。

```
def f2(x):
    return np.sin(x)*np.cosh(x)-5
```

在控制台中可以得到：

```
funcavg(f2,0,3,50)
-2.9645972090434975
```

作为最后一个示例，可将对 lambda 函数的定义直接包含在 funcavg 中。

```
funcavg(lambda x:np.sin(x),0,2*np.pi,180)
0.0
```

这个结果符合你的预期吗？

现在可以看到，funcavg 函数旨在以函数形式评估任何有效的 Python 表达式。从非线性方程求解到微分方程的求解，我们将在本书的其余部分中常态化使用这种方式。

3.5.3　参数传递

回顾一下第 1 章中提到的数学模型，它可分为因变量、自变量、参数和强制函数等类别。对于蹦极模型来说，速度(v)为因变量，时间(t)为自变量，质量(m)和阻力系数(c_d)为参数，重力加速度常数(g)为强制函数。通过细致分析或案例研究来调查此类模型的行为是司空见惯的事，这涉及观察因变量如何随着参数和强制函数的变化而变化。

在例 3.6 中，我们设计了一个函数-函数 funcavg，并用它来确定当 $m = 68.1$ kg 和 $c_d = 0.25$ m/kg 时的蹦极速度平均值。现在我们要分析函数相同但输入参数值不同的情况，当然可为每种情况使用新值并重新输入函数，但最简便的方式是只更改参数。

如 3.5.1 节所述，可将参数作为函数的输入，且当函数 def 语句中包含默认值时，可按名称指定这些值，在未指定的参数之后以任意顺序指定。这些称为关键字参数。例如上一节在 func 函数中，我们将其写为：

```
import numpy as np
def func(t,m=70,cd=0.25):
    g = 9.81
    f = np.sqrt(m*g/cd)*np.tanh(np.sqrt(cd*g/m)*t)
    return f
```

因此，如果在未指定 m 或 c_d 情况下调用该函数，将使用默认值。或者可在 t 之后以任意顺序指定一个或两个参数。下文是一个具体例子：

```
func(12,cd=0.3)
47.1508430811294
```

在此计算中使用默认值 $m = 70$。

Python 提供了一种将可变数量的参数传递给函数的机制。如果想使用上面的函数 func 作为上一节中 funcavg 函数的输入参数，我们希望能通过 funcavg 将参数 m 和 c_d 传递给 func。如果按照下面这种方式修改 funcavg def 语句就会很尴尬：

```
def funcavg(f,a,b,n,m,cd):
```

因为这会将 funcavg 定义为我们正在研究的特定函数(func)。有一种更好的方法来处理这个问题，我们可以在 funcavg 函数参数列表的最后加入参数*args，来表明可以提供额外的参数。我们将在 $f(x)$ 参数中包含*args，从而将额外参数传递给 f。或者，可在被评估的函数中使用关键字参数，例如在上面的 func 中，我们使用 **kwargs 而不是 *args。下面的代码分别说明了这两种方法。

```
import numpy as np
def funcavg(f,a,b,n,*args):
    """
    computes the average value of a function
    over a range
    requires import of numpy module
    input:
```

```
    f = function to be evaluated
    a = lower bound of range
    b = upper bound of range
    n = number of intervals
output:
    favg = average value of function
"""
x = np.linspace(a,b,n)
y = f(x,* args)
favg = np.average(y)
return favg

def func(t,m,cd):
    g = 9.81
    f = np.sqrt(m*g/cd)*np.tanh(np.sqrt(cd*g/m)*t)
    return f
print('{0:7.3f}'.format(funcavg(func,0,12,60,68.1,0.25)))
```

运行的结果为：

```
36.013
```

在 print 命令调用 funcavg 函数时，指定了 func 所需的额外参数(68.1 和 0.25)。通过 f 函数中的 *args 规范，使用*args 传递给 func(作为 m 和 c_d)。现在，funcavg 不仅限于 func 示例。下面使用 **kwargs 实现可变关键字参数。

```
import numpy as np
def funcavg(f,a,b,n,**kwargs):
    """
    computes the average value of a function
    over a range
    requires import of numpy module
    input:
        f = function to be evaluated
        a = lower bound of range
        b = upper bound of range
        n = number of intervals
    output:
        favg = average value of function
    """
    x = np.linspace(a,b,n)
    y = f(x,**kwargs)
    favg = np.average(y)
    return favg

def func(t,m=70.0,cd=0.25):
    g = 9.81
    f = np.sqrt(m*g/cd)*np.tanh(np.sqrt(cd*g/m)*t)
    return f

print('{0:7.3f}'.format(funcavg(func,0,12,60,cd=0.3)))
```

执行此操作时，控制台显示：

```
34.322
```

通过通用的函数-函数传递特定情况下的参数，这已经被证明在数值方法计算中会很有用。

3.6 案例研究：蹦极者的速度计算

背景： 在本节中，我们将使用 Python 来解决本章开头提出的蹦极者的自由下落问题。其中涉及的解决方案包括：

$$\frac{\mathrm{d}v}{\mathrm{d}t} = g - \frac{c_d}{m}v|v|$$

回顾一下，当给定时间和速度的初始条件，问题涉及的迭代求解公式为：

$$v_{i+1} = v_i + \frac{\mathrm{d}v_i}{\mathrm{d}t}\Delta t$$

现请记住，为获得更高的准确性，我们将采取小步骤的方式。因此，我们希望重复使用该公式并在最后获得值。因此，解决该问题的算法将基于循环。

解决方案。 假设我们在 $t = 0$ 时开始计算，并希望使用 $\Delta t = 0.5\,\mathrm{s}$ 的步长来预测 $t = 12\,\mathrm{s}$ 时的速度。需要应用迭代方程24次，即

$$n = \frac{12}{0.5} = 24$$

其中 n 为循环迭代的次数。因为这个结果是精确的，即比值是一个整数，所以可使用一个 for 循环作为算法的基础。下面是一个执行此操作的 Python 函数，包括定义微分方程的子函数：

```
def velocity1(dt,ti,tf,vi):
    """
    Solution of bungee jumper velocity
    by Euler's method
    Input:
        dt = time step (s)
        ti = initial time (s)
        tf = final time (s)
        vi = initial value of velocity (m/s)
    output:
        vf = velocity at tf (m/s)
    """
    t = ti
    v = vi
    n = int((tf-ti)/dt)
    for i in range(n):
        dvdt = deriv(v)
        v = v + dvdt*dt
        t = t + dt
    vf = v
    return vf

def deriv(v):
    g = 9.81
    m = 68.1
    cd = 0.25
    dv = g - cd/m * v * abs(v)
    return dv
```

可从控制台调用 velocity1 函数并得到结果：

```
velocity1(0.5,0,12,0)
50.92590783030664
```

在上面这段代码中，你会注意到在将结果分配给 n 之前，我们使用了 int 函数将计算结果截断转换为整数，这是因为下一条语句需要一个整数参数。

我们还注意到，上述代码获得的真实值约为 50.6175(参见例 3.1)。我们可以尝试采用更小的 dt 值来获得更精准的数值结果。

```
velocity1(0.001,0,12,0)
50.61812389135902
```

虽然这个函数的实现非常简单，但也并非万无一失。(tf-ti)/dt 的值可能不是一个整数。为此，可以将 for 循环替换为 while 循环，该循环调整最后一步以准确地"命中"结束时间。新的代码为：

```
n = int((tf-ti)/dt)
for i in range(n):
    dvdt = deriv(v)
    v = v + dvdt*dt
    t = t + dt
vf = v
```

以及

```
h = dt
while True:
    if t + dt > tf: h = tf - t
    dvdt = deriv(v)
    v = v + dvdt*h
    t = t + h
    if t >= tf: break
```

在 def 语句中将 velocity1 重新命名为 velocity2。

进入 while 循环时，使用单行 if 结构来判断将 dt 添加到当前时间后是否会超过结束时间 tf。如果是，则减小步长 h，以便精确地满足 tf。如果没有，将继续原来的 h。当达到最终的 t 后，if 语句将判断为 true，并通过 break 命令退出 while 循环。

注意，在进入循环前，我们将时间步长的值 dt 赋给另一个变量 h，这样程序就不会在缩短最后一个时间步长时更改 dt 的给定值。这样做是因为我们可能需要在其他地方使用 dt 的原始值，并可将此代码集成到更大的程序中。

如果运行这个新版本，结果应该与基于 for 循环结构的版本相同。结果为：

```
velocity2(0.5,0,12,0)
50.92590783030664
```

此外，可以使用一个不能整除 tf-ti 的步长：

```
velocity2(0.35,0,12,0)
50.83478844076012
```

结果略有不同，因为解的近似值随步长而变化。我们应该注意到，该算法仍然不是万无一失的。例如，用户可能错误地输入大于计算间隔的步长，如 tf-ti=5 和 dt=20。因此，你可能希望在代码中包含错误检查以及"捕获"此类错误的功能，并允许用户更正错误。

最后一点，我们应该认识到上述代码不是通用的。也就是说，我们设计它是为了解决求解蹦极者最终速度的具体问题。

下面是一个更通用的版本。

```python
def odesimp(dydt,dt,ti,tf,yi):
    t = ti ; y = yi ; h = dt
    while True:
        if t + dt > tf: h = tf - t
        y = y + dydt(y)*h
        t = t + h
        if t >= tf: break
    yend = y
    return yend
```

注意，我们在这个版本中剥离了特定于求解蹦极者最终速度示例的算法部分(包括定义微分方程的特定子函数)，同时保留了求解技术的基本特征。然后可以使用此程序求解蹦极者的例子，方法是使用函数(可能是 lambda 函数)指定微分方程，并将函数名称作为第一个参数传递给 odesimp 用于求解。

```python
dvdt = lambda v: g - (cd/m)*v*abs(v)
odesimp(dvdt,0.5,0,12,0)
50.92590783030664
```

然后可以分析不同的情况，而不必进入并修改 odesimp 函数。例如，如果 $t = 0$ 时 $y = 10$，则微分方程

$$\frac{dy}{dt} = -0.1y$$

有解析解 $y = 10e^{-0.1t}$。因此 $t = 5$ 处的解将是 $y(5) = 10e^{-0.1 \times 5} \approx 6.0653$。可以使用 odesimp 函数在数值上获得类似的结果，如:

```python
odesimp(lambda y: -0.1*y,0.005,0,5,10)
6.064548228400564
```

最后，可以使用*args 来传递参数并开发最终的高级版本。为此，我们在 odesimp 函数的基础上创建 odesimp2 函数，如下所示。

```python
def odesimp2(dydt,dt,ti,tf,yi,*args):
    t = ti ; y = yi ; h = dt
    while True:
        if t + dt > tf: h = tf - t
        y = y + dydt(y,*args)*h
        t = t + h
        if t >= tf: break
    yend = y
    return yend
```

然后，可选择在编辑器中为 dvdt 创建函数，而不是使用 lambda 函数:

```python
def dvdt(v,cd,m):
    g=9.81
    return g - (cd/m)*v*abs(v)
```

并在脚本中添加一条语句来处理特殊情况。

```python
print('{0:7.3f}'.format(odesimp2(dvdt,0.5,0,12,0,0.25,68.1)))
```

控制台中的结果显示为:

```
50.926
```

你会发现,我们花了很长时间将程序修改为更紧凑的格式。由于使用了 *args,因此必须提供 cd 和 m 的值作为 odesimp2 函数中的最后两个参数进行运算。我们可以使用带有默认值的关键字参数。然后, **kwargs 将替换 odesimp2 函数中的*args。

习题

3.1 下图展示了一个带有锥形底座的圆柱形储罐。如果储罐中的水位很低,正好在储罐的锥形底座部分,那部分体积就是液体的锥形体积。如果水位在中部,也就是到达了圆柱体的部分,则液体的总体积包括圆锥形的全部和部分圆柱体。在给定罐形半径 R 和液体深度 d 值的情况下,使用决策结构编写 Python 函数来计算罐中的液体体积。如图所示,水箱被设计成锥形部分的高度为 R,圆柱形部分的高度为 $2R$。设计函数使其返回所有深度小于 $3R$ 情况下的液体体积。如果 $d>3R$,则返回错误消息 Overtop。使用以下输入数据测试你设计的函数的准确性。

R	0.9	1.5	1.3	1.3
d	1.0	1.25	3.8	4.0

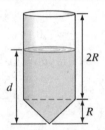

3.2 一定数额的资金 P 被投资到一个账户中,该账户会在期末产生复利。在 n 个周期以后,以利率 i 产生的未来价值 F 可以用以下公式确定:

$$F = P(1 + i)^n$$

审计一个 Python 函数用于计算每年从 1 到 n 的投资的未来价值。该函数的输入应包括初始投资 P、利率 i(作为小数部分,而非百分比)以及要计算未来价值的期数 n。注意,如果期间是年,那么利率必须是每年,而不是每月。输出应包含一个表格,其中包含时期和未来价值的标题和列。用 P=100000、i=0.05/年和 n=10 来测试你设计的程序。

3.3 经济学的公式可以用于计算贷款的每月还款额。假设你借了一笔钱 P,并同意按月利率 i 分 n 个月还款,i 是一个小数,而不是百分比。则计算月供 A 的公式是:

$$A = P\frac{i(1 + i)^n}{(1 + i)^n - 1}$$

注意,利率可能会令人感到困惑。贷款通常以年利率或 APR 报价。APR 与月利率的关系为:

$$i = \frac{\text{APR}/100}{12}$$

APR 与相当于以利率 i 每月支付 12 个月的年度单次付款百分比之间存在差异。后者将是

$$(1 + i)^n - 1$$

例如，12% 的 APR 表示每个月的 i 等于 0.01，换算为年利率约为 12.68%。给定金额(P)、期限(年)和年利率(%)，编写一个 Python 函数来确定每月支付的贷款数。假设你正在以 5.3% 的年利率获得一笔金额为 40000 美元的汽车贷款。使用你的函数编写一个脚本，生成一个以年为单位的期限表以及 3 年、4 年、5 年和 6 年贷款的每月付款数。

3.4　一个地区的日平均气温 T 可以通过以下公式进行近似计算：

$$T = T_{mean} + (T_{peak} - T_{mean})\cos(\omega(t - t_{peak}))$$

其中 t =一年 365 天(从 0 到 364)，T_{mean}=年平均温度，T_{peak} =年峰值温度，ω =年变化的频率($2\pi/365$)，t_{peak} = 达到峰值温度的日子($\approx$205 d)。下表列出了一些美国城市的具体参数。

城市	$T_{mean}/°C$	$T_{peak}/°C$
Miami	24.9	37.0
Yuma	31.7	42.0
Bismarck	12.8	29.4
Seattle	11.3	22.8
Boston	10.9	27.2

开发一个 Python 函数来计算特定城市一年中任意两天的平均气温，并用以下两种情况测试函数：

(a) Yuma　1~2 月($t = 0$~59)

(b) Seattle　7~8 月($t = 180$~242)

3.5　正弦函数等价于以下无穷级数：

$$\sin(x) = x - \frac{x^3}{3!} + \frac{x^5}{5!} - \cdots$$

设计一个实现上述公式的 Python 脚本，以便在添加级数的每个项时能够计算并显示 $\sin(x)$ 的近似值。换句话说，计算 $\sin(x)$ 的序列：

$$\sin(x) = x$$

$$\sin(x) = x - \frac{x^3}{3!}$$

$$\sin(x) = x - \frac{x^3}{3!} + \frac{x^5}{5!}$$

对于上述每一项，计算并显示相对误差的百分比为

$$误差百分比 = \frac{真实值 - 序列近似值}{真实值} \times 100$$

作为测试用例，使用程序计算 $\sin(0.9)$ 最多包含 8 项，即最后一项为 $x^{15}/15!$。

3.6　指定一个点相对于二维空间中原点的位置(见下图)需要两个条件。

● 笛卡儿坐标中的水平和垂直距离(x, y)。

● 极坐标中的半径和角度(r, θ)。

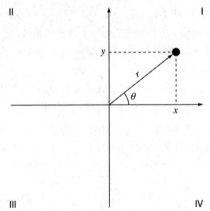

基于极坐标来计算笛卡儿坐标相对简单，但是反过来就没有这么容易。半径可以根据勾股定理通过以下公式计算 $x^2 + y^2 = r^2$：

$$r = \sqrt{x^2 + y^2}$$

如果坐标在象限Ⅰ和Ⅳ内，即 $x > 0$，可得：

$$\theta = \tan^{-1}\left(\frac{y}{x}\right)$$

注意，可以使用 atan(y/x) 函数实现上述方程。

角度 θ 在象限Ⅰ中为正，在象限Ⅳ中为负。下表总结了 θ 的诸多可能性。

x	y	
< 0	> 0	$\tan^{-1}(y/x) + \pi$
< 0	< 0	$\tan^{-1}(y/x) - \pi$
< 0	= 0	π
= 0	> 0	$\pi/2$
= 0	< 0	$-\pi/2$
= 0	= 0	0

使用 if...elif 结构设计 Python 函数，根据上表给定的四个象限中的 x 和 y 值计算 r 和 θ。通过评估以下情况来测试你的程序。

x	y	r	
2	0		
2	1		
0	3		
−3	1		
−2	0		
−1	−2		
0	0		
0	−2		
2	2		

math 模块有一个内置函数 atan2(y,x)。测试这个内置函数并将其与你的函数比较，注意其差异性。

附加说明：

(a) π 的值可从 math 模块中以 math.pi 的形式获得。

(b) NumPy 模块含有函数 arctan(y/x)和 arctan2(y,x)，除了 NumPy 函数允许向量化之外，它们与 math 模块的函数等效。

3.7 针对习题 3.6，开发一个 Python 函数来确定极坐标。但是，不同于设计函数来评估单个案例，在本题中需要给函数传递 x 和 y 的向量，并让函数显示一个表格，其中以列向量的形式显示 x、y、r 和 θ 的结果。使用题 3.6 中的案例测试程序。

3.8 设计一个 Python 函数，当输入一个 0 到 100 之间的数字，函数能够根据下表返回一个字母等级。

字母	标准
A	$90 \leqslant$ numeric grade $\leqslant 100$
B	$80 \leqslant$ numeric grade < 90
C	$70 \leqslant$ numeric grade < 80
D	$60 \leqslant$ numeric grade < 70
F	$0 \leqslant$ numeric grade < 60

函数的第一行应为 def lettergrade(score)。

设计这个函数使其在用户输入小于 0 或大于 100 时显示错误消息。分别使用 89.9999、90、45 和 120 来测试你的函数。

3.9 曼宁方程可用于预测矩形明渠中的水流速度：

$$U = \frac{\sqrt{S}}{n} \left(\frac{BH}{B + 2H} \right)^{2/3}$$

其中 U＝速度(m/s)，S＝通道斜率，n＝粗糙度系数，B＝通道宽度(m)，以及 H＝深度(m)。以下数据可用于五个通道。

n	S	B	H
0.036	0.0001	10	2.0
0.020	0.0002	8	1.0
0.015	0.0012	20	1.5
0.030	0.0007	25	3.0
0.022	0.0003	15	2.6

编写一个 Python 脚本，计算每个通道的速度。将表值输入每个参数的数组中。使用一条 Python 语句以向量化方式计算速度。让脚本以表格形式显示输入数据以及计算出的速度，其中计算出的速度在第五列。在表格中包含标题以标记列。

3.10 简支梁加载如图所示。使用奇异函数，梁的位移可以用下式表示：

$$u_y(x) = -\frac{5}{6}\big[(x - 0)^4 - (x - 5)^4\big] + \frac{15}{6}(x - 8)^3$$

$$+ 75(x - 7)^2 + \frac{57}{6}x^3 - 238.25x$$

根据定义，奇点函数可以表示为：

$$(x - a)^n = \begin{cases} (x - a)^n & x > a \\ 0 & x \leqslant a \end{cases}$$

开发一个 Python 脚本，并用该脚本创建位移图。图中，黑色虚线间为梁的每段距离。注意，梁左端的 $x = 0$。

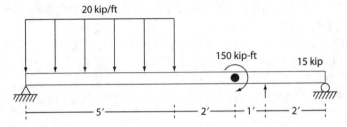

注意，图中 kip 是一个非 SI 单位，表示 1000 lbforce。

3.11 在一个半径为 r、长度为 L 的圆柱罐中，液体被部分填充于罐体中，罐体呈水平放置，液体的体积 V 与液体在圆柱中心线处的深度 h 相关，计算公式如下：

$$V = \left[r^2 \cos^{-1}\left(\frac{r-h}{r}\right) - (r-h)\sqrt{2rh - h^2} \right] L$$

请设计一个 Python 函数来展示液体体积与深度的关系图。以下是函数的前几行：

```python
import numpy as np
def cyltank(r,L,plot_title):
    """
    create a plot of the volume of liquid
    in a horizontal, cylindrical tank
    from empty to full tank
    inputs:
        r = inside radius of tank
        L = length
        plot_title = string for title of plot
    """
```

用下列语句测试你的程序：

```python
cyltank(3,5,'Volume vs.Depth for Horizontal
Cylindrical Tank')
```

3.12 开发 Python 脚本的向量化版本。

```python
import numpy as np
tstart = 0
tend = 20
ni = 8
t = np.zeros(ni+1)
y = np.zeros(ni+1)
t[0] = tstart
y[0] = 12 + 6*np.cos(2*np.pi*t[0]/(tend-tstart))
for i in range(1,ni+1):
    t[i]=t[i-1]+(tend-tstart)/ni
    y[i]=12+6*np.cos(2*np.pi*t[i]/(tend-tstart))
```

3.13 "分而平均"方法是一种古老的迭代方法，用于逼近任何正数的平方根，可表述为

$$x_{i+1} = \frac{x_i + a/x_i}{2}$$

其中下标表示从 i 到 $i + 1$ 的迭代。从这一次迭代到下一次迭代的相对变化项可以描述为：

$$\varepsilon_{i+1} = \left| \frac{x_{i+1} - x_i}{x_{i+1}} \right| \times 100\%$$

请使用 while...break 循环结果编写 Python 函数。通过反复循环，直到相对的变化小于指定的容差。设置容差为 0.0001%，以及分别设置 a 为 2、10 和-3 时的值。对于为负数的 a，你的函数应该返回虚数的结果，即-4 返回接近 2j 的值。

提示，可以通过将实数值乘以 j 来创建虚数值。

3.14 当因变量和自变量之间的关系不能用单个方程表示时，使用分段函数将变得很有用。例如，火箭的速度可以描述为

$$v(t) = \begin{cases} 10t^2 - 5t & 0 \leqslant t \leqslant 8 \\ 624 - 3t & 8 < t \leqslant 16 \\ 36t + 12(t-16)^2 & 16 < t \leqslant 26 \\ 2136e^{-0.1(t-26)} & t > 26 \\ 0 & 其他 \end{cases}$$

设计一个 Python 函数，当输入为 t 时计算 v。在此基础上设计一个脚本，该脚本使用该函数在 $t = -5$ 到 50 时生成 v 与 t 的图。

3.15 开发一个名为 rounder 的 Python 函数，实现将 x 转化为指定小数位数 n 的数。函数第一行应该是 def rounder(x,n)：当 n 为负数(例如 $n=-1$ 时)，小数点左边要四舍五入，四舍五入到十位。使用以下方法测试你的函数。

x	n
477.9587	2
-477.9587	2
0.125	2
0.362945	4
8192	-1
-1357842	-3

3.16 设计一个 Python 函数，计算一年中已经逝去的天数。函数的定义应该为

```
def days(mo,day,leap):
```

其中 mo=月份的数字，为 1~12；day = 日期的数字，为 1~31；leap = True 表示闰年，False 表示非闰年。

3.17 西历闰年的确定过程非常有趣。年份是 4 的倍数，且不是 100 的倍数，为闰年；或者，年份是 100 的倍数，同时是 400 的倍数，也是闰年。设计一个 Python 函数，当输入年份时，如果是闰年则返回 True，如果不是则返回 False。用不同的年份进行测试以验证该函数的功能。

3.18 编写一个带有函数参数的 Python 函数，即一个 "函数-函数"，它返回输入函数的自变量的最小值与最大值的差异。此外，函数应该在指定范围内生成被传递函数的图。在下列情况下测试你的函数：

(a) $f(t) = 8e^{-0.25t}$ $\qquad$ $0 \leqslant t \leqslant 6\pi$

(b) $f(x) = e^{4x} \sin\left(\frac{1}{x}\right)$ $\qquad$ $0.01 \leqslant x \leqslant 0.2$

(c) $f(x) = \dfrac{1}{(x-0.3)^2 + 0.01} + \dfrac{1}{(x-0.9)^2 + 0.04} - 6$ $\quad$ $0 \leqslant x \leqslant 2$

3.19 修改 3.6 节中的函数 odesimp。使其可以传递被传递函数的参数。针对以下情况对其进行测试：

```
dvdt = lambda v,m,cd: g - (cd/m)*v*abs(v)
odesimp(dvdt,0.5,0,12,-10,70,0.23)
```

3.20 设计一个 Python 脚本，计算热气球的速度 v 和位置 z，如习题 1.28 中所述。执行从 $t=0$ 到 60s 的计算，步长为 1.6s。在 $z=200$ m 处，假设部分有效载荷(100 kg)从气球中掉出。你的脚本结构应如下所示：

```
# hot air balloon script

import numpy as np
import pylab

g = 9.81  # m/s**2

# set parameters
r = 8.65  # balloon radius, m
cd = 0.47  # dimensionless drag coefficient
mp = 265  # initial mass of balloon and payload, kg
p = 101325  # atmospheric pressure at seal level, Pa
rgas = 287  # gas law constant for dry air. Pa*m**3/(kg*K)
tg = 100  # gas temperature, degC
tamb = 10  # ambient air temperature, degC
zd = 200  # elevation at which mass is jettisoned, m
md = 100  # mass jettisoned, kg
ti = 0  # initial time, s
tf = 60  # final time, s
vi = 0  # initial velocity, m/s
zi = 0  # initial elevation, m
dt = 1.6  # integration step size, s

# preliminary computations
d = 2*r  # balloon diameter, m
tgabs = tg + 273.15  # absolute temperature of gas, K
tambabs = tamb + 273.15  # absolute temperature of ambient air, K
ab = np.pi * d**2 / 4  # cross-sectional area of balloon, m**2
vb = 4/3*np.pi*r**3  # balloon volume, m**3
rhog = p/rgas/tgabs  # density of gas, kg/m**3
rhoa = p/rgas/tambabs  # density of ambient air, kg/m**3
mg = rhog*vb  # mass of gas in balloon, kg
cdd = rhoa*ab*cd/2  # dimensional drag coefficient, m/kg

# compute number of integration steps required
# create vectors for time, velocity, and elevation
# initialize the first elements of these vectors

#  while loop to carry out Euler integration
#  integrate dvdt to get v, v to get z, and advance t by dt
#  adjust final step to match tf

# print out a well-formatted table of time, elevation, and velocity
# create a plot of elevation and velocity versus time with twin axes
```

3.21　正弦曲线的一般方程可以写成

$$y(t) = \bar{y} + \Delta y \sin(2\pi f t - \phi)$$

其中 y=因变量，$\bar{y}$=平均值，Δy= 幅度，f 是频率(当时间以秒为单位时，即为 Hz)，t =时间，φ =相移。

使用 Python 绘图对 $y(t)$ 随参数 $\bar{y}$、Δy、f 和 φ 的变化情况进行研究。另外，将正弦函数与余弦函数联系起来。特别是，在 $0 \leqslant t \leqslant 2\pi$ 范围内绘图，并针对这些情况分别使用两条曲线：

$y(t) = \sin(3\pi t)$	$y(t) = \sin(2\pi t)$
$y(t) = \sin(2\pi t - \pi/4)$	$y(t) = \sin(2\pi t)$

$y(t) = 0.5 + 1.2 \sin(2\pi t)$	$y(t) = \sin(2\pi t)$
$y(t) = \cos(2\pi t - \pi/2)$	$y(t) = \sin(2\pi t)$

此外，为上述基本情况创建 $y(t)$ 与 t 的极坐标图。

3.22　分形(fractal)是一种曲线或几何图形，其每一部分都具有与整体相同的统计特征。分形在建模中很有用，例如建模被侵蚀的海岸线或者雪花。它们还可以描述部分随机或混沌现象，例如晶体生长、流动中的湍流和星系形成等。 Devaney (1990)写了一本不错的书，其中包含一个创建有趣分形图案的简单算法。以下是该算法的分步说明：

(1) 分别为变量 m 和 n 赋值。

(2) 启动一个 for 循环迭代 10 000 次。

(3) 从 0 和 3 之间的均匀分布中计算一个随机数 q。

(4) 如果 q 的值小于 1，则转到步骤(5)；否则，转至步骤(6)。

(5) 计算新的 $m=m/2$ 和新的 $n=n/2$ 并执行步骤(9)。

(6) 如果 q 的值小于 2，则执行步骤(7)；否则，转到步骤(8)。

(7) 计算新值 $m=m/2$ 和 $n=(300+n)/2$。转到步骤(9)。

(8) 计算新值 $m=(300+m)/2$ 和 $n=(300+n)/2$ 。

(9) 如果 i 小于 1000，执行步骤 10；否则，转到步骤(11)。

(10) 在坐标 (m, n) 处绘制一个点。

(11) 终止第 i 次迭代。

使用 for 循环和 if 结构为此算法开发一个脚本。运行以下两个例子：

(a) $m= 2$, $n= 1$

(b) $m= 100$, $n= 200$

3.23　编写一个名为 fnorm 的 Python 函数来计算 $m \times n$ 的 Frobenius 范数。

$$\|A\|_f = \sqrt{\sum_{i=1}^{m} \sum_{j=1}^{n} a_{ij}^2}$$

这是一个使用该函数的示例脚本。

```
A = np.matrix(' 5 7 9 ; 1 8 4 ; 7 6 2')
fn = fnorm(A)
print(fn)
```

3.24　地球大气层的压强和温度不断变化，这主要取决于几个因素，包括高度、经度/纬度、时间和季节等。在设计飞行器时，要通盘考虑所有这些因素是不切合实际的。因此，标准大气模型经常被工程师和科学家们用作研发工作的一个标准。国际标准大气模型就是这样一种模型，它描述了地球大气层况如何在特定或海拔内发生变化。下表显示了选定高度的温度和压力值。

层数	名称	高度/km	温度直减率/(°C/km)	温度/°C	气压/Pa
1	对流层	0	-6.5	15.0	101325
2	对流层	11	0	-56.5	22632
3	同温层	20	1	-56.5	5474.5
4	同温层	32	2.8	-44.5	868.02
5	同温层	47	0	-2.5	110.91
6	中间层	51	-2.8	-2.5	66.939
7	中间层	71	-2.0	-58.5	3.9564
8	中间层	84.852	-	-86.28	0.3734

然后可将每个高度的温度计算为：

$$T(h) = T_i + \gamma_i(h - h_i) \qquad h_i \leqslant h \leqslant h_{i+1}$$

其中 $T(h)$=高度 h 处的温度(°C)，T_i=第 i 层的基础温度(°C)，γ_i=温度直减率或温度随高度线性变化的速率(°C/km)，h_i=第 i 层高于平均海平面(MSL)的基本位势高度。据此可以将每个高度的压力计算为：

$$p(h) = p_i + \frac{p_{i+1} - p_i}{h_{i+1} - h_i}(h - h_i)$$

其中 $p(h)=$ 高度 h 处的压强(Pa)，p_i=第 i 层的基础压强(Pa)。然后可计算密度 $\rho(\text{kg/m}^3)$：

$$\rho = \frac{MWp}{RT_a}$$

其中 MW=空气平均分子量(28.96g/mol)，R=气体常数[(8314.5 Pa·m³/(kg·mol·K))，T_a=热力学温度(K)。

开发一个 Python 函数 stdatm 来确定给定高度的三个属性的值。如果用户请求的高度值超出表格范围，该函数应返回错误消息。使用以下脚本分别创建温度、压力和密度与高度的关系图。对于每个图，在垂直轴上为高度。

```
"""
Script to generate a plot of
temperature, pressure and density
for the International Standard Atmosphere
"""
import numpy as np
import pylab

h = np.array([0,11,20,32,47,51,71,84.852])
gamma = np.array([-6.5,0,1,2.8,0,-2.8,-2])
t = np.array([15,-56.5,-56.5,-44.5,-2.5,-2.5,-58.5,-86.28])
p = np.array([101325,22632,5474.9,868.02,110.91,66.939,3.9564,0.3734])
hint = np.arange(0,84.852,0.1)
n = len(hint)
tint = np.zeros(n)
pint = np.zeros(n)
rhoint = np.zeros(n)
for i in range(n):
    tint[i],pint[i],rhoint[i]=stdatm(h,t,p,gamma,hint[i])

# add code to create plots
```

```
# check error trapping with this command
ttest,ptest,rhotest = stdatm(h,t,p,gamma,85)
```

3.25 开发一个 Python 函数将温度向量从摄氏度转换为华氏度，反之亦然。使用以下数据测试加利福尼亚州死亡谷和南极的平均月气温。

		死亡谷	南极
15	54		−27
45	60		−40
75	69		−53
105	77		−56
135	87		−57
165	96		−57
195	102		−59
225	101		−59
255	92		−59
285	78		−50
315	63		−38
345	52		−27

以下面的脚本为基础，生成两张温度与天数的关系图，一张以°F 单位，第二张以°C 为单位。在每张图上显示两个位置的曲线。如果用户要求使用 "°C" 或 "°F" 以外的单位，请为他们提供更正输入的机会。

```
"""
Script to generate plots of temperatures versus day of the year
for Death Valley and the South Pole.
Two plots generated: 1) using degC 2) using degF.
Both locations included on each plot.
Function tempconv accepts arrays of temperature input.
"""
import numpy as np
import pylab

# Add code to create function tempconv(tempin,scalecode) where scalecode is
# the temperature scale to which tempin will be converted.

day = np.array([15,45,75,105,135,165,195,225,255,285,315,345])
tfdv = np.array([54,60,69,77,87,96,102,101,92,78,63,52])
tcsp = np.array([-27,-40,-53,-56,-57,-57,-59,-59,-59,-50,-38,-27])
n = len(day)
tcdv = np.zeros(n)
tfsp = np.zeros(n)
tcdv = tempconv(tfdv,'C')
tfsp = tempconv(tcsp,'F')

# add code to create plots

# test your error check with
testtemp = tempconv(1200,'K')
```

```
print('{0:6.1f}'.format(testtemp))
```

3.26 在上题中，温度单位只有两种选择：℃ 和℉。我们可将朗肯(°R)和开尔文(K)包括在热力学温度中，这会给 tempconv 函数增加一些复杂性。当处理压力时，由于常用单位的数量不同，情况会更混乱。以下是一些可能性及其以帕斯卡(Pa)为单位的 SI 等效值。

序号	单位	用途	转换为 Pa, C_i
1	psi	在美国广泛用于胎压测量	6894.76
2	atm	用于高压的科学计算	101325
3	inHg	用于气象学的气压	3376.85
4	kg/cm²	在欧洲广泛使用	98066.5
5	inH₂O	用于美国的供暖/通风/空调	248.843
6	Pa	SI 标准，N/m²	1
7	bar	在科学计算中广泛应用	100000
8	dyne/cm²	CGS 单位，之前用于科学计算	0.1
9	ftH₂O	液压	2988.98
10	mmHg	气压计，之前用于科学计算	133.322
11	torr	真空测量，同 mmHg	133.322
12	ksi	用于美国的结构工程，与 psi 相同	6894.76

当涉及实际测量的压力时，还有一个区别。上表描述了如何将其中一个单位转换为 Pa，但不一定将其中一个单位中的测量压力转换为 Pa。表压与绝对压力的概念是不同的。表压是高于(或低于)环境压力的压力。绝对压力是表压加上环境压力。例如 psig 表示表压；而 psia 代表绝对压力。在标准海平面条件下，psia=psig +14.696。在这个问题中，我们将考虑所有压力，而不考虑表压或绝对压力。上表中的信息可用于实现单位换算。一种方法是将单位代码和相应数量的帕斯卡存储在具有匹配下标的单个数组中。例如：

```
U[1] = 'psi'        C[1] = 6894.76
U[2] = 'atm'        C[2] = 101325
```

为将表格中的给定单位转换为另一个单位，可以转换为 Pa 然后返回到所需的单位。一般公式为

$$P_d = \frac{C_i}{C_j} P_g$$

其中 P_g= 给定的单位压力，P_d = 所需单位的压力，j =所需单位的索引，i =给定单位的索引。例如要将 28.6 psi 的轮胎压力转换为大气压，我们将使用

$$P_d = \frac{C_i}{C_j} P_g = \frac{6894.76 \text{ Pa/psi}}{101325 \text{ Pa/atm}} 28.6 \text{ psi} = 1.95 \text{ atm}$$

我们看到从一个单位到另一个单位的转换首先需要确定与所需单位对应的索引，然后使用转换公式。下面是执行此操作的分步算法：

(1) 分配单位 U 和转换数组 C 的值。

(2) 让用户通过输入 i 的值来选择输入单位。如果用户在 1~12 范围内输入了正确的值，则进入步骤(3)；如果用户输入的值超出范围，则显示错误消息并重复此步骤。

(3) 让用户输入给定的压力值 P_g。

(4) 让用户通过输入 j 的值来选择所需的单位。如果用户在 1~12 范围内输入了正确的值，则执行步骤(5)。如果用户输入的值超出范围，则显示错误消息并重复此步骤。

(5) 使用公式以及 i 和 j 的索引将给定输入单位中的数量转换为所需输出单位中的值。

(6) 显示在给定单位下的压力，以及所需单位下的压力。

(7) 询问用户是否需要针对相同的给定单位压力输出另一个所需单位的压力。如果是，则返回步骤(4)。如果不是，则继续执行步骤(8)。

(8) 询问是否需要使用新压力和给定单位进行另一次转换。如果是，返回步骤(2)。如果不是，结束算法。

使用决策和重复结构开发结构良好的 Python 脚本来实现此算法。在以下情况下测试你的脚本：

a. 复制上面的示例，确保你从 28.6 psi 的输入中获得了 1.95 atm 的值。

b. 尝试为输入 i 选择代码。程序是否捕获此错误并允许对其进行更正？然后，尝试 Q 的选择代码，会发生什么呢？

c. 对于程序中需要输入 y 或 n 的是/否问题，请尝试使用不同的字母。该程序是否会责备你并允许你更正回答？如果你回答 Y 而不是 y 怎么办？应该宽容吗？如果你输入一个像 1.3 这样的数字而不是 y 或 n 会发生什么？如果在不输入 y 或 n 的情况下按 Enter 键会发生什么？如果脚本在这些测试中存在问题，你可以修改它以解决这些问题吗？

d. 说明以下转换：

- 20 bar 到 psi
- 75 ftH$_2$O 到 atm
- 1×10^{-4}torr 到 Pa

第4章

舍入和截断误差

本章学习目标

本章的主要目的是了解数值方法中的主要误差来源。具体目标和主题包括：

- 理解准确度和精确度之间的区别。
- 学习如何量化误差。
- 学习使用误差估计来确定何时终止迭代计算。
- 理解舍入误差在计算机表示数字能力有限情况下是如何发生的。
- 理解为什么浮点数的范围和精度有限制。
- 理解当精确的数学公式采用近似表示时，会出现截断误差。
- 知道如何使用泰勒级数来估计截断误差。
- 了解如何写出一阶和二阶导数的前向、后向和中心有限差分近似值。
- 了解减少截断误差时会增加舍入误差。

问题引入

在第1章中，建立了一个关于蹦极者速度的数值模型。为用计算机解决该问题，必须用有限差分近似得到速度的导数：

$$\frac{\mathrm{d}v}{\mathrm{d}t} \approx \frac{\Delta v}{\Delta t} = \frac{v(t_{i+1}) - v(t_i)}{t_{i+1} - t_i}$$

因此，得到的解并不准确，也即存在误差。

此外，用来求解的计算机也是一个不完善的工具。由于它是一种数字设备，计算机在表示数字的大小和精确度方面能力受到限制，因此，机器本身会产生包含误差的结果。

因此，数学近似和数字计算机都导致模型预测结果不确定。那么你的问题是：如何处理这种不确定性？特别是，为了获得可接受的结果，是否有可能理解、量化和控制此类误差？本章将介绍工程和科学上用来处理这类难题的一些方法和概念。

4.1 误差

工程师和科学家们不断发现自己必须根据不确定的信息基础完成目标并做出决策，虽然完美是一个值得称赞的目标，但它很少实现。例如，尽管根据牛顿第二定律建立的模型是一个很好的近似，但它在实践中永远无法准确预测蹦极者的下落速度。各种因素，如风和空气阻力的微小变化，都会导致预测的偏差。此外，对蹦极者下落速度的测量也存在误差，如果这些偏差是系统性的高或低，那么我们可能需要开发一个新的模型。然而，如果这些误差是随机分布的，并且紧密地围绕着预测值，那么这些偏差可能被认为是可以忽略的，并且模型被认为是足够的。数值近似也会在分析中引入类似的差异。

本章涵盖了与这些误差的识别、量化和最小化相关的基本主题。4.1 节回顾了与误差量化有关的一般信息。第 4.2 和 4.3 节分别处理了两种主要形式的数值误差：舍入误差(由于计算机的近似)和截断误差(由于数学近似)。此后描述了减少截断误差有时会增加舍入的策略。最后，简要讨论了与数值方法本身没有直接联系的误差，这些误差包括实验错误、模型误差和数据相关的误差。

4.1.1　准确度和精确度

与数值计算和实验测量有关的误差可以通过其准确度和精确度来描述。准确度是指计算或测量的值与真实值的接近程度。精确度是指单个计算值或测量值彼此之间的一致程度。

这些概念可以用打靶练习中的一个比喻来加以说明。图 4.1 中每个靶子上的弹孔可以被认为是数字技术的预测；而靶心则代表真值。不准确(也叫偏差)被定义为系统地偏离真值。因此，尽管图 4.1(c)中的射击点比图 4.1(a)中的射击点更紧密，但这两种情况的偏差是一样的，因为它们都聚集在目标的左上象限。另一方面，不精确性(也叫不确定性)是指散射的大小。因此，尽管图 4.1(b)和 4.1(d)同样准确，也即以靶心为中心，但后者更精确，因为射击点是紧密分布的。

数值方法应该有足够准确或无偏差，以满足特定问题的要求。它们还应该足够精确以进行适当的设计。在本书中，将用误差这个统称来表示预测的不准确和不精确。

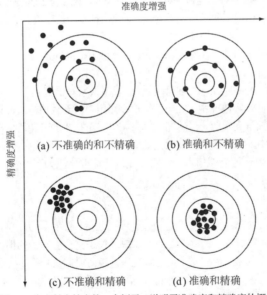

图 4.1　来自射击技术的一个例子，说明了准确度和精确度的概念

4.1.2　误差定义

数值误差来自使用近似值来表示准确的数学描述和运算。对于此类误差，准确的或真实的结果与近似值之间的关系可以表述为

$$真实值=近似值+误差 \tag{4.1}$$

通过重新排列式(4.1)，我们发现数值误差等于真实值与近似值之间的差，如

$$E_t=真实值-近似值 \tag{4.2}$$

其中 E_t 用于表示准确的误差值，下标 t 被包含以表示这是一个真实的误差。这与其他情况不同，如稍后描述的那样，必须采用对误差的"近似"估计。注意，真正的误差通常被表示为一个绝对值，并称为绝对误差。

该定义的缺点是，它没有考虑到被检查数值的数量级。例如，如果我们测量的是一个铆钉而不是一座桥梁，那么一厘米的误差就显得更重要。考虑到被评估量的大小的一种方法是将误差归一到真实值，如

$$相对误差 = \frac{真实值-近似值}{真实值}$$

虽然该度量方法很有用，但是它通常以两种方式被修改。首先，方程的符号可以是正的，也可以是负的。如果近似值大于真实值，则误差为负；而如果近似值小于真实值，则误差为正。分母可能小于零，这也会导致负的误差。在进行计算时，我们通常不关心误差的符号，而是更关心它的大小。其次，相对分数误差通常要乘以 100% 来表示为百分比误差。这两种修改的结果都会得到

$$\varepsilon_t = \left| \frac{真实值-近似值}{真实值} \right| \times 100\% \tag{4.3}$$

其中 ε_t 是百分比相对误差的绝对值。

例如，假设你的任务是测量一座桥和一个铆钉的长度，结果分别是 9999cm 和 9cm。如果真实值分别为 10000cm 和 10cm，则两种情况下的误差均为 1cm。但是，它们的相对误差绝对值可以用式(4.3)分别计算为 0.01% 和 10%。因此，虽然两个测量值都有 1cm 的绝对误差，但铆钉的相对误差要大得多，我们可能会得出这样的结论：已经完成了测量桥梁的充分工作，但对铆钉的估计还有待改进。

注意，对于式(4.2)和式(4.3)，E 和 ε 的下标是 t，表示误差基于真实值。对于铆钉和桥梁的例子，我们提供了这个值。但在实际情况中，此类信息很少可用。对于数值方法，只有当我们处理可以解析求解的函数时，才能知道真实值。当研究简单系统中特定技术的理论行为时，通常会出现这种情况。然而，在实际应用中，我们显然不会预先知道真正的答案。对于这些情况，另一种方法是使用真实值的最佳可用估计值，即近似值本身，将误差进行标准化，如

$$\varepsilon_a = \left| \frac{近似误差}{近似值} \right| \times 100\% \tag{4.4}$$

其中下标 a 表示误差被标准化为一个近似值。还要注意，在实际应用中，式(4.2)不能用来计算式(4.4)分子中的误差项。数值方法的挑战之一是在缺乏关于真实值知识的情况下确定误差估计。例如，某些数值方法使用迭代来计算答案。这种情况下，当前近似值是基于先前的近似值得到的。重复或迭代地执行此过程，以连续计算越来越好(希望)的近似值。这种情况下，误差通常被估计为先前和当前近似值之间的差值。因此，百分比相对误差为

$$\varepsilon_a = \left| \frac{当前近似值-先前近似值}{当前近似值} \right| \times 100\% \tag{4.5}$$

该方法和其他表达误差的方法将在随后章节中阐述。

在执行迭代数值方法时，必须考虑何时停止迭代。为此，我们必须指定一个可接受的百分比相对误差 ε_s。这种情况下，重复计算直到

$$\varepsilon_a < \varepsilon_s \tag{4.6}$$

这种关系被称为停止标准。如果满足这一要求，则假设结果在规定的可接受水平 ε_s 内。

将这些误差与近似值中的有效数字的数量联系起来也很方便。可以证明(Scarborough, 1966)，如果满足以下标准，可以确信结果至少精确到 n 个有效数字。

$$\varepsilon_s = (0.5 \times 10^{2-n})\% \tag{4.7}$$

例 4.1 迭代方法中的误差估计

问题描述。在数学中，函数通常可以用无穷级数表示。例如，指数函数可表示为

$$e^x \approx 1 + x + \frac{x^2}{2} + \frac{x^3}{3!} + \cdots + \frac{x^n}{n!} \tag{E4.1.1}$$

因此，随着更多的项被添加到序列中，对 e^x 的真实值的近似估计变得越来越准确。上式称为麦克劳林级数展开。

从最简单的版本开始，$e^x \approx 1$，逐个添加项，以估计 $e^{0.5}$。添加每个新项后，分别用式(4.3)和式(4.5)计算真实和近似百分比相对误差。注意，真实值非常接近于 15 位有效数字，即 $e^{0.5} \approx 1.64872127070013$。添加项直到近似误差估计 ε_a 的绝对值低于预先规定的误差标准 ε_s，对应三位有效数字。

问题解答。首先利用式(4.7)确定误差准则，保证结果至少对三位有效数字正确：

$$\varepsilon_s = (0.5 \times 10^{2-3})\% = 0.05\%$$

因此，我们将在级数中添加项，直到 ε_a 低于这一水平。

第一个估计值是简单地用式(E4.1.1)的一个单项来表示，因此，第一个估计值等于 1。然后通过添加第二项生成第二个估计值，如下所示：

$$e^x = 1 + x$$

或对于 $x = 0.5$，有

$$e^{0.5} = 1 + 0.5 = 1.5$$

这表示式(4.3)的真实百分比相对误差为

$$\varepsilon_t = \left| \frac{1.64872127070013 - 1.5}{1.64872127070013} \right| \times 100\% \approx 9.02\%$$

方程(4.5)可以用来确定误差的近似估计：

$$\varepsilon_a = \left| \frac{1.5 - 1}{1.5} \right| \times 100\% \approx 33.3\%$$

因为 ε_a 不小于要求的值 ε_s，我们将继续计算，加入另一个项 $x^2/2!$，并重复误差计算。该过程一直持续到 $\varepsilon_a < \varepsilon_s$，整个计算过程可以概括为表 4.1。

表 4.1 整个计算过程

项	结果	$\varepsilon_t/\%$	$\varepsilon_a/\%$
1	1	39.3	
2	1.5	9.02	33.3
3	1.625	1.44	7.69
4	1.645833333	0.175	1.27
5	1.648437500	0.0172	0.158
6	1.648697917	0.00142	0.0158

因此，在计入 6 项后，近似的误差下降到低于 ε_s=0.05%，计算终止。但是注意，结果不是 3 位有效数字，而是精确到 5 位，将第 6 项结果四舍五入到小数点后四位，因为在这种情况下，式(4.5) 和式(4.7)都是保守的，它们确保结果至少和它们规定的一样好，虽然式(4.5)并不总是如此，但大多数情况下是正确的。

4.1.3 迭代计算的计算机算法

本书其余部分描述的许多数值方法都涉及例 4.1 中的那种迭代计算。这些方法都需要通过计算从初始猜测开始的连续近似解来解决数学问题。

这类迭代解的计算机实现涉及循环。如第 3.3.3 节所述，这些循环有两种基本类型：计数控制的循环和一般决策循环。大多数迭代解决方案使用决策循环。因此，不是使用预先指定的迭代次数，而是重复该过程，直到近似误差估计值低于停止标准，如例 4.1 所示。

对于与例 4.1 相同的问题，级数展开可以表示为

$$e^x \approx \sum_{i=0}^{n} \frac{x^i}{i!}$$

实现该公式的 Python 函数如图 4.2 所示。向函数传递要评估的值 x，以及停止误差标准 es 和最大允许迭代次数 maxit。如果在没有最后两个参数的情况下调用函数，将使用 def 语句中指定的默认值。如果要指定 maxit 并接受默认的 es，则关键字参数 maxit=···必须包含在函数调用中。

```
import math
def itermeth(x,es=1e-4,maxit=50):
    """
    Maclaurin series expansion of the exponential function requires
    math module
    input:
        x = value at which the series is evaluated
        es = stopping criterion (default = 1e-4)
        maxit = maximum number of iterations (default=10)
    output:
        fx = estimated function value
        ea = approximate relative error (%)
        iter = number of iterations
    """
    # initialization
    iter = 1 ; sol = 1 ; ea = 100
    # iterative calculation
    while True:
        solold = sol
        sol = sol + x**iter / math.factorial(iter)
        iter = iter + 1
        if sol != 0: ea = abs((sol-solold)/sol)*100
        if ea < es or iter = = maxit: break
    fx = sol
    return fx,ea,iter
```

图 4.2 一个用于进行迭代计算的 Python 函数，该例子的设置是为了评估例 4.1 中 e^x 的麦克劳林级数展开

该函数初始化了三个变量：(a)iter，设置为 1，用来记录迭代次数；(b) sol，设置为展开的第一项 1，用来保存解的当前值；(c) 变量 ea，最初设置为 100%，用来保存近似解的百分比相对误差。注意，ea 的初始设置确保循环至少执行一次。

这些初始化之后是实现迭代技术的决策循环。在生成一个新解前，sol 的前一个值被分配给

solold。然后，通过为迭代增加适当的级数项来计算 sol 的新值，并且迭代计数器递增。如果 sol 的新值非零，则确定百分比相对误差 ea。然后对停止标准和迭代限制进行检查。如果两者都为假，则循环重复。如果其中一个为真，则循环终止并返回解。

当 itermeth 函数被执行时，可以从控制台(或编辑器窗口中的其他代码)调用它。它将生成一个指数函数估计值的元组，以及近似的误差和所需的迭代次数。

下面是一个例子：

```
itermeth(1,1e-6,100)
(2.718281826198493, 9.216155641522974e-07, 12)
```

如果想访问返回解的元素而不是元组，可以在控制台中使用以下代码：

```
approxval,ea,iter = itermeth(1,1e-6,100)

approxval
2.718281826198493

ea
9.216155641522974e-07

iter
12
```

可以看到，经过 12 次迭代，得到结果 2.718281826198493，其近似误差为 $9.2162 \times 10^{-7}\%$。该结果可以通过使用数学模块中的 exp 函数来验证。如果我们接受该结果为真实值(它是在后台通过类似的迭代技术和一个非常小的停止标准来计算的)，可通过在控制台输入这些命令来比较结果并计算出"真实"的百分比相对误差。

```
import math
truval = math.exp(1)

truval
2.718281828459045

et = abs((truval-approxval)/truval)*100

et
8.316106763523326e-08
```

通过检查，可以看到结果在小数点后第九位与"真实"结果有偏差，并且与例 4.1 中的情况一样，我们得到了真实误差小于近似误差的理想结果。使用各种输入(包括会导致达到迭代限制的输入值)来测试函数是一种很好的做法。请参阅下面的示例。

```
itermeth(0.5,1e-7)
(1.6487212706873655, 1.632262003529942e-08, 11)

itermeth(0.5,1e-7,10)
(1.648721270418251, 3.264523199531576e-07, 10)
```

注意，在第一种情况下，满足误差标准并且所需的迭代次数为 11。但第二种情况下，迭代限制设置为 10。当然，这时已经达到了迭代限制，且不满足误差标准。因此，将返回的迭代值与指定的(或默认的)极限值进行测试，以确定是否在不满足误差标准的情况下达到了限制。

另一个例子是接受默认误差标准但指定迭代限制。

```
itermeth(0.5,maxit=10)
(1.6487211681547618, 9.40182752709793e-05, 8)
```

必须在迭代限制参数中使用关键字，因为我们忽略了停止误差标准参数。

这里出现的另一个问题是，sol 什么时候可能评估为零。考虑 x = -1 的情况，在第一次迭代时：

```
sol = 1 + (-1)**1/1! = 0
```

但随后非零项将被添加。因此，这里需要"除以零"的保护。

```
itermeth(-1,1e-6,100)
(0.3678794413212817, 5.674890913943406e-07, 13)
```

注意，这里需要的迭代次数比 x=1 的情况多一次迭代。这与添加到近似值中的项的交替符号有关。

4.2　舍入误差

舍入误差的出现是因为计算机不能准确地表示一些数字量。它们对于工程和科学问题的解决很重要，因为它们可能导致错误的结果。某些情况下，它们会导致计算不稳定，并得到明显虚假的结果。这样的计算是病态的。更糟糕的是，它们可能导致难以察觉的细微差异。

数值计算中涉及的舍入误差有两个主要方面：

(1) 计算机在表示数字的能力上存在数量级和精度限制。

(2) 某些数值操作对舍入误差非常敏感。这可能源于数学上的考虑或是由计算执行算术操作的方式造成的。

4.2.1　计算机中数字的表示法

数字的舍入误差与计算机中的数字存储方式直接相关。表示信息的基本单位被称为字。这是一个由一串二进制数字(或比特)组成的实体。在现代计算机中，普通的字包含 8 比特，被称为一个字节。数字通常被存储在几个字节中。为理解这一点，我们必须首先回顾一些与数字系统有关的内容。

数制只是代表数量的一种惯例。因为我们有 10 个手指和 10 个脚趾，所以我们最熟悉的数制是十进制，或十进制系统。基数是指用于构建系统的参考数字。十进制系统使用 10 个数字 0,1,2,3,4,5,6,7,8,9 来表示数。这些数字本身足以满足 0 到 9 的计数。

对于较大的量，使用这些基本数字的组合，用位置或位值指定大小。整数中最右边的一位代表从 0 到 9 的数字，从右数起的第二位数字代表数字 0、10、20、…、90 或十进制的倍数，从右数起的第三位数字是 100 的倍数，以此类推。例如，如果我们有数字 8642.9，那么我们有 8 组 1000，6 组 100，4 组 10，2 组 1，9 组 0.1 或

$$(8\times 10^3)+(6\times 10^2)+(4\times 10^1)+(2\times 10^0)+(9\times 10^{-1})=8642.9$$

这种表示法称为位置表示法。

现在，因为对十进位系统是如此熟悉，人们通常不会意识到还有其他选择。例如，如果排除了拇指或大脚趾，或者如果人类只有 8 个手指和脚趾，我们无疑会发展出以 8 为基数或八进制表示。在同样的意义上，计算机就像只双指动物，它被限制在两种状态——0 或 1(交替地，关闭或打开，0 伏或 3 伏)，这与计算机的主要逻辑电路是开/关电子元件这一事实有关。因此，计算机中的数字是用二进制或以 2 为基数的系统来表示的。就像十进制一样，数量也可以用位置表示法表示。例如，

二进制数 101.1_2 等价于

$$(1\times2^2)+(0\times2^1)+(1\times2^0)+(1\times2^{-1})=101.1_2$$

或者，以十进制为单位：

$$4+0+1+0.5=5.5_{10}$$

我们使用了下标 2 和 10 来澄清数字的基数并避免任何歧义。

整数表示。既然我们已经回顾了以 2 为基数的数与以 10 为基数的数之间的关系(反之则不明显)，那么很容易理解在计算机上如何表示整数了。我们必须处理一个限制和一个困境。限制是指用来表示整数的字节数，如果是一个字节，就有 8 位二进制位的限制。如果是 4 个字节，则限制为 32 位。问题是如何表示负数。

下面通过计算字长为一个字节的二进制数来研究这个问题。这允许我们表示 2^8(或 256)这个数字，没有其他数字可以表示。从 0 开始(全部为 0)，我们开始计数。回顾一下，在二进制系统中，$1+1=0$，进位为 1。考虑一下，当把 1 加到 11111111 的最后一个数字时会发生什么，结果是 00000000，因为最后一个进位被丢弃[1]，然后把 1 加到最后一个数字，结果是第一个数字。用圆圈的形式来表示这个数字系统是有一定意义的(见图 4.3)。这说明了如何用圆圈左边的数来表示负数。事实上，当我们将 00000000 两边的数字相加时，得到 00000001 + 11111111 = 00000000。所以，第二个数字的意义是表示-1，加上+1 结果为 0。圆左边的数字的显著特征是第一个位为 1，这就是通常所说的符号位——当它是 0 时，数字是正的，当它是 1 时，数字是负的。唯一剩下的问题是如何处理圆圈底部的数字，10000000。注意，它是自负的，把它加到自己身上，就得到 0。按照惯例，因为它的符号位是 1，所以可以认为这是一个负数，这种常见的方式称为 2 的补码表示。把数字转换成十进制，在右边包括顶部，我们有 0 到 127 的数字。在左边，包括底部，我们有数字-1 到-128，负数范围比正数范围多出一个数字。

计算机编程系统使用的典型范围是后两种。4 字节或"长整数"类型有一个广泛的范围，也许远远超过我们计数所需的范围。2 字节表示法的优点是它只需要一半的内存，但它的范围受到限制。

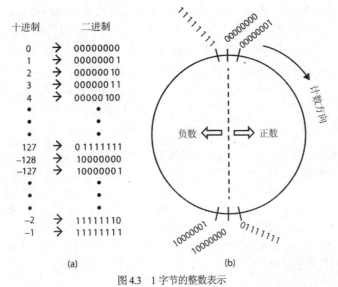

图 4.3 1 字节的整数表示

---

1 通俗地说，最后的进位会进入"比特桶"，这是一个二进制数字的垃圾桶。

　　Python 有一个有趣的方法来表示整数。当数字变大时，无论是正数还是负数，Python 都会自动延长表示整数所需的字节数。因此，使用 Python，整数的范围没有限制。然而，当考虑浮点数时，这里介绍的概念将很重要。

　　浮点数表示。带有小数点的数字，即小数点右边的数字，通常在计算机中使用浮点格式表示。在这种非常类似于科学记数法的方法中，数字表示为

$$\pm s \times b^e$$

其中 s=有效数或尾数，b=所用数制的基数，e=指数。

　　在以上述形式表达之前，通过移动小数点将十进制、二进制或其他制式的数字规范化，使其只有一个数字在点的左边。这样做是为了不浪费计算机内存去存储不重要的零。例如，一个数值 0.005678 可以用一种浪费的方式表示为 0.005678×10^0，然而，标准化后会产生 5.678×10^{-3}，这意味着两个前导零不需要被存储，无用的零被消除了。当我们考虑对一个二进制的数字进行规范化时，二进制点左边的数字将永远是 1。因此，当计算机存储该数字时，它不需要存储前面的 1。它可以被编程为"知道"这个 1 的存在，但不被存储，这就节省了一个比特。

　　在详细介绍计算机上使用的基数 2 实现方式之前，我们先来探讨一下这种浮点表示法的基本含义。特别是，为了在计算机中存储，尾数和指数都被限制在有限的比特数内，这有什么影响？在下一个例子中，一个很好的方法是在我们更熟悉的 10 进制的背景下进行探讨。

例 4.2　浮点表示法的含义

　　问题描述。假设有一台基数为 10 的计算机，其字长为 5 位。假设符号使用一位，指数使用两位，尾数使用两位。为简单起见，假设指数的一个位用于其符号，剩下一位用于其大小。

　　问题解答。经过规范化处理后的数字的一般表示形式是

$$s_1 d_1 d_2 \times 10^{s_0 d_0}$$

其中 s_0 和 s_1 是符号。d_0 是指数的大小，$d_1 d_2$ 是尾数数字的大小。

　　现在，我们来看看这个系统。首先，可以表示的最大正数是什么？很明显，它对应于两个符号都是正数，并且所有大小数位都设置以 10 为基数的最大可能值，也就是 9。

$$最大值 = +9.9 \times 10^{+9}$$

　　因此，最大可能的数字将略低于 100 亿。尽管这看起来是一个很大的数字，但实际上并非如此。例如，在这个系统中，不可能表示像阿伏伽德罗常数 6.022×10^{23} 这样的量。

　　同理，最小的可能正数是

$$最小值 = +1.0 \times 10^{-9}$$

　　同样，虽然这个值可能看起来很小，但不能用它来表示像普朗克常数 6.626×10^{-34} J·s 这样的量。

　　可以描述类似的负值，结果范围如图 4.4 所示。超出范围的大的正数和负数将导致溢出错误。以类似的方式，对于非常小的正数和负数，在零处有一个"洞"，这样的小数字将被转换为零。

　　要认识到指数决定了上述范围限制。例如，如果我们将尾数字段增加一位，最大值会略微增加到 $+9.99 \times 10^{+9}$。相比之下，指数区增加一位数会将最大值提高 90 个数量级，达到 $+9.9 \times 10^{+99}$！

　　然而，在精确度方面，情况正好相反。虽然有效数字在定义范围中起着次要作用，但它对指定精度具有深远的影响。这在这个例子中得到了说明，我们将有效数字限制为只有两位数。如图 4.5 所示，就像零处有一个"洞"一样，值之间也有洞或空隙。

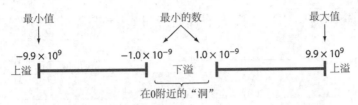

图 4.4 数字线显示了例 4.2 中所述的以 10 为底的浮点方案的可能范围

例如，具有有限位数的简单有理数，如 $2^{-5}=0.03125$，必须存储为 3.1×10^{-2} 或 0.031。因此，引入了舍入误差，对于这种情况，它表示百分比相对误差

$$\frac{0.03125 - 0.031}{0.03125} = 0.8\%$$

虽然我们可以通过扩展尾数的位数来精确存储一个像 0.03125 这样的数字，但必须始终对具有无限位数的数量进行近似。例如，一个常见的常数 π，3.1415926…，将被表示为 3.1×10^0，其百分比相对误差为

$$\frac{3.14159\ldots - 3.1}{3.14159\ldots} \approx 1.32\%$$

尽管在有效数字上添加数字可以改进近似值，但当其存储在计算机中时总会有一些舍入误差。

图 4.5 说明了浮点表示法的另一个更微妙的效果。注意，在数量级之间移动时，数字之间的间隙是如何增加的。对于指数为-1 的数字，也就是在 0.1 和 1 之间，其间距为 0.01，一旦越过 1 到 10 的范围，间隙宽度就会增加到 0.1，这意味着一个数字的舍入误差将与它的大小成正比。此外，它还意味着相对误差将有一个上限，在我们的例子中，最大的相对误差将是 0.05，该值称为机器埃普西隆或机器精度。

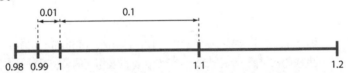

图 4.5 数字线的一小部分对应例 4.2 中描述的假设的十进制浮点方案。这些数字是可以准确表示的值，落在这些值之间的"洞"中的所有其他量都会出现舍入误差

如例 4.2 所示，指数和尾数都有有限位数，这意味着浮点表示有范围和精度限制。现在，让我们研究一下浮点量在实际计算机中是如何使用基数 2 或二进制数表示的。

首先，让我们来看看规范化。正如我们前面所描述的，由于二进制数完全由 0 和 1 组成，当它们被标准化时，就会产生一个额外好处。也就是说，二进制点左边的位永远是 1！这意味着前导位不需要被存储，因此，非零二进制浮点数可以表示为

$$\pm (1+f) \times 2^e$$

其中 f 是尾数，即标准化有效数字的小数部分。例如，如果我们对二进制数 1101.1 进行规范化，结果将是 1.1011×2^3 或 $(1+0.1011) \times 2^3$。因此，虽然原始数字有 5 个有效位，但我们只需要存储 4 个小数部分的位，即 1011。

Python 根据 IEEE 754 双精度标准来存储浮点数。这也是许多软件程序采用的方案。8 字节(64位)用来表示一个浮点数。如图 4.6 所示，左边的第一位是保留给数字的符号，0 代表正数，1 代表负数。与整数的存储方式类似，指数及其符号被存储在接下来的 11 位。最后，52 位被留作尾数。然而，由于规范化的原因，53 位实际上是以第一位总是 1 来表示的。

按照 IEEE 的标准，指数是以偏置或偏零的格式存储的，而不是 2 的补码格式。表 4.2 说明了

这一点。00000000000 和 111111111 这两个条目有特殊用途——它们不用于表示数字指数[1]。

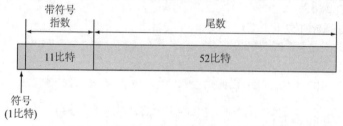

图 4.6 以 IEEE 双精度格式将浮点数存储在 8 字节的字中的方式

表 4.2 二进制值和十进制值的表示

二进制值	十进制值
11111111110	1023
·	
·	
10000000000	1
01111111111	0
01111110111	-1
·	
·	
00000000001	-1022

就像在例 4.2 中一样，这意味着存储的数字将具有有限的范围和精度。但是，由于 IEEE 格式使用更多位，因此生成的数字系统对于工程和科学计算以及相关的数值方法是实用的。

范围。 如上所示，按照惯例，用于指数的 11 位转换为从-1 023 到 1 023 的数值范围。这个范围代表 $2^{11}-1=2047$ 个唯一的数字，包括零并且关于零对称。可存储的最大正数按位显示为如图 4.7 的形式。

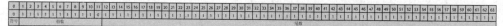

图 4.7 存储的最大正数

可用简洁的形式描述如下：

$$最大的数=+1.111...111\times 2^{+1023}$$

上面的有效位在二进制点的右侧有 52 个 1。它刚好低于十进制值 2(或二进制 10)。它实际上是 $2-2^{-52}\approx 2$。我们可以将最大数字转换为十进制：

$$+2^{+1023}\approx 1.7977\times 10^{308}$$

同理，最小的数表示为：

$$最小的数=+1.000...000\times 2^{-1022}$$

---

1 根据 IEEE 标准，1111111111 用于表示"NaN"或"不是一个数字"。这可能是导致无穷大的数值计算的结果。00000000000 指数作为"有符号的零"具有特殊用途。关于该问题的更多细节，请参阅 https://en.wikipedia.org/wiki/Double-precision_floating-point_format。

在十进制中，该数是 $2^{-1022} \approx 2.2251 \times 10^{-308}$，正如所看到的，IEEE 64 位标准的可用范围足以处理工程和科学计算。

精度。 用于尾数的 52 位有效数字对应于 15～16 个十进制数字。因为 $2^{52} \approx 4.5036 \times 10^{15}$，精度大约是 4.5×10^{15} 分之一。Python 表示 16 位有效数字，例如，π 是

```
import math
print(math.pi)
3.141592653589793
```

注意，对于 IEEE 64 位标准，机器精度为 $2^{-52} \approx 2.2204 \times 10^{-16}$。

使用 NumPy 模块，可以直接确定最大和最小的正数以及机器精度。

```
import numpy as np

print(np.finfo(float).max)
1.7976931348623157e+308

print(np.finfo(float).min)
-1.7976931348623157e+308

print(np.finfo(float).eps)
2.220446049250313e-16
```

根据需要，可以将这些值赋给变量。

4.2.2　计算机中数字的算术运算

除了计算机数字系统的限制外，涉及这些数字的实际算术运算也会导致舍入误差。要了解这是如何发生的，让我们看看计算机是如何进行简单的加减运算的。

由于大家都很熟悉，将采用规范化的十进制数来说明舍入误差对简单加减法的影响。其他进制，如二进制，也会有类似的表现。为了简化讨论，这里将采用一个假设的十进制计算机，其尾数为 4 位，指数为 1 位。

当两个浮点数相加时，首先要表示这两个数字，使其具有相同的指数。例如，如果对于 1.557 和 4.341×10^{-2}，计算机会将这两个数字表示为 1.557×10^{0} 和 0.04341×10^{0}，对齐指数。如果我们再加上尾数，会得到 1.640041×10^{0}。现在，由于这台假设的计算机只携带 4 位数的尾数，在对齐 4.341×10^{-2} 的时候，计算机会得到 0.043×10^{0}，其总和为 1.600×10^{0}，计算机丢失了 4.341×10^{-2} 后面的"41"数字，总和存在舍入误差。

减法的执行方式与加法相同，只是减数的符号是相反的。换句话说，计算机会把负数加进去。例如，假设我们要将从 36.41 中减去 26.86，即

$$
\begin{array}{r}
3.641 \times 10^{1} \\
-2.686 \times 10^{1} \\
\hline
0.955 \times 10^{1}
\end{array}
$$

可以发现，如果将结果规范化，它就是 9.550×10^{0}，它只有三个有效数字。5 后面的 0 只是填补了数字系统中缺少的数字。一个更戏剧性的例子是

$$
\begin{array}{r}
7.642 \times 10^{2} \\
-7.641 \times 10^{2} \\
\hline
0.001 \times 10^{2}
\end{array}
$$

该结果将标准化为 1.000×10^{-1}，只有一个有效数字。两个几乎相等的数字相减并同时损失精度，

称为减法消除。这是一个典型例子，说明计算机处理数学计算的方式会导致数值问题。简单来说，我们必须关注从一个大数中减去一个非常大的数以获得一个小的结果。导致问题的其他计算包括以下几种。

大数计算。 某些方法需要对非常大的数字进行算术运算才能得出最终结果。此外，这些计算往往是相互依赖的，也即，后面的计算取决于前面的计算结果。因此，即使单个舍入误差可能很小，但在漫长的计算过程中，累积效应可能是巨大的。一个非常简单的例子是对一个十进制数字进行求和，但在等价的二进制情况下却不能得到整数。假设构建了下面这个 Python 函数：

```
def sumdemo():
    s = 0
    for i in range(10000):
        s = s + 0.0001
    return s
```

当该函数被调用时，结果是

```
print(sumdemo())
```

```
0.9999999999999062
```

你会期望总和等于 1，因为 $10000 \times 0.0001 = 1$。然而，尽管 0.0001 是一个很好的十进制整数，但它不能准确地用二进制表示。通过包括二进制 1 的数字，使之近似为 0.0001 但不超过该数字，得到

$0.00000000000000110100011\ldots_2$

而这个二进制分数继续下去，不能与 0.0001_{10} 完全相等，最终二进制分数等于

$0.00009989738464355547_{10}$

应该注意到，Python 具有旨在最大限度减少此类误差的功能。例如，假设形成一个数组，如下所示：

```
import numpy as np
```

```
s = np.arange(0,1.0001,0.0001)
```

而不是像上面的 sumdemo 函数那样遇到近似值，这种情况下得到

```
print(s[10000])
```

```
1.0
```

一个大数和一个小数相加。 假设我们使用一台具有 4 位尾数和 1 位指数的假想计算机，将一个小数 0.0010 和一个大数 4000 相加。指数对齐后，我们有

$$
\begin{array}{r}
4.000 \quad \times 10^3 \\
0.000001 \times 10^3 \\
\hline
4.000001 \times 10^3
\end{array}
$$

在有限数系统中，结果是 4.000×10^3。因此，我们可能没有执行加法！这种错误可能发生在对无限级数的近似计算中。这类级数的初始项与后面的项相比往往比较大，在几项被加到总和之后，就会出现将小数加到大数的情况，缓解这类错误的一个方法是将序列按相反的顺序相加。这样，每一个新项都与累积的总和的大小具有类似的等级，这就提出了要考虑多少项的问题，即从哪里开始

计算。

涂抹效应。当累加和中的单个项大于累加和本身时，就会出现涂抹。这种情况的一个例子是一系列混合符号。如前所述，它可能发生在两个非常大的项的减法中，产生一个非常小但重要的差值。

内积。从上一节应该可以看出，对一些无限级数的近似计算特别容易产生舍入误差。幸运的是，序列的计算并不是数值方法中比较常见的操作之一。一个更普遍的操作是计算两个向量的内积，如

$$x'y = \sum_{i=1}^{n} x_i y_i = x_1 y_1 + x_2 y_2 + \cdots + x_n y_n$$

这种操作很常见，特别是在求解线性代数方程组时。这样的求和容易产生舍入误差，尤其是在 n 较大时。因此，我们发现 Python 使用 IEEE 标准来表示浮点数，其精度很高，很有优势。

4.3 截断误差

截断误差是由于使用近似值代替精确的数学过程而产生的误差。例如，在第 1 章中，我们用一个有限差分方程来近似计算蹦极者的速度导数，其形式为[来自式(1.11)]

$$\frac{\mathrm{d}v}{\mathrm{d}t} \approx \frac{\Delta v}{\Delta t} = \frac{v(t_{i+1}) - v(t_i)}{t_{i+1} - t_i} \tag{4.8}$$

因为差分方程只逼近导数的真实值，所以在数值解中引入了截断误差。为深入了解此类误差的性质，现在转向一种数学公式，这是在数值方法中广泛使用的数学表述，即泰勒级数，以近似的方式表达函数。

4.3.1 泰勒级数

泰勒定理[1]及其相关公式称为泰勒级数，在数值方法的研究中具有重要价值。对于单个变量 x，可以简要表述如下。

泰勒定理：如果一个函数 f 及其前 $n+1$ 阶导数在包含 x_i 和 $x_{i+1}=x_i+h$ 的区间上是连续的，则 x_{i+1} 的函数值由泰勒级数给出。

$$f(x_{i+1}) = f(x_i) + f'(x_i)h + \frac{f''(x_i)}{2}h^2 + \frac{f^{(3)}(x_i)}{3!}h^3 + \cdots + \frac{f^{(n)}(x_i)}{n!}h^n + R_n \tag{4.9}$$

余项部分定义为：

$$R_n = \frac{f^{(n+1)}(\xi)}{(n+1)!}h^{n+1} \tag{4.10}$$

其中下标 n 表示这是第 n 阶近似的余数，并且 ξ 是介于 x_i 和之间 x_{i+1} 的 x 值。

认识到函数及其导数在基点 x_i 处的值将是常数，泰勒定理表明任何光滑函数都可以用多项式逼近。泰勒级数提供了一种方法，以数学形式表达这一思想，并可用于产生实际结果。

深入了解泰勒级数的一个有用方法是逐项构建它。这个练习的一个很好的问题背景是根据函数值和它在另一点的导数来预测该点的函数值。

假设你被蒙住眼睛，被带到一个向下的山坡上(图 4.8)。称你的水平位置为 x_i，你相对于山脚的垂直距离为 $f(x_i)$，你的任务是预测位置 x_{i+1} 的高度，该位置与你的水平距离为 h。

---

1 以英国数学家布鲁克·泰勒的名字命名，他在 1712 年提出了这一理论。

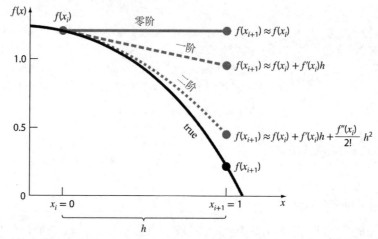

图 4.8　近似值 $f(x) = -0.1x^4 - 0.15x^3 - 0.5x^2 - 0.25x + 1.2$ 在 $x=1$ 处通过零阶、一阶和二阶泰勒级数展开

起初，你被放在一个完全水平的平台上，所以你不知道山丘是倾斜的。在该点，你对 x_{i+1} 处高度的最佳猜测是什么？如果你仔细想想(记住，无论你面前是什么，你都不知道)，最好的猜测就是你现在站的高度！你可以用数学方式表示该预测：

$$f(x_{i+1}) \approx f(x_i)$$　　　　　　　　　(4.11)

这种关系被称为零阶近似，表明新点的数值与旧点的数值相同。f 在新点的值与旧点的值相同。这一结果具有直观的意义，因为，如果 x_i 和 x_{i+1} 相近，则新的数值很可能与旧的数值相似。

如果被逼近的函数实际上是一个常数，则式(4.11)提供了一个完美的估计。对于我们的问题，只有当你碰巧站在完全平坦的高原上时，你才是正确的。但是，如果函数在整个区间内发生变化，则需要泰勒级数的附加项才能提供更好的估计。

所以，现在你走下平台，站在山丘表面，一条腿在你前面，另一条腿在你后面，你马上就能感觉到前脚比后脚低。事实上，你可以通过测量高度差 Δf，除以两脚之间的距离 Δx，来定量估计坡度。有了这些额外信息，你就能更好地预测 x_{i+1} 处的高度。本质上，你使用斜率的估计值来推算出一条到 x_{i+1} 的直线。

$$f(x_{i+1}) \approx f(x_i) + \frac{\Delta f}{\Delta x} h$$　　　　　　　　　(4.12)

其中 $\Delta f / \Delta x$ 是估计的关于 f 与 x 在 x_i 处的导数。如果你对斜率有一个完美的估计。$\Delta f / \Delta x \rightarrow \mathrm{d} f / \mathrm{d} x$ 或 $f'(x_i)$，则式(4.12)可以更简洁地表示为

$$f(x_{i+1}) \approx f(x_i) + f'(x_i) h$$　　　　　　　　　(4.13)

这称为一阶近似，因为附加的一阶项由斜率 $f'(x_i)$ 乘以 x_{i+1} 和 x_i 之间的距离 h。因此，表达式现在是线性的，可以预测 x_i 和 x_{i+1} 之间的函数的增加或减少。

虽然式(4.13)可以预测变化，但它只对线性函数或线性趋势的预测比较准确。为了得到更好的预测，需要在式中增加更多的项。所以，现在你站在山上，进行两次测量。首先，测量你身后的坡度，将一只脚放在 x_i，将另一只脚向后移动一段距离 Δx 并用它来估计你身后的坡度。

$$f'_b(x - \Delta x) = \frac{f(x_i) - f(x_{i-1})}{\Delta x}$$

然后，你测量前面的坡度，将一只脚放在 x_i，将另一只脚向前移动 Δx 并用它来估计前进方向的坡度。

$$f_f'(x_i + \Delta x) = \frac{f(x_{i+1}) - f(x_i)}{\Delta x}$$

你立即意识到，你身后的坡度比前面的坡度要小。显然，高度在你前面是"加速"下降的，而且有可能 $f(x_{i+1})$ 比你之前的线性预测还要低。为量化这一预测的大小，可使用后向和前向斜坡来估计二阶导数，作为导数的导数：

$$f''(x_i) \approx \frac{\dfrac{f(x_{i+1}) - f(x_i)}{\Delta x} - \dfrac{f(x_i) - f(x_{i-1})}{\Delta x}}{\Delta x} = \frac{f(x_{i+1}) - 2f(x_i) - f(x_{i-1})}{(\Delta x)^2} \tag{4.14}$$

按照式(4.9)，现在可以在预测方程中添加一个二阶项：

$$f(x_{i+1}) \approx f(x_i) + f'(x_i)h + \frac{f''(x_i)}{2}h^2 \tag{4.15}$$

因此，我们使用泰勒级数来指定抛物线，通过捕捉山坡的一些向下曲率来产生改进的预测。还可以看到为什么泰勒定理指出任何平滑函数都可以近似为多项式，并且泰勒级数提供了一种以数学方式表达这一想法的方法。

显然，我们可以继续添加更多导数来捕捉更多函数曲率，就像在完整的泰勒级数展开中一样。

$$f(x_{i+1}) = f(x_i) + f'(x_i)h + \frac{f''(x_i)}{2}h^2 + \frac{f^{(3)}(x_i)}{3!}h^3 + \frac{f^{(4)}(x_i)}{4!}h^4 + \cdots \tag{4.16}$$

注意，因为这个式子代表整个无限级数，所以等号(=)已经取代了低阶近似中使用的近似等号(≈)[式(4.11)、式(4.13)和式(4.15)]。

一般来说，一个 n 阶泰勒级数展开对应于一个 n 阶多项式。对于其他可微和连续的函数，如指数和正弦，有限数量的序列项将不会产生精确的估计。每一个附加项都会对近似值有一定的改善，无论多么微小。这种行为将在例 4.3 中得到证明。只有在加入无限多的项时，该级数才会产生一个精确的结果。

尽管上述内容是正确的，但泰勒级数展开的价值在于，大多数情况下，仅包含少数项将导致近似值与实际用途的真实值足够接近。评估需要多少项才能"足够接近"：

$$R_n = \frac{f^{(n+1)}(\xi)}{(n+1)!}h^{n+1} \tag{4.17}$$

这种关系有两个主要缺点。首先，ξ 不确切知道，而只是介于 x_i 和 x_{i+1} 之间。其次，为了评估式(4.17)，我们需要确定 $f(x)$ 的 $(n+1)$ 阶导数。为此，我们需要知道 $f(x)$。但是，如果已知 $f(x)$，就不必执行泰勒级数展开。

尽管有这些明显的缺点，式(4.17)对于深入了解截断误差仍然有用。这是因为确实可以控制方程中的 h 项，换句话说，可选择想要计算的 $f(x)$ 离 x 有多远，并且我们可以控制级数展开中包含的项的数量。因此，式(4.17)通常表示为

$$R_n = O(h^{n+1})$$

其中术语 $O(h^{n+1})$ 表示截断误差为 h^{n+1} 量级，即误差与步长 h 的 $(n+1)$ 次方成正比。尽管这种近似并不意味着乘以 h_{n+1} 的导数的大小，但它在判断基于泰勒级数展开的数值方法的比较误差时非常有用。例如，如果误差为 $O(h)$，则步长减半将使误差减半；如果误差为 $O(h^2)$，则步长减半将使误差减为四分之一。

一般来说，可以假设截断误差是通过向泰勒级数添加项来减小的。许多情况下，如果 h 足够小，则一阶项和其他低阶项通常占误差的比例会很高。因此，只需要几项即可获得适当的近似值。以下示例说明了此项属性。

例 4.3 用泰勒级数展开的函数逼近

问题描述。 使用泰勒级数展开，用 $n=0$ 到 6 来近似计算 $f(x)=\cos(x)$ 在 $x_{i+1}=\pi/3$ 的值，以 $f(x)$ 和它的导数在 $x_i=\pi/4$ 的值为基础。注意，这意味着 $h=\pi/3-\pi/4=\pi/12$。

问题解答。 通过函数表达式能够确定正确的值，即 $f(\pi/3)=0.5$。根据式(4.11)，零阶近似值为

$$f\left(\frac{\pi}{3}\right) \approx \cos\left(\frac{\pi}{4}\right) = \frac{1}{\sqrt{2}} \approx 0.7071067811865476 \quad \text{（来自Python的全精度表示）}$$

这代表实际百分比相对误差

$$\varepsilon_t = \left| \frac{0.5 - 0.7071067811865476}{0.5} \right| \times 100\% \approx 41.4\%$$

对于一阶近似[式(4.13)]，添加一阶导数项，其中 $f'(x)=-\sin(x)$：

$$f\left(\frac{\pi}{3}\right) \approx \cos\left(\frac{\pi}{4}\right) - \sin\left(\frac{\pi}{4}\right)\left(\frac{\pi}{12}\right) \approx 0.5219866587632823$$

其中 $\varepsilon_t \approx 4.40\%$。对于二阶近似，加入二阶导数项，其中 $f''(x)=-\cos(x)$：

$$f\left(\frac{\pi}{3}\right) \approx \cos\left(\frac{\pi}{4}\right) - \sin\left(\frac{\pi}{4}\right)\left(\frac{\pi}{12}\right) - \frac{\cos(\pi/4)}{2}\left(\frac{\pi}{12}\right)^2 \approx 0.4977544914034251$$

其中 $\varepsilon_t \approx 0.449\%$。因此，加入额外的项会使估计结果得到改善。该过程可以继续进行，结果列在表 4.3 中。

表 4.3 加入额外的项会使估计结果得到改善

项(n)	$f^{(n)}(x)$	泰勒展开值	$\lvert \varepsilon_t \rvert$
0	$\cos(x)$	0.707106781	41.4%
1	$-\sin(x)$	0.521986659	4.40%
2	$-\cos(x)$	0.497754491	0.449%
3	$\sin(x)$	0.499869147	0.0262%
4	$\cos(x)$	0.500007551	0.00151%
5	$-\sin(x)$	0.500000304	0.0000608%
6	$-\cos(x)$	0.499999988	0.00000244%

注意，导数从未像多项式那样接近零。注意，每一个附加项都会使估计结果有所改进。然而，注意大部分改进是在前几项中产生的。这种情况下，当加入三阶项时，误差就会减少到 0.0262%，这意味着已经达到 99.974% 的真实值。因此，尽管增加更多的项可以进一步减少误差，但改善效果可以忽略不计。

4.3.2 泰勒级数式的余数

在记录泰勒级数如何用于估计数值误差之前，必须解释为什么式(4.17)中包含了参数 ξ。为此，我们将使用一个简单的、视觉化的解释。

假设在零阶项之后截断了泰勒级数展开，如式(4.11)所示：

$$f(x_{i+1}) \approx f(x_i)$$

图 4.9 显示了这种零阶预测的可视化描述。该预测的余数或误差在图中也显示为 R_0，由被截断的无限项序列组成。

$$R_0 = f'(x_i)h + \frac{f''(x_i)}{2!}h^2 + \frac{f'''(x_i)}{3!}h^3 + \cdots$$

以这种无限级数的形式来处理余数显然是不方便的。一种简化方法是截断余数估计本身，如

$$R_0 \approx f'(x_i)h \tag{4.18}$$

尽管如上一节所述，低阶导数项通常比高阶导数项占余数的比例更大，但由于忽略了二阶和高阶导数项，这一结果仍然是不准确的，式(4.18)中使用的约等号(≈)暗示了这种"不精确性"。

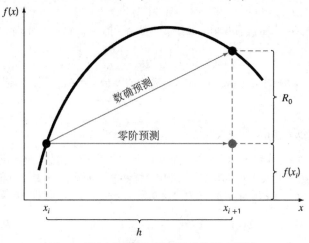

图 4.9　零阶泰勒级数的预测值和余数的图形描述

作为另一种选择，将近似转化为等价的简化，是基于图形的直观方法，如图 4.10 所示。导数中值定理指出，如果一个函数 $f(x)$ 及其一阶导数在从 x_i 到 x_{i+1} 的区间内是连续的，则在函数上至少存在一个点，其斜率为 $f'(\xi)$，该点平行于连接 $\{x_i,\ f(x_i)\}$ 和 $\{x_{i+1},\ f(x_{i+1})\}$ 的直线。参数 ζ 表示该斜率处的 x 值(图 4.10)。

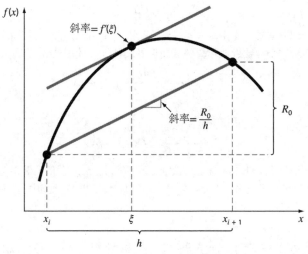

图 4.10　导数中值定理的图形描述

该定理的一个物理说明是，如果你以平均速度在两点之间运动，在运动过程中至少会有一个时刻，你会以这个平均速度运动。需要明确的是，ζ 值可能不是唯一的——发生这种情况的地点可能不止一个。但关键是至少有一个 x 值在误差估计区间内是准确的。

通过调用这个定理，很容易意识到，斜率 $f'(\xi)$ 等于上升 R_0 除以距离 h。

$$f'(\xi) = \frac{R_0}{h}$$

或写作：

$$R_0 = f'(\xi)h \tag{4.19}$$

因此，可得出式(4.17)的零阶版本，高阶版本是用于推导式(4.19)中的逻辑延伸，一阶版本是

$$R_1 = \frac{f''(\xi)}{2!}h^2 \tag{4.20}$$

这种情况下，ξ 对应于使式(4.20)二阶导数精确的 x 值。类似的高阶版本可从式(4.17)中推导出来。

4.3.3　使用泰勒级数估计截断误差

尽管泰勒级数在本书中对估计截断误差非常有用，但你可能不清楚如何将展开式应用于数值方法。事实上，我们已经在第 1 章的蹦极者例子中这样做了。回顾一下，例 1.1 和例 1.2 的目的是预测速度与时间的关系。也即确定 $v(t)$，正如式(4.9)所示，$v(t)$ 可以用泰勒级数展开。

$$v(t_{i+1}) = v(t_i) + v'(t_i)(t_{i+1} - t_i) + \frac{v''(t_i)}{2!}(t_{i+1} - t_i)^2 + \cdots + R_n$$

现在让我们在第一个导数项之后截断该级数。

$$v(t_{i+1}) = v(t_i) + v'(t_i)(t_{i+1} - t_i) + R_1$$

上式可以求解 $v'(t_i)$：

$$v'(t_i) = \underbrace{\frac{v(t_{i+1}) - v(t_i)}{t_{i+1} - t_i}}_{\text{一阶近似值}} - \underbrace{\frac{R_1}{t_{i+1} - t_i}}_{\text{截断误差}} \tag{4.21}$$

式(4.21)的第一部分与式 1.11 中用来近似求导数的关系相同。然而，由于采用了泰勒级数方法，我们现在已经得到与这个导数近似相关的截断误差的估计。使用式(4.17)和式(4.21)可以得到

$$\frac{R_1}{t_{i+1} - t_i} = \frac{v''(\xi)}{2!}(t_{i+1} - t_i)$$

或

$$\frac{R_1}{t_{i+1} - t_i} = O(t_{i+1} - t_i)$$

因此，导数的估计[式(1.11)或式(4.21)的第一部分]有一个 $t_{i+1} - t_i$ 阶的截断误差，换句话说，导数近似值的误差应该与步长成正比。因此，如果将步长减半，期望导数的误差将减半。

4.3.4　数值微分

式(4.21)在数值方法中被赋予一个正式标签——称为有限差分。一般可以表示为

$$f'(x_i) = \frac{f(x_{i+1}) - f(x_i)}{x_{i+1} - x_i} + O(x_{i+1} - x_i) \tag{4.22}$$

或

$$f'(x_i) = \frac{f(x_{i+1}) - f(x_i)}{h} + O(h) \tag{4.23}$$

其中 h 称为步长，即进行近似的区间长度 $x_{i+1}-x_i$，它被称为"前向"差分，因为它利用 i 和 $i+1$ 的数据来估计导数，如图 4.11(a)所示。

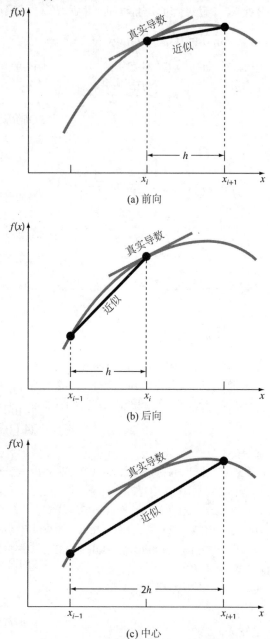

(a) 前向

(b) 后向

(c) 中心

图 4.11　一阶导数的有限差分近似的图形描绘

前向差分只是可以从泰勒级数中发展出来的许多数值近似导数中的一个。例如，可以用类似于式(4.21)的推导方式来推出一阶导数的后向和中心差分近似。前者利用了 x_{i-1} 和 x_i 处的值，见图 4.11(b)；而后者使用的是关于估计导数的点的等距值，见图 4.11(c)。通过包括泰勒级数的高阶项，可以对一阶导数进行更精确的近似。最后，所有上述版本也可用于二阶导数、三阶导数和更高阶的导数。下面几节将提供简要总结，说明其中一些案例是如何推导的。

一阶导数的后向差分近似。泰勒级数可以向后扩展，根据当前值来计算先前值，如

$$f(x_{i-1}) = f(x_i) - f'(x_i)h + \frac{f''(x_i)}{2!}h^2 - \cdots \tag{4.24}$$

将此方程在一阶导数后截断，并重新排列，可得到

$$f'(x_i) \approx \frac{f(x_i) - f(x_{i-1})}{h} \tag{4.25}$$

其中误差为 $O(h)$。

一阶导数的中心差分近似。近似一阶导数的第三种方法是将式(4.24)从正向泰勒级数展开中减去：

$$f(x_{i+1}) = f(x_i) + f'(x_i)h + \frac{f''(x_i)}{2!}h^2 - \cdots \tag{4.26}$$

得到

$$f(x_{i+1}) = f(x_{i-1}) + 2f'(x_i)h + 2\frac{f'''(x_i)}{3!}h^3 + \cdots$$

可以求解为

$$f'(x_i) = \frac{f(x_{i+1}) - f(x_{i-1})}{2h} - \frac{f'''(x_i)}{6}h^2 + \cdots$$

或

$$f'(x_i) = \frac{f(x_{i+1}) - f(x_{i-1})}{2h} - O(h^2) \tag{4.27}$$

式(4.27)是一阶导数的中心有限差分表示。注意，截断误差为 h^2 量级，而前向和后向近似的量级为 h。因此，泰勒级数分析得到的实际信息（即中心差分）是导数的更精确表示，见图 4.11(c)。例如，如果使用前向或后向差分将步长减半，就会使截断误差减半，而对于中心差分，误差将减少为四分之一。

例4.4　导数的有限差分近似

问题描述。请使用以下数据的前向和后向差分近似 $O(h)$，以及中心差分近似 $O(h^2)$ 来估计一阶导数。

$$f(x) = -0.1x^4 - 0.15x^3 - 0.5x^2 - 0.25x + 1.2$$

在 $x=0.5$ 使用步长 $h=0.5$。使用 $h=0.25$ 重复计算。注意，导数可以精确地表示为

$$f'(x) = -0.4x^3 - 0.45x^2 - 1.0x - 0.25$$

可用于计算真实值，$f'(0.5) = -0.9125$。

问题解答。对于 $h=0.5$，可以采用函数来确定：

$$x_{i-1} = 0 \qquad\qquad f(x_{i-1}) = 1.2$$

$$x_i = 0.5 \qquad\qquad f(x_i) = 0.925$$

$$x_{i+1} = 1.0 \qquad\qquad f(x_{i+1}) = 0.2$$

这些值可用于计算前向差分[式(4.23)]：

$$f'(0.5) \approx \frac{0.2 - 0.925}{0.5} = -1.45 \qquad\qquad \varepsilon_t = 58.9\%$$

计算后向差分[式(4.25)]

$$f'(0.5) \approx \frac{0.925 - 1.2}{0.5} = -0.55 \qquad \varepsilon_t = 39.7 \%$$

和中心差分[式(4.27)]

$$f'(0.5) \approx \frac{0.2 - 1.2}{0.5} = -2.0 \qquad \varepsilon_t = 9.6 \%$$

对于 $h = 0.25$:

$$x_{i-1} = 0.25 \qquad f(x_{i-1}) = 1.10351563$$

$$x_i = 0.5 \qquad f(x_i) = 0.925$$

$$x_{i+1} = 0.75 \qquad f(x_{i+1}) = 0.63632813$$

这可用来计算前向差分:

$$f'(0.5) \approx \frac{0.63632813 - 0.925}{0.25} \approx -1.155 \qquad \varepsilon_t = 26.5 \%$$

计算后向差分:

$$f'(0.5) \approx \frac{0.925 - 1.10351563}{0.25} \approx -0.714 \qquad \varepsilon_t = 21.7 \%$$

计算中心差分:

$$f'(0.5) \approx \frac{0.63632813 - 1.10351563}{0.25} \approx -1.869 \qquad \varepsilon_t = 2.4 \%$$

对于这两种步长,中心差分近似值比前向或后向差分更准确。另外,正如泰勒级数分析所预测的那样,步长减半可使前向和后向差分的误差减半,中心差分的误差减为四分之一。

高阶导数的有限差分近似。 除了一阶导数,泰勒级数展开可以用来推导高阶导数的数值估计。例如,为了得到二阶导数的估计值,我们可以写一个正向泰勒级数展开,其步长为 $2h$;也就是说,要基于 $f(x_i)$ 估计 $f(x_{i+2})$:

$$f(x_{i+2}) = f(x_i) + f'(x_i)(2h) + \frac{f''(x_i)}{2!}(2h)^2 + \cdots \tag{4.28}$$

式(4.26)可以乘以 2,并从式(4.28)中减去,得到:

$$f(x_{i+2}) - 2f(x_{i+1}) = -f(x_i) + f''(x_i)h^2 + \cdots$$

可以求解为:

$$f''(x_i) = \frac{f(x_{i+2}) - 2f(x_{i+1}) + f(x_i)}{h^2} + O(h) \tag{4.29}$$

这种关系被称为第二前向有限差分。类似的操作也可以用来推导出后向版本。

$$f''(x_i) = \frac{f(x_i) - 2f(x_{i-1}) + f(x_{i-2})}{h^2} + O(h)$$

通过将式(4.24)和式(4.26)相加,并将结果重新排列,可以得到二阶导数的中心差分近似值:

$$f''(x_i) = \frac{f(x_{i+1}) - 2f(x_i) + f(x_{i-1})}{h^2} + O(h^2)$$

与一阶导数近似的情况一样,中心差分更准确。还要注意,中心差分的版本可以替代表示为

$$f''(x_i) \approx \frac{\dfrac{f(x_{i+1}) - f(x_i)}{h} - \dfrac{f(x_i) - f(x_{i-1})}{h}}{h}$$

因此,正如二阶导数是导数的导数一样,二阶有限差分近似是两个一阶有限差分的差值,可回

顾式(4.14)。

4.4　总数值误差

　　总数值误差是截断误差和舍入误差的总和。一般来说，减少舍入误差的唯一方法是增加计算机的有效数字个数。此外，我们注意到，由于减法抵消或分析中计算次数的增加，舍入误差可能会增加。相反，例 4.4 证明了通过减小步长可以减小截断误差，因为步长的减小会导致减法抵消或计算量的增加，截断误差随着舍入误差的增加而减小。因此，我们面临以下困境：减少总误差的一个分量的策略会导致另一个分量的增加。在计算过程中，我们可通过减小步长来最小化截断误差，结果却发现，舍入误差开始在解中起主导作用，总误差增加！

　　因此，补救措施就成了我们的问题。我们面临的一个挑战是为特定的计算确定合适的步长。我们希望选择较大的步长来减少计算量和舍入误差，而不会招致较大截断误差的惩罚。如果总误差如图 4.12 所示，则挑战在于识别收益递减点，在此点舍入误差开始抵消减小步长带来的好处。

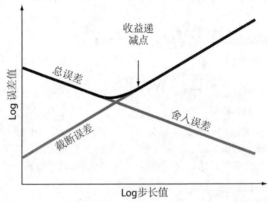

图 4.12　舍入误差和截断误差之间权衡的图形描述，有时在数值方法过程中起作用。这里显示了收益递减点，舍入误差开始抵消步长减小的好处

　　使用 Python 时，这种情况相对少见，因为它具有 16 位的精度。尽管如此，它们有时确实会出现，并暗示了一种"数值不确定性原理"，该原理对使用某些计算机数值方法可能得到的精度施加了绝对的限制，我们将在下一节探讨这种情况。

4.4.1　数值微分的误差分析

　　如第 4.3.4 节所述，一阶导数的中心差分近似可以写成[按式(4.27)]：

$$\underbrace{f'(x_i)}_{\text{真实值}} = \underbrace{\frac{f(x_{i+1}) - f(x_{i-1})}{2h}}_{\text{有限差分}} - \underbrace{O(h^2)}_{\text{截断误差}} \tag{4.30}$$

　　因此，如果有限差分近似的分子上的两个函数值没有舍入误差，唯一的误差源于截断误差。然而，由于我们使用的是数字计算机，函数值确实包括舍入误差，如

$$f(x_{i-1}) = \tilde{f}(x_{i-1}) + e_{i-1}$$
$$f(x_{i+1}) = \tilde{f}(x_{i+1}) + e_{i+1}$$

其中$\tilde{f}$是舍入函数值，e是关联的舍入误差，将这些值代入式(4.30)，可以得到

$$\underset{\text{真实值}}{\underline{f'(x_i)}} = \underbrace{\frac{\tilde{f}(x_{i+1}) - \tilde{f}(x_{i-1})}{2h}}_{\text{有限差分近似}} + \underbrace{\frac{e_{i+1} - e_{i-1}}{2h}}_{\text{舍入误差}} - \underbrace{\frac{f'''(\xi)}{6}h^2}_{\text{截断误差}}$$

可以看到，有限差分近似的总误差包括随步长减少的舍入误差和随步长增加的截断误差。

假设舍入误差的每个分量的绝对值都有一个ε上界，那么$e_{i+1} - e_{i-1}$的最大可能值为2ε。进一步，假设三阶导数的绝对值为M，则总误差绝对值的上界可表示为

$$\text{总误差} = \left| f'(x_i) - \frac{f(x_{i+1}) - f(x_{i-1})}{2h} \right| \leq \frac{\varepsilon}{h} + \frac{M}{6}h^2 \tag{4.31}$$

最佳步长可以通过对方程的右侧求导来确定，式(4.31)乘以h，将结果设为零，并求解：

$$h_{\text{opt}} = \sqrt[3]{\frac{3\varepsilon}{M}} \tag{4.32}$$

例 4.5　数值微分中的舍入和截断误差

问题描述。在例 4.4 中，我们使用$O(h^2)$的中心差分近似来估计以下函数在$x=0.5$处的一阶导数：

$$f(x) = -0.1x^4 - 0.15x^3 - 0.5x^2 - 0.25x + 1.2$$

从$h = 1$开始执行相同的计算，然后逐步将步长除以 10，以演示随着步长减小，舍入如何成为主导。将结果与式(4.32)联系起来，回顾一下，导数的真实值是-0.9125。

问题解答。可以用下面的 Python 函数和脚本进行计算并绘制结果。注意，把函数名和它的解析导数函数名都作为参数传给 Python 函数。

```python
import numpy as np
def diffex(func,dfunc,x,n):
    dftrue = dfunc(x)
    h = 1
    H = np.zeros(n)
    D = np.zeros(n)
    E = np.zeros(n)
    H[0] = h
    D[0] = (func(x+h)-func(x-h))/2/h
    E[0] = abs(dftrue-D[0])
    for i in range(1,n):
        h = h/10
        H[i] = h
        D[i] = (func(x+h)-func(x-h))/2/h
        E[i] = abs(dftrue-D[i])
    return H,D,E

ff = lambda x: -0.1*x**4 - 0.15*x**3 - 0.5*x**2 - 0.25*x + 1.2
df = lambda x: -0.4*x**3 + 0.45*x**2 - x - 0.25

H,D,E = diffex(ff,df,0.5,11)
print('  step size    finite difference      true error')
for i in range(11):
    print('{0:14.10f} {1:16.14f}  {2:16.13f}'.format(H[i],D[i],E[i]))
```

执行该脚本时，结果如下：

step size	finite difference	true error
1.0000000000	-1.26250000000000	0.3500000000000
0.1000000000	-0.91600000000000	0.0035000000000
0.0100000000	-0.91253500000000	0.0000350000000
0.0010000000	-0.91250035000001	0.0000003500000
0.0001000000	-0.91250000349985	0.0000000034998
0.0000100000	-0.91250000003318	0.0000000000332
0.0000010000	-0.91250000000542	0.0000000000054
0.0000001000	-0.91249999945031	0.0000000005497
0.0000000100	-0.91250000333609	0.0000000033361
0.0000000010	-0.91250001998944	0.0000000199894
0.0000000001	-0.91250007550059	0.0000000755006

　　如图 4.13 所示，结果与预期一致。首先，舍入是最小的，并且估计是由截断误差控制的。因此，就像在式(4.31)中一样，每次将步长除以 10，总误差就会下降 100 倍。可见舍入误差开始逐渐降低误差减小的速度，在 $h=10^{-6}$ 时达到最小误差。超过这一点，随着舍入占主导作用，误差会增加。

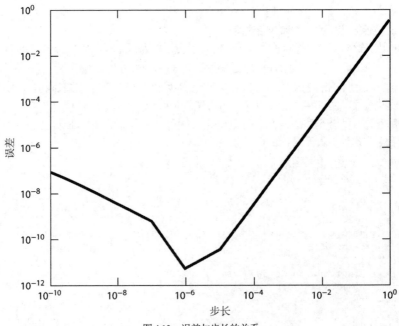

图 4.13　误差与步长的关系

　　因为我们处理的是一个很容易求微分的函数，所以还可以调查这些结果是否与式(4.32)一致。首先，可以通过计算函数的三阶导数来估计 M：

$$M = |f'''(0.5)| = |-2.4 \cdot 0.5 - 0.9| = 2.1$$

　　由于 Python 的浮点精度约为 16 个十进制位，舍入上界的粗略估计为 $\varepsilon = 1 \times 10^{-16}$，将这些值代入式(4.32)得到：

$$h_{\mathrm{opt}} = \sqrt[3]{\frac{3(1 \times 10^{-16})}{2.1}} \approx 5.2 \times 10^{-6}$$

　　这与使用 Python 脚本获得的 1×10^{-6} 的结果具有相同的量级。

4.4.2 数值误差的控制

对于大多数实际情况，我们不知道与数值方法相关的确切误差。当然，例外的是当知道确切的解时，就不需要数值近似了。因此，对于大多数工程和科学应用，我们必须在计算中对误差进行一些估计。

没有系统化、通用化的方法来评估所有问题的数值误差。许多情况下，误差估计主要基于工程师或科学家的经验判断。

虽然误差分析在一定程度上是一门艺术，但我们可以提出一些实用的编程指导原则。首先，也是最重要的，避免将两个几乎相等的数字相减。当这样做时，几乎总是会发生要素丢失。有时，你可以安排或重新表述一个问题，以避免减法抵消。此外，在进行加法和减法运算时，最好对数字进行排序，并首先处理最小的数字，这避免了要素丢失。有时，计算似乎涉及非常大和非常小的数字的组合；有可能需要重新调整这些数字，使它们具有类似的大小，这会避免要素丢失，并提供更可靠的结果。

除了这些计算提示，还可以尝试使用理论公式来预测总的数值误差，泰勒级数是我们分析此类误差的主要工具。即使对于中等规模的问题，总数值误差的预测也是非常复杂的，而且结果往往不容乐观。因此，通常只对小规模任务进行尝试。

趋势是使用数值计算，并对结果的准确性进行估计。有时可以通过检查结果是否满足某个条件或方程来实现，或者可以将结果代回到原方程，以检查其准确性是否达标。

最后，你应该准备好进行数值实验，以提高对计算错误和可能的问题的认识。这样的实验可能涉及用不同的步长或方法重复计算，并比较结果。我们可以使用灵敏度分析来了解当改变模型参数或输入值时，解是如何变化的。我们可能想尝试不同的数值算法，这些算法具有不同的理论基础，基于不同的计算策略，或者具有不同的收敛特性和稳定性特征。

当数值计算的结果非常关键，并且涉及安全和潜在的生命损失，或具有严重的经济后果时，应采取特别的预防措施。这可能涉及使用两个或多个独立的组来解决相同的问题，以便可以比较结果以进行验证。误差的作用将是本书所有章节关注和分析的主题，我们将把这些研究留给特定的章节。

4.5 错误、模型误差和数据不确定性

虽然下列误差来源与本书中的大多数数值方法没有直接联系，但它们有时对建模工作的成功产生很大的影响。因此，在实际问题中应用数值技术时，必须始终牢记这些。

4.5.1 错误

我们都熟悉重大偏差或误差。在计算机的早期，误差的数值结果有时可以归因于计算机本身的分立部件的故障。随着大规模集成电路的出现，也即芯片上的中央处理器的出现，这种误差的来源已经变得不太可能，大多数误差必须归因于人类的不完美。

在讨论数值方法时，通常忽略误差，这是毫无疑问的，因为无论我们如何努力，误差在一定程度上是不可避免的。然而，我们认为有几种方法可以最大限度地减少这种情况的发生，特别是，第3章中描述了良好的编程习惯，在减少编程误差方面非常有用。此外，通常有一些简单的方法来检查特定方法是否有效。在本书中，我们讨论了检查数值计算结果的方法。

4.5.2 模型误差

模型误差可归因于不完整或错误的数学模型的偏差。在大多情况下模型误差可以忽略的一个例子是应用牛顿运动定律而不考虑相对论效应。这并不影响例 1.1 中解决方案的充分性,因为这些误差在与蹦极者问题相关的时间和空间尺度上是极小的。

然而,假设阻力与下落速度的平方不成正比,如式(1.7),但与速度和其他因素以不同的方式相关。或者,设想风场对蹦极跳的场景很重要,在建立数学模型时没有考虑到这一点。在这种情况下,第 1 章得到的解析解和数值解会因为模型错误而出错。通过测试数据可能会揭示这一错误,应该意识到如果使用的是一个构思不佳的模型,任何数值方法都不会提供足够准确的结果。必须始终仔细检查数学模型的稳健性和可能的模型误差来源。

4.5.3 数据不确定性

由于模型所使用的物理数据的不确定性,分析时有时会出现误差。例如,假设我们想要测试蹦极跳模型,让一个人重复跳跃,然后在指定的时间间隔后测量他或她的速度。不确定性无疑与这些测量有关,因为在某些跳跃过程中,跳跃者会比在其他跳跃过程中下降得更快。此外,用于进行速度测量的仪器和人工操作也可能存在误差,这些误差可能表现为不准确(偏置误差)和不精确(随机误差)。如果仪器总是低估或高估速度,我们就是在处理一个不准确或有偏见的设备。另一方面,如果测量值随机变化,我们就要处理噪声和精度问题。偏差通常可以通过与公认的标准进行比较并校准仪器来抵消。

测量误差可以通过用一个或多个精心选择的统计数据进行汇总量化,这些统计数据尽可能多地传递有关数据特定特征的信息。这些描述性统计通常用来表示①数据的集中趋势或数据分布中心的位置,②与该分布的宽度对应的数据的分散度或分散范围。还有与数据时间变化相关的其他措施,如仪器漂移和环境因素引起的措施。在本书第 IV 部分讨论回归时,我们将回到描述数据不确定性的主题。

虽然必须认识到误差、模型误差和不确定数据,但用于建立模型的数值方法在大多数情况下可以独立于这些误差进行研究。因此,对于本书的大部分内容,我们将假设没有犯严重的错误,有一个健全的模型,并且正在处理的是无误差的测量。在这些条件下,我们可以不考虑复杂的因素来研究数值误差。

习题

4.1 "分而平均"方法,一种用于逼近任何正数 a 的平方根的旧方法,可以表述为

$$x_{i+1} = \frac{x_i + a/x_i}{2}$$

根据图 4.2 中描述的算法,编写并测试一个结构良好的 Python 函数来实现该迭代方法。

4.2 将以下二进制数字转换为十进制数字:

(a) 1011001

(b) 0.01011

(c) 110.01001

4.3 将以下八进制数字转换为十进制数字:

(a) 61565_8

(b) 2.71_8

4.4 对于计算机来说，机器的 ε 也可以被认为是最小的数，当它与 1 相加时，会得到大于 1 的数。基于该想法的算法如下：

步骤 1：设置 $\varepsilon=1$。

步骤 2：如果 $1+\varepsilon$ 小于等于 1，转到步骤 5；否则，继续执行步骤 3。

步骤 3：$\varepsilon=\varepsilon/2$。

步骤 4：返回步骤 2。

步骤 5：$\varepsilon=2\varepsilon$

根据该算法编写你自己的 Python 脚本来确定机器 ε。将结果与 Python NumPy 命令 np.finfo(float).eps 的返回值进行比较验证。如果数值不同，请分析原因。

4.5 以类似于问题 4.4 的方式，开发自己的脚本来确定 Python 中使用的最小正实数。将算法建立在这样的概念上：计算机无法可靠地区分零和小于此数字的数。注意，获得的结果将与 np.finfo(float).tiny 返回的值不同。挑战问题：通过将代码生成的数字和 NumPy 模块获得的数字取对数(以 2 为底)来研究结果。

4.6 对于例 4.2 中假设的十进制计算机，证明 ε 是 0.05。

4.7 $f(x)=1/(1-3x^2)$ 的导数由下式给出：

$$\frac{6x}{(1-3x^2)^2}$$

在 $x=0.577$ 时，计算该函数会有困难吗？试着用 3 位和 4 位数截断法，而不是四舍五入法进行计算，估计百分比相对误差。

4.8 (a) 计算多项式

$$y=x^3-7x^2+8x-0.35$$

$x=1.37$，使用 3 位数截断运算，而不是四舍五入法。评估百分比相对误差。

(b) 重复 (a)，但 y 表示为

$$y=[(x-7)x+8]x-0.35$$

评估误差并与(a)部分进行比较。如果存在显著差异，你认为原因是什么？

4.9 以下无穷级数可用于近似求得 e^x：

$$e^x \approx 1+x+\frac{x^2}{2}+\frac{x^3}{3!}+\cdots+\frac{x^n}{n!}$$

(a) 证明该麦克劳林级数展开是泰勒级数展开的一个特例[式(4.13)]，$x_i=0$ 和 $h=x$。

(b) 在 $x_{i+1}=0.25$ 处使用泰勒级数估计 $f(x)=e^{-x}$。使用零阶、一阶、二阶和三阶版本，针对每种情况计算 $|\varepsilon_t|$。

4.10 $\cos(x)$ 的麦克劳林级数展开为

$$\cos(x)=1-\frac{x^2}{2}+\frac{x^4}{4!}-\frac{x^6}{6!}+\frac{x^8}{8!}-\cdots$$

从最简单的版本开始，$\cos(x)\approx1$，一次添加一项来估算 $\cos(\pi/3)$。添加每个新项后，计算真实和近似的百分比相对误差。使用计算器或 Python 确定真实值。添加项，直到近似误差估计的绝对值低于三个有效数字的误差标准。

4.11 执行与习题 4.10 中相同的计算，但使用麦克劳林级数展开 $\sin(x)$ 来估计 $\sin(\pi/3)$：

$$\sin(x)=x-\frac{x^3}{3!}+\frac{x^5}{5!}-\frac{x^7}{7!}+\cdots$$

4.12 使用零阶到三阶泰勒级数展开来估计 $f(3)$：

$$f(x)=25x^3-6x^2+7x-88$$

以 $x=1$ 为基点。比较每个近似值的真实百分比相对误差。

4.13 证明式(4.12)对所有的 x 值都是准确的，设 $f(x)=ax^2+bx+c$。

4.14 对 $f(x)=\ln(x)$，以 $x=1$ 为基点，使用零阶到四阶泰勒级数展开来预测 $f(2)$。计算每个近似值的真实百分比相对误差 ε_t。讨论结果的含义。

4.15 使用 $O(h)$ 的前向和后向差分近似和 $O(h^2)$ 的中心差分近似来估计习题 4.12 中函数的一阶导数。使用 $h=0.25$ 的步长来计算 $x=2$ 处的导数。将结果与导数的真实值进行比较。根据泰勒级数展开式的余项解释你的结果。

4.16 使用 $O(h^2)$ 的中心差分近似来估计习题 4.12 中检验的函数的二阶导数。使用 $h=0.2$ 和 0.1 的步长在 $x=2$ 执行计算。将估计值与二阶导数的真实值进行比较。用泰勒级数展开的余项来解释结果。

4.17 如果 $|x|<1$，则已知：

$$\frac{1}{1-x} = 1+x+x^2+x^3+\cdots$$

在 $x=0.1$ 处对此级数重复习题 4.10 的运算。

4.18 要计算行星的空间坐标，我们必须求解函数

$$f(x)=x-1-0.5\sin(x)$$

让基点 $a=x_i=\pi/2$ 在区间 $[0,\pi]$ 上。确定最高阶的泰勒级数展开，使指定区间的最大误差为 0.015。误差等于给定函数与特定泰勒级数展开之差的绝对值。提示：以图解法求解。

4.19 考虑区间 $[-2,2]$ 上的函数 $f(x)=x^3-2x+4$，$h=0.25$。使用前向、后向和中心差分近似法计算一、二阶导数，以便用图形说明哪种近似法最准确。将所有三个一阶导数有限差分近似值与理论值一起绘制成图，并对二阶导数执行相同的操作。

4.20 推导式(4.32)。

4.21 重复例 4.5，但设 $f(x)=\cos(x)$，$x=\pi/6$。

4.22 重复例 4.5，但使用前向差分[式(4.23)]。

4.23 减法抵消的一个常见例子是求抛物线 ax^2+bx+c 的根，具有二次公式：

$$x = \frac{-b \pm \sqrt{b^2-4ac}}{2a}$$

对于 $b^2 \gg 4ac$ 的情况，分子的差异非常小，可能会出现舍入误差。这种情况下，可使用替代公式来最小化减法抵消：

$$x = \frac{-2c}{b \pm \sqrt{b^2-4ac}}$$

采取带有 5 位数截断的运算，用两种版本的二次公式确定以下方程的根。

$$x^2-5000.002x+10$$

4.24 开发一个结构良好的 Python 函数来计算习题 4.10 中余弦函数的麦克劳林级数展开。在图 4.2 中的指数函数后面画出函数。用 $\theta=\pi/3$ 和 $\theta=2\pi+\pi/3=7\pi/3$ 测试你的程序。解释获得理想的近似绝对误差(ε_a)而需要的迭代次数差异。

4.25 开发一个结构良好的 Python 函数来计算正弦函数的麦克劳林级数展开，见习题 4.11。在图 4.2 中的指数函数之后对函数进行模式化。用 $\theta=2\pi+\pi/3=7\pi/3$ 和 $\theta=\pi/3$ 测试程序。解释获得具有所需近似绝对误差(ε_a)的正确结果所需的迭代次数的差异。

4.26 回顾一下微积分课，以苏格兰数学家 Colin Maclaurin (1698—1746)命名的麦克劳林级数是关于零的函数的泰勒级数展开。使用泰勒级数推导出习题 4.10 和习题 4.24 中使用的余弦的麦克劳林级数展开的前四项。

4.27 对$|x| < 1$ 的反正切函数的麦克劳林级数展开定义为

$$\tan^{-1}(x) = \sum_{n=0}^{\infty} \frac{(-1)^n}{2n+1} x^{2n+1}$$

(a) 写出前四项($n=0, ..., 3$)。

(b) 从最简单的版本开始，$\tan^{-1}(x) \approx x$，每次添加一项来估计 $\tan^{-1}(\pi/6)$。添加每个新项后，计算真实和近似的相对误差。使用你的计算器或 Python 来确定真实值。增加项，直到近似误差估计的绝对值低于三个有效数字的误差。

第 II 部分

求根和最优化

II.1 概述

很多年以前，你学会了使用二次方程

$$x = \frac{-b \pm \sqrt{b^2 - 4ac}}{2a} \tag{PT2.1}$$

来求解

$$f(x) = ax^2 + bx + c = 0 \tag{PT2.2}$$

式(PT2.1)的结果就是式(PT2.2)的"根"。它代表式(PT2.2)=0 时的 x 值。因此，根有时也被称为方程的零点。

尽管使用二次公式对求解如(PT2.2)这样的等式来说很容易，但还是有许多函数的根不那么容易确定。在计算机出现之前，还有许多方法可以求解此类方程的根。某些情况下，可通过直接方法获得函数的根，如式(PT2.1)。但还是有很多情况不能直接求出解。这种情况下，唯一的替代方法就是近似求解。

获得近似解的一种方法是绘制该函数的图形，并确定它与 x 轴相交的位置，该点表示 $f(x)=0$ 时的 x 值，即为根。尽管使用图形方法对于获得根的粗略估计值很有用，但由于缺乏精确性，因此有其局限性。另一种方法是试错法。这种方法包括猜测 x 的值并评估 $f(x)$ 是否为零。如果不是(几乎总是如此)，则执行下一个猜测，并再次评估 $f(x)$ 以确定新值是否提供了对根的更好估计。重复该过程，直到推测的 x 值使得 $f(x)$ 接近 0。

这种略显随意的方法显然效率低下，不能满足工程和科学实践的需要。一种替代方案是使用数值方法进行近似，虽然该方法本质也是一种近似计算，但它采用了系统性策略来寻找真正的根。如下文所述，这些系统性方法通过和计算机技术的结合，能够使大多数方程根问题求解成为一项简单而高效的工作。

除了根，工程师和科学家们感兴趣的另一个函数特征是最小值和最大值。这种对最小值和最大值的估算被称为优化。正如你在微积分中所学的那样，可采用解析方式通过计算函数的"平坦"值获得解。即它的导数为 0。尽管这样的分析解决方案有时是可行的，但大多数优化问题需要通过计算机来解决。从数值计算的角度看，这种优化方法在求解思想上与我们刚讨论的求根方法相似。也就是说，两者都涉及猜测和寻找函数的恰当位置。优化和求根问题的本质区别如图 PT2.1 所示。根是函数等于零的位置。相反，优化主要涉及查找函数的极值点。

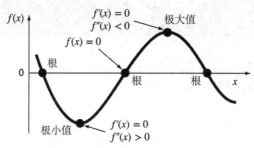

图 PT2.1 通过一个单变量函数说明求根和求最优值的差异

II.2　第 II 部分的章节安排

　　第 II 部分的前两章主要讨论根的位置。第 5 章重点介绍用交叉法求根。交叉法从猜测根的左右范围开始，然后系统性地减小范围的宽度。交叉法主要涵盖了两种具体方法：二分法和试位法。图形的方法将用于提供对技术的既视感。误差公式是为了帮助你确定需要多少工作量才能将根估计到预先指定的精度水平。

　　第 6 章介绍了开型法。该方法同样涉及系统的试错性迭代，但开型法不要求猜测根的范围。我们会发现该方法比交叉法在计算上更有效。我们在第 6 章介绍了几种开型法，包括定点迭代、韦格斯坦(wegstein)法、牛顿-拉夫逊(Newton-Raphson)法和正割(Secant Method)。

　　对这些方法进行单独介绍后，我们将讨论一种被称为布伦特寻根的混合方法，该方法展示了交叉法的可靠性，同时利用了开型法的速度。因此，它构成了 Python 求根函数 brentq 的基础，该函数在 SciPy 的子模块 optimize 中。在介绍完 brentq 函数如何用于解决工程和科学问题后，第 6 章最后简要讨论了专门用于求多项式根的特殊方法，我们介绍了 Python 用于此任务的内建函数，它位于 NumPy 模块中。

　　第 7 章讨论了优化方法。首先介绍两种交叉法：黄金分割搜索和抛物线插值，用于找到单变量函数的最优值。然后，讨论了一种结合黄金分割搜索和二次插值的稳健混合方法。这种方法同样是由 Brent 提出的，该方法构成了 Python 的一维求根函数 minimize_scalar 的基础，该函数可在 SciPy 的子模块 optimize 中找到。在详细介绍 minimize_scalar 后，本章的最后部分提供了多维函数优化的简要描述。重点讨论 SciPy 的子模块 optimize 在该领域的函数：最小化函数。最后，本章以一个案例结束，说明如何使用 Python 解决工程和科学计算中的优化问题。

第5章

求根：交叉法

本章学习目标

本章的主要目的是让你熟悉用于求解非线性代数方程根的交叉法。具体目标包括：

- 学习什么是求方程的根以及它在工程和科学中的地位和作用。
- 了解增量式搜索方法及其缺点。
- 学习如何用二分法求根。
- 了解如何估计二分法的误差，以及它与其他求根算法在误差估计上的差别。
- 了解试位法以及它与二分法的区别。

问题引入

医学研究证明，蹦极者如果以自由的落地方式跳下，当跳下 4 秒后速度超过 36m/s，其遭受严重椎骨损伤的概率会显著增加。蹦极公司的老板希望你能够确定在阻力系数为 0.25kg/m 的情况下超过此标准的蹦极者质量。你从之前的研究中知道，以下方程可用于预测随时间变化的速度：

$$v(t) = \sqrt{\frac{mg}{c_d}} \tanh\left(\sqrt{\frac{c_d g}{m}}\, t\right) \tag{5.1}$$

你不能使用上述这个方程来准确地求解 m。

另一种解决问题的方法是从式(5.1)的两边减去 $v(t)$，并得到一个新等式：

$$f(m) = \sqrt{\frac{mg}{c_d}} \tanh\left(\sqrt{\frac{c_d g}{m}}\, t\right) - v(t) \tag{5.2}$$

现在我们可以看到问题的答案是求使上述函数等于 0 的 m 值。因此，我们称其为"求根"问题。本章将介绍如何使用计算机作为工具解决此类问题。

5.1 工程和科学应用中的求根问题

方程的求根经常用于设计领域。表 5.1 列出了设计工作中常使用的几个基本原则。如第 1 章所述，数学方程或模型是从这些基本原则中推导出来的，并用于预测函数的变化。注意，每种情况下，因变量反映了系统的状态或性能，而参数则表示其属性或组成。

表 5.1 设计领域使用的一些基本原则

基本原理	因变量	自变量	参数
热平衡	温度		材料的热性能、系统的几何性
质量平衡	质量浓度或数量		材料的化学行为、质量传递、系统几何性
力平衡	力的大小和方向	时间和位置	材料强度、结构特性、系统几何性
机械能平衡	动能和势能的变化		材料的质量和特性、系统几何性
牛顿定律	加速度、速度和位置		材料质量、系统几何结构、耗散参数
基尔霍夫定律	电流和电压	时间	电气特性(电阻、电容、电感)

这类模型的一个典型例子就是蹦极者的速度方程。如果参数已知，则式(5.1)就可用于预测蹦极者的速度。这样的计算可以直接执行，因为 v 被明确表示为一个包含参数的函数。

然而，如本章开头所述，在给定阻力系数的前提下，必须确定蹦极者的质量，才能在指定的时间段内达到既定速度。虽然式(5.1)提供了表征模型变量和参数之间相互关系的数学公式，但是它也不能明确地求解质量。这种情况下，质量 m 被称为是隐含的。

这代表了一个真正的困境，因为许多设计问题都涉及指定系统的属性或组成，以确保它以所需的方式执行(如其变量所表示的)。因此，这些问题通常需要确定隐含参数。

根的数值计算方法为解决上述困境提供了方案。为了使用数值计算方法，通常需要重写方程式。如式(5.1)通过从等式两边减去因变量 v 得到式(5.2)。因此，使 $f(m)=0$ 的 m 值就是方程的根。

下面将详细介绍用于求根的各种数学和图形方法。这些方法可以应用于工程和科学中许多经常遇到的问题。

5.2 图形和试错法

求方程 $f(x)=0$ 根的一种简单方法是绘制函数并观察它与 x 轴相交的位置。该点表示 $f(x)=0$ 时的 x 值，它提供了根的粗略近似值。

例 5.1 图形方法

问题描述。使用图形方法估算阻力系数为 0.25kg/m 时蹦极者的质量，在以自由落体方式下落 4s 后速度为 36m/s。注意，重力加速度为 $9.81 m/s^2$。

问题解答。下面的 Python 脚本生成式(5.2)对应的图，如图 5.1 所示；其中质量的范围从 50kg 至 200kg。

```
"""
Example 5.1
Graphical Approach
"""

import numpy as np
import pylab
cd = 0.25 ; g = 9.81 ; v = 36. ; t = 4.
mp = np.linspace(50.,200.)
fp = np.sqrt(mp*g/cd)*np.tanh(np.sqrt(cd*g/mp)*t)-v
```

```
pylab.plot(mp,fp,c='k',lw=0.5)
pylab.grid()
pylab.xlabel('mass - kg')
pylab.ylabel('f(m) - m/s')
```

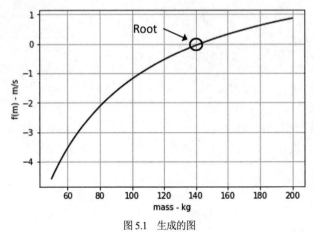

图 5.1　生成的图

该函数在约 142kg 处穿过 m 轴。这是对式(5.2)根的合理估计。估计的有效性可通过将其代入式(5.2)来检验。

```
m = 142
np.sqrt(m*g/cd)*np.tanh(np.sqrt(cd*g/m)*t)-v
-0.0151594086184517
```

使用图形方法估算的相对误差为：

```
abs(np.sqrt(m*g/cd)*np.tanh(np.sqrt(cd*g/m)*t)-v)/v*100
0.042109468384588
```

即将近 0.04%。

图形方法的实用价值有限，因为它们效率低下，而且通常不能提供足够准确的估计值。然而，图形方法可用于提供根的初步估计，然后这些估计可用作本章讨论的数值计算方法的初始估计范围。

另一种简单的方法涉及反复试验，其中包括对根进行反复猜测，直到获得所需的结果。如下例所示。

例 5.2　试错法

问题描述。使用试错法解决与示例 5.1 相同的问题。

问题解答。试错法可用于式(5.1)或式(5.2)。这是一个涉及方程式的示例。下例以式(5.1)为例，多次对质量进行估算，直到获得所需的 36 m/s 速度。

```
"""
Example 5.2
Function for trial-and-error method
"""
```

```python
import numpy as np
def vtest(mtest):
  cd = 0.25 ; g = 9.81 ; t = 4
  return np.sqrt(mtest*g/cd)*np.tanh(np.sqrt(cd*g/mtest)*t)

vtest(75)
33.57849812941234

vtest(150)
36.14204303065125

vtest(130)
35.71665249183243

vtest(140)
35.943014716272536

vtest(145)
36.045626491526384

vtest(143)
36.005358021120394
```

你可以观察到值序列从低到高再到低，朝着所需的 36m/s 的速度方向伸缩。经过 6 次估算，得到一个非常接近目标 143kg 的结果。此外，通过该序列，我们还可以深入了解速度对质量变化的敏感性。注意，任何介于 130kg 和 150kg 之间的质量都提供了接近目标的速度。

与图形法一样，试错法的解可提供对方程的洞察，并为稍后介绍的数值方法初始估计的获取提供指导。除了提供根的近似估算外，图形法和试错法对于理解函数性质和弥补数值方法的缺陷很有用。例如，图5.2显示了根可以在下限x_l 和上限x_u确定的区间内出现(或不存在)的几种方式。图 5.2(b) 描述了单个根被 $f(x)$ 的负值和正值限定在范围内的情况。然而图5.2(d)中的 $f(x_l)$ 和 $f(x_u)$ 也位于 x 轴的两侧，在该区间内出现三个根。通常，如果符号相反，则区间中有奇数个根。如果 $f(x_l)$ 和 $f(x_u)$ 具有相同的符号，则 x_l 和 x_u 之间没有根或有偶数个根。如图 5.2(a) 和 5.2(c) 所示。

尽管这些观察通常都是正确的，但某些情况下它们并不成立。例如，与 x 轴相切的函数(图 5.3(a))和不连续函数(图 5.3(b))违反了这些原则。与轴相切的函数的示例是一个三次多项式：$f(x) = (x-2)(x-2)(x-4)$。注意，x 被设置为 2，多项式中的两项设置为 0。在数学上，$x=2$ 被称为多重根。尽管这已经超出了本书的研究范围，但有一些特殊技术专门用于定位多个根(Chapra 和 Canale，2021 年)。

图 5.3 中描述的那种情况的存在使得设计一种保证在一个区间中定位所有根的算法变得非常困难。但是，当与图形法和试错法结合使用时，下述方法对于解决工程师、科学家和应用数学家经常遇到的许多问题将非常有用。

值得一提的是，我们当前解决的许多问题都是基于物理现象，因此解决方案通常都能按照常识被理解。如果在两种情况下只存在一种解决方案，这就保证了传统方法将继续适用并运行良好。

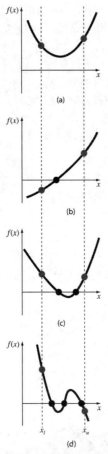

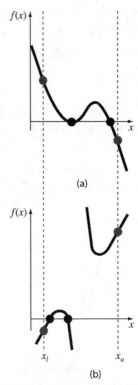

图 5.2 根可能出现在由下限 x_l 和上限 x_u 确定的区间内的几种图示。子图(a)和(c)表明，如果 $f(x_l)$ 和 $f(x_u)$ 有相同的符号，则在区间内要么没有根，要么有偶数个根。子图(b)和(d)说明，如果函数在端点处有不同的符号，则区间内的根数将是奇数

图 5.3 两个例外情况。图 5.3(a)表示当函数与 x 轴相切时出现多个根。对于这种情况，尽管端点符号相反，但在该区间内有偶数个轴截距。图 5.3(b)是端点符号相反但包含偶数个根的不连续函数。需要特殊策略来确定根

5.3 交叉法和初步猜测

在计算机被大规模应用之前，如果遇到求根问题，通常会使用试错法和手动计算来解决，以手算或尺作为工具。你会反复尝试，直到函数足够接近零。电子表格程序等软件工具的出现极大地加速了这一过程。通过允许你快速评估多种猜测，这些工具实际上可以使试错法对解决特定问题更具吸引力。

但是对于许多其他场景，需要更有效的方法。有趣的是，与试错法一样，这些方法至少需要一个初始的估计值或"猜测"才能开始。有了初始值之后，才能以迭代的方式定位到根。这一类方法可以细分为两个小类。

● 交叉法。顾名思义，这是基于根的两个初始猜测，这两个猜测值分别位于根的两侧。

● 开型法。这类方法可能涉及一个或多个初始猜测，但这些猜测不必将根"围"在其中。

对于特定问题，交叉法可保证收敛到解，但收敛速度较慢，也就是说，它们通常需要迭代很多次才能找到答案。相反，开型法并不总是有效的，它们可以发散，但当发散时，它们通常收敛得更快。

这两种情况下，都需要初始猜测值。这些可能会从你正在研究的物理环境中自然产生。然而在其他情况下，好的初始猜测可能并不明显。这种情况下，自动获得猜测的方法将很有用。下文描述了一种这样的方法：增量搜索。

5.3.1 增量搜索

对例 5.1 使用图形法时，你可以观察到 $f(x)$ 在根的相对侧改变了符号。一般来说，如果 $f(x)$ 在 x_l 和 x_u 的区间内是实数且连续的，且 $f(x_l)$ 和 $f(x_u)$ 具有相反的符号，如

$$f(x_l)f(x_u)<0 \qquad (5.3)$$

那么在 x_l 和 x_u 之间至少有一个实根。

增量搜索方法通过不断定位函数更改符号的区间进行增量式搜索。增量搜索的一个潜在问题是间隔长度的选择。如果长度太短，搜索很可能非常耗时。另一方面，如果长度太大，则可能遗漏紧密间隔的根(图 5.4)。

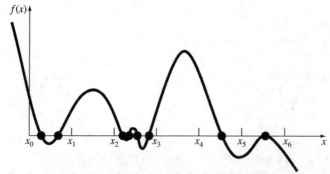

图 5.4　展示了搜索过程中因搜索间隔太大而导致的丢失根情况。注意，右侧的最后一个根是多个，无论间隔长度如何，都会丢失

可以设计一个 Python 函数[1]，该函数实现增量搜索，在 xmin 到 xmax 的范围内定位函数 func 的根(图 5.5)。关键词参数 ns 允许用户指定间隔长度。如果省略 ns，则默认设置为 50。for 循环用于逐步遍历每个间隔。如果发生符号更改，则上限和下限被存储在数组 xb 中。

```
import numpy as np
def incsearch(func,xmin,xmax,ns=50):
"""
incsearch: incremental search locator
    incsearch(func,xmin,xmax,ns)
    finds brackets of x that contain sign changes in
    a function of x on an interval
input:
        func = name of the function
```

图 5.5　实现增量搜索的 Python 函数

---

1 该函数是模仿了由 Recktenwald(2000)最初提出的一个 MATLAB 函数。

```
         xmin, xmax = endpoints of the interval
         ns = number of subintervals, default value = 50
      output: a tuple containing
         nb = number of bracket pairs found
         xb = list of bracket pair values
         or returns "no brackets found"
   """
x = np.linspace(xmin,xmax,ns) # create array of x values
f = [] # build array of corresponding function values
for k in range(ns-1):
f.append(func(x[k]))
nb = 0
xb = []
for k in range(ns-2): # check adjacent pairs of function values
if func(x[k])*func(x[k+1])<0: # for sign change
    nb = nb + 1 # increment the bracket counter
    xb.append((x[k],x[k+1])) # save the bracketing pair
if nb= =0:
    return 'no brackets found'
else:
return nb,xb
```

图 5.5　(续)

例 5.3　增量搜索

问题描述。 使用 incsearch 函数(图 5.5)识别函数区间。

$$f(x)=\sin(10x)+\cos(3x) \tag{5.4}$$

问题解答。 使用默认间隔数(50)的程序结果为

```
import numpy as np
(nb,xb) = incsearch(lambda x: np.sin(10*x)+np.cos(3*x),3,6)
nb
5
xb
[(3.2448979591836733, 3.306122448979592),
 (3.306122448979592, 3.36734693877551),
 (3.7346938775510203, 3.795918367346939),
 (4.653061224489796, 4.714285714285714),
 (5.63265306122449, 5.6938775510204085)]
```

式(5.4)的结果图如图 5.6 所示。

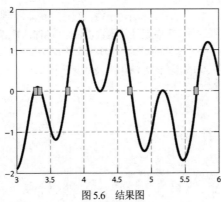

图 5.6　结果图

虽然检测到五个符号的变化，但由于搜索间隔太宽，函数错过了 $x \approx 4.25$ 和 5.2 处的可能根。这些可能的根看起来是多个根。通过放大，很明显每个都代表了两个非常接近的真实根。如图 5.7 所示。

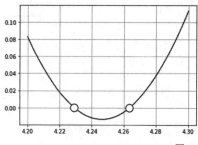 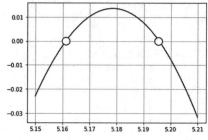

图 5.7　放大后的效果

该函数可以用更小的搜索间隔再次运行，结果是所有 9 个符号变化都被定位了。

```
(nb,xb) = incsearch(lambda x: np.sin(10*x)+np.cos(3*x),3,6,100)
nb
9
xb
[(3.242424242424242, 3.2727272727272725),
 (3.3636363636363638, 3.393939393939394),
 (3.7272727272727275, 3.757575757575758),
 (4.212121212121212, 4.242424242424242),
 (4.242424242424242, 4.2727272727272725),
 (4.696969696969697, 4.7272727272727275),
 (5.151515151515151, 5.181818181818182),
 (5.181818181818182, 5.212121212121213),
 (5.666666666666667, 5.696969696969697)]
```

上述示例说明了诸如增量搜索的蛮力方法并非万无一失。明智的做法是用其他任何可以深入了解根位置的信息来补充这种技术。可通过绘制函数图以及理解方程的背景和起因找到这些信息。

5.4　二分法

二分法是增量搜索法的一个变种，该方法对于每一次迭代，都将包含根的区间一分为二。如果函数在一个区间内改变了符号，则计算中点处的函数值，然后将根的位置确定为位于发生符号变化的区间内，这个区间就成为下一次迭代的区间。重复该过程，直到根以所需的精度求得。图 5.8 提供了该方法的图形描述。例 5.4 介绍了该方法中涉及的具体计算。

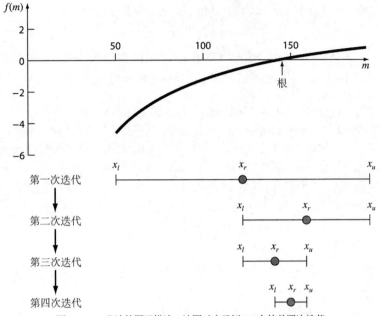

图 5.8　二分法的图形描述。该图对应于例 5.4 中的前四次迭代

例 5.4　二分法

问题描述。 使用二分法求解例 5.1 中以图形法解决的相同问题。

问题解答。 二分法的第一步是在函数评估中猜测两个具有不同符号的未知数(在当前问题中即为 m)。从例 5.1 的图形解中，可以看到函数在 50kg 和 200kg 之间改变了符号。该图显然暗示了更好的初始猜测，例如 140 和 150，但是为了便于说明，我们假设没有受益于该图并做出更保守的猜测。因此，根的第一个估计值位于区间的中间：

$$x_r = \frac{50 + 200}{2} = 125$$

注意，根到小数点后四位的精确值为 142.7376。这意味着上面计算的结果 125 的真实相对误差百分比为

$$\varepsilon_t = \left| \frac{142.7376 - 125}{142.7376} \right| \times 100 \approx 12.43\ \%$$

接下来我们计算下限和中间点处函数值的乘积：

$$f(50)f(125) \approx -4.579 \times -0.409 \approx 1.871$$

这个值大于零，因此在下限和中间点之间不会发生符号变化。根必须位于 125 和 200 之间的上半区间。我们通过重新定义下限为 125 来创建一个新区间。

此时，新区间从 x_l=125 扩展到 x_u=200。修正后的根估计值可以通过下式计算：

$$x_r = \frac{125 + 200}{2} = 162.5$$

真实百分比误差=$\varepsilon_t \approx 13.85\%$。可以重复此过程以获得更精确的估计。例如，下一次迭代将是

$$f(125)f(162.5) \approx -0.409 \times -0.359 \approx -0.147$$

现在的根将位于 125 和 162.5 之间的较低区间。因此上限为 162.5，第三次迭代的根估算为：

$$x_r = \frac{125 + 162.5}{2} = 143.75$$

真实百分比误差 $\varepsilon_t \approx 0.709\%$。可以重复该方法，直到结果的精确程度满足你的需求。

在结束示例 5.4 时，我们说明了连续使用二分法最终能够获得对根的精确估计。但是我们现在必须制定一个准则来决定何时终止该方法。

最开始的建议是当误差低于某个预先指定的水平时就结束计算。例如示例 5.4，在计算过程中，真实相对误差从 12.43% 降到 0.709%。我们可能会指定当误差低于 0.5% 时终止计算。但是这种策略是有缺陷的，因为示例中的误差估计是基于对函数真实根的了解。在实际中不会出现这种情况，因为如果我们已经知道了根，那么使用该方法将毫无意义。

因此，我们需要一个不依赖于对根提前预知的误差估计方法。可以通过估计一个近似百分比的相对误差来做到这一点：

$$\varepsilon_a = \left| \frac{x_r^{\text{new}} - x_r^{\text{old}}}{x_r^{\text{new}}} \right| \times 100\,\% \tag{5.5}$$

其中 x_r^{new} 是当前的根估计，x_r^{old} 是前一次迭代的根。当 ε_a 小于预先指定的停止标准 ε_s 时，计算终止。

例 5.5 二分法的误差估计

问题描述。 继续示例 5.4，直到近似误差低于 ε_s(0.5%)。使用式(5.5)来计算误差。

问题解答。 示例 5.4 的前两次迭代的结果是 125 和 162.5。将这些值代入式(5.5)得到：

$$|\varepsilon_a| = \left| \frac{162.5 - 125}{162.5} \right| \times 100\% \approx 23.08\%$$

回顾一下，根估计 162.5 的真实百分比相对误差为 13.85%。因此，ε_a 大于 ε_t。这个结果也在后续迭代中表现出来，如表 5.2 所示。

表 5.2　误差表

迭代编号	x_l	x_u	x_r	ε_a/%	ε_t/%
1	50	200	125		12.43
2	125	200	162.5	23.08	13.85
3	125	162.5	143.75	13.04	0.71
4	125	143.75	139.0625	6.98	5.86
5	134.375	143.75	141.4063	3.37	2.57
6	139.0625	143.75	142.5781	1.66	0.93
7	141.4063	143.75	142.5781	0.82	0.11
8	142.5781	143.75	143.1641	0.41	0.3

最终，经过八次迭代，ε_a 最终低于 ε_s (0.5%)，计算终止。

这些结果展现在图 5.9 中。对于二分法，真正的根可以位于区间内的任何位置。当真正的根恰好位于区间端点之一附近时，真误差和近似误差相距甚远，如图中的迭代 3。当真实根位于区间中心时，误差相近，如迭代 4。

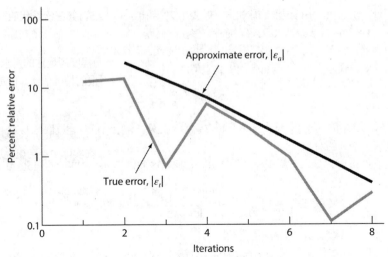

图 5.9　二分法误差。分别绘制真实和近似误差与迭代次数的关系

尽管近似误差不能提供对真实误差的准确估计，但图 5.9 表明：ε_a 捕捉到 ε_t 的下降趋势。此外，该图也表明 ε_a 相对于 ε_t 更具有优势。因此，当 ε_a 低于 ε_s 时，可以在保证根的结果至少达到预先指定的精度。

虽然从单个例子中得出的一般性结论不一定准确，但可证明对于二分法，ε_a 的效果将始终好于 ε_t。这是因为每次使用二分法如 $x_l = (x_l + x_u) / 2$ 来定位近似根时，我们知道真正的根一般位于 $\Delta x = x_u - x_l$ 区间中的某个位置。因此，根必须在我们估计的 $\pm \Delta x/2$ 范围内。例如当示例 5.5 终止时，我们可以明确指出：

$$x_r = 143.1641 \pm \frac{143.7500 - 142.5781}{2} \approx 143.1641 \pm 0.5859$$

本质上，式(5.5)提供了真实误差的上限。为突破这个界限，真正的根必须落在区间之外，根据定义，这对于二分法永远不会发生。虽然二分法通常比其他方法慢，但其误差分析的简洁性是一个重要的积极特征，使其对某些工程和科学应用仍然具有吸引力。此外，二分法具有稳定的优点，该方法会将解收敛到区间中。

二分法的另一个好处是可以先验地(即在开始计算之前)计算出满足绝对误差要求的迭代次数。可将方法的初始区间视为不确定区间，我们知道一个根存在于区间中，但不知道它所在的位置，因此，绝对误差为

$$E_a^0 = x_u^0 - x_l^0 = \Delta x^0$$

实际上，这个区间太宽泛了，但二分法在每次迭代中将不确定区间减少 2 倍。例如，在第一次迭代之后，

$$E_a^1 = \frac{\Delta x^0}{2}$$

在 n 次迭代后，

$$E_a^n = \frac{\Delta x^0}{2^n}$$

最终经过十次迭代，不确定性的原始区间减少了 $2^{10} = 1024$ 倍，约为 1000 倍。经过 20 次迭代，减少了 $2^{20} = 1048576$ 倍，约为 100 万倍。对于许多实际问题，保证得到根的估计值在原始区间的百万分之一以内就足够了，这允许将间隔数设置为 20 从而简化算法实现。

如果设置既定误差为 $E_{a,b}$，则可使用下式求解：

$$n \approx \log_2\left(\frac{\Delta x^0}{E_{a,d}}\right) \tag{5.6}$$

注意，Python 中的 NumPy 模块有一个 log2 函数。此外，你始终可以通过回忆 $\log_b x = \log x/\log b$ 来确定任何底数为 b 的对数。

在求解质量 m 时，如果希望误差小于 0.01kg，原始区间则为 $\Delta x^0 = 200-50 = 150$kg：

$$n \approx \log_2\left(\frac{150}{0.01}\right) = \frac{\log_{10}\left(\frac{150}{0.01}\right)}{\log_{10}(2)} \approx 13.87 \Rightarrow 14$$

因此，经过 14 次迭代将确保满足要求。

我们后面将说明如何使用相对误差来确定二分法什么时候完成，将展示通过执行给定次数的迭代来满足绝对误差的替代方案。后面这种方法通常通过对问题上下文的理解来进行改善，如在上例中所做的一样。

5.4.1 二分法的 Python 函数实现

第一个 Python 函数 bisect1 已经在图 5.10 中展示。传递给该函数的参数是三个：求解的函数名、较低和较高的初始猜测值。bisect1 函数首先检查初始的猜测是否在既定范围内；如果不是，则返回错误消息。如果初始猜测得到验证，则该方法将迭代 20 次以提供对原始区间百万分之一范围内的根估计。

注意，图 5.10 中二分法的实现非常简单，只有十行代码。代码在下文进行测试并生成所需的结果。

```python
import numpy as np

def f(m):
    g = 9.81
    cd = 0.25
    t = 4
    v = 36
    return np.sqrt(m*g/cd)*np.tanh(np.sqrt(g*cd/m)*t)-v

m = bisect1(f,50,200)
print('mass = {0:7.3f} kg'.format(m))

mass = 142.738 kg
```

或者可以编写一个基于相对错误标准的 Python 函数，并包含防止过多迭代的保护措施。如图 5.11 所示。

```
def bisect1(func,xl,xu,maxit=20):
    """
    Uses the bisection method to estimate a root of func(x).
    The method is iterated maxit (default = 20) times.
    Input:
        func = name of the function
        xl = lower guess
        xu = upper guess
    Output:
        xm = root estimate
        or
        error message if initial guesses do not bracket solution
    """
    if func(xl)*func(xu)>0:
        return 'initial estimates do not bracket solution'
    for i in range(maxit):
        xm = (xl+xu)/2
        if func(xm)*func(xl)>0:
            xl = xm
        else:
            xu = xm
    return xm
```

图 5.10 Python 函数实现 20 次迭代的二分法

```
def bisect(func,xl,xu,es=1.e-7,maxit=30):
    """
    Uses the bisection method to estimate a root of func(x).
    The method is iterated until the relative error from
    one iteration to the next falls below the specified
    value or until the maximum number of iterations is
    reached first.
    Input:
        func = name of the function
        xl = lower guess
        xu = upper guess
        es = relative error specification  (default 1.e-7)
        maxit = maximum number of iterations allowed (default 30)
    Output:
        xm = root estimate
        fm = function value at the root estimate
        ea = actual relative error achieved
        i+1 = number of iterations required
        or
        error message if initial guesses do not bracket solution
    """
    if func(xl)*func(xu)>0:
        return 'initial estimates do not bracket solution'
    xmold = xl
    for i in range(maxit):
        xm = (xl+xu)/2
        ea = abs((xm-xmold)/xm)
        if ea < es: break
        if func(xm)*func(xl)>0:
            xl = xm
        else:
            xu = xm
        xmold = xm
    return xm,func(xm),ea,i+1
```

图 5.11 二分法的实现，包括相对误差和迭代终止条件

使用示例函数测试 bisect 函数的结果为:

```
import numpy as np
def f(m):
    g = 9.81
    cd = 0.25
    t = 4
    v = 36
    return np.sqrt(m*g/cd)*np.tanh(np.sqrt(g*cd/m)*t)-v

(m,fm,ea,iter) = bisect(f,50,200)
print('mass = {0:10.6f} kg'.format(m))
print('function value = {0:7.3g}'.format(fm))
print('relative error = {0:7.3g}'.format(ea))
print('iterations = {0:5d}'.format(iter))


mass = 142.737636 kg
function value = 5.85e-08
relative error = 6.26e-08
iterations = 24
```

注意,相对误差小于默认规格 1×10^{-7}(或 1×10^{-5}%)。为满足要求,需要经过 24 次迭代。相反,如果我们指定最多 20 次迭代,代码和结果将是:

```
(m,fm,ea,iter) = bisect(f,50,200,maxit=20)

mass = 142.737627 kg
function value = -1.24e-07
relative error = 1e-06
iterations = 20
```

这种情况下,结果将不满足 1×10^{-7} 的相对误差要求。但是无论如何,根的估计是精准的,达到了小数点后四位。

5.5　试位法

试位法(也被称为线性插值)是另一种著名的交叉法。它类似于二分法,只是它使用不同的策略来得出根的估计。它不是将区间一分为二,而是将估计值定位在穿过$\{x_l, f(x_l)\}$和$\{x_u, f(x_u)\}$的一条直线与 $f(x)=0$ 轴的交点位置,如图 5.12 所示。函数的曲率影响新估计值 x_r 与真实根的近似程度。

观察图中两个阴影线三角形,我们可将直线斜率等价表示为:

$$\frac{0-f(x_l)}{x_r-x_l} = \frac{f(x_u)-0}{x_u-x_r}$$

可以通过代数求解 x 获得试位法公式:

$$x_r = \frac{f(x_u)\,x_l-f(x_l)\,x_u}{f(x_u)-f(x_l)} \tag{5.7}$$

x_r 的值可以用式(5.7)进行计算,这样就可以替换 x_l 或 x_u 进行下一次迭代,这具体取决于 $f(x_r)$ 的符号。如图 5.12 所示,x_r 将成为下一个 x_l。这样 x_l 和 x_u 将始终将根包含在范围内。迭代进行这个过程,直到根的估计满足误差范围要求。

试位法的 Python 程序如下:

```
xm = (func(xu)*xl-func(xl)*xu)/(func(xu)-func(xl))
```

此外，使用试位法后，将无法像二分法那样使用迭代次数来预测最大绝对误差或不确定性区间。

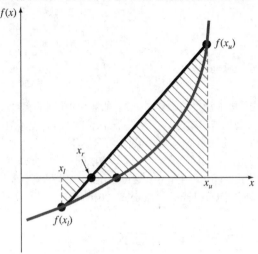

图 5.12　试位法

例 5.6　试位法

问题描述。对于例 5.1 中以图形法、例 5.4 中用二分法解决的问题，本例将用试位法来解决。

问题解答。如例 5.4 所示，以 $x_l = 50$ 和 $x_u = 200$ 的初始猜测值开始计算。该方法的第一次迭代是

$$x_l = 50 \qquad f(x_l) = -4.57939 \qquad x_u = 200 \qquad f(x_u) = 0.86029$$

$$x_r \approx \frac{0.86029 \times 50 - (-4.57939 \times 200)}{0.86029 - (-4.57939)} \approx 176.2774 \qquad f(x_r) \approx 0.56617$$

第一次迭代后对根的估计有 23.5% 的相对误差。表 5.3 显示了该方法的前八次迭代结果。

表 5.3　前八次迭代结果

迭代次数	x_l	x_u	x_r	ε_a /%	ε_t /%
1	50	200	176.2774		23.50
2	50	176.2773	162.3828	8.56	13.76
3	50	162.3828	154.2446	5.28	8.06
4	50	154.2446	149.4777	3.19	4.72
5	50	149.4777	146.6856	1.90	2.77
6	50	146.6856	145.0501	1.13	1.62
7	50	145.0501	144.0922	0.66	0.95
8	50	144.0922	143.5331	0.39	0.56

注意在表中近似误差始终小于真实误差，这与示例 5.5 中的二分法形成对比。与示例 5.5 中类似的二分表相比，我们看到这里的近似误差在八次迭代后略小于二分法，分别为 0.39% 和 0.41%；然而，真实误差却更大，分别为 0.56% 和 0.30%。

如果我们测试一个试位法 Python 函数(我们将其命名为 regfal),结果如下:

```
(m,fm,ea,iter) = regfal(f,50,200)

mass = 142.737651 kg
function value = 3.67e-07
relative error = 8.89e-08
iterations = 28
```

试位法需要 28 次迭代才能满足与二分法在 24 次迭代中相同的相对误差。

例 5.4 中的结果会使我们得出结论,二分法优于试位法。但这是不对的;许多情况下,试位法会比二分法收敛得更快。你将在本章末尾的问题中看到这一点。

使用试位法来解决示例 5.4 的问题确实揭示了该方法的一个主要弱点:片面性。对于许多场景,随着迭代的进行,根的位置区间将趋于固定。这可能导致收敛性变差,特别是对于有显著曲率的函数。当然也有人提出了补救措施(Chapra 和 Canale,2010 年)。

5.6 案例研究:温室气体和雨水

背景:根据文献资料,在过去 50 年中,几种 "温室气体" 在大气中的含量一直在增加。例如,图 5.13 显示了 1959 年至 2019 年在夏威夷莫纳罗亚采集的大气样品中二氧化碳(CO_2)的分压数据。数据可以展示出一条略微向上弯曲的线,该线可以较好地被一个二阶多项式拟合。

$$p_{co2}=0.012772(t-1983)^2+1.4272\times(-1983)+342.35$$

其中 $p_{co2}=$ CO_2 的分压 (ppm)。上述公式的结果表明,从 316ppm 到 411ppm,二氧化碳含量增加了 30%以上。

通过上述公式,我们可以解决的一个问题是分析这一增长趋势如何影响雨水的 pH 值。在城市和工业区之外,有充分证据表明,二氧化碳是决定雨水 pH 值的主要因素;pH 值是氢离子 (H+)活性的量度。对于稀溶液,pH 可以计算为:

$$pH = -\log_{10}[H^+] \tag{5.8}$$

其中 $[H^+]$是氢离子的摩尔浓度。

以下五个方程控制了雨水的化学属性:

$$K_1 = \frac{[H^+][HCO_3^-]}{K_H p_{CO_2}} \tag{5.9}$$

$$K_2 = \frac{[H^+][CO_3^{-2}]}{[HCO_3^-]} \tag{5.10}$$

$$K_w = [H^+][OH^-] \tag{5.11}$$

$$c_T = \frac{K_H p_{CO_2}}{10^6} \tag{5.12}$$

$$0 = [HCO_3^-] + 2[CO_3^{-2}] + [OH^-] - [H^+] \tag{5.13}$$

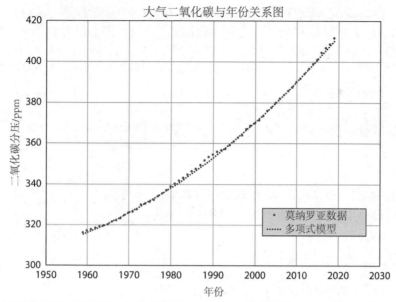

图 5.13　在夏威夷莫纳罗亚测量的大气二氧化碳年平均分压(ppm)。注意，通常情况下 CO_2 分压不以压力单位形式展现，而是以浓度单位的形式展现，以摩尔和 ppm 为单位，即μmol/mol

其中 K_H=亨利常数，K_1、K_2 和 K_w 是平衡常数。五个未知浓度是 c_T=总有机碳、[HCO_3^-]=碳酸氢根离子、[CO_3^{-2}] = 碳酸根离子、[H^+]=氢离子、[OH]=氢氧根离子。注意 CO_2 的分压是如何出现在式(5.9)和式(5.12)中的。

假设 K_H=$10^{-1.46}$、K_1=$10^{-6.3}$、K_2=$10^{-10.3}$ 和 K_w=10^{-14}，使用上述这些方程计算雨水的 pH 值。比较 1959 年 p_{co2} 测量值为 316 ppm 和 2019 年测量值为 411 ppm 时的结果。为计算选择数值方法时，请考虑以下因素：

- 你肯定知道雨水的 pH 值介于 2 到 12 之间。
- 你还知道 pH 值只能精确到小数点后两位。

解决方案。 有多种方法可以求解这个由五个方程组成的系统问题。一种方法是通过代数组合方程来消除未知数，以生成单个仅取决于 [H^+]的方程。为此，首先重新排列式(5.9)和式(5.10)：

$$[HCO_3^-] = \frac{K_1}{10^6[H^+]}K_H p_{CO_2} \tag{5.14}$$

$$[CO_3^{-2}] = \frac{K_2[HCO_3^-]}{[H^+]} \tag{5.15}$$

将式(5.14)代入式(5.15)得到：

$$[CO_3^{-2}] = \frac{K_2 K_1}{10^6[H^+]^2}K_H p_{CO_2} \tag{5.16}$$

然后将式(5.14)和式(5.16)代入式(5.13)以及式(5.11)得到：

$$0 = \frac{K_1}{10^6[H^+]}K_H p_{CO_2} + 2\frac{K_2 K_1}{10^6[H^+]^2}K_H p_{CO_2} + \frac{K_w}{[H^+]} - [H^+] \tag{5.17}$$

虽然可能不会立即显现出来，但式(5.16)是[H^+]的三阶多项式。因此，可用它的根通过式(5.8)计算雨水的 pH 值。

现在我们必须决定采用哪种数值方法来获得解。有两个原因能够证明二分法是一个不错的选择。首先，pH 值在 2 到 12 范围内这一事实为我们提供了两个很好的初步猜测。其次，由于 pH 值只能测量到小数点后两位，我们会满意 $E_{a,d} = \pm 0.005$ 的绝对误差。回顾一下给定初始区间以及所需的误差要求，我们可以先验地计算二分法所需的迭代次数。这个数字可在 Python 中计算为：

```
import numpy as np
dx = 12 - 2
Ead = 0.005
n = np.log2(dx/Ead)

n
10.965784284662087
```

我们看到通过 11 次迭代后，结果满足了精度要求。

首先在 Python 编辑器中，创建一个函数来计算式(5.16)。

```
def f(pH,pCO2):
    K1 = 1e-6 ; K2 = 1e-10 ; Kw = 1e-14
    KH = 10**(-1.46)
    H = 10**(-pH)
    return K1/1e6/H*KH*pCO2 + 2*K2*K1/1e6/H**2 + Kw/H - H
```

然后可使用图 5.10 中的 bisect1 函数，将其修改为允许指定迭代次数作为参数来求解 pH。

```
def bisect1(func,xl,xu,maxit=30):
    """
    Uses the bisection method to estimate a root of func(x).
    The method is iterated maxit times.
    Input:
        func = name of the function
        xl = lower guess
        xu = upper guess
        maxit = number of iterations
    Output:
        xm = root estimate
        or
        error message if initial guesses do not bracket solution
    """
    if func(xl)*func(xu)>0:
        return 'initial estimates do not bracket solution'
    for i in range(maxit):
        xm = (xl+xu)/2
        if func(xm)*func(xl)>0:
            xl = xm
        else:
            xu = xm
    return xm

pHsoln = bisect1(lambda pH: f(pH,316),2,12,11)
print('{0:5.2f}'.format(pHsoln))

5.48
```

则 2019 年的结果是：

```
pHsoln = bisect1(lambda pH: f(pH,411),2,12,11)
```

```
print('{0:5.2f}'.format(pHsoln))
```

```
5.42
```

有趣的是，计算结果表明，大气中二氧化碳含量上升 30%只会使雨水的 pH 值下降 1.1%。尽管这是正确的，但请记住 pH 代表式(5.8)定义的对数标度。因此 pH 值每下降一个单位，氢离子浓度就会增加 10 倍。该浓度从 pH 计算为$[H^+] = 10^{-pH}$，从 1959 年到 2019 年的百分比变化可以计算为：

```
(10**(-5.42)-10**(-5.48))/10**(-5.42)*100
12.90364100439204
```

因此，氢离子浓度在 61 年间增加了约 13%。

我们有了从大气 CO_2 浓度确定雨水 pH 值的方法，所以从源数据文件中准备了一个文本文件 MaunaLoaCO2Data.txt。该文件仅包含年份和 ppm 数据。可以添加 Python 代码来读取数组中的年份和 ppm 值，并求解每年的 pH 值，类比图 5.13 绘制 pH 值与年份的关系图。下面就是利用上文开发的 bisect1 和 f 函数的 Python 脚本。

```
import numpy as np
year,ppm = np.loadtxt('MaunaLoaCO2Data.txt',unpack=True)
n = len(year)
pHpred = []
for i in range(n):
    pHsoln = bisect1(lambda pH: f(pH,ppm[i]),2,12,20)
    pHpred.append(pHsoln)

import pylab
pylab.plot(year,pHpred,c='k',marker='o')
pylab.grid()
pylab.xlabel('Year')
pylab.ylabel('Rainwater pH')
pylab.title('Rainwater pH Prediction Based On Atmospheric CO2')
```

计算结果如图 5.14 所示。

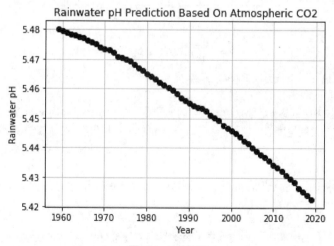

图 5.14 计算结果

温室气体的变化趋势是一个有争议的话题。大多数讨论都集中在增加温室气体是否会导致全球气候变暖和气候剧烈变化上。然而，不管最终的影响如何，我们必须清醒地认识到像我们的大气层这样庞大的物体已经在较短时间内发生了如此巨大的变化。本案例研究说明了如何使用数值方法和 Python 来分析和解释这些趋势。今天，工程师和科学家正在使用这些工具来加深对这些现象的理解。

习题

5.1 使用二分法确定所需的阻力系数，使得质量为 95kg 的蹦极者在自由下落 9s 后达到 46 m/s 的速度。重力加速度为 9.81 m/s²。从 x_l =0.2 和 x_u=0.5 的初始值开始，迭代到近似的相对误差低于 5%。使用计算器手动执行这些计算。

5.2 设计 Python 函数来执行类似于图 5.10 的二分法运算。但不能采用式(5.5)这样的最大迭代次数方法。式(5.6)确定了迭代次数作为停止条件。确保式(5.6)的结果进行四舍五入后成为整数。Python NumPy 模块中的 np.ceil 函数能提供一种简便的方法来执行此操作，但会产生浮点结果，因此你必须用 int 函数将其转换为整数。使用你的姓氏作为函数名称的一部分。这个 Python 函数的第一行应为：

```
def LastNamebisect(func,xl,xu,Ead)
```

最后一行应为：

```
return root,Ea,ea,n
```

注意，对于输出，Ea=近似绝对误差，ea=近似相对误差。然后添加你自己的 Python 脚本来解题 5.1。请再次注意，必须通过变量传递参数。此外，修改上面的 def 语句，使 E_{ad} 的默认值为 1×10^{-7}。

5.3 下图展示了受均匀载荷作用的固定梁。

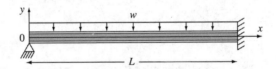

产生的挠度方程为：

$$y = -\frac{w}{48EI}(2x^4 - 3Lx^3 + L^3x)$$

设计一个可执行以下任务的 Python 脚本。

(a) 绘制函数 x 关于 dy/dx 的曲线。

(b) 使用 LastNamebisect 函数来确定最大的偏转点，即当 dy/dx = 0 时 x 的值。然后将此值代入挠度方程以确定最大的挠度值。使用 x_l=0 和 x_u=0.9L 的初始估计值。在计算中使用以下参数，确保使用一致的单位：L=400 cm，E=52000 kN/cm²，I=32000cm⁴，w=4 kN/cm。此外，使用 E_{ad} =1×10⁻⁷cm。将结果显示到小数点后六位。

5.4 水通过水平出口管道从圆柱形水箱中排出。一旦管道打开，管道中水的速度与时间的关系可以表示为：

$$v = \sqrt{2gH} \tanh\left(\sqrt{\frac{gH}{L}}\, t\right)$$

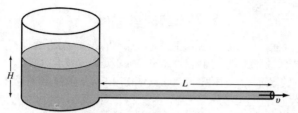

其中 $g=9.81\text{m/s}^2$，$H=$罐中的初始液位(m)，$L=$管道长度(m)，$t=$通过的时间(s)。上述等式假设罐中的液位在过渡时间内没有显著变化。

设计一个 Python 脚本，该脚本应满足以下要求。

(a) 给定时间 t，绘制 H 与 $v=f(H)$ 的关系图。在同一图中同时画出 $t=1\text{s}$、2s、3s、4s、5s，$H=0$ 到 4 m，$L=50\text{m}$ 的各类情况。此图应包括图例。

(b) 使用带有初始估计 $x_l=0$ 和 $x_u=4$ 的 LastNamebisect 函数来确定对于 4m 长的管道，在 $t=2.5\text{s}$ 时实现 $v=5$ m/s 所需的 H，其中 $E_{a,d}=1\times10^{-7}$，在结果中显示 Python 的完整精度。

5.5 使用你的 LastNamebisect 函数求解习题 5.1。

5.6 使用试位法求解习题 5.1，将你的函数命名为 LastNameregfal，并将结果与问题 5.5 的结果进行比较。

5.7 (a)使用 Python脚本通过图形法求解 $f(x)=-12-21x+18x^2-2.75x^3$ 的根。(b)使用二分法求 $f(x)$。(c)使用试位法求 $f(x)$。选择合理的初始猜测值，将 20 作为迭代限制或将 0.1%作为误差要求。请比较(b)和(c)得到的结果。

5.8 对于函数 $f(x)=\sin(x)-x^2$，其中 x 以弧度为单位。

(a) 使用增量搜索，搜索区间 $0.01\leqslant x\leqslant2$；

(b) 在 x 的搜索区间内绘制函数，确认你在(a)中的发现是否正确；

(c) 根据你在(a)和(b)中的观察选择恰当的初始猜测值，并使用二分法求根。

5.9 求解 $\ln(x^2)=0.7$ 的正实根。

(a) 以图形法求解。(b) 使用二分法求解，初始猜测值为 $x_l=0.5$ 和 $x_u=2$。(c) 使用试位法求解。比较各个结果。你能找出一个最简便的求出正确解的方法吗？

5.10 淡水中溶解氧的饱和浓度可由下式计算：

$$\ln(o_{sf}) = -139.34 + \frac{157.57}{T_a/1000} - \frac{66.423}{(T_a/1000)^2} + \frac{12.438}{(T_a/1000)^3} - \frac{0.86219}{(T_a/1000)^4}$$

其中 $o_{sf}=1\text{atm}$ 下淡水中溶解氧的饱和浓度(mg/L)，$T_a=$ 绝对温度(K)。回顾一下 $T_a=T+273.15$，其中 $T=$温度(°C)。根据上述公式，饱和度随着温度的升高而降低。对于温带的典型天然水体，该公式可用于确定氧气浓度范围为 0 °C 时的约 14.6 mg/L 至 35 °C 时的 7.0 mg/L。给定氧气浓度值，该公式和二分法可用于求解以°C 为单位的温度。

(a) 如果初始猜测值设置为 0 °C 和 35 °C，在 0.05 °C 的绝对误差范围内确定温度需要多少次二分法迭代？

(b) 基于(a)，使用 Python 确定 T 作为给定氧浓度的函数。测试你的代码当输入 $o_{sf}=$ 8mg/L、10mg/L 和 14 mg/L 时的情形。

5.11 大量液体储存在球形罐中。下图展示了一个装了部分水的水罐。罐中液体的体积由下式给出：

$$V = \frac{\pi h^2(3R - h)}{3}$$

其中 R=罐的内半径，h =液体从液面到罐中心底部的深度。水箱外面有一个"目视仪"，可以目视测量 h。在仪表旁最好放置一个直接以体积 V(而不是以 h)校准的刻度。

(a) 对于 R=5m 的储罐，液体体积为300m³，请使用二分法求解 h。注意，上式是 h 的三次多项式，有 3 个实根；然而，一个根在水箱上方，另一个在水箱下方。因此，使用空罐和满罐作为初始猜测将保证根之间的隔离。另外，注意水箱顶部的 $h = 2R$。

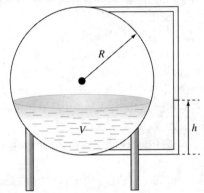

(b) 同样使用二分法，计算并显示 h 与 V 的关系表，其中 V 以 10m³ 为间隔，范围从空罐到满罐。注意，满罐的体积是半径为 R 的球体的体积。

5.12 水在开放的梯形通道中流动。图中显示了通道横截面。

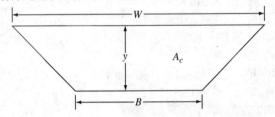

通道的横截面积由下式给出：

$$A_c = \frac{1}{2}(B + W)y$$

如图所示，W =通道的表面宽度，B =通道的底部宽度，y =流体深度。典型的通道设计对通道的侧面使用 45°坡。如果是这种情况，$W = B + 2y$ 且

$$A_c = (B+W)y$$

这种通道的临界深度 y 必须满足方程

$$\frac{V}{\sqrt{gy}} = 1 \quad 或 \quad \frac{Q}{A_c\sqrt{gy}} = 1 \quad 或 \quad \frac{Q}{(B+y)y\sqrt{gy}} = 1$$

其中 V=流速，Q=流量体积。

对于流量 Q = 20m³/s 和通道底部宽度 B=3 m，请求解临界深度 y ，分别使用 (a) 图形法、(b) 二分法和(c)试位法。对于 (b) 和 (c)，使用 x_l= 0.5 和 x_u=2.5m 的初始猜测值，并反复迭代，直到近似误差低于 1×10^{-6} 或迭代次数超过20。比较 (b)和(c)的结果。

5.13 Michaelis-Menten 方程描述了酶促反应的起始速度与反应物浓度的关系方程：

$$\frac{\mathrm{d}S}{\mathrm{d}t} = -v_m \frac{S}{k_s + S}$$

其中 S=反应物浓度 (mol/L)，v_m= 最大吸收率(mol/L/d)，k_s= 半饱和常数(mol/L)。如果初始的反应物浓度是 S_0，则这个微分方程可以被求解，从而得到：

$$S = S_0 - v_m t + k_s \ln\left(\frac{S_0}{S}\right)$$

设计一个 Python 脚本，以生成具有 S_0= 8mol/L、$v_m = 0.7$ mol/L/d，以及 $k_s = 2$mol/L、3mol/L 和 4 mol/L 的 S 与 t 的曲线族图。

5.14 水到煤气转换的化学反应由下式给出：

$$CO + H_2O \Leftrightarrow H_2 + CO_2$$

在高于 800 °C 的高温下，该反应受平衡常数控制，平衡常数可以表示为：

$$\frac{[H_2][CO_2]}{[H_2O][CO]} = K_{eq}(T)$$

其中 $[H_2]$=存在的氢量。平衡常数 K_{eq} 取决于绝对温度 T(K)，由下式给出：

$$\log_{10}(K_{eq}) = -1.156 + 0.08849\left(\frac{10000}{T}\right) + 0.004299\left(\frac{10000}{T}\right)^2$$

如果将具有给定组分流量 $\dot{m}_{H2}$ 等的气体混合物送入反应器，则可使用上述平衡关系表示成分的变化量 x。

$$\frac{(\dot{m}_{H_2} + x)(\dot{m}_{CO_2} + x)}{(\dot{m}_{H_2O} - x)(\dot{m}_{CO} - x)} = K_{eq}(T)$$

对于进料中的以下组分流速和 1200 °C 的温度，使用二分法确定位移 x 的值和离开反应器组分的流速。你可能希望使用图形法来选择合适的初始猜测。

组成	kmol/hr
H_2	450
CO	500
CO_2	50
H_2O	1150

5.15 下图显示了均匀梁承受线性增加的分布载荷(此图为了便于说明，将曲线进行了夸大)。

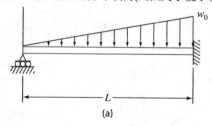

(a)

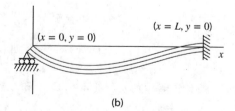

(b)

得到的弹性曲线方程如下：

$$y = \frac{w_0}{120EIL}(-x^5 + 2L^2x^3 - L^4x)$$

其中 y =位置 x 处的挠度，w_0 =梁单位长度的载荷，E =梁材料的弹性模量，I =梁惯性矩，L =梁的长度。参数 L =600cm，E = 50000 kN/cm^2，I =30000cm^4，w_0 = 2500 N/cm。用二分法确定最大挠度的位置，即当 $dy/dx = 0$ 时 x 的值。然后使用上面的等式确定最大挠度的值。

5.16 你计划以 79990 美元的价格购买一辆特斯拉 Model S，首付 10%，并以 7 年为期限为剩余的金额融资。你已经每月支付 1000 美元。因此，现在你需要以所需的利率(或更低，如果你能找到的话！)来还贷款。计算公式为

$$A = P\frac{i(1+i)^n}{(1+i)^n - 1}$$

其中 A =每月还款额，P =贷款金额，i =以分数表示的月利率，而非百分比。

注意，贷款利率通常以每年一次的 APR 形式报价。要获得月利率 i，可将 APR 除以 12。支付的实际年利率高于报价的 APR，是 $(1+i)^{12}-1$(× 100 表示 %)。例如，对于 6%的 APR，按月支付的实际年化利率为 6.17%。

使用 Python 以及二分法来求解实现目标所需的 APR。选择 3%和 9%的 APR 作为初始猜测。

5.17 许多工程及其他领域都需要精确的人口预测。例如，交通工程师可能发现有必要分别确定城市和邻近郊区的人口增长趋势。城市地区的人口随着时间的推移而减少，符合以下公式：

$$P_u(t) = P_{u,max}e^{-k_u t} + P_{u,min}$$

而郊区人口在增长，表示为：

$$P_s(t) = \frac{P_{s,max}}{1 + [P_{s,max}/P_0 - 1]e^{-k_s t}}$$

其中 $P_{u,max}$、$P_{u,min}$、$P_{s,max}$、P_0、k_u 和 k_s 是方程参数，其具体值是根据对城市/郊区场景进行建模的经验所确定的。对于下面的参数值，确定郊区比市区大 20%，对应时间 t 时 $P_u(t)$ 和 $P_s(t)$ 的值。使用(a)图形法确定初始的范围区间，(b)使用试位法求解，求得更精确的解。

$P_{u,max}$ =110 000，$P_{u,min}$ =80 000，$P_{s,max}$ =320 000，P_0 =10 000，k_u =0.05/yr，k_s =0.09/yr

5.18 掺杂硅的电阻率 ρ 取决于电荷 q、电子密度 n 和电子迁移率 μ。电子密度以掺杂密度 N 和本征载流子密度 n_i 的形式给出。电子迁移率由温度 T、参考温度 T_0 和参考迁移率 μ_0 描述。计算电阻率所需的方程为

$$\rho = \frac{1}{qn\mu}$$

其中

$$n = \frac{1}{2}\left(N + \sqrt{N^2 + 4n_i^2}\right) \qquad \text{且} \qquad \mu = \mu_0\left(\frac{T}{T_0}\right)^{-2.42}$$

在给定 T_0 =300K，T =1000K，μ_0 = 1360 cm^2/V/s，q =1.7×10^{-19}C，n_i= 6.21×10^{9}cm^{-3} 的前提下确定 N，所需的 ρ =6.5×10^6 V·s·cm/C。对 N 使用 0 和 2.5 × 10^{10} 的初始猜测值。使用 20 次迭代的二分法求解 N。

5.19 总电荷 Q 均匀分布在半径为 a 的环形导体周围。一个单独的电荷 q 位于离环中心一定距离的 x 处。环施加在电荷上的力由下式给出：

$$F = \frac{1}{4\pi e_0}\frac{qQx}{(x^2 + a^2)^{3/2}}$$

其中 e_0 =8.9×10^{-12}C^2/(N·m^2)。对于半径为 0.85m 的环，如果 q 和 Q 都等于 2×10^{-5}C，则求力为 1.25 N 的距离 x。

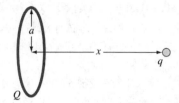

5.20　对于管道中的湍流，摩擦力可用一个无量纲数 f，即范宁摩擦系数(Fanning friction factor)来描述。f 取决于与管道和流体相关的许多参数，包括管道直径 D、壁粗糙度 ε 以及描述流动状态的雷诺数 Re。雷诺数由下式给出

$$Re = \frac{\rho V D}{\mu}$$

其中 ρ 是流体密度，V 是管道中的平均流体速度，μ 是流体黏度。速度由体积流量 Q 除以管道的内部横截面积 A 求得：

$$V = \frac{Q}{A} \quad 且 \quad A = \frac{\pi D^2}{4}$$

科尔布鲁克方程通常用于预测范宁摩擦系数。它的表达形式如下：

$$\frac{1}{\sqrt{f}} = -2\log_{10}\left[\frac{\varepsilon}{3.7D} + \frac{2.51}{Re\sqrt{f}}\right]$$

你会注意到这个方程隐含着 f。为使上述公式有效，必须是湍流。这可以通过设置 Re > 2500 进行检查。f 的值通常在 0.001 和 0.1 之间。使用二分法求解以下场景的范宁摩擦系数。

- 4 英寸 Schedule 40 钢管内径，D=0.1024 m，ε=45μm = 4.5×10^{-5}m
- 流体：80°F 的乙二醇，μ = 15.5 厘泊=0.015 Pa·s，ρ =1130 kg/m³
- 流量：250 gpm = 0.01578 m³/s

请务必检查使用的单位在上述公式中是否一致。

5.21　机械工程师和其他大多数工程师一样，在工作中广泛使用热力学定律。以下多项式可用于将干燥空气的零表压比热 c_P [kJ/(kg·K)]与绝对温度 T [K]联系起来：

$$c_P = 0.99403 + 1.671 \times 10^{-4}T + 9.7215 \times 10^{-8}T^2$$
$$- 9.5838 \times 10^{-11}T^3 + 1.92520 \times 10^{-14}T^4$$

(a)　从 0 到 1200 K 绘制 c_P 与 T 的关系图。

(b)　使用二分法确定对应于 1.1 kJ/(kg·K)比热的温度。

5.22　火箭的上行速度可用以下公式计算：

$$v = u \ln\left(\frac{m_0}{m_0 - qt}\right) - gt$$

其中 v 是向上速度，u=燃料相对于火箭的向下出口速度，m_0=火箭在 $t = 0$ 时的质量，q=燃料消耗率，g=9.81 m/s² 为向下的重力加速度。如果 $u = 1800$ m/s，$m_0 = 160000$ kg，$q = 2600$ kg/s，计算 v= 750 m/s 时的时间 t。提示：t 介于 10 到 50 秒之间。检验你的结果，使其在真实值的 0.01%误差范围内。

5.23　虽然我们没有在 5.6 节中提到，但式(5.13)是电中性的表达；电中性是指正负电荷平衡。通过将式(5.13)重新排列可以得到：

$$[H^+] = [HCO_3^-] + 2[CO_3^{2-}] + [OH^-]$$

换句话说，正电荷量必须等于负电荷量。因此，当计算天然水体(例如湖泊)的 pH 值时，你还必须考虑可能存在的其他离子。这些离子可能来源于非反应性盐，它们引起的正负电荷聚集被称为碱度，上述方程修改为

$$\text{Alk} + [\text{H}^+] = [\text{HCO}_3^-] + 2[\text{CO}_3^{2-}] + [\text{OH}^-] \tag{P5.23}$$

其中 Alk =碱度(eq/L)。例如 2008 年测量的苏必利尔湖的平均碱度为 0.4×10^{-3} eq/L。执行与 5.6 节相同的步骤计算 2008 年苏必利尔湖的 pH 值。假设像雨滴一样，该湖与大气中的 CO_2 处于平衡状态，但要考虑式 P5.23 中的碱度因素。

5.24 根据阿基米德原理，浸没或部分浸没物体的浮力等于物体浸没部分排出的流体重量。对于下图中描绘的球体，使用二分法来确定高于水面部分的高度 h。

球体水上部分的体积可以用下式计算：

$$V = \frac{\pi h^2}{3}(3r - h)$$

使用以下值进行计算：$r=1$m，ρ_s=球体密度$=200$ kg/m^3，ρ_w=水密度$=1000$ kg/m^3。

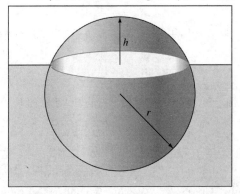

5.25 执行与问题 5.24 中相同的计算。对于直角圆锥的截头体部分，整个截头圆锥体的体积由下式给出：

$$V = \frac{\pi h}{3}\left(r_1^2 + r_2^2 + r_1 r_2\right)$$

使用下列值进行计算：$r_1 =0.5$m，$r_2 =1$m，$h=1$m，$\rho_f =300$ kg/m^3，$\rho_w =1000$ kg/m^3。

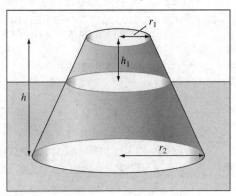

第6章

根：开型法

本章学习目标

本章的主要目的是介绍单个非线性代数方程求根的开型法。涵盖的具体目标和主题是：

- 了解用于求根的交叉法和开型法之间的区别。
- 理解定点迭代方法以及如何评估其收敛特性。
- 应用韦格斯坦(Wegstein)法作为定点迭代的扩展，以增强收敛性并提供稳定性。
- 了解如何使用牛顿-拉夫逊(Newton-Raphson)法求解根问题，并了解二次收敛的概念。
- 了解如何实现和改进正割法。
- 理解布伦特(Brent)法如何将交叉法的可靠与开型法的迅速相结合，以稳健、高效的方式定位根。
- 学习如何使用 Python 的 SciPy 模块中的内置方法来估算根。
- 了解如何使用 Python 的内置功能来计算和确定多项式的根。

对于第 5 章中的交叉法，根位于由下限和上限确定的区间内。重复应用这些方法总是能得到更接近真实值的根估计值。这种方法之所以被称为收敛的，是因为随着计算的进展，它们越来越接近真值，见图 6.1(a)。

相比之下，本章中描述的开放式方法只需要一个或两个不一定包含根的起始值。因此，随着计算的进行，它们有时会发散或远离根，见图 6.1(b)。然而，当这些方法收敛时，它们通常比交叉法快得多，见图 6.1(c)。我们将用一种简单方式开始讨论开型法，这种简单方式有助于说明开型法的一般形式，也有助于说明收敛的概念。

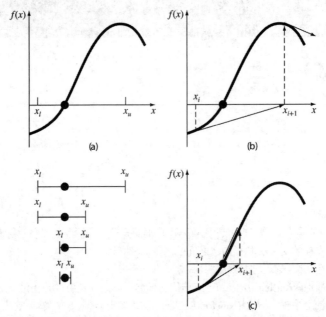

图 6.1 用于根定位的交叉法和开型法的图形描述。(a)是二分法，根被限制在 x_l 和 x_u 规定的区间内。相反，对于(b)和(c)中描述的开型法，即牛顿-拉夫逊方法，使用公式以迭代方式从 x_i 推算到 x_{i+1}。因此，该方法可能发散，如(b)，或迅速收敛，如(c)，具体取决于函数的形状和初始猜测的值

6.1 不动点迭代

在进行工程和科学计算时，为得到一个结果，必须从对结果的估计开始，这种情况经常发生，而且很自然。这在图 6.2(a)中被描述为一般场景。当计算用单个公式表示时，图 6.2(b)的解释很合适。

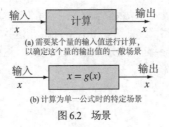

(a) 需要某个量的输入值进行计算，
以确定这个量的输出值的一般场景

(b) 计算为单一公式时的特定场景

图 6.2 场景

为使图 6.2 中的计算有效，输入的 x 必须与输出的 x 值相同。这提出了一个经典的困境，即在解出答案之前必须知道答案，并提出了一个问题，"如何做到？"一种方法是，根据图 6.2(b)，将计算重新表述为：

$$f(x)=x-g(x)$$

并使用第 5 章中的二分法或本章后面介绍的方法来求解这个问题。另一种方案是建立循环计算，也称为不动点迭代或逐次代换法，如图 6.3 所示。

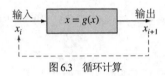

图 6.3 循环计算

这里，我们首先估计值 x_i 并进行计算，以确定结果 x_{i+1}。通常，$x_{i+1} \neq x_i$，表示不满足框中的计算或方程。

不动点迭代方法就是一直重复，基于：

$$x_{i+1} = g(x_i) \tag{6.1}$$

直到 $x_{i+1} \approx x_i$。需要注意，根问题也就是公式 $f(x)=0$，可通过代数操作重新表示，以符号方式求解方程中的 x，从而得到 $x=g(x)$ 的格式。例如，$f(x)=x-e^{-x}$ 可以重新表述为：

$$x=e^{-x} \text{ 或 } x=-\ln(x)$$

采用了 $x=g(x)$ 的格式。我们在上面做了一个隐含的假设，即迭代方案会收敛。事实证明，情况并非总是如此，这是不动点迭代的主要限制。方案往往是发散的。我们将在例中探讨这个问题。

与本书中的许多其他迭代公式一样，绝对和相对误差可以用下式确定：

$$e_a = \left| \frac{x_{i+1} - x_1}{x_{i+1}} \right| 100\% \tag{6.2}$$

例 6.1 简单的不动点迭代

问题描述。 使用简单的不动点迭代来估算 $f(x)=x-e^{-x}$ 的根。

问题解答。 我们选择使用公式 $x=g(x)=e^{-x}$ 尝试解，从初始猜测 $x_0=0$ 开始。计算结果如表 6.1 所示。

表 6.1   计算结果

迭代	x_i	$g(x_i)$	ε_a	ε_t	$\varepsilon_{t,i} / \varepsilon_{t,i-1}$
0	0	1		100.00%	
1	1	0.3679	171.83%	76.32%	0.7632
2	0.3679	0.6922	46.85%	35.13%	0.4603
3	0.6922	0.5005	38.31%	22.05%	0.6276
4	0.5005	0.6062	17.45%	11.76%	0.5331
5	0.6062	0.5454	11.16%	6.89%	0.5865
6	0.5454	0.5796	5.90%	3.83%	0.5562
7	0.5796	0.5601	3.48%	2.20%	0.5734
8	0.5601	0.5711	1.93%	1.24%	0.5636
9	0.5711	0.5649	1.11%	0.71%	0.5692
10	0.5649	0.5684	0.62%	0.40%	0.5660

根的真实值为 0.567143140453502(15 位有效数字)，这个值在表中用于计算绝对误差 ε_t 以及最后一列中的比率。注意，最后一列中后面几次的值都接近 0.57。这表明误差与前一次迭代的误差成比例，在本例中约为 60%。这个性质称为线性收敛，是不动点迭代的一个特征。

作为进一步的说明，我们现在选择替代公式 $x=g(x)=-\ln(x)$，从初始猜测 $x_0=0.5$ 开始，非常接近真实解。参见表 6.2。

表 6.2　迭代结果

迭代	x_i	$g(x_i)$	ε_a	ε_t	$\varepsilon_t / \varepsilon_{t,i-1}$
0	0.5	0.6931		11.84%	
1	0.6931	0.3665	27.87%	22.22%	1.8766
2	0.3665	1.0037	89.12%	35.38%	1.5923
3	1.0037	−0.0037	63.48%	76.98%	2.1760

很明显，这里的不动点迭代方案是发散的。

对于例 6.1，$f(x)=0$ 和 $x=g(x)$ 公式的对比如图 6.4 所示。

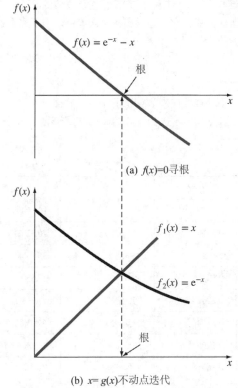

(a) $f(x)=0$ 寻根

(b) $x=g(x)$ 不动点迭代

图 6.4　一般场景的图形描述。在(a)中，根位于 $f(x)$ 函数曲线与 x 轴相交的位置。在(b)中，根位于 $g(x)$ 函数曲线与 45°线相交的位置

在(b)子图中，$x=g(x)$ 公式被分解为

$$f_1(x) = x \qquad 和 \qquad f_2(x) = e^{-x} \tag{6.3}$$

一般来说，我们知道解将位于 $g(x)$ 曲线与 45°线的交点处，表示在解处满足 $g(x)$ 等于 x 的要求。这种关系可用来解释收敛和发散方案之间的区别，如例 6.1 所示。在图 6.5 中，我们说明了这一点。

你可以清楚地看到 $x=g(x)=e^{-x}$ 如何在根上收敛，而 $x=g(x)=-\ln(x)$ 是发散的。在这个例子中，这两个图形是螺旋式的。也可能出现单调收敛或发散，如图 6.6 所示。

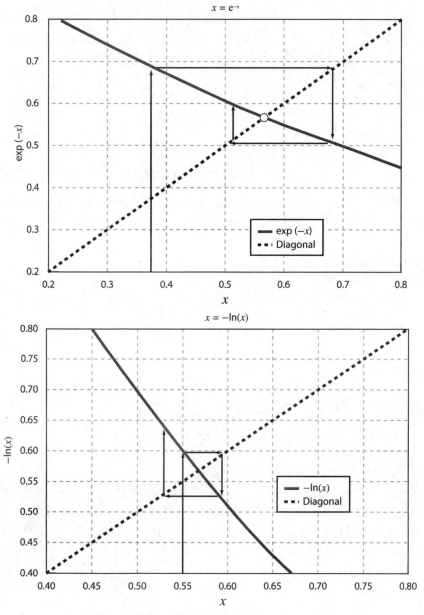

图 6.5　描述例 6.1 中的收敛和发散场景的"蛛网"图

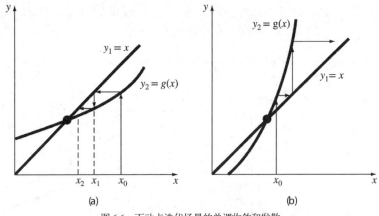

图 6.6　不动点迭代场景的单调收敛和发散

可使用理论推导来深入了解不动点迭代过程。如 Chapra 和 Canale(2021 年)所述，可以证明任何迭代的误差与前一次迭代的误差乘以 $g(x)$ 斜率的绝对值成线性比例，即

$$E_{i+1} = E_i|g'(\xi)| \tag{6.4}$$

其中 $x=\xi$ 在根附近。

因此，如果 $|g'|<1$，绝对误差将随着每次迭代而减小。对于 $|g'|>1$，误差将增大。此外，如果 $g'>0$，则误差为正，并且存在单调收敛或发散，如图 6.6 所示。而对于例 6.1，$g'<0$，误差在每次迭代中都会改变符号。这会导致如图 6.5 所示的"螺旋式"场景。

在分析和说明了简单的不动点迭代后，会出现两个问题：

- 正如第 5 章中提出的对二分法进行改进的试位法一样，是否有对不动点迭代法进行类似改进的可能性？
- 是否可能对不动点迭代方法进行修改，从而为不动点迭代发散的场景提供收敛方案？

我们将在下一节中讨论这些问题。

6.2　韦格斯坦法

在试位法中，我们利用两次猜测之间的线性关系来确定下一个估计值，即直线与 x 轴相交的位置，因为我们知道解也在 x 轴上。对于在不动点迭代中研究的 $x=g(x)$ 场景，我们知道解位于 $g(x)$ 与 $45°$ 线上，而不是 x 轴上。这就提出了一种可能性，即通过两次对直线与该 $45°$ 线的交点的初步猜测，来确定解的下一个估计值。这是图 6.7 所示的韦格斯坦法[1]的基础。

1　该方法由 J. H. Wegstein 开发，Communications of the ACM, 1: 9-13, 1958。

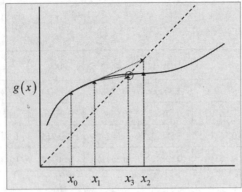

图 6.7 韦格斯坦法的图形描述

我们对这张图解释如下。需要两个初始猜测，x_0 和 x_1，但与二分法不同，它们不需要包含根。通过点$[x_0, g(x_0)]$和$[x_1, g(x_1)]$的直线投射到它与 45°线的交点，该点定为 x_2；重复此过程，但是现在使用点$[x_1, g(x_1)]$和$[x_2, g(x_2)]$来定位 x_3。在每次迭代中，根的最后两个估值 x_i 和 x_{i-1} 用于定位下一个估值 x_{i+1}。图片显示了快速收敛到根的情形。

如何将韦格斯坦法表达为一种算法？我们首先为$[x_i, g(x_i)]$和$[x_{i-1}, g(x_{i-1})]$之间的直线写出一般形式：

$$\frac{x - x_i}{g(x) - g(x_i)} = \frac{x - x_{i-1}}{g(x) - g(x_{i-1})}$$

但我们发现，对于 45°线的投射，$x_{i+1} = g(x_{i+1})$。因此：

$$\frac{x_{i+1} - x_i}{g(x_{i+1}) - g(x_i)} = \frac{x_i - x_{i-1}}{g(x_i) - g(x_{i-1})}$$

对 x_{i+1} 进行代数求解，我们得到韦格斯坦迭代公式：

$$x_{i+1} = \frac{x_i g(x_{i-1}) - x_{i-1} g(x_i)}{x_i - x_{i-1} - g(x_i) + g(x_{i-1})} \tag{6.5}$$

有了初始的估值，就可以应用式(6.5)迭代得到一个新的估值。与不动点迭代一样，可用式(6.3)估算相对误差。

例 6.2 韦格斯坦法的应用

问题描述。 将韦格斯坦法应用于例 6.1 中的两个 $x = g(x)$ 函数形式：(a) $x = e^{-x}$ 和(b) $x = -\ln(x)$。

问题解答。 (a)给出初始猜测值，$x_0 = 0$，$x_1 = 0.25$，我们可以计算出 $g(x_0) = 1$，$g(x_1) = 0.7780$。然后可由式(6.5)计算得到：

$$x_2 = \frac{0.25(1) - 0(0.7780)}{0.25 - 0 - 0.7780 + 1} \approx 0.52966$$

相对误差百分比为

$$\varepsilon_a = \left| \frac{0.52966 - 0.25}{0.52966} \right| \approx 52.80\%$$

该方法可以继续使用，总结如表 6.3 所示。

表6.3　总结

i	x_{i-1}	x_i	x_{i+1}	$g(x_{i-1})$	$g(x_i)$	$g(x_{i+1})$	ε_a	ε_t	$\varepsilon_{t,i}\,/\,\varepsilon_{t,i-1}$
1	0	0.25	0.52966	1.00000	0.77880	0.58827	52.80%	6.45%	
2	0.25	0.53056	0.56493	0.77880	0.58827	0.56840	6.08%	0.39%	6.04%
3	0.53056	0.56493	0.56713	0.58827	0.56840	0.56715	0.39%	0.00%	0.66%
4	0.56493	0.56713	0.56714	0.56840	0.56715	0.56714	0.00%	0.00%	0.99%

与例 6.1 中的不动点迭代表格相比，这里的收敛速度要快得多。从一次迭代到下一次迭代的绝对真实误差减少到低于 1% 的值证实了这一点。

(b) 接下来，我们将韦格斯坦公式应用于 $x=-\ln(x)$，如表 6.4 所示。

表6.4　应用韦格斯坦公式

i	x_{i-1}	x_i	x_{i+1}	$g(x_{i-1})$	$g(x_i)$	$g(x_{i+1})$	ε_a	ε_t	$\varepsilon_{t,i}\,/\,\varepsilon_{t,i-1}$
1	0.45	0.5	0.56216	0.79851	0.69315	0.57597	11.06%	0.88%	
2	0.5	0.56216	0.56695	0.69315	0.57597	0.56749	0.84%	0.03%	3.95%
3	0.56216	0.56695	0.56714	0.57597	0.56749	0.56714	0.03%	0.00%	0.27%

回顾一下，对于这个计算，不动点迭代是发散的。对于这个自然不稳定的循环计算，韦格斯坦法"迫使"其收敛。

由于例 6.2 所证实的原因，韦格斯坦法是首选方法，并且应用在经常遇到循环计算的商业软件中。

例 6.3　在 Python 中实现不动点迭代和韦格斯坦法

问题描述。开发用于不动点迭代和韦格斯坦法的 Python 函数，并使用例 6.1 和例 6.2 中的函数进行测试。

问题解答。不动点迭代法的 Python 函数如下所示。

```
def fixpt(g,x0,Ea=1.e-7,maxit=30):
    """
    This function solves x=g(x) using fixed-point iteration.
    The method is repeated until either the relative error
    falls below Ea (default 1.e-7) or reaches maxit (default 30).
    Input:
        g = name of the function for g(x)
        x0 = initial guess for x
        Ea = relative error threshold
        maxit = maximum number of iterations
    Output:
        x1 = solution estimate
        ea = relative error
        i+1 = number of iterations
    """

    for i in range(maxit):
```

```
        x1 = g(x0)
        ea = abs((x1-x0)/x1)
        if ea < Ea: break
        x0 = x1
    return x1,ea,i+1
```

代码非常简单，只有 7 行。为了使用 fixpt 函数求解例 6.1，添加了以下行：

```
import numpy as np
def g(x):
    return np.exp(-x)
x0 = 0
(xsoln,ea,n) = fixpt(g,x0,Ea=1.e-5)
print('Solution = {0:8.5g}'.format(xsoln))
print('Relative error = {0:8.3e}'.format(ea))
print('Number of iterations = {0:5d}'.format(n))
```

控制台上显示的结果为：

```
Solution = 0.56714
Relative error = 6.933e-06
Number of iterations =  23
```

对于韦格斯坦法，fixpt 代码被修改为包括两个初始猜测值和韦格斯坦公式。函数如下：

```
def wegstein(g,x0,x1,Ea=1.e-7,maxit=30):
    """
    This function solves x=g(x) using the Wegstein method.
    The method is repeated until either the relative error
    falls below Ea (default 1.e-7) or reaches maxit (default 30).
    Input:
        g = name of the function for g(x)
        x0 = first initial guess for x
        x1 = second initial guess for x
        Ea = relative error threshold
        maxit = maximum number of iterations
    Output:
        x2 = solution estimate
        ea = relative error
        i+1 = number of iterations
    """
    for i in range(maxit):
        x2 = (x1*g(x0)-x0*g(x1))/(x1-x0-g(x1)+g(x0))
        ea = abs((x1-x0)/x1)
        if ea < Ea: break
        x0 = x1
        x1 = x2
    return x2,ea,i+1
```

为了测试 $x = e^{-x}$ 解的函数，可使用以下代码：

```
x0 = 0.4
x1 = 0.45
(xsoln,ea,n) = wegstein(g,x0,x1,Ea=1.e-5)
print('Solution = {0:8.5g}'.format(xsoln))
print('Relative error = {0:8.3e}'.format(ea))
```

```
print('Number of iterations = {0:5d}'.format(n))
```

得到结果:

```
Solution = 0.56714
Relative error = 1.038e-08
Number of iterations =  6
```

注意，与定点法的 23 次迭代相比，韦格斯坦法只用 6 次迭代就达到设定误差。

wegstein 函数也可用于求解自然发散方程 $x=-\ln(x)$，将测试代码修改为:

```
import numpy as np

def g(x):
    return -np.log(x)

x0 = 0.4
x1 = 0.45
(xsoln,ea,n) = wegstein(g,x0,x1,Ea=1.e-5)
print('Solution = {0:8.5g}'.format(xsoln))
print('Relative error = {0:8.3e}'.format(ea))
print('Number of iterations = {0:5d}'.format(n))
```

得到了一个成功的解，同样只用了 6 次迭代:

```
olution = 0.56714
Relative error = 6.805e-09
Number of iterations =  6
```

在继续之前，有以下三点值得一提。

- 如前所述，许多工程和科学问题以 $x=g(x)$ 的形式自然出现，并且对于不动点迭代方法通常是收敛的。这种情况下，使用循环方法找到解可能很有吸引力。韦格斯坦法已被证明可加速收敛并稳定自然发散的计算。
- 参考图 6.2(a)，循环计算可能涉及远不止一个公式，代码行数可达 10 至 100 行。本节所介绍的原则和方法也适用于这种情况；然而，这种系统不能轻易地转换为 $f(x)=x-g(x)=0$ 的公式，并且会生成一个非线性方程组，得到它的数值解可能很难。我们将在第 12 章的后面部分讨论这种非线性方程组。
- $x=g(x)$ 或 $f(x)=0$ 方程的解通常嵌入其他迭代计算中，而且在求解较大问题的过程中可能需要执行数千次。这种情况下，效率和快速收敛的重要性被放大了。此外，初始猜测值通常取自方程求解时的最后一次迭代，且非常接近下一个解，再次增强了收敛性，这也是一个优势。

6.3　牛顿-拉夫逊法

在所有求根公式中，应用最广泛的可能是牛顿-拉夫逊法(图 6.8)。对根 x_i 的初始猜测值或现行估计值，从点 $[x_i, f(x_i)]$ 通过直线(即该点的切线)延伸到 x 轴。这里的点 x_{i+1} 通常表示 $f(x)=0$ 的根的矫正估计值。

牛顿-拉夫逊公式可由图 6.8 直接推导，其中导数 $f'(x_i)$ 由下式给出:

$$f'(x_i) = \frac{f(x_i) - 0}{x_i - x_{i+1}}$$

重新排列得到：

$$x_{i+1} = x_i - \frac{f(x_i)}{f'(x_i)}$$

(6.6)

式(6.6)即为牛顿-拉夫逊公式。

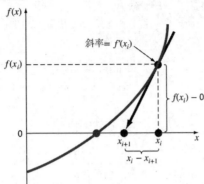

图 6.8　牛顿-拉夫逊法的图解。将 x 的函数的切线[斜率为$f'(x_i)$]从点[x_i, $f(x_i)$]延长到 x 轴，从而得到根的估计值 x_{i+1}

例 6.4　牛顿-拉夫逊法

问题描述。 使用牛顿-拉夫逊法估算 $f(x) = x - e^{-x}$ 的根，初始猜测，$x_0 = 0$。

问题解答。 函数的一阶导数可以计算为：

$$f'(x) = 1 + e^{-x}$$

可以和原函数一起代入式(6.6)中，得到：

$$x_{i+1} = x_i - \frac{x_i - e^{-x_i}}{1 + e^{-x_i}}$$

从 $x_0 = 0$ 的初始猜测值开始，可以迭代应用这个等式，得到表 6.5 的结果。

表 6.5　迭代等式的结果

迭代	x_i	$f(x_i)$	$f'(x_i)$	x_{i+1}	ε_t
0	0	−1.00000	2.000000	0.5	11.8%
1	0.500	−0.10653	1.606531	0.566311	0.147%
2	0.56631	−0.00130	1.567616	0.5671432	0.000022%
3	0.5671432	0.00000	1.567143	0.5671433	0.00000001%

观察该方案收敛到根的速度有多快。注意，真正的绝对误差的下降比不动点迭代快得多，甚至比韦格斯坦法更快(与例 6.1 和例 6.2 相比)。

与其他的根定位方法一样，可使用式(6.2)作为终止条件。此外，一项理论分析(Chapra 和 Canale，2021 年)提供了关于收敛速度的见解：

$$E_{t,i+1} = \frac{-f''(x_r)}{2f'(x_r)} E_{t,i}^2$$

(6.7)

式(6.7)表明，误差应与前一次误差的平方大致成比例。换句话说，每次迭代时，准确度有效数字的数量大约会翻倍。这种行为称为二次收敛，是该方法流行的主要原因之一。

尽管牛顿-拉夫逊法通常是非常有效的，但它也有表现不佳的情况。即在其他地方(Chapra 和 Canale，2021 年)讨论过的一个特殊情况——多重根。

然而，即使处理简单的根，也可能会出现困难。下例说明了这一点。

例 6.5 牛顿-拉夫逊法中缓慢收敛的函数

问题描述。用牛顿-拉夫逊法和初始值 $x=0.5$ 来确定 $f(x)=x^{10}-1$ 的正根。

问题解答。这种情况下的牛顿-拉夫逊公式是：

$$x_{i+1} = x_i - \frac{x_i^{10} - 1}{10 x_i^9}$$

可开发出表 6.6。

表 6.6　迭代表

迭代	x_i	$f(x_i)$	$f'(x_i)$	x_{i+1}	ε_a
0	0.5	−0.99902	0.019531	51.65	999.0%
1	51.7	1.351E+17	2.616E+16	46.49	11.111%
2	46.5	4.711E+16	1.013E+16	41.84	11.111%
3	41.8	1.643E+16	3.926E+15	37.65	11.111%
4	37.7	5.728E+15	1.521E+15	33.89	11.111%
		•			
		•			
		•			
38	1.08	1.227E+00	2.056E+01	1.024	5.831%
39	1.024	2.635E−01	1.234E+01	1.0023	2.130%
40	1.002	2.340E−02	1.021E+01	1.00002	0.229%
41	1.00002	2.394E−04	1.000E+01	1.000000003	0.0024%

我们看到，在第一个糟糕的估值之后，这个方法收敛到根的速度非常缓慢。注意分子 $f(x_i)$ 和分母 $f'(x_i)$ 项的数量级。

为什么会发生这种缓慢的收敛？如图 6.9 所示，前几次迭代的图形有助于理解。我们注意到第一个猜测值在斜率接近零的区域中。因此，通过除以该斜率，第一次迭代将估计解"抛到"远离初始猜测值的 51.65；如表所示，这里的 $f(x)$ 具有非常大的值，约 10^{17}。这为 $f'(x)$ 提供了一个相应的大值，约 10^{16}。从那里开始，解逐渐进行了 40 多次迭代，然后才以足够的精度收敛到根。

例 6.3 是一个比较罕见的病态例子，但它说明了收敛缓慢的可能性以及收敛对初始猜测的敏感性。如果初始猜测值为 0.9，则该方法在 3 次迭代内收敛。

除了由于函数的性质导致收敛缓慢之外，还可能出现其他困难，如图 6.10 所示。例如，图 6.10(a) 描述了一种情况，拐点即 $f''(x)=0$，出现在根的附近。图 6.10(b) 说明了牛顿-拉夫逊法在局部最小值附近振荡的趋势(也可能在最大值附近发生)。这种振荡可能会持续存在，或者如图 6.10(b) 所示，达到一个接近零的斜率，然后使估计值被定位到远离关注区域的地方。图 6.10(c) 显示了一个接近某个根的初始猜测值如何跳到几个根以外的位置。这种远离关注区域的趋势是因为遇到了接近零的斜率。显然，斜率为零，即 $f'(x)=0$，是一场真正的灾难，因为它会导致牛顿-拉夫逊公式[式(6.6)]中出现除数为零的情况。如图 6.10(d)所示，解沿水平方向射出，不会与 x 轴相交。

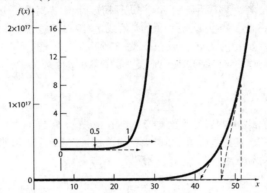

图 6.9　牛顿-拉夫逊法在缓慢收敛情况下的图形描述。插图显示了一个接近零的斜率最初如何使解非常缓慢地收敛到根上

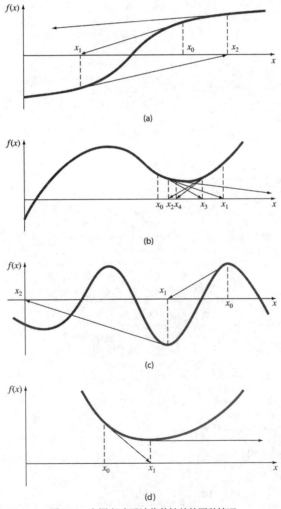

图 6.10　牛顿-拉夫逊法收敛性差的四种情况

牛顿-拉夫逊法的收敛没有通用标准。它的收敛性取决于函数的性质和初始猜测值的准确性。最主要的补救措施是在一个足够接近解的邻域中进行初始猜测。而对于某些函数,没有任何猜测值能起作用!好的猜测通常基于对物理问题设置的了解或使用诸如图表的设备来提供对函数行为及其解的洞察力。如前所述,如果牛顿-拉夫逊法被嵌入另一个多次调用它的计算中,那么上一次的解可能是很好的下一个初始猜测值。这也说明应该设计更好的计算机软件来识别缓慢收敛或发散的问题。

Python 函数:newtraph

牛顿-拉夫逊法的算法可以很容易地开发成 Python 函数(图 6.11)。注意,newtraph 函数必须分别访问 $f(x)$ 和 $f'(x)$ 的 f 和 fp 函数。这些可以是单独的函数定义(def),也可以是直接包含在参数中的 lambda 函数。例如,求解 $f(x)=x^2-9$ 的根,初始猜测 $x_0=5$,

```
def f(x):
    return x**2-9
def fp(x):
    return 2*x

x0 = 5
(xsoln,fxsoln,ea,n) = newtraph(f,fp,x0,Ea=1.e-5)
print('Solution = {0:8.5g}'.format(xsoln))
print('Function value at solution = {0:8.5e}'.format(fxsoln))
print('Relative error = {0:8.3e}'.format(ea))
print('Number of iterations = {0:5d}'.format(n))
```

得到平凡解

```
Solution =        3
Function value at solution = 0.00000e+00
Relative error = 4.657e-10
Number of iterations =     5
```

```
def newtraph(f,fp,x0,Ea=1.e-7,maxit=30):
    """
    This function solves f(x)=0 using the Newton-Raphson method.
    The method is repeated until either the relative error
    falls below Ea (default 1.e-7) or reaches maxit (default 30).
    Input:
        f = name of the function for f(x)
        fp = name of the function for f'(x)
        x0 = initial guess for x
        Ea = relative error threshold
        maxit = maximum number of iterations
    Output:
        x1 = solution estimate
        f(x1) = equation error at solution estimate
        ea = relative error
        i+1 = number of iterations
    """
    for i in range(maxit):
        x1 = x0 - f(x0)/fp(x0)
        ea = abs((x1-x0)/x1)
        if ea < Ea: break
        x0 = x1
    return x1,f(x1),ea,i+1
```

图 6.11　执行牛顿-拉夫逊法的 Python 函数

由于 Python 代码中的 f 和 fp 函数很简单，因此在调用 newtraph 函数时直接使用 lambda 函数会更方便，如下所示：

```
(xsoln,fxsoln,ea,n) = newtraph(lambda x:x**2-9,lambda x: 2*x,x0,Ea=1.e-5)
```

例 6.6 牛顿-拉夫逊法在蹦极者问题中的应用

问题描述。使用图 6.11 中的 Python newtraph 函数，确定阻力系数为 0.25kg/m、自由落体 4 秒后速度为 36m/s 的蹦极者的质量。

问题解答。函数可计算为：

$$f(m) = \sqrt{\frac{mg}{c_d}} \tanh\left(\sqrt{\frac{gc_d}{m}}\, t\right) - v \tag{E6.6.1}$$

为了应用牛顿-拉夫逊法，必须确定 $f(m)$ 对 m 的导数。

$$\frac{\mathrm{d}f(m)}{\mathrm{d}m} = \frac{1}{2}\sqrt{\frac{g}{mc_d}} \tanh\left(\sqrt{\frac{gc_d}{m}}\, t\right) - \frac{g}{2m}t\, \mathrm{sech}^2\left(\sqrt{\frac{gc_d}{m}}\, t\right) \tag{E6.6.2}$$

考虑到这两个公式的复杂性，最好在 Python 中为它们编写单独的函数。如下：

```
def f(m,cd,t,v):
    return np.sqrt(m*g/cd)*np.tanh(np.sqrt(g*cd/m)*t)-v
def fp(m,cd,t,v):
    fp1 = 1/2*np.sqrt(g/m/cd)*np.tanh(np.sqrt(g*cd/m)*t)
    fp2 = g/2/m*t*sech(np.sqrt(g*cd/m)*t)**2
    return fp1-fp2
```

由于 NumPy 模块不包含 sech 函数，因此加上：

```
def sech(x):  # numpy doesn't have sech(x)
    return 1/np.cosh(x)
```

调用 newtraph 函数并显示结果的代码如下：

```
cd = 0.25 # kg/m
v = 36 # m/s
t = 4 # s
x0 = 140 # kg
(xsoln,fxsoln,ea,n) = newtraph(lambda m: f(m,cd,t,v),lambda m:
fp(m,cd,t,v),x0)
print('Solution = {0:8.5g}'.format(xsoln))
print('Function value at solution = {0:8.5e}'.format(fxsoln))
print('Relative error = {0:8.3e}'.format(ea))
print('Number of iterations = {0:5d}'.format(n))
```

结果为：

```
Solution =  142.74
Function value at solution = -2.84217e-14
Relative error = 9.908e-08
Number of iterations =    3
```

重要的是要注意到这里的快速收敛，虽然最初的猜测值就很接近。对于离正确值更远的猜测，如 x_0=70kg，仍然可以得到解，但需要 6 次迭代。对于 280kg 的初始猜测，得到解需要 8 次迭代。显然，牛顿-拉夫逊法对于大范围的初始猜测值是稳定且有效的。

在这个例子中，$f(x)$ 的推导至关重要，它提供了产生分析误差的可能性。通常，有些函数的解析导数是复杂或无法得到的。然而，牛顿-拉夫逊法作为一种求解技术仍然很有吸引力。下一节将提供另一种替代方法。

6.4　正割法

对于导数难以计算的函数，其导数可通过后向差分来近似：

$$f'(x_i) \approx \frac{f(x_i) - f(x_{i-1})}{x_i - x_{i-1}}$$

将这个近似值代入牛顿-拉夫逊公式[式(6.6)]，可得到以下迭代公式：

$$x_{i+1} = x_i - \frac{f(x_i)(x_i - x_{i-1})}{f(x_i) - f(x_{i-1})} \tag{6.8}$$

式(6.8)是正割法的公式。注意，该方法需要对 x 进行两次初始估计。但是，这两个估计值不需要像二分法那样将根括起来；这种情况类似于韦格斯坦方法。

如果两个迭代值不接近，那么对导数的后向差分近似可能较差。与其使用两个迭代值来估算导数，不如使用另一种方法，使用 x_i 的小扰动来估算局部导数，如：

$$f'(x_i) \approx \frac{f(x_i + \delta x_i) - f(x_i)}{\delta x_i}$$

其中 δ 是小的扰动分数，如 1×10^{-6}。将这个近似值代入式(6.6)，可得到以下迭代方程：

$$x_{i+1} = x_i - \frac{f(x_i)(\delta x_i)}{f(x_i + \delta x_i) - f(x_i)} \tag{6.9}$$

这称为改进正割法。如下例所示，此方法提供了一种便捷的方式，不必提供解析导数即可达到牛顿-拉夫逊法的效率。

例 6.7　改进正割法

问题描述。使用改进正割法确定蹦极者的质量，其阻力系数为 $0.25\ \text{kg/m}$，在 $4\ \text{s}$ 后自由落体具有 $36\ \text{m/s}$ 的速度。使用 $50\ \text{kg}$ 的初始猜测值和 1×10^{-6} 的值作为扰动分数。

问题解答。将参数代入式(6.9)。

第一次迭代：

$x_0 = 50$ $\qquad\qquad\qquad\qquad$ $f(x_0) = -4.57938708$

$x_0 + \delta x_0 = 50.00005$ $\qquad\qquad$ $f(x_0 + \delta x_0) = -4.57938112$

$$x_1 = 50 - \frac{10^{-6} \times 50(-4.57938708)}{(-4.57938112) - (-4.57938708)} \approx 88.4176$$

$\varepsilon_t = \left| \dfrac{142.7376 - 88.4176}{142.7376} \right| \approx 38\%$ $\qquad\qquad$ $\varepsilon_a = \left| \dfrac{88.4176 - 50}{88.4176} \right| \approx 43\%$

第二次迭代：

$$x_1 = 88.4176 \qquad\qquad f(x_1) = -1.69220770$$

$$x_1 + \delta x_1 \approx 88.399396 \qquad\qquad f(x_1 + \delta x_1) \approx -1.69220351$$

$$x_2 = 88.4176 - \frac{10^{-6} \times 88.4176(-1.69220770)}{(-1.69220351) - (-1.69220770)} \approx 124.13$$

$$\varepsilon_t = 13\% \qquad\qquad\qquad \varepsilon_a = 29\%$$

计算结果如表 6.7 所示。

表 6.7　使用改进正割法的计算结果($\delta = 1 \times 10^{-6}$)

迭代	x_i	$f(x_i)$	$f((1 + \delta) x_i)$	$x_i + 1$	ε_t	ε_a
1	50	-4.57938708	-4.57938112	88.399308	38.1%	43.4%
2	88.399308	-1.69220770	-1.69220351	124.089701	13.1%	28.8%
3	124.089701	-0.43236988	-0.43236662	140.541723	1.54%	11.7%
4	140.541723	-0.04555048	-0.04554753	142.707186	0.021%	1.52%
5	142.707186	-0.00062293	-0.00062001	142.737627	0.000004%	0.02%
6	142.737627	-1.1918E-07	2.80062E-06	142.737633	0.0000001%	0.000004%

为 δ 选择合适的值不是自动的。如果 δ 太小，该方法可能因为在式(6.9)的分母中减去相似的量带来舍入误差而失败。如果它太大，该方法可能变得低效甚至发散，因为 $f'(x)$ 的估计值太差。但是，如果选择正确，对于导数难以求值和不方便进行两个初始猜测的情况，它提供了一种方便的替代方法。

此外，在最一般的意义上，单变量函数只是一个实体，它为发送给它的值返回单个值。以这种方式理解，函数并不总是像本章前面例子中求解的单行方程那样简单的公式。例如，一个函数可能由许多行代码组成，计算这些代码行可能需要很长时间。某些情况下，这个函数甚至可能代表一个单独的软件程序。这种情况下，可以证明正割法和改进正割法是有价值的。

6.5　布伦特法

如果能有一种混合的方法，将交叉法的可靠性与开型法的速度相结合，岂不是更好？布伦特的根定位方法是一种聪明的算法，它在可能的情况下会应用快速的开型方法，但在必要时又恢复到可靠的交叉法。这种方法是由理查德·布伦特(Richard Brent)于 1973 年基于西奥多勒斯·德克尔(Theodorus Decker)的早期算法开发的。

该方法使用的交叉法是可靠的二分法(第 5.4 节)，并采用了两种不同的开型方法。第一种是 6.4 节中描述的正割法，第二种是下面将要解释的逆二次插值法。

6.5.1　逆二次插值法

逆二次插值法在本质上与正割法相似。如图 6.12(a)所示，正割法的基础是计算经过两次猜测值的直线(式 6.8)。这条直线与 x 轴的交点代表根的新估计值。这相当于第 5 章中的试位法，只是试位法的两个猜测值必须将根括起来。

现在，假设有三个点，我们可确定一个经过这三个点(图 6.12(b)中的黑色圆圈)的 x 的二次函数。与直线的正割法一样，这条抛物线与 x 轴的交点将代表根的新估计值。而且，如图所示使用曲线而不是直线，通常会产生更好的估计值。

　　虽然这似乎是一个巨大的改进，但是这种方法存在一个根本缺陷：抛物线可能永远不会与 x 轴相交！当得到的抛物线有一对复共轭根时，就会出现这种情况。图 6.13 中的抛物线说明了这一点。

　　这个难点可使用逆二次插值法加以纠正。也就是说，我们不使用 x 的抛物线，而是使用 y 的抛物线来拟合这些点。这相当于反转坐标轴并创建一个"横向"抛物线，即图 6.13 中的 $x = f(y)$ 曲线。

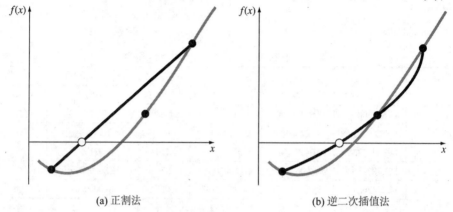

(a) 正割法　　　　　　　　　　　　　　(b) 逆二次插值法

图 6.12　(b)中的方法被称为"逆"，因为二次函数是用 y 而非 x 表示的。(a)中的两个猜测值将根括了起来，这种情况相当于试位法

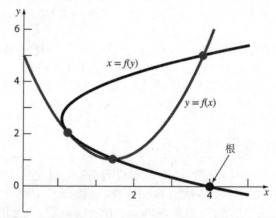

图 6.13　两条抛物线对应三个点。对于以 x 为函数的抛物线，$y=f(x)$ 有复根，因此不与 x 轴相交。相反，如果变量颠倒，抛物线变为 $x=f(y)$，则曲线肯定与 x 轴相交

　　如果这三个点被指定为 (x_{i-2}, y_{i-2})、(x_{i-1}, y_{i-1}) 和 (x_i, y_i)，则经过这些点的 y 的二次函数可生成为：

$$g(y) = \frac{(y - y_{i-1})(y - y_i)}{(y_{i-2} - y_{i-1})(y_{i-2} - y_i)} x_{i-2} + \frac{(y - y_{i-2})(y - y_i)}{(y_{i-1} - y_{i-2})(y_{i-1} - y_i)} x_{i-1} + \frac{(y - y_{i-2})(y - y_{i-1})}{(y_i - y_{i-2})(y_i - y_{i-1})} x_i \tag{6.10}$$

该方程可以通过将其视为如下的普通二次多项式来推导：

$$x = ay^2 + by + c$$

然后通过让多项式经过上述三个点，确定系数 a, b, c：

$$x_{i-2} = ay_{i-2}^2 + by_{i-2} + c$$

$$x_{i-1} = ay_{i-1}^2 + by_{i-1} + c$$

$$x_i = ay_i^2 + by_i + c$$

并求解 a, b 和 c 的这三个线性方程。

我们会在第 18.2 节中学习到，式(6.10)中给出的形式称为拉格朗日多项式。根 x_{i+1} 对应于 $y=0$，当代入式(6.10)时，得到：

$$x_{i+1} = \frac{y_{i-1}y_i}{(y_{i-2}-y_{i-1})(y_{i-2}-y_i)}x_{i-2} + \frac{y_{i-2}y_i}{(y_{i-1}-y_{i-2})(y_{i-1}-y_i)}x_{i-1} + \frac{y_{i-2}y_{i-1}}{(y_i-y_{i-2})(y_i-y_{i-1})}x_i \quad (6.11)$$

如图 6.13 所示，这种"横向"抛物线总是与 x 轴相交。

例 6.8 逆二次插值法

问题描述。 对于图 6.13 中所示的点 $(1,2)$，$(2,1)$和$(4,5)$，分别在 x 和 y 上建立二次方程。先是 $y = f(x)$，说明根是复数。然后是 $x = g(y)$，使用逆二次插值法[式(6.11)]来确定根的估值。

问题解答。 求解问题第一部分的一种方法是写出上述三个联立线性方程，将 x 和 y 反转，如下：

$$2 = a(1^2) + b(1) + c$$

$$1 = a(2^2) + b(2) + c$$

$$5 = a(4^2) + b(4) + c$$

解出 $a=1$、$b=-4$、$c=5$，或者：

$$y = x^2 - 4x + 5$$

使用二次公式求解 $y=0$ 时的 x，得到一个复共轭根对：

$$x = \frac{4 \pm \sqrt{(-4)^2 - 4\times1\times5}}{2\times1} = 2 \pm i$$

然后，对于问题的第二部分，可使用式(6.10)来生成 y 的二次多项式：

$$g(y) = \frac{(y-1)(y-5)}{(2-1)\times(2-5)}\times1 + \frac{(y-2)(y-5)}{(1-2)\times(1-5)}\times2 + \frac{(y-2)\times(y-1)}{(5-2)\times(5-1)}\times4$$

合并项：

$$g(y) = 0.5y^2 - 2.5y + 4$$

最后，可以利用等式(6.11)确定根为：

$$x_{i+1} = \frac{(-1)\times(-5)}{(2-1)\times(2-5)}\times1 + \frac{(-2)\times(-5)}{(1-2)\times(1-5)}\times2 + \frac{(-2)\times(-1)}{(5-2)\times(5-1)}\times4 = 4$$

在继续布伦特算法之前，我们需要再提一个逆二次插值法不起作用的情况。如果三个 y 值没有明显区别，则逆二次多项式不存在。所以，这就是正割法发挥作用的地方。如果我们遇到 y 值没有明显区别的情况，我们总还可以回到效率较低的正割法来使用其中两个点得到根。例如，如果 $y_{i-2}=y_{i-1}$，可对 x_i 和 x_{i-1} 使用正割法。

6.5.2 布伦特法的算法

布伦特[1]寻根方法背后的主要思想是尽可能使用一种开放、快速的方法。如果这个方法得到的结果不可接受，例如，根的估计值落在括号之外，则算法恢复到更保守的二分法。虽然二分法可能

---

1 理查德·皮尔斯·布伦特(Richard Peirce Brent)，1946 年生于墨尔本，澳大利亚数学家、计算机科学家。

比较慢，但它生成的估计值保证落在括号内。重复这个过程，直到根的位置在可接受的公差范围内。正如所料，二分法通常首先占据主导地位，但随着接近根的位置，技术转向更快的开型方法。

图 6.14 展示了一个 Python 函数 brentsimp，它基于 Cleve Moler(2004 年)开发的 MATLAB m 文件，代表了布伦特法的简化版本。我们将在下一节中介绍一个更复杂的函数 brentq，它可以从 Python SciPy 模块中获得。

```python
import numpy as np
eps = np.finfo(float).eps
def brentsimp(f,xl,xu):
  a = xl ; b = xu ; fa = f(a) ; fb = f(b)
  c = a ; fc = fa ; d = b - c ; e = d
  while True:
    if fb = = 0: break
    if np.sign(fa) = = np.sign(fb):  # rearrange points as req'd
      a = c ; fa = fc ; d = b - c ; e = d
    if abs(fa) < abs(fb):
      c = b ; b = a ; a = c
      fc = fb ; fb = fa ; fa = fc
    m = (a-b)/2  # termination test and possible exit
    tol = 2 * eps * max(abs(b),1)
    if abs(m) < tol or fb = = 0: break
    # choose open methods or bisection
    if abs(e) >= tol and abs(fc) > abs(fb):
      s = fb/fc
      if a = = c:
        # secant method here
        p = 2*m*s
        q = 1 - s
      else:
        # inverse quadratic interpolation here
        q = fc/fa ; r = fb/fa
        p = s * (2*m*q*(q-r)-(b-c)*(r-1))
        q = (q-1)*(r-1)*(s-1)
      if p > 0:
        q = -q
      else:
        p = -p
      if 2*p < 3*m*q - abs(tol*q) and p < abs(0.5*e*q):
        e = d ; d = p/q
      else:
        d = m ; e = m
    else:
      # bisection here
      d = m; e = m
    c = b ; fc = fb
    if abs(d) > tol:
      b = b + d
    else:
      b = b - np.sign(b-a)*tol
    fb = f(b)
  return b
```

图 6.14　布伦特寻根算法的函数

brentsimp 函数具有函数名称 f 和两个初始猜测的 xl 和 xu 参数，根在这两个参数之间。然后，对定义搜索区间的三个变量(a、b 和 c)进行初始化，并在端点处对 f 求值。

然后进入一个主循环。必要时将这三个点打乱，以满足算法有效工作所需的条件。此时，如果满足其中一个停止条件，则终止循环。否则，判定结构会在三种方法中进行选择，并检查结果是否可接受。接着最后一部分在新的点 b 处计算 f，并重复循环。一旦满足其中一个停止条件，循环就会终止，并返回最终的根估计值。注意，算法中没有迭代限制。

6.6 Python SciPy 函数: brentq

brentq 函数的目的是找到单个方程的实根。其语法的简单表示是:

```
brentq(f,x1,xu)
```

可以从 SciPy 的优化子模块中使用以下 Python 语句获得:

```
from scipy.optimize import brentq
```

这是一个求解简单二次函数 $f(x)=x^2-9$ 的根的控制台会话。显然，存在两个根，$x=\pm 3$。我们可以针对不同的初始猜测值测试 brentq。

```
xsoln = brentq(lambda x: x**2-9,0,4)
print('Solution is ',xsoln)
```

得到结果:

```
Solution is 3.000000000000002
```

然后换个值:

```
xsoln= brentq (1 ambda x:x**2-9,-4,0)
print('Solution is ', xsoln)
```

答案显示为:

```
Solution is -3.000000000000002
```

如果我们尝试:

```
xsoln = brentq(lambda x: x**2-9,-4,4)
```

返回错误提示:

```
ValueError: f(a) and f(b) must have different signs
```

brentq 函数首先测试初始猜测值是否把解括在里面。如果不是，会生成一条错误提示，如上所示。随后，除非出现不可接受的结果，例如，新的根估计值落在原始括号之外，否则就使用正割法和逆二次插值法的快速方法。

可向 brentq 函数调用添加参数。这些参数在 SciPy 模块的"帮助(Help)"文档中进行了描述，包括设置最大迭代次数(默认=300)和收敛公差(非常严格地设置为 10^{-12} 和 10^{-16})。

例 6.9 用 brentq 函数求根

问题描述。回想一下，在例 6.3 中，我们使用初始猜测值为 0.5 的牛顿-拉夫逊法找到了 $f(x)=x^{10}-1$ 的正根。用 brentq 函数求解同一个问题，并将结果与例 6.3 的结果进行比较。此外，测试前面的 brentsimp 函数以找到根。

问题解答。在 Spyder 编辑器窗口中输入以下 Python 代码。

```
from scipy.optimize import brentq
xsoln = brentq(lambda x: x**10-1,.01,1.1,
               rtol=1.e-7,xtol=1.e-7,maxiter=20,full_output=True)
print('Solution is ',xsoln)
```

添加了可选参数以约束迭代限制并放宽收敛公差。此外，使用设置为 True 的 full_output 参数请求更多输出。这是控制台中的输出：

```
        Solution is (0.9999999983840661,    converged: True
            flag: 'converged'
function_calls: 11
    iterations: 10
        root: 0.9999999983840661)
```

注意，例 6.3 中使用牛顿-拉夫逊法进行了 40 多次迭代，这里需要 10 次迭代才能获得比它更精确的根估计值。

下面用更广泛的初始猜测值测试 brentsimp 函数，发现它成功找到了根。

```
 [xsoln = brentsimp(lambda x: x**10-1,0.1,5)
print('Solution = ',xsoln)

Solution = 1.0
```

6.7 多项式

多项式表示一般形式的非线性代数方程(如下)的一种特殊类型：

$$f_n(x) = a_1 x^n + a_2 x^{n-1} + \cdots + a_{n-1} x^2 + a_n x + a_{n+1} \tag{6.12}$$

其中 n 是多项式的阶，a 是常数系数。许多情况下，系数都是实数。对于这种情况，根可以是实数共轭对或复数共轭对。一般来说，一个 n 阶多项式有 n 个根。

多项式在工程和科学中有许多应用。例如，它们广泛用于曲线拟合。然而，它们最有趣和最强大的应用之一是表征动态系统，特别是由线性微分方程表示的系统。例子包括化学反应器、机械装置、结构和电路。

求解多项式所有根的数值方法分为两大类：

(1) 单根求解与降阶相结合

(2) 特征值确定

在第一类中，一种称为穆勒(Muller)法的求解技术与降阶法相结合。穆勒法基于二次插值法(不是逆二次插值法)，实现了近似全局收敛，同时找到实根和复根。一旦找到一个根，就使用"降阶"方法将其从多项式中分解出来。当采用封闭方法寻找剩余的根时，一旦多项式的次数达到三或四，降阶就会停止。一旦穆勒法确定了根，许多算法就会使用牛顿-拉夫逊法(或改进正割法)来"完善"它们。Python 中有一个非常棒的模块，称为 PyPol，其中包括用于查找多项式根的穆勒法。

第二类利用应用线性代数方法来寻找矩阵的特征值。可以将多项式根的求值任务重新定义为特征值问题。因为我们将在本书后面描述特征值问题，所以这里只提供一个概述。

假设，我们有一个一般多项式

$$a_1 x^5 + a_2 x^4 + a_3 x^3 + a_4 x^2 + a_5 x + a_6 = 0 \tag{6.13}$$

除以 a_1 并重新排列得到

$$x^5 = -\frac{a_2}{a_1}x^4 - \frac{a_3}{a_1}x^3 - \frac{a_4}{a_1}x^2 - \frac{a_5}{a_1}x - \frac{a_6}{a_1}$$

可以通过使用右侧的系数作为第一行来构造一个特殊的矩阵，用 1 和 0 填充其他行，如下所示：

$$\begin{bmatrix} -\dfrac{a_2}{a_1} & -\dfrac{a_3}{a_1} & -\dfrac{a_4}{a_1} & -\dfrac{a_5}{a_1} & -\dfrac{a_6}{a_1} \\ 1 & 0 & 0 & 0 & 0 \\ 0 & 1 & 0 & 0 & 0 \\ 0 & 0 & 1 & 0 & 0 \\ 0 & 0 & 0 & 1 & 0 \end{bmatrix} \tag{6.14}$$

以上矩阵称为多项式的伴生矩阵。它有一个有用的性质，即它的特征值是多项式的根。NumPy 模块中构成根函数的算法(如下所示)的基础是确定伴随矩阵特征值的一种数值方法。根函数有两个伴生函数，它们在多项式计算中也很有用。

- poly：依据根值组合多项式系数
- polyval：计算给定 x 值的多项式

此外，还有

- poly1d：一个 Python "便利类"，封装了各种多项式运算

例 6.10 使用 Python NumPy 计算多项式并确定根

问题描述。使用以下方程式来探索如何使用 Python 的 NumPy 模块中的函数来计算和求解多项式。

$$f_s(x) = x^5 - 3.5x^4 + 2.75x^3 + 2.125x^2 - 3.875x + 1.25$$

问题解答。首先，我们定义一个包含多项式系数的列表。该列表按降幂排序。

```
import numpy as np
a = [ 1, -3.5, 2.75, 2.125, -3.875, 1.25 ]
```

然后利用 roots 函数求多项式的根值：

```
r = np.roots(a)
print(r)
[ 2. +0.j  -1. +0.j   1. +0.5j  1. -0.5j  0.5+0.j ]
```

注意，输出被转化为复数形式，但仔细观察，可以看出根是 2、-1、0.5 和 $1 \pm 0.5j$。

现在，假设要计算 $x=\pi$ 的多项式。我们可以使用 polyval 函数。

```
x = np.pi
fx = np.polyval(a,x)
print(fx)
```

结果为：

```
60.404364856751855
```

可用同样的函数画出多项式对 x 的曲线。

```
xp = np.linspace(-1.5,3,100)
n = len(xp)
fp = []
for i in range(n):
    fp.append(np.polyval(a,xp[i]))
import pylab
pylab.plot(xp,fp,c='k')
```

```
pylab.grid()
pylab.xlabel('x')
pylab.ylabel('f(x)')
```

结果如图 6.15 所示。

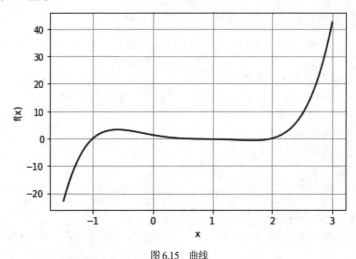

图 6.15　曲线

如果想从一对根中创建一个低阶多项式，可使用 poly 函数。

```
b = np.poly([0.5,-1])
print(b)
```

得到结果：

```
[ 1.  0.5 -0.5]
```

它对应于多项式：

$$x^2+0.5x-0.5$$

如果想把后一个多项式分解成原来的多项式怎么办呢？可使用 poly1d 类进行多项式的加、减、乘、除等运算。如下。

```
p1 = np.poly1d(a)
p2 = np.poly1d(b)
q,r = p1/p2
print('Numerator polynomial =',p1)
print('Denominator polynomial = ',p2)
print('Quotient =',q)
print('Remainder = ',r)
```

控制台中显示：

```
Numerator polynomial =
       5       4        3        2        1
      x - 3.5 x + 2.75 x + 2.125 x - 3.875 x + 1.25
Denominator polynomial =    2       1
                       x + 0.5 x - 0.5
Quotient =    3     2       1
```

```
         x - 4 x + 5.25 x - 2.5
Remainder =
0
```

注意：上面等号右边的整数代表下面表达式中对应的 x 的幂。

原始多项式可通过将 q 乘以 b 来重构：

```
p1new = q*p2
print('Reconstituted polynomial =',p1new)
```

你将会看到：

```
Reconstituted polynomial =
    5       4       3       2       1
   x - 3.5 x + 2.75 x + 2.125 x - 3.875 x + 1.25
```

如果给定多项式变量的 poly1d，而不是使用 polyval，你可以简单地编码如下：

```
print(p1(np.pi))
```

得到

```
60.404364856751855
```

和前面一样。

你会发现，Python 的 NumPy 模块求解和操作多项式的功能，在许多工程和科学应用中派得上用场。

6.8　案例研究：管道摩擦

背景。 流体流经管道的研究在工程和科学的许多应用中都很重要，从 6 英尺直径的输水管道到微小的毛细血管。流体的特性范围从熔化的聚合物到气体不等。所有流动都会因为与管道壁的摩擦而遇到阻力。流体通常分为牛顿流体和非牛顿流体[1]，流动状态分为层流或湍流[2]。我们通过尺寸、横截面形状和表面粗糙度来描述管道、管子和其他管状物。

这种管状物中的流动阻力由一个无量纲量表示，称为摩擦系数。使用中的摩擦系数有两种常见的形式，穆迪(也称为达西)和范宁。它们之间的相关系数为 4：

$$f_{\text{Moody}} = 4f_{\text{Fanning}}$$

机械工程师倾向于使用穆迪摩擦系数，而化学工程师更喜欢范宁摩擦系数。下面，我们将使用符号 f 来表示范宁摩擦系数。

对于管子和管道等圆形管状物中的流体，其流动状态由雷诺数表征，由下式给出：

$$\text{Re} = \frac{\rho v D}{\mu}$$

其中，ρ=流体密度(kg/m^3)，v=平均流体速度(m/s)，D=管道内径(m)，μ=流体黏度(Pa·s)[3]。基于雷诺数的范宁摩擦系数有很多描述。对于层流，基于下式：

1　对于牛顿流体，单位面积的剪切力与速度梯度成正比，比例系数就是黏度。分子量小于 5000 的气体和液体通常是牛顿流体。对于聚合物液体、固体悬浮液、糊状物、浆料和其他复杂流体，这种比例关系不成立，它们被称为非牛顿流体。

2　在层流中，管状物中的流体速度从一个位置到另一个位置平稳变化。在湍流中，某一点的速度是无序波动的。通常，雷诺数小于约 2100 的牛顿流动是层流。在此之上，会快速过渡到湍流。

3　注意，帕斯卡(Pa)是压力的国际单位，相当于 N/m^2。由于牛顿力等于 $kg.m/s^2$，所以黏度的另一个单位描述为 kg/(m·s)。黏度的常用英制单位是泊或厘泊(cP)。1cP 相当于 0.001Pa·s。水的黏度约为 1cP。

$$f = \frac{16}{\text{Re}}$$

对于湍流，有许多经验相关性。布雷西(Blasius)公式适用于粗糙度很小或没有粗糙度的管道(例如玻璃表面)：

$$f = \frac{0.0791}{\text{Re}^{1/4}}$$

对于具有表面粗糙度的管道，通常使用科尔布鲁克(Colebrook)方程。

$$\frac{1}{\sqrt{f}} = -4\log_{10}\left(\frac{\varepsilon}{3.7D} + \frac{1.26}{\text{Re}\sqrt{f}}\right) \tag{6.15}$$

你会注意到这种相互关系在 f 中是隐式的。另一个相互关系，即 Haaland 方程，在 f 中是显式的：

$$f_{\text{Moody}} = 4\,f_{\text{Fanning}} = \frac{1}{\left\{-1.8\,\log_{10}\left[\left(\frac{\varepsilon}{3.7D}\right)^{1.1} + \frac{6.9}{\text{Re}}\right]\right\}^2}$$

$$f_{\text{Moody}} = 4\,f_{\text{Fanning}} = \frac{1}{\left\{-1.8\,\log_{10}\left[\left(\frac{\varepsilon}{3.7D}\right)^{1.1} + \frac{6.9}{\text{Re}}\right]\right\}^2} \tag{6.16}$$

问题描述。在这个案例研究中，我们将说明，如何使用本书这一部分介绍的数值方法，来确定气流通过细管的范宁摩擦系数 f。这种情况下，参数为 $\rho=1.23\text{kg/m}^3$，$\mu=1.79\times10^{-5}\text{Pa}\cdot\text{s}$，$D=5\text{mm}$ 或 0.005m，$v=40\text{m/s}$，$\varepsilon=1.5\mu\text{m}$ 或 $1.5\times10^{-6}\text{m}$。对于湍流，摩擦系数通常在 0.1 到 0.001 之间。

问题解答。雷诺数可计算为

$$\text{Re} = \frac{\rho v D}{\mu} = \frac{1.23\times40\times0.005}{1.79\times10^{-5}} \approx 13\ 743$$

所以，可以肯定气流为湍流。

在使用数值方法确定根之前，观察不同 f 值下式(6.15)的行为是有用的。这个 Python 脚本将为我们完成这一工作。

```
import numpy as np
import pylab
rho = 1.23  # kg/m3
mu = 1.79e-5  # Pa*s
D = 0.005  # m
V = 40  # m/s
eps = 1.5e-6  # m
Re = rho*V*D/mu  # Reynolds number
f = np.logspace(-3,-1,100)
fs = 1/np.sqrt(f)
fr = -4*np.log10(eps/3.7/D+1.26/Re/np.sqrt(f))
pylab.plot(fs,fr,c='k')
pylab.plot(fs,fs,c='k',ls='- -')
pylab.grid()
pylab.xlabel('1/sqrt(f)')
pylab.ylabel('right-hand side')
```

图 6.16 显示了生成的图形。

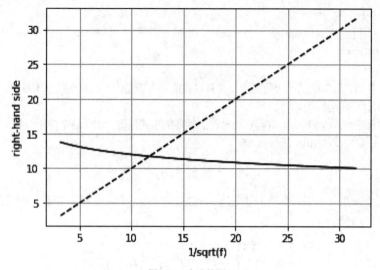

图 6.16 生成的图形

在实线与虚线(45°线)相交的地方，式(6.15)的两边相等。这发生在值大约为 12 的地方。这意味着摩擦系数约为 0.007。我们还注意到，实线的斜率绝对值远小于 1。这告诉我们，循环方法(如不动点迭代或韦格斯坦法)是收敛的。此外，由于斜率非常平缓，这表明这些方法将很快收敛。

下面使用 fixpt 函数来获得 f 的精确值。

```
import numpy as np
rho = 1.23  # kg/m3
mu = 1.79e-5  # Pa*s
D = 0.005  # m
V = 40  # m/s
eps = 1.5e-6  # m
Re = rho*V*D/mu  # Reynolds number
def g(f):
    fr = -4*np.log10(eps/3.7/D+1.26/Re/np.sqrt(f))
    return 1/fr**2

f0 = 0.001
fsoln,ea,n = fixpt(g,f0)
print('Fanning friction factor = ',fsoln)
print('Relative error = ',ea)
print('Number of iterations = ',n)
```

得到结果：

```
Fanning friction factor =  0.007248917198656729
Relative error =  4.330091759458145e-08
Number of iterations =  10
```

解与我们的图形估计值一致。

也可以测试 wegstein 函数：

```
f0 = 0.001 ; f1 = 0.002
fsoln,ea,n = wegstein(g,f0,f1)
```

得到结果:

```
Fanning friction factor = 0.0072489144060813564
Relative error = 1.9428753830183448e-10
Number of iterations = 7
```

我们注意到它所需的迭代次数更少,并且最终的相对误差比不动点迭代小 100 倍。正如所料,韦格斯坦法优于不动点迭代。

值得注意的是,Colebrook 方程以一种便于循环的形式呈现。出于这个原因,我们首先采用了这些方法。还可将式(6.16)重新排列为:

$$g(f) = \frac{1}{\sqrt{f}} + 4\log_{10}\left(\frac{\varepsilon}{3.7D} + \frac{1.26}{\mathrm{Re}\sqrt{f}}\right) = 0 \tag{6.17}$$

并应用二分法、试位法、牛顿-拉夫逊法、改进正割法或布伦特法求解 f。要使用牛顿-拉夫逊法,我们必须导出 $g'(f)$。

$$g'(f) = -\frac{1}{f^{3/2}}\left[\frac{1}{2} + \frac{2.52}{\ln(10)\mathrm{Re}\left(\dfrac{\varepsilon}{3.7D} + \dfrac{1.26}{\mathrm{Re}\sqrt{f}}\right)}\right]$$

如果不想面对这种推导,可以采用正割法或改进正割法。下面是使用 newtraph 函数的代码:

```
def g(f):
return 1/np.sqrt(f)+4*np.log10(eps/3.7/D+1.26/Re/np.sqrt(f))
def gp(f):
    return -1/f**(3/2)*(1/2+2.52/(np.log(10)*Re*(eps/3.7/D+1.26/Re/np.
sqrt(f))))

f0 = 0.001
fsoln,gsoln,ea,n = newtraph(g,gp,f0)
print('Fanning friction factor = ',fsoln)
print('Function value = ',gsoln)
print('Relative error = ',ea)
print('Number of iterations = ',n)
```

得到结果:

```
Fanning friction factor = 0.007248917236610398
Function value = -1.7763568394002505e-15
Relative error = 7.631349518784342e-09
Number of iterations = 7
```

可以看到,牛顿-拉夫逊法的性能与韦格斯坦法相当。当然,对于后者,我们不需要求导数。

为完成这个案例研究,现在我们已经有了几种方法可以求解摩擦系数的 Colebrook 方程,我们可以在图形上将其与一系列雷诺数的 Haaland 显式方程进行比较。由于后者是一个简化版本,如果它的结果是等价的,就不需要使用寻根技术了。

对于典型的 2 英寸钢管,D=0.0605 m 且 ε=45μm。执行此 Python 代码进行比较:

```
import numpy as np
D = 0.0605  # m
eps = 45e-6  # m

def g(f,Re):
    return 1/np.sqrt(f)+4*np.log10(eps/3.7/D+1.26/Re/np.sqrt(f))
```

```
def gp(f,Re):
    return -1/f**(3/2)*(1/2+2.52/(np.log(10)*Re*(eps/3.7/D+1.26/Re/np.
sqrt(f))))

def Haaland(Re):
    return 1/4*(1/(-1.8*np.log10((eps/3.7/D)**1.1+6.9/Re))**2)

def Colebrook(Re):
    f0 = 0.001
    fsoln,gsoln,ea,n = newtraph(lambda f: g(f,Re),
                                lambda f: gp(f,Re),f0)
    return fsoln

Re = np.logspace(3,7,100)
num = len(Re)
fC = []
fH = []
for i in range(num):
    fC.append(Colebrook(Re[i]))
    fH.append(Haaland(Re[i]))

import pylab
pylab.semilogx(Re,fC,c='k',label='Colebrook')
pylab.semilogx(Re,fH,c='k',ls='--',label='Haaland')
pylab.grid()
pylab.xlabel('Reynolds Number')
pylab.ylabel('Fanning Friction Factor')
pylab.legend()
```

得到如图 6.17 显示的图形：

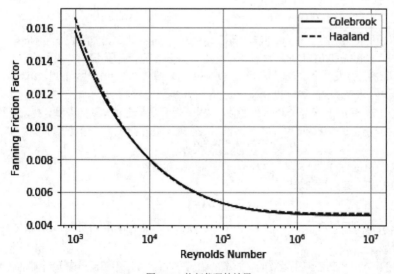

图 6.17 执行代码的结果

很明显，Haaland 方程与 Colebrook 方程具有可比性。

本案例研究表明，在处理工程和科学中的方程求解时，有可选用的替代方法，并且一种方法并不总是优于另一种方法。重要的是对场景进行评估,并可能测试多种方法以找到最佳方法。此外,这个例子的后半部分说明,通过为某一现象寻找可替代的、准确的描述,可能会找到一种方法来绕过必须使用的求解方法。

习题

6.1 应用不动点迭代求解

$$f(x) = \sin(\sqrt{x}) - x$$

的根,使用 $x_o = 0.5$ 的初始猜测,迭代到 $\varepsilon_a \leq 0.01\%$。验证该过程是否线性收敛,如第 6.1 节末尾所述。

6.2 使用(a)不动点迭代和(b)牛顿-拉夫逊法求出

$$f(x) = -0.9x^2 + 1.7x + 2.5$$

的根。使用 $x_o = 0.5$。执行计算直到 $\varepsilon_a \leq 0.01\%$。另外,检查一下你的最终答案。

6.3 求出

$$f(x) = x^3 - 6x^2 + 11x - 6.1$$

的最大正根。(a)使用图形法;(b)使用牛顿-拉夫逊法,三次迭代,$x_o = 3.5$;(c)使用正割法,三次迭代,$x_{-1} = 2.5$,$x_o = 3.5$;(d)使用改进正割法,五次迭代,$x_o = 3.5$,$\delta = 0.01$;(e)使用 Python 找到所有的根。对你的结果加以评论。

6.4 求出

$$f(x) = 7\sin(x)e^{-x} - 1$$

的最小正根。(a)使用图形法;(b)使用韦格斯坦法;(c)使用牛顿-拉夫逊法,四次迭代,$x_o = 0.3$;(d)使用改进正割法,四次迭代,$x_o = 0.3$,$\delta = 0.001$。对你的结果加以评论。

6.5 使用(a)牛顿-拉夫逊法,(b)改进正割法求出

$$f(x) = x^5 - 16.05x^4 + 88.75x^3 - 192.0375x^2 + 116.35x + 31.6875$$

的根。使用初始猜测值 $x_o = 0.5825$,满足 $\varepsilon_a \leq 0.01\%$ 的标准。(c)使用 Python NumPy 的根函数求出所有根。分析(a)和(b)为什么会找到各自的根。图表可能会有所帮助。

6.6 为正割法开发一个 Python 函数。要求解的函数的名称、两个初始猜测、相对误差标准(默认值为 1×10^{-7})和最大迭代限制(默认值 30)一起作为参数。通过求解习题 6.3 中的函数来测试它。

6.7 为改进正割法开发一个 Python 函数。要求解的函数的名称、初始猜测、扰动分数 δ、相对误差标准(默认值:1×10^{-7})和最大迭代限制(默认值 30)一起作为参数。通过求解习题 6.3 中的函数来测试它。

6.8 求式(E6.6.1)的微分推导出式(E6.6.2)。显示详细步骤。

6.9 使用牛顿-拉夫逊法求出

$$f(x) = -2 + 6x - 4x^2 + 0.5x^3$$

的实根。使用初始猜测值,(a)4.5,(b)4.43。讨论你结果中的所有古怪之处。根据需要使用图形和分析方法。

6.10 用于近似得到任何正数 a 的平方根的除均方法(一种用手算或计算尺计算的古老方法)描述为

$$x_{i+1} = \frac{x_i + a/x_i}{2}$$

说明此公式可由牛顿-拉夫逊法推导得到。

6.11 (a)对函数

$$f(x)=\tanh(x^2-9)$$

使用牛顿-拉夫逊法寻找它的已知实根 $x=3$。使用初始猜测值 $x_0=3.2$，至少进行三次迭代。(b)这个方法收敛到实根了吗？绘制一个标有每次迭代结果的示意图。

6.12 多项式

$$f(x)=0.0074x^4-0.284x^3+3.355x^2-12.183x+5$$

在 15 和 20 之间有一个实根。对该函数使用牛顿-拉夫逊法找到这个根，使用初始猜测值 $x_0=16.15$。解释你的结果。

6.13 工程师们在工作中广泛使用热力学。一个重要的热力学性质是热容量，也称为比热容。以下多项式描述了不同温度 $T(K)$ 和大气压力下空气的热容量 c_p，单位为 kJ/(kg·K)：

$$c_P = 0.99403 + 0.1671\left(\frac{T}{1000}\right) + 0.097215\left(\frac{T}{1000}\right)^2$$

$$- 0.095838\left(\frac{T}{1000}\right)^3 + 0.01952\left(\frac{T}{1000}\right)^4$$

(a) 编写一个 Python 脚本，绘制从 0 到 1200K 范围内 c_p 与 T 的关系图。

(b) 使用 NumPy 多项式根函数确定热容量为 1.1kJ/(kg·K)时对应的温度。

6.14 一个重要的工业化学反应是从"合成气"，即一氧化碳(CO)和氢气(H_2)的混合物中生产甲醇(CH_3OH，也可写成 MeOH) [1]：

$$CO + 2H_2 \rightleftarrows CH_3OH$$

可以生产的甲醇量受化学平衡的限制，化学平衡描述为 $\dfrac{y_{MeOH}}{y_{CO}\,y_{H_2}^2}\dfrac{1}{P^2}=K_{eq}(T)$，其中 $K_{eq}(T)=4.7914\times 10^{-13}e^{11.458/T}$，$y_i$=组分 i 的摩尔分数，P=大气压力，T=开尔文温度(K)。如果将 100 摩尔的 CO 和 200 摩尔的 H_2 送入反应器，并且达到平衡，那么我们想知道产生了多少 MeOH。如果将甲醇量指定为 x 摩尔，将剩余 $100-x$ 摩尔的 CO 和 $200-2x$ 摩尔的 H_2。存在的摩尔总数为：

$$x+100-x+200-2x=300-2x$$

各组分的摩尔分数为：

$$CO: y_{CO} = \frac{100-x}{300-2x} \qquad H_2: y_{H_2} = \frac{200-2x}{300-2x}$$

$$MeOH: y_{MeOH} = \frac{x}{300-2x}$$

则平衡关系为：

$$\frac{\dfrac{x}{300-2x}}{\left(\dfrac{100-x}{300-2x}\right)\left(\dfrac{200-2x}{300-2x}\right)}\frac{1}{P^2} = K_{eq}(T)$$

在 450K 的温度和两个大气压的压力下，使用布伦特法确定 x。你可能希望使用 brentsimp 函数，或者 SciPy 中的 brentq 函数。你应该知道 x 不能大于 100。

6.15 Soave-Redlich-Kwong(SRK)状态方程用于描述气体在升高的、非理想压力和温度下的行为。它是对理想气体定律的修正，由下式给出

---

1 全球甲醇年产量约为 8000 万吨。这些甲醇足够每天装满 6600 辆油罐车，没错，是每天！这些油罐车一辆接一辆地排成一列，长达 81 公里。

$$P = \frac{RT}{\hat{V} - b} - \frac{\alpha a}{\hat{V}(\hat{V} - b)}$$

其中 P=压力(atm)，R=气体定律常数 0.082057L·atm/(mol·K)，T=温度(K)，V=比容(L/mol)，α、a 和 b 是所考虑的气体的经验常数，由下式给出。

$$a = 0.42747\frac{(RT_c)^2}{P_c} \qquad b = 0.08664\frac{RT_c}{P_c}$$

$$\alpha = \left[1 + m\left(1 - \sqrt{\frac{T}{T_c}}\right)\right]^2$$

其中

$$m = 0.48508 + 1.5517\omega - 0.1561\omega^2$$

其中 T_c=气体的临界温度(K)，P_c=气体的临界压力(atm)，ω=气体的 Pitzer 离心因子。注意，理想气体定律由更简单的公式给出：

$$P = \frac{RT}{\hat{V}}$$

考虑 T_c=190.7K，P_c=45.8 atm，ω=0.008 的甲烷气体。甲烷(CH$_4$)的分子量为 16.04g/mol。确定温度为-40℃、压力为 50atm 时，容积为 3m^3 的容器中可储存的甲烷质量(kg)。使用你选择的寻根方法来确定$\hat{V}$。根据$\hat{V}$，可确定甲烷的摩尔数，然后用分子量来确定质量。

6.16 在半径为 R、长度为 L 的水平圆柱形容器中，液体的体积 V 由下式给出：

$$V = \left[R^2\cos^{-1}\left(\frac{R-h}{R}\right) - (R-h)\sqrt{2Rh - h^2}\right]L$$

其中 h=圆柱体中心线处液体的深度。

(a) 确定 h，给定 R=2m，L=5m，V=8m^3。

(b) 使用(a)中的求解技术，创建一个 h 对 V 的关系表格，增量为 1m^3，从 1m^3 直到水箱即将装满。

6.17 悬链线是一种悬挂于不在同一垂直线上的两点之间的缆绳。如下图所示，除自身重量外，它不受任何其他载荷的影响。因此，它的重量相当于沿电缆每单位长度的均匀载荷 w(N/m)。AB 段的自由体受力图如右侧的图(b)所示，其中 T_A 和 T_B 是端部的张力。基于水平和垂直方向的力平衡，可以推导出以下的缆绳微分方程模型

$$\frac{\mathrm{d}^2y}{\mathrm{d}x^2} = \frac{w}{T_A}\sqrt{1 + \left(\frac{\mathrm{d}y}{\mathrm{d}x}\right)^2}$$

(a)   (b)

可以使用微积分来求解方程，电缆高度 y 作为距离 x 的函数：

$$y = \frac{T_A}{w} \cosh\left(\frac{w}{T_A}x\right) + y_0 - \frac{T_A}{w}$$

(a) 在给定值 w=10 和 y_0=5(这样电缆在 x=50 处的高度 y=15)的情况下，使用数值方法计算参数 T_A 的值。

(b) 绘制-150≤x≤100 时 y 对 x 的曲线。

6.18　电路中的振荡电流描述为：

$$I = 9e^{-t}\sin(2\pi t)$$

其中 t 的单位为秒。确定所有使 I=3.5 的 t 值。

6.19　一个经典的 L-R-C 电路如下图所示。组件是电阻器、电感器(线圈)和电容器。利用基尔霍夫定律，电路的阻抗[1]可由下式描述：

$$\frac{1}{Z} = \sqrt{\frac{1}{R^2} + \left(\omega C - \frac{1}{\omega L}\right)^2}$$

其中 Z=阻抗(Ω)，ω 是角频率(1/s)。使用 brentq 函数求出阻抗为 100Ω 时的 ω，初始猜测为 1 和 1000，参数值如下：R=225 Ω、C=0.6×10^{-6}F、L=0.5H。

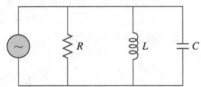

6.20　真实的机械系统可能涉及非线性弹簧的偏转。在下图中，质量 m 在非线性弹簧上方距离 h 处释放。弹簧的阻力由下式给出：

$$F = -(k_1 d + k_2 d^{3/2})$$

能量守恒可以用来证明：

$$0 = \frac{2k_2 d^{5/2}}{5} + \frac{1}{2}k_1 d^2 - mgd - mgh$$

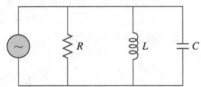

(a)　　　　(b)

给定以下参数值，求 d：k_1=40 000g/s^2、k_2=40g/(s·m$^{0.5}$)、m=95g、g=9.81m/s^2、h=0.43m。

6.21　航空航天工程师需要计算射弹(例如火箭)的轨迹。一个相关的问题是，高尔夫球在 100 码左右的果岭近距离击球时的轨迹。该轨迹由{x, y}坐标定义，如下图所示。如果忽略空气阻力等因素[2]，轨迹的模型可基于基本运动学由下式表示：

$$y = \tan(\theta_0) x - \frac{g}{2v_0^2 \cos^2(\theta_0)} x^2 + y_0$$

---

1 阻抗是电路在交流电作用下的有效电阻。

2 空气阻力、球的旋转和球表面的凹陷性质很重要，但包含这些影响因素的模型更复杂，将在本书后面讨论。

如果 v_0=125mph，求近距离击球的发射角 θ_0。果岭是一个高出球道 30 英尺的升高果岭。注意这里的单位，最好转换成 SI。以弧度和角度报告结果。

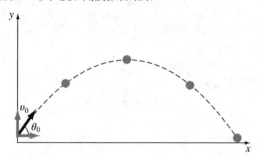

6.22 你正在设计一个球形水箱来为一个小村庄储水。对于给定深度的 h，液体的体积 V 由下式给出：

$$V = \pi h^2 \frac{(3R - h)}{3}$$

其中 R=水箱半径。有一个半径 R=3m 的水箱，这个水箱能装 30m^3 的水吗？这个体积下，深度 h 是多少？使用(a)交叉法与(b)一种三次迭代的开型法，比较它们的性能。使用相对误差和绝对误差作为比较标准。对于交叉法，初始猜测值为 0 和满箱(h=2R)都会包含一个根。对于开型法，$h = R$ 的初始猜测将始终收敛到根。

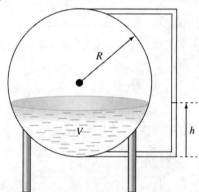

6.23 使用例 6.10 中说明的 Python 的多项式功能来计算并找到

$$f_5(x) = (x+2)(x+5)(x-6)(x-4)(x-8)$$

所有的根。首先，从上面的方程可以明显看出，根是 -2、-5、6、4 和 8。
Python 的操作应该要确认这一点。

6.24 在控制系统中，开发了描述系统如何动态地将输入信号转换为输出信号的传递函数。机器人定位系统的这种传递函数由下式给出：

$$G(s) = \frac{C(s)}{N(s)} = \frac{s^3 + 9s^2 + 26s + 24}{s^4 + 15s^3 + 77s^2 + 153s + 90}$$

其中 $G(s)$ 是传递函数，$C(s)$ 是输出信号，$N(s)$ 是输入信号，均在拉普拉斯域内用自变量 s 表示。求分子和分母多项式的根，并将传递函数表示为：

$$G(s) = \frac{(s + a_1)(s + a_2)(s + a_3)}{(s + b_1)(s + b_2)(s + b_3)(s + b_4)}$$

6.25 明渠流的曼宁方程可以写成矩形渠道形式：

$$Q = \frac{\sqrt{S}(BH)^{5/3}}{n(B+2H)^{2/3}}$$

其中 Q=流速(m^3/s)，S=河道坡度(m/m)，B=河道宽度(m)，H=流动深度(m)，n 是曼宁粗糙度系数。在给定 Q=5、S=0.0002、B=20 和 n=0.03 的情况下，开发一个不动点迭代方案来求解等式中的 H。执行计算，直到 ε_a <0.05%。证明你的方案对于所有大于或等于零的初始猜测都收敛。

6.26 基于式(6.15)中描述的 Colebrook 方程，看看你是否可以开发出一个简单的函数来计算范宁摩擦系数 f。你的函数应包括参数：雷诺数 Re、管道内径 D 和管道粗糙度 ε。对于雷诺数大于 2100、从 10mm (1/2 英寸管道)到 575mm(24 英寸管道)的管道直径以及从 0(玻璃、塑料)至 260μm(铸铁)的管道粗糙度，它应该返回一个精确的摩擦系数的值。在这些范围内进行测试。注意使用一致的单位。

6.27 使用牛顿-拉夫逊法寻找

$$f(x) = e^{-0.5x}(4-x) - 2$$

的根。使用初始猜测值(a)2，(b)6，(c)8。解释你的结果。

6.28 给定

$$f(x) = -2x^6 - 1.5x^4 + 10x + 2$$

使用你选择的寻根技术来确定此函数的最大值。执行迭代，直到绝对相对误差低于 1%。如果使用交叉法，例如二分法或试位法，请用 x 为 0 和 2 的初始猜测值。如果使用牛顿-拉夫逊法或改进正割法，请用 1 为初始猜测值。对于正割法，使用 0 和 1 为初始猜测值。假定收敛不成问题，请选择最适合该问题的技术。证明你的选择。

6.29 确定以下容易微分的函数的根：

$$e^{0.5x} = 5 - 5x$$

选择最好的数值方法。证明你的选择。使用该方法来确定根。众所周知，对于所有正的初始猜测，除不动点迭代之外的所有方法最终都会收敛。执行迭代，直到绝对相对误差低于 2%。如果使用交叉法，请用 x 为 0 和 2 的初始猜测值。对于牛顿-拉夫逊法或改进正割法，使用 0.7 为初始猜测值。如果使用正割法，请用 0 和 1 作为初始猜测值。

6.30 (a)修改第 6.5.2 节中的 brentsimp 函数。使参数中包含绝对相对误差规范(默认值 1×10^{-7})，以及迭代限制(默认值 30)。修改代码，将基于机器 epsilon 计算的公差 eps 替换为 error 参数，并根据相应参数统计和限制迭代次数。此外，当最初的猜测值没有将解包括在内时，添加代码以捕获，并返回一条错误消息。

(b) 测试函数，使用它求解例 5.6 中的函数的根，指定相对误差为 1×10^{-5}、迭代限制为 20。

6.31 下图显示了流动水槽中宽顶堰的侧视图。图中符号定义为：H_w=堰高(m)，H_h=跌落效应上游堰上水头(m)，H=堰上游河流深度(m)，Q_w=堰上的河道流量(m^3/s)。流量可以计算为(Munson 等人，2013 年)：

$$Q_w = C_w B_w \sqrt{g} \left(\frac{2}{3} H_h\right)^{3/2}$$

其中 C_w=堰系数，B_w=堰宽(m)。堰系数可由下式确定：

$$C_w = 1.125 \sqrt{\frac{1 + H_h/H_w}{2 + H_h/H_w}}$$

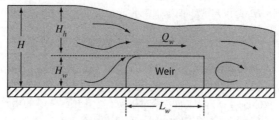

给定 H_w =0.8m、B_w =8m、Q_w =1.3m³/s，确定堰上游河流深度 H，使用：

(a) 改进正割法，δ=10⁻⁵；

(b) 韦格斯坦法；

(c) Python 的 SciPy 模块的 brentq 函数。

对于(a)，使用 $1.5H_w$ 作为初始猜测值。对于(b)和(c)，使用 $1.01H_w$ 和 $1.4H_w$ 作为初始猜测值。你认为这个问题对于不动点迭代是收敛的吗？解释一下。

6.32 甲烷的蒸气重整是目前生产氢气的主要工艺。下面的可逆化学反应描述了这个过程。

$$CH_4 + 2\,H_2O \rightleftarrows CO_2 + 4\,H_2$$

镍催化剂的存在促进了反应的进行。产生的氢气量受化学平衡的限制，其模型为：

$$\frac{[CO_2][H_2]^4}{[CH_4][H_2O]^2} = K_{eq}$$

其中 K_{eq}=平衡常数，通常与温度有关。括号[·]表示组分的摩尔浓度(mol/L)。摩尔守恒使平衡关系可以重新表述为：

$$\frac{\left(\dfrac{x}{V}\right)\left(\dfrac{4x}{V}\right)^4}{\left(\dfrac{M_{CH_4}-x}{V}\right)\left(\dfrac{M_{H_2O}-2x}{V}\right)^2} = K_{eq}$$

其中 x =当摩尔量 M_{CH_4} 和 M_{H_2O} 被送入体积为 V 的反应器时产生的 CO_2 的摩尔数。对于 K_{eq}=7 ×10⁻³、V=20L、M_{CH_4}=1mol、M_{H_2O}=3mol，使用(a)韦格斯坦法和(b)布伦特法求 x 的值。

6.33 湖泊中污染细菌的浓度 c 的降低遵循以下式子：

$$c=77\,e^{-0.5t}+20\,e^{-0.08t}$$

可以看到，在 t=0 时，$c(0)$ =97。使用牛顿-拉夫逊法确定细菌浓度降低到 15 所需的时间，初始猜测为 t=1，相对误差小于 0.1%。使用 SciPy brentq 函数检查结果，初始猜测为 1 和 10。

6.34 使用不动点迭代求解以下方程的根：

$$x^4=5\,x+10$$

确定初始猜测在 $0\leqslant t\leqslant 7$ 范围内收敛的解法。使用图形或分析方法来证明公式总在给定范围内收敛。

6.35 用铸铁管以体积流量 Q =0.3m³/s 输送水。假设流动是稳定的，而水当然是相对不可压缩的。水头损失(高度方面的压力损失)、摩擦和管道内径由达西-魏斯巴赫(Darcy-Weisbach)方程联系起来：

$$h_L = f\frac{2Lv^2}{Dg}$$

其中 f=范宁摩擦系数，L=管道长度(m)，D=管道内径(m)，v=流体平均速度(m/s)。速度与体积流量的关系为：

$$Q =Av$$

其中 A=管道的内部横截面积=$\pi D^2/4(\text{m}^2)$。范宁摩擦系数可从 Colebrook 方程确定：

$$\frac{1}{\sqrt{f}} = -4\log_{10}\left(\frac{\varepsilon}{3.7D} + \frac{1.26}{\text{Re}\sqrt{f}}\right)$$

你有一个参数规范，即每米管道长度的水头损失不超过 0.006 米。开发一个 Python 脚本来实现这个目标。铸铁管的粗糙度为 ε =0.26mm。雷诺数由下式给出：

$$\text{Re} = \frac{\rho v D}{\mu}$$

在常温(即 20℃)下，水的黏度 μ 为 1 厘泊，或以 SI 单位表示，为 0.001 Pa·s。在此温度下水的密度为 998kg/m³。

6.36 下图显示了一个不对称的菱形超音速机翼。机翼的方向由几个角度表示：α=攻角，β=激波角，θ=偏转角，下标 l 和 u 分别表示机翼的下表面和上表面。以下公式将偏转角与斜激波角和速度联系起来：

$$\tan(\theta) = \frac{2\cot(\beta)\left(M^2\sin^2(\beta) - 1\right)}{M^2(k + \cos(2\beta) + 2)}$$

其中 M=马赫数，是机翼速度 v(m/s)与声速 c(m/s)的比值，且

$$c = \sqrt{kR'T}$$

其中 k=空气的定压热容量 c_p 与空气的定容热容量 c_v 的比值(对于空气, k =1.4)，T=绝对温度(K)。R' 为空气的气体定律常数，等于 R/MW_{air}，其中 R 是通用气体定律常数，MW_{air} 是空气的平均分子量(28.97kg/kmol)。因此可得：

$$R' = \frac{8.3144\left[\dfrac{\text{kg m}^2}{\text{K mol s}^2}\right]}{29.87\left[\dfrac{\text{kg}}{\text{kmol}}\right]} \times 1000\left[\frac{\text{mol}}{\text{kmol}}\right] \approx 278.35\left[\frac{\text{m}^2}{\text{Ks}^2}\right]$$

给定 M、k 和 θ 的估计值，激波角可以确定为：

$$f(\beta) = \tan(\theta) - \frac{2\cot(\beta)\left(M^2\sin^2(\beta) - 1\right)}{M^2(k + \cos(2\beta) + 2)}$$

的根。机翼表面的压力 p_a(kPa)可计算为：

$$p_a = p\left(\frac{2k}{k+1}\left(M\sin^2(\beta)\right) - \frac{k-1}{k+1}\right)$$

假设机翼连接在一架以速度 v =625m/s 飞行的飞机上，该飞机穿过通过温度为 4℃、压力为 85kPa、θ_u=4° 的空气。开发一个 Python 脚本，在 2° 到 88° 的范围内生成 $f(\beta_u)$ 与 β_u 的关系图，并在给定条件下计算机翼上表面的压力。

6.37 如第 1.4 节所述，对于以极低的速度从流体中下落的物体，物体周围的流态将是层流，并且阻力和速度之间的关系是线性的。此外，这种情况下，还必须考虑浮力。力的平衡可以写成：

$$\frac{dv}{dt} = \underbrace{g}_{\text{gravity}} - \underbrace{\frac{\rho_f V}{m}g}_{\text{buoyancy}} - \underbrace{\frac{c_d}{m}v}_{\text{drag}}$$

(P6.37)

其中 v=物体的速度(m/s)，t=时间(s)，m=物体的质量(kg)，ρ_f=流体密度(kg/m³)，V=物体体积(m³)，c_d=线性阻力系数(kg/m)。物体的质量可以通过它的体积 V 和密度 ρ_s(kg/m³)来计算。对于球体，Stokes 开发了以下阻力系数公式，c_d=6$\pi\mu r$，其中 μ=流体黏度(Pa.s)，r=球体半径。

你在一个装满蜂蜜的容器表面(x=0)释放一个铁球，并测量沉降到给定深度所需的时间。使用以下信息来估计蜂蜜的黏度：ρ_f=1420 kg/m³，ρ_s=7850 kg/m³，r=20mm，L=0.5m，x=0.5m，t=3.6s。检查流体的雷诺数，由下式给出：

$$\text{Re} = \frac{\rho_f v d}{\mu}$$

其中 d=球体的直径(m)。雷诺数应远低于 2000，以确认实验存在层流条件。

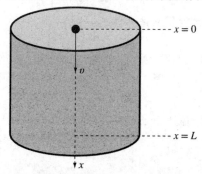

提示：这个问题可以通过首先求解一阶微分方程等式(P6.37)来得到 v 与 t 的函数。然后，注意 v=dx/dt，对结果进行积分，得到 x 与 t 的函数的方程。回想一下，对于

$$a\frac{dy}{dt} + y = b \quad \text{且有} \quad y(0) = y_0$$

解是

$$y(t) = y_0 + b(1 - e^{-t/a})$$

6.38 如下图所示，记分牌由固定在 A、B 和 C 处的两条缆绳悬挂在运动场上方。缆绳最初是水平的，长度为 L。记分牌悬挂后，可以绘制节点 B 处的自由体受力图。

假设每根缆绳的重量与记分牌的重量相比可以忽略不计，计算记分牌重量 W=9000 N(约 2000 磅)时的挠度 d(m)。同时，计算每根缆绳的伸长量。注意，每根缆绳都遵循胡克定律，因此轴向伸长率由下式表示：

$$L' - L = \frac{F L}{A_c E}$$

其中 F=轴向力(N)，A=缆绳的横截面积(m)，E=弹性模量(N/m)。使用以下参数值进行计算：L=45m，A_c=6.362×10⁻⁴ m²，E=1.5×10¹¹ N/m²。

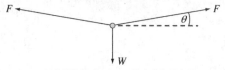

(a) 两根细缆绳分别固定在A、B和C处，记分牌悬挂在B处

(b) 记分牌悬挂后，钉子B的自由体受力图

6.39 如下图所示，水塔与末端带有阀门的钢管相连。通过应用几个简化假设，例如忽略较小的摩擦损失，可以写出以下机械能平衡公式：

$$gh - \frac{v^2}{2} = f_M \left(\frac{L+h}{d} + \frac{L_e}{d} + \frac{L_v}{d} \right) \frac{v^2}{2} + K \frac{v^2}{2}$$

其中 h=水平管道到塔内水位的高度(m)，v=管道内水的平均流速(m/s)，f_M=穆迪摩擦系数=4×范宁摩擦系数，L=管道水平段长度(m)，L_e=连接支管的等效管道长度(m)，L_v=阀门的等效管道长度(m)，K=塔底收缩损耗系数，d=管道内径(m)。

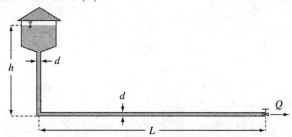

编写一个 Python 脚本以确定通过管道和通过阀门流出的流量 Q(m³/s)，使用以下参数值：h=24m，L=65 m，d=154.2 mm(标准 6 英寸管)，L_e=30 m，L_v= 8 m，K=0.5。20°C 时水的密度为 998 kg/m³。流量由 $v×A_c$ 计算，其中 A_c 是管道的横截面积。这种形式下的摩擦系数为穆迪摩擦系数，可由 Colebrook 方程确定：

$$\frac{1}{\sqrt{f_M}} = -2.0 \log_{10} \left(\frac{\varepsilon}{3.7d} + \frac{2.51}{\mathrm{Re}\sqrt{f}} \right)$$

其中雷诺数由下式给出：

$$\mathrm{Re} = \frac{\rho v d}{\mu}$$

μ=流体黏度。这里，对于 20°C 的水，黏度为 1 厘泊，或以 SI 单位表示，为 0.001Pa·s。钢管的粗糙度为 ε=45μm。

第7章

优 化

本章学习目标

本章的主要目标是介绍如何使用优化方法来确定一维或多维函数的最小值和最大值。具体目标包括：

- 了解在工程和科学计算中为什么要使用优化方法，以及在何处使用优化方法。
- 认识对一维和多维函数进行优化求解的区别。
- 区分全局最优解和局部最优解。
- 了解如何重构一个最大化问题，以便用最小化算法求解。
- 能够定义黄金比例并理解为什么能使一维函数优化有效。
- 使用黄金分割搜索找到单变量函数的最优值。
- 用抛物线插值法定位单变量函数的最优值。
- 了解如何应用 Python 中的 minimize_scalar 函数来确定一维函数的最小值。
- 能使用等高线图和曲面图可视化二维函数。
- 了解如何应用 Python 的 minimize 函数来确定多维函数的最小值。

问题引入

像蹦极者一样的物体可以指定的速度向上投射。如果受到了线性阻力，它的高度与时间的函数可以表示为：

$$z = z_0 + \frac{m}{c}\left(v_0 + \frac{mg}{c}\right)\left(1 - e^{-\frac{t}{m/c}}\right) - \frac{mg}{c}t \tag{7.1}$$

其中，z=地球表面(z=0)以上的高度(m)，z_0=初始高度(m)，m=质量(kg)，c=线性阻力系数(kg/s)，v_0=初始速度(m/s)，t=时间(s)，注意，对于这个公式，正速度被认为是向上的。给定以下参数值：g=9.81m/s^2，z_0=100m，v_0=55m/s，m=80kg，c=15kg/s。如图 7.1 所示，在大约 t=4s 时，蹦极者上升到大约 190m 的峰值高度。

假设你的任务是确定达到最高峰的确切时间。这种极值的确定称为优化。本章将介绍如何使用计算机实现优化计算。

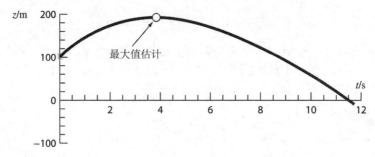

图 7.1 以初速度向上投射的物体到达的高度与时间的函数关系

7.1 背景介绍

一般意义上，优化是一个创造尽可能有效的东西的过程。作为一名工程师，我们必须设计出能够以最低成本和最高效方式执行任务的设备、流程和产品。因此，工程师总是试图解决在性能和限制之间进行平衡的优化问题。此外，科学家还对从射弹峰值高度到最小自由能的一系列优化问题感兴趣。

从数学角度看，优化涉及寻找单变量或多变量函数的最大值和最小值。优化的目标是确定产生函数最大值或最小值时的变量值，然后可将这个变量值放入函数中以计算其最佳值。

尽管有时可通过分析方法得到解，但大多数优化问题还是需要通过计算机以数值方法求解。从数值计算的角度看，优化问题在本质上类似于第 5 章和第 6 章介绍的求根方法。也就是说，两者都涉及猜测和搜索函数上的点。两类问题的根本区别如图 7.2 所示，求根主要涉及搜索函数为零时的位置。相反，优化则涉及搜索函数的极值点。

如图 7.2 所示，最优值是曲线平坦的点。在数学术语中，这对应于导数 $f'(x)$ 等于 0 时的 x 值。此外，二阶导数 $f''(x)$ 表示最优值是最小值还是最大值：如果 $f''(x)<0$，则该点为最大值；如果 $f''(x)>0$，则该点为最小值。

掌握求根和求最优间的关系可以为求后者提供一种策略。也就是说，可对函数进行微分并找到它的根，即新函数的零值。事实上，一些优化方法正是通过求解根问题 $f'(x)=0$ 做到这一点的。

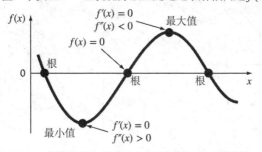

图 7.2 单变量函数，说明了求根和求最优值之间的差异

例 7.1 通过根的位置分析求解最优值

问题描述。根据式(7.1)计算达到峰值时的时间和幅度，其中，$g=9.81 \text{ m/s}^2$, $z_0 =100\text{m}$, $v_0 =55 \text{ m/s}$, $m=80\text{kg}$ 和 $c=15\text{kg/s}$。

问题解答。式(7.1)可通过微分得到。

$$\frac{dz}{dt} = v_0 e^{-\frac{t}{m/c}} - \frac{mg}{c}\left(1 - e^{-\frac{t}{m/c}}\right) \tag{E7.1.1}$$

注意，因为 $v=dz/dt$，这实际上是速度方程。最大幅度出现在 t 值处，它使得方程变为 0。因此，这个问题相当于求根。因此可通过将导数设置为零并求解方程来完成。(E7.1.1)解析为

$$t = \frac{m}{c}\ln\left(1 + \frac{cv_0}{mg}\right)$$

代入参数后得到

$$t = \frac{80}{15}\ln\left(1 + \frac{15 \times 55}{80 \times 9.81}\right) \approx 3.83166 \text{ s}$$

然后将该值与参数一起代入式(7.1)来计算最大幅度：

$$z = 100 + \frac{80}{15}\left(50 + \frac{80 \times 9.81}{15}\right)\left(1 - e^{-\frac{15}{80/3.83166}}\right) - \frac{80 \times 9.81}{15} \times 3.83166 = 192.8609 \text{ m}$$

可以通过求(E7.1.1)的二阶导数来验证结果是否为最大值。

$$\frac{d^2z}{dt^2} = \left(-\frac{c}{m}v_0 - g\right)e^{-\frac{t}{m/c}} = -9.81\frac{m}{s^2}$$

二阶导数为负的结果告诉我们有一个最大值。此外，该结果具有物理意义，因为当垂直速度为零时，加速度应该完全等于重力的效果。

尽管可通过分析的方法得到这个结果，但可以使用第 5 章和第 6 章中描述的求根方法获得相同的结果。这将被留作家庭作业。

尽管可将优化问题当做求根问题来进行解决，但还是可以使用多种数值优化方法直接求解。这些方法可用于一维或多维问题。顾名思义，一维问题涉及单个自变量的函数或计算，如图 7.3(a)所示。多维问题涉及两个或更多个自变量的函数或计算。

用同样的方法，二维优化问题可以再次可视化为搜索波峰和波谷问题，见图 7.3(b)。然而，就像徒步旅行一样，我们并不局限于朝着一个方向行走，而是会不断检查地形从而到达目的地。

最后，求最小值与最大值的过程本质上是相同的，因为 x^* 既使 $f(x)$ 最小，又使 $-f(x)$ 最大。对于图 7.3(a)中的一维函数，这种等价性以图形方式说明。

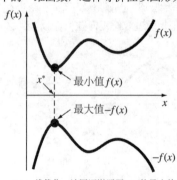

(a) 一维优化。此图还说明了 $f(x)$ 的最小值如何等效于 $-f(x)$ 的最大值

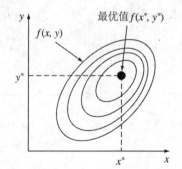

(b) 二维优化。注意，该图可用于表示最大值情况(等高线升高到波峰的高度)或最小化情况(等高线降低到波谷的最低点)

图 7.3　一维优化和二维优化

在下一节中，我们将描述求解一维优化的常用方法。然后将简要描述如何使用 Python 和 SciPy optimize 子模块来求解一维函数的最优值。

7.2 一维优化

本节将介绍求解单变量函数 $f(x)$ 最小值或最大值的方法。如图 7.4 所述的一维 "过山车" 函数可以很好地帮助我们加深理解。首先，我们回忆在第 5 章和第 6 章中学习过的求根方法，根的位置由于单变量函数可能出现多个根这一情况而变得复杂。类似地，局部最优和全局最优都可以在优化问题中出现。

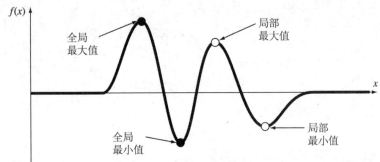

图 7.4　一个函数在 $\pm\infty$ 处渐近接近零，并且在 $x=0$ 附近有两个最大值和两个最小值。右边的两个点是局部最优解，而左边的两个是全局最优

全局最优解代表了解决问题最好的方案，局部最优虽然不是最好的，却是它周围邻域中的最佳解决方案。包含局部最优的情况称为多模。一般情况下，我们会对找到一个全局最优值感兴趣，这是因为它代表了一个可行的解决方案。此外，必须考虑将局部最优误认为全局最优的情况。

就像求根的方法一样，一维优化同样可分为交叉法和开型法。如下所述，黄金分割搜索是在算法思想上类似于求根方法中的二分交叉法的示例。接下来是更复杂的交叉法——抛物线插值。然后，我们将说明 Python SciPy 模块的 optimize 子模块中最小化标量函数的应用。

7.2.1 黄金分割搜索

在许多文化中，某些数字被赋予了神奇的寓意。例如在西方，我们熟悉的 "幸运 7" 和 "13 号星期五"。除了这些迷信的数字，还有几个众所周知的数字具有有趣和强大的数学特性，以至于它们可以真正被称为 "神奇"。其中最常见的是圆的周长与其直径的比值 π，以及纳皮尔自然对数的底数 e。

虽然不那么广为人知，但黄金比值肯定应该包含在非凡数字的神殿中。这个数字通常由希腊字符 ϕ (语音 phi，正确发音为 "fee") 表示。最初由欧几里得因其在五角星或五角星的构造中发挥的作用而被定义。如图 7.5 所示，欧几里得的定义为 "一直线被分割，如果原线段与长线段的比例与长线段与短线段的比例相同，则称为黄金比。"

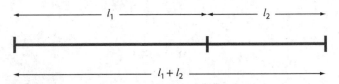

图 7.5　欧几里得对黄金比例的定义是将一条线分成两段，这样整条线与较长线段的比例等于较长线段与较短线段的比例。这个比例被称为黄金比例

关于图 7.5，可以通过欧几里得的定义来推导出黄金比例的值，如下：

$$\frac{l_1 + l_2}{l_1} = \frac{l_1}{l_2} = \phi \tag{7.2}$$

可以对上式进行重新排列得到：

$$\phi^2 - \phi - 1 = 0 \tag{7.3}$$

这个二次方程的正根是：

$$\phi = \frac{1 + \sqrt{5}}{2} \approx 1.61803 \quad \text{（黄金比例）} \tag{7.4}$$

一个重要的比例属性由下式说明：

$$\frac{1}{\phi} = 1 - \phi \approx 0.61803$$

此外，后者可以通过计算得到：

$$\frac{\sqrt{5} - 1}{2} \approx 0.61803$$

这进一步证明黄金比例确实是一个神奇的数字。

长期以来，黄金比例在西方文化中一直被认为是代表美，它也出现在包括生物学在内的其他领域中[1]。就本书而言，黄金比例能为黄金分割搜索提供基础，这是一种用于确定单变量函数最优值的简单通用方法。

黄金分割搜索在思想上类似于第 5 章中的定位根的二分法。回顾一下，二分法取决于定义一个区间，该区间由一个下限 x_l 和一个上限 x_u 确定，它包含单个根。在这个区间之间存在一个根是通过确定 $f(x_l)$ 和 $f(x_u)$ 具有不同的符号来验证的。然后将根估计为该区间的中点：

$$x_r = \frac{x_l + x_u}{2} \tag{7.5}$$

二分法迭代的最后一步涉及确定一个新的、更小的区间范围。这是通过替换具有与 $f(x_r)$ 相同符号的函数值的边界 x_l 或 x_u 来完成的。这种方法的一个关键优势是新值 x_r 取代了旧区间之一。

现在假设我们感兴趣的是确定一维函数 $f(x)$ 的最小值而不是根。与二分法一样，可以从定义一个包含单个值的区间开始。也就是说，区间应该包含一个最小值，因此称为单峰。我们可以采用与二分法相同的命名法，其中 x_l 和 x_u 分别定义了这个区间的下限和上限。然而与二分法相比，我们需要一种新的策略来找到区间中的最小值。还需要两个中间函数来检测仍然包含最小值的子区间，而不是使用检测符号变化的单个中间值。如果其中一个中间函数的值大于另一个，这将使我们能够消除该点与边界间的间隔，如下所示。

要使得这种方法有效的关键是明智地选择中间点。与二分法一样，目标是通过用新的边界值替换旧的边界值来最小化函数评估。对于二分法，是通过选择中间点来完成的。对于黄金分割搜索，可以根据黄金比例选择两个中间点：

$$x_1 = x_l + d \tag{7.6}$$

和

$$x_2 = x_u - d \tag{7.7}$$

其中

$$d = (1 - \phi)(x_u - x_l) \tag{7.8}$$

---

1 另一个神奇的关系是基于斐波那契序列(0,1,1,2,3,5,8…)，序列中的每个数字是前两个数字的和。随着序列长度的增加，序列中的一个数字与其前一个数字的比例接近黄金分割比，极限达到黄金分割比。

如图 7.6 所示，子区间重叠，即 x_2 小于 x_1。该函数在两个内部点进行评估。对于单峰[1]的应用场景，可能出现两个结果：

(1) 如图 7.6(a)所示，如果 $f(x_1)<f(x_2)$，则最小值包含在子区间 (x_2, x_u) 中，子区间 (x_1, x_2) 可去除。在这种情况下，x_2 变成了下一轮方法的 x_1。

(2) 如果 $f(x_2)<f(x_1)$，则最小值包含在区间 (x_b, x_1) 中，可将子区间 (x_1, x_u) 去除。这种情况下，x_1 成为下一轮的 x_u。

我们可以使用任何大于 0.5 的 d 值来提供图 7.6 中所示的重叠，但采用黄金分割率可以提供一个重要的优势。因为 x_1 和 x_2 是使用黄金比例选择的，所以我们不必为下一次迭代重新计算两个函数值。在图 7.6 所示的情况下，旧的 x_1 成为下一次迭代的新 x_u。这导致 $f(x_2)$ 的值已经存在，因为它与旧 x_1 处的函数值相同。

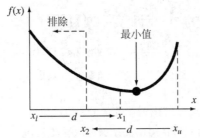

(a) 黄金分割搜索算法的初始步骤包括根据黄金比例选择两个内部点

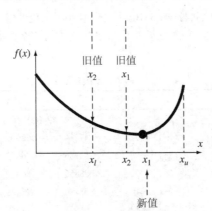

(b) 第二步定义了一个仍然包含最优解的新区间

图 7.6 子区间重叠

为了完成上述算法，我们只需要确定新的 x_1 及其函数值 $f(x_1)$。这是通过式(7.6)完成的，是基于 x_1 和 x_u 的新值使用式(7.8)式计算 d。对于最优值落在左侧子区间的情况，可以使用类似的方法进行求解。对于这种情况，新的 x_2 将使用式(7.7)进行计算。

随着迭代的不断重复，包含最优值的区间将迅速缩小。事实上，每一轮之后，区间都会缩小 $1/\phi \approx 61.8\%$。这意味着经过十次迭代，区间缩小到 $(1/\phi)^{10} \approx 0.8\%$ 或原始区间的 125 分之一。相应地，在 20 次迭代后，将是原始间隔的大约 15000 分之一[2]。

---

1 这里没有考虑一种特例：$f(x1)=f(x2)$。

2 值得一提的是，这并不像二分法那么有效，后者在十次迭代后，该数值约为千分之一，在二十次迭代后，该数值约为百万分之一。

例 7.2 黄金分割搜索

问题描述。 使用黄金分割搜索方法找到最小值:

$$f(x) = \frac{x^2}{10} - 2\sin(x)$$

区间为 $x_1=0$ 到 $x_u=4$。

问题解答。 首先,使用黄金比例创建两个内部点:

$$d=0.61803(4-0)=2.4721$$
$$x_1 =0+2.4721=2.4721$$
$$x_2 =4-2.4721=1.5279$$

然后在两个内部点评估该函数:

$$f(x_2) = \frac{1.5279^2}{10} - 2\sin(1.5279) \approx -1.7647$$

$$f(x_1) = \frac{2.4721^2}{10} - 2\sin(2.4721) \approx -0.6300$$

因为 $f(x_2) < f(x_1)$,我们得出结论,最小值包含在区间 $(x_l, x_1)=(0, 2.4721)$ 中。这些定义了下一次迭代的区间,x_2 将成为该迭代的新 x_1。

剩下的就是使用式(7.8)和式(7.7)计算 d 和 x_2 的新值:

$$d =0.61803(2.4721-0) \approx 1.5279$$
$$x_2 =2.4721-1.5279=0.9442$$

新的 x_2 处的函数值为 $f(0.9442)=-1.5310$。由于该值小于 x_1 处的值,因此我们发现最小值必须在缩减的区间 $(0.9442, 2.4721)$ 内。该算法可以不断重复,结果如表 7.1 所示。对于每次迭代,$f(x)$ 的最小值都会在表中突出显示。

表 7.1　计算结果

						黄金比例	1.61803
迭代	x_1	x_2	$f(x_2)$	x_1	$f(x_2)$	x_u	d
1	0	1.52786	−1.76472	2.47214	−0.62997	4	2.47214
2	0	0.94427	−1.53098	1.52786	−1.76472	2.47214	1.52786
3	0.94427	1.52786	−1.76472	1.88854	−1.54322	2.47214	0.94427
4	0.94427	1.30495	−1.75945	1.52786	−1.76472	1.88854	0.58359
5	1.30495	1.52786	−1.76472	1.66563	−1.71358	1.88854	0.36068
6	1.30495	1.44272	−1.77547	1.52786	−1.76472	1.66563	0.22291
7	1.30495	1.39010	−1.77420	1.44272	−1.77547	1.52786	0.13777
8	1.39010	1.44272	−1.77547	1.47524	−1.77324	1.52786	0.08514
经过 20 次迭代后							
15	1.42555	1.42736	−1.77573	1.42848	−1.77572	1.43030	0.00293
16	1.42555	1.42667	−1.77572	1.42736	−1.77573	1.42848	0.00181
17	1.42667	1.42736	−1.77573	1.42779	−1.77573	1.42848	0.00112
18	1.42667	1.42710	−1.77573	1.42736	−1.77573	1.42779	0.00069
19	1.42710	1.42736	−1.77573	1.42753	−1.77573	1.42779	0.00043
20	1.42736	1.42753	−1.77573	1.42763	−1.77573	1.42779	0.00026

可以看到，最小值出现在 $x_2 = 1.42753$ 和 $x_1 = 1.42763$ 之间，下一次迭代的区间宽度将为 0.0001。对于大多数工程和科学计算而言，这种确定最小值的精度水平已经足够了。

回顾一下，对于二分法(第 5.4 节)，可以在每次迭代时计算出准确的误差上限。使用类似的推理方法可以得出黄金分割搜索的上限。

一旦迭代完成，最优解将落在两个子区间之一。如果较小的函数值在 x_2，它将落在较小的区间 (x_l, x_2, x_1)。或者如果该最小函数值在 x_1 处，它将位于较大的区间 (x_2, x_1, x_u)。由于内部点是对称的，所以任何一种情况都可用来定义误差。

查看较大的区间 (x_2, x_1, x_u)，如果真值在最左侧，则与估计值的最大距离为：

$$\Delta x_a = x_1 - x_2$$
$$= x_l + (\phi - 1)(x_u - x_l) - x_u + (\phi - 1)(x_u - x_l)$$
$$= -(x_u - x_l) + 2(\phi - 1)(x_u - x_l)$$
$$= (2\phi - 3)(x_u - x_l)$$

或者约为 $0.2361 \times (x_u - x_l)$。如果真值在最右边，则与估计值的最大距离为：

$$\Delta x_b = x_u - x_1$$
$$= x_u - x_l - (\phi - 1)(x_u - x_l)$$
$$= (x_u - x_l) - (\phi - 1)(x_u - x_l)$$
$$= (2 - \phi)(x_u - x_l)$$

或者约为 $0.3820 \times (x_u - x_l)$。这种情况将代表最大误差，然后可将此结果归一化为该迭代的最小值 x_{opt}，得到：

$$\varepsilon_a = (2 - \phi)\left|\frac{x_u - x_l}{x_{opt}}\right| \tag{7.9}$$

该误差估计为迭代的终止提供了基础。

图 7.7 显示了 Python 函数 goldmin。该函数返回最小值的位置、函数的值、近似误差和迭代次数。

```python
import numpy as np
def goldmin(f,xl,xu,Ea=1.e-7,maxit=30):
    """
    use the golden-section search to find the minimum of f(x)
    input:
        f = name of the function
        xl = lower initial guess
        xu = upper initial guess
        Ea = absolute relative error criterion (default = 1.e-7)
        maxit = maximum number of iterations (default = 30)
    output:
        xopt = location of the minimum
        f(xopt) = function value at the minimum
        ea = absolute relative error achieved
        i+1 = number of iterations required
    """
    phi = (1+np.sqrt(5))/2
    d = (phi - 1)*(xu-xl)
    x1 = xl + d ; f1 = f(x1)
    x2 = xu - d ; f2 = f(x2)
    for i in range(maxit):
```

图 7.7　用黄金分割搜索确定函数最小值的 Python 脚本

```
                    xint = xu - xl
                    if f1 < f2:
                        xopt = x1
                        xl = x2
                        x2 = x1
                        f2 = f1
                        x1 = xl + (phi-1)*(xu-xl)
                        f1 = f(x1)
                    else:
                        xopt = x2
                        xu = x1
                        x1 = x2
                        f1 = f2
                        x2 = xu - (phi-1)*(xu-xl)
                        f2 = f(x2)
                    if xopt != 0:
                        ea = (2-phi)*abs(xint/xopt)
                        if ea <= Ea: break
                return xopt,f(xopt),ea,i+1
```

图 7.7　(续)

使用以下 Python 代码和 goldmin 函数可解决例 7.1 中的问题。

```
g = 9.81 # m/s2
v0 = 55 # m/s
m = 80 # kg
c = 15 # kg/s
z0 = 100 # m

def f(t):
    return -(z0+m/c*(v0+m*g/c)*(1-np.exp(-t/(m/c)))-m*g/c*t)

tl = 0
tu = 8
tmin, fmin, ea, n = goldmin(f, tl, tu, Ea=1.e-5)
print('Time at maximum altitude = {0:5.2f} s'.format(tmin))
print('Function value = {0:6.2g} '.format(fmin))
print('Relative error = {0:7.2e} '.format(ea))
print('Iterations required = {0:4.0f} '.format(n))

zmax = z0 + m/c*(v0+m*g/c)*(1-np.exp(-tmin/(m/c)))-m*g/c*tmin
print('Maximum altitude = {0:6.2f} m'.format(zmax))
```

结果显示为:

```
Time at maximum altitude = 3.83 s
Function value = -1.9e+02
Relative error = 7.69e-06
Iterations required = 25
Maximum altitude = 192.86 m
```

注意，由于这是一个求最大化(最大高度)的过程，因此，fmin 对应于大约 193 米的高度。

你可能想知道为什么我们反复强调黄金分割搜索能够简化评估。当然，对于解决一个优化问题，节省下来的时间可能可以忽略不计。然而，在两个重要的情况下，最小化函数评估的数量可能会变得很重要:

(1) 数量较多的评估。某些情况下，优化计算(如黄金分割搜索)可能是更大计算任务的一部分。

搜索方法可能会被调用上千次。通过最小化函数评估的数量来提升效率可为这种情况带来巨大好处。

(2) 耗时的评估。出于教学原因，我们在大多数示例中都使用了简单的函数。你应该了解，评估函数可能会很复杂且耗时，它可能需要数百行代码或更多。例如优化用于估计由微分方程组组成的模型的参数。在这里，"方程"涉及模型的耗时数值积分，任何最小化评估的优化方法都是有用的。

7.2.2　抛物线插值

抛物线插值很好地利用了这样一个事实，即二阶多项式通常可以很好地逼近$f(x)$的形状(图 7.8)。

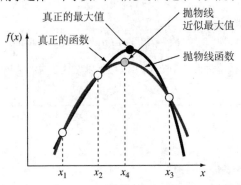

图 7.8　抛物线插值的图形描述

就像只有一条直线连接两点一样，连接三点的抛物线也只有一条。因此，如果有三个点共同框定了一个最优值，我们可以使用抛物线拟合这些点。然后可以对其进行微分，将结果设置为零，并估计最优x。通过代数运算可以证明结果是：

$$x_4 = x_2 - \frac{1}{2}\frac{(x_2 - x_1)^2[f(x_2) - f(x_3)] - (x_2 - x_3)^2[f(x_2) - f(x_1)]}{(x_2 - x_1)[f(x_2) - f(x_3)] - (x_2 - x_3)[f(x_2) - f(x_1)]} \tag{7.10}$$

其中x_1、x_2 和x_3和x_3是初始猜测值，x_4是对应于猜测值的拟合抛物线的最佳x值。

例 7.3 抛物线插值

问题描述。使用抛物线插值来近似估计最小值：

$$f(x) = \frac{x^2}{10} - 2\,\sin(x)$$

初始猜测 $x_1=0$、$x_2=1$ 和 $x_3=4$。

问题解答。三个初始猜测的函数值可以估计为：

$$x_1=0 \qquad f(x_1) \approx 0$$
$$x_2=1 \qquad f(x_2) \approx -1.5829$$
$$x_3=4 \qquad f(x_3) \approx 3.1136$$

将这些值代入式(7.10)生成以下结果：

$$x_4 = x_2 - \frac{1}{2}\frac{(1-0)^2[-1.5829 - 3.1136] - (1-4)^2[-1.5829 - 0]}{(1-0)[-1.5829 - 3.1136] - (1-4)[-1.5829 - 0]} \approx 1.5055$$

如图 7.9 所示，可得以下值：

$$x_1 = 1 \qquad f(x_1) \approx -1.5829$$
$$x_2 = 1.5055 \qquad f(x_2) \approx -1.7691$$
$$x_3 = 4 \qquad f(x_3) \approx 3.1136$$

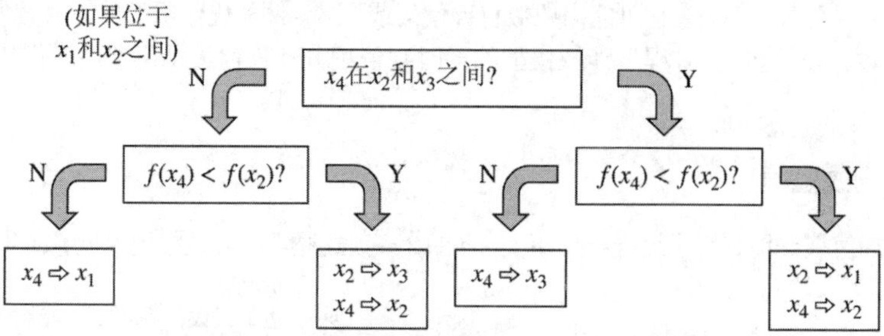

图 7.9　为下一次迭代确定新点集 x_1、x_2 和 x_3 的策略

值 $x_4 \approx 1.4903$，其函数值为-1.7714。这个过程可以迭代 8 次，结果见表 7.2。

表 7.2　迭代结果

迭代次数	x_1	$f(x_1)$	x_2	$f(x_2)$	x_3	$f(x_3)$	x_4	$f(x_4)$
1	0	0	1	-1.58294	4	3.11360	1.50553	-1.76908
2	1	-1.58294	1.50553	-1.76908	4	3.11360	1.49025	-1.77143
3	1	-1.58294	1.49025	-1.77143	1.50553	-1.76908	1.42564	-1.77572
4	1	-1.58294	1.42564	-1.77572	1.49025	-1.77143	1.42660	-1.77572
5	1.42564	-1.77572	1.42660	-1.77572	1.49025	-1.77143	1.42755	-1.77573
6	1.42660	-1.77572	1.42755	-1.77573	1.49025	-1.77143	1.42755	-1.77573
7	1.42755	-1.77573	1.42755	-1.77573	1.49025	-1.77143	1.42755	-1.77573
8	1.42755	-1.77573	1.42755	-1.77573	1.49025	-1.77143	1.42755	-1.77573

检查结果，可知收敛很快，在第 5 次迭代中就达到了 $x_4 \approx 1.42755$ 的值。

7.2.3　Python 的 SciPy 函数：minimize_scalar

回顾一下我们在 6.4 节中描述了用于根定位的布伦特方法(Brent's method)，该方法将三种寻根方法结合在一个算法中，很好地平衡了可靠性和效率。由于上述特性，它构成了 NumPy 模块中的 roots 函数的基础。

布伦特还开发了一种类似的一维最小化方法，它是 Python SciPy 模块的 optimize 子模块中的 minimize_scalar 函数默认选项。布伦特算法将较慢但可靠的黄金分割搜索与较快但不可靠的抛物线插值相结合。它首先尝试抛物线插值，并在获得可接受的结果后继续应用它。如果没有，将恢复到黄金分割搜索以处理当前任务。

minimum_scalar 函数默认使用布伦特算法，但也可以指定只使用黄金分割搜索方法。使用该函数的语法是：

```
from scipy.optimize import minimize_scalar
result = minimize_scalar(funx)
xmin = result.x
```

其中 result 是含有诸多属性的 OptimizeResult 类的一个对象。其中，最重要的是 x，在这段代码中提供 xmin，即最小值。

这种情况下，minimize_scalar 算法将确定它自己的范围值。也可以将它们指定为：

```
xmin = minimize_scalar (funx, bracket= (x1, x2, x3))
```

其中，x_1、x_2 和 x_3 被指定用于抛物线插值，或者更简单地说：

```
xmin= minimize_scalar (funx, bracket= (x1, x2))
```

其中中位点被省略计算为 x_1 和 x_2 的中位点。

如果要将功能限制为黄金分割搜索，可以使用：

```
xmin = minimize_scalar (funx, bracket= (x1, x2), method =^' golden' )
```

也可以添加其他参数，包括指定收敛容差等，如 tol=1.e-7，最大迭代次数可通过 options 设置，如 options ＝{ 'maxiter':20}

下面是一个 Python 脚本，使用 minimize_scalar 来解决例 7.1 中的问题。

```python
import numpy as np
from scipy.optimize import minimize_scalar

g = 9.81 # m/s2
v0 = 55 # m/s
m = 80 # kg
c = 15 # kg/s
z0 = 100 # m

def f(t):
  return -(z0+m/c*(v0+m*g/c)*(1-np.exp(-t/(m/c)))-m*g/c*t)
result = minimize_scalar(f)
tmin = result.x

print('Time at maximum altitude = {0:5.2f} s'.format(tmin))
zmax = z0 + m/c*(v0+m*g/c)*(1-np.exp(-tmin/(m/c)))-m*g/c*tmin
print('Maximum altitude = {0:6.2f} m'.format(zmax))
```

结果为：

```
Time at maximum altitude = 3.83 s
Maximum altitude = 192.86 m
```

result 还包括以下两个属性。

- success：指示解决方案是否成功的布尔标志。
- nit：所需的迭代次数。

这是具有附加规范并提供更多结果的代码：

```python
result = minimize_scalar(f, bracket=(0, 8),
     tol=1.e-7, options={'maxiter':20})
tmin = result.x
flag = result.success
n = result.nit

print('Time at maximum altitude = {0:5.2f} s'.format(tmin))
zmax = z0 + m/c*(v0+m*g/c)*(1-np.exp(-tmin/(m/c)))-m*g/c*tmin
print('Maximum altitude = {0:6.2f} m'.format(zmax))
print('Success indicator:', flag)
print('Number of iterations required =', n)
```

使用控制台的输出为：

```
Time at maximum altitude = 3.83 s
Maximum altitude = 192.86 m
Success indicator True
Number of iterations required = 11
```

有关 minimize_scalar 及其所有功能和选项的详细信息，请访问：

https://docs.scipy.org/doc/scipy/reference/generated/scipy.optimize.minimize_scalar.html?highlight=minimize_scalar#scipy.optimize.minimize_scalar

你会注意到，在上面我们对 minimize_scalar 的调用中，只提供了函数的名称。我们让算法计算出它最初的猜测，显然它是成功的。

7.3　多维优化

除了一维函数，优化方法还能处理多维函数。回顾一下图 7.3(a)，我们进行一维搜索的视觉图像像过山车。对于二维的情况，我们可以想象地图中的山脉和山谷，见图 7.3(b)。当我们继续研究三个自变量及更多变量时，我们失去了将情况可视化的能力。现在可使用 Python 函数来描绘二维函数。

例 7.4 可视化二维函数

问题描述： 使用 Python 显示以下函数并直观地估计其在 $-2 \leqslant x_1 \leqslant 0$ 和 $0 \leqslant x_2 \leqslant 3$ 范围内的最小值。

$$f(x_1, x_2) = 2 + x_1 - x_2 + 2x_1^2 + 2x_1 x_2 + x_2^2$$

问题解答： 要创建 3D 和等高线图，我们需要从 pylab 模块转移到它的上级模块 Matplotlib。我们将通过本书的其余章节逐步介绍 Matplotlib 的使用。这种情况下，我们使用一个名为 pyplot 的子模块。

```python
import numpy as np
import matplotlib.pyplot as plt
from mpl_toolkits.mplot3d import Axes3D

x1 = np.linspace(-2, 0, 20)
x2 = np.linspace(0, 3, 20)
X, Y = np.meshgrid(x1, x2)
Z = 2 + X - Y + 2*X**2 + 2*X*Y + Y**2

fig = plt.figure()
ax = plt.subplot(111)
ax = fig.add_subplot(111, projection='3d')
ax.plot_wireframe(X, Y, Z, color='k')
ax.set_xticks([-2, -1.5, -1, -0.5, 0])
ax.set_yticks([0, 1, 2, 3])
ax.set_xlabel('x1')
ax.set_ylabel('x2')
ax.set_title('Wireframe Plot')
plt.show()

fig2 = plt.figure()
ax2 = fig2.add_subplot(111)
ax2.contour(X, Y, Z)
ax2.set_xlabel('x1')
```

```
ax2.set_ylabel('x2')
ax2.grid()
plt.show()
```

如图 7.10 所示，从这两个图中都能使我们得到结论：该函数的最小值介于 0 和 1 之间，位于大约 $x_1=1$ 和 $x_2=1.5$ 处。

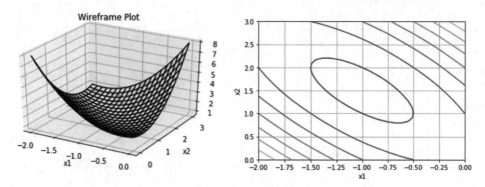

图 7.10　二维函数的网格图和等高线图

多维的无约束优化方法可以有多种分类方式。出于本书的目标，我们将根据它们是否需要导数评估进行划分。那些需要导数的方法称为梯度或最速下降(或上升)法。不需要导数的方法称为非梯度或直接方法。在下一节中，我们将描述 SciPy 模块中的 Python minimize 函数，该函数可使用任何方法求最优化解。

Python SciPy minimize 函数

minimize 函数是 SciPy 优化子模块中 minimize_scalar 函数的"老大哥"。使用该函数的语法为

```
from scipy.optimize import minimize
result = minimize(f, x0)
xmin = result.x
```

其中 xmin 是得到函数 f 最小值的 x 值。最初的 x 猜测值是 x0。对于多维优化而言，x0 则是初始猜测数组，xmin 是最小值的自变量数组。对象结果包含解决方案的多种属性。在这里，x 属性就是解。

最小化函数功能强大且用途广泛。它通过附加的 method='solvername'参数提供了 14 种不同的求解方法。在这里，我们使用 Nelder-Mead 算法解决了例 7.4 中的问题。这是一种直接搜索方法，只使用函数值(不需要导数)并处理非光滑函数。

```
from scipy.optimize import minimize
def f(x):
  x1 = x[0]
  x2 = x[1]
 return 2+x1-x2+2*x1**2+2*x1*x2+x2**2

x0 = [-0.5, 0.5]
result = minimize(f, x0, method='Nelder-Mead', options={'disp':False})
xval = result.x
print(xval)
```

结果为

```
[-0.99996784 1.49997544]
```

很明显，解收敛于 $x_1=-1$ 和 $x_2=1.5$。如果选项中的 disp 设置为 True，我们可以得到额外的信息：

```
Optimization terminated successfully.
    Current function value: 0.750000
    Iterations: 40
    Function evaluations: 76
```

解决多维优化问题的算法种类繁多，正如 minimize 函数中可用的 14 种算法所证明的那样，它代表了数值方法领域的一个有趣的研究方法。事实上，整本书都专门讨论这个话题。由于篇幅所限，这里仅举一个例子，但鼓励你扩展在该领域的知识。

7.4 案例研究：平衡和最小势能

背景知识：如图 7.11(a)所示，可以将未加载的弹簧连接到壁挂架上。当施加水平力时，弹簧会拉伸。根据胡克定律，位移与力有关，即 $F=kx$。变形状态的势能由弹簧的应变能与力所做的功之差构成：

$$PE(x) = 0.5kx^2 - Fx \qquad (7.11)$$

式(7.11)定义了一条抛物线。由于势能在平衡时将处于最小值，因此位移的解决方案可被视为一维优化问题。因为这个方程很容易微分，我们可将位移求解为 $F=x/K$，这就是胡克定律。例如，如果 $k=2$N/cm 且 $F=5$N，则 $x=2.5$cm。

图 7.12 展示了一个更有趣的二维现象。这个系统中有两个自由度，系统可以水平和垂直移动。与我们处理一维场景的方式相同，平衡变形是使势能最小化的 x_1 和 x_2 的值：

$$\begin{aligned}
PE(x_1, x_2) = {}& 0.5\,k_a\left(\sqrt{x_1^2 + (L_a - x_2)^2} - L_a\right) \\
& + 0.5\,k_b\left(\sqrt{x_1^2 + (L_b + x_2)^2} - L_b\right) - F_1 x_1 - F_2 x_2
\end{aligned} \qquad (7.12)$$

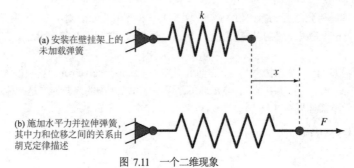

(a) 安装在壁挂架上的
未加载弹簧

k

x

(b) 施加水平力并拉伸弹簧，
其中力和位移之间的关系由
胡克定律描述

F

图 7.11 一个二维现象

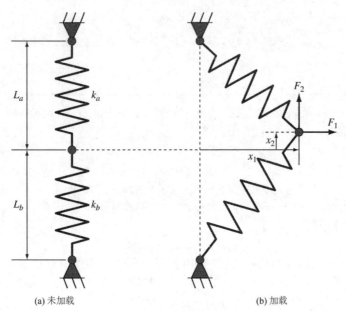

(a) 未加载　　　　　　　　　(b) 加载

图 7.12　双弹簧系统

如果参数值为 k_a=9N/cm，k_b=2N/cm，L_a=10cm，L_b=10cm，F_1=2N，F_2=4N，我们可以编写一个 Python 脚本求解位移和势能的最小化函数。

问题解答：可以开发一个函数来求解势能。

```python
import numpy as np

def PE(x, ka, kb, La, Lb, F1, F2):
  x1 = x[0]
  x2 = x[1]
  PEa = 0.5*ka*(np.sqrt(x1**2+(La-x2)**2)-La)**2
  PEb = 0.5*kb*(np.sqrt(x1**2+(Lb+x2)**2)-Lb)**2
  W = F1*x1+F2*x2
  return PEa+PEb-W
```

可使用 minimize 函数获得解决方案：

```python
from scipy.optimize import minimize
ka = 9 ; kb = 2 # N/cm
La = 10 ; Lb = 10 # cm
F1 = 2 ; F2 = 4 # N
x0 = [-0.5, 0.5] # cm
res = minimize(lambda x: PE(x, ka, kb, La, Lb, F1, F2), x0
      , method='Nelder-Mead')
xmin = res.x
print('Displacements are x1 ={0:5.2f} and x2 ={1:5.2f} cm'
  .format(xmin[0], xmin[1]))
print('Minimum potential energy ={0:5.2f} N*cm'
  .format(PE(xmin, ka, kb, La, Lb, F1, F2)))
```

结果为：

```
Displacements are x1 = 4.95 and x2 = 1.28 cm
```

```
Minimum potential energy = -9.64 N*cm
```

参考图 7.11，连接点位于右侧 4.95 厘米，高于原始位置 1.28 厘米，未施加任何力。

习题

7.1 执行 Newton-Raphson 方法的三次迭代以确定式(E7.1.1)的根。使用示例 7.1 中的参数值以及 $t=3s$ 的初始猜测。

7.2 给定公式

$$f(x)=-x^2+8x-12$$

(a) 使用微分分析确定此函数的最大值和对应的 x 值。

(b) 验证式(7.10)，基于 $x_1=0$、$x_2=2$ 和 $x_3=6$ 的初始猜测得出相同的结果。

7.3 考虑以下函数

$$f(x)=3+6x+5x^2+3x^3+4x^4$$

通过找到这个函数的导数的根来寻找最小值。使用二分法，初始猜测为 $x_l=-2$ 和 $x_u=1$。

7.4 对于下式：

$$f(x)=-1.5x^6-2x^4+12x$$

(a) 绘制函数。

(b) 使用分析方法证明函数对于所有 x 值都是凹的。

(c) 对函数进行微分，然后用根定位法求解最大 $f(x)$ 和对应的 x 值。

7.5 求解习题 7.4 中使 $f(x)$ 最大的 x 值。使用 $x_l=0$ 和 $x_u=2$ 的初始猜测值，并执行 3 次迭代。

7.6 使用抛物线插值重复计算习题 7.5，使用 $x_1=0$、$x_2=1$ 和 $x_3=2$ 作为初始猜测值，执行 3 次迭代。

7.7 使用以下方法找到最大值：

$$f(x)=4x-1.8x^2+1.2x^3-0.3x^4$$

(a) 黄金分割搜索($x_l=-2$，$x_u=4$，$\varepsilon_s=1\%$)

(b) 抛物线插值($x_1=1.75$，$x_2=2$，$x_3=2.5$，5 次迭代)。

7.8 考虑以下函数：

$$f(x)=x^4+2x^3+8x^2+5x$$

使用解析和图形方法显示函数在 $-2\leqslant x\leqslant 1$ 范围内的某个 x 值具有最小值。

7.9 使用以下方法在习题 7.8 中找到函数的最小值。

(a) 黄金分割搜索($x_l=-2$，$x_u=1$，$\varepsilon_s=1\%$)。

(b) 抛物线插值($x_1=-2$，$x_2=-1$，$x_3=1$，5 次迭代)。

7.10 考虑以下函数：

$$f(x)=2x+\frac{3}{x}$$

执行十次抛物线插值迭代以找到最小值。评论结果的收敛性($x_1=0.1$，$x_2=0.5$，和 $x_3=5$)。

7.11 下面的函数定义了一条在区间 $2\leqslant x\leqslant 20$ 上有多个不等极小值的曲线：

$$f(x)=\sin(x)+\sin\left(\frac{2}{3}x\right)$$

设计一个 Python 脚本实现：

(a) 在区间上绘制函数。

(b) 使用 SciPy optimize 函数 minimum_scalar 确定最小值。

(c) 手动使用黄金分割搜索，直至找到三个有效数字为止。对于(b)和(c)，使用 x_i=4，x_u=8 的初始猜测。

7.12 使用黄金分割搜索方法来确定 x_{max} 的位置和 $f(x_{max})$ 的对应值，用于显示以下函数每次迭代的结果。

$$f(x)=-0.8x^4+2.2x^2+0.6$$

使用 x_i=0.7 和 x_u=1.4 的初始猜测并执行足够的迭代次数，使得 $\varepsilon_s \leq 10\%$。最终结果的最大误差是多少？

7.13 设计一个 Python 脚本实现：

(a) 以与例 7.4 类似的方式生成以下温度场的等高线图和网格图：

$$T(x，y)=2x^2+3y^2-4xy-3x-y$$

(b) 使用 SciPy optimize 模块中的 minimize 函数确定该表面的最小值。

7.14 地下含水层的水头在笛卡儿坐标中可以描述为

$$h(x, y) = \frac{1}{1 + x^2 + y^2 + xy + x}$$

设计一个 Python 脚本：

(a) 以与示例 7.4 类似的方式生成函数的等高线图和网格图；

(b) 使用 SciPy optimize 模块中的 minimize 函数确定该曲面的最小值。

7.15 对竞技和休闲自行车的兴趣意味着工程师可以将他们的技能应用于山地自行车的设计和测试中，见图(a)。假设你的任务是预测自行车支架系统在外力作用下的水平和垂直位移。假设需要分析的力可以简化为图(b)的形式。你有兴趣测试桁架对在任意指定的角度 θ 方向上施加的力的响应。此问题的参数值为 E=杨氏模量=2×10^{11}Pa，A=横截面积=0.0001m²，w=宽度=0.44m，l=长度=0.56m，h=高度=0.5m。位移 x 和 y 可以通过确定使势能最小的值来求解。确定 10000N 力和 0°（水平)到 90°（垂直)的 θ 范围的位移。

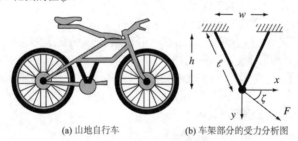

(a) 山地自行车　　　　　(b) 车架部分的受力分析图

7.16 当电流通过电线时，电阻产生的热量通过绝缘层传导，然后对流到周围的空气中。导线的稳态温度可以表示为

$$T = T_{air} + \frac{q}{2\pi}\left[\frac{1}{k} \ln\left(\frac{r_w + r_i}{r_w}\right) + \frac{1}{h}\frac{1}{r_w + r_i}\right]$$

给定以下参数，确定最小化电线温度的绝缘层厚度 r_i (m)：q=发热率=75W/m，r_w=电线半径=6mm，k=绝缘层的热导率=0.17W/(m·K)，h=对流传热系数=12W/(m²·K)，T_{air}=环境空气温度=20℃≈293K。

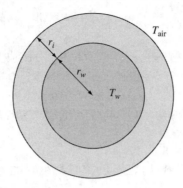

7.17 设计一个实现黄金分割搜索的 Python 函数，明确找到的是函数的最大值而非最小值，如图 7.7 所示。该函数应包括以下功能：

- 相对误差阈值的停止标准(默认值 1×10^{-7})
- 最大迭代次数(默认值 30)
- 返回最优 x 和 $f(x)$

用例 7.1 中的问题测试你的程序。

7.18 设计一个 Python 函数以使用黄金分割搜索来定位最小值，而不是使用最大迭代方法并用式(7.9)作为停止条件。确定达到指定误差所需的迭代次数。通过使用 $E_{a,d}$=0.0001 求解例 7.2 来测试你的函数。

7.19 设计一个 Python 函数实现抛物线插值来定位最小值。该函数应具有以下特点：

- 它基于两个初始猜测，并让程序在间隔的中间点生成第三个初始值。
- 检查猜测范围是否最小。如果不是，则该函数应返回错误消息。
- 进行迭代，直到相对误差小于停止条件或超过最大迭代次数。
- 返回最优 x、最优 $f(x)$、实现的相对误差以及所采用的迭代次数。

用例 7.3 中的问题测试你设计的函数。

7.20 对飞机的机翼进行压力测试是通过在一定时间内测量机翼后的特定点压力实现的。这些压力测试数据可以很好地用曲线 y =6cos(t)–1.5sin(t)，0≤t≤6 秒表征。使用四次迭代的黄金分割搜索法来查找最小压力值。创建这个时间范围的函数图，并确定两个合理的起始猜测，将最小值包含在其中。

7.21 球的轨迹可以通过下式进行预测：

$$y = \tan(\theta_0)\,x - \frac{g}{2v_0^2 \cos^2(\theta_0)}x^2 + y_0$$

其中 y=高度(m)，θ_0=初始角度(弧度)，v_0=初始速度(m/s)，并有 y_0=初始高度(m)。使用黄金分割搜索来求解，其中，给定 y_0 =2m，v_0 =20 m/s，θ_0 =45°。进行迭代，直到近似误差小于 ε_s=10%。使用初始猜测 x_l =10m 和 x_u =30m。

7.22 承受线性增加分布力的均匀梁偏向可以通过下式计算：

$$y = \frac{w_0}{120\,EIL}(-x^5 + 2L^2x^3 - L^4x)$$

假设 L=600cm，E=50 000kN/cm^2，I=30 000 cm^4，w_o=2.5kN/cm。通过以下方式确定最大偏转点的位置：(a)图形方式；(b)使用黄金搜索方法，直到近似误差小于 ε_s=1%。使用 x_l=0 和 x_u=L 的初始猜测。

7.23 一个质量为 90 kg 的物体以 60 m/s 的速度从地球表面向上投射。如果物体受到线性阻力(c =15kg/s)，则使用黄金分割搜索来确定物体能够达到的最大高度。

7.24 标准正态(高斯)分布的概率密度函数为:

$$f(z) = \frac{1}{\sqrt{2\pi}} e^{-\frac{z^2}{2}} \quad -\infty \leqslant z \leqslant \infty$$

它描述了经典的"钟形曲线",$f(z)$在$-4 \leqslant z \leqslant 4$范围内有确定值。曲线中有两个拐点,一个代表$z > 0$,另一个代表$z < 0$。使用黄金分割搜索确定$z$为正值时的拐点位置。

7.25 实验设计领域的一种惯用做法是将二次响应曲面的模型拟合到一组实验运行的结果中,这组实验的其中两个因素是可变的。一个示例模型如下:

$$f(x, y) = 2y^2 - 2.25xy - 1.75y + 1.5x^2$$

使用 Python SciPy optimize 模块中的 minimize 函数来确定使$f(x, y)$最小的x和y值。此外,说明$f(x, y)$的最优值并提供对应的等高线图确认你的结果。

7.26 使用 SciPy optimize 模块中的 minimize 函数来确定以下方程的最大值:

$$f(x, y) = 4x + 2y + x^2 - 2x^4 + 2xy - 3y^2$$

7.27 给定如下方程:

$$f(x, y) = -8x + x^2 + 12y + 4y^2 - 2xy$$

(a) 使用等高线图并以图形方式确定最小值位置。

(b) 使用 SciPy optimize 模块中的 minimize 函数计算$f(x, y)$的最小值。

7.28 产生抗生素的酵母生长速率是营养浓度c的函数,由下式给出:

$$g = \frac{2c}{4 + 0.8c + c^2 + 0.2c^3}$$

下图显示了酵母生长速率与营养浓度的关系。由于养分限制,在非常低的浓度下酵母的生长趋于零。由于毒性作用,它在高浓度时也会变为零。请找出增长速率最大的c值。

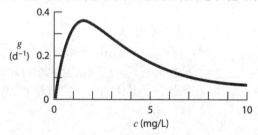

7.29 一种化合物 A 能够在搅拌釜反应器中转化为 B。通过移除未反应的 A,产物 B 在分离器单元中将被纯化。未反应的 A 被再循环到反应器中。一位工艺工程师发现工艺设备的成本是 A 的转换(x_A)的函数,具体由下面的公式描述。找出能够得到最低成本的转换函数,其中参数 C 是比例常数。

$$\text{Cost} = C\left[\left(\frac{1}{(1-x_A)^2}\right)^{0.6} + 6\left(\frac{1}{x_A}\right)^{0.6}\right]$$

7.30 受载荷和力矩共同作用的悬臂梁有限元模型为:

$$f(x, y) = 5x^2 - 5xy + 2.5y^2 - x - 1.5y$$

其中 $x =$ 末端位移,$y =$ 末端力矩。找到使$f(x, y)$最小的x和y值。

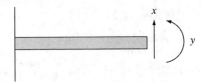

7.31 Streeter-Phelps 模型可用于计算低于污水排放点的河流中的溶解氧浓度，见下图：

$$o = o_s - \frac{k_d L_o}{k_d + k_s - k_a}(e^{-k_a t} - e^{-(k_d + k_s)t}) - \frac{S_b}{k_a}(1 - e^{-k_a t})$$

(P7.31)

其中 o=溶解氧(mg/L)，o_s=氧饱和浓度(mg/L)，t=时间(d)，L_o=混合点处的生化需氧量(BOD)浓度(mg/L)，k_d= BOD 的分解速率(d^{-1})，k_s=BOD 的沉降速率(d^{-1})，k_a=曝气率(d^{-1})，S_b= 沉积物需氧量$(mg/(L \cdot d))$。

式 P7.31 能够预测"氧气骤降"在低于排放点的特定时间 t_c 处达到临界的最低水平 o_c。这个点很"关键"，因为它能够表示依赖氧气生存的生物群(如鱼)受到最大压力的位置。

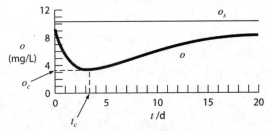

请设计一个 Python 脚本，该脚本(a)生成 o 与 t 的关系图；(b)在给定以下参数值的情况下使用 minimize_scalar 确定临界的时间和浓度：o_s=10mg/L，k_d=0.1d^{-1}，k_a=0.6d^{-1}，k_s=0.05d^{-1}，L_o=50 mg/L，S_b=1mg/(L·d)。

7.32 通道内污染物浓度的二维分布可以表示为：

$$c(x，y) = 7.9 + 0.13x + 0.21y - 0.05x^2 - 0.016y^2 - 0.007xy$$

给定上述方程和峰值位于$-10 \leqslant x \leqslant 10$ 和 $0 \leqslant y \leqslant 2$ 之间，求解峰值(最大值)的确切位置。

7.33 总电荷 Q 均匀分布在半径为 a 的环形导体周围。电荷 q 位于距环中心距离 x 处。环施加在电荷上的力由下式给出：

$$F = \frac{1}{4\pi e_0} \frac{qQx}{(x^2 + a^2)^{3/2}}$$

其中 e_0=8.85×$10^{-12}$$C^2$/(N·$m^2$)，$q=Q$=2×$10^{-5}$C，$a$=0.9m。计算当力 F 最大时的 x 值。

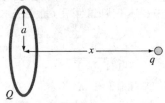

7.34 传递到感应电机的转矩是定子磁场旋转和转子速度 s 间滑差的函数，其中滑差表示为：

$$s = \frac{n - n_R}{n}$$

其中 n=旋转定子每秒转数，n_R=转子每秒转数。基尔霍夫定律可用于以无量纲形式表示扭矩和滑差之间的关系：

$$T = \frac{15s}{4s^2 - 3s + 4}$$

下图描述了传递到电感器的转矩与滑差的函数。请使用数值方法来确定最大扭矩出现时的滑差。

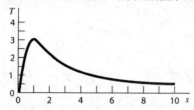

7.35 机翼上受到的阻力可以通过以下公式估算：

$$D = \underbrace{0.01\sigma v^2}_{\text{摩擦阻力}} + \underbrace{\frac{0.95}{\sigma}\left(\frac{W}{v}\right)^2}_{\text{上升阻力}}$$

其中 D=阻力，σ=飞行高度和海平面之间的空气密度比，W=重量，v=速度。阻力产生的两个因素随着速度的增加受到不同的影响。摩擦阻力随速度的平方而增加，而上升引起的阻力则减小。下图显示机翼阻力与速度的关系。如图所示，这两个因素的组合产生了最小阻力的情况。

(a) 如果 σ=0.6 和 W=16000，确定最小阻力和此时的速度。

(b) 进行敏感性分析，以确定该最优值如何在 12000 到 20000 的权重范围内变化，其中 σ=0.6。

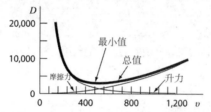

7.36 滚子轴承会因较大的接触载荷 F 而导致疲劳失效。沿着 x 轴寻找最大应力位置的问题可以被证明等同于求以下函数的最大值：

$$f(x) = \frac{0.4}{\sqrt{1+x^2}} - \sqrt{1+x^2}\left(1 - \frac{0.4}{1+x^2}\right) + x$$

上式可以简化为：

$$f(x) = \frac{0.8}{\sqrt{1+x^2}} - \sqrt{1+x^2} + x$$

找出能使 $f(x)$ 最大的 x 值。

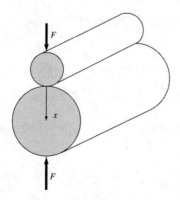

7.37 本题与 7.4 节中描述的案例类似。下图显示了两个通过一对线性弹簧连接到墙壁的无摩擦物体。请设计能够表征图中系统的势能函数。通过 Python 的 Matplotlib 模块画出等高线和曲面图。给定强制函数 $F=100$N 以及参数 $k_a=20$N/m 和 $k_b=15$N/m，最小化势能函数以确定平衡位移 x_1 和 x_2。

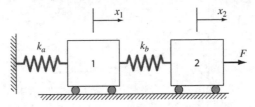

7.38 作为一名农业工程师，你必须设计一个梯形明渠来输送灌溉水。下图显示了梯形通道的截面图。在给定横截面积为 $50\ \mathrm{m}^2$ 的情况下，确定最佳的设计方法，使潮湿的周边最小化。这个相对尺寸是否通用？

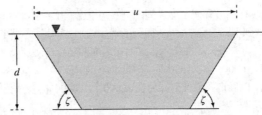

7.39 下图中，梯子靠在栅栏上，刚好碰到墙。使用 SciPy optimize 模块中的 minimize_scalar 函数来最小化从地面越过栅栏到达建筑物墙壁的梯子的长度。测试 $h=d=4$m 的情况。

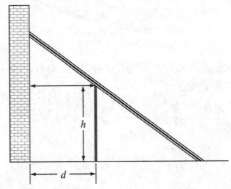

7.40 下图展示了一架梯子，它能够通过拐角，从下方接近并向右转，可以通过计算使以下函数最小化的 θ 值来确定这架梯子的最长尺寸：

$$L(\theta) = \frac{w_1}{\sin(\theta)} + \frac{w_2}{\sin(\pi - \alpha - \theta)}$$

对于 $w_1= 2$m 和 $w_2=3$m 的情况，使用本章中介绍的数值方法以及 Python 的内置功能，在 $45° \leqslant a \leqslant 135°$ 的范围内绘制最长的 L 与 a 的关系图。

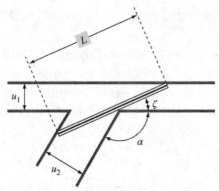

7.41 下图显示了受均匀载荷作用的固定梁。产生的挠度方程为：

$$y = -\frac{w}{48EI}(2x^4 - 3Lx^3 + L^3x)$$

设计一个 Python 脚本，(a)生成带标签的偏转与距离的关系图，(b)确定最大偏转的位置和大小。使用 SciPy optimize 模块中的 minimum_scalar 函数。参数值如下，确保使用一致的单位：L=400cm、E=52 000kN/cm^2、I=32000 cm^4 和 w =4kN/cm。

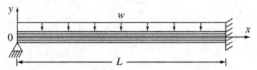

7.42 对于稳定水平飞行的航空器，推力平衡阻力，升力平衡重力。当阻力与速度之比最小时，就会出现最佳巡航速度。阻力系数 C_D 可以计算为

$$C_D = C_{D0} + \frac{C_L^2}{\pi AR}$$

其中 C_{D0}=零升力时的阻力系数，C_L=升力系数，AR =纵横比。对于稳定、水平飞行，升力系数的计算方法为：

$$C_L = \frac{2W}{\rho v^2 A}$$

W=飞机受到的重力，ρ=空气密度，v=速度，A=机翼平面形状面积。使用上述公式来计算在海拔 10 公里处飞行的 670 kN 喷气式飞机的最佳稳定巡航速度。在计算中使用以下参数：A=150m^2、AR=6.5、C_{D0}=0.018 和 ρ=0.413kg/m^3。

$$F_D = W\frac{C_D}{C_L}$$

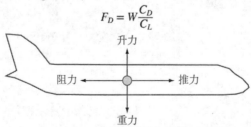

7.43 采用题 7.42 的数据，设计 Python 脚本生成飞机相对于海拔高度的最佳速度图。飞机的质量为 68300kg。注意，在 45°纬度处的重力加速度可用下式表示：

$$g(h) = 9.8066 \left(\frac{r_e}{r_e + h}\right)^2$$

其中 $g(h)$ = 海拔高度 h (m)处的重力加速度(m/s²)，r_e=地球平均半径 6.371×10^6m。此外，空气密度可使用以下公式计算得出：

$$\rho(h) = 1.22534 - 1.18951 \times 10^{-4}h + 4.71260 \times 10^{-9}h^2 - 9.57296 \times 10^{-14}h^3$$

使用来自题 7.42 的其他参数。绘制海拔从海平面以上 0 至 12km 的图。

7.44 如下图所示，移动消防水管将水流喷射到建筑物的顶部。为了最大化屋顶的覆盖范围，即最大化距离 x_2-x_1，软管应该以什么角度(θ)以及离建筑物多远(x_1)瞄准？注意，由于软管尺寸和输送压力，离开典型消防软管喷嘴的水流速度具有 15m/s 的恒定值，这与角度无关。其他参数值为 h_1=0.6m，h_2=10m，L=0.4m。提示：对于刚刚通过屋顶前边缘的水柱，其覆盖范围最大。也就是说，我们要选择一个 x_1 和 θ，以便在最大化 x_2-x_1 的同时尽量清除前边缘。

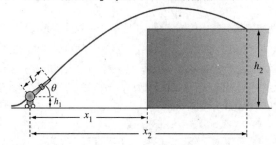

第 III 部分
线性方程组

III.1 概述

什么是线性代数方程?

在第 II 部分,我们求出了满足单个方程 $f(x)=0$ 的解 x。现在,我们来求解同时满足如下一组方程的 x_1, x_2, ..., x_n 的值:

$$f_1(x_1, x_2, \ldots, x_n) = 0$$
$$f_2(x_1, x_2, \ldots, x_n) = 0$$
$$\vdots \qquad \vdots$$
$$f_n(x_1, x_2, \ldots, x_n) = 0$$

这样的方程组要么是线性的,要么是非线性的。在第 III 部分,我们讨论具有一般形式的线性代数方程:

$$a_{11}x_1 + a_{12}x_2 + \cdots + a_{1n}x_n = b_1$$
$$a_{21}x_1 + a_{22}x_2 + \cdots + a_{2n}x_n = b_2$$
$$\vdots \qquad \vdots$$
$$a_{n1}x_1 + a_{n2}x_2 + \cdots + a_{nn}x_n = b_n \qquad \text{(PT3.1)}$$

其中 a 是常数系数, b 是常数, x 是未知数, n 是方程的个数。所有其他形式的代数方程都是非线性的。

工程与科学中的线性代数方程

许多工程和科学的基本方程都基于守恒定律。一些我们熟悉的符合这些定律的量是质量、能量和动量。用数学术语讲,这些定律带来了平衡或连续性方程,这些方程将系统行为(由被建模的量的水平或响应表示)与系统的属性或特征以及作用于系统的外部刺激或强制函数联系起来。

例如,质量守恒原理可用于建立一系列化学反应器的模型,见图 PT3.1(a)。对于这种情况,被建模的数量是每个反应器中化学物质的质量。系统属性是化学物质的反应特征以及反应器的规格和流速。强制函数是化学物质进入系统的进料速率。

当研究方程的根时,你就看到了单分量系统如何生成可使用根定位技术求解的单个方程。多分量系统会生成一组必须同时求解的耦合数学方程。方程是耦合的,因为系统的各个部分都会受到其他部分的影响。例如,在图 PT3.1(a)中,反应器 4 接收来自反应器 2 和 3 的化学输入。因此,它的反应取决于其他反应器中的化学物质的质量。

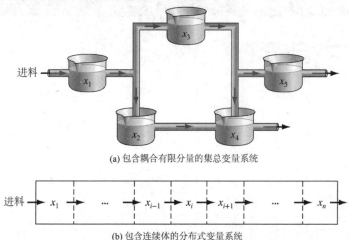

(a) 包含耦合有限分量的集总变量系统

(b) 包含连续体的分布式变量系统

图 PT3.1　可使用线性代数方程建模的两类系统

　　当这些相关性用数学方式表示时，得到的方程通常是式(PT3.1)的线性代数形式。x 通常是各个分量响应大小的度量。以图 PT3.1(a)为例，x_1 可以量化第一个反应器中的化学质量，x_2 可以量化第二个反应器中的化学量，以此类推。a 通常代表与分量之间的相互作用有关的属性和特征。例如，图 PT3.1(a)中的 a 可能反映了反应器之间的质量流量。最后，b 通常代表作用在系统上的强制函数，例如进料速率。

　　这些类型的多分量问题来自集总(宏观)或分布式(微观)变量数学模型。集总变量问题涉及耦合的有限分量。第 8 章开头描述的三个相互连接的蹦极者就是一个集总系统。其他例子包括桁架、反应器和电路。

　　相反，分布式变量问题试图在连续或半连续的基础上描述空间细节。化学物质沿着细长矩形反应器的长度分布是连续变量模型的一个例子，见图 PT3.1(b)。由守恒定律导出的微分方程说明了此类系统的因变量的分布。这些微分方程可以通过将它们转换为一个等价的联立代数方程组进行数值求解。

　　这些方程组的解是下面几章中方法的主要应用领域。这些方程是耦合的，因为一个位置的变量取决于相邻区域的变量。例如，图 PT3.1(b)中反应器中部的浓度是相邻区域浓度的函数。对于温度、动量或电流的空间分布，也可以提出类似的例子。

　　除了物理系统，联立线性代数方程也出现在各种数学问题的环境中。当数学函数需要同时满足几个条件时，就会产生这些结果。每个条件都会产生一个包含已知系数和未知变量的方程。本部分讨论的技术可用于求解线性和代数方程的未知数。一些广泛使用的采用联立方程的数值技术是回归分析和样条插值。

III.2　内容分布

　　由于矩阵代数在建立和求解线性代数方程中的重要性，第 8 章提供了矩阵代数的简要概述。除了介绍矩阵表示和操作的基础知识外，该章还介绍了如何在 Python 中处理矩阵。

　　第 9 章专门介绍了求解线性代数方程组的最基本方法：高斯消元法。在开始详细讨论这项技术之前，预备部分先介绍了解决小型方程组的简单方法。这些方法是为了给你提供直观的见解，因为其中一种方法——消除未知数——是高斯消元的基础。

在这个初步材料之后，讨论"朴素"高斯消元法。我们从这个"简化"版本开始，因为它可以在不使细节复杂化的情况下详细阐述基本技术。然后，在随后的部分中，将讨论朴素方法的潜在问题，并提出一些修改以尽量减少和规避这些问题。这些讨论的重点将是交换行或部分主元消元的过程。该章最后简要介绍了求解三对角矩阵的有效方法。

第 10 章说明了如何将高斯消元表示为 LU 因式分解。这种求解技术对于需要计算许多右端向量的情况很有价值。该章最后简要介绍了 Python 如何求解线性方程组。

第 11 章首先描述如何使用 LU 因式分解来有效地计算逆矩阵，这在分析物理系统的刺激-响应关系方面具有巨大的实用价值。本章的其余部分专门讨论矩阵条件的重要概念。引入条件数作为求解病态矩阵时可能导致的舍入误差的度量。

第 12 章讨论迭代求解技术，其本质类似于第 6 章中讨论的方程根的近似方法。也就是说，它们的步骤都包含猜测一个解，然后迭代以获得精确的估计值。重点是高斯-赛德尔(Gauss-Seidel)法。该章最后简要描述了如何求解非线性联立方程。

最后，第 13 章专门讨论特征值问题。这些具有一般的数学相关性，在工程和科学中有许多应用。我们描述了两种简单方法，以及 Python 确定特征值和特征向量的能力。在应用方面，着重于它们在研究机械系统和结构的振动和振荡方面的应用。

第 8 章

线性代数方程与矩阵

本章学习目标

本章的主要目的是让你熟悉线性代数方程以及它们与矩阵和矩阵代数的关系。涵盖的具体目标和主题如下。

- 理解矩阵符号。
- 能够识别以下类型的矩阵：单位矩阵、对角矩阵、对称矩阵、三角矩阵和三对角矩阵。
- 知道如何进行矩阵乘法，并能够评估什么时候进行是可行的。
- 知道如何用矩阵形式表示线性代数方程组。
- 知道如何在 Python 中使用矩阵求逆和 NumPy 模块中的 linalg.solve 函数求解线性代数方程。
- 了解如何使用 Python 的内置功能来计算和确定多项式的根。

问题引入

假设三个蹦极者由弹力绳连接。图 8.1(a)显示了他们被垂直固定在适当的位置，以便每根绳索都充分伸展但不被拉伸。我们可以定义三个距离，x_1、x_2 和 x_3，分别表示从未拉伸的位置向下测量的距离。当他们被释放后，由于重力作用，最终将到达图 8.1(b)所示的平衡位置。

假设要求你计算每个蹦极者的位移。如果假设每根绳索都表现为一个线性弹簧，并遵循胡克定律，则可绘制出每个蹦极者的自由体受力图，如图 8.2 所示。

使用牛顿第二定律，可以写出每个蹦极者的力平衡：

$$m_1 \frac{d^2 x_1}{dt^2} = m_1 g + k_2(x_2 - x_1) - k_1 x_1$$

$$m_2 \frac{d^2 x_2}{dt^2} = m_2 g + k_3(x_3 - x_2) + k_2(x_1 - x_2) \tag{8.1}$$

$$m_3 \frac{d^2 x_3}{dt^2} = m_3 g + k_3(x_2 - x_3)$$

其中 m_i=蹦极者 i 的质量(kg)，t=时间(s)，k_j=绳索 j 的弹簧常数(N/m)，x_i=从平衡位置向下测量的蹦极者 i 的位移(m)，g=重力加速度(9.81 m/s²)。因为我们感兴趣的是稳态解，所以可以将二阶导数设置为零。

合并项得到：

$$
\begin{aligned}
(k_1 + k_2)x_1 \quad\quad\; - k_2x_2 \quad\quad\quad &= m_1g \\
-k_2x_1 + (k_2 + k_3)x_2 - k_3x_3 &= m_2g \\
-k_3x_2 + k_3x_3 &= m_3g
\end{aligned}
\tag{8.2}
$$

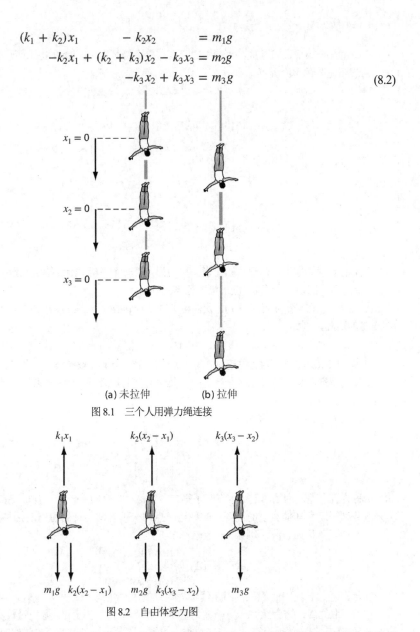

(a) 未拉伸　　　　(b) 拉伸

图 8.1　三个人用弹力绳连接

k_1x_1　　　　$k_2(x_2 - x_1)$　　　　$k_3(x_3 - x_2)$

m_1g　$k_2(x_2 - x_1)$　　m_2g　$k_3(x_3 - x_2)$　　m_3g

图 8.2　自由体受力图

　　因此，问题归结为求解三个未知位移的三个联立方程组。因为我们对绳索使用了线性定律，所以这些方程是线性代数方程。第 8 章到第 12 章将介绍如何使用 Python 来求解此类方程组。

8.1　矩阵代数概述

　　矩阵知识对于理解线性代数方程的解是必不可少的。下面几节概述了矩阵如何提供一种简洁的方式来表示和处理线性代数方程。

8.1.1 矩阵符号

矩阵由一个矩形数组组成，数组中的元素由单个符号表示。如图 8.3 所示，[*A*] 是矩阵的简写符号，a_{ij} 表示矩阵的单个元素。

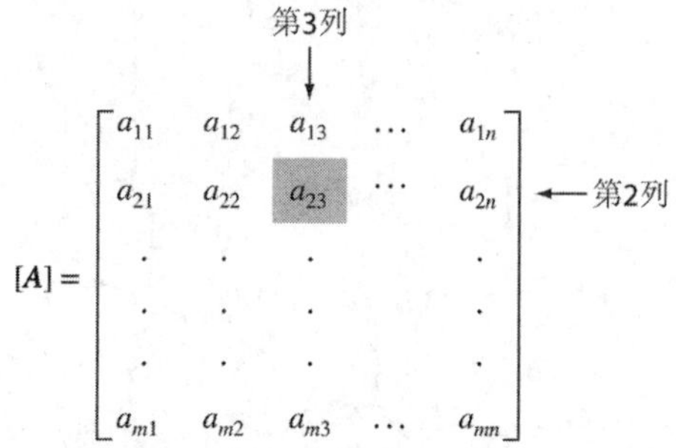

$$
[A] = \begin{bmatrix}
a_{11} & a_{12} & a_{13} & \cdots & a_{1n} \\
a_{21} & a_{22} & a_{23} & \cdots & a_{2n} \\
\cdot & \cdot & \cdot & & \cdot \\
\cdot & \cdot & \cdot & & \cdot \\
\cdot & \cdot & \cdot & & \cdot \\
a_{m1} & a_{m2} & a_{m3} & \cdots & a_{mn}
\end{bmatrix}
$$

第3列 ↓   第2列 ←

图 8.3 一个矩阵

水平的元素集称为行，垂直的元素集称为列。第一个下标 *i* 始终指定元素所在的行号。第二个下标 *j* 指定列。例如，元素 a_{23} 位于第 2 行第 3 列。

图 8.3 中的矩阵有 *m* 行和 *n* 列，我们称其维数为 *m* 乘以 *n*(或 *m*×*n*)。它被称为 *m*×*n* 矩阵。行维度 *m*=1 的矩阵，例如

$$[b] = [b_1 \quad b_2 \quad \dots \quad b_n]$$

称为行向量。注意，为简单起见，每个元素的第一个下标被省略了。此外，应该提到的是，有时需要使用特殊的简写符号来区分行矩阵和其他类型的矩阵。实现这一点的一种方法是使用特殊的开顶括号，如 ⌊*b*⌋。

列维数 *n*=1 的矩阵，例如

$$
[c] = \begin{bmatrix}
c_1 \\
c_2 \\
\vdots \\
c_m
\end{bmatrix}
$$

(8.3)

被称为列向量。为简单起见，省略了第二个下标。与行向量一样，有时需要使用特殊的简写符号来区分列矩阵和其他类型的矩阵。实现这一点的一种方法是使用特殊的括号，如 {*c*}。

m=*n* 的矩阵称为方阵。例如，一个 3×3 矩阵是

$$
[A] = \begin{bmatrix}
a_{11} & a_{12} & a_{13} \\
a_{21} & a_{22} & a_{23} \\
a_{31} & a_{32} & a_{33}
\end{bmatrix}
$$

由元素 a_{11}、a_{22} 和 a_{33} 组成的对角线称为矩阵的主对角线。

在求解联立线性方程组时，方阵尤为重要。对于这样的方程组，方程的数量(对应于行)和未知数的数量(对应于列)必须相等，才能获得唯一的解。因此，在处理此类方程组时会遇到系数方阵。

有许多特殊形式的方阵很重要，应该注意：对称矩阵是行与列相等的矩阵，即对于所有 *i* 和 *j*，$a_{ij}=a_{ji}$。

例如：

$$
[A] = \begin{bmatrix}
5 & 1 & 2 \\
1 & 3 & 7 \\
2 & 7 & 8
\end{bmatrix}
$$

是一个 3×3 对称矩阵。

对角矩阵是一个主对角线以外的所有元素都为零的方阵，如

$$[A] = \begin{bmatrix} a_{11} & & \\ & a_{22} & \\ & & a_{33} \end{bmatrix}$$

注意，在大块元素为零的情况下，它们将留空。

单位矩阵是一个对角矩阵，其主对角线上的所有元素都等于 1，如

$$[I] = \begin{bmatrix} 1 & & \\ & 1 & \\ & & 1 \end{bmatrix}$$

单位矩阵有类似于单位的性质。也就是说，

$$[A][I] = [I][A] = [A]$$

上三角矩阵是主对角线以下的所有元素都为零的矩阵，如

$$[A] = \begin{bmatrix} a_{11} & a_{12} & a_{13} \\ & a_{22} & a_{23} \\ & & a_{33} \end{bmatrix}$$

下三角矩阵是主对角线以上的所有元素都为零的矩阵，如

$$[A] = \begin{bmatrix} a_{11} & & \\ a_{21} & a_{22} & \\ a_{31} & a_{32} & a_{33} \end{bmatrix}$$

带状矩阵的所有元素都为零，但以主对角线为中心的带除外：

$$[A] = \begin{bmatrix} a_{11} & a_{12} & & \\ a_{21} & a_{22} & a_{23} & \\ & a_{32} & a_{33} & a_{34} \\ & & a_{43} & a_{44} \end{bmatrix}$$

上述这个矩阵的带宽为 3，并被赋予一个特殊名称——三对角矩阵。

8.1.2 矩阵运算规则

既然我们已经说明了矩阵的含义，就可以定义一些运算规则来管理它的使用。当且仅当第一个矩阵中的每个元素都等于第二个矩阵中的每个元素时，两个 $m \times n$ 矩阵相等，即，如果对于所有 i 和 j，$a_{ij} = b_{ij}$，则 $[A] = [B]$。

通过在每个矩阵中添加相应的项来完成两个矩阵的相加，如 $[A]$ 和 $[B]$。结果矩阵 $[C]$ 的元素计算为

$$c_{ij} = a_{ij} + b_{ij}$$

$i = 1, 2, ..., m$ 和 $j = 1, 2, ..., n$。同样，两个矩阵的减法，例如 $[E]$ 减去 $[F]$，是通过减去相应的项来获得的，如：

$$d_{ij} = e_{ij} + f_{ij}$$

$i = 1, 2, ..., m$ 和 $j = 1, 2, ..., n$。从前面的定义直接得出，加法和减法只能在具有相同维数的矩阵之间执行。

加法和减法都是可交换的：

$$[A] + [B] = [B] + [A]$$

也可以结合：

$$([A] + [B]) + [C] = [A] + ([B] + [C])$$

矩阵 $[A]$ 与标量 g 的乘积是通过将 $[A]$ 的每个元素乘以 g 得到的。例如，对于 3×3 矩阵：

$$[D] = g[A] = \begin{bmatrix} ga_{11} & ga_{12} & ga_{13} \\ ga_{21} & ga_{22} & ga_{23} \\ ga_{31} & ga_{32} & ga_{33} \end{bmatrix}$$

两个矩阵的乘积表示为$[C] = [A][B]$，其中$[C]$的元素定义为：

$$c_{ij} = \sum_{k=1}^{n} a_{ik}b_{kj}$$

(8.4)

其中$n = [A]$的列维数也是$[B]$的行维数。也就是说，c_{ij}元素是通过将第一个矩阵(这里是$[A]$)的第 i 行中的各个元素与第二个矩阵$[B]$的第 j 列的乘积相加得到的。图 8.4 描述了矩阵乘法中的行和列是如何排列的。

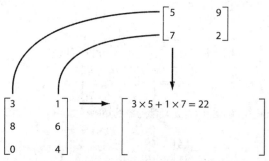

图 8.4　矩阵乘法中行和列如何排列的可视化描述

根据这个定义，只有当第一个矩阵的列数与第二个矩阵的行数相等时，才能进行矩阵乘法运算。因此，如果$[A]$是一个 $m \times n$ 矩阵，则$[B]$可能是一个 $n \times l$ 矩阵。对于这种情况，得到的$[C]$矩阵的维数为 $m \times l$。但是，如果$[B]$是 $m \times l$ 矩阵，则无法进行乘法运算。图 8.5 提供了一种简单的方法来检查两个矩阵是否可以相乘。

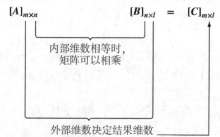

图 8.5　只有内部维数相等时，才能进行矩阵乘法运算

如果矩阵的维数合适，矩阵乘法是可结合的：

$$([A][B])[C] = [A]([B][C])$$

也是可分配的：

$$[A]([B] + [C]) = [A][B] + [A][C]$$
$$([A] + [B])[C] = [A][C] + [B][C]$$

然而，乘法通常不是可交换的：

$$[A][B] \neq [B][A]$$

也就是说，矩阵乘法的顺序很重要。

虽然乘法是可以做到的，但矩阵除法不是一个明确定义的运算。但是，如果矩阵$[A]$是方阵且非奇异的，则存在另一个矩阵$[A]^{-1}$，称为$[A]$的逆矩阵，满足以下运算。

$$[A][A]^{-1}=[A]^{-1}[A]=[I]$$

因此，矩阵与逆矩阵的乘法类似于除法，即一个数除以自身等于 1。也就是说，矩阵乘以它的逆矩阵可以得到单位矩阵。

2×2 矩阵的逆矩阵可以简单地表示为：

$$[A]^{-1} = \frac{1}{a_{11}a_{22} - a_{12}a_{21}} \begin{bmatrix} a_{22} & -a_{12} \\ -a_{21} & a_{11} \end{bmatrix}$$

更高维矩阵的类似公式要复杂得多。第 11 章将讨论使用数值方法和计算机技术来计算此类方程组的逆。

矩阵的转置就是将其行转换为列，将其列转换为行。例如，对于 3×3 矩阵：

$$[A] = \begin{bmatrix} a_{11} & a_{12} & a_{13} \\ a_{21} & a_{22} & a_{23} \\ a_{31} & a_{32} & a_{33} \end{bmatrix}$$

转置矩阵，记为 $[A]^{T}$，定义为

$$[A]^{T} = \begin{bmatrix} a_{11} & a_{21} & a_{31} \\ a_{12} & a_{22} & a_{32} \\ a_{13} & a_{23} & a_{33} \end{bmatrix}$$

换句话说，转置矩阵的元素 a_{ij} 等于原始矩阵的元素 a_{ji}。

转置在矩阵代数中有多种作用。一个简单的优点是它可以将列向量写成行向量，或者反过来。例如，如果

$$\{c\} = \begin{Bmatrix} c_1 \\ c_1 \\ c_1 \end{Bmatrix}$$

则

$$\{c\}^{T}=[\,c_1 \quad c_2 \quad c_3\,]$$

此外，转置还有许多数学应用。

转置矩阵(也称为转置矩阵)是行和列互换的单位矩阵。例如，这是一个转置矩阵，它是通过交换 3×3 单位矩阵的第一、第三行和第一、第三列来构建的：

$$[P] = \begin{bmatrix} 0 & 0 & 1 \\ 0 & 1 & 0 \\ 1 & 0 & 0 \end{bmatrix}$$

用这个矩阵左乘以矩阵 $[A]$，如 $[P][A]$，将交换 $[A]$ 的相应行。右乘以矩阵 $[A]$，如 $[A]\,[P]$，将交换相应的列。下面是一个左乘的例子：

$$[P]\,[A] = \begin{bmatrix} 0 & 0 & 1 \\ 0 & 1 & 0 \\ 1 & 0 & 0 \end{bmatrix} \begin{bmatrix} 2 & -7 & 4 \\ 8 & 3 & -6 \\ 5 & 1 & 9 \end{bmatrix} = \begin{bmatrix} 5 & 1 & 9 \\ 8 & 3 & -6 \\ 2 & -7 & 4 \end{bmatrix}$$

在我们的讨论中，最后一个有用的矩阵操作是增广。矩阵的增广是在原始矩阵的基础上增加一列(或多列)。例如，假设有一个 3×3 的系数矩阵。我们可能希望用一个 3×3 单位矩阵来增广这个矩阵 $[A]$，以得到一个 3×6 维矩阵：

$$\begin{bmatrix} a_{11} & a_{11} & a_{11} & 1 & 0 & 0 \\ a_{21} & a_{21} & a_{21} & 0 & 1 & 0 \\ a_{31} & a_{31} & a_{31} & 0 & 0 & 1 \end{bmatrix}$$

当必须对两个矩阵的行进行一组相同的运算时，这样的表达式很有用。这样，就可以在单个增广矩阵上而不是在两个单独的矩阵上进行运算。

例 8.1 Python 数组和矩阵运算

问题描述。回顾 Python 中包含信息的各种数据结构，重点关注矩阵运算的实现。最好将这个例子作为计算机上的动手练习来进行。

问题解答。Python 中包含一堆项的最简单的数据结构是列表。这里，感兴趣的项是数字。举个例子：

```
a = [ 4.3 , 6.5 , 1.9 , -0.4 ]
```

Name	Type	Size	
a	list	4	[4.3, 6.5, 1.9, -0.4]

我们当然可以引用列表中的单个项或项的子集：

```
a[2]  a[1: 3]
1.9   [6.5, 1.9]
```

注意，[1:3]仅包括下标 1 和 2，并且由于 0 是第一个下标，因此我们得到 a 的第 2 项和第 3 项。但是可以用列表"做数学题"吗？

```
3*a
[4.3, 6.5, 1.9, -0.4, 4.3, 6.5, 1.9, -0.4, 4.3, 6.5, 1.9, -0.4]
```

好吧，不是我们想象的那样。在这里，列表被复制了 3 次。而且：

```
b = [ 12.5 , 33.6 , -129.1 , -11.4 ]
a*b
can't multiply sequence by non-int of type 'list'
```

对元组的创建和运算中也会出现类似的结果：

```
a = ( 4.3, 6.5, 1.9, -0.4)
```

Name	Type	Size	
a	tuple	4	(4.3, 6.5, 1.9, -0.4)

```
3*a
(4.3, 6.5, 1.9, -0.4, 4.3, 6.5, 1.9, -0.4, 4.3, 6.5, 1.9, -0.4)
```

因此，这些数据结构并不是实现数组和矩阵运算的最佳选择。在 NumPy 模块中，有一个 ndarray 类。

我们可以从列表或元组创建数组：

```
c = np.array([ 12.5 , 33.6 , -129.1 , -11.4 ])
c
([ 12.5, 33.6, -129.1, -11.4])
a = np.array((4.3, 6.5, 1.9, -0.4))
a
([ 4.3, 6.5, 1.9, -0.4])
```

现在，可以用列表"做数学题"吗？

```
   3*c
   ([ 37.5, 100.8, -387.3, -34.2])
```

是的！可以。并且：

```
a*c
array([ 53.75, 218.4 , -245.29, 4.56])
```

这里，a 和 c 的各项已经相乘了，也就是数组运算。

这些数组是排列成行的。我们可以把它们排成一列吗？

```
b = np.array([ [12.5] , [33.6] , [-129.1] , [-11.4] ])
b
array([[ 12.5],
       [ 33.6],
       [-129.1],
       [ -11.4]])
```

也许有点尴尬，但是没错。现在，将 a 乘以 b 时会发生什么？

```
a*b
array([[ 53.75, 81.25, 23.75, -5. ],
       [ 144.48, 218.4 , 63.84, -13.44],
       [-555.13, -839.15, -245.29, 51.64],
       [ -49.02, -74.1 , -21.66, 4.56]])
```

我们没想到会这样。你知道发生了什么吗？最有可能的是，我们希望得到行向量与列向量的内积(或"点"积)。出于这个原因，直接对数组进行了被称为"数组运算"的运算。但是，如果我们尝试：

```
a.dot(b)
array([31.42])
```

我们确实得到了内积，它仍然是一个数组类型的结构。也可以使用

```
np.inner(c,a)
```

结果是 31.420000000000044，不是数组类型。

```
np.outer(c,a)
array([[ 53.75, 81.25, 23.75, -5. ],
       [ 144.48, 218.4 , 63.84, -13.44],
       [-555.13, -839.15, -245.29, 51.64],
       [ -49.02, -74.1 , -21.66, 4.56]])
```

对于内积和外积，可以执行转置运算和矩阵乘法，如下所示：

```
A = np.array( [ [ 3 , 2 ] , [ 6 , 8 ]] )
A
array([[3, 2],
       [6, 8]])

A.transpose()
array([[3, 6],
       [2, 8]])          行和列交换

B = np.array( [ [ -6 , 20 ] , [ 7 , -11 ] ] )
```

```
B
array([[ -6, 20],
       [ 7, -11]])

A.dot(B)            实现矩阵乘法
array([[-4, 38],
       [20, 32]])
```

可使用 NumPy 函数 zeros、ones 和 eye 创建三个有用的矩阵。注意，eye 函数不需要[ ]。

```
np.zeros([3,4])
array([[0., 0., 0., 0.],
       [0., 0., 0., 0.],
       [0., 0., 0., 0.]])

np.ones([4,3])
array([[1., 1., 1.],
       [1., 1., 1.],
       [1., 1., 1.],
       [1., 1., 1.]])

np.eye(5,5)
array([[1., 0., 0., 0., 0.],
       [0., 1., 0., 0., 0.],
       [0., 0., 1., 0., 0.],
       [0., 0., 0., 1., 0.],
       [0., 0., 0., 0., 1.]])
```

任何涉及数组类型的数学运算都会逐项尝试

```
np.sqrt(A)
array([[1.73205081, 1.41421356],
       [2.44948974, 2.82842712]])
```

回顾以上所有内容后，现在介绍另一种用于矩阵数学的数据结构，一种特殊版本的数组，即矩阵结构。

```
A = np.matrix([[3.6,1.2,-5.7],[12.9,-9.8,0.4],[10.6,2.9,-4.7 ]])
A
matrix([[3.6, 1.2, -5.7],
        [12.9, -9.8, 0.4],
        [10.6, 2.9, -4.7]])
```

矩阵类型始终是二维的。即使是行或列矩阵(或向量)，其维数也分别是[1,m]或[n,1]。

```
q
matrix([[23, 10, -5]])

q[0,1]
10
```

如果你用 q[1]尝试，会得到错误提示。

使用标准数学运算符(+、-、*)，将发生"类似矩阵"的运算。

```
q*A
```

```
matrix([[ 158.8, -84.9, -103.6]])
```

A 与自身的矩阵乘法如下。

```
A*A
matrix([[-31.98, -23.97,   6.75],
        [-75.74, 112.68, -79.33],
        [ 25.75, -29.33, -37.17]])
```

但是没有/运算符：

```
1/A
matrix([[ 0.27777778,  0.83333333, -0.1754386 ],
        [ 0.07751938, -0.10204082,  2.5       ],
        [ 0.09433962,  0.34482759, -0.21276596]])
```

这不是矩阵的逆，而是 *A* 中每一项的逆。

还可以使用一种更简单的语法来分配矩阵，类似于 MATLAB 软件中使用的语法。

```
A = np.matrix(' 3.6 1.2 -5.7 ; 12.9 -9.8 0.4 ; 10.6 2.9 -4.7 ')
A
matrix([[ 3.6,  1.2, -5.7],
        [12.9, -9.8,  0.4],
        [10.6,  2.9, -4.7]])

r = np.matrix(' 2 4 6 ')

p = np.matrix(' 1 ; 3 ; 5 ')

r
matrix([[2, 4, 6]])

p
matrix([[1],
        [3],
        [5]])
```

可以使用 np.linalg.inv 函数计算矩阵的逆矩阵。

```
Ainv = np.linalg.inv(A)

Ainv
matrix([[-0.07934699,  0.01924474,  0.09786717],
        [-0.11463784, -0.07687292,  0.13248649],
        [-0.24968676, -0.0040292 ,  0.08970274]])
```

然后，我们可通过将其与 *A* 相乘来检验逆矩阵 Ainv：

```
Ainv = np.linalg.inv(A)

Ainv*A
matrix([[ 1.00000000e+00,  3.29410122e-17,  2.42486610e-17],
        [-2.85766608e-16,  1.00000000e+00, -8.73721529e-17],
```

```
    [-1.01257754e-16, -4.26616733e-17, 1.00000000e+00]])
```

乘积本质上是单位矩阵，对角线上是 1，其他地方的数字无关紧要。

np.linalg 中还有其他有用的函数，如下所述。

- *A* 的 Frobenius 范数——*A* 的所有元素平方和的平方根：

```
np.linalg.norm(A)
```

```
21.26875642815066
```

- *A* 的行列式：

```
np.linalg.det(A)
```

```
-565.8690000000003
```

- *A* 的矩阵秩，这里是满秩：

```
np.linalg.matrix_rank(A)
```

```
3
```

- *A* 的所有对角线元素之和：

```
np.trace(A)
```

```
-10.900000000000002
```

- 转置矩阵——行和列交换。

```
np.transpose(A)
```

```
matrix([[ 3.6, 12.9, 10.6],
        [ 1.2, -9.8, 2.9],
        [-5.7, 0.4, -4.7]])
```

还可以使用

```
A.trace()
```

```
matrix([[-10.9]])
```

注意，这里返回为矩阵类型。

```
A.transpose()
matrix([[ 3.6, 12.9, 10.6],
        [ 1.2, -9.8, 2.9],
        [-5.7, 0.4, -4.7]])
```

这通常也适用于数组。

如果我们想组合数组或矩阵，可使用"stack"函数。可定义：

```
x = np.array([8, 6, 9])
y = np.array([-5, 8, 1])
z = np.array([4, 8, 2])
```

● 单行堆叠在一起。

```
B = np.vstack((x,y,z))
B
array([[ 8,  6,  9],
       [-5,  8,  1],
       [ 4,  8,  2]])
```

● 单行并排堆放。

```
C = np.hstack((x,y,z))
C
array([ 8,  6,  9, -5,  8,  1,  4,  8,  2])
```

● 单列并排堆放。

```
D = np.dstack((x,y,z))

D
array([[[ 8, -5,  4],
        [ 6,  8,  8],
        [ 9,  1,  2]]])
```

还有用于反向操作的"拆分"程序。

对于矩阵，我们可以对所有下标或下标的范围使用冒号(:)。

```
B1 = B[1,:]
B1
array([-5,  8,  1])     第 2 行，所有列

B2 = B[0:2,:]       0:2 不包括 2，只有 0 和 1！(棘手！)
B2
array([[ 8,  6,  9],
       [-5,  8,  1]])
```

最后，可使用以下方法提取数组或矩阵的维数：

```
B2.shape
(2, 3)      2 行，3 列
```

这个例子的目的是展示(并让你实际操作)使用 Python 和 NumPy 模块定义、计算数组和矩阵的许多方法。在本章的后面，我们将说明如何使用这些来求解线性代数方程组。随着后续章节的推进，你会对这些内容有更多的了解。要有耐心！

8.1.3　用矩阵形式表示线性代数方程

显然，矩阵为表示联立线性方程提供了一种简洁的符号。例如，一个 3×3 的线性方程组：

$$a_{11}x_1 + a_{12}x_2 + a_{13}x_3 = b_1$$
$$a_{21}x_1 + a_{22}x_2 + a_{23}x_3 = b_2$$
$$a_{31}x_1 + a_{32}x_2 + a_{33}x_3 = b_3 \tag{8.5}$$

可以表示为

$$[A]\{x\} = \{b\} \tag{8.6}$$

其中[A]是系数矩阵：

$$[\boldsymbol{A}] = \begin{bmatrix} a_{11} & a_{12} & a_{13} \\ a_{21} & a_{22} & a_{23} \\ a_{31} & a_{32} & a_{33} \end{bmatrix}$$

$\{\boldsymbol{b}\}$ 是常数的列向量：

$$\{\boldsymbol{b}\}^{\mathrm{T}} = [\begin{matrix} b_1 & b_2 & b_3 \end{matrix}]$$

$\{\boldsymbol{x}\}$ 是未知数的列向量：

$$\{\boldsymbol{x}\}^{\mathrm{T}} = [\begin{matrix} x_1 & x_2 & x_3 \end{matrix}]$$

回想一下矩阵乘法的定义[式(8.4)]就会知道式(8.5)和式(8.6)是等价的。同时，要意识到式(8.6)是一个有效的矩阵乘法，因为第一个矩阵$[\boldsymbol{A}]$的列数 n 等于第二个矩阵$\{\boldsymbol{x}\}$的行数 n。

本书的这一部分致力于求解式(8.6)的$\{\boldsymbol{x}\}$。使用矩阵代数获得解的一种正式方法是将方程的每一边乘以$[\boldsymbol{A}]$的逆，得到：

$$[\boldsymbol{A}]^{-1}[\boldsymbol{A}]\ \{\boldsymbol{x}\} = [\boldsymbol{A}]^{-1}\{\boldsymbol{b}\}$$

因为$[\boldsymbol{A}]^{-1}[\boldsymbol{A}]$等于单位矩阵，所以方程变为：

$$\{\boldsymbol{x}\} = [\boldsymbol{A}]^{-1}\{\boldsymbol{b}\} \tag{8.7}$$

因此，等式的$\{\boldsymbol{x}\}$已解出。这是逆在矩阵代数中起到类似于除法作用的另一个例子。应该注意的是，这不是求解方程组的一种非常有效的方法。因此，在数值算法中采用了其他方法。但是，如第 11.1.2 节所述，矩阵逆本身在此类方程组的工程分析中具有重要价值。

需要注意，方程(行)比未知数(列)多(即 $m > n$)的方程组，被认为是过定的。一个典型例子是最小二乘回归，具有 n 个系数的方程拟合到 m 个数据点(x, y)。相反，方程比未知数少$(m < n)$的系统被称为欠定系统。欠定系统的一个典型例子是数值优化。

8.2　用 Python 求解线性代数方程

Python 的 NumPy 模块提供了两种求解线性代数方程组的方法。最有效的方法是使用 NumPy linalg 子模块中可用的 solve 函数。

```
x=np.linalg.solve(A,b)
```

第二种是显式地使用矩阵求逆和矩阵乘法：

```
x=np.linalg.inv(A)*b
```

如第 8.1.3 节末尾所述，矩阵求逆比直接使用 solve 函数效率低。下面的例子说明了这两种方法。

例 8.2 用 Python 求解蹦极者问题
问题描述。使用 Python 解决本章开头描述的蹦极问题。问题的参数如表 8.1 所示。

表 8.1　问题的参数

蹦极者	质量/kg	弹簧常数/(N/m)	未拉伸的绳索长度/m
顶部 (1)	60	50	20
中间 (2)	70	100	20
底部 (3)	80	50	20

问题解答。将这些参数值代入式 8.2。

$$\begin{bmatrix} 150 & -100 & 0 \\ -100 & 150 & -50 \\ 0 & -50 & -50 \end{bmatrix} \begin{bmatrix} x_1 \\ x_2 \\ x_3 \end{bmatrix} = \begin{bmatrix} 588.6 \\ 686.7 \\ 784.8 \end{bmatrix}$$

输入以下 Python 代码，将系数矩阵分配给 **A** 并将常数向量分配给 **b**：

```
import numpy as np

A = np.matrix(' 150 -100 0 ; -100 150 -50 ; 0 -50 50 ')
b = np.matrix(' 588.6 ; 686.7 ; 784.8 ')
```

使用 NumPy linalg 子模块中的 solve 函数得到：

```
x = np.linalg.solve(A,b)
print('Solution is',x)
Solution is [[41.202]
            [55.917]
            [71.613]]
```

或者，将系数矩阵的逆乘以常数向量，得到相同的结果：

```
x = np.linalg.inv(A)*b
print ('2nd solution is',x)
2nd solution is [[41.202]
                [55.917]
                [71.613]]
```

因为蹦极者们由 20 米长的绳索连接，他们相对于平台的初始位置可指定为列向量 xi，

```
xi = np.matrix(' 20 ; 40 ; 60' )
```

他们的最终位置可计算为：

```
xf = x + xi
print('Final positions:\n',xf)
Final positions:
 [[ 61.202]
  [ 95.917]
  [131.613]]
```

如图 8.6 所示，结果是有意义的。第一条绳索延伸得最长，因为其弹簧常数值较低而且在三个蹦极者中承受的重量最大。注意，第二根和第三根绳索延伸的长度大致相同。因为第二根绳索受到两个蹦极者的重量影响，有人可能认为会比第三根绳索延伸得更长。然而，因为它更硬，也就是说，它具有更高的弹簧常数，所以根据它所承载的重量，它的拉伸比预期要小。

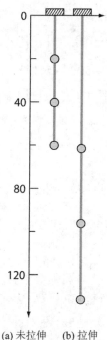

(a) 未拉伸　　(b) 拉伸

图 8.6　由三根弹力绳连接的三个人的位置

8.3　案例研究：电路中的电流和电压

背景。回想一下，在第 1 章中，我们总结了一些在工程中占有重要地位的模型和相关的守恒定律。如图 8.7 所示，每个模型代表一个相互作用的元素系统。因此，由守恒定律导出的稳态平衡产生联立方程组。许多情况下，这样的方程组是线性的，因此可用矩阵形式表示。本案例研究侧重于其中一种应用：电路分析。

在电气工程中，一个常见问题是确定具有电阻网络的直流电路中各个位置的电流和电压。这些问题通常使用基尔霍夫电流定律和欧姆定律来求解。见图 8.8(a)，电流(或节点)定律规定，进入节点的所有电流的代数和必须为零：

$$\sum i = 0$$

这里，对变量 i 求和，这意味着它们的值将包括正数和负数。惯例是 i 代表进入节点的电流，如果它的值为负，则意味着电流实际上是从节点流出的。电流定律是电荷守恒原理的应用。

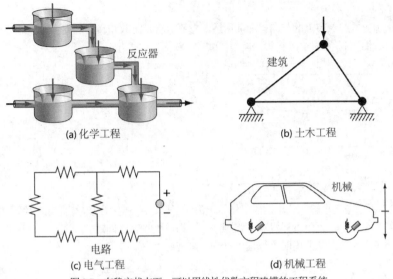

(a) 化学工程   (b) 土木工程

(c) 电气工程   (d) 机械工程

图 8.7 在稳定状态下，可以用线性代数方程建模的工程系统

根据欧姆定律，可以把通过电阻器的直流电流与电阻器两端的电位或电压联系起来，如：

$$\Delta V = iR$$

当考虑电路环路上的这些电压"降"时，它们的总和必须为零(通俗地说，电压必须回到开始的地方)。所以，基尔霍夫电压回路定律表明：

$$\sum \Delta V_{\text{loop}} = 0$$

这是能量守恒的一种表达式。当然，静态电路可能包含的不仅是电阻器。例如，电路中可能有电池或电源。这些会导致电路中的电位差或电压差，但回路中所有元件的总和仍然必须为零。

问题解答。应用这些定律可得到线性代数方程组，因为电路中的各种回路是相互连接的。以电阻电路为例，如图 8.8 所示。

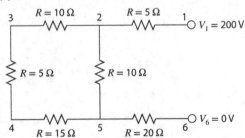

图 8.8 使用线性代数方程求解的电阻电路

研究该图，我们识别出四个节点，它们代表电流之和必须为零的点，在图中用 2 到 5 表示。节点 1 和 6 表示施加的电位，可能由电池或电源提供(如节点 1)，或者接地(如节点 6)。

因此，我们将使用电流总和为零的约定，为节点写出四个方程：

节点 2：$i_{12} + i_{32} + i_{52} = 0$

节点 3：$i_{23} + i_{43} = 0$

节点 4：$i_{34} + i_{54} = 0$

节点 5: $i_{45} + i_{25} + i_{65} = 0$

下标指示变量进入节点的方向。如前所述，电流值将是正数和负数的混合，以保持电荷守恒。现在，我们要利用欧姆定律，用电路中的电压来表示上述方程。

节点 2: $\dfrac{V_1 - V_2}{R_{12}} + \dfrac{V_3 - V_2}{R_{23}} + \dfrac{V_5 - V_2}{R_{25}} = 0$

节点 3: $\dfrac{V_2 - V_3}{R_{23}} + \dfrac{V_4 - V_3}{R_{34}} = 0$

节点 4: $\dfrac{V_3 - V_4}{R_{34}} + \dfrac{V_5 - V_4}{R_{45}} = 0$

节点 5: $\dfrac{V_4 - V_5}{R_{45}} + \dfrac{V_2 - V_5}{R_{25}} + \dfrac{V_6 - V_5}{R_{56}} = 0$

注意，为每个电流项输入的电压差沿用了电流的下标，节点电压为减号后面的那个。这遵循"电流进入节点"的约定。电阻下标没有特定顺序，因为电阻没有方向性。

通过一些代数操作，上述四个方程可以重新排列成以下矩阵形式：

$$\begin{bmatrix} \left(\dfrac{1}{R_{12}}+\dfrac{1}{R_{23}}+\dfrac{1}{R_{25}}\right) & -\left(\dfrac{1}{R_{23}}\right) & 0 & -\left(\dfrac{1}{R_{25}}\right) \\ -\left(\dfrac{1}{R_{23}}\right) & \left(\dfrac{1}{R_{23}}+\dfrac{1}{R_{34}}\right) & -\left(\dfrac{1}{R_{34}}\right) & 0 \\ 0 & -\left(\dfrac{1}{R_{34}}\right) & \left(\dfrac{1}{R_{34}}+\dfrac{1}{R_{45}}\right) & -\left(\dfrac{1}{R_{45}}\right) \\ -\left(\dfrac{1}{R_{25}}\right) & 0 & -\left(\dfrac{1}{R_{45}}\right) & \left(\dfrac{1}{R_{25}}+\dfrac{1}{R_{45}}+\dfrac{1}{R_{56}}\right) \end{bmatrix} \begin{Bmatrix} V_2 \\ V_3 \\ V_4 \\ V_5 \end{Bmatrix} = \begin{Bmatrix} \dfrac{1}{R_{12}}V_1 \\ 0 \\ 0 \\ \dfrac{1}{R_{56}}V_6 \end{Bmatrix}$$

一旦知道了所有电压，就可以使用欧姆定律来计算所有电流。

虽然手动求解不切合实际，但在 Python 中使用 NumPy 的 linalg.solve 函数可以轻松计算该方程组。解是：

```
import numpy as np

# set the parameter values
R12 = 5  # ohms
R23 = 10
R25 = 10
R34 = 5
R45 = 15
R56 = 20

V1 = 200  # V
V6 = 0
# set up the coefficient matrix and the constant vector
A = np.matrix([[ 1/R12+1/R23+1/R25, -1/R23,        0,          -1/R25],
    [-1/R23,          1/R23+1/R34, -1/R34,      0],
    [ 0,              -1/R34,      1/R34+1/R45, -1/R45],
    [-1/R25,          0,           -1/R45,      1/R25+1/R45+1/R56]])
b = np.matrix([[V1/R12],[0],[0],[V6/R56]])
# solve for the voltages
V = np.linalg.solve(A,b)
# assign voltages to familiar variables
V2 = V[0,0]
V3 = V[1,0]
```

```
V4 = V[2,0]
V5 = V[3,0]
# display voltages
print(' \nV2 = {0:6.2f} volts'.format(V2))
print(' V3 = {0:6.2f} volts'.format(V3))
print(' V4 = {0:6.2f} volts'.format(V4))
print(' V5 = {0:6.2f} volts'.format(V5))
# calculate currents
i12 = (V1-V2)/R12
i23 = (V2-V3)/R23
i25 = (V2-V5)/R25
i34 = (V3-V4)/R34
i45 = (V4-V5)/R45
i56 = (V5-V6)/R56
# display currents
print(' \ni12 = {0:6.2f} amps'.format(i12))
print(' i23 = {0:6.2f} amps'.format(i23))
print(' i25 = {0:6.2f} amps'.format(i25))
print(' i34 = {0:6.2f} amps'.format(i34))
print(' i45 = {0:6.2f} amps'.format(i45))
print(' i56 = {0:6.2f} amps'.format(i56))
V2 = 169.23 volts
V3 = 153.85 volts
V4 = 146.15 volts
V5 = 123.08 volts
i12 =   6.15 amps
i23 =   1.54 amps
i25 =   4.62 amps
i34 =   1.54 amps
i45 =   1.54 amps
i56 =   6.15 amps
```

电路电流和电压如图 8.9 所示。从上面的结果可以看出，满足基尔霍夫回路电流定律。对于这种性质的问题，Python 和 NumPy 的优势应该是显而易见的。

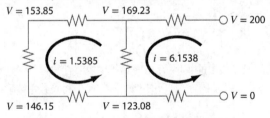

图 8.9 使用 Python 获得的电流和电压的解

习题

8.1 给定一个矩阵 *A*，编写 Python 语句来创建一个新矩阵 *Aug*，该矩阵由原始矩阵 *A*(向右)增广一个单位矩阵 *I* 组成。

8.2 几个矩阵的定义如下。

$$A = \begin{bmatrix} 4 & 7 \\ 1 & 2 \\ 5 & 6 \end{bmatrix} \quad B = \begin{bmatrix} 4 & 3 & 7 \\ 1 & 2 & 7 \\ 2 & 0 & 4 \end{bmatrix} \quad C = \begin{bmatrix} 3 \\ 6 \\ 1 \end{bmatrix}$$

$$D = \begin{bmatrix} 9 & 4 & 3 & -6 \\ 2 & -1 & 7 & 5 \end{bmatrix} \quad E = \begin{bmatrix} 1 & 5 & 8 \\ 7 & 2 & 3 \\ 4 & 0 & 6 \end{bmatrix}$$

$$F = \begin{bmatrix} 3 & 0 & 1 \\ 1 & 7 & 3 \end{bmatrix} \quad G = \begin{bmatrix} 7 & 6 & 4 \end{bmatrix}$$

回答以下有关这些矩阵的问题：

(a) 矩阵的维数是多少？

(b) 识别方阵、列矩阵和行矩阵。

(c) a_{12}、b_{23}、d_{32}、e_{22}、f_{12} 和 g_{12} 这些元素的值是多少？

(d) 执行以下运算：

$E+B$	$A+F$	$B-E$	$7 \times B$
C^{T}	$E \times B$	$B \times A$	D^{T}
$A \times C$	$I \times B$	$E^{\mathrm{T}} \times E$	$C^{\mathrm{T}} \times C$

8.3 将下列方程组改写成矩阵形式：

$50 = 5x_3 - 7x_2$

$4x_2 + 7x_3 + 30 = 0$

$x_1 - 7x_3 = 40 - 3x_2 + 5x_1$

使用 Python 求解未知数。同时，计算系数矩阵的转置和逆矩阵。

8.4 三个矩阵被定义为

$$A = \begin{bmatrix} 6 & -1 \\ 12 & 8 \\ -5 & 4 \end{bmatrix} \quad B = \begin{bmatrix} 4 & 0 \\ 0.5 & 2 \end{bmatrix} \quad C = \begin{bmatrix} 2 & -2 \\ 3 & 1 \end{bmatrix}$$

(a) 在这些矩阵对之间执行所有可能的乘法运算。

(b) 解释为什么剩余的对不能相乘。

(c) 使用(a)的结果来说明为什么乘法的顺序很重要。

8.5 用 Python 求解下列复线性方程组：

$$\begin{bmatrix} 3+2j & 4 \\ -j & 1 \end{bmatrix} \begin{bmatrix} z_1 \\ z_2 \end{bmatrix} = \begin{bmatrix} 2+j \\ 3 \end{bmatrix}$$

提示：NumPy linalg 子模块中的 solve 函数不适用于复线性方程。但是，你可以使用 linalg.inv 函数计算逆矩阵并与复矩阵相乘。同样，你不能在矩阵定义中将复数系数输入为3+2j，而应将其输入为complex(3,2)。

8.6 开发、调试并测试你自己的 Python 函数 matmult，它可以将两个矩阵相乘，即 $X=YZ$，其中 Y 是 $m \times n$，Z 是 $n \times p$。使用嵌套的 for 循环来实现乘法，并包含错误陷阱来标记坏情况。使用习题 8.4 中的矩阵测试程序，包括坏情况。

8.7 开发、调试并测试你自己的 Python 函数，名为 tranmat，以生成矩阵的转置。使用嵌套的 for 循环来实现转置。用习题 8.4 的矩阵对其进行测试。

8.8 开发、调试和测试你自己的 Python 函数，名为 rowperm，以使用转置矩阵切换矩阵的行。该函数的第一行应如下所示：

```
import numpy as np
```

```
def rowperm(A,r1,r2):
    """

    rowperm: switches rows of matrix A by
    multiplying by a permutation matrix
    PA = rowperm(A,r1,r2)
    input:
    A = original matrix
    r1, r2 = rows to be switched
    output:
    PA = matrix A with rows r1 and r2 switches
    """
```

包括错误输入的错误陷阱，例如，用户指定超出原始矩阵维数的行。

8.9 由管道连接的五个容器如图所示。通过每个管道的组分的质量流量计算为体积流量 Q(升/分钟)和该组分浓度 c(克/升)的乘积。在稳态条件下，进出每个反应器的质量流量必须相同。由于各个容器混合均匀，所以流出容器的浓度与容器内浓度相同。例如，对于第一个容器，质量平衡可以写为

$$Q_{01}c_{01} + Q_{31}c_3 = Q_{15}c_1 + Q_{12}c_1$$

写出图中所示剩余容器的质量平衡，并以矩阵形式表示线性方程组。然后，编写 Python 代码来求解每个容器中浓度的方程。

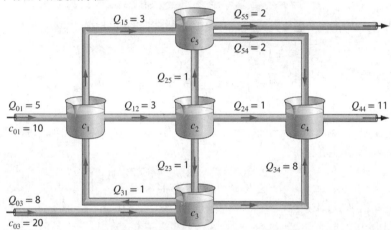

8.10 结构工程中的一个重要问题是求静定桁架中的力。这种类型的结构可以通过由力平衡导出的耦合线性代数方程系统来描述。根据每个节点的自由体受力图，每个节点的水平和垂直方向的力总和必须为零，因为系统处于静止状态。因此，对于节点 1：

$$\sum F_H = 0 = -F_1\cos(30°) + F_3\cos(60°) + F_{1,h}$$
$$\sum F_V = 0 = -F_1\sin(30°) - F_3\sin(60°) + F_{1,v}$$

对于节点 2：

$$\sum F_H = 0 = F_2 - F_1\cos(30°) + F_{2,h} + H_2$$
$$\sum F_V = 0 = F_1\sin(30°) + F_{2,v} + V_2$$

对于节点 3：

$$\sum F_H = 0 = -F_3\cos(60°) + F_{3,h}$$
$$\sum F_V = 0 = F_3\cos(60°) + F_{3,v} + V_3$$

其中 $F_{i,h}$ 是施加到节点 i 的外部水平力，正向力向右，$F_{i,v}$ 是施加到节点 i 的外部垂直力，正向

力向上。因此，在这个问题中，节点 1 上的 2000-N 向下力对应于 $F_{i,v}$=-2000。对于这个问题，所有其他 $F_{i,h}$ 和 $F_{i,v}$ 都为零。用矩阵形式表达这组线性代数方程，然后用 Python 求解未知数。

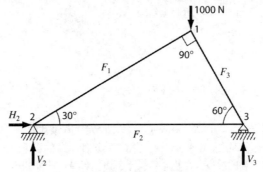

8.11 考虑如图所示的三质量四弹簧系统。

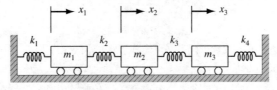

根据自由体受力图，由 $\sum F_x = ma_x$ 确定每个质量的运动方程，得到以下微分方程：

$$\ddot{x}_1 + \left(\frac{k_1+k_2}{m_1}\right)x_1 - \left(\frac{k_2}{m_1}\right)x_2 = 0$$

$$\ddot{x}_2 - \left(\frac{k_2}{m_2}\right)x_1 + \left(\frac{k_2+k_3}{m_2}\right)x_2 - \left(\frac{k_3}{m_2}\right)x_3 = 0$$

$$\ddot{x}_3 - \left(\frac{k_3}{m_3}\right)x_2 + \left(\frac{k_3+k_4}{m_3}\right)x_3 = 0$$

其中 x_i 是质量 i 从平衡点向右的位移，$k_1=k_4$=10N/m，$k_2=k_3$=30N/m，并且 $m_1= m_2 = m_3$=1kg。这三个方程可以写成矩阵形式：

$$0 = \begin{bmatrix} \text{加速} \\ \text{速度 } \ddot{x} \end{bmatrix} + \begin{bmatrix} k/m \\ \text{矩阵} \end{bmatrix}\begin{bmatrix} \text{位移向量} \\ x \end{bmatrix}$$

k/m 矩阵采用三角对角形式。在特定时刻，x_1=0.05m，x_2=0.04m，x_3=0.03m。计算这些条件下的加速度向量。

8.12 执行与例 8.2 相同的计算，但使用具有以下特性的五个蹦极者。

蹦极者	质量/kg	弹簧常数/(N/m)	未拉伸的绳索长度/m
1	55	80	10
2	75	50	10
3	60	70	10
4	75	100	10
5	90	20	10

8.13 三个质量块由一系列相同的弹簧垂直悬挂，其中质量 1 位于顶部，质量块 3 位于底部。如果 m_1=2kg，m_2=3kg，m_3=2.5kg，并且 k=10N/m，编写 Python 脚本来求解位移。

8.14　执行与第 8.3 节相同的计算，但使用下图中的电路。

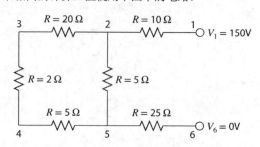

8.15　执行与第 8.3 节相同的计算，但使用下图中的电路。

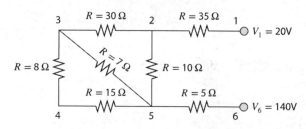

8.16　汽提塔用于从液体流中去除不需要的污染物。下图所示为六级塔的处理过程。液体从顶部进入并从底部排出，而气体从底部进入并从顶部离开。通过一系列接触阶段，液体和气体混合并在每个阶段建立传质平衡。渐渐地，不需要的化合物被转移到气流中，可以进一步处理。讨论图中六级塔的简单模型。在 m 阶段，液体(x_m)和蒸气(y_m)摩尔分数之间的平衡关系由下式给出：

$$y_m = ax_m + b$$

入口组分液体(L)和气体(G)摩尔流速分别指定为 x_0 和 y_7。希望计算所有阶段的组分，特别是出口组分 y_7 和 x_6。为做到这一点，在代表性阶段 n 上写入组分物料平衡：

$$Lx_{n-1} + Gy_{n+1} = Lx_n + Gy_n$$

结合平衡关系，它变为：

$$Lx_{n-1} - (L+Ga)x_n + Gax_{n+1} = 0$$

该塔的整个方程组是：

$$-(L+Ga)x_1 + Gax_2 = -Lx_0$$
$$Lx_1 - (L+Ga)x_2 + Gax_3 = 0$$
$$Lx_2 - (L+Ga)x_3 + Gax_4 = 0$$
$$Lx_3 - (L+Ga)x_4 + Gax_5 = 0$$
$$Lx_4 - (L+Ga)x_5 + Gax_6 = 0$$
$$Lx_5 - (L+Ga)x_6 = -G(y_7 + b)$$

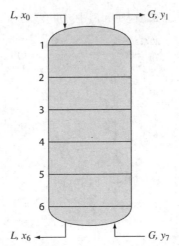

编写一个 Python 脚本来求解液体组分 x，然后是气体组分 y。创建这些组分与阶段编号的关系图。参数值如下。

液体流速: $L = 20 \text{mol/s}$
入口液体摩尔分数: $x_0 = 0$
气体流速: $G = 12 \text{mol/s}$
入口气体摩尔分数: $y_7 = 0.1$
平衡模型: $a = 0.7$ $b = 0$

建议：你会注意到这个方程组的系数矩阵是三对角矩阵，每行中的值都排列相同。创建一个全为零的系数矩阵，然后使用 for 循环设置三对角元素。通过这种方式，别说 6 级，你甚至可求解包含 100 级的问题。

第 9 章

高斯消元法

本章学习目标

本章的主要目的是描述求解线性代数方程的高斯消元算法。涵盖的具体目标和主题是：

- 了解如何用图解法和克莱默法则求解小的线性方程组。
- 理解如何在高斯消元中实现前向消元和反向替换。
- 理解如何计算浮点运算次数以评估算法的效率。
- 理解奇异性和病态条件的概念。
- 理解部分主元消元是如何实现的，以及它与完全主元消元有何不同。
- 了解如何计算行列式，作为部分主元消元的高斯消元算法的一部分。
- 掌握如何利用三对角方程组的带状结构来获得有效解。

第 8 章末尾展示了如何使用 Python 的 NumPy 模块通过两种简单直接的方法求解线性方程组：

```
np.linalg.solve(A,b)
```

和

```
np.linalg.inv(A)*b
```

第 9 章和第 10 章将讲解如何获得此类解的背景知识。本文旨在深入了解上述 Python NumPy 函数的"幕后"。此外，还展示了如何在没有 Python 内置功能的计算环境中构建自己的求解算法。

本章描述的技术称为高斯消元法，因为它涉及组合方程来消去未知量。虽然它是最早的求解联立方程的方法之一，但它仍然是当今使用的最重要算法之一，并且是许多流行软件包(包括 Python NumPy)求解线性方程的基础。

9.1　求解少量方程

在进行高斯消元之前，我们将介绍几种适用于求解小型(n≤3)联立方程组且不需要计算机的方法。它们是图解法、克莱默法则和消除未知数法。

9.1.1 图解法

将两个线性方程在笛卡儿坐标上作图，其中一个轴对应于 x_1，另一个轴对应于 x_2，可以得到它们的图形解。因为方程是线性的，所以每个方程都将绘制成一条直线。例如，假设我们有以下式：

$$3x_1 + 2x_2 = 18$$
$$-x_1 + 2x_2 = 2$$

假设 x_1 是横坐标，我们可以求解每个方程中的 x_2：

$$x_2 = -\frac{3}{2} x_1 + 9$$

$$x_2 = \frac{1}{2} x_1 + 1$$

方程现在是直线形式，即 x_2=(斜率)x_1+截距。当绘制这些方程时，x_1 和 x_2 在直线交叉处的值表示解(图 9.1)。对于图中这种情况，解是 x_1=4 和 x_2=3。

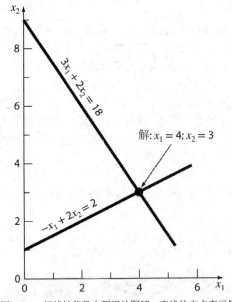

图 9.1　一组线性代数方程组的图解。直线的交点表示解

对于三个联立方程，每个方程都将由三维坐标系中的一个平面来表示。三个平面相交的点表示解。超过三个方程，图解法就失效了，因此对于求解联立方程几乎没有什么实际价值。但是，它们在使解的性质可视化这方面是很有用的。

例如，图 9.2 描述了在求解线性方程组时可能产生问题的三种情况。图 9.2(a)显示了两个方程作图后是平行线的情况。这种情况没有解，因为平行线永远不会交叉。图 9.2(b)描述了两条线重合的情况。这种情况有无数个解。这两种类型的方程组都被认为是奇异的。

此外，非常接近奇异的方程组也可能导致问题，见图 9.2(c)。这些方程组就是所谓的病态条件。从图形上看，这对应于这样一个事实，即很难识别直线相交的确切点。在线性方程组的数值求解过程中遇到病态条件也会产生问题。这是因为它们对舍入的误差非常敏感。

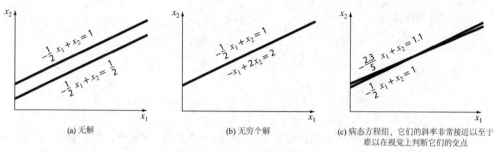

图 9.2 奇异和病态方程组的图形

9.1.2 行列式和克莱默法则

克莱默法则是另一种最适合少量方程的解法。在描述这种方法之前，我们将简要回顾行列式的概念，它被用来实现克莱默法则。此外，行列式还与矩阵的病态性评价有关。

行列式。 行列式可以用三个式组来表示：

$$[A]\{x\}=\{b\}$$

$$[A] = \begin{bmatrix} a_{11} & a_{12} & a_{13} \\ a_{21} & a_{22} & a_{23} \\ a_{31} & a_{32} & a_{33} \end{bmatrix}$$

该方程组的行列式由[A]的系数构成，表示为

$$D = \begin{vmatrix} a_{11} & a_{12} & a_{13} \\ a_{21} & a_{22} & a_{23} \\ a_{31} & a_{32} & a_{33} \end{vmatrix}$$

虽然行列式 D 和系数[A]由相同的元素组成，但它们是完全不同的数学概念。这就是为什么用括号括起矩阵，用直线括起行列式，从而在视觉上区分它们的原因。与矩阵相反，行列式是单个数字。例如，两个联立方程的行列式值

$$D = \begin{vmatrix} a_{11} & a_{12} \\ a_{21} & a_{22} \end{vmatrix}$$

可以计算为

$$D = a_{11}a_{22} - a_{12}a_{21}$$

对于三阶情况，行列式可以计算为

$$D = a_{11} \begin{vmatrix} a_{22} & a_{23} \\ a_{32} & a_{33} \end{vmatrix} - a_{12} \begin{vmatrix} a_{21} & a_{23} \\ a_{31} & a_{33} \end{vmatrix} + a_{13} \begin{vmatrix} a_{21} & a_{22} \\ a_{31} & a_{32} \end{vmatrix} \tag{9.1}$$

这里的 2×2 行列式叫做余子式(minors)。

例 9.1 行列式

问题描述。 计算图 9.1 和图 9.2 所示方程组的行列式值。

问题解答。 对于图 9.1：

$$D = \begin{vmatrix} 3 & 2 \\ -1 & 2 \end{vmatrix} = 3(2) - 2(-1) = 8$$

对于图 9.2(a)：

$$D = \begin{vmatrix} -\frac{1}{2} & 1 \\ -\frac{1}{2} & 1 \end{vmatrix} = -\frac{1}{2}(1) - 1\left(\frac{-1}{2}\right) = 0$$

对于图 9.2(b)：

$$D = \begin{vmatrix} -\frac{1}{2} & 1 \\ -1 & 2 \end{vmatrix} = -\frac{1}{2}(2) - 1(-1) = 0$$

对于图 9.2(c)：

$$D = \begin{vmatrix} -\frac{1}{2} & 1 \\ -\frac{2.3}{5} & 1 \end{vmatrix} = -\frac{1}{2}(1) - 1\left(\frac{-2.3}{5}\right) = -0.04$$

在前面的例子中，奇异方程组的行列式为零。此外，结果表明，接近奇异的方程组的行列式也接近于零，见图 9.2(c)。这些想法我们将在之后第 11 章中对病态条件的讨论中进一步探讨。

克莱默法则。 这个法则规定，线性代数方程组中的每个未知数都可以表示为两个行列式的分数，分母为 D，分子从 D 中通过用常数 b_1，b_2，...，b_n 替换所讨论的未知数的系数列而获得，例如，对于三个方程，x_1 可计算为

$$x_1 = \frac{\begin{vmatrix} b_1 & a_{12} & a_{13} \\ b_2 & a_{22} & a_{23} \\ b_3 & a_{32} & a_{33} \end{vmatrix}}{D}$$

例 9.2 克莱默法则

问题描述。 使用克莱默法则求解：

$$0.3x_1 + 0.52\,x_2 + x_3 = -0.01$$
$$0.5x_1 + x_2 + 1.9x_3 = 0.67$$
$$0.1x_1 + 0.3\,x_2 + 0.5x_3 = -0.44$$

问题解答。 行列式 D 可按式 9.1 计算为：

$$D = 0.3 \begin{vmatrix} 1 & 1.9 \\ 0.3 & 0.5 \end{vmatrix} - 0.52 \begin{vmatrix} 0.5 & 1.9 \\ 0.1 & 0.5 \end{vmatrix} + 1 \begin{vmatrix} 0.5 & 1 \\ 0.1 & 0.3 \end{vmatrix} = -0.0022$$

计算出解为

$$x_1 = \frac{\begin{vmatrix} -0.01 & 0.52 & 1 \\ 0.67 & 1 & 1.9 \\ -0.44 & 0.3 & 0.5 \end{vmatrix}}{-0.0022} = \frac{0.03278}{-0.0022} = -14.9$$

$$x_2 = \frac{\begin{vmatrix} 0.3 & -0.01 & 1 \\ 0.5 & 0.67 & 1.9 \\ 0.1 & -0.44 & 0.5 \end{vmatrix}}{-0.0022} = \frac{0.0649}{-0.0022} = -29.5$$

$$x_3 = \frac{\begin{vmatrix} 0.3 & 0.52 & -0.01 \\ 0.5 & 1 & 0.67 \\ 0.1 & 0.3 & -0.44 \end{vmatrix}}{-0.0022} = \frac{-0.04356}{-0.0022} = 19.8$$

linalg.det 函数。 行列式可在 Python 中使用 NumPy 模块中的 linalg.det 函数直接计算。例如，使用前面例子中的方程组：

```
import numpy as np

A = np.matrix('0.3 0.52 1 ; 0.5 1 1.9 ; 0.1 0.3 0.5')
d = np.linalg.det(A)
print('determinant of A is {0:8.4f}'.format(d))
```

```
determinant of A is -0.0022
```

应用克莱默法则计算 x_1，如下：

```
A[:,0]=[ [-0.01] , [ 0.67] , [-0.44]]
print(A)
x1 = np.linalg.det(A)/d
print('\nx1 = {0:6.2f}'.format(x1))

[[-0.01 0.52 1. ]
 [ 0.67 1. 1.9 ]
 [-0.44 0.3 0.5 ]]

x1 = -14.90
```

对于三个以上的方程，克莱默法则变得不实用，因为随着方程数量的增加，用手工(或通过计算机)计算行列式很耗时。因此，我们要使用更有效的替代方案。其中一种替代方案是基于第 9.1.3 节中介绍的最后一种非计算机求解技术——消除未知数法。

9.1.3　消除未知数法

通过组合方程来消去未知数是一种代数方法，可以用两个方程来说明：

$$a_{11}x_1 + a_{12}x_2 = b_1 \tag{9.2}$$
$$a_{21}x_1 + a_{22}x_2 = b_2 \tag{9.3}$$

基本策略是将方程乘以常数，这样当两个方程合并时，一个未知数将被消除。结果是可以解出单个方程中的剩余未知数。然后可以将这个值代入任意一个原始方程来计算另一个变量。

例如，式(9.2)可以乘以 a_{21}，式(9.3)乘以 a_{11} 得到：

$$a_{21}a_{11}x_1 + a_{21}a_{12}x_2 = a_{21}b_1 \tag{9.4}$$
$$a_{11}a_{21}x_1 + a_{11}a_{22}x_2 = a_{11}b_2 \tag{9.5}$$

因此，式(9.5)减去式(9.4)将消除方程中的 x_1 项，得到

$$a_{11}a_{22}\,x_2 - a_{21}a_{12}\,x_2 = a_{11}b_2 - a_{21}b_1$$

它可以得到解：

$$x_2 = \frac{a_{11}b_2 - a_{21}b_1}{a_{11}a_{22} - a_{21}a_{12}} \tag{9.6}$$

然后将式(9.6)代入式(9.2)，可以得到解：

$$x_1 = \frac{a_{22}b_1 - a_{12}b_2}{a_{11}a_{22} - a_{21}a_{12}} \tag{9.7}$$

注意到式(9.6)和式(9.7)可以直接由克莱默法则得到：

$$x_1 = \frac{\begin{vmatrix} b_1 & a_{12} \\ b_2 & a_{22} \end{vmatrix}}{\begin{vmatrix} a_{11} & a_{12} \\ b_{21} & a_{22} \end{vmatrix}} = \frac{a_{22}b_1 - a_{12}b_2}{a_{11}a_{22} - a_{21}a_{12}}$$

$$x_2 = \frac{\begin{vmatrix} a_{11} & b_1 \\ a_{21} & b_2 \end{vmatrix}}{\begin{vmatrix} a_{11} & a_{12} \\ a_{21} & a_{22} \end{vmatrix}} = \frac{a_{11}b_2 - a_{21}b_1}{a_{11}a_{22} - a_{21}a_{12}}$$

消除未知数法可以扩展到具有两个或三个以上方程的方程组。然而，对于大型方程组，需要进行大量计算，手工实施该方法非常繁杂。然而，如第 9.2 节所述，该技术可以形式化并便于进行计算机编程。

9.2　朴素高斯消元法

在第 9.1.3 节中，用消除未知数的方法求解了一对联立方程。该过程包括两个步骤(图 9.3)。

(1) 对方程式进行处理以消除方程式中的一个未知数。这个消除步骤的结果是我们得到一个只含一个未知数的方程。

(2) 因此，可以直接求解该方程，并将结果反代到原方程中求解剩余的未知数。

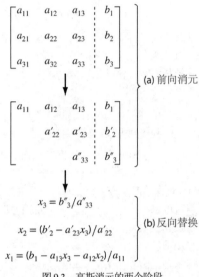

图 9.3　高斯消元的两个阶段

这种基本方法可以通过开发系统方案或算法来消除未知数并进行反向替换，从而扩展到大型方程组。高斯消元法是这些方案中最基本的。

本节包括构成了高斯消元法的前向消元和反向替换的系统方法。虽然这些方法非常适合在计算机上实现，但要获得可靠的算法还需要进行一些修改。特别是，计算机程序必须避免被零除。下面的方法称为"朴素"高斯消元法，因为它不能避免这个问题。第 9.3 节将讨论有效的计算机程序所需的附加功能。

该方法被设计用来求解一般的 n 组方程：

$$a_{11}x_1 + a_{12}x_2 + a_{13}x_3 + \cdots + a_{1n}x_n = b_1 \tag{9.8a}$$

$$a_{21}x_1 + a_{22}x_2 + a_{23}x_3 + \cdots + a_{2n}x_n = b_2 \tag{9.8b}$$

$$\vdots \qquad \vdots$$

$$a_{n1}x_1 + a_{n2}x_2 + a_{n3}x_3 + \cdots + a_{nn}x_n = b_n \tag{9.8c}$$

与求解两个方程的情况一样，解 n 个方程的方法包括两个阶段：消除未知数和通过反向代入求解。

未知数的前向消元。第一阶段旨在将方程组简化为上三角方程组，见图 9.3(a)。首先将第二到

第 n 个方程中的第一个未知数 x_1 消除。要做到这一点，需要将式(9.8a)乘以 a_{21}/a_{11}，得到

$$a_{21}x_1 + \frac{a_{21}}{a_{11}}a_{12}x_2 + \frac{a_{21}}{a_{11}}a_{13}x_3 + \cdots + \frac{a_{21}}{a_{11}}a_{1n}x_n = \frac{a_{21}}{a_{11}}b_1 \qquad (9.9)$$

从式(9.8b)中减去此式可得

$$\left(a_{22} - \frac{a_{21}}{a_{11}}a_{12}\right)x_2 + \cdots + \left(a_{2n} - \frac{a_{21}}{a_{11}}a_{1n}\right)x_n = b_2 - \frac{a_{21}}{a_{11}}b_1$$

或

$$a'_{22}x_2 + \cdots + a'_{2n}x_n = b'_2$$

这里的上引号表示该元素已不同于其原始值。

然后对剩余的方程重复上述过程。例如，式(9.8a)可以乘以 a_{31}/a_{11} 并从第三个式中减去结果。对其余方程重复上述过程，得到以下修改后的方程组：

$$a_{11}x_1 + a_{12}x_2 + a_{13}x_3 + \cdots + a_{1n}x_n = b_1 \qquad (9.10a)$$

$$a'_{22}x_2 + a'_{23}x_3 + \cdots + a'_{2n}x_n = b'_2 \qquad (9.10b)$$

$$a'_{32}x_2 + a'_{33}x_3 + \cdots + a'_{3n}x_n = b'_3 \qquad (9.10c)$$

$$\vdots \qquad \qquad \vdots$$

$$a'_{n2}x_2 + a'_{n3}x_3 + \cdots + a'_{nn}x_n = b'_n \qquad (9.10d)$$

对于上述步骤，式(9.8a)称为主元方程，a_{11} 称为主元。注意，第一行乘以 a_{21}/a_{11} 的过程相当于除以 a_{11} 再乘以 a_{21}。有时除法运算被称为归一化。我们做出这样的区分是因为零主元可能通过导致除以零而干扰归一化。在完成对朴素高斯消元法的描述后，我们再回到这个重要问题。

下一步是从式(9.10c)到(9.10d)中消除 x_2。为此，将式(9.10b)乘以 a'_{32}/a'_{22} 并从式(9.10c)中减去结果。对剩余的式执行类似的消除，得到

$$a_{11}x_1 + a_{12}x_2 + a_{13}x_3 + \cdots + a_{1n}x_n = b_1$$

$$a'_{22}x_2 + a'_{23}x_3 + \cdots + a'_{2n}x_n = b'_2$$

$$a''_{33}x_3 + \cdots + a''_{3n}x_n = b''_3$$

$$\vdots \qquad \qquad \vdots$$

$$a''_{n3}x_3 + \cdots + a''_{nn}x_n = b''_n$$

这里的双上引号表示该元素已经被修改了两次。

可以用剩下的主元方程继续该过程。序列中的最后一个操作是使用第(n-1)个方程来消除第 n 个方程中的 x_{n-1} 项。此时，方程组将转换为上三角方程组：

$$a_{11}x_1 + a_{12}x_2 + a_{13}x_3 + \cdots + a_{1n}x_n = b_1 \qquad (9.11a)$$

$$a'_{22}x_2 + a'_{23}x_3 + \cdots + a'_{2n}x_n = b'_2 \qquad (9.11b)$$

$$a''_{33}x_3 + \cdots + a''_{3n}x_n = b''_3 \qquad (9.11c)$$

$$\ddots \qquad \qquad \vdots$$

$$a_{nn}^{(n-1)}x_n = b_n^{(n-1)} \qquad (9.11d)$$

反向替换。式(9.11d)现在可以解出 x_n：

$$x_n = \frac{b_n^{(n-1)}}{a_{nn}^{(n-1)}} \qquad (9.12)$$

这个结果可以代回到第(n-1)个式中解出 x_{n-1}。重复计算剩下的 x 值的过程可以用下面的公

式表示:

$$x_i = \frac{b_i^{(i-1)} - \sum\limits_{j=i+1}^{n} a_{ij}^{(i-1)} x_j}{a_{ii}^{(i-1)}} \text{ 其中 } i = n-1, n-2, \ldots, 1 \tag{9.13}$$

例 9.3 朴素高斯消元法

问题描述。 使用高斯消元法求解

$$3x_1 - 0.1x_2 - 0.2x_3 = \quad 7.85 \tag{E9.3.1}$$
$$0.1x_1 + \quad 7x_2 - 0.3x_3 = -19.3 \tag{E9.3.2}$$
$$0.3x_1 - 0.2x_2 + 10x_3 = \quad 71.4 \tag{E9.3.3}$$

问题解答。 过程的第一部分是前向消元。将式(E9.3.1)乘以 0.1/3,然后从式(E9.3.2)中减去结果,得到

$$7.00333x_2 - 0.293333x_3 = -19.5617$$

然后,将式(E9.3.1)乘以 0.3/3 再从式(E9.3.3)中减去。经过这些运算,方程组为

$$3x_1 - 0.1x_2 - 0.2x_3 = \quad 7.85 \tag{E9.3.4}$$
$$7.00333x_2 - 0.293333x_3 = -19.5617 \tag{E9.3.5}$$
$$- 0.190000x_2 + 10.0200x_3 = \quad 70.6150 \tag{E9.3.6}$$

为完成前向消元,必须将 x_2 从式(E9.3.6)中消除。为此,将式(E9.3.5)乘以$-0.190000/7.00333$,然后从式(E9.3.6)中减去结果。这就从第三个方程中消除了 x_2,并将方程组简化为如下的上三角形式:

$$3x_1 - 0.1x_2 - 0.2x_3 = \quad 7.85 \tag{E9.3.7}$$
$$7.00333x_2 - 0.293333x_3 = -19.5617 \tag{E9.3.8}$$
$$10.0120x_3 = \quad 70.0843 \tag{E9.3.9}$$

现在,我们可以用反向替换来解这些方程。首先求解式(E9.3.9)得到:

$$x_3 = \frac{70.0843}{10.0120} \approx 7.00003$$

这个结果代回式(E9.3.8)中,则得到解:

$$x_2 = \frac{-19.5617 + 0.293333(7.00003)}{7.00333} \approx -2.50000$$

最后,将 $x_3 = 7.00003$ 和 $x_2 = -2.50000$ 代回式(E9.3.7)中,得到解:

$$x_1 = \frac{7.85 + 0.1(-2.50000) + 0.2(7.00003)}{3} \approx 3.00000$$

虽然有轻微的舍入误差,但结果非常接近 $x_1=3$,$x_2=-2.5$,$x_3=7$ 的精确解。这可以通过将结果代入原始方程组来验证:

$$3(3) - 0.1(-2.5) - 0.2(7.00003) = 7.849994 \approx 7.85$$
$$0.1(3) + 7(-2.5) - 0.3(7.00003) = -19.300009 = -19.3$$
$$0.3(3) - 0.2(-2.5) + 10(7.00003) = 71.4003 \approx 71.4$$

9.2.1 Python 函数: gaussnaive

图 9.4 列出一个实现朴素高斯消元的 Python 函数。注意,系数矩阵 **A** 和常数向量 **b** 合并成增广矩阵 **Aug**。因此,运算是在 **Aug** 上执行的,而不是分别在 **A** 和 **b** 上执行。

两个嵌套循环提供了前向消元步骤的简明表示。一个外部循环将矩阵从一个主元行向下移到下一个主元行。内部循环在主元行下方移动到要进行消元的每个后续行。最后,实际的消元由单行表

示，它利用了 Python 执行矩阵运算的能力。

```
def gaussnaive(A,b):
    """
    gaussnaive: naive Gauss elimination
    input:
    A = coefficient matrix
    b = constant vector
    output:
    x = solution vector
    """
    (n,m) = A.shape
    #n = nm[0]
    #m = nm[1]
    if n != m:
        return 'Coefficient matrix A must be square'
    nb = n+1
    # build augmented matrix
    Aug = np.hstack((A,b))
      # forward elimination
    for k in range(n-1):
        for i in range(k+1,n):
            factor = Aug[i,k]/Aug[k,k]
            Aug[i,k:nb]=Aug[i,k:nb]-factor*Aug[k,k:nb]
    # back substitution
    x = np.zeros([n,1]) # create empty x array
    x = np.matrix(x) # convert to matrix type
    x[n-1]=Aug[n-1,nb-1]/Aug[n-1,n-1]
    for i in range(n-2,-1,-1):
        x[i]=(Aug[i,nb-1]-Aug[i,i+1:n]*x[i+1:n,0])/Aug[i,i]
    return x
```

图 9.4　实现朴素高斯消元法的 Python 函数

反向替换步骤直接来自式(9.12)和式(9.13)。同样，Python 执行矩阵运算的能力允许将式(9.13)编程为单个语句。这是一个只有 15 条语句的高效 Python 函数。

在 Python 代码中使用下标很可能造成混淆。与其他计算机语言(如 C/C++)一样，Python 使用的基下标为 0，而在典型的数学表示中，使用的基下标则为 1。还有其他遵循数学惯例的计算机语言/包，例如 MATLAB、FORTRAN 以及 Excel 的 VBA 中的 Option Base 1。从零开始的下标更多是随着计算机科学方法的发展而发展起来的，它将下标定义为与基数的位移或偏移；因此，下标[3,2]表示从基数位置向下三行向右两列的位置。数学表示和 Python 表示之间的这种差异如图 9.5 所示。将线性代数的数学描述转换为 Python 的下标习惯时必须要小心。像这样的图通常是很有用的，可帮助解释图 9.4 中的代码。

此外，需要回顾一下 range 类型的语法，通常在 for 循环中使用。

range(n)　　　　　从 0 到 n-1 的整数序列(总共 n 个整数)
range(1,n)　　　　从 1 到 n-1 (n-1 个整数)
range(n,0,-1)　　 从 n 到 1，步长为-1 (n 个整数)

并且，在下标中使用冒号(:)时，不包括最后一个值。

Aug[0:2,1:3]　　　不包括下标 2 和 3

换句话说，这是第一和第二行以及第二和第三列。

$$\begin{bmatrix} a_{11} & a_{12} & a_{13} & \cdots & a_{1n} \\ a_{21} & a_{22} & a_{23} & \cdots & a_{2n} \\ \vdots & \vdots & \ddots & \vdots & \vdots \\ a_{n-1,1} & a_{n-1,2} & \cdots & a_{n-1,n-1} & a_{n-1,n} \\ a_{n1} & a_{n2} & \cdots & a_{n,n-1} & a_{nn} \end{bmatrix} \cdot \begin{bmatrix} x_1 \\ x_2 \\ \vdots \\ x_{n-1} \\ x_n \end{bmatrix} = \begin{bmatrix} b_1 \\ b_2 \\ \vdots \\ b_{n-1} \\ b_n \end{bmatrix} \quad \text{典型的数学表示}$$

$$\begin{bmatrix} a_{[0,0]} & a_{[0,1]} & a_{[0,2]} & \cdots & a_{[0,n-1]} \\ a_{[1,0]} & a_{[1,1]} & a_{[1,2]} & \cdots & a_{[1,n-1]} \\ \vdots & \vdots & \ddots & \vdots & \vdots \\ a_{[n-2,0]} & a_{[n-2,1]} & \cdots & a_{[n-2,n-2]} & a_{[n-2,n-1]} \\ a_{[n-1,0]} & a_{[n-1,1]} & \cdots & a_{[n-1,n-2]} & a_{[n-1,n-1]} \end{bmatrix} \cdot \begin{bmatrix} x_{[0]} \\ x_{[1]} \\ \vdots \\ x_{[n-2]} \\ x_{[n-1]} \end{bmatrix} = \begin{bmatrix} b_{[0]} \\ b_{[1]} \\ \vdots \\ b_{[n-2]} \\ b_{[n-1]} \end{bmatrix} \quad \begin{array}{l}\text{Python 下标}\\\text{的等价表示}\end{array}$$

图 9.5 典型的数学下标与 Python 从零开始的下标的对比

9.2.2 运算计数

高斯消元的执行时间取决于算法中涉及的浮点运算(简写为 flops)的数量。在使用数学协处理器的现代计算机上,执行加法/减法和乘法/除法所花费的时间大致相同。因此,合计这些操作可以深入了解算法的哪些部分最耗时,以及随着方程组变大,计算时间是如何增加的。

在分析朴素高斯消元法之前,我们先定义一些便于计数的量。

$$\sum_{i=1}^{m} cf(i) = c\sum_{i=1}^{m} f(i) \qquad \sum_{i=1}^{m} f(i) + g(i) = \sum_{i=1}^{m} f(i) + \sum_{i=1}^{m} g(i) \tag{9.14a,b}$$

$$\sum_{i=1}^{m} 1 = 1 + 1 + 1 + \cdots + 1 = m \qquad \sum_{i=k}^{m} 1 = m - k + 1 \tag{9.14c,d}$$

$$\sum_{i=1}^{m} i = 1 + 2 + 3 + \cdots + m = \frac{m(m+1)}{2} = \frac{m^2}{2} + O(m) \tag{9.14e}$$

$$\sum_{i=1}^{m} i^2 = 1^2 + 2^2 + 3^2 + \cdots + m^2 = \frac{m(m+1)(2m+1)}{6} = \frac{m^3}{3} + O(m^2) \tag{9.14f}$$

其中 $O(m^n)$ 表示 "m^n 阶及以下的项"。

现在,让我们详细研究朴素高斯消元算法(图 9.4)。我们将首先在消元阶段计算浮点运算次数。在第一遍外循环时,$k=1$。因此,内循环的限制是从 $i=2$ 到 n。由式(9.14d)可知,内循环的迭代次数如下。

$$\sum_{i=2}^{n} 1 = n - 2 + 1 = n - 1 \tag{9.15}$$

对于每一次迭代,都要进行一次除法来计算因子。然后下一行对从 2 到 nb 的每个列元素执行乘法和减法。因为 $nb=n+1$,所以从 2 到 nb 需要 n 次乘法和 n 次减法。再加上单次的除法,相当于内部循环的每次迭代都有 $n+1$ 次乘法/除法和 n 次加法/减法。因此,第一遍外循环的总次数是$(n-1)(n+1)$次乘法/除法和$(n-1)(n)$次加法/减法。

类似的推论可用于计算外循环后续迭代的浮点运算次数。可以概括为表 9.1。

表9.1　计算外循环后续迭代的浮点运算次数

外循环 k	内循环 i	加法/减法运算次数	乘法/除法运算次数
1	2,n	$(n-1)(n)$	$(n-1)(n+1)$
2	3,n	$(n-2)(n-1)$	$(n-2)(n)$
⋮	⋮		
k	$k+1,n$	$(n-k)(n+1-k)$	$(n-k)(n+2-k)$
⋮	⋮		
$n-1$	n,n	$(1)(2)$	$(1)(3)$

因此，消元的总加法/减法运算次数可计算如下：

$$\sum_{k=1}^{n-1} (n-k)(n+1-k) = \sum_{k=1}^{n-1} [n(n+1) - k(2n+1) + k^2] \tag{9.16}$$

或

$$n(n+1) \sum_{k=1}^{n-1} 1 - (2n+1) \sum_{k=1}^{n-1} k + \sum_{k=1}^{n-1} k^2 \tag{9.17}$$

应用式(9.14)中的一些关系可以得到：

$$[n^3 + O(n)] - [n^3 + O(n^2)] + \left[\frac{1}{3} n^3 + O(n^2)\right] = \frac{n^3}{3} + O(n) \tag{9.18}$$

对乘法/除法运算次数进行类似的分析，得到：

$$[n^3 + O(n^2)] - [n^3 + O(n)] + \left[\frac{1}{3} n^3 + O(n^2)\right] = \frac{n^3}{3} + O(n^2) \tag{9.19}$$

把这些结果加起来得到：

$$\frac{2n^3}{3} + O(n^2) \tag{9.20}$$

因此，总运算次数等于 $2n^3/3$ 加上一个与 n^2 阶和更低阶项成比例的额外部分。结果写成这样，因为随着 n 变大，$O(n^2)$ 和更低的项变得可以忽略不计。因此，我们有理由得出结论：对于 n 较大的情况，前向消元所需的次数收敛于 $2n^3/3$。

因为反向替换只使用了一个循环，所以计算要简单得多。加法/减法运算次数等于 $n(n-1)/2$。因为循环之前有额外的除法，所以乘法/除法运算次数为 $n(n+1)/2$。这些可以相加得出总数：

$$n^2 + O(n) \tag{9.21}$$

因此，朴素高斯消元的总工作量可以表示为：

$$\underbrace{\frac{2n^3}{3} + O(n^2)}_{\text{前向消元}} + \underbrace{n^2 + O(n)}_{\text{反向替换}} \xrightarrow{\text{随} \, n \, \text{增加}} \frac{2n^3}{3} + O(n^2) \tag{9.22}$$

从这一分析中可以得出两个有用的一般结论：

(1) 随着方程组规模的增大，计算时间大大增加。如表 9.2 所示，方程数量每增加一个数量级，运算次数就会增加近三个数量级。

(2) 大部分工作量都在消元步骤中。因此，使该方法更高效的努力可能应该集中在这一步。

n	消元	反向替换	总浮点运算次数	$2n^3/3$	消元占比/%
10	705	100	805	667	87.58
100	671550	10000	681550	666667	98.53
1000	6.67×10^8	1×10^6	6.68×10^8	6.67×10^8	99.85

9.3　主元

上述解法被称为"朴素"的主要原因是，在消元和反向替换阶段，可能发生除以零的情况。例如，假设我们使用朴素高斯消元法求解：

$$2x_2+3x_3=8$$
$$4x_1+6x_2+7x_3=-3$$
$$2x_1-3x_2+6x_3=5$$

第一行的归一化将涉及除以 $a_{11}=0$。当主元接近而不是完全等于零时也可能出现问题，因为如果主元比其他元素小，则可能引入舍入误差。

因此，对每一行进行归一化之前，确定主元下一列中绝对值最大的系数是有利的。然后可交换行，以便最大的元素一直是主元。这称为部分主元消元。

如果在列和行中搜索最大的元素，然后进行切换，则该过程称为完全主元消元。完全主元消元很少使用，因为部分主元消元就可以得到较大改进。此外，交换列会改变 x 的顺序，因此会为计算机程序增加大量的而且通常是不合理的复杂之处。

下例说明了部分主元消元的优点。除了避免被零除之外，主元消元还可以最大限度地减少舍入误差。因此，也可作为病态性方程组的部分补救措施。

例 9.4　部分主元消元

问题描述。 使用高斯消元法求解

$$0.0003x_1+3.0000x_2=2.0001$$
$$1.0000x_1+1.0000x_2=1.0000$$

注意，在这种形式中，第一个主元 $a_{11}=0.0003$ 非常接近于零。然后重复计算，但是要通过交换方程式的顺序进行部分主元消元。精确解是 $x_1=1/3$ 和 $x_2=2/3$。

问题解答。 第一个式乘以 $1/(0.0003)$ 得到：

$$x_1+10\,000x_2=6667$$

可以用来从第二个式中消去 x_1：

$$-9999x_2=-6666$$

求解得 $x_2=2/3$。将这个结果代回到第一个式中计算 x_1：

$$x_1 = \frac{2.0001 - 3(2/3)}{0.0003} \tag{E9.4.1}$$

由于减法抵消，结果对计算中携带的有效数字的数量非常敏感，见表 9.3。

表 9.3　结果对计算中携带的有效数字的数量非常敏感

有效数字	x_2	x_1	x_1的相对误差百分比绝对值
3	0.667	−3.33	1099
4	0.6667	0.0000	100
5	0.66667	0.30000	10
6	0.666667	0.330000	1
7	0.6666667	0.3330000	0.1

注意 x_1 的解高度依赖于有效数字的个数。这是因为在式(E9.4.1)中，我们减了两个几乎相等的数字。

另一方面，如果方程以相反的顺序求解，则主元较大的那一行将被归一化。方程为：

$$1.0000x_1+1.0000x_2=1.0000$$
$$0.0003x_1+3.0000x_2=2.0001$$

再次消元和替换得到 x_2=2/3。对于不同数量的有效数字，x_1 可以通过第一个方程计算，如下：

$$x_1 = \frac{1 - (2/3)}{1}$$

这种情况对计算中有效数字的数量不太敏感，见表 9.4。

表 9.4　结果对计算中携带的有效数字数量不太敏感

有效数字	x_2	x_1	x_1的相对误差百分比绝对值
3	0.667	0.333	0.1
4	0.6667	0.3333	0.01
5	0.66667	0.33333	0.001
6	0.666667	0.333333	0.0001
7	0.6666667	0.3333333	0.0000

因此，主元消元的策略更合适。

9.3.1　Python 函数：gausspivot

图 9.6 中列出一个 Python 函数，它通过部分主元消元来实现高斯消元。它与之前在第 9.2.1 节中介绍的 gaussnaive 函数相同，除了在空行之间设置的实现部分主元消元的代码部分。

gausspivot 函数由 maxrow 函数支持，该函数确定主元下方最大系数的行索引。注意，后一个函数中包含的代码可嵌入 gausspivot 函数中；但最好将代码分解为独立函数。它使代码更可靠、更易于调试且更易于理解。

```python
def gausspivot(A,b):
    """
    gausspivot: Gauss elimination with partial pivoting
    input:
    A = coefficient matrix
    b = constant vector
    output:
    x = solution vector
    """
    (n,m) = A.shape
    if n != m:
        return 'Coefficient matrix A must be square'
    nb = n+1
    # build augmented matrix
    Aug = np.hstack((A,b))
      # forward elimination
    for k in range(n-1):
        # partial pivoting
        imax = maxrow(Aug[k:n,k])
        ipr = imax + k
        if ipr != k: # no row swap if pivot is max
            for j in range(k,nb): # swap rows k and ipr
                temp = Aug[k,j]
                Aug[k,j] = Aug[ipr,j]
                Aug[ipr,j] = temp
        for i in range(k+1,n):
            factor = Aug[i,k]/Aug[k,k]
            Aug[i,k:nb]=Aug[i,k:nb]-factor*Aug[k,k:nb]
    # back substitution
    x = np.zeros([n,1]) # create empty x array
    x = np.matrix(x) # convert to matrix type
    x[n-1]=Aug[n-1,nb-1]/Aug[n-1,n-1]
    for i in range(n-2,-1,-1):
        x[i]=(Aug[i,nb-1]-Aug[i,i+1:n]*x[i+1:n,0])/Aug[i,i]
    return x
def maxrow(avec):
    # function to determine the row index of the
    # maximum value in a vector
    maxrowind = 0
    n = len(avec)
    amax = abs(avec[0])
    for i in range(1,n):
        if abs(avec[i]) > amax:
            amax = avec[i]
            maxrowind = i
    return maxrowind
```

图 9.6 通过部分主元消元来实现高斯消元的 Python 函数

9.3.2 用高斯消元法求行列式

在 9.1.2 节的末尾,我们提出通过展开余子式计算行列式对于大型方程组是不切合实际的。然而,由于行列式在评估系统条件方面具有价值,因此如果能有一种实际的方法来计算这个量将很有用处。

幸运的是,高斯消元法提供了一种简单方法来做到这一点。该方法基于这样一个事实,即三角矩阵的行列式可以简单地计算为其对角元素的乘积：

$$D = a_{11}a_{22}\,a_{33}\cdots\,a_{nn}$$

这个公式的有效性可以用一个 3×3 方程组来说明：

$$D = \begin{vmatrix} a_{11} & a_{12} & a_{13} \\ 0 & a_{22} & a_{23} \\ 0 & 0 & a_{33} \end{vmatrix}$$

这里的行列式可计算为[回忆式(9.1)]：

$$D = a_{11}\begin{vmatrix} a_{22} & a_{23} \\ 0 & a_{33} \end{vmatrix} - a_{12}\begin{vmatrix} 0 & a_{23} \\ 0 & a_{33} \end{vmatrix} + a_{13}\begin{vmatrix} 0 & a_{22} \\ 0 & 0 \end{vmatrix}$$

或者求余子式：

$$D = a_{11}a_{22}\,a_{33} - a_{12}(0) + a_{13}(0) = a_{11}a_{22}\,a_{33}$$

回想一下，高斯消元的前向消元步骤会产生一个上三角方程组。因为行列式的值不会被前向消元过程改变，所以可以在这一步结束时通过下式简单地计算行列式：

$$D = a_{11}a'_{22}a''_{33}\cdots a_{nn}^{(n-1)}$$

其中上标表示元素被消元过程修改的次数。因此，我们可以利用已经花费在将方程组简化为三角形式上的工作量，额外对行列式进行简单估算。

当程序采用部分主元消元时，对上述方法有一点轻微改变。对于这种情况，每次交换行时，行列式都会改变符号。表示这一点的一种方法是修改行列式计算，如：

$$D = a_{11}a'_{22}a''_{33}\cdots a_{nn}^{(n-1)}\,(-1)^p$$

其中 p 表示行被主元消元的次数。只要记录计算过程中发生的主元消元的次数，就可以将这种修改简单地结合到程序中。

9.4　三对角方程组

某些矩阵具有特定结构，可用于开发有效解。例如，带状矩阵是除主对角线中心带之外所有元素都为零的方阵。

三对角方程组的带宽为 3，一般可以表示为如下形式。

$$\begin{bmatrix} f_1 & g_1 & & & & & \\ e_2 & f_2 & g_2 & & & & \\ & e_3 & f_3 & g_3 & & & \\ & & & \cdot & & & \\ & & & & \cdot & & \\ & & & & & \cdot & \\ & & & & e_{n-1} & f_{n-1} & g_{n-1} \\ & & & & & e_n & f_n \end{bmatrix} \begin{Bmatrix} x_1 \\ x_2 \\ x_3 \\ \cdot \\ \cdot \\ \cdot \\ x_{n-1} \\ x_n \end{Bmatrix} = \begin{Bmatrix} r_1 \\ r_2 \\ r_3 \\ \cdot \\ \cdot \\ \cdot \\ r_{n-1} \\ r_n \end{Bmatrix} \tag{9.23}$$

注意，我们已将系数的符号从 a 和 b 更改为 e、f、g 和 r。这样做是为了避免在 a 的矩形矩阵中存储大量无用的零。这种节省空间的修改是有利的，因为由此生成的算法需要的计算机内存更少。

求解此类方程组的算法可以直接仿照高斯消元法——即使用前向消元和反向替换。但是，由于大多数矩阵元素已经为零，因此与完整矩阵相比，所花费的精力要少得多。下面的例子说明了这种效率。

例 9.5　三对角方程组的解

问题描述。 求解下列三对角方程组：

$$\begin{bmatrix} 2.04 & -1 & & \\ -1 & 2.04 & -1 & \\ & -1 & 2.04 & -1 \\ & & -1 & 2.04 \end{bmatrix} \begin{Bmatrix} x_1 \\ x_2 \\ x_3 \\ x_4 \end{Bmatrix} = \begin{Bmatrix} 40.8 \\ 0.8 \\ 0.8 \\ 200.8 \end{Bmatrix}$$

问题解答。 与高斯消元法一样，第一步是将矩阵转换为上三角形式。方法是将第一个方程乘以因子 e_2/f_1，然后从第二个方程中减去结果。这将新生成一个零来代替 e_2，并将其他系数转换为新值。

$$f_2 = f_2 - \frac{e_2}{f_1} g_1 = 2.04 - \frac{-1}{2.04}(-1) \approx 1.550$$

$$r_2 = r_2 - \frac{e_2}{f_1} r_1 = 0.8 - \frac{-1}{2.04}(40.8) = 20.8$$

注意，g_2 没有被修改，因为第一行中它上面的元素是零。

对第三行和第四行执行类似的计算后，方程组被转换为上三角形式：

$$\begin{bmatrix} 2.04 & -1 & & \\ & 1.550 & -1 & \\ & & 1.395 & -1 \\ & & & 1.323 \end{bmatrix} \begin{Bmatrix} x_1 \\ x_2 \\ x_3 \\ x_4 \end{Bmatrix} = \begin{Bmatrix} 40.8 \\ 20.8 \\ 14.221 \\ 210.996 \end{Bmatrix}$$

现在，可以反向替换来获得最终解：

$$x_4 = \frac{r_4}{f_4} = \frac{210.996}{1.323} \approx 159.480$$

$$x_3 = \frac{r_3 - g_3 x_4}{f_3} = \frac{14.221 - (-1)159.480}{1.395} \approx 124.517$$

$$x_2 = \frac{r_2 - g_2 x_3}{f_2} = \frac{20.800 - (-1)124.517}{1.550} \approx 93.753$$

$$x_1 = \frac{r_1 - g_1 x_2}{f_1} = \frac{40.800 - (-1)93.753}{2.040} \approx 65.957$$

Python 函数：tridiag

图 9.7 列出了求解三对角方程组的 Python 函数。注意，该算法不包括部分主元消元。虽然有时候需要主元消元，但工程和科学中常规求解的大多数三对角方程组不需要主元消元。这个函数十分简洁，代码行数很少。

回想一下，高斯消元的计算量与 n^3 成正比。由于它的稀疏性，求解三对角方程组所涉及的工作量仅与 n 成正比。想象一下，对于一个包含 100 个方程的方程组来说，计算量是 10000 比 1 的关系。因此，图 9.7 中的算法比高斯消元法执行得快多。对于具有更宽对角线结构的方程组，例如五对角线，本文介绍的算法有一个扩展。

```
def tridiag(e,f,g,r):
    """
    tridiag: solves a set of n linear algebraic equations
            with a tridiagonal-banded coefficient matris
    input:
    e = subdiagonal vector of length n, first element = 0
    f = diagonal vector of length n
    g = superdiagonal vector of length n, last element = 0
    r = constant vector of length n
    output:
    x = solution vector of length n
    """
    n = len(f)
    # forward elimination
    x = np.zeros([n])
    for k in range(1,n):
        factor = e[k]/f[k-1]
        f[k] = f[k] - factor*g[k-1]
        r[k] = r[k] - factor*r[k-1]
    # back substitution
    x[n-1] = r[n-1]/f[n-1]
    for k in range(n-2,-1,-1):
        x[k] = ( r[k] - g[k]*x[k+1] )/f[k]
    return x
```

图9.7 求解三对角线性方程组的 Python 函数

9.5 案例研究：加热棒模型

背景。对分布式系统进行建模时，可能出现线性代数方程。例如，图9.8 显示了一个长而细的棒，它位于两堵保持恒温的墙壁之间。热量在棒以及棒和周围空气之间流动。对于稳态情况，基于热量守恒的微分方程可以写成

$$\frac{\mathrm{d}^2 T}{\mathrm{d}x^2} + h'(T_a - T) = 0 \tag{9.24}$$

其中 T=温度(℃)，x=棒的长度(m)，h'=棒与周围空气之间的传热系数(m^{-2})，T_a=空气温度(℃)。

给定参数、强制函数和边界条件的值，可以使用微积分来开发解析解。例如，如果 h'=0.01，T_a=20，$T(0)$=40 且 $T(10)$=200，解为

$$T = 73.4523e^{0.1x} - 53.4523e^{-0.1x} + 20 \tag{9.25}$$

虽然它在这里提供了一个解，但微积分并不适用于所有此类问题。这种情况下，数值方法成为一种有价值的备选。在本案例研究中，我们将使用有限差分将该微分方程转化为一个三对角线性代数方程组，可以用本章描述的数值方法轻松求解。

问题解答。通过将棒概念化为一系列节点，式(9.24)可以转换为一组线性代数方程。例如，图9.8 中的棒被分成六个等距的节点。由于棒的长度为10，因此节点之间的间距为Δx=2。

求解式(9.24)需要微积分，因为它包括二阶导数。正如在第 4.3.4 节中学到的，有限差分近似提供了一种将导数转换为代数形式的方法。例如，每个节点的二阶导数可以近似为：

$$\frac{\mathrm{d}^2 T}{\mathrm{d}x^2} = \frac{T_{i+1} - 2T_i + T_{i-1}}{\Delta x^2}$$

其中 T_i 表示节点 i 处的温度。这个近似值可以代入式(9.24)，得到

$$\frac{T_{i+1} - 2T_i + T_{i-1}}{\Delta x^2} + h'(T_a - T_i) = 0$$

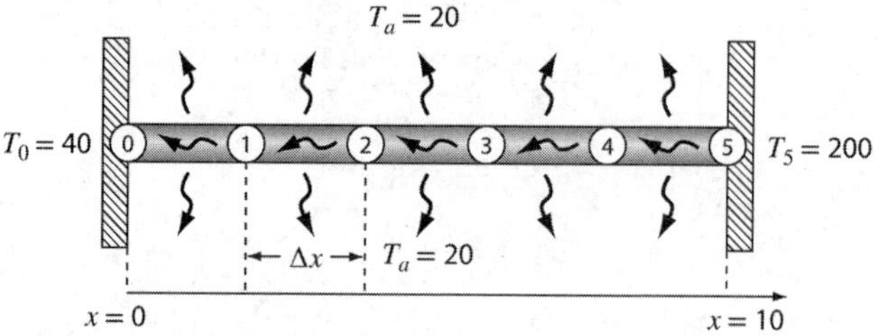

图9.8　一个非绝缘的均匀棒，位于两堵恒温但不同温度的墙壁之间。有限差分代表采用四个内部节点

收集项并替换参数，得到

$$-T_{i-1} + 2.04T_i - T_{i+1} = 0.8 \tag{9.26}$$

由此，式(9.24)由微分方程转化为代数方程。式(9.26)现在可以应用于每个内部节点：

$$\begin{aligned}
-T_0 + 2.04T_1 - T_2 &= 0.8 \\
-T_1 + 2.04T_2 - T_3 &= 0.8 \\
-T_2 + 2.04T_3 - T_4 &= 0.8 \\
-T_3 + 2.04T_4 - T_5 &= 0.8
\end{aligned} \tag{9.27}$$

可将固定端温度的值 $T(0)=40$ 和 $T_5=200$ 代入并移至右侧。结果是四个方程，四个未知数，以矩阵形式表示为

$$\begin{bmatrix} 2.04 & -1 & 0 & 0 \\ -1 & 2.04 & -1 & 0 \\ 0 & -1 & 2.04 & -1 \\ 0 & 0 & -1 & 2.04 \end{bmatrix} \begin{Bmatrix} T_1 \\ T_2 \\ T_3 \\ T_4 \end{Bmatrix} = \begin{Bmatrix} 40.8 \\ 0.8 \\ 0.8 \\ 200.8 \end{Bmatrix} \tag{9.28}$$

这样，原来的微分方程已经转化成等价的线性代数方程组。因此，我们可使用本章所述的技术来求解温度。例如，使用 Python 的 linalg.solve 函数，

```python
A = np.matrix('2.04 -1 0 0 ; -1 2.04 -1 0 ; 0 -1 2.04 -1 ; 0 0 -1 2.04')
b = np.matrix(' 40.8 ; 0.8 ; 0.8 ; 200.8 ')
T = np.linalg.solve(A,b)
print('Temperatures in degC are:')
for i in range(4):
 print(' {0:6.2f}'.format(T[i,0]))

Temperatures in degC are:
   65.97
   93.78
  124.54
  159.48
```

还可以绘制一个图，将这些结果与通过式(9.25)获得的解析解进行比较。

```python
import pylab
Tplot = np.zeros((6))
Tplot[0] = 40
Tplot[5] = 200
for i in range(1,5):
```

```
Tplot[i] = T[i-1]
xplot = np.linspace(0,10,6)
xanlyt = np.linspace(0,10)
TT = lambda x: 73.4523*np.exp(0.1*x)-53.4523*np.exp(-0.1*x)+20
Tanlyt = TT(xanlyt)
pylab.plot(xplot,Tplot,c='k',marker='o')
pylab.plot(xanlyt,Tanlyt,c='k')
pylab.grid()
pylab.xlabel('x')
pylab.ylabel('T')
pylab.title('Analytical(line)and numerical(points)solutions')
```

通过观察图9.9，我们可以看到，数值结果与用微积分得到的结果非常接近。

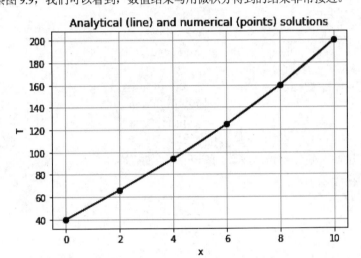

图9.9 沿加热棒的温度与距离的关系图。同时显示解析解(线)和数值解(点)

注意式(9.28)除了是一个线性方程组外，也是三对角线矩阵。利用图9.7中的三角函数，我们可以采用一种有效的求解方法得到解：

```
n = 4
e = np.zeros([n])
f = np.zeros([n])
g = np.zeros([n])
for i in range(n):
  f[i] = 2.04
  if i < n-1:
    g[i] = -1
  if i > 0 :
    e[i] = -1
r = np.array(([40.8],[0.8],[0.8],[200.8]))

T = tridiag(e,f,g,r)
print('Temperatures in degC are:')
for i in range(4):
  print('  {0:6.2f}'.format(T[i]))

Temperatures in degC are:
```

```
65.97
93.78
124.54
159.48
```

　　该方程组呈现为三对角，因为每个节点仅依赖于其相邻节点。由于我们按顺序给节点编号，所以得到的方程是三对角方程。这种情况在求解一维系统(例如加热棒)的方程组时经常发生。

习题

　　9.1　对于三对角算法(图 9.7)，确定总浮点运算次数作为方程数 n 的函数。

　　9.2　使用图解法求解

$$4x_1-8\,x_2=-24$$
$$x_1+6\,x_2=34$$

将结果代入式中进行检查。

　　9.3　使用图解法求解

$$-1.1x_1+10\,x_2=120$$
$$-2x_1+17.4\,x_2=174$$

　　(a)　通过将结果代入方程式来检查结果。

　　(b)　在图形解的基础上，你对方程组的状况有什么期望？

　　9.4　给定方程组

$$-3x_2+7\,x_3=4$$
$$x_1+2\,x_2-x_3=0$$
$$5x_1-2\,x_2=3$$

　　(a)　计算行列式。

　　(b)　使用克莱默法则求解 x。

　　(c)　使用带部分主元消元的高斯消元法求解 x。计算行列式作为计算过程的一部分，以验证(a)中计算的值。

　　(d)　将结果代回原方程以检验你的解。

　　9.5　给定方程组

$$5x_1-x_2=-9.5$$
$$1.02x_1-2x_2=-18.8$$

　　(a)　以图形方式求解。

　　(b)　计算行列式。

　　(c)　根据(a)和(b)，你对方程组的状况有什么期望？

　　(d)　通过消除未知数求解。

　　(e)　再次求解，但将 a_{11} 改为 0.52。解释你的结果。

　　9.6　给定方程组

$$10x_1+2\,x_2-x_3=27$$
$$-3x_1-5\,x_2+2x_3=-61.5$$
$$x_1+x_2+6x_3=-21.5$$

　　(a)　通过朴素高斯消元法求解。显示计算的所有步骤。

　　(b)　将结果代回原方程以检验你的答案。

9.7　给定方程组

$$2x_1 - 6x_2 - x_3 = -38$$
$$-3x_1 - x_2 + 7x_3 = -34$$
$$-8x_1 + x_2 - 2x_3 = -20$$

(a) 使用部分主元消元的高斯消元法求解。使用对角线元素来计算行列式作为计算过程的一部分。显示计算的所有步骤。

(b) 将结果代回原方程以检验你的答案。

9.8　执行与例 9.5 中相同的计算，但使用如下的三对角方程组：

$$\begin{bmatrix} 0.8 & -0.4 & 0 \\ -0.4 & 0.8 & -0.4 \\ 0 & -0.4 & 0.8 \end{bmatrix} \begin{bmatrix} x_1 \\ x_2 \\ x_3 \end{bmatrix} = \begin{bmatrix} 41 \\ 25 \\ 105 \end{bmatrix}$$

9.9　下图显示了由管道连接的三个混合良好的容器。如上所述，化学物质通过每根管道的传输速率等于流量 $Q(\text{L/s})$ 乘以该管道中的浓度 $c(\text{mg/L})$。由于容器混合良好，因此管道中的任意一处浓度都与它流出的容器的浓度相同。如果系统处于稳定状态，则进入容器的总传输速率将等于容器输出的总传输速率。为每个容器建立质量平衡方程，并求解三个得到的线性代数方程以确定容器浓度。使用第 9 章中介绍的 Python 求解函数之一。与容器 1 和 3 的外部进料有关的体积流量是多少？

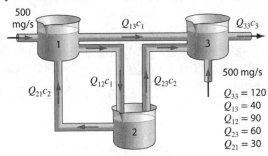

9.10　一名土木工程师参与一个建设项目，分别需要 4800m^3、5800m^3 和 5700m^3 的沙子、细砾石和粗砾石。有三个坑可以获得这些材料。这些坑中的物质成分如下。

	沙子%	细砾石%	粗砾石%
坑 1	55	30	15
坑 2	25	45	30
坑 3	25	20	55

为了满足工程师的需要，必须从每个坑中取出多少立方米的材料？使用本章介绍的 Python 函数之一来求解这个问题。

9.11　电气工程师负责监督三种电气元件的生产。生产需要金属、塑料和橡胶三种材料。生产每个元件所需的数量如下。

元件	金属/(g/元件)	塑料/(g/元件)	橡胶/(g/元件)
1	15	0.30	1.0
2	17	0.40	1.2
3	19	0.55	1.5

如果每天总共分别提供 3.89kg、0.095kg 和 2.82kg 的金属、塑料和橡胶，那么每种类型的元件每天可以生产多少个？使用本章介绍的 Python 函数之一来求解问题。

9.12 高黏性流体在管道中的流动受流量和压降之间的线性关系控制，这一关系由泊肃叶(Poiseuille)方程给出：

$$Q = \frac{\pi R^4}{8\mu L}\, \Delta P$$

其中 Q=体积流量(m^3/s)，ΔP=管道长度上的压降(Pa)，R=管道内半径(m)，μ=流体黏度(Pa.s)，L=管道长度(m)。同样，流体经过一个阻碍(例如阀门)，也有线性关系：

$$Q = C_v \Delta P$$

其中 C_v=取决于设计和制造商的阀门系数，$m^3/$(s·Pa)。

在下图所示的流体网络中，正排量齿轮泵以给定的流速排出黏性流体。流体是高度不可压缩的，在给定压力下，流体流经网络并以相同但较低的流速排出。需要计算网络两个分支中的流量，以及图中节点 0 到 6 处的七个压力。使用以下参数值求解。使用 Python 的 gausspivot 函数。

管道	直径/mm	长度/cm
0-1	20.8	40
1-2	15.7	60
1-3	15.7	50
4-6	15.7	150
5-6	15.7	100
6-7	26.7	75

阀门	C_v(m^3/s/Pa)
2-4	2.00E-09
3-5	2.75E-09

Q_0=14 升/分钟

P_7=200 000Pa

流体：0℃的高果糖玉米糖浆。

黏度：24 Pa·s=24000 厘泊。

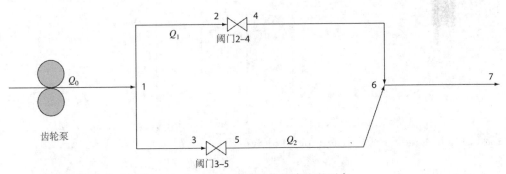

以新增的单位升/分钟和 psi(1psi≈6895 Pa)报告你的流速和压力。

提示：管道有六个方程，阀门有两个方程，三个流量有一个方程。一定要把管道的测量值单位转换为米。

9.13 下图描述了一个多级萃取过程。在这样的体系中，一股质量分数为 y_{in} 的化学物质以质量流量 F_1 从左侧进入。同时，不混溶的溶剂含有质量分数为 x_{in} (通常为零或接近于零)的相同物质，以流速 F_2 从右侧进入。在每个阶段，两股不混溶的流体相互接触，化学物质从一种溶剂转移到另一种溶剂中。对于第 i 个阶段，物质的质量平衡可以写成：

$$F_1 y_{i-1} + F_2 x_{i+1} = F_1 y_i + F_2 x_i \tag{p9.13a}$$

或分配系数：

$$K = \frac{x_i}{y_i} \tag{p9.13b}$$

如果求解式(P9.13b)中的 x_i 并将结果代入式(9.13a)，结果可以写成：

$$-y_{i-1} + \left(1 + \frac{F_2}{F_1}K\right) y_i - \left(\frac{F_2}{F_1}K\right) y_{i+1} = 0 \tag{p9.13c}$$

如果 F_1=500kg/hr，F_2=1000kg/hr，y_{in}=0.1，x_{in}=0，K=4，确定五级萃取器的 y_{out} 和 x_{out} 的值。注意，必须针对第一阶段和最后阶段的式(P9.13c)进行修改，将已知的入口分数考虑进去。在你的解法中使用 Python 函数 tridiag。将结果显示为 y 和 x 与阶段数的关系图。

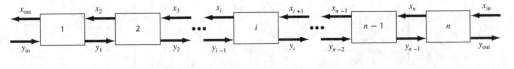

9.14 齿轮泵向下图所示的流体网络输送 Q_1=100mL/min 的高黏度流体。每个管段的长度和直径都相同。可以简化质量平衡和机械能平衡以获得每条管道中的流量。求解以下方程组以确定它们的流量。你可以排列方程，使它们形成一个三对角系统，然后使用 Python 的 tridiag 函数求解。

$$Q_3 + 2Q_4 - 2Q_2 = 0 \qquad Q_1 = Q_2 + Q_3$$
$$Q_5 + 2Q_6 - 2Q_4 = 0 \qquad Q_3 = Q_4 + Q_5$$
$$3Q_7 - 2Q_6 = 0 \qquad Q_5 = Q_6 + Q_7$$

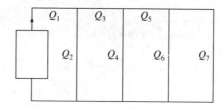

9.15 一个桁架负载如下图所示。使用以下方程组求解十个未知数 AB、BC、AD、BD、CD、DE、CE、A_x、A_y 和 E_y。使用 gausspivot 函数求解。

$$A_x + AD = 0 \qquad\qquad -24 - CD - \frac{4}{5}CE = 0$$

$$A_y + AB = 0 \qquad\qquad -AD + DE - \frac{3}{5}BD = 0$$

$$74 + BC + \frac{3}{5}BD = 0 \qquad\qquad CD + \frac{4}{5}BD = 0$$

$$-AB - \frac{4}{5}BD = 0 \qquad\qquad -DE - \frac{3}{5}CE = 0$$

$$-BC + \frac{3}{5}CE = 0 \qquad\qquad E_y + \frac{4}{5}CE = 0$$

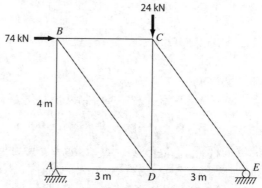

9.16 一个五对角带状方程组可以表示为

$$
\begin{bmatrix}
f_1 & g_1 & h_1 & 0 & 0 & 0 & \cdots & 0 \\
e_2 & f_2 & g_2 & h_2 & 0 & 0 & \cdots & 0 \\
d_3 & e_3 & f_3 & g_3 & h_3 & 0 & \cdots & 0 \\
\vdots & \ddots & \ddots & \ddots & \ddots & \ddots & \vdots & \vdots \\
\vdots & \ddots & \ddots & \ddots & \ddots & \ddots & \ddots & \vdots \\
0 & \cdots & 0 & d_{n-2} & e_{n-2} & f_{n-2} & g_{n-2} & h_{n-2} \\
0 & \cdots & 0 & 0 & d_{n-1} & e_{n-1} & f_{n-1} & g_{n-1} \\
0 & \cdots & 0 & 0 & 0 & d_n & e_n & f_n
\end{bmatrix}
\begin{Bmatrix}
x_1 \\ x_2 \\ x_3 \\ \vdots \\ \vdots \\ x_{n-2} \\ x_{n-1} \\ x_n
\end{Bmatrix}
=
\begin{Bmatrix}
r_1 \\ r_2 \\ r_3 \\ \vdots \\ \vdots \\ r_{n-2} \\ r_{n-1} \\ r_n
\end{Bmatrix}
$$

开发一个 Python 函数 pentadiag,不使用类似于第 9.4.1 节中用于三对角系统的算法的主元消元方式,来求解这样一个线性代数方程组。用以下方程组对函数进行测试:

$$
\begin{bmatrix}
8 & -2 & -1 & 0 & 0 \\
-2 & 9 & -4 & -1 & 0 \\
-1 & -3 & 7 & -1 & -2 \\
0 & -4 & -2 & 12 & -5 \\
0 & 0 & -7 & -3 & -15
\end{bmatrix}
\begin{Bmatrix}
x_1 \\ x_2 \\ x_3 \\ x_4 \\ x_5
\end{Bmatrix}
=
\begin{Bmatrix}
5 \\ 2 \\ 1 \\ 1 \\ 5
\end{Bmatrix}
$$

使用第 8 章中的求解方法，例如 np.linalg.solve，检查你的答案。

9.17 根据图 9.6 开发 Python 函数 gausspivot2，以实现部分主元消元的高斯消元。修改代码，使其除了计算解之外，还计算并返回行列式(带有正确符号)。为避免容差而进行行交换之后，该函数还应通过测试每个主元元素的绝对值来检查奇点或接近奇点。容差应该是参数之一，默认值为 1 $\times 10^{-12}$。当值低于容差时，函数会返回错误消息。使用习题 9.5 中的方程和 1×10^{-5} 的容差值来测试你的程序。

9.18 如第 9.5 节所述，通过有限差分逼近法求解微分方程，这个过程中可以得到线性代数方程。例如，沿流动轴 x 的流体中化学物质的稳态质量平衡，其微分方程如下：

$$0 = D\frac{\mathrm{d}^2 c}{\mathrm{d}c^2} - U\frac{\mathrm{d}c}{\mathrm{d}x} - kc$$

其中 c=化学物质的浓度，x=轴向距离，D=分散系数，U=流体速度，k=一阶衰减率。

(a) 使用有限差分技术将该微分方程转换为等价的联立代数方程组。对一阶导数使用反向差分近似，对二阶导数使用中心差分近似。

(b) 开发一个名为 YourLastName_StreamCalc 的 Python 函数，使用 n 个内部节点在域 $0 \leqslant x \leqslant L$ 上求解这些方程，相当于 $\Delta x = L/(n+1)$。该函数应返回浓度和距离。函数应该包含参数 D、U、k、c_0、c_L、L 和 n。

(c) 给定下列值，在域 $0 \leqslant x \leqslant 10\mathrm{m}$ 上求解方程，并绘制浓度与距离的关系图。为了获得良好的近似值，请使用 25 个内部节点。

D=2 $\mathrm{m^2/d}$，U=1 m/d，k=0.21/d，$c(0)$=80 mg/L，$c(10)$=20 mg/L

9.19 具有均匀载荷的梁的力平衡结果如下。

$$0 = EI\frac{\mathrm{d}^2 y}{\mathrm{d}x^2} - \frac{wL}{2}x + \frac{w}{2}x^2$$

其中 x=沿梁的距离(m)，y=挠度(m)，L=梁长(m)，E=弹性模量($\mathrm{N/m^2}$)，I=惯性矩($\mathrm{m^4}$)，w=均匀载荷(N/m)。

(a) 利用二阶导数的中心差分近似，将该微分方程转换为一组联立代数方程。

(b) 开发一个 Python 函数，名为 YourLastName_BeamCalc，在域 $0 \leqslant x \leqslant L$ 上求解这些方程，返回挠度和距离。函数应该包含参数 E、I、w、y_0、y_L、L 和 n，其中 n=内部节点的数量。

(c) 编写一个 Python 脚本，调用函数并绘制 y 与 x 的关系图。

d) 使用以下参数值测试你的脚本：L=3m，Δx=0.2m，E=250$\times 10^9 \mathrm{N/m^2}$，$I$=3$\times 10^{-4}$ $\mathrm{m^4}$，w=22 500 N/m，$y(0)$，$y(L)$=0。

9.20 热量沿着位于两壁之间的金属棒传导，两壁的温度都是固定的。除了通过金属传导外，热量还在棒和周围空气之间传递。根据热能平衡，沿棒的温度分布由以下二阶微分方程描述：

$$0 = \frac{\mathrm{d}^2 T}{\mathrm{d}x^2} + h'(T_a - T)$$

其中 T=棒温度，h'=反映对流对传导的相对重要性的整体传热系数，x=沿棒的距离，T_a=环境温度。

(a) 利用二阶导数的中心差分近似，将该微分方程转换为等价的联立代数方程组。

(b) 开发一个名为YourLastName_RodCalc 的 Python 函数，在域 $0 \leqslant x \leqslant L$ 上求解这些方程，返回得到的温度和距离。函数应该包含参数 h'、T_a、T_0、T_L，L 和 n，其中 n 是内部节点的数量。

(c) 编写一个 Python 脚本，调用函数并绘制 y 与 x 的关系图。

(d) 使用以下参数值测试你的脚本和函数：$h'=0.0425\text{m}^{-2}$，$L=12\text{m}$，$T_a=30\text{℃}$，$T_0=60\text{℃}$，$T_L=200\text{℃}$，$n=50$。

第 10 章

LU 因式分解法

本章学习目标

本章的主要目的是让你熟悉 LU 因式分解法。涵盖的具体目标和主题如下：

- 理解 LU 分解涉及将系数矩阵分解为两个三角矩阵，然后可用于高效地计算不同的右端向量的值。
- 了解如何将高斯消元表示为 LU 分解。
- 给定一个 LU 分解，知道如何计算多个右端向量。
- 认识到乔里斯基(Cholesky)分解法为分解对称矩阵提供了一种有效途径，由此得到的三角矩阵及其转置矩阵可用来高效地计算右端向量。
- 一般理解当 Python 的 NumPy 模块中的 linalg.solve 函数用于求解一组线性代数方程时会发生什么。
- 了解如何使用 Python 的内置功能来计算和确定多项式的根。

如第 9 章所述，高斯消元旨在求解线性代数方程组：

$$[A]\{x\} = \{b\} \tag{10.1}$$

虽然它确实代表了一种解决此类方程组的合理方法，但在求解具有相同系数[A]但具有不同右端常数{b}的方程时，它会变得效率低下。

回想一下，高斯消元包括两个步骤：前向消元和反向替换(图 9.3)。正如在 9.2.2 节中学到的那样，前向消元步骤包含了大量计算工作。对于大型方程组尤其如此。

LU 分解法将耗时的矩阵[A]的消元与右端{b}的操作分开。因此，一旦[A]被"分解"或"简化"，就可以高效地计算多个右端向量。有趣的是，高斯消元本身可以表示为 LU 分解。在展示如何做到这一点之前，让我们先准备好因式分解策略的数学概述。

10.1 LU 分解法概述

就像高斯消元一样，LU 分解需要主元消元以避免被零除。但为了简化下面的描述，将省略主元消元。此外，以下说明仅限于三个联立方程组。结果可直接扩展到 n 维方程组。

式(10.1)可以重新排列得到：

$$[A]\{x\} - \{b\} = 0 \tag{10.2}$$

假设式(10.2)可表示为一个上三角方程组。例如，对于 3×3 方程组：

$$\begin{bmatrix} u_{11} & u_{12} & u_{13} \\ 0 & u_{22} & u_{23} \\ 0 & 0 & u_{33} \end{bmatrix} \begin{Bmatrix} x_1 \\ x_2 \\ x_3 \end{Bmatrix} = \begin{Bmatrix} d_1 \\ d_2 \\ d_3 \end{Bmatrix} \tag{10.3}$$

要知道，这和高斯消元第一步的操作类似。即利用消元将方程组简化为上三角形式。式(10.3)也可用矩阵符号表示，并重新排列得到：

$$[U]\{x\} - \{d\} = 0 \tag{10.4}$$

现在，假设有一个对角线上是 1 的下对角矩阵：

$$[L] = \begin{bmatrix} 1 & 0 & 0 \\ l_{21} & 1 & 0 \\ l_{31} & l_{32} & 1 \end{bmatrix} \tag{10.5}$$

当式(10.4)被它预乘时，式(10.2)就是结果。也就是说：

$$[L]\{[U]\{x\} - \{d\}\} = [A]\{x\} - \{b\} \tag{10.6}$$

如果这个式成立，它遵循矩阵乘法的规则：

$$[L][U] = [A] \tag{10.7}$$

且

$$[L]\{d\} = \{b\} \tag{10.8}$$

基于式(10.3)、式(10.7)和式(10.8)，可采用两步策略(见图 10.1)求解。

(1) LU 分解步骤。[A]被分解或"简化"为下[L]和上[U]三角矩阵。

(2) 替换步骤。[L]和[U]用于确定右端{b}的解{x}。此步骤本身包含两个步骤。首先，利用式(10.8)通过前向替换生成中间向量{d}。然后，将结果代入式(10.3)，可通过反向替换{x}来求解。

现在，让我们展示如何以这种方式实现高斯消元。

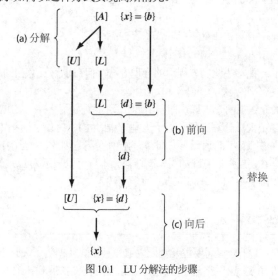

图 10.1 LU 分解法的步骤

10.2　LU 分解的高斯消元

虽然高斯消元从表面上看起来可能与 LU 分解无关，但它可将[*A*]分解为[*L*]和[*U*]。通过[*U*]很容易看出，它是前向消元的直接产物。回顾一下，前向消元步骤旨在将原始系数矩阵[*A*]简化为如下形式：

$$[U] = \begin{bmatrix} a_{11} & a_{12} & a_{13} \\ 0 & a'_{22} & a'_{23} \\ 0 & 0 & a''_{33} \end{bmatrix} \tag{10.9}$$

即所需的上三角形式。

虽然可能不是那么明显，但是矩阵[*L*]也在这一步中生成。对于三方程组，这可以很容易地说明：

$$\begin{bmatrix} a_{11} & a_{12} & a_{13} \\ a_{21} & a_{22} & a_{23} \\ a_{31} & a_{32} & a_{33} \end{bmatrix} \begin{Bmatrix} x_1 \\ x_2 \\ x_3 \end{Bmatrix} = \begin{Bmatrix} b_1 \\ b_2 \\ b_3 \end{Bmatrix}$$

高斯消元的第一步是将第 1 行乘以因子[回忆式(9.9)]：

$$f_{21} = \frac{a_{21}}{a_{11}}$$

然后从第二行中减去结果，消去 a_{21}。同样，第 1 行乘以

$$f_{31} = \frac{a_{31}}{a_{11}}$$

然后从第三行减去结果，消去 a_{31}。最后一步是将加减后的第二行乘以

$$f_{32} = \frac{a'_{32}}{a'_{22}}$$

然后从第三行中减去结果，消去 a'_{32}。

现在，假设我们只对矩阵[*A*]执行所有这些操作。显然，如果我们不想改变方程，我们也必须对右端{*b*}做同样的事情。但是，我们完全没有理由同时执行这些操作。因此，我们可以保存 *f* 并在之后操作{*b*}。

我们在哪里存储因子 f_{21}、f_{31} 和 f_{32} 呢？回顾一下，消元背后的整个想法是在 a_{21}、a_{31} 和 a_{32} 中创造出零。因此，可以将 f_{21} 存储在 a_{21} 中，将 f_{31} 存储在 a_{31} 中，将 f_{32} 存储在 a_{32} 中。

所以，消元后，[A]矩阵可以写为

$$\begin{bmatrix} a_{11} & a_{12} & a_{13} \\ f_{21} & a'_{22} & a'_{23} \\ f_{31} & f_{32} & a''_{33} \end{bmatrix} \tag{10.10}$$

实际上，这个矩阵代表了[*A*]的 LU 分解的有效存储：

$$[A] \rightarrow [L][U] \tag{10.11}$$

其中

$$[U] = \begin{bmatrix} a_{11} & a_{12} & a_{13} \\ 0 & a'_{22} & a'_{22} \\ 0 & 0 & a''_{33} \end{bmatrix} \tag{10.12}$$

且

$$[L] = \begin{bmatrix} 1 & 0 & 0 \\ f_{21} & 1 & 0 \\ f_{31} & f_{32} & 1 \end{bmatrix} \tag{10.13}$$

下面的例子证实[*A*]=[*L*] [*U*]。

例 10.1　使用高斯消元的 LU 分解

问题描述。基于先前在例 9.3 中执行的高斯消元推导出 LU 分解。

问题解答。在例 9.3 中，我们使用高斯消元法求解一组具有以下系数矩阵的线性代数方程:

$$[A] = \begin{bmatrix} 3 & -0.1 & -0.2 \\ 0.1 & 7 & -0.3 \\ 0.3 & -0.2 & 10 \end{bmatrix}$$

前向消元后，得到如下的上三角矩阵:

$$[U] = \begin{bmatrix} 3 & -0.1 & -0.2 \\ 0 & 7.00333 & -0.293333 \\ 0 & 0 & 10.0120 \end{bmatrix}$$

用于获得上三角矩阵的因子可组合成下三角矩阵。利用因子:

$$f_{21} = \frac{0.1}{3} = 0.0333333 \qquad f_{31} = \frac{0.3}{3} = 0.1000000$$

消去了元素 a_{21} 和 a_{31}。

并使用因子:

$$f_{32} = \frac{-0.19}{7.00333} = -0.0271300$$

消去了元素 a_{32}。

因此，下三角矩阵是:

$$[L] = \begin{bmatrix} 1 & 0 & 0 \\ 0.0333333 & 1 & 0 \\ 0.100000 & -0.0271300 & 1 \end{bmatrix}$$

得到结果，LU 分解为:

$$[A] = [L][U] = \begin{bmatrix} 1 & 0 & 0 \\ 0.0333333 & 1 & 0 \\ 0.100000 & -0.0271300 & 1 \end{bmatrix} \begin{bmatrix} 3 & -0.1 & -0.2 \\ 0 & 7.00333 & -0.293333 \\ 0 & 0 & 10.0120 \end{bmatrix}$$

这个结果可通过 $[L][U]$ 的乘法得到验证:

$$[L][U] = \begin{bmatrix} 3 & -0.1 & -0.2 \\ 0.0999999 & 7 & -0.3 \\ 0.3 & -0.2 & 9.99996 \end{bmatrix}$$

其中的微小差异是由于四舍五入造成的。

矩阵分解后，可为特定的右端向量 $\{b\}$ 生成解。这需要分两步完成。首先，通过求解式(10.8)中的 $\{d\}$ 执行前向替换步骤。重要的是要认识到，这仅仅相当于对 $\{b\}$ 执行消元操作。因此，在这一步结束时，右端的状态将与我们同时对 $[A]$ 和 $\{b\}$ 执行前向操作时的状态相同。

前向替换步骤可以简洁地表示为:

$$d_i = b_i - \sum_{j=1}^{i-1} l_{ij} d_j \qquad i = 1, 2, \ldots, n$$

然后，仅相当于执行反向替换来求解式(10.3)。同样，重要的是要认识到，这与传统高斯消元的反向替换阶段相同[与式(9.12)和式(9.13)比较]:

$$x_n = d_n / u_{nn}$$

$$x_i = \frac{d_i - \sum_{j=i+1}^{n} u_{ij} x_j}{u_{ii}} \qquad 其中 \ i = n-1, n-2, \ldots, 1$$

例 10.2 替换步骤

问题描述。通过生成具有前向和反向替换的最终解，完成例 10.1 中提出的问题。

问题解答。如前所述，前向替换的目的是对右端向量 $\{b\}$ 施加我们之前对 $[A]$ 应用的消元操作。回想一下，要解答的方程组是：

$$\begin{bmatrix} 3 & -0.1 & -0.2 \\ 0.1 & 7 & -0.3 \\ 0.3 & -0.2 & 10 \end{bmatrix} \begin{Bmatrix} x_1 \\ x_2 \\ x_3 \end{Bmatrix} = \begin{Bmatrix} 7.85 \\ -19.3 \\ 71.4 \end{Bmatrix}$$

传统高斯消元的前向消元阶段结果是：

$$\begin{bmatrix} 3 & -0.1 & -0.2 \\ 0 & 7.00333 & -0.293333 \\ 0 & 0 & 10.0120 \end{bmatrix} \begin{Bmatrix} x_1 \\ x_2 \\ x_3 \end{Bmatrix} = \begin{Bmatrix} 7.85 \\ -19.5617 \\ 70.0843 \end{Bmatrix}$$

前向替换阶段应用式(10.8)来实现：

$$\begin{bmatrix} 1 & 0 & 0 \\ 0.0333333 & 1 & 0 \\ 0.100000 & -0.0271300 & 1 \end{bmatrix} \begin{Bmatrix} d_1 \\ d_2 \\ d_3 \end{Bmatrix} = \begin{Bmatrix} 7.85 \\ -19.3 \\ 71.4 \end{Bmatrix}$$

或乘以左端：

$$d_1 = 7.85$$
$$0.0333333 d_1 + d_2 = -19.3$$
$$0.100000 d_1 - 0.0271300 d_2 + d_3 = 71.4$$

可解出第一个方程 $d_1 = 7.85$，它可以代入第二个方程求解：

$$d_2 = -19.3 - 0.0333333(7.85) = -19.5617$$

d_1 和 d_2 都可代入第三个方程，得到：

$$d_3 = 71.4 - 0.1(7.85) + 0.02713(-19.5617) = 70.0843$$

因此：

$$\{d\} = \begin{Bmatrix} 7.85 \\ -19.5617 \\ 70.0843 \end{Bmatrix}$$

然后可将此结果代入式(10.3)，$[U]\{x\} = \{d\}$：

$$\begin{bmatrix} 3 & -0.1 & -0.2 \\ 0 & 7.00333 & -0.293333 \\ 0 & 0 & 10.0120 \end{bmatrix} \begin{Bmatrix} x_1 \\ x_2 \\ x_3 \end{Bmatrix} = \begin{Bmatrix} 7.85 \\ -19.5617 \\ 70.0843 \end{Bmatrix}$$

这可通过反向替换来求解(详见例 9.3)，最终解如下：

$$\{x\} = \begin{Bmatrix} 3 \\ -2.5 \\ 7.00003 \end{Bmatrix}$$

10.2.1 涉及主元消元的 LU 分解

与标准的高斯消元法一样，部分主元消元对于通过 LU 分解获得可靠解是必要的。一种方法是使用转置矩阵(回忆第 8.1.2 节)。该方法包括以下步骤。

(1) 消元。矩阵 $[A]$ 涉及主元消元的 LU 分解可用矩阵形式表示为：

$$[P][A] = [L][U]$$

上三角矩阵[*U*]是通过部分主元消元生成的，同时将乘数因子存储在[*L*]中，并使用转置矩阵[*P*]来记录行的交换。

(2) 前向替换。矩阵[*L*]和[*P*]用于执行{*b*}的主元消元步骤，以生成中间的右端向量{*d*}。这一步可简洁地表示为以下矩阵公式的解：

$$[L]\{d\} = [P]\{b\}$$

(3) 反向替换。最终解的生成方式与之前用于高斯消元的方式相同。这一步也可简洁地表示为矩阵公式的解：

$$[U]\{x\} = \{d\}$$

下面的例子说明了这种方法。

例 10.3　涉及主元消元的 LU 分解

问题描述。计算 LU 分解并找到例 9.4 中分析的同一方程组的解：

$$\begin{bmatrix} 0.0003 & 3.0000 \\ 1.0000 & 1.0000 \end{bmatrix} \begin{Bmatrix} x_1 \\ x_2 \end{Bmatrix} = \begin{Bmatrix} 2.0001 \\ 1.0000 \end{Bmatrix}$$

问题解答。在消元之前，我们设置初始转置矩阵：

$$[P] = \begin{bmatrix} 1.0000 & 0.0000 \\ 0.0000 & 1.0000 \end{bmatrix}$$

可以立即看出主元消元是必要的，因此在消元之前我们交换行：

$$[A] = \begin{bmatrix} 1.0000 & 1.0000 \\ 0.0003 & 3.0000 \end{bmatrix}$$

同时，通过交换转置矩阵的行来记录主元：

$$[P] = \begin{bmatrix} 0.0000 & 1.0000 \\ 1.0000 & 0.0000 \end{bmatrix}$$

然后通过从 *A* 的第二行中减去因子 $l_{21} = a_{21}/a_{11} = 0.0003/1 = 0.0003$ 来消去 a_{21}。这样，我们计算出 $a'_{22} = 3 - 0.0003(1) = 2.9997$ 的新值。因此，消元步骤完成，结果为：

$$[U] = \begin{bmatrix} 1 & 1 \\ 0 & 2.9997 \end{bmatrix} \qquad [L] = \begin{bmatrix} 1 & 0 \\ 0.0003 & 1 \end{bmatrix}$$

在实施前向替换前，转置矩阵用于重新排序右端向量以反映下式中的主元：

$$[P]\{b\} = \begin{bmatrix} 0.0000 & 1.0000 \\ 1.0000 & 0.0000 \end{bmatrix} \begin{Bmatrix} 2.0001 \\ 1 \end{Bmatrix} = \begin{Bmatrix} 1 \\ 2.0001 \end{Bmatrix}$$

然后，将前向替换应用到下式中：

$$\begin{bmatrix} 1 & 0 \\ 0.0003 & 1 \end{bmatrix} \begin{Bmatrix} d_1 \\ d_2 \end{Bmatrix} = \begin{Bmatrix} 1 \\ 2.0001 \end{Bmatrix}$$

这可以解为 $d_1 = 1$ 和 $d_2 = 2.0001 - 0.0003(1) = 1.9998$。此时，方程组为：

$$\begin{bmatrix} 1 & 1 \\ 0 & 2.9997 \end{bmatrix} \begin{Bmatrix} x_1 \\ x_2 \end{Bmatrix} = \begin{Bmatrix} 1 \\ 1.9998 \end{Bmatrix}$$

应用反向替换给出最终结果：

$$x_2 = \frac{1.9998}{2.9997} = 0.66667$$

$$x_1 = \frac{1 - 1(0.66667)}{1} = 0.33333$$

LU 分解算法需要与高斯消元相同的总浮点运算次数。唯一的区别是在分解阶段花费的精力更少，因为运算没有应用于右端。相反，替换阶段需要耗费更多精力。

10.2.2　应用 Python 的 LU 分解法

Python 中可用的 SciPy 模块在 linalg 子模块中有一个内置函数，用于计算 LU 分解。它具有一般语法[1]：

```
From scipy.linalg import lu
P,L,U=lu(A)
```

其中 P 是转置矩阵，L 是下三角矩阵，U 是上三角矩阵。转置矩阵按列排列以显示行交换。这个函数使用部分主元消元来避免被零除，P 矩阵显示被交换的行。以下示例展示了如何使用它来生成 LU 分解以及例 10.1 和例 10.2 中已解决的问题的解。

例 10.4　应用 Python 的 LU 分解法

问题描述。使用 Python 计算 LU 分解，并求解例 10.1 和例 10.2 中分析的线性方程组：

$$\begin{bmatrix} 3 & -0.1 & -0.2 \\ 0.1 & 7 & -0.3 \\ 0.3 & -0.2 & 10 \end{bmatrix} \begin{bmatrix} x_1 \\ x_2 \\ x_3 \end{bmatrix} = \begin{bmatrix} 7.85 \\ -19.3 \\ 71.4 \end{bmatrix}$$

问题解答。首先，导入 SciPy 和 NumPy 模块，并将系数矩阵和常数向量分别分配给变量 A 和 b。

```
import scipy as sc
import numpy as np
A = np.matrix(' 3 -0.1 -0.2 ; 0.1 7 -0.3 ; 0.3 -0.2 10 ')
b = np.matrix(' 7.85 ; -19.3 ; 71.4 ')
```

接下来，计算 LU 分解

```
P,L,U = sc.linalg.lu(A)
```

其中 P、L、U 为数组(ndarray class)，结果显示如下：

```
print('L=\n',L)
print('U=\n',U)
print('P=\n',P)
L=
 [[ 1.         0.         0.        ]
  [ 0.03333333 1.         0.        ]
  [ 0.1       -0.02712994 1.        ]]
U=
 [[ 3.        -0.1       -0.2       ]
  [ 0.         7.00333333 -0.29333333]]
  [ 0.         0.         10.01204188]]

P=
 [[1. 0. 0.]
  [0. 1. 0.]
  [0. 0. 1.]]
```

P 矩阵表明没有主元交换。我们可以通过将 L 和 U 相乘来检验分解，从而重构出 A。

```
print(L.dot(U))
```

```
[[ 3. -0.1 -0.2]
 [ 0.1 7. -0.3]
 [ 0.3 -0.2 10. ]]
```

注意：$L*U$ 不会产生想要的结果，因为在 ndarray class(数组)中，乘法运算将是一个数组操作，即项与项相乘。

按照第 10.2.1 节中的步骤生成解：

```
d = np.linalg.solve(L,b)
x = np.linalg.solve(U,d)
print(x)
```

```
[[ 3. ]
 [-2.5]
 [ 7. ]]
```

计算结果与例 10.2 中的手工计算结果一致。

10.3　乔里斯基分解法

回想第 8 章，在对称矩阵中，对于所有 i 和 j，$a_{ij}=a_{ji}$。换句话说，$[A]=[A]^{\mathrm{T}}$。这样的方程组通常出现在数学和工程/科学问题的环境中。

对于此类方程组，可以采用特殊解法。它们提供了计算优势，因为它们的解法只需要一半的存储空间和一半的计算时间。

最流行的方法之一是乔里斯基分解法(也称为乔里斯基简化法)。该算法基于对称矩阵可以分解的事实，如：

$$[A] = [U]^{\mathrm{T}} [U] \tag{10.14}$$

也就是说，得到的三角因子是彼此的转置矩阵。

式(10.14)中的各项可以相乘使彼此相等。利用递归关系可有效地生成因式分解。对于第 i 行：

$$u_{ii} = \sqrt{a_{ii} - \sum_{k=1}^{i-1} u_{ki}^2} \tag{10.15}$$

$$u_{ij} = \frac{a_{ij} - \sum_{k=1}^{i-1} u_{ki}u_{kj}}{u_{ii}} \quad \text{其中 } j = i + 1, \ldots, n \tag{10.16}$$

例 10.5 乔里斯基分解法

问题描述。计算下列对称矩阵的乔里斯基分解：

$$[A] = \begin{bmatrix} 6 & 15 & 55 \\ 15 & 55 & 225 \\ 55 & 225 & 979 \end{bmatrix}$$

问题解答。第一行($i=1$)采用式(10.15)计算：

$$u_{11} = \sqrt{a_{11}} = \sqrt{6} \approx 2.44949$$

然后由式(10.16)确定：

$$u_{12} = \frac{a_{12}}{u_{11}} = \frac{15}{2.44949} \approx 6.123724$$

$$u_{13} = \frac{a_{13}}{u_{11}} = \frac{55}{2.44949} \approx 22.45366$$

对于第二行($i=2$)：

$$u_{22} = \sqrt{a_{22} - u_{12}^2} = \sqrt{55 - (6.123724)^2} \approx 4.1833$$

$$u_{23} = \frac{a_{23} - u_{12}u_{13}}{u_{22}} = \frac{225 - 6.123724(22.45366)}{4.1833} \approx 20.9165$$

对于第三行($i=3$)：

$$u_{33} = \sqrt{a_{33} - u_{13}^2 - u_{23}^2} = \sqrt{979 - (22.45366)^2 - (20.9165)^2} \approx 6.110101$$

因此，乔里斯基因式分解得到：

$$[U] = \begin{bmatrix} 2.44949 & 6.123724 & 22.45366 \\ & 4.1833 & 20.9165 \\ & & 6.110101 \end{bmatrix}$$

这种分解的有效性可通过将它和它的转置矩阵代入式(10.14)来验证，看它们的乘积是否得到原始矩阵[A]。这个留作练习。

得到分解后，可用类似于 LU 分解的方法来确定右端向量{b}的解。首先，通过求解下式创建一个中间向量{d}：

$$[U]^T \{d\} = \{b\} \tag{10.17}$$

然后通过求解下式得到最终解：

$$[U]\{x\} = \{d\} \tag{10.18}$$

10.3.1　Python 函数：scipy.linalg.cholesky

Python 的 SciPy 模块有一个 cholesky 函数，用于生成乔里斯基分解。它有一般的语法：

```
Import scipy as sc
U=sc.linalg.cholesky(A)
```

其中 U 是一个上三角矩阵，满足 $U^TU=X$。下面的例子表明，它可以用来生成我们在前面例子中看到的同一矩阵的分解以及解。

例 10.6　应用 Python 的乔里斯基分解法

问题描述。 使用 Python 计算我们在例 10.5 中分析的同一个矩阵的乔里斯基分解。

$$A = \begin{bmatrix} 6 & 15 & 55 \\ 15 & 55 & 225 \\ 55 & 225 & 979 \end{bmatrix}$$

此外，获得一个常数向量的解，它是 A 的行之和。注意，这种情况下，答案将是一个由 1 组成的向量。

问题解答。首先，导入 SciPy 和 NumPy 模块，创建 *A* 矩阵和 *b* 向量：

```
import numpy as np
from scipy.linalg import cholesky

A = np.matrix(' 6 15 55 ; 15 55 225 ; 55 225 979')
b = np.matrix([ [np.sum(A[0,:])],[np.sum(A[1,:])],[np.sum(A[2,:])]])
print(b)
```

结果显示：

```
[[ 76]
 [ 295]
 [1259]]
```

接下来，可以计算并显示乔里斯基分解：

```
U = cholesky(A)
print(U)

[[ 2.44948974 6.12372436 22.45365598]
 [ 0.    4.18330013 20.91650066]
 [ 0.    0.    6.11010093]]
```

可以重建原始矩阵：

```
Ut = U.transpose()
Atest = Ut.dot(U)
print('Atest=\n',Atest)
```

结果显示：

```
Atest=
[[ 6. 15. 55.]
 [ 15. 55. 225.]
 [ 55. 225. 979.]]
```

为生成解，我们执行指令：

```
d = np.linalg.solve(Ut,b)
x = np.linalg.solve(U,d)
print('Solution is\n',x)
```

然后不出所料，结果是：

```
Solution is
[[1.]
 [1.]
 [1.]]
```

10.4　Python 的 np.linalg.solve 函数

我们之前介绍并使用了 NumPy linalg 子模块中的 solve 函数，但没有明确说明它的工作原理。现在我们已经了解了矩阵求解技术的一些背景知识，可以对其操作提供一个简化的描述。

solve 函数派生自 LAPACK 库中的另一个例行程序。如本章所述，它使用带有部分主元消元的 LU 分解来生成三个矩阵 *P*、*L* 和 *U*，这样矩阵乘积 *P*×*L*×*U* 就可以重构系数矩阵 *A*。LAPACK 是

Linear Algebra Package(线性代数包)的首字母缩写词,是一个数值线性代数的软件库。这个库有着丰富而悠久的历史,可以追溯到 20 世纪 70 年代,最初是用 FORTRAN 语言编写的。

在 SciPy linalg 子模块中还有一个名为 lu_solve 的函数,可在调用 lu_factor 函数之前通过 LU 分解求解线性方程组[1]。

习题

10.1　对于高斯消元的 LU 分解法中(a)因式分解、(b)前向替换和(c)反向替换阶段,确定总浮点运算次数作为方程数 n 的函数。

10.2　利用矩阵乘法的法则来证明式(10.7)和式(10.8)由式(10.6)得到。

10.3　根据第 10.2 节的描述,使用朴素高斯消元法对下列方程组进行因式分解。

$$10x_1 + 2x_2 - x_3 = 27$$
$$-3x_1 - 6x_2 + 2x_3 = -61.5$$
$$x_1 + x_2 + 5x_3 = -21.5$$

然后,将得到的 L 和 U 矩阵相乘,确定结果是 A。

10.4(a)利用 LU 分解求解习题 10.3 中的方程组。显示计算中的所有步骤;(b)同时,求解该方程组的转置常数向量。

$$b^T = [12 \quad 18 \quad -6]$$

10.5　使用具有部分主元消元的 LU 分解求解下列方程组。

$$2x_1 - 6x_2 - x_3 = -38$$
$$-3x_1 - x_2 + 7x_3 = -34$$
$$-8x_1 + x_2 - 2x_3 = -40$$

10.6　开发你自己的 Python 函数,称为 lu_factor,以执行不带有部分主元消元的矩形矩阵的 LU 分解。也就是说,该函数有一个参数矩阵 A,并返回两个结果,矩阵 L 和 U。使用它来解答习题 10.3 中的方程组,以测试你的函数。通过验证 $LU=A$ 并使用 SciPy 中的 linalg.lu 函数来确认你的函数正常工作。

10.7　代入式(10.14)的结果以验证 U^T 和 U 的乘积得到 A,来验证例 10.5 的乔里斯基分解的有效性。

10.8(a)手工对下列对称方程组进行乔里斯基分解。

$$\begin{bmatrix} 8 & 20 & 15 \\ 20 & 80 & 50 \\ 15 & 50 & 60 \end{bmatrix} \begin{bmatrix} x_1 \\ x_2 \\ x_3 \end{bmatrix} = \begin{bmatrix} 50 \\ 250 \\ 100 \end{bmatrix}$$

(b)　使用 SciPy 中 linalg 子模块中的 cholesky 函数验证你的手工计算。

(c)　使用分解的结果,即 U 矩阵,来确定给定常数向量的解。

10.9　开发你自己的 Python 函数,名为 chol,来确定不涉及主元消元的对称矩阵的乔里斯基分解。该函数应接收一个对称矩阵作为其参数,并返回乔里斯基 U 矩阵。它应该检查输入的矩阵是不是方形矩阵和对称矩阵,如果测试失败,则返回适当的错误消息。使用习题 10.8 中的系数矩阵测试函数,并使用 SciPy linalg 子模块中的 cholesky 函数来确认函数正常工作。

10.10　通过涉及主元消元的 LU 分解求解以下方程组。使用 Python 的 SciPy 模块中的 linalg.lu

---

1 需要注意,如果 A 不是方阵,QR 算法将提供形式为一元/正交矩阵和上三角矩阵的因式分解。在 SciPy 模块和 linalg 子模块中,函数是 qr。

函数。从得到的转置矩阵 **P** 中确定发生了哪些行交换。

$$-x_1 - 2x_2 + 5x_3 = -26$$
$$3x_1 - 2x_2 + x_3 = -10$$
$$2x_1 + 6x_2 - 4x_3 = 44$$

10.11 (a)手工确定下列矩阵不涉及主元消元的 LU 分解，并通过验证 **LU**=**A** 来检查结果。

$$\begin{bmatrix} 8 & 2 & 1 \\ 3 & 7 & 2 \\ 2 & 3 & 9 \end{bmatrix}$$

(b) 利用(a)的结果计算行列式。

(c) 使用 Python 重复(a)和(b)。

10.12 使用以下 LU 分解。

(a) 计算 **A** 的行列式

(b) 用**b**^{T} = [−10 44 −26]求解 **Ax**=**b**。

$$A = LU = \begin{bmatrix} 1 & 0 & 0 \\ 0.6667 & 1 & 0 \\ -0.3333 & -0.3636 & 1 \end{bmatrix} \begin{bmatrix} 3 & -2 & 1 \\ 0 & 7.3333 & -4.6667 \\ 0 & 0 & 3.6364 \end{bmatrix}$$

10.13 使用乔里斯基分解法确定 **U**，使得：

$$A = U^T U = \begin{bmatrix} 2 & -1 & 0 \\ -1 & 2 & -1 \\ 0 & -1 & 2 \end{bmatrix}$$

确认上述乘积确实重构了 **A** 矩阵。

10.14 计算

$$A = \begin{bmatrix} 9 & 0 & 0 \\ 0 & 25 & 0 \\ 0 & 0 & 4 \end{bmatrix}$$

的乔里斯基分解。你的结果在式(10.15)和式(10.16)中有意义吗？

第 11 章

矩阵的逆和条件

本章学习目标

本章的主要目的是展示如何计算矩阵的逆，并说明如何使用它来分析工程和科学中的复杂线性系统。此外，还描述了一种使用灵敏度来评估矩阵解的方法。涵盖的具体目标和主题是：

- 了解如何基于 LU 因式分解以有效地确定矩阵的逆。
- 理解如何使用矩阵的逆来评估工程系统的刺激-响应特性。
- 理解矩阵和向量范数的含义以及它们的计算方式。
- 了解如何使用范数来计算矩阵条件数。
- 了解如何使用条件数的大小来估算线性代数方程解的精度。
- 学习如何使用 Python 的 SciPy 模块中的内置方法来估算根。
- 了解如何使用 Python 的内置功能来计算和确定多项式的根。

11.1　矩阵的逆

在讨论矩阵运算时(第 8.1.2 节)，我们引入了这样一个概念，即如果一个矩阵[A]是方阵，可能存在另一个矩阵$[A]^{-1}$，称为[A]的逆，满足：

$$[A][A]^{-1} = [A]^{-1}[A] = [I] \tag{11.1}$$

现在，我们将关注如何用数值方法计算逆矩阵。然后，我们将探讨如何将其用于工程分析。

11.1.1　计算逆矩阵

逆矩阵可以用一列一列的方式计算，方法是用单位向量作为右端的常数。例如，假设右端常数第一个位置是 1，其他地方是 0。

$$\{b\} = \begin{Bmatrix} 1 \\ 0 \\ 0 \end{Bmatrix} \tag{11.2}$$

得到的解将是矩阵逆的第一列。类似地，如果使用一个第二行是 1 的单位向量：

$$\{b\} = \begin{Bmatrix} 0 \\ 1 \\ 0 \end{Bmatrix} \tag{11.3}$$

结果将是矩阵逆的第二列。实现这种计算的最佳方法是使用 LU 分解。回顾一下，LU 分解的最大优势之一在于，它提供了一种非常有效的方法来计算多个右端向量。因此，它是计算逆所需的多个单位向量的理想方法。

例 11.1 矩阵求逆

问题描述。使用 LU 因式分解来确定例 10.1 中方程组的逆矩阵：

$$[A] = \begin{bmatrix} 3 & -0.1 & -0.2 \\ 0.1 & 7 & -0.3 \\ 0.3 & -0.2 & 10 \end{bmatrix}$$

回想一下，因式分解产生了以下下三角矩阵和上三角矩阵：

$$[U] = \begin{bmatrix} 3 & -0.1 & -0.2 \\ 0 & 7.00333 & -0.293333 \\ 0 & 0 & 10.0120 \end{bmatrix} \qquad [L] = \begin{bmatrix} 1 & 0 & 0 \\ 0.0333333 & 1 & 0 \\ 0.100000 & -0.0271300 & 1 \end{bmatrix}$$

问题解答。矩阵逆的第一列可以通过使用单位向量(第一行是 1)作为右端向量执行前向替换求解过程来确定。因此，下三角系统可以设置为[回忆式(10.8)]：

$$\begin{bmatrix} 1 & 0 & 0 \\ 0.0333333 & 1 & 0 \\ 0.100000 & -0.0271300 & 1 \end{bmatrix} \begin{Bmatrix} d_1 \\ d_2 \\ d_3 \end{Bmatrix} = \begin{Bmatrix} 1 \\ 0 \\ 0 \end{Bmatrix}$$

用前向替换求解得$\{d\}^\mathsf{T} = \lfloor 1 \quad -0.03333 \quad -0.1009 \rfloor$。然后这个向量可以用作上三角系统的右端向量[回忆式(10.3)]：

$$\begin{bmatrix} 3 & -0.1 & -0.2 \\ 0 & 7.00333 & -0.293333 \\ 0 & 0 & 10.0120 \end{bmatrix} \begin{Bmatrix} x_1 \\ x_2 \\ x_3 \end{Bmatrix} = \begin{Bmatrix} 1 \\ -0.03333 \\ -0.1009 \end{Bmatrix}$$

反向替换求解得到$\{x\}^\mathsf{T} = \lfloor 0.33249 \quad -0.00518 \quad -0.01008 \rfloor$，它可以作为逆矩阵的第一列：

$$[A]^{-1} = \begin{bmatrix} 0.33249 & 0 & 0 \\ -0.00518 & 0 & 0 \\ -0.01008 & 0 & 0 \end{bmatrix}$$

为了确定第二列，式(10.8)被表述为：

$$\begin{bmatrix} 1 & 0 & 0 \\ 0.0333333 & 1 & 0 \\ 0.100000 & -0.0271300 & 1 \end{bmatrix} \begin{Bmatrix} d_1 \\ d_2 \\ d_3 \end{Bmatrix} = \begin{Bmatrix} 0 \\ 1 \\ 0 \end{Bmatrix}$$

这可以求解$\{d\}$，并将结果用于式(10.3)，确定$\{x\}^\mathsf{T} = \lfloor 0.004944 \quad 0.142903 \quad 0.00271 \rfloor$，也就是逆矩阵的第二列：

$$[A]^{-1} = \begin{bmatrix} 0.33249 & 0.004944 & 0 \\ -0.00518 & 0.142903 & 0 \\ -0.01008 & 0.002710 & 0 \end{bmatrix}$$

最后，同样的过程，可以用$\{b\}^\mathsf{T} = \lfloor 0 \quad 0 \quad 1 \rfloor$来求解$\{x\}^\mathsf{T} = \lfloor 0.006798 \quad 0.004183 \quad 0.09988 \rfloor$，也就是逆矩阵的最后一列：

$$[A]^{-1} = \begin{bmatrix} 0.33249 & 0.004944 & 0.006798 \\ -0.00518 & 0.142903 & 0.004183 \\ -0.01008 & 0.002710 & 0.099880 \end{bmatrix}$$

这一结果的有效性可通过$[A][A]^{-1} = [I]$来验证。

11.1.2 刺激–响应计算

工程和科学中出现的许多线性方程组都是由守恒定律导出的。这些定律的数学表达式是某种形式的平衡方程，以确保某一特定属性——质量、力、热、动量、静电势——是守恒的。对于结构上的力平衡，其属性可能是作用在结构每个节点上的力的水平或垂直分量。对于质量平衡，其属性可能是一个化学过程中每个反应器的质量。其他工程和科学领域也会有类似的例子。

可以为系统的每个部分编写单一的平衡方程，从而得到一组定义整个系统属性行为的方程。这些方程是相互关联或耦合的，因为每个方程可能包括一个或多个来自其他方程的变量。许多情况下，这些方程组是线性的，因此具有确切的形式，正是本章所讨论的：

$$[A]\{x\} = \{b\} \tag{11.4}$$

现在，对于平衡方程，式(11.4)的各项有明确的物理解释。例如，元素$\{x\}$是系统每个部分平衡的属性级别。在结构的力平衡中，它们代表每个结构中的水平和垂直力。在质量平衡中，它们是每个反应器中化学物质的质量。任何一种情况下，它们都代表了系统的状态或响应，这正是我们试图确定的。

右端向量$\{b\}$包含那些与系统行为无关的平衡元素——也就是说，它们是常量。在许多问题中，它们代表了驱动系统的强制函数或外部刺激。

最后，系数矩阵$[A]$通常包含表示系统各个部分如何相互作用或耦合的参数。因此，式(11.4)可以重新表示为：

$$[相互作用]\{响应\} = \{刺激\}$$

从前面的章节中我们知道，求解式(11.4)有很多种方法。然而，使用矩阵求逆会得到一个特别有趣的结果。形式解可以表示为：

$$\{x\} = [A]^{-1}\{b\}$$

或表示为(回想一下我们在 8.1.2 节中对矩阵乘法的定义)：

$$x_1 = a_{11}^{-1} b_1 + a_{12}^{-1} b_2 + a_{13}^{-1} b_3$$
$$x_2 = a_{21}^{-1} b_1 + a_{22}^{-1} b_2 + a_{23}^{-1} b_3$$
$$x_3 = a_{31}^{-1} b_1 + a_{32}^{-1} b_2 + a_{33}^{-1} b_3$$

因此，我们发现逆矩阵本身除了提供解之外，还具有非常有用的性质。也就是说，它的每个元素都代表了系统单个部分对系统任何其他部分的单位刺激的响应。

注意，这些公式是线性的，因此，叠加性和比例性是成立的。叠加性的意思是，如果一个系统受到几种不同的刺激(b)，响应可以单独计算，并将结果相加以得到总响应。比例性是指，将刺激乘以一个数量，会导致对这些刺激的反应也乘以相同的数量。因此，系数a_{11}^{-1}是一个比例常数，给出了由单位水平的b_1带来的x_1的值。这个结果与b_2和b_3对x_1的影响无关，它们的影响分别反映在系数a_{12}^{-1}和a_{13}^{-1}上。因此，我们可以得出一个一般性结论，即逆矩阵的元素a_{ij}^{-1}表示由于单位数量b_j而给出的x_j的值。

以结构为例，矩阵逆的元素a_{ij}^{-1}将表示由于作用在节点j处的单位外力而导致的构件i中的力。即使对于小型系统，个体刺激–响应相互作用的这种行为也不会直观地表现出来。因此，矩阵求逆为理解复杂系统的组成部分之间的相互关系提供了一种强大的技术。

例 11.2 分析蹦极者问题

问题描述。在第 8 章的开头，我们提出了一个问题，关于由弹力绳垂直连接的三个蹦极者。基于每个蹦极者的力平衡，我们推导出了一个线性代数方程组。

$$\begin{bmatrix} 150 & -100 & 0 \\ -100 & 150 & -50 \\ 0 & -50 & 50 \end{bmatrix} \begin{bmatrix} x_1 \\ x_2 \\ x_3 \end{bmatrix} = \begin{bmatrix} 588.6 \\ 686.7 \\ 784.8 \end{bmatrix}$$

在例 8.2 中，我们使用 Python 求解了该系统中蹦极者们的垂直位置(x)。在本例中，我们使用 Python 计算逆矩阵并解释它的含义。

问题解答。下面是计算逆矩阵的 Python 代码和结果。

```
import numpy as np
A = np.matrix(' 150. -100. 0. ; -100. 150. -50. ; 0. -50. 50. ')
Ainv = np.linalg.inv(A)
print(Ainv)
[[0.02 0.02 0.02]
 [0.02 0.03 0.03]
 [0.02 0.03 0.05]]
```

逆矩阵的每个元素 Ainv_{ij}，表示蹦极者 i 位置的垂直变化(单位为米)对施加于蹦极者 j 单位力的变化(单位为牛顿)的响应。

首先，观察第一列(j=1)中的数字表明，如果施加在第一个蹦极者上的力增加 1N，所有三个蹦极者的位置都会增加 0.02 米(20 厘米)。这是有道理的，因为这个大小的额外力只会拉长第一根绳索。

相比之下，第二列(j=2)中的数字表明，对第二个蹦极者施加 1 N 的力，会使第一个蹦极者向下移动 0.02 m，而使第二和第三个蹦极者向下移动 0.03 米。第一个蹦极者拉长 0.02 米是有道理的，因为无论该力是施加到第一个还是第二个蹦极者，第一根绳索都会受到额外的 1 N 力。但是，对于第二个蹦极者，拉长距离为 0.03m，因为连着第一根绳索，第二根绳索也因额外的力而拉长。而且，当然，第三个蹦极者和第二个蹦极者表现出了相同的位移，因为连接它们的第三根绳索上没有额外的力。

正如预期的那样，第三列(j=3)表明，向第三个蹦极者施加 1 N 的力，会导致第一和第二个蹦极者移动的距离与向第二个蹦极者施加力时相同。然而，现在由于第三根绳索的额外拉长，第三个蹦极者向下移动得更远。

如果将 10N、50 N 和 20N 的额外的力分别施加到第一个、第二个和第三个蹦极者，可以使用逆矩阵来确定第三个蹦极者将移动多远，结果能够证明叠加性和比例性。这可以简单地通过使用逆矩阵第三行的适当元素来计算：

$$\Delta x_3 = kinv_{31}\,\Delta F_1 + kinv_{32}\,\Delta F_2 + kinv_{33}\,\Delta F_3 = 0.02 \times 10 + 0.03 \times 50 + 0.05 \times 20 = 2.7\,\mathrm{m}$$

11.2　错误分析和系统状态

除了工程和科学应用之外，逆矩阵还提供了一种辨别系统是否处于病态的方法。为此可以设计三种直接方法：

(1) 缩放系数矩阵[A]，使每行中的最大元素为 1。求矩阵的逆，如果[A]$^{-1}$ 的元素比 1 大好几个数量级，那么这个系统很可能是病态的。

(2) 将逆矩阵乘以原系数矩阵，评估结果是否接近单位矩阵。如果不是，则表明是病态的。

(3) 求逆矩阵的逆，并评估结果是否足够接近原系数矩阵。如果不是，则再次表明系统是病态的。

虽然这些方法可以表明病态性，但最好是获得单个数字，可作为病态问题的指标。基于范数的数学概念，我们试图规定一个矩阵条件数。

11.2.1 向量和矩阵范数

范数是一个实值函数，它提供了多分量数学实体(如向量和矩阵)的大小或"长度"的度量。

一个简单例子是三维欧几里得空间中的一个向量(图 11.1)，可以表示为：

$$[\boldsymbol{F}] = \lfloor a \quad b \quad c \rfloor$$

其中 a、b 和 c 分别是沿 x、y 和 z 轴的距离。这个向量的长度——即坐标$(0, 0, 0)$到(a, b, c)的距离——可以简单地计算为：

$$\|\boldsymbol{F}\|_e = \sqrt{a^2 + b^2 + c^2}$$

其中术语$\|\boldsymbol{F}\|_e$表示这个长度，被称为$[\boldsymbol{F}]$的欧几里得范数。

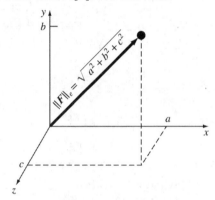

图 11.1 欧几里得空间中向量的图解

类似地，对于一个 n 维向量$[\boldsymbol{X}] = \lfloor x_1 \quad x_2 \quad \cdots \quad x_n \rfloor$，欧几里得范数可以计算为：

$$\|\boldsymbol{X}\|_e = \sqrt{\sum_{i=1}^{n} x_i^2}$$

这个概念可以进一步扩展到矩阵$[\boldsymbol{A}]$，如：

$$\|\boldsymbol{A}\|_f = \sqrt{\sum_{i=1}^{n} \sum_{j=1}^{n} a_{i,j}^2}$$

它有一个特殊的名称——弗罗贝尼乌斯(Frobenius)范数。与其他向量范数一样，它提供了一个单一的值来量化$[\boldsymbol{A}]$的"大小"。

应该注意，除了欧几里得范数和弗罗贝尼乌斯范数，还有其他选择。对于向量，有另一种称为 p 范数的替代方案，通常可以表示为：

$$\|\boldsymbol{X}\|_p = \left(\sum_{i=1}^{n} |x_i|^p \right)^{1/p}$$

我们可以看到，对于向量，欧几里得范数和 2 范数$\|\boldsymbol{X}\|_2$是相同的。

其他重要的例子如下($p=1$)。

$$\|\boldsymbol{X}\|_1 = \sum_{i=1}^{n} |x_i|$$

它将范数表示为元素绝对值的和。另一种是最大或均向范数($p=\infty$)：

$$\|\boldsymbol{X}\|_\infty = \max_{1 \leqslant i \leqslant n} |x_i|$$

它将范数定义为绝对值最大的元素。

使用类似的方法可以形成矩阵的范数。例如：

$$\|\boldsymbol{A}\|_1 = \max_{1 \leqslant j \leqslant n} \sum_{i=1}^{n} |a_{ij}|$$

即对每一列进行系数绝对值的求和，并将其中的最大值作为范数。这称为列和范数。

对行也可以执行类似操作，从而得到均匀矩阵或行和范数：

$$\|\boldsymbol{A}\|_\infty = \max_{1 \leqslant i \leqslant n} \sum_{j=1}^{n} |a_{ij}|$$

应该注意，与向量不同，矩阵的 2 范数和弗罗贝尼乌斯范数是不一样的。而弗罗贝尼乌斯范数 $\|\boldsymbol{A}\|_f$ 可以很容易地由式(11.5)确定，矩阵的 2 范数 $\|\boldsymbol{A}\|_2$ 计算为：

$$\|\boldsymbol{A}\|_2 = (\mu_{max})^{1/2}$$

其中 μ_{max} 是 $[\boldsymbol{A}]^{\mathrm{T}}[\boldsymbol{A}]$ 的最大特征值。在第 13 章，我们将学习更多关于特征值的知识。就目前而言，重要的一点是，$\|\boldsymbol{A}\|_2$ 或称为谱范数，是最小范数，因此，是最严格的度量一个矩阵大小的方法 (Ortega，1972 年)。

11.2.2　矩阵条件数

既然我们已经引入范数的概念，我们可以用它来定义：

$$\mathrm{Cond}[\boldsymbol{A}] = \|\boldsymbol{A}\| \, \|\boldsymbol{A}^{-1}\|$$

其中 Cond[$\boldsymbol{A}$] 称为矩阵条件数。注意，对于矩阵[$\boldsymbol{A}$]，这个数字将大于或等于 1。可以证明(Ralston 和 Rabinowitz，1978 年；Gerald 和 Wheatley，1989 年)：

$$\frac{\|\Delta \boldsymbol{X}\|}{\|\boldsymbol{X}\|} \leqslant \mathrm{Cond}\,[\boldsymbol{A}] \, \frac{\|\Delta \boldsymbol{A}\|}{\|\boldsymbol{A}\|}$$

也就是说，计算解的范数的相对误差可以和[$\boldsymbol{A}$]系数的范数乘以条件数的相对误差一样大。例如，如果[$\boldsymbol{A}$]的系数已知为 t 位精度(即舍入误差约为 10^{-t})且 Cond[$\boldsymbol{A}$]=10^c，那么解[$\boldsymbol{X}$]可能只在 $t-c$ 位精度有效(舍入误差 $\approx 10^{c-t}$)。

例 11.3　矩阵条件数的估算

问题描述。 众所周知，希尔伯特矩阵是病态的，一般可以表示为以下形式。

$$\begin{bmatrix} 1 & \frac{1}{2} & \frac{1}{3} & \cdots & \frac{1}{n} \\ \frac{1}{2} & \frac{1}{3} & \frac{1}{4} & \cdots & \frac{1}{n+1} \\ \vdots & \vdots & \vdots & & \vdots \\ \frac{1}{n} & \frac{1}{n+1} & \frac{1}{n+2} & \cdots & \frac{1}{2n-1} \end{bmatrix}$$

使用行和范数计算 3×3 希尔伯特矩阵的矩阵条件数，如下：

$$[\boldsymbol{A}] = \begin{bmatrix} 1 & \frac{1}{2} & \frac{1}{3} \\ \frac{1}{2} & \frac{1}{3} & \frac{1}{4} \\ \frac{1}{3} & \frac{1}{4} & \frac{1}{5} \end{bmatrix}$$

问题解答。 首先，可对矩阵进行归一化，使得每行中的最大元素为 1：

$$[A] = \begin{bmatrix} 1 & \frac{1}{2} & \frac{1}{3} \\ 1 & \frac{2}{3} & \frac{1}{2} \\ 1 & \frac{3}{4} & \frac{3}{5} \end{bmatrix}$$

将每一行相加得到 1.833、2.1667 和 2.35。因此，第三行的总和最大，行和范数为：

$$\|A\|_{\infty} = 1 + \frac{3}{4} + \frac{3}{5} = 2.35$$

缩放后矩阵的逆可以计算为：

$$[A]^{-1} = \begin{bmatrix} 9 & -18 & 10 \\ -36 & 96 & -60 \\ 30 & -90 & 60 \end{bmatrix}$$

注意，此矩阵的元素大于原始矩阵。这也体现在它的行和范数上，行和范数计算为：

$$\|A^{-1}\|_{\infty} = |-36| + |96| + |-60| = 192$$

因此，条件数可以计算为：

$$\text{Cond}[A] = 2.35(192) = 451.2$$

条件数较大的事实表明系统是病态的。病态的程度可通过计算 $c = \log 451.2 \approx 2.65$ 来量化。因此，解的最后三位有效数字可能出现舍入误差。注意，这样的估算几乎总是高估了实际误差。但有助于提醒你舍入误差可能很大。

11.2.3 用 Python 计算范数和条件数

Python NumPy 模块有两个计算范数和条件数的函数，分别是 linalg.norm 和 linalg.cond。它们的使用语法是

```
norm(x) 或 norm(x,ord)
```

和

```
cond(x) 或 cond(x,p)
```

每种情况下，x 都可以是矩阵或向量。额外参数 ord 或 p 可用于指定范数的类型。默认值是矩阵的 Frobenius 范数('fro')或向量的 2 范数。还可以使用 1、2 和 np.inf 等其他参数。

例 11.4 用 Python 估算矩阵条件数

问题描述。对于之前在例 11.3 中分析过的缩放的希尔伯特矩阵，使用 Python 计算其范数和条件数：

$$[A] = \begin{bmatrix} 1 & \frac{1}{2} & \frac{1}{3} \\ 1 & \frac{2}{3} & \frac{1}{2} \\ 1 & \frac{3}{4} & \frac{3}{5} \end{bmatrix}$$

(a) 和例 11.3 一样，首先计算行和范数(np.inf 选项)。

(b) 另外，计算 Frobenius 范数和 2-范数的条件数。

问题解答。

(a)

```
import numpy as np
```

```
A = np.matrix([ [1., 1/2, 1/3] , [1., 2/3, 1/2] , [1., 3/4, 3/5] ])
print('inf norm = ',np.linalg.norm(A,np.inf))
print('cond no. = ',np.linalg.cond(A,np.inf))

inf norm = 2.35
cond no. = 451.2000000000025
```

这些结果与例 11.3 中手动计算的结果一致。

(b)

```
print('Frobenius norm = ',np.linalg.norm(A,'fro'))
print('cond no. = ',np.linalg.cond(A,'fro'))
print(' 2-norm = ',np.linalg.norm(A,2))
print('cond no. = ',np.linalg.cond(A,2))

Frobenius norm = 2.231155654712498
cond no. = 368.08659043159537
 2-norm = 2.221599755938623
cond no. = 366.35032323670333
```

注意，下面的代码给出了与指定'fro'相同的结果，因为它是默认值：

```
print('Frobenius norm = ',np.linalg.norm(A))
print('cond no. = ',np.linalg.cond(A))

Frobenius norm = 2.231155654712498
cond no. = 366.35032323670333
```

11.3 案例研究：室内空气污染

背景。顾名思义，室内空气污染是指住宅、办公室和商业空间等封闭空间内的空气污染。假设你正在研究 Bubba's Gas 'N Guzzle 餐厅的通风系统，该餐厅位于八车道高速公路附近的卡车停靠站。

如图 11.2 所示，餐厅服务区包括一个供吸烟者使用的房间、一个供带孩子的家庭使用的房间以及一个加长的房间。1 号房间和 3 号区域的一氧化碳来源分别是吸烟者和有故障的烤架。此外，1 号和 2 号房间的进气口会吸入一氧化碳，因为这些进气口不幸地位于高速公路旁边。

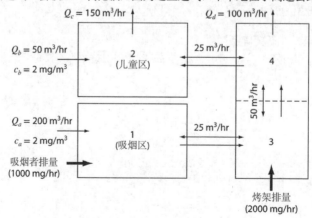

图 11.2   餐厅房间的平面图。单向箭头表示一定体积的气流，而双向箭头表示气体分散混合。
吸烟者和烤架会增加系统的一氧化碳质量，但气流可忽略不计

　　问题描述。写出每个房间的稳态质量平衡，并求解每个房间中一氧化碳浓度的线性代数方程。此外，生成矩阵的逆，并用它来分析各种来源如何影响家庭/儿童的房间。例如，确定房间内由于吸烟者、烤架和进气口而产生的一氧化碳的百分比。此外，如果通过禁止吸烟和翻新烤架来减少一氧化碳的量，计算家庭/儿童区域的浓度改善情况。最后，如果设置屏障将区域 2 和 4 之间的交换减少到 5m³/hr，分析儿童区域的浓度会发生怎样的变化。

　　问题解决。为每个房间写出稳态质量平衡。例如，吸烟区(1 号房间)的平衡为：

$$0 = W_{吸烟者} + Q_a c_a - Q_a c_1 + E_{13}(c_3 - c_1)$$

其他三个房间也可以写出类似的平衡：

$$0 = Q_b c_b + (Q_a - Q_d)c_4 - Q_c c_2 + E_{24}(c_4 - c_2)$$
$$0 = W_{烤架} + Q_a c_1 + E_{13}(c_1 - c_3) + E_{34}(c_4 - c_3) - Q_a c_3$$
$$0 = Q_a c_3 + E_{34}(c_3 - c_4) + E_{24}(c_2 - c_4) - Q_a c_4$$

四个线性方程组可以用矩阵形式重新排列如下：

$$\begin{bmatrix} Q_a + E_{13} & 0 & -E_{13} & 0 \\ 0 & Q_c + E_{24} & 0 & -(Q_a + E_{24}) \\ -(Q_a + E_{13}) & 0 & E_{13} + E_{34} + Q_a & -E_{34} \\ 0 & -E_{24} & -(Q_a + E_{34}) & E_{34} + E_{24} + Q_a \end{bmatrix} \begin{bmatrix} c_1 \\ c_2 \\ c_3 \\ c_4 \end{bmatrix} = \begin{bmatrix} W_{吸烟者} + Q_a c_a \\ Q_b c_b \\ W_{烤架} \\ 0 \end{bmatrix}$$

代入图 11.2 中的参数值，我们有：

$$\begin{bmatrix} 225 & 0 & -25 & 0 \\ 0 & 175 & 0 & -125 \\ -225 & 0 & 275 & -50 \\ 0 & -25 & -250 & 275 \end{bmatrix} \begin{bmatrix} c_1 \\ c_2 \\ c_3 \\ c_4 \end{bmatrix} = \begin{bmatrix} 1400 \\ 100 \\ 2000 \\ 0 \end{bmatrix}$$

Python 可用于生成解。首先，可以计算逆矩阵。

```python
import numpy as np

Qa = 200 ; Qb = 50 ; Qc = 150 ; Qd = 100 # m3/hr
E13 = 25 ; E24 =25 ; E34 = 50 # m3/hr
Wsm = 1000 ; Wgr = 2000 # m3/hr
ca = 2 ; cb = 2 # mg/m3

A = np.matrix([[Qa+E13, 0, -E13, 0],[0, Qc+E24, 0, -(Qa-Qd+E24)],
               [-(Qa+E13), 0, E13+E34+Qa, -E34],
               [0, - E24, -(Qa+E34), E34+E24+Qa]])
b = np.matrix([[Wsm+Qa*ca],
               [Qb*cb], [Wgr], [0]])

Ainv = np.linalg.inv(A)
np.set_printoptions(precision=4)
print('Inverse of A is\n',Ainv)

Inverse of A is
 [[4.9962e-03 1.5326e-05 5.5172e-04 1.0728e-04]
 [3.4483e-03 6.2069e-03 3.4483e-03 3.4483e-03]
 [4.9655e-03 1.3793e-04 4.9655e-03 9.6552e-04]
 [4.8276e-03 6.8966e-04 4.8276e-03 4.8276e-03]]
```

注意，这里使用 set_printoptions 函数来控制输出中显示的小数位数。

然后可以生成解：

```
c = Ainv*b
print('Solution is\n',c)

Solution is
 [[ 8.0996]
 [12.3448]
 [16.8966]
 [16.4828]]
```

我们观察到一个令人惊讶的结果。吸烟室的一氧化碳含量最低。3 号和 4 号房间的浓度最高，家庭/儿童房间的浓度是吸烟房的两倍多！之所以会出现这些结果，是因为：(a)一氧化碳是非活性的，并且(b)唯一的排气在 2 号与 4 号区域(Q_C 和 Q_d)。3 号房间尤其糟糕，因为它不仅吸收了有故障的烤架上的一氧化碳，还接收了 1 号房间的废气。

虽然上述内容很有趣，但线性系统的真正用处在于使用矩阵逆的元素来理解系统各部分如何相互作用。例如，矩阵的逆可用于确定每个来源在家庭/儿童区域的一氧化碳百分比。

吸烟者来源：

$$c_{2,\text{吸烟者}} = ainv_{21} W_{\text{吸烟者}} \approx 3.4483$$

$$\% _{\text{吸烟者}} \approx \frac{3.4483}{12.345} \approx 28\%$$

烤架来源：

$$c_{2,\text{烤架}} = ainv_{23} W_{\text{烤架}} \approx 6.897$$

$$\% _{\text{吸烟者}} \approx \frac{6.897}{12.345} \approx 56\%$$

它们与 100%的差就是进气口来源：

$$\% _{\text{进气}} = \frac{100 - 28 - 56}{100} = 16\%$$

显然，有故障的烤架是最主要的来源。

逆矩阵也可用来确定所提议的补救措施(例如禁止吸烟和修理烤架)的影响。因为模型是线性的，叠加性成立，结果可以单独确定，然后求和。

$$\Delta c_2 = ainv_{21} W_{\text{吸烟者}} + ainv_{23} W_{\text{烤架}} \approx -3.45 - 6.90 = -10.35 \text{ mg/m}^3$$

实施这两种补救措施将使家庭/孩子的房间浓度降低 10.35mg/m^3，最终浓度为 2mg/m^3。这是有道理的，因为在没有吸烟者和烤架负荷的情况下，唯一的来源是进气口，其浓度为 2mg/m^3。

因为上述所有计算都只涉及强制函数的变化，所以没必要重新计算解。但是，如果儿童区和 4 号房间的混合从 25m^3/hr 减少到 5m^3/hr，那么系数矩阵就会发生变化，我们就有了新解。

```
import numpy as np

Qa = 200 ; Qb = 50 ; Qc = 150 ; Qd = 100 # m3/hr
E13 = 25 ; E24 = 5 ; E34 = 50 # m3/hr
Wsm = 1000 ; Wgr = 2000 # m3/hr
ca = 2 ; cb = 2 # mg/m3

A = np.matrix([[Qa+E13, 0, -E13, 0],[0, Qc+E24, 0, -(Qa-Qd+E24)],
              [-(Qa+E13), 0, E13+E34+Qa, -E34],
              [0, - E24, -(Qa+E34), E34+E24+Qa]])
b = np.matrix([[Wsm+Qa*ca], [Qb*cb], [Wgr], [0]])
```

```
Ainv = np.linalg.inv(A)
np.set_printoptions(precision=4)
print('Inverse of A is\n',Ainv)
c = Ainv*b
print('Solution is\n',c)

Solution is
 [[ 8.1084]
 [12.08 ]
 [16.976 ]
 [16.88 ]]
```

因此，这种补救措施对家庭/儿童房间的浓度影响很小，约为 $0.27mg/m^3$。

注意，如果我们唯一的兴趣是求解方程组，我们将使用 np.linalg.solve 函数，它比计算逆并将其与常数向量相乘更高效。但是，因为我们对研究强制函数的影响感兴趣，所以掌握逆矩阵是有价值的。

习题

11.1 确定下列方程组的矩阵的逆：

$$10x_1 + 2x_2 - x_3 = 27$$
$$-3x_1 - 6x_2 + 2x_3 = -61.5$$
$$x_1 + x_2 + 5x_3 = -21.5$$

通过验证 $A^{-1}A=I$ 来检查你的结果。不要使用主元消元策略。

11.2 确定下列方程组的矩阵的逆：

$$-8x_1 + x_2 - 2x_3 = -20$$
$$2x_1 - 6x_2 - x_3 = -38$$
$$-3x_1 - x_2 + 7x_3 = -34$$

11.3 下列方程组用于确定在一系列连接的、充分混合的容器中，浓度(单位为 g/m^3)作为每个容器的质量输入的函数。下式的右侧表示质量输入，单位为克/天。

$$15c_1 - 3c_2 - c_3 = 4000$$
$$-3c_1 + 18c_2 - 6c_3 = 1200$$
$$-4c_1 - c_2 + 12c_3 = 2350$$

(a) 确定系数矩阵的逆。

(b) 使用该逆矩阵来求解。

(c) 确定容器 3 的质量输入速率必须增加多少，才能使容器 1 中的浓度增加 $10g/m^3$。

(d) 如果容器 1 和容器 2 的质量输入速率分别减少 500 克/天和 250 克/天，容器 3 中的浓度会降低多少？

11.4 确定习题 8.9 中所述方程组的矩阵的逆。如果流入浓度更改为 $c_{01}=20$ 和 $c_{03}=50$，使用逆矩阵来确定容器 5 中的浓度。

11.5 确定习题 8.10 中所述方程组的矩阵的逆。如果节点 1 处的垂直力加倍为 $F_{1,v}=-2000N$，施加到节点 3 的水平力为 $F_{3,h}=-500N$，使用矩阵逆确定三个元件(F_1、F_2 和 F_a)中的力。

11.6 确定下列矩阵的 $\|A\|_f$、$\|A\|_1$ 和 $\|A\|_\infty$：

$$A = \begin{bmatrix} 8 & 2 & -10 \\ -9 & 1 & 3 \\ 15 & -1 & 6 \end{bmatrix}$$

在确定这些范数前，对矩阵进行缩放，使每行中的最大元素的绝对值等于 1 或-1。

11.7 确定习题 11.2 和习题 11.3 中方程组的 Frobenius 范数以及行和范数。

11.8 使用 Python 确定以下矩阵的谱条件数。不要归一化矩阵。

$$\begin{bmatrix} 1 & 4 & 9 & 16 & 25 \\ 4 & 9 & 16 & 25 & 36 \\ 9 & 16 & 25 & 36 & 49 \\ 16 & 25 & 36 & 49 & 64 \\ 25 & 36 & 49 & 64 & 81 \end{bmatrix}$$

11.9 除了希尔伯特矩阵，还有其他一些本质上是病态的矩阵。Vandermonde 矩阵就是其中之一，它的 3×3 矩阵具有以下形式：

$$\begin{bmatrix} x_1^2 & x_1 & 1 \\ x_2^2 & x_2 & 1 \\ x_3^2 & x_3 & 1 \end{bmatrix}$$

(a) 对于 x_1=4、x_2=2 和 x_3=7 的情况，根据行和范数确定条件数。

(b) 使用 Python 计算谱条件数和 Frobenius 条件数。

11.10 使用 Python 确定 10 维希尔伯特矩阵的谱条件数。预计会因为病态而丢失多少位精度？常数向量 b 的每个元素由每行的系数之和组成，据此确定该方程组的解。换句话说，解出所有未知数都是一个的情况。将产生的错误与基于条件数的预期错误进行比较。

11.11 重复习题 11.10，但是条件改为 6 维 Vandermonde 矩阵(见习题 11.9)，其中 x_1=4，x_2=2，x_3=7，x_4=10，x_5=3，x_6=5。

11.12 科罗拉多河下游由四个主要水库组成。可为每个储层写出质量平衡，并得出以下一组线性代数方程：

$$\begin{bmatrix} 13.422 & 0 & 0 & 0 \\ -13.422 & 12.252 & 0 & 0 \\ 0 & -12.252 & 12.377 & 0 \\ 0 & 0 & -12.377 & 11.797 \end{bmatrix} \begin{bmatrix} c_1 \\ c_2 \\ c_3 \\ c_4 \end{bmatrix} = \begin{bmatrix} 750.5 \\ 300 \\ 102 \\ 30 \end{bmatrix}$$

其中常数向量由四个水库的氯离子负荷组成，未知的 c 分别是鲍威尔湖、米德湖、莫哈维湖和哈瓦苏湖的氯离子浓度。

(a) 使用逆矩阵求解四个湖泊中每个湖泊的浓度。

(b) 为使哈瓦苏湖的浓度达到 75，鲍威尔湖的负荷量必须减少多少？

(c) 使用列和范数，计算条件数，并求解该系统会产生多少可疑数字。

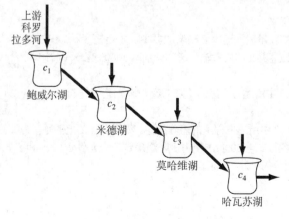

11.13 (a)下列矩阵被称为"环形"矩阵。确定矩阵的逆和条件数。(b)重复(a)但将 a_{33} 稍做更动,改为 9.1。关于环形矩阵,你得出了什么结论?

$$\begin{bmatrix} 1 & 2 & 3 \\ 4 & 5 & 6 \\ 7 & 8 & 9 \end{bmatrix}$$

11.14 多项式插值法可确定精确通过 n 个数据点的唯一 $(n-1)$ 阶多项式。这样的多项式具有一般形式:

$$y = p_1 x^{n-1} + p_2 x^{n-2} + \cdots + p_{n-1} x + p_n \qquad (P11.14)$$

其中 p 是常数系数。计算系数的一种直接方法是生成可以同时求解的 n 个线性代数方程。下表描述了 20°C 时不同甲醇浓度下的甲醇-水溶液的密度。

20°C 时甲醇-水溶液的密度	
甲醇浓度/ Wt%	密度/(kg/m^3)
0	998.2
10	981.5
20	966.6
30	951.5
40	934.5

每对浓度和密度的数据都可代入式(P11.14),得到一个由五个未知数(p)的五个线性方程组成的系统。使用多项式插值法来求解系数。使用得到的插值多项式预测 25°C时的密度。此外,确定系数矩阵的条件数并对其进行解释。

11.15 化学成分在三个充分混合的容器(也称为反应器)之间流动。对于参与一级动力学反应的物质,可以写出稳态质量平衡。例如,反应器 1 中的质量平衡为:

$$Q_{1,in} c_{1,in} - Q_{1,2} c_1 - Q_{1,3} c_1 + Q_{2,1} c_2 - k V_1 c_1 = 0$$

其中 $Q_{1,in}$=流入反应器 1 的体积流量(L/min),$c_{1,in}$=流入反应器 1 的质量浓度(g/L),$Q_{i,j}$=从反应器 i 到反应器 j 的体积流量(L/min),c_i=反应器 i 中的浓度(g/L),k=一级衰减率(min^{-1}),V_i=反应器 i 的体积(L)。

(a) 写出反应器 2 和 3 的质量平衡。

(b) 如果 k=0.1min^{-1},将所有三个反应器的质量平衡写成线性代数方程组。

(c) 计算该系统的 LU 分解。

(d) 使用 LU 分解来计算矩阵的逆。

(e) 使用矩阵求逆来求解以下问题:

● 三个反应器中的稳态浓度是多少?

● 如果将第二个反应器的流入量设为零,那么反应器 1 中的浓度会降低多少?

● 如果反应器 1 的流入浓度加倍,反应器 2 的流入浓度减半,那么反应器 3 中的浓度是多少?

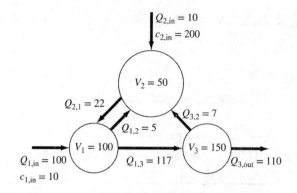

11.16 如例 8.2 和例 11.2 所述，使用矩阵求逆来回答以下问题：

(a) 如果第三个蹦极者的质量增加到 100kg，确定第一个蹦极者的位置变化。

(b) 必须对第三个蹦极者施加多大的力，才能使该蹦极者的最终位置为 140m？

11.17 确定第 8.3 节中给出的电路的矩阵的逆。如果在节点 6 处施加 200V 电压，并且节点 1 处的电压减半，使用逆来确定节点 3 处的新电压。

11.18 (a)使用与第 11.3 节所述相同的方法，推导出图中所示房间结构的稳态质量平衡。

(b) 确定矩阵的逆，并用它来计算房间内的最终浓度。

(c) 使用矩阵求逆来确定 4 号房间的量必须减少多少才能维持 2 号房间中 20mg/m³ 的浓度。

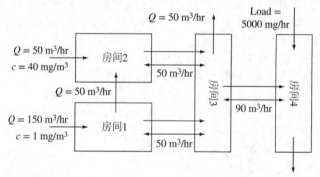

11.19 编写你自己的结构良好的 Python 函数，名为 fronorm，以计算 $m \times n$ 矩阵的 Frobenius 范数。使用 for 循环。用以下矩阵测试你的函数。

$$\begin{bmatrix} 5 & 7 & -9 \\ 1 & 8 & 4 \\ 7 & 6 & 2 \end{bmatrix}$$

11.20 图中显示了一个静定的桁架。这种类型的结构可以通过耦合线性代数方程组来描述，方法是在图中的每个节点处绘制自由体受力图。水平方向和垂直方向的力之和必须都为零，因为系统处于静止状态。

因此，对于节点 1：

$$\sum F_H = 0 = -F_1 \cos(30°) + F_3 \cos(60°) + F_{1h}$$
$$\sum F_V = 0 = -F_1 \sin(30°) - F_3 \sin(60°) + F_{1v}$$

对于节点 2：

$$\sum F_H = 0 = F_2 + F_1 \cos(30°) + F_{2h} + H_2$$
$$\sum F_V = 0 = F_1 \sin(30°) + F_{2v} + V_2$$

对于节点 3：

$$\sum F_H = 0 = -F_2 - F_3 \cos(60°) + F_{3h}$$
$$\sum F_V = 0 = F_3 \sin(60°) + F_{3v} + V_3$$

其中 $F_{i,h}$ 是施加到节点 i 的外部水平力(正向力向右)，$F_{i,v}$ 是施加到节点 i 的外部垂直力(正向力向上)。因此，在这个问题中，节点 1 上的 1000N 向下力对应于 $F_{i,v}=-1000$。对于这个问题，所有其他 $F_{i,h}$ 和 $F_{i,v}$ 都为零。注意，内力和反作用力的方向是未知的。牛顿定律只要求方向一致。还要注意，在这个问题中，所有构件中的力都被假定为承受拉力状态，并将相邻节点分开。因此，负解对应于压缩。当用数值替换外力并对三角函数求值时，这个问题就被简化为具有六个未知数的六个线性代数方程组。

(a) 求解图中所示例子的力和反作用力。

(b) 确定方程组的逆矩阵。你对倒数第二行中的零有何解释？

(c) 使用逆矩阵的元素回答下列问题：

● 如果节点 1 的力是反向的，即向上的，计算对 H_2 和 N_2 的影响。

● 如果节点 1 的力设置为零，并且在节点 1 和 2 处施加 1500N 的水平力($F_{1h}= F_{2h}=1500$)，那么节点 3 处(V_3)的垂直反作用力是多少？

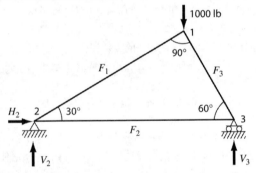

11.21 采用与习题 11.20 中相同的方法，

(a) 计算图中所示桁架的构件以及支撑的力和反作用力。

(b) 计算矩阵的逆。

(c) 如果顶点处的力向上，确定两个支点处的力的变化。

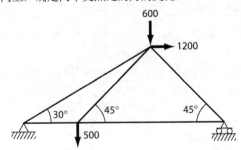

第 12 章

迭代法

本章学习目标

本章的主要目的是让你熟悉求解联立方程组的迭代方法。涵盖的具体目标和主题是：

- 理解高斯-赛德尔(Gauss-Seidel)和雅可比(Jacobi)方法之间的区别。
- 了解如何评估对角优势并知道它的含义。
- 认识到如何使用松弛法来提高迭代方法的收敛性。
- 理解如何通过逐次代换法、牛顿-拉夫逊法和 Python 中 SciPy 的 optimize.root 函数求解非线性方程组。
- 了解如何使用 Python 的内置功能来计算和确定多项式的根。

迭代法或近似法是目前所描述的消元方法的替代方法。这些方法类似于我们在第 5 章和第 6 章中为求单个方程的根而开发的技术。它们的内容也是先猜测一个值，然后使用系统方法来获得对根的精确估计。因为本书的这一部分处理的是一个类似的问题——求同时满足一组方程的值——我们怀疑这种近似方法在这种情况下可能有用。在本章中，我们将介绍求解线性和非线性联立方程的方法。

12.1 线性方程组：高斯-赛德尔法

高斯-赛德尔法是求解线性代数方程最常用的迭代方法。假设给定 n 个方程：

$$[A]\{x\}=\{b\}$$

假设为了简洁起见，我们将自己限制在一组 3×3 的方程中。如果对角线元素都是非零的，第一个方程可以求解 x_1，第二个方程可以求解 x_2，第三个方程可以求解 x_3，得到

$$x_1^j = \frac{b_1 - a_{12}x_2^{j-1} - a_{13}x_3^{j-1}}{a_{11}} \tag{12.1a}$$

$$x_2^j = \frac{b_2 - a_{21}x_1^j - a_{23}x_3^{j-1}}{a_{22}} \tag{12.1b}$$

$$x_3^j = \frac{b_3 - a_{31}x_1^j - a_{32}x_2^j}{a_{33}} \tag{12.1c}$$

其中 j 和 $j-1$ 分别是当前和之前的迭代。要开始求解过程，必须对 x 进行初始猜测。一种简单

方法是假设它们都为零。这些零可以代入式(12.1a)，可用来计算 $x_1 = b_1/a_{11}$ 的新值。然后，我们将 x_1 的这个新值连同之前对 x_3 的猜测零代入式(12.1b)，计算 x_2 的新值。对式(12.1c)重复该过程，计算 x_3 的新估计值。然后，我们返回第一个方程并重复整个过程，直到我们的解足够接近真实值为止。可以使用以下标准检查收敛性：对于所有 i，都有

$$\varepsilon_{a,i} = \left| \frac{x_i^j - x_i^{j-1}}{x_i^j} \right| \times 100\% \leqslant \varepsilon_s \tag{12.2}$$

例 12.1 高斯-赛德尔法

问题描述。 使用高斯-赛德尔法求解：

$$3x_1 - 0.1x_2 - 0.2x_3 = 7.85$$
$$0.1x_1 + 7x_2 - 0.3x_3 = -19.3$$
$$0.3x_1 - 0.2x_2 + 10x_3 = 71.4$$

注意，解是 $x_1=3$，$x_2=-2.5$ 和 $x_3=7$。

问题解答。 首先，求解对角线上的每个方程的未知数：

$$x_1 = \frac{7.85 + 0.1x_2 + 0.2x_3}{3} \tag{E12.1.1}$$

$$x_2 = \frac{-19.3 - 0.1x_1 + 0.3x_3}{7} \tag{E12.1.2}$$

$$x_3 = \frac{71.4 - 0.3x_1 + 0.2x_2}{10} \tag{E12.1.3}$$

假设 x_2 和 x_3 为零，可以计算式(E12.1.1)得到：

$$x_1 = \frac{7.85 + 0.1(0) + 0.2(0)}{3} \approx 2.616667$$

该值与 $x_3=0$ 的假设值一起，可代入式(E12.1.2)计算：

$$x_2 = \frac{-19.3 - 0.1(2.616667) + 0.3(0)}{7} \approx -2.794524$$

将 x_1 和 x_2 的计算值代入式(E12.1.3)得到如下结果，完成第一次迭代：

$$x_3 = \frac{71.4 - 0.3(2.616667) + 0.2(-2.794524)}{10} \approx 7.005610$$

对于第二次迭代，重复相同的过程进行计算：

$$x_1 = \frac{7.85 + 0.1(-2.794524) + 0.2(7.005610)}{3} \approx 2.990557$$

$$x_2 = \frac{-19.3 - 0.1(2.990557) + 0.3(7.005610)}{7} \approx -2.499625$$

$$x_3 = \frac{71.4 - 0.3(2.990557) + 0.2(-2.499625)}{10} \approx 7.000291$$

因此，该方法收敛于实解。可以应用其他迭代来改进答案。但在实际问题中，我们不会未卜先知获得真正的答案。因此，式(12.2)提供了一种估算误差的方法。例如，对于 x_1：

$$\varepsilon_{a,1} = \left| \frac{2.990557 - 2.616667}{2.990557} \right| \times 100\% \approx 12.5\%$$

对于 x_2 和 x_3，误差估值为 $\varepsilon_{a,2}=11.8\%$ 和 $\varepsilon_{a,3}=0.076\%$。注意，与确定单个方程的根时的情况一样，式(12.2)等公式通常提供收敛性的保守评估。因此，当满足式条件时，它们能确保结果至少在 ε_s 指定的公差范围内是已知的。

在高斯-赛德尔法中，每计算一个新的 x 值，就会立即在下一个方程中使用它来确定另一个 x 值。因此，如果解是收敛的，将使用可用的最佳估计值。另一种称为雅可比迭代的方法使用了一种稍微不同的策略。这种方法不是使用最新的可用 x 值，而是使用式(12.1)在一组旧 x 值的基础上计算一组新的值 x。因此，当生成新值时，它们不会立即使用，而是保留用于下一次迭代。

高斯-赛德尔法和雅可比迭代之间的区别如图 12.1 所示。虽然在某些情况下雅可比法很有用，但高斯-赛德尔法对可用的最佳估计值的利用，通常使其成为首选方法。

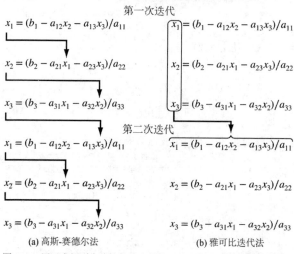

图 12.1　用于求解联立线性代数方程的两种方法之间差异的图形描述

12.1.1　收敛性和对角优势

注意，高斯-赛德尔法类似于第 6.1 节中用于求解单个方程的根的简单定点迭代技术。回顾一下，简单的定点迭代有时是不收敛的。也就是说，随着迭代的进行，答案离正确的结果越来越远。

虽然高斯-赛德尔法也可以发散，但因为它是为线性系统设计的，它的收敛能力比非线性方程的定点迭代更容易预测。可以证明，如果以下条件成立，则高斯-赛德尔法收敛：

$$|a_{ii}| > \sum_{\substack{j=1 \\ j \neq i}}^{n} |a_{ij}| \tag{12.3}$$

也就是说，每个方程中对角线系数的绝对值必须大于方程中其他系数的绝对值之和。这样的系统被称为对角优势。这个标准是收敛的充分不必要条件。也就是说，即使不满足式(12.3)，该方法有时也可能收敛，但如果满足条件，则肯定收敛。幸运的是，许多具有实际意义的工程和科学问题都满足这一要求。因此，高斯-赛德尔法是解决许多工程和科学问题的可行方法。

12.1.2　Python 函数：gaussseide1

在展开算法之前，让我们先将高斯-赛德尔法转换为一种与 Python 执行矩阵运算能力兼容的形式。将式(12.1)表示为如下形式：

$$x_1^{\text{new}} = \frac{b_1}{a_{11}} \qquad\qquad -\frac{a_{12}}{a_{11}}x_2^{\text{old}} \qquad -\frac{a_{13}}{a_{11}}x_3^{\text{old}}$$

$$x_2^{\text{new}} = \frac{b_2}{a_{22}} \qquad -\frac{a_{21}}{a_{22}}x_1^{\text{new}} \qquad\qquad -\frac{a_{23}}{a_{22}}x_3^{\text{old}}$$

$$x_3^{\text{new}} = \frac{b_3}{a_{33}} \qquad -\frac{a_{31}}{a_{33}}x_1^{\text{new}} \qquad -\frac{a_{32}}{a_{33}}x_2^{\text{new}}$$

注意，该方法可以矩阵形式简洁地表示为：

$$\boldsymbol{x} = \boldsymbol{d} - \boldsymbol{Cx} \tag{12.4}$$

其中

$$\boldsymbol{d} = \begin{bmatrix} b_1/a_{11} \\ b_2/a_{22} \\ b_3/a_{33} \end{bmatrix} \qquad \text{且} \qquad \boldsymbol{C} = \begin{bmatrix} 0 & a_{12}/a_{22} & a_{13}/a_{22} \\ a_{21}/a_{22} & 0 & a_{23}/a_{22} \\ a_{31}/a_{33} & a_{32}/a_{33} & 0 \end{bmatrix}$$

图 12.2 列出用于实现式(12.4)的 Python 脚本。

```python
def GaussSeidel(A,b,es=1.e-7,maxit=50):
    """
    Implements the Gauss-Seidel method
    to solve a set of linear algebraic equations
    without relaxation
    Input:
    A = coefficient matris
    b = constant vector
    es = stopping criterion (default = 1.e-7)
    maxit = maximum number of iterations (default=50)
    Output:
    x = solution vector
    """
    n,m = np.shape(A)
    if n != m :
        return 'Coefficient matrix must be square'
    C = np.zeros((n,n))
    x = np.zeros((n,1))
    for i in range(n): # set up C matrix with zeros on the diagonal
        for j in range(n):
            if i != j:
                C[i,j] = A[i,j]
    d = np.zeros((n,1))
    for i in range(n): # divide C elements by A pivots
        C[i,0:n] = C[i,0:n]/A[i,i]
        d[i] = b[i]/A[i,i]
    ea = np.zeros((n,1))
    xold = np.zeros((n,1))
    for it in range(maxit): # Gauss-Seidel method
        for i in range(n):
            xold[i] = x[i]  # save the x's for convergence test
        for i in range(n):
            x[i] = d[i] - C[i,:].dot(x)  # update the x's 1-by-1
            if x[i] != 0:
                ea[i] = abs((x[i]-xold[i])/x[i])  # compute change error
        if np.max(ea) < es: # exit for loop if stopping criterion met
            break
    if it == maxit: # check for maximum iteration exit
        return 'maximum iterations reached'
    else:
        return x
```

图 12.2　用于实现高斯-赛德尔法的 Python 函数

12.1.3 松弛

松弛是对高斯-赛德尔法的轻微修改，旨在增强收敛性。在使用式(12.1)计算 x 的每个新值后，该值被修改为前一次和当前迭代结果的加权平均值：

$$x_i^{\text{new}} = \lambda x_i^{\text{new}} + (1 - \lambda) x_i^{\text{old}} \tag{12.5}$$

其中 λ 是一个权重因子，它的值介于 0 和 2 之间。它通常用于使非收敛系统收敛或通过抑制振荡来加速收敛。

如果 $\lambda=1$，$(1-\lambda)$ 等于 0，结果不变。但是，如果 λ 设置为 0 到 1 之间的值，则结果是当前结果和先前结果的加权平均值。这种类型的修改称为欠松弛。

对于 λ 值等于 1 到 2，现值上将增加额外的权重。这种情况下，有一个隐含的假设，即新值正朝着真正解的正确方向移动，但速度太慢。因此，增加的 λ 权重是为了改进估计值，使其更接近真值。因此，这种类型的修改，称为超松弛，被用来加速已经收敛的系统的收敛。这种方法也称为连续超松弛，或 SOR。

为 λ 选择适当的值是高度依赖于问题的，通常根据经验确定。对于只有单一解的一组方程，λ 通常是不必要的。但是，如果要反复求解所研究的系统，明智地选择 λ 所带来的效率可能非常重要。在各种工程和科学问题的背景下，当求解偏微分方程时，会出现非常大的线性代数方程组，这就是一个很好的例子。

例 12.2 应用松弛的高斯-赛德尔法

问题描述。使用高斯-赛德尔求解下列方程组，同时应用超松弛($\lambda=1.2$)，停止标准为 $\varepsilon_s=10\%$：

$$-3x_1 + 12x_2 = 9$$
$$10x_1 - 2x_2 = 8$$

问题解答。首先重新排列方程，使它们形成对角优势，并求解第一个方程的 x_1、第二个方程的 x_2：

$$x_1 = \frac{8 + 2x_2}{10} = 0.8 + 0.2x_2$$

$$x_2 = \frac{9 + 3x_1}{12} = 0.75 + 0.25x_1$$

第一次迭代：使用 $x_1=x_2=0$ 的初始猜测，我们可以求解 x_1：

$$x_1 = 0.8 + 0.2(0) = 0.8$$

在求解 x_2 之前，我们首先对 x_1 的结果应用松弛：

$$x_{1,r} = 1.2(0.8) - 0.2(0) = 0.96$$

我们使用下标 r 表示这是"松弛"值。然后用这个结果计算 x_2：

$$x_2 = 0.75 + 0.25(0.96) = 0.99$$

然后我们对这个结果应用松弛，得到：

$$x_{2,r} = 1.2(0.99) - 0.2(0) = 1.188$$

此时，可使用式(12.2)计算估计误差值。但是，由于我们从假设值为 0 开始，因此两个变量的误差都是 100%。

第二次迭代：使用与第一次迭代相同的过程，第二次迭代得到

$$x_1 = 0.8 + 0.2(1.188) = 1.0376$$

$$x_{1,r} = 1.2(1.0376) - 0.2(0.96) = 1.05312$$

$$\varepsilon_{a,1} = \left| \frac{1.05312 - 0.96}{1.05312} \right| \times 100\% \approx 8.84\%$$

$$x_2 = 0.75 + 0.25(1.05312) = 1.01328$$

$$x_{2,r} = 1.2(1.01328) - 0.2(1.188) = 0.978336$$

$$\varepsilon_{a,2} = \left| \frac{0.978336 - 1.188}{0.978336} \right| \times 100\% \approx 21.43\%$$

因为我们现在有了来自第一次迭代的非零值，所以我们可以在计算每个新值时计算近似的误差估计值。此时，虽然第一个未知数的误差估计值已经低于 10% 的停止标准，但第二个未知数却没有。因此，我们必须实施下一次迭代。

第三次迭代：

$$x_1 = 0.8 + 0.2(0.978336) \approx 0.995667$$

$$x_{1,r} = 1.2(0.995667) - 0.2(1.05312) \approx 0.984177$$

$$\varepsilon_{a,1} = \left| \frac{0.984176 - 1.05312}{0.984176} \right| \times 100\% \approx 7.00\%$$

$$x_2 = 0.75 + 0.25(0.984176) = 0.996044$$

$$x_{2,r} = 1.2(0.996044) - 0.2(0.978336) \approx 0.999586$$

$$\varepsilon_{a,2} = \left| \frac{0.999586 - 0.978336}{0.999586} \right| \times 100\% \approx 2.13\%$$

此时，我们可以终止计算，因为两个误差估计值都低于 10% 的停止标准。这个时候，结果 $x_1 = 0.984177$ 和 $x_2 = 0.999586$ 收敛于 $x_1 = x_2 = 1$ 的精确解。

12.2　非线性系统

下面是具有两个未知数的两个联立非线性方程组：

$$x_1^2 + x_1 x_2 = 10 \tag{12.6a}$$

$$x_2 + 3x_1 x_2^2 = 57 \tag{12.6b}$$

与绘制为直线的线性方程组(回想一下图 9.1)相比，这些方程对 x_2 和 x_1 作的图为曲线。如图 12.3 所示，解是曲线的交点。

正如我们在确定单个非线性方程的根时所做的那样，这样的方程组通常可以表示为

$$f_1(x_1, x_2, \ldots, x_n) = 0$$

$$f_2(x_1, x_2, \ldots, x_n) = 0$$

$$\vdots \tag{12.7}$$

$$f_n(x_1, x_2, \ldots, x_n) = 0$$

因此，解是使方程等于零的 x 的值。

12.2.1　逐次代换法

求解式(12.7)的一种简单方法是使用与定点迭代和高斯-赛德尔法相同的策略。也就是说，每个非线性方程都可以求解一个未知数。然后可以迭代地执行这些方程，来计算(希望可以)收敛于解的

新值。这种方法称为逐次代换法，在下面的例子中进行了说明。

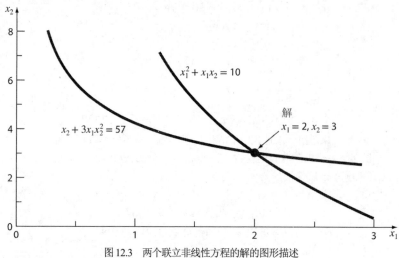

图 12.3 两个联立非线性方程的解的图形描述

例 12.3 非线性系统的逐次代换法

问题描述。使用逐次代换法来确定方程(12.6)的根。注意，一对正确的根是 $x_1=2$ 和 $x_2=3$。以 $x_1=1.5$ 和 $x_2=3.5$ 的猜测值开始计算。

问题解答。式(12.6a)可以解得：

$$x_1 = \frac{10 - x_1^2}{x_2}$$

(E12.3.1)

式(12.6b)可以解得：

$$x_2 = 57 - 3x_1x_2^2$$

(E12.3.2)

在初始猜测值的基础上，式(E12.3.1)可用于确定 x_1 的新值：

$$x_1 = \frac{10 - (1.5)^2}{3.5} \approx 2.21429$$

这个结果和 $x_2=3.5$ 的初始值可代入式(E12.3.2)，确定 x_2 的新值：

$$x_2 = 57 - 3(2.21429)(3.5)^2 \approx -24.37516$$

因此，方法似乎出现了发散。这种行为在第二次迭代中更明显：

$$x_1 = \frac{10 - (2.21429)^2}{-24.37516} \approx -0.20910$$

$$x_2 = 57 - 3(-0.20910)(-24.37516)^2 \approx 429.709$$

显然，这种方法的效果正在恶化。

现在，我们重复计算，但将原始方程设置为不同的格式。例如，式(12.6a)的另一个解是：

$$x_1 = \sqrt{10 - x_1x_2}$$

式(12.6b)的另一个解是：

$$x_2 = \sqrt{\frac{57 - x_2}{3x_1}}$$

现在，结果更令人满意：

$$x_1 = \sqrt{10 - 1.5(3.5)} \approx 2.17945$$

$$x_2 = \sqrt{\frac{57 - 3.5}{3(2.17945)}} \approx 2.86051$$

$$x_1 = \sqrt{10 - 2.17945(2.86051)} \approx 1.94053$$

$$x_2 = \sqrt{\frac{57 - 2.86051}{3(1.94053)}} \approx 3.04955$$

因此，该方法收敛于 x_1=2 和 x_2=3 的真值。

上述例子说明了逐次代换法最严重的缺点——收敛性通常取决于方程的表述方式。此外，即使在可能收敛的情况下，如果初始猜测值与真实解不够接近，也会出现发散。这些条件太过约束，以至于限制了定点迭代在求解非线性系统方面的作用。

12.2.2　牛顿-拉夫逊法

就像定点迭代可以用来求解非线性方程组一样，其他的开型求根方法(如牛顿-拉夫逊法)也可用于相同目的。回想一下，牛顿-拉夫逊法使用函数的导数(即斜率)来估计其与自变量(即根)轴的截距。在第 6 章中，我们使用了一个图形推导来计算这个估计值。另一种方法是从一阶泰勒级数展开推导：

$$f(x_{i+1}) = f(x_i) + (x_{i+1} - x_i)\, f'(x_i) \tag{12.8}$$

其中 x_i 是根的初始猜测值，x_{i+1} 是斜率与 x 轴的交点。在这个截距处，根据定义，$f(x_{i+1})$ 等于 0，式(12.8)可以重新排列得到：

$$x_{i+1} = x_i - \frac{f(x_i)}{f'(x_i)} \tag{12.9}$$

这是牛顿-拉夫逊法的单一方程式。

多方程式用相同的方式导出。但是，一个以上的自变量有助于确定根的这一事实，必须使用多变量泰勒级数来解释。对于双变量的情况，可将每个非线性方程的一阶泰勒级数写为：

$$f_{1,i+1} = f_{1,i} + (x_{1,i+1} - x_{1,i})\frac{\partial f_{1,i}}{\partial x_1} + (x_{2,i+1} - x_{2,i})\frac{\partial f_{1,i}}{\partial x_2} \tag{12.10a}$$

$$f_{2,i+1} = f_{2,i} + (x_{1,i+1} - x_{1,i})\frac{\partial f_{2,i}}{\partial x_1} + (x_{2,i+1} - x_{2,i})\frac{\partial f_{2,i}}{\partial x_2} \tag{12.10b}$$

与单一方程式一样，根估计值对应于 x_1 和 x_2 的值，其中 x_1 和 x_2 等于 0。对于这种情况，式(12.10)可以重新排列，得到

$$\frac{\partial f_{1,i}}{\partial x_1} x_{1,i+1} + \frac{\partial f_{1,i}}{\partial x_2} x_{2,i+1} = -f_{1,i} + x_{1,i}\frac{\partial f_{1,i}}{\partial x_1} + x_{2,i}\frac{\partial f_{1,i}}{\partial x_2} \tag{12.11a}$$

$$\frac{\partial f_{2,i}}{\partial x_1} x_{1,i+1} + \frac{\partial f_{2,i}}{\partial x_2} x_{2,i+1} = -f_{2,i} + x_{1,i}\frac{\partial f_{2,i}}{\partial x_1} + x_{2,i}\frac{\partial f_{2,i}}{\partial x_2} \tag{12.11b}$$

因为所有以 i 为下标的值都是已知的(它们对应于最新的猜测值或近似值)，所以未知数只有 $x_{1,i+1}$ 和 $x_{2,i+1}$。因此，式(12.11)是具有两个未知数的两个线性方程组。所以，可以使用代数运算(如克莱默法则)来求解：

$$x_{1,i+1} = x_{1,i} - \frac{f_{1,i}\dfrac{\partial f_{2,i}}{\partial x_2} - f_{2,i}\dfrac{\partial f_{1,i}}{\partial x_2}}{\dfrac{\partial f_{1,i}}{\partial x_1}\dfrac{\partial f_{2,i}}{\partial x_2} - \dfrac{\partial f_{1,i}}{\partial x_2}\dfrac{\partial f_{2,i}}{\partial x_1}} \tag{12.12a}$$

$$x_{2,i+1} = x_{2,i} - \frac{f_{2,i}\dfrac{\partial f_{1,i}}{\partial x_1} - f_{1,i}\dfrac{\partial f_{2,i}}{\partial x_1}}{\dfrac{\partial f_{1,i}}{\partial x_1}\dfrac{\partial f_{2,i}}{\partial x_2} - \dfrac{\partial f_{1,i}}{\partial x_2}\dfrac{\partial f_{2,i}}{\partial x_1}} \tag{12.12b}$$

这些方程的分母的正式名称为方程组的雅可比行列式。

式(12.12)是牛顿-拉夫逊法的两方程版本。如下例所示，可迭代地使用它来定位两个联立方程的根。

例 12.4　非线性方程组的牛顿-拉夫逊法

问题描述。使用多方程牛顿-拉夫逊法确定方程(12.6)的根。以 $x_1=1.5$ 和 $x_2=3.5$ 的猜测值开始计算。

问题解答。首先计算偏导数，并根据 x 和 y 的初始猜测值求值：

$$\frac{\partial f_{1,0}}{\partial x_1} = 2x_1 + x_2 = 2(1.5) + 3.5 = 6.5 \quad \frac{\partial f_{1,0}}{\partial x_2} = x_1 = 1.5$$

$$\frac{\partial f_{2,0}}{\partial x_1} = 3x_2^2 = 3(3.5)^2 = 36.75 \qquad \frac{\partial f_{2,0}}{\partial x_2} = 1 + 6x_1x_2 = 1 + 6(1.5)(3.5) = 32.5$$

因此，第一次迭代的雅可比行列式是：

$$6.5(32.5) - 1.5(36.75) = 156.125$$

函数的值可以按照初始猜测值来计算：

$$f_{1,0} = (1.5)^2 + 1.5(3.5) - 10 = -2.5$$
$$f_{2,0} = 3.5 + 3(1.5)(3.5)^2 - 57 = 1.625$$

将这些值代入式(12.12)可得：

$$x_1 = 1.5 - \frac{-2.5(32.5) - 1.625(1.5)}{156.125} \approx 2.03603$$

$$x_2 = 3.5 - \frac{1.625(6.5) - (-2.5)(36.75)}{156.125} = 2.84388$$

因此，结果收敛于 $x_1=2$ 和 $x_2=3$ 的真值。可以重复计算，直到达到一个可接受的精度。

当多方程牛顿-拉夫逊法起作用时，它表现出与单方程相同的快速二次收敛。但是，就像逐次代换法一样，如果初始猜测值与真正的根不够接近，它可能会发散。虽然可以用图形方法对单方程情况进行良好猜测，但对于多方程，没有这样简单的方法可用。尽管有一些先进的方法可以获得可接受的初步估计值，但通常必须基于反复试错以及对所建模物理系统的了解。

两方程牛顿-拉夫逊法可以推广到求解 n 个联立方程。为此，对于第 k 个方程，式(12.11)可以写为以下形式。

$$\frac{\partial f_{k,i}}{\partial x_1} x_{1,i+1} + \frac{\partial f_{k,i}}{\partial x_2} x_{2,i+1} + \cdots + \frac{\partial f_{k,i}}{\partial x_n} x_{n,i+1} = -f_{k,i} + x_{1,i} \frac{\partial f_{k,i}}{\partial x_1} + x_{2,i} \frac{\partial f_{k,i}}{\partial x_2}$$
$$+ \cdots + x_{n,i} \frac{\partial f_{k,i}}{\partial x_n} \tag{12.13}$$

其中第一个下标 k 表示方程或未知数，第二个下标表示所讨论的值或函数是在当前值 (i) 还是在下一个值 $(i+1)$。注意，式(12.13)中唯一的未知数是左侧的 $x_{k,i+1}$ 项。所有其他量都位于当前值 (i)，因此在任何迭代中都是已知的。因此，通常由式(12.13)表示的方程组(即 $k=1, 2, \ldots, n$)构成了一组线性联立方程，可以通过前面章节所述的消元法进行数值求解。

可以使用矩阵符号将式(12.13)简洁地表示为：

$$[J]\{x_{i+1}\} = -\{f\} + [J]\{x_i\} \tag{12.14}$$

其中，在 i 处计算的偏导数写为由偏导数组成的雅可比矩阵：

$$[J] = \begin{bmatrix} \dfrac{\partial f_{1,i}}{\partial x_1} & \dfrac{\partial f_{1,i}}{\partial x_2} & \cdots & \dfrac{\partial f_{1,i}}{\partial x_n} \\[2mm] \dfrac{\partial f_{2,i}}{\partial x_1} & \dfrac{\partial f_{2,i}}{\partial x_2} & \cdots & \dfrac{\partial f_{2,i}}{\partial x_n} \\[2mm] \vdots & \vdots & & \vdots \\[2mm] \dfrac{\partial f_{n,i}}{\partial x_1} & \dfrac{\partial f_{n,i}}{\partial x_2} & \cdots & \dfrac{\partial f_{n,i}}{\partial x_n} \end{bmatrix} \tag{12.15}$$

初始值和最终值以向量形式表示为：

$$\{x_i\}^{\mathrm{T}} = \lfloor x_{1,i} \quad x_{2,i} \quad \cdots \quad x_{n,i} \rfloor$$

和

$$\{x_{i+1}\}^{\mathrm{T}} = \lfloor x_{1,i+1} \quad x_{2,i+1} \quad \cdots \quad x_{n,i+1} \rfloor$$

最后，在 i 处的函数值可以表示为：

$$\{f\}^{\mathrm{T}} = \lfloor f_{1,i} \quad f_{2,i} \quad \cdots \quad f_{n,i} \rfloor$$

式(12.14)可以使用诸如高斯消元法的技术来求解。这个过程可以重复迭代，以类似于例 12.4 中两方程情况的方式获得精确的估计值。

通过矩阵求逆求解方程(12.14)可以得到更深入的解。回想一下，牛顿-拉夫逊法的单方程形式是：

$$x_{i+1} = x_i - \frac{f(x_i)}{f'(x_i)}$$

如果通过将式(12.14)乘以雅可比矩阵的逆来求解，结果为：

$$\{x_{i+1}\} = \{x_i\} - [J]^{-1}\{f\}$$

比较式(12.16)和式(12.17)，可清楚地说明两个式之间的相似之处。本质上，雅可比矩阵类似于多元函数的导数。这样的矩阵计算可以在 Python 中实现。我们可通过使用 Python 重复例 12.4 中的计算来说明这一点。在定义初始猜测值后，可以计算雅可比矩阵和函数值。

```
import numpy as np

x = np.matrix([ [1.5 ] , [3.5] ])
```

```
f = np.matrix( [ [ x[0,0]**2+x[0,0]*x[1,0]-10 ] ,
                  [ x[1,0]+3*x[0,0]*x[1,0]**2-57 ] ] )
print('Function values are:\n',f)
J = np.matrix([ [ 2*x[0,0]+x[1,0], x[0,0] ] ,
                [ 3*x[1,0]**2,  1+6*x[0,0]*x[1,0] ] ])
print('Jacobian is:\n',J)
xnew = x-np.linalg.inv(J)*f
print('New values for x:\n',xnew)

Function values are:
 [[-2.5  ]
 [ 1.625]]
Jacobian is:
[[ 6.5   1.5 ]
 [36.75 32.5 ]]
New values for x:
[[2.03602882]
 [2.8438751 ]]
```

这些 Python 语句可以合并到一个名为 newtmult 的函数中。如图 12.4 所示，该函数的参数包括计算 *f* 和 *J* 值的另一个函数、*x* 初始猜测值、可选的收敛性判定准则和迭代最大值。newtmult 函数以牛顿-拉夫逊法进行迭代，直到满足收敛性或达到迭代极限。

```
def newtmult(fandJ,x0,es=1.e-7,maxit=20):
    """
    Newton-Raphson solution of sets of nonlinear algebraic equations
    Input:
    fandJ = function name that supplies f and Jacobian values
    x0 = initial guesses for x
    es = convergence tolerance (default = 1.3-7)
    maxit = iteration limit (default = 20)
    Output:
    x = solution
    f = function values at the solution
    ea = relative error
    iter = number of iterations taken
    """
    n,m = np.shape(x0)  # get the number of equations in n
    x = np.zeros((n,m))
    for i in range(n):  # initialize x
x[i] = x0[i]
    for i in range(maxit):
f,J = fandJ(x)  # get the function values and the Jacobian
dx = np.linalg.inv(J).dot(f)  # Newton-Raphson iteration
x = x - dx
ers = dx/x
ea = max(abs(ers))
if ea < es: break  # check for convergence
    if i == maxit:
return 'iteration limit reached'
    else:
return x,f,ea,i+1  # here if solution successful
```

图 12.4　用于实现非线性方程组的牛顿-拉夫逊法的 Python 函数

注意，上述方法存在两个缺点。首先，式(12.15)有时不方便计算。因此，人们开发了牛顿-拉夫逊法的变体来规避这种困境。正如所料，大多数都是对构成雅可比矩阵的偏导数使用有限差分近似。

多方程牛顿-拉夫逊法的第二个缺点是，通常需要很好的初始猜测值来确保收敛性。由于这一点有时候难以满足或不方便满足，因此开发了比牛顿-拉夫逊法慢但具有更稳定收敛行为的替代方法。一种方法是将非线性方程组重新表述为单个函数：

$$F(x) = \sum_{i=1}^{n} [f_i(x)]^2$$

其中 x 是单个未知数 x 的向量，$f_i(x)$ 是式(12.7)的原始方程组的第 i 个方程。使该函数最小的 x 值也就是非线性方程组的解。使用这种方法时，必须注意 $f_i(x)$ 值的大小不能相差太大。如果相差很大，则有必要重新调整一个或多个函数。在这种方法中，可以采用多元非线性优化技术求解。

当标准牛顿-拉夫逊法不稳定且不收敛时，另一种经验方法是，在多变量方法公式中引入 decelerator(减速器)，如下所示：

$$x_{i+1} = x_i - \text{decel } J^{-1}(x_i) f(x_i)$$

decel 的值在 0 和 1 之间调整，以提供稳定的收敛。这并不是说类它似于我们在高斯-赛德尔方法中使用的欠松弛(第 12.1.3 节)。

值得一提的是，当这些技术调整 x 变量的方式会导致函数或雅可比矩阵计算失败时，这些技术可能会失败。就好比取平方根时将 x 变量调整到了负数区域。这就引入了约束变量可接受值范围的一般概念，并且涉及修改这些技术以适应这些约束。

12.2.3 Python SciPy 函数：root

SciPy 优化模块中的 root 函数可以求解非线性方程组。语法的一般表示是：

```
result = root(f,x0)
```

result 变量包含有关 root 函数性能的摘要信息。解的值位于：

```
result.x
```

常用的几个可选参数如下。

method 允许从十种数值方法中选择一种。默认方法是 hybr，使用一种改进的 Powell 方法，该方法最小化了上一节所述的单个目标函数 $F(x)$。

jac 允许用户提供一个单独的函数来计算雅可比矩阵；否则，雅可比矩阵是用数值方法估算的。

tol 指定收敛性判定准则。

举个例子，我们可以求解式(12.6)中的方程组，

$$f_1(x) = 2x_1 + x_1x_2 - 10$$
$$f_2(x) = x_2 + 3x_1x_2^2 - 57$$

初始猜测值为 x_1=1.5 和 x_2=3.5。下面是 Python 代码和显示的解：

```
import numpy as np
from scipy.optimize import root

def f(x):
```

```
    x1 = x[0]
    x2 = x[1]
    f1 = x1**2+x1*x2-10
    f2 = x2+3*x1*x2**2-57
    return np.array([f1,f2])

x0 = np.matrix(' 1.5 ; 3.5 ')
result = root(f,x0)
xsoln = result.x
print('Solution is:\n',xsoln)

Solution is:
 [2. 3.]
```

12.3　案例研究：化学反应

背景。非线性方程组经常出现在化学反应的表征中。例如，以下化学反应发生在封闭的间歇式反应器容器中：

$$2A + B \rightleftarrows C$$
$$A + D \rightleftarrows C \tag{12.18}$$

在平衡时，它们可以表征为：

$$K_1 = \frac{c_c}{c_a^2 c_b}$$

$$K_2 = \frac{c_c}{c_a c_d} \tag{12.19}$$

其中 c_i 表示化学组分 i 的摩尔浓度，K_1 和 K_2 是平衡常数。

问题描述。如果 x_1 和 x_1 分别是第一个和第二个反应产生的组分 C 的浓度，则将平衡关系表示为一组两个非线性方程。参数值示例如下：

$$K_1 = 4 \times 10^{-4}, K_2 = 3.7 \times 10^{-2}, c_{a0} = 50, c_{b0} = 20, c_{c0} = 5, c_{d0} = 10$$

其中 $c_{i,0}$ 是反应器启动时组分 i 的初始浓度。使用牛顿-拉夫逊法求解 x。

问题解答。利用式(12.18)的化学计量，每种组分的浓度可用 x_1 和 x_2 表示为：

$$c_a = c_{a0} - 2x_1 - x_2$$
$$c_b = c_{b0} - x_1$$
$$c_c = c_{c0} + x_1 + x_2$$
$$c_d = c_{d0} - x_2 \tag{12.20}$$

这些表达式可以代入平衡关系式(12.19)中，得到 x_1 和 x_2 的两个非线性方程。求解出 x 后，可利用式(12.20)计算平衡浓度。

$$f_1(x_1, x_2) = \frac{c_{c0} + x_1 + x_2}{(c_{a0} - 2x_1 - x_2)^2(c_{b0} - x_1)} - K_1 = 0$$

$$f_2(x_1, x_2) = \frac{c_{c0} + x_1 + x_2}{(c_{a0} - 2x_1 - x_2)(c_{d0} - x_2)} - K_2 = 0 \tag{12.21}$$

我们将利用 newtmult 函数来求解这些方程。将通过有限差分来说明雅可比矩阵的近似，而不是用解析法推导雅可比矩阵。这类似于第 6.3 节中改进正割法所用的技术。对于当前的两个非线性方程组，这个近似如下。

$$J \approx \begin{bmatrix} \dfrac{f_1(x_1 + \delta x_1, x_2) - f_1(x_1, x_2)}{\delta x_1} & \dfrac{f_1(x_1, x_2 + \delta x_2) - f_1(x_1, x_2)}{\delta x_2} \\ \dfrac{f_2(x_1 + \delta x_1, x_2) - f_2(x_1, x_2)}{\delta x_1} & \dfrac{f_2(x_1, x_2 + \delta x_2) - f_2(x_1, x_2)}{\delta x_2} \end{bmatrix} \qquad (12.22)$$

式(12.21)和式(12.22)的关系可用以下 Python 函数和相关语句表示。

```python
K1 = 4e-4
K2 = 3.7e-2
ca0 = 50
cb0 = 20
cc0 = 5
cd0 = 10

def f1(x1,x2):
    return (cc0+x1+x2)/(ca0-2*x1-x2)**2/(cb0-x1)-K1

def f2(x1,x2):
    return (cc0+x1+x2)/(ca0-2*x1-x2)/(cd0-x2)-K2

def my_fandJ(x):
    delta = 1.e-6
    x1 = x[0,0]
    x2 = x[1,0]
    f1t = f1(x1,x2)
    f2t = f2(x1,x2)
    f = np.matrix( [ [ f1t ] , [ f2t ] ] )
    J11 = (f1(x1+delta,x2)-f1(x1,x2))/delta
    J12 = (f1(x1,x2+delta)-f1(x1,x2))/delta
    J21 = (f2(x1+delta,x2)-f1(x1,x2))/delta
    J22 = (f2(x1,x2+delta)-f1(x1,x2))/delta
    J = np.matrix([ [ J11 , J12 ] , [ J21 , J22 ] ] )
    return f,J
```

然后可以使用函数 newtmult 在给定初始猜测值(x_1=3、x_2=3)的情况下确定根。附加的 Python 代码如下。

```python
x0 = np.matrix([[3.],[3.]])
xsoln,fsoln,esoln,itsoln = newtmult(my_fandJ,x0,es=1.e-6,maxit=50)
print('Solution is:\n',xsoln)
print('Function values are:\n',fsoln)
print('Relative error achieved =',esoln)
print('Iterations taken =',itsoln)

x1 = xsoln[0]
x2 = xsoln[1]
ca = ca0 - 2*x1 - x2
cb = cb0 - x1
cc = cc0 + x1 + x2
cd = cd0 - x2
print('\nConcentrations are:\n')
```

```
print('A: ',ca)
print('B: ',cb)
print('C: ',cc)
print('D: ',cd)
```

结果为:

```
Solution is:
 [[3.35427349]
 [2.64572392]]
Function values are:
 [[ 2.21665134e-16]
 [-2.00839913e-04]]
Relative error achieved = [[8.62640718e-07]]
Iterations taken = 4

Concentrations are:

A: [[40.6457291]]
B: [[16.64572651]]
C: [[10.99999741]]
D: [[7.35427608]]
```

SciPy 的 optimize.root 函数也可用于求解，如下所示:

```
from scipy.optimize import root

def my_func(x):
    x1 = x[0]
    x2 = x[1]
    f1t = f1(x1,x2)
    f2t = f2(x1,x2)
    f = np.array( [ f1t , f2t ] )
    return f

result = root(my_func,x0)
xsoln = result.x
print('Solution is:\n',xsoln)
```

此代码得到解:

```
Solution is:
 [3.33660129 2.67718089]
```

与 newtmult 函数中指定的误差准则相比，该函数满足严格的标准。

习题

12.1　使用高斯-赛德尔法 3 次迭代求解下列方程组。如有必要，重新排列方程。显示解的所有步骤，包括误差估计值。在计算结束时，计算最终结果的真实误差。

$$3x_1 + 8x_2 = 11$$
$$7x_1 - x_2 = 5$$

12.2　(a)使用高斯-赛德尔法求解下列方程组，直到最大相对误差 ε_s 百分比低于 5%。

(b)　重复(a)但使用 $\lambda = 1.2$ 的松弛。

$$\begin{bmatrix} 0.8 & -0.4 & 0 \\ -0.4 & 0.8 & -0.4 \\ 0 & -0.4 & 0.8 \end{bmatrix} \begin{bmatrix} x_1 \\ x_2 \\ x_3 \end{bmatrix} = \begin{bmatrix} 41 \\ 25 \\ 105 \end{bmatrix}$$

12.3 使用高斯-赛德尔法求解以下线性方程组，直到相对误差 ε_s 百分比小于 5%。

$$10x_1 + 2x_2 - x_3 = 27$$
$$-3x_1 - 6x_2 + 2x_3 = -61.5$$
$$x_1 + x_2 + 5x_3 = -21.5$$

12.4 重复习题 12.3，但使用雅可比迭代。

12.5 下列方程组确定了一系列混合良好、相互连接的容器中的浓度(c，单位为 kg/m³)，作为输入每个容器的质量(kg/d)的函数，输入质量如每个方程的右边所示。

$$15c_1 - 3c_2 - c_3 = 3800$$
$$-3c_1 + 18c_2 - 6c_3 = 1200$$
$$-4c_1 - c_2 + 12c_3 = 2350$$

用高斯-赛德尔法求解，使 $\varepsilon_s \leqslant 5\%$。

12.6 使用高斯-赛德尔法(a)无松弛和(b)有松弛(λ=1.2)求解以下线性方程组，满足 ε_s=5%的误差容限。如有必要，重新排列方程以实现收敛。

$$2x_1 - 6x_2 - x_3 = -38$$
$$-3x_1 - x_2 + 7x_3 = -34$$
$$-8x_1 + x_2 - 2x_3 = -20$$

12.7 在以下三组线性方程中，找出你无法使用迭代方法(如高斯-赛德尔法)求解的组。使用任意数量的迭代表明你的解不会收敛。清楚地说明你的收敛性判定准则(你怎么知道它没有收敛)。

第 1 组	第 2 组	第 3 组
$8x + 3y + z = 13$	$x + y + 6z = 8$	$-3x + 4y + 5z = 6$
$-6x + 8z = 2$	$x + 5y - z = 5$	$-2x + 2y - 3z = -3$
$2x + 5y - z = 64$	$x + 2y - 2z = 42$	$y - z = 1$

12.8 确定联立非线性方程的解：

$$y = -x^2 + x + 0.75$$
$$y = x^2 - 5xy$$

使用牛顿-拉夫逊法，采用初始猜测值 $x = y = 1.2$。进行三次迭代。

12.9 确定联立非线性方程的解：

$$x^2 = 5 - y^2$$
$$y + 1 = x^2$$

使用(a)图解法，(b)逐次代换法，初始猜测值 $x = y = 1.5$。

12.10 下图描述了一个化学传质过程，它由一系列充分混合的容器组成，气体在其中从左向右流动，液体从右向左流动。化学物质从气体转移到液体中的速率与每个容器中相邻气体和液体浓度之差成正比。在稳态时，第一个容器的质量平衡可以写为如下方程。

对于气体：

$$Q_G c_{G0} - Q_G c_{G1} + D(c_{L1} - c_{G1}) = 0$$

对于液体：

$$Q_L c_{L2} - Q_L c_{L1} - D(c_{L1} - c_{G1}) = 0$$

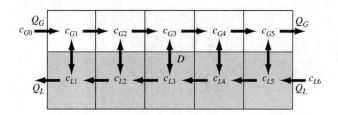

其中 Q_G 和 Q_L 分别为气体和液体的体积流量，D 为传质速率。可以为其他容器写出类似的平衡。在给定以下值的情况下，使用无松弛的高斯赛德尔法求解浓度：

$$Q_G = 2, Q_L = 1, D = 0.8, c_{G0} = 100, c_{L6} = 10$$

12.11 加热板上的二维稳态温度分布可以用拉普拉斯方程来建模：

$$0 = \frac{\partial^2 T}{\partial x^2} + \frac{\partial^2 T}{\partial y^2}$$

如果在板上布置一个网格，如下图所示，它就形成一系列节点。用中心有限差分逼近二阶偏导数，可以形成一组线性代数方程。假设网格间距在垂直与水平方向相同，使用高斯-赛德尔法求解图中所示内部节点的温度。

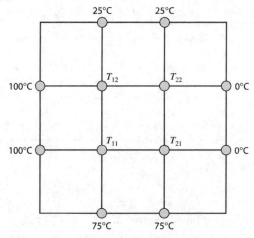

12.12 修改图 12.2 中的 GaussSeidel 函数，使其包含一个返回相对误差和迭代次数的值。调用新函数 GaussSeidel2。通过重复例 12.1 对其进行测试，误差准则为 1×10^{-3}，然后用它来求解习题 12.2(a)，误差准则为 5×10^{-2}。每次求解，都要报告结果、达到的相对误差和所用的迭代次数。

12.13 通过添加松弛作为特征来增强习题 12.12 中的 Gaussseidel2 函数。将新函数命名为 GaussseidelR。添加 lam(代表 λ)作为函数的参数，默认值为 1(无松弛)。通过重复例 12.2 来测试新函数，然后用它求解习题 12.2(b)，使用默认的误差准则。

12.14 重复图 12.4 所示的 Python 函数 newtmult。通过求解例 12.4 和习题 12.8 来测试函数。对前者使用默认的误差准则和迭代最大值。对于后者，调整允许的最大迭代次数，以便满足默认的误差准则。

12.15 使用(a)定点迭代，(b)牛顿-拉夫逊法和(c)SciPy 的 optimize.root 函数来确定以下联立非线性方程的根。

$$y = -x^2 + x + 0.75$$
$$y + 5xy = x^2$$

使用 $x=y=1.2$ 的初始猜测值。讨论并比较结果。

12.16 确定联立非线性方程的根：

$$(x - 4)^2 + (y - 4)^2 = 5$$
$$x^2 + y^2 = 16$$

使用图解法来获得你的初始猜测值。通过使用(a)newtmult 函数的牛顿-拉夫逊法和(b)SciPy 中 optimize 的 root 函数确定精确的估计值。

12.17 重复习题 12.16，但确定下列方程组的正根：

$$y = x^2 + 1$$
$$y = 2\cos(x)$$

12.18 在中等压力和温度下，蒸气锅炉中液态水和水蒸气之间的平衡可以用两个方程来描述。
理想气体定律： $PV = \dfrac{m}{MW} R(T + 273.15)$

蒸气压的 Antoine 方程： $\log_{10} P = A - \dfrac{B}{T + C}$

其中 P=压力(Pa)，V=蒸气空间的体积(m^3)，m=蒸气质量(kg)，MW=水的分子量(18.02g/mol)，R=气体定律常数 8314(Pa·m^3)/(kmol·K)，T=温度(℃)。Antoine 方程中水的常数参数为 $A=11.21$，$B=2354.7$，$C=280.71$。对于下列锅炉工况，确定平衡温度和压力：$m=3.755$kg，$V=3.142m^3$。使用牛顿-拉夫逊法并通过 SciPy 的 optimize.root 函数确认解。使用 $P=200000$ Pa 和 $T=110$℃的初始猜测值。

注意：对于给定的单位，理想气体定律中的项比安托万方程中的项要大得多。一种良好策略是将理想气体定律方程缩小 100000 倍。

12.19 如第 5.6 节所述，以下五个非线性方程组控制着雨水的化学性质：

$$K_1 = \frac{[H^+][HCO_3^-]}{K_H p_{co_2}} \qquad K_2 = \frac{[H^+][CO_3^{-2}]}{[HCO_3^-]} \qquad K_w = [H^+][OH^-]$$

$$c_T = \frac{K_H p_{co_2}}{10^6} + [HCO_3^-] + [CO_3^{2-}]$$

$$0 = [HCO_3^-] + 2[CO_3^{2-}] + [OH^-] - [H^+]$$

其中 K_H=亨利常数，K_1、K_2 和 K_3=平衡常数，C_T=总有机碳，$[HCO_3^-]$=碳酸氢盐，$[CO_3^{-2}]$=碳酸盐，$[H^+]$=氢离子，$[OH^-]$=羟基离子。注意，方程中显示的 CO_2 的分压，表示这种温室气体对雨水酸度影响。使用这些方程和 root 函数来计算给定雨水的 pH 值：

$$K_H = 10^{-1.46}, K_1 = 10^{-6.3}, K_2 = 10^{-10.3}, K_w = 10^{-14}$$

比较 p_{CO_2} 在 1958 年为 315ppm 和 2015 年为 400ppm 的结果。注意，这是一个难以求解的问题，因为浓度往往非常小并且在多个数量级上变化。因此，在负对数尺度上表示未知数是很有用的，$pK=-\log_{10}(K)$。也就是说，这五个未知数可以重新表示为如下形式：

$$pH = -\log_{10}([H^+]) \qquad pOH = -\log_{10}([OH^-])$$
$$pHCO_3 = -\log_{10}([HCO_3^-]) \qquad pCO_3 = -\log_{10}([CO_3^{2-}])$$
$$pc_T = -\log_{10}(c_T)$$

此外，将误差容限降到很低(如 10^{-12})也很有帮助。按照上述顺序，使用初始猜测值 7、7、3、7和 3。

第13章

特征值

本章学习目标

本章的主要目的是向你介绍特征值及其在工程和科学应用中的作用。

- 理解特征值和特征向量的数学定义。
- 掌握解释基于特征值的系统行为的概念。
- 了解如何从微分方程模型的研究中得到特征值和特征向量。
- 理解特征值在研究纯振荡的振动系统中的作用。
- 知道如何通过特征多项式的解来确定特征值。
- 理解幂法及其在寻找最大和最小特征值中的应用。
- 理解如何使用和解释 Python NumPy 的 eigvals 和 eig 函数。

问题引入

在第 8 章的开头，我们使用牛顿第二定律和力平衡，预测了三个由绳索连接的蹦极者的平衡位置。因为我们假设绳索的行为类似于理想弹簧(也就是说，遵循胡克定律)，所以稳态解简化为求解线性代数方程组(回想一下式 8.1 和例 8.2)。在力学中，这被称为静力学问题。

现在，我们来讨论一个涉及相同系统的动力学问题。也就是说，我们将研究蹦极者的运动作为时间的函数。为此，必须知道它们的初始条件：位置和速度。例如，我们可以将蹦极者的初始位置设置为例 8.2 中计算的平衡值。然后，如果我们将它们的初始速度设置为零，则不会有运动，因为根据定义，系统处于平衡状态。

因为我们感兴趣的是研究系统的动力学，所以必须将初始条件设置为会引起运动的值。例如，我们可以先让缆绳处于未拉伸长度处的蹦极者运动起来。然后我们将会看到一个突然的向下运动，接着又是向上运动，以此类推。你可能亲眼见过这种振荡(勇敢的你！)，或者至少观看过视频。令人高兴的是，由于包括空气阻力在内的阻尼效应，振荡最终会消失。如果蹦极者的动态模型不包含阻尼，则振荡会达到一个连续的形状并无限地延续下去。我们可以使用 Python 来求解控制该系统的微分方程，并生成位置和速度的结果。你已经在第 1 章看到了这一点，当我们在第Ⅵ部分描述常微分方程的数值解时，你会了解关于这个主题的更多知识。

这种行为如图 13.1 所示。通过仔细观察这些曲线，你会发现其中的规律。例如，波峰和波谷之间的距离可能是恒定的，即使幅度似乎有所不同。但是，很难察觉到是否有任何系统性和可预测的事情发生。

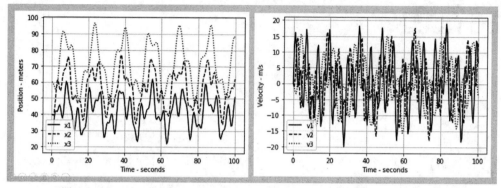

图 13.1　例 8.2 中三个相互连接的蹦极者系统中，蹦极者位置(m)和速度(m/s)与时间的关系

在本章中，我们将讨论一种从工程和科学的数学模型(如描述蹦极者的数学模型)中提取基本信息的方法。这需要能确定此类系统的特性的值，称为特征值。我们将看到特征值及其对应的特征向量为理解微分方程系统的动力学提供了基础。为此，我们需要为你提供此分析所需的数学背景。这对你来说可能是复习，也可能不是，但有一个坚实的基础是良好的开始。

在介绍背景之后，我们将讨论特征值发挥作用的不同场景。最后，我们将重点介绍对纯振荡或振动系统的理解，这在工程和科学的各个领域，特别是结构和机械工程中，都非常重要。

13.1　特征值和特征向量——基础知识

特征值和特征向量是表征方阵的量。它们在许多科学和工程应用中都很作用，特别是那些涉及微分方程的应用。如果 A 是一个 $n \times n$ 矩阵，则相关的方程是[1]

$$Ax = \lambda x \tag{13.1}$$

其中 λ = 一个标量值，可以是实数或复数，x 是一个 $n \times 1$ 向量。很明显，对于任何 λ 值，式(13.1)的平凡解是 $x=0$。如果存在满足向量 $x \neq 0$ 方程的 λ 值，则 λ 值是特征值，对应的 x 是一个相关的特征向量。

式(13.1)可以重新排列得到：

$$(A - \lambda I)x = 0 \tag{13.2}$$

为使式(13.2)表示的 n 个线性方程具有解 $x \neq 0$，矩阵 $(A-\lambda I)$ 必须是奇异的，即其行列式 $| A - \lambda I |$ 必须等于 0。

对于 $n=2$ 的简单情况，式(13.2)可表示为：

$$\begin{bmatrix} a_{11} - \lambda & a_{12} \\ a_{21} & a_{22} - \lambda \end{bmatrix} \begin{bmatrix} x_1 \\ x_2 \end{bmatrix} = \begin{bmatrix} 0 \\ 0 \end{bmatrix} \tag{13.3}$$

可以计算行列式并将其设置为零：

$$|A - \lambda I| = (a_{11} - \lambda)(a_{22} - \lambda) - a_{12} a_{21} = 0 \tag{13.4}$$

---

1 为使数学表达更简洁，本章中我们使用粗体加斜体的形式(而不是大括号和方括号的形式)来表示向量和矩阵。

因此，特征值是下式的根：

$$\lambda^2 - (a_{11} + a_{22})\lambda - a_{12}a_{21} = 0$$

使用二次公式，我们得到：

$$\lambda = \frac{(a_{11} + a_{22})}{2} \pm \frac{\sqrt{(a_{11} + a_{22})^2 + 4\,a_{12}\,a_{21}}}{2} \tag{13.5}$$

很明显，λ 的值要么是两个实数，要么是一个复共轭对。通过将式(13.5)中的每个值代入式(13.3)，我们可以求解相应的 x 向量。这个向量，即特征向量，建立了 x_1 和 x_2 之间的关系，可以按任何因子缩放。它通常会被缩放，使向量的大小$|x| = \sqrt{x_1^2 + x_2^2} = 1$。

对于较大的矩阵 A，由式(13.4)表示的特征多项式的阶数为 n，需要计算机求解。

例 13.1 矩阵的特征值和特征向量

问题描述。对于方阵

$$A = \begin{bmatrix} 4 & 2 & 3 & 7 \\ 2 & 8 & 5 & 1 \\ 3 & 5 & 12 & 9 \\ 7 & 1 & 9 & 7 \end{bmatrix}$$

确定 A 的特征值和相应的特征向量。将特征向量缩放到 1 的大小。

问题解答。特征方程由如下行列式给出：

$$\begin{vmatrix} 4-\lambda & 2 & 3 & 7 \\ 2 & 8-\lambda & 5 & 1 \\ 3 & 5 & 12-\lambda & 9 \\ 7 & 1 & 9 & 7-\lambda \end{vmatrix} = \lambda^4 - 31\lambda^3 + 175\lambda^2 + 282\lambda - 2076$$

为找到特征值，我们需要确定这个多项式的根。可在 Python 的 NumPy 模块中使用 roots 函数。

```
import numpy as np

coeff = np.array([1., -31., 175., 282., -2076.])
r = np.roots(coeff)
print('Roots are:\n',r)

Roots are:
[23.04467254 -3.23389171 7.4501013 3.73911787]
```

因此，特征值约为 23.04、-3.234、7.450 和 3.739。

下面找到对应于第一个特征值的特征向量：

$$\begin{bmatrix} 4-23.04 & 2 & 3 & 7 \\ 2 & 8-23.04 & 5 & 1 \\ 3 & 5 & 12-23.04 & 9 \\ 7 & 1 & 9 & 7-23.04 \end{bmatrix} \begin{bmatrix} x_1 \\ x_2 \\ x_3 \\ x_4 \end{bmatrix} = \begin{bmatrix} 0 \\ 0 \\ 0 \\ 0 \end{bmatrix}$$

或

$$\begin{bmatrix} -19.04 & 2 & 3 & 7 \\ 2 & -15.04 & 5 & 1 \\ 3 & 5 & -11.04 & 9 \\ 7 & 1 & 9 & -16.04 \end{bmatrix} \begin{bmatrix} x_1 \\ x_2 \\ x_3 \\ x_4 \end{bmatrix} = \begin{bmatrix} 0 \\ 0 \\ 0 \\ 0 \end{bmatrix}$$

这里，可用代数方法求解第一个方程的 x_1：

$$x_1 = \frac{2}{19.04}x_2 + \frac{3}{19.04}x_3 + \frac{7}{19.04}x_4 \approx 0.1050x_2 + 0.1576x_3 + 0.3677x_4$$

这可以代入第二个方程得到:

$$x_2 = \frac{2}{15.04}(0.1050x_2 + 0.1576x_3 + 0.3677x_4) + \frac{5}{15.04}x_3 + \frac{1}{15.04}x_4$$

和

$$x_2 = 0.3584\,x_3 + 0.1170\,x_4$$

将其代入第三个方程, 求解 x_3, 结果为:

$$x_3 = 1.2381\,x_4$$

此时, 可将任意值例如 1 赋给 x_4, 可以计算其余的 x 得到:

$$x_3 = 1.238,\ x_2 = 0.561,\ x_1 = 0.622$$

第一个特征向量是:

$$x = \begin{bmatrix} 0.622 \\ 0.561 \\ 1.238 \\ 1 \end{bmatrix},\ \text{它由} x = \begin{bmatrix} 0.622 \\ 0.561 \\ 1.238 \\ 1 \end{bmatrix} \text{缩放到 1 的大小。}$$

用同样的方法确定与其他三个特征值相关的特征向量。它们在这里被汇总为一个矩阵, 矩阵中的列与特征值相关联:

$$\begin{bmatrix} 0.346 & -0.581 & 0.679 & 0.287 \\ 0.312 & 0.204 & 0.375 & -0.849 \\ 0.688 & -0.365 & -0.617 & -0.108 \\ 0.516 & 0.698 & 0.132 & 0.430 \end{bmatrix}$$

我们注意到特征向量是相互正交的。使用 Python 计算的前两列的点积为:

```
vtest = v[:,0].dot(v[:,1])
print('{0:7.5f}'.format(vtest))
-0.00000
```

既然我们已经介绍了特征值和特征向量以及它们与方阵的关系, 那么现在可以了解它们在工程和科学应用中的作用。

13.2 特征值和特征向量的应用

在工程和科学应用中, 特征值最常见的场景是微分方程。然而, 还有其他一些只与代数方程相关的例子, 但我们在本章中不讨论这些。

使用特征值来研究微分方程模型的行为对于工程和科学中的许多应用至关重要, 尤其是在设备、过程和结构的设计中。当常微分方程的自变量(或偏微分方程的自变量)是时间时, 特征值反映了被建模系统的动态行为。

许多实际的微分方程模型只包含一阶或二阶导数。原因在于模型的物理基础, 例如, 牛顿第二定律将位置的二阶导数与作用力联系起来。我们首先要注意, 可将具有二阶导数的常微分方程简化为仅具有一阶导数的等价方程组。也可将这种技术扩展到高阶导数。接下来我们将研究一阶微分方程组的特征值, 然后回到没有一阶导数的二阶方程这一特殊情况。

13.2.1　二阶微分方程的一阶等价方程

举个简单例子，假设我们有单个二阶时间微分方程，它还包含一个一阶导数项。现在，我们将看看这个方程的齐次形式。

$$\frac{d^2y}{dt^2} + a\frac{dy}{dt} + by = 0 \tag{13.6}$$

我们将定义两个新的因变量：

$$x_1 = y \text{ 和 } x_2 = \frac{dy}{dt} = \frac{dx_1}{dt}$$

将原微分方程式(13.6)改写为两个一阶方程：

$$\frac{dx_1}{dt} = x_2$$

$$\frac{dx_2}{dt} = -ax_2 - bx_1 \tag{13.7}$$

也可将最后两个方程写成矩阵形式：

$$\frac{d\boldsymbol{x}}{dt} = \begin{bmatrix} 0 & 1 \\ -b & -a \end{bmatrix} \begin{bmatrix} x_1 \\ x_2 \end{bmatrix} = \boldsymbol{Ax} \tag{13.8}$$

注意，如果没有一阶导数项，则 a_{22} 项等于 0。

13.2.2　特征值和特征向量在微分方程解中的作用

一阶常微分方程组的齐次解的通式是：

$$\boldsymbol{x} = \exp(\boldsymbol{A}t)\boldsymbol{x}_0 \tag{13.9}$$

其中 $\exp(\boldsymbol{A}t)$ 称为矩阵指数，可以表示为 $\boldsymbol{U}\exp(\boldsymbol{D}t)\boldsymbol{U}^{-1}$。这里，$\boldsymbol{U}$ 是特征向量的矩阵，$\boldsymbol{D}$ 是特征值的对角矩阵。$\boldsymbol{X}$ 中每个 x_i 的解将是 $\exp(\lambda_j t)$，$j = 1, \dots, n$ 中项的线性组合。

这时，我们认识到特征多项式的解可以显示特征值。由于该多项式具有实数系数，因此特征值将以实数形式出现，包括正数、负数和复数，或者以具有相同实部和相反虚部的复共轭对形式出现。基于此，我们进行了一些重要的定性观察：

(1) 正的实特征值不稳定，会导致指数爆炸。

(2) 负的实特征值会消失。

(3) 具有零实部和有限虚部的特征值在没有放大或衰减的情况下振荡，通常称为纯谐振子。

(4) 零特征值对应于常数输入的线性解行为。

(5) 复特征值提供振荡行为。

(6) 复特征值解的另一种表示是正弦和余弦项的组合。

(7) 特征值实部的绝对值越大，其收敛或发散行为的速度越快。

(8) 复特征值的虚部越大，其振荡频率越高。

图 13.2 简洁地说明了这些观察结果。

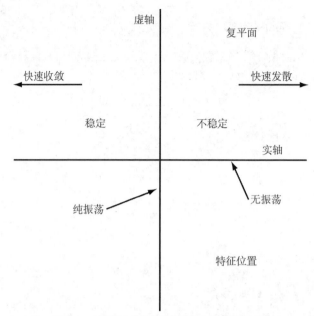

图 13.2　复平面上描述的特征值的位置和解的行为

例 13.2　一阶微分方程组的特征值

问题描述。 确定特征值并预测下列一阶微分方程组的行为。

$$\frac{\mathrm{d}x_1}{\mathrm{d}t} = -3x_1 + x_2$$

$$\frac{\mathrm{d}x_2}{\mathrm{d}t} = x_1 - 3x_2$$

问题解答。 我们以矩阵形式表示微分方程。

$$\frac{\mathrm{d}\boldsymbol{x}}{\mathrm{d}t} = \begin{bmatrix} -3 & 1 \\ 1 & -3 \end{bmatrix} \boldsymbol{x} = \boldsymbol{A}\boldsymbol{x}$$

为确定特征值，我们可以推导出特征多项式。

$$\begin{vmatrix} -3-\lambda & 1 \\ 1 & -3-\lambda \end{vmatrix} = (\lambda+3)(\lambda+3) - 1 = \lambda^2 + 6\lambda + 8 = 0$$

并确定它的根：

$$\lambda = -\frac{6}{2} \pm \frac{\sqrt{36-32}}{2} = -2, -4$$

由于两个特征值都是负数，因此 $\boldsymbol{x}$ 的解是稳定的，并且在没有振荡的情况下趋于零。

值得注意的是，我们不必推导出例 13.2 中微分方程的解来判断方程组的行为。

13.2.3　特征值和纯振荡的常微分方程

在实际系统中，自然振荡要么放大，要么消失。如果它们放大，某种物体最终会破裂。为维持振荡，它需要一个周期性的输入或强制函数。即便如此，我们仍可提出维持纯振荡的模型来研究系统的重要特性。这是一个单一的二阶常微分方程的例子。

$$\frac{d^2y}{dt^2} = -ay \tag{13.10}$$

使用第 13.2.1 节中的方法，可将这个单一的二阶方程转换为两个一阶方程：

$$\frac{dx_1}{dt} = x_2$$

$$\frac{dx_2}{dt} = -ax_1 \tag{13.11}$$

并以矩阵形式表示为：

$$\frac{d\boldsymbol{x}}{dt} = \begin{bmatrix} 0 & 1 \\ -a & 0 \end{bmatrix}\boldsymbol{x} = \boldsymbol{A}\boldsymbol{x} \tag{13.12}$$

同样，可确定 $\boldsymbol{A}$ 的特征值：

$$\begin{vmatrix} -\lambda & 1 \\ -a & -\lambda \end{vmatrix} = \lambda^2 + a = 0 \qquad \lambda = \pm\sqrt{a}\,\mathrm{i}$$

由于特征值在虚轴上，解将是纯振荡的，并且振荡的频率将是 $\sqrt{a}$，单位是弧度/时间，而不是周期/时间。考虑到每个周期有 2π 弧度，则每个周期的频率是 $\sqrt{a}/(2\pi)$。

因此，对于这个简单系统，可看到系数 a 与特征值的关系以及它与振荡频率的关系。系统的特征向量也是复向量。

$$\boldsymbol{U} = \begin{bmatrix} -0.4082\,\mathrm{i} & 0.4082\,\mathrm{i} \\ 0.9129 & 0.9129 \end{bmatrix}$$

有一种更简便的方法来确定纯振荡系统的特征值和频率。我们可用两个二阶方程组来说明这一点。

$$\frac{d^2y_1}{dt^2} = -a_{11}y_1 + a_{12}y_2$$

$$\frac{d^2y_2}{dt^2} = a_{21}y_1 - a_{22}y_2 \tag{13.13}$$

可以写成矩阵形式：

$$\frac{d^2\boldsymbol{y}}{dt^2} = \begin{bmatrix} -a_{11} & a_{12} \\ a_{21} & -a_{22} \end{bmatrix}\boldsymbol{y} \tag{13.14}$$

由于我们知道这些方程组有周期解，因此可提出一个这种形式的解[1]：

$$\boldsymbol{y} = \boldsymbol{x}\mathrm{e}^{i\omega t} \tag{13.15}$$

其中 ω=频率，$\boldsymbol{x}$ 是系数向量。将其代入微分方程，我们得到：

$$-\omega^2\boldsymbol{x} = \boldsymbol{A}\boldsymbol{x} \tag{13.16}$$

我们认为这是一个特征值问题，其中 $\lambda=-\omega^2$，$\boldsymbol{x}$ 是相关的特征向量。

因为我们知道特征值将是频率平方的负数，可直接确定这个方程组的特征值，

$$\begin{vmatrix} -a_{11}-\lambda & a_{12} \\ a_{21} & -a_{22}-\lambda \end{vmatrix} = (\lambda+a_{11})(\lambda+a_{22}) - a_{12}a_{21} = \lambda^2 + (a_{11}+a_{22})\lambda + (a_{11}a_{22} - a_{12}a_{21})$$

$$\tag{13.17}$$

---

1 回忆欧拉恒等式：$\mathrm{e}^{\pm xi} \equiv \cos x \pm \sin xi$。

因此，特征值由下式给出：

$$\lambda = -\frac{(a_{11} + a_{22})}{2} \pm \frac{\sqrt{(a_{11} + a_{22})^2 - 4(a_{11}a_{22} - a_{12}a_{21})}}{2}$$

频率将由 $\omega = \sqrt{(-\lambda)}$ 给出。我们应该注意到，可将式(13.17)写成如下形式。

$$\begin{vmatrix} -a_{11} + \omega^2 & a_{12} \\ a_{21} & -a_{22} + \omega^2 \end{vmatrix} = \begin{vmatrix} a_{11} - \omega^2 & -a_{12} \\ -a_{21} & a_{22} - \omega^2 \end{vmatrix}$$

这里确定的频率称为固有频率或共振频率，通常用 ω_n 表示，因为它们是系统固有的，不受外部影响。

例 13.3 纯振荡系统的特征值

问题描述。 研究由下式描述的系统的行为：

$$\frac{d^2 y_1}{dt^2} = -5y_1 + 2y_2$$

$$\frac{d^2 y_2}{dt^2} = 2y_1 - 2y_2$$

问题解答。 特征值可由下式确定：

$$\begin{vmatrix} -5 - \lambda & 2 \\ 2 & -2 - \lambda \end{vmatrix} = (\lambda + 5)(\lambda + 2) - 4 = \lambda^2 + 7\lambda + 6 = 0$$

这种情况下，可得：

$$\lambda = -\frac{7}{2} \pm \frac{\sqrt{49 - 24}}{2} = -1, -6$$

然后可求解特征向量。它们是：

$$\boldsymbol{x}_1 = \begin{bmatrix} 1 \\ 2 \end{bmatrix}, \boldsymbol{x}_2 = \begin{bmatrix} 2 \\ -1 \end{bmatrix}, \text{ 可以缩放。}$$

从特征值可以看出，频率为 $\omega = \pm 1, \pm\sqrt{6}$。

为研究这种行为，我们将这个系统的通解放在一起。解包含四个可能的组成部分。

$$\boldsymbol{x}_1 e^{\pm ti} \text{ 和 } \boldsymbol{x}_2 e^{\pm\sqrt{6}ti}$$

回想一想欧拉等式，$e^{\pm\theta i} \equiv \cos(\theta) \pm \sin(\theta)i$。

通过加减每一对解，然后除以 2，我们得到通解：

$$\boldsymbol{x}_1 e^{\pm ti} = \boldsymbol{x}_1(\cos(t) \pm \sin(t)i)$$
$$\boldsymbol{x}_2 e^{\pm\sqrt{6}ti} = \boldsymbol{x}_2(\cos(\sqrt{6}t) \pm \sin(\sqrt{6}t)i)$$

其中 a_1、b_1、a_2 和 b_2 是由 y 及其导数的初始条件确定的常数。回顾特征向量，它变成：

$$\boldsymbol{y} = \boldsymbol{x}_1(a_1\cos(t) + b_1\sin(t)) + \boldsymbol{x}_2(a_2\cos(\sqrt{6}t) + b_2\sin(\sqrt{6}t))$$
$$y_1 = a_1\cos(t) + b_1\sin(t) + 2a_2\cos(\sqrt{6}t) + 2b_2\sin(\sqrt{6}t)$$
$$y_2 = 2a_1\cos(t) + 2b_1\sin(t) - a_2\cos(\sqrt{6}t) - b_2\sin(\sqrt{6}t)$$

为完全说明齐次解，以下列初始条件为例列入计算：

$$y_1(0) = 1, y_2(0) = -1, \frac{dy_1}{dt}(0) = 0, \frac{dy_2}{dt}(0) = 0$$

这样就可以求出 a_1、b_1、a_2、b_2 的值，将解写为：

$$y_1 = -\frac{1}{5}\cos(t) + \frac{6}{5}\cos(\sqrt{6}t)$$

$$y_2 = -\frac{2}{5}\cos(t) - \frac{3}{5}\cos(\sqrt{6}t)$$

解的图形如图 13.3 所示。

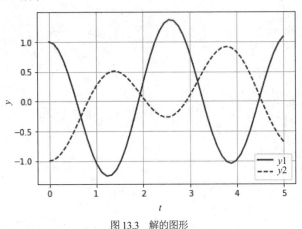

图 13.3　解的图形

13.3　物理场景-质量-弹簧系统

有了第 13.1 节和第 13.2 节中提供的背景知识，我们现在可更详细地研究振动的系统。在这类研究中有用的模型如图 13.4 所示。

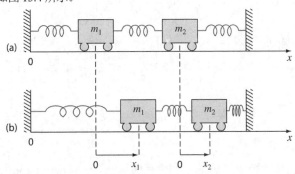

图 13.4　一个两质量体、三弹簧系统，无摩擦滚轮在两壁之间振动。质量体的位置可参考局部坐标，
原点位于它们各自的平衡位置。将质量体置于远离平衡状态的位置会在弹簧中产生力，
该力在释放时会导致质量体的振荡

为了简化分析，假设每个质量上都没有外力或阻尼作用。此外，假设每根弹簧具有相同的静止自然长度 l 和相同的弹簧常数 k。最后，假设每根弹簧的位移是相对于其自身的局部坐标系测量的，坐标系原点位于弹簧的平衡位置。在这些假设下，可使用牛顿第二定律为每个质量建立动态力平衡：

$$m_1 \frac{\mathrm{d}^2 x_1}{\mathrm{d}\,t^2} = -kx_1 + k(x_2 - x_1)$$

$$m_2 \frac{\mathrm{d}^2 x_2}{\mathrm{d}\,t^2} = -kx_2 + k(x_1 - x_2)$$

$$(13.18)$$

可将式(13.18)中的模型重新排列为如下矩阵形式:

$$\frac{\mathrm{d}^2 x}{\mathrm{d}\,t^2} = \begin{bmatrix} -\dfrac{2k}{m_1} & \dfrac{k}{m_1} \\ \dfrac{k}{m_2} & -\dfrac{2k}{m_2} \end{bmatrix} x \tag{13.19}$$

参考式(13.17),我们有:

$$\begin{vmatrix} -\dfrac{2k}{m_1} - \lambda & \dfrac{k}{m_1} \\ \dfrac{k}{m_2} & -\dfrac{2k}{m_2} - \lambda \end{vmatrix} = \lambda^2 + 2k\left(\frac{1}{m_1} + \frac{1}{m_2}\right)\lambda + \left(\frac{4k^2}{m_1 m_2} - \frac{k^2}{m_1 m_2}\right) \tag{13.20}$$

我们可以求解出特征值为:

$$\lambda = -k \frac{m_1 + m_2 \pm \sqrt{m_1^2 - m_1 m_2 + m_2^2}}{m_1 m_2} \tag{13.21}$$

根据第 13.2.3 节,可以确定频率为:

$$\omega = \sqrt{k \frac{m_1 + m_2 \pm \sqrt{m_1^2 - m_1 m_2 + m_2^2}}{m_1 m_2}} \tag{13.22}$$

例 13.4 弹簧-质量系统特征值的解释

问题描述。对于 $m_1 = m_2 = 40\text{kg}$ 且 $k=200\text{N/m}$,解释两质量体、三弹簧系统的结果。

问题解答。利用式(13.21),我们可以计算特征值为-5 和-15。对应的角频率为:

$$\omega_1 = \sqrt{5} \text{ rad/s}, \ \omega_2 = \sqrt{15} \text{ rad/s}$$

周期频率(其中 Hz=周期/秒)为:

$$f_1 = \frac{\sqrt{5}}{2\pi} \approx 0.356 \text{ Hz}, \ f_2 = \frac{\sqrt{15}}{2\pi} \approx 0.616 \text{ Hz}$$

振荡周期为:

$$P_1 = \frac{1}{f_1} \approx 2.81\text{s}, \ P_2 = \frac{1}{f_2} \approx 1.62\text{ s}$$

该系统的特征向量是:

$$U = \begin{bmatrix} \sqrt{2}/2 & -\sqrt{2}/2 \\ \sqrt{2}/2 & \sqrt{2}/2 \end{bmatrix} \text{ 可以缩放为 } \begin{bmatrix} 1 & -1 \\ 1 & 1 \end{bmatrix}$$

如果遵循例 13.3 的模式,通解的形式为:

$$y = x_1(a_1\cos(\omega_1 t) + b_1\sin(\omega_2 t)) + x_2(a_2\cos(\omega_1 t) + b_2\sin(\omega_2 t))$$

有了特征向量,这就变成了两个方程:

$$y_1 = (a_1\cos(\omega_1 t) + b_1\sin(\omega_1 t)) - (a_2\cos(\omega_2 t) + b_2\sin(\omega_2 t))$$

$$y_2 = (a_1\cos(\omega_1 t) + b_1\sin(\omega_1 t)) + (a_2\cos(\omega_2 t) + b_2\sin(\omega_2 t))$$

我们认为每个方程的第一项和第二项是两个不同的频率或两种不同的振动模式。与初始条件无关,第一种模式彼此"同步",而第二种模式由于符号的变化,异相半个周期,π 或 180°。图 13.5 说明了这一点。如果把这两种模式结合起来,明智地选择初始条件,就可以得到图中所示的响应,图(a)中只看到第一种模式，(b)中只看到第二种模式。

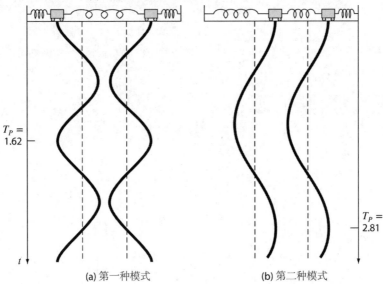

(a) 第一种模式   (b) 第二种模式

图 13.5   由固定壁之间的三个相同弹簧连接的两个等质量体的主要振动模式

13.4 幂法

幂法是一种迭代方法，可用于确定最大特征值或主要特征值。稍加修改，也可用于确定最小值。它还有一个额外好处，即获得该方法的副产品——相应的特征向量。为实现幂法，所分析的系统用以下形式表示：

$$Ax = \lambda x \tag{13.23}$$

如下例所示，式(13.23)构成了迭代求解技术的基础，该技术最终会得到最高特征值及其相关的特征向量。

例 13.5 最高特征值的幂法

问题描述。使用与第 13.3 节相同的方法，我们可以推导出两个固定壁之间的三质量-四弹簧系统的如下齐次方程组：

$$
\begin{aligned}
\left(\frac{2k}{m_1} - \omega^2\right)X_1 & & -\frac{k}{m_1}X_2 & & & = 0 \\
-\frac{k}{m_2}X_1 & + \left(\frac{2k}{m_2} - \omega^2\right)X_2 & & -\frac{k}{m_2}X_3 & = 0 \\
& & -\frac{k}{m_3}X_2 & + \left(\frac{k}{m_3} - \omega^2\right)X_3 & = 0
\end{aligned}
$$

如果所有质量 m_1=1kg 且所有弹簧常数 k=20N/m，则方程组可用式(13.2)的矩阵格式表示为：

$$
\begin{bmatrix}
40 & -20 & 0 \\
-20 & 40 & -20 \\
0 & -20 & 40
\end{bmatrix} - \lambda I = 0
$$

其中特征值 λ 是角频率的平方 ω^2。使用幂法确定最高特征值及其相关的特征向量。

问题解答。该方程组首先写成式(13.23)的形式。

$$40X_1 - 20X_2 \qquad = \lambda X_1$$
$$-20X_1 + 40X_2 - 20X_3 = \lambda X_2$$
$$-20X_2 + 40X_3 = \lambda X_3$$

这时，我们可以取 X 的初始值，并使用左侧计算特征值和特征向量。一个好的第一选择是假设式左侧的所有 X 都等于1：

$$40(1) - 20(1) \qquad = 20$$
$$-20(1) + 40(1) - 20(1) = 0$$
$$-20(1) + 40(1) = 20$$

接下来，右侧被20归一化，使得最大元素等于1：

$$\begin{bmatrix} 20 \\ 0 \\ 20 \end{bmatrix} = 20 \begin{bmatrix} 1 \\ 0 \\ 1 \end{bmatrix}$$

因此，归一化因子是我们对特征值(20)的第一个估计，相应的特征向量是 $[1 \quad 0 \quad 1]^T$。此次迭代可以用矩阵形式简洁地表示为：

$$\begin{bmatrix} 40 & -20 & 0 \\ -20 & 40 & -20 \\ 0 & -20 & 40 \end{bmatrix} \begin{bmatrix} 1 \\ 1 \\ 1 \end{bmatrix} = \begin{bmatrix} 20 \\ 0 \\ 20 \end{bmatrix} = 20 \begin{bmatrix} 1 \\ 0 \\ 1 \end{bmatrix}$$

下一次迭代是将矩阵乘以上一次迭代的特征向量 $[1 \quad 0 \quad 1]^T$，得到：

$$\begin{bmatrix} 40 & -20 & 0 \\ -20 & 40 & -20 \\ 0 & -20 & 40 \end{bmatrix} \begin{bmatrix} 1 \\ 0 \\ 1 \end{bmatrix} = \begin{bmatrix} 40 \\ -40 \\ 40 \end{bmatrix} = 40 \begin{bmatrix} 1 \\ -1 \\ 1 \end{bmatrix}$$

因此，第二次迭代的特征值估计为40，可用于确定误差估计值：

$$\varepsilon_a = \left| \frac{40 - 20}{40} \right| \times 100\% = 50\%$$

然后可以重复这个过程。

第三次迭代：

$$\begin{bmatrix} 40 & -20 & 0 \\ -20 & 40 & -20 \\ 0 & -20 & 40 \end{bmatrix} \begin{bmatrix} 1 \\ -1 \\ 1 \end{bmatrix} = \begin{bmatrix} 60 \\ -80 \\ 60 \end{bmatrix} = -80 \begin{bmatrix} -0.75 \\ 1 \\ -0.75 \end{bmatrix}$$

其中 $\varepsilon_a = 150\%$(由于符号变化，ε_a 很高)。

第四次迭代：

$$\begin{bmatrix} 40 & -20 & 0 \\ -20 & 40 & -20 \\ 0 & -20 & 40 \end{bmatrix} \begin{bmatrix} -0.75 \\ 1 \\ -0.75 \end{bmatrix} = \begin{bmatrix} -50 \\ 70 \\ -50 \end{bmatrix} = 70 \begin{bmatrix} -0.71429 \\ 1 \\ -0.71429 \end{bmatrix}$$

其中 $\varepsilon_a = 214\%$(又一次符号变化)。

第五次迭代：

$$\begin{bmatrix} 40 & -20 & 0 \\ -20 & 40 & -20 \\ 0 & -20 & 40 \end{bmatrix} \begin{bmatrix} -0.71429 \\ 1 \\ -0.71429 \end{bmatrix} = \begin{bmatrix} -48.51714 \\ 68.51714 \\ -48.51714 \end{bmatrix} = 68.51714 \begin{bmatrix} -0.70833 \\ 1 \\ -0.70833 \end{bmatrix}$$

其中 $\varepsilon_a = 2.08\%$。

因此，特征值正在收敛。经过多次迭代，它稳定在68.28427的值上，对应的特征向量为 $[-0.707107 \quad 1 \quad -0.707107]^T$。

注意，在某些情况下，幂法将收敛到第二大特征值而不是最大特征值。James、Smith 和 Wolford(1985 年)提供了这样一个例子。Fadeev 和 Fadeeva(1963 年)讨论了其他特殊情况。

此外，有时我们会对确定最小特征值感兴趣。这可通过将幂法应用于 A 的逆矩阵来完成。这种情况下，幂法将收敛于 $1/\lambda$ 的最大值，即 λ 的最小值。寻找最小特征值的应用将作为习题留下。

最后，找到最大特征值后，可通过将原始矩阵替换为仅包含剩余特征值的矩阵来确定下一个最高特征值。去除已知最大特征值的过程称为收缩。

我们应该提一下，虽然幂法可用于定位介值，但在我们需要确定所有特征值的情况下，有更好的方法可以使用，如下一节所述。因此，幂法主要用于我们想要定位最大或最小特征值的时候。

13.5 Python NumPy 函数：eig 和 eigvals

Python 具有计算特征值和特征向量的强大功能。NumPy 模块中的函数 eigvals 可用于生成特征值数组，如：

```
import numpy as np
e = linalg.eigvals(A)
```

其中 A 是一个方阵。或者，可以调用 eig 函数：

```
e,v = linalg.eig(A)
```

其中 v 是一个方阵，其列是对应的特征向量。

应该注意，eig 函数通过将特征向量除以它们的欧几里得距离(平方和的平方根)来将它们归一化。因此，如下例所示，虽然它们的大小可能与使用幂法计算的值不同，但元素的相对大小将是相同的。

例 13.6 用 Python 计算特征值和特征向量

问题描述。使用 Python 确定例 13.5 所述方程组的特征值和特征向量。

问题解答。回想一下，要分析的矩阵是

$$\begin{bmatrix} 40 & -20 & 0 \\ -20 & 40 & -20 \\ 0 & -20 & 40 \end{bmatrix}$$

该矩阵可以在 Python 中作为 ndarray 输入：

```
import numpy as np
A = np.array([[40.,-20.,0.],[-20.,40.,-20.],[0.,-20.,40.]])
```

如果我们只想确定特征值，可以输入：

```
np.set_printoptions(precision=5)
print(np.linalg.eigvals(A))
```

结果显示为：

```
[68.28427 40. 11.71573]
```

注意到最大特征值与之前在例 13.5 中用幂法确定的值一致。

如果我们想同时得到特征值和特征向量，可以添加语句：

```
e,v = np.linalg.eig(A)
print('Eigenvalues are\n',e)
print('\nEigenvector matrix is\n',v)
```

显示为:

```
Eigenvalues are
 [68.28427 40. 11.71573]
```

```
Eigenvector matrix is
 [[-5.00000e-01 -7.07107e-01 5.00000e-01]
 [ 7.07107e-01 -1.28296e-16 7.07107e-01]
 [-5.00000e-01 7.07107e-01 5.00000e-01]]
```

虽然结果被缩放而与例 13.5 不同，但对应于最大特征值的特征向量$[-0.5 \quad 0.7071 \quad -0.5]^T$ 与幂法的结果$[-0.7071 \quad 1 \quad -0.7071]^T$ 是一致的。这可通过将幂法的特征向量除以其欧几里得范数来证明：

```
e_power = np.array([-np.sqrt(2)/2, 1., -np.sqrt(2)/2])
print(e_power)
e_power_norm = np.linalg.norm(e_power)
print(e_power/e_power_norm)
[-0.70711 1. -0.70711]
[-0.5 0.70711 -0.5 ]
```

虽然元素的大小不同，但它们的比例是相同的。另一种证明的方式是，这两个向量在三维空间中指向相同的方向。

13.6 案例研究：特征值与地震

背景。工程师和科学家们使用质量-弹簧模型来深入了解在地震等干扰影响下的结构动力学。图 13.6 显示了一个三层建筑的模型。每层楼板质量用 m_i 表示，每层楼板刚度用 k_i 表示，i =1 到 3。

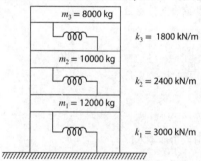

图 13.6 以质量-弹簧系统为模型的三层建筑

对于这个例子，分析仅限于结构的水平运动，因为它会受到地震引起的横轴运动。使用与第 13.3 节相同的方法，可为该系统建立动态力平衡：

$$m_1 \frac{d^2 x_1}{dt^2} = -k_1 x_1 + k_2(x_2 - x_1)$$

$$m_2 \frac{d^2 x_2}{dt^2} = -k_2(x_2 - x_1) + k_3(x_3 - x_2)$$

$$m_3 \frac{d^2 x_3}{dt^2} = -k_3(x_3 - x_2)$$

这个系统可以用类似于第 13.3 节的方法分析，根据固有频率的平方ω_n^2求解特征值问题。

$$\begin{bmatrix} \dfrac{k_1+k_2}{m_1}-\omega_n^2 & -\dfrac{k_2}{m_1} & 0 \\[2mm] -\dfrac{k_2}{m_2} & \dfrac{k_2+k_3}{m_2}-\omega_n^2 & -\dfrac{k_3}{m_2} \\[2mm] 0 & -\dfrac{k_3}{m_3} & \dfrac{k_3}{m_3}-\omega_n^2 \end{bmatrix}\begin{bmatrix} x_1 \\ x_2 \\ x_3 \end{bmatrix}=0$$

其中 x_i 代表楼板平移(m)，ω_n 是固有或共振频率(弧度/s)。共振频率通常以赫兹(Hz=周期/s)表示，也可以由 ω_n 除以 2π 弧度/周期得到。

问题描述。使用 Python 确定该系统的特征值和特征向量。通过显示每个特征向量的振幅与高度，以图形方式表示结构的振动模式。将振幅归一化，使第三层的平移为一。

问题解答。将图 13.6 中的参数值代入力平衡，得到

$$\begin{bmatrix} 450-\omega_n^2 & -200 & 0 \\ -240 & 420-\omega_n^2 & -180 \\ 0 & -225 & 225-\omega_n^2 \end{bmatrix}\begin{bmatrix} x_1 \\ x_2 \\ x_3 \end{bmatrix}=0$$

可以编写一个 Python 脚本来计算特征值和特征向量，如下所示：

```
import numpy as np

A = np.array([[450.,-200.,0.],[-240.,420.,-180.],[0.,-225.,225.]])
e,v = np.linalg.eig(A)
print('\nEigenvalues are:\n',e)
print('\nEigenvectors are:\n',v)
```

结果显示为：

```
Eigenvalues are:
  [698.59819 339.47789 56.92392]

Eigenvectors are:
  [[-0.58785 -0.63436 0.2913 ]
  [ 0.7307 -0.35055 0.57251]
  [-0.34714 0.68899 0.76641]]
```

根据特征值，共振频率为：

```
wn = np.sqrt(e)/2/np.pi
print('\nResonant frequencies in Hz:\n',wn)
Resonant frequencies in Hz:
  [4.20663 2.93242 1.20079]
```

可以对相应的特征向量进行缩放，使第三层的振幅为 1。

```
vt = np.zeros((3,3))
for i in range(3):
    vt[:,i] = v[:,i]/v[2,i]

print('\nScaled eigenvectors are:\n',vt)

Scaled eigenvectors are:
[[ 1.6934 -0.9207 0.38008]
 [-2.10488 -0.50879 0.747 ]
 [ 1. 1. 1. ]]
```

按照例 13.5，我们知道通解可以写成

$$x = u_1(a_1\cos(\omega_1 t) + b_1\sin(\omega_1 t))$$
$$+u_2(a_2\cos(\omega_2 t) + b_2\sin(\omega_2 t))$$
$$+u_3(a_3\cos(\omega_3 t) + b_3\sin(\omega_3 t))$$

其中 u 是特征向量。通过指定 x 和 $\mathrm{d}x/\mathrm{d}t$ 的初始条件，可以确定六个 a 和 b 的系数，并找到具体的解。另一方面，如果我们只想研究第一个频率或模式，可指定将 a_2、b_2、a_3 和 b_3 都归零的初始条件。这会给我们留下：

$$x = u_1(a_1\cos(\omega_1 t) + b_1\sin(\omega_1 t))$$

其中 a_1 和 b_1 可以任意设为 1。也就是说，x_1、x_2 和 x_3 的振荡的相对振幅由对应于 ω_1 的特征向量的值确定。在 $0\leqslant t\leqslant 1\mathrm{s}$ 的时间范围内，解的图形如图 13.7 所示。

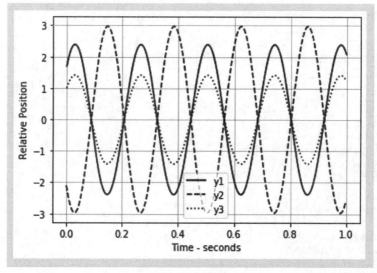

图 13.7 获得的解

也可以构建一个图形来描述这三种模式(图 13.8)。注意，我们按照结构工程的惯例，将它们按固有频率从最低到最高排序。这个图对应于 x_1 的部分。

固有频率和振型是结构的特性，代表它们在这些频率下发生共振的趋势。地震振动的频率组成通常在 0 到 20Hz 之间具有最大能量，并且受地震震级、距震中的距离和其他因素的影响。它们不是以单一频率振动，而是包含具有不同强度或振幅的频谱。由于建筑物的变形形状更简单，在较低频率下变形所需的应变能更少，因此建筑物在较低频率下更容易受到振动。当地震的强频率接近建筑物的固有频率时，会引发巨大的破坏性动态变化，从而在结构的梁、柱和地基中产生巨大的应力和应变。通过本案例研究中的简单分析，结构工程师们可更明智地设计建筑物，使其具有良好的安全系数来抵御地震。

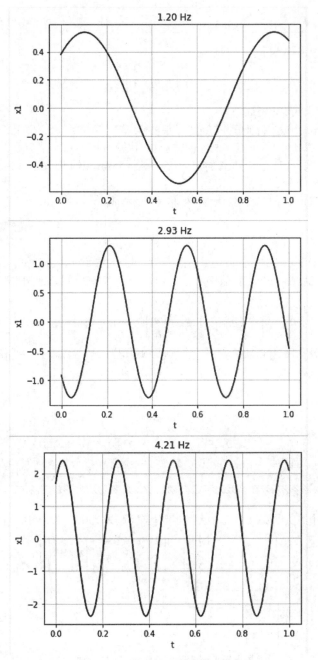

图 13.8　三层建筑的三种主要振动模式

习题

13.1 对于下列对称矩阵:

$$\begin{bmatrix} 20 & 3 & 2 \\ 3 & 9 & 4 \\ 2 & 4 & 12 \end{bmatrix}$$

(a) 由特征多项式确定特征值。

(b) 使用幂法找到最大特征值并与(a)的结果进行比较。手动执行三次迭代。

(c) 使用幂法找到最小特征值并与(a)的结果进行比较。手动执行三次迭代。

13.2 重复例 13.1,但三个质量体的 m=40 kg,k=240 N/m。绘制如图 13.5 所示的图来确定振动的主要模式。

13.3 用幂法确定如下矩阵的最大特征值和对应的特征向量:

$$\begin{bmatrix} 2-\lambda & 8 & 10 \\ 8 & 4-\lambda & 5 \\ 10 & 5 & 7-\lambda \end{bmatrix}$$

13.4 用幂法确定习题 13.3 矩阵的最小特征值和对应的特征向量。

13.5 推导出三质量-四弹簧系统的微分方程组,描述它们随时间运动的情况。将三个微分方程写成矩阵形式:

$$\begin{bmatrix} 加速度向量 \end{bmatrix} + \begin{bmatrix} k/m \\ 矩阵 \end{bmatrix} \begin{bmatrix} 位移向量 \end{bmatrix} = 0$$

注意,每个方程都已除以质量,使加速度项单独保留为二阶导数。求解以下质量和弹簧常数值的特征值和固有频率:$k_1 = k_4$=15N/m,$k_2 = k_3$=35 N/m,$m_1 = m_2 = m_3$=1.5kg。

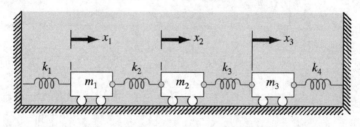

13.6 观察图中的质量-弹簧系统。应用向量/矩阵方程式,$M\ddot{x} + Kx = 0$,可以得到

$$\begin{bmatrix} m_1 & 0 & 0 \\ 0 & m_2 & 0 \\ 0 & 0 & m_3 \end{bmatrix} \begin{bmatrix} \ddot{x}_1 \\ \ddot{x}_2 \\ \ddot{x}_3 \end{bmatrix} + \begin{bmatrix} 2k & -k & -k \\ -k & 2k & -k \\ -k & -k & 2k \end{bmatrix} \begin{bmatrix} x_1 \\ x_2 \\ x_3 \end{bmatrix} = \begin{bmatrix} 0 \\ 0 \\ 0 \end{bmatrix}$$

应用试解 $x_i = x_{i0}e^{i\omega t}$,我们得到以下矩阵:

$$\begin{bmatrix} 2k - m_1\omega^2 & -k & -k \\ -k & 2k - m_2\omega^2 & -k \\ -k & -k & 2k - m_2\omega^2 \end{bmatrix} \begin{bmatrix} x_{01} \\ x_{02} \\ x_{03} \end{bmatrix} e^{i\omega t} = 0$$

使用 Python 的 eigvals 函数求解上述矩阵的特征值。然后,根据特征值,求解以 Hz 为单位的频率(ω)。令 $m_1 = m_2 = m_3$=1kg、k=2 N/m。

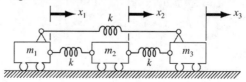

13.7　黏性流体在重力作用下流过由三个标准的 55 加仑圆桶组成的系统。每个容器流出的流量与容器中液位之间的关系与比例常数 K 呈线性关系。我们写了三个体积平衡的微分方程来描述这个系统：

$$A\frac{dh_1}{dt} = q_0 - q_1 \qquad q_1 = Kh_1$$

$$A\frac{dh_2}{dt} = q_1 - q_2 \qquad q_2 = Kh_2$$

$$A\frac{dh_2}{dt} = q_2 - q_3 \qquad q_3 = Kh_3$$

(a) 将流量-液位关系引入微分方程，将方程重新排列成矩阵形式：

$$\frac{dh}{dt} = Bh + b$$

其中向量 b 包含输入项和入口流量 q_0。通过将导数设置为零，求解稳态的液位和流量，假设值 q_0=20L/min。

(b) 对于下列参数值，确定本系统的特征值，定性评价系统的动力学行为。

$$A = 0.21 \text{ m}^2, K = 42\frac{\text{L/min}}{\text{m}}$$

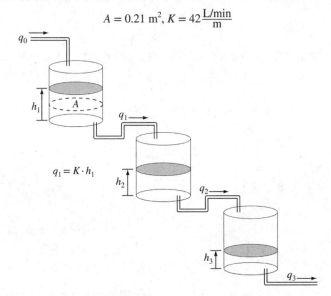

13.8　如图所示，LC 电路可通过三个回路中电流的微分方程组建模：

$$L_1\frac{d^2i_1}{dt^2} + \frac{1}{C_1}(i_1 - i_2) = 0$$

$$L_2\frac{d^2i_2}{dt^2} + \frac{1}{C_2}(i_2 - i_3) - \frac{1}{C_1}(i_1 - i_2) = 0$$

$$L_3\frac{d^2i_3}{dt^2} + \frac{1}{C_3}i_3 - \frac{1}{C_2}(i_2 - i_3) = 0$$

其中 L=线圈电感(亨利，H)，t=时间(秒，s)，i=电流(安培，A)，C=电容(法拉，F)。假设解的形式为 $i_i = I_i\sin(\omega t)$，确定该系统的特征值和特征向量，其中所有 L=1H，所有 C=0.25F。画出网格图，说明电流振荡的主要模式。

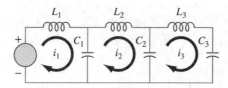

13.9 重复习题 13.8，但只使用前两个回路。画出网格图，说明电流振荡的主要模式。

13.10 控制工程师们使用动态微分方程模型来研究系统和过程的行为，并设计稳定、高性能的控制系统。工程师们习惯用拉普拉斯变换来生成输入和输出变量之间的代数关系。这些称为传递函数，是拉普拉斯复变量 s 中多项式的比，通过变换替换了时间自变量。传递函数的分母多项式等价于微分方程的特征多项式，因此它的根就是所建模系统的特征值。化学过程传递函数的一个例子如下。

$$\frac{s + 1.7}{s^2 - 0.9s - 0.7}$$

(a) 这个系统的特征值是什么，你如何描述它的行为？

(b) 对该系统应用反馈控制，传递函数被修改为：

$$\frac{K \dfrac{s + 1.7}{s^2 - 0.9s - 0.7}}{1 + K \dfrac{s + 1.7}{s^2 - 0.9s - 0.7}}$$

在合并为有理多项式后，分母多项式被修改为新的关联特征值，是 K 的函数，称为反馈增益。使用 Python 研究 K 值在一定范围内的特征值变化，并绘制特征值在复平面上的位置。定性评论系统行为的转变。

13.11 重复第 13.6 节中案例研究所述的问题，但去掉第三层。

13.12 受到轴向载荷 P 的细长柱的曲率可通过下式建模：

$$\frac{\mathrm{d}^2 y}{\mathrm{d}x^2} + p^2 y = 0$$

其中

$$p^2 = \frac{P}{EI}$$

这里，E=弹性模量，I=横截面绕其中性轴的惯性矩。用中心有限差分近似代替二阶导数，可将该模型转换为特征值问题，得到：

$$\frac{y_{i+1} - 2y_i + y_{i-1}}{\Delta x^2} + p^2 y_i = 0$$

其中 i=位于杆内部某个位置的节点，Δx=节点之间的间距。这个式可以重新排列为如下形式。

$$y_{i-1} - (2 - \Delta x^2 p^2) y_i + y_{i+1} = 0$$

写出沿着柱轴的一系列内部节点的上述方程，会得到一个齐次方程组。例如，如果将列划分为五个段，即四个内部节点，则结果为：

$$\begin{bmatrix} (2 - \Delta x^2 p^2) & -1 & 0 & 0 \\ -1 & (2 - \Delta x^2 p^2) & -1 & 0 \\ 0 & -1 & (2 - \Delta x^2 p^2) & -1 \\ 0 & 0 & -1 & (2 - \Delta x^2 p^2) \end{bmatrix} \begin{bmatrix} y_1 \\ y_2 \\ y_3 \\ y_4 \end{bmatrix} = 0$$

轴向受力木柱具有以下特征：E=1×10^{10} Pa，I=1.25×10^{-5} m^4，L=3 m。对于五段四节点的模型：

(a) 用 Python 实现多项式方法以确定系统的特征值。

(b) 使用 Python 的 eig 函数确定特征值和特征向量。

(c) 使用幂法确定最大特征值及其对应的特征向量。你的回答与(a)和(b)部分一致吗？如果不一致，能否调整方法达成一致？

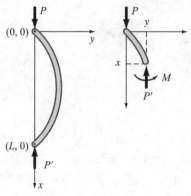

(a) 细长杆   (b) 杆的自由体受力图

13.13 两个常系数齐次线性常微分方程组可以写成：

$$\frac{\mathrm{d}y_1}{\mathrm{d}t} = -5y_1 + 3y_2 \qquad y_1(0) = 50$$

$$\frac{\mathrm{d}y_2}{\mathrm{d}t} = 100y_1 - 301y_2 \qquad y_2(0) = 100$$

如果你学过微分方程的课程，你就会知道这些方程的解具有 $e^{\lambda t}$ 的形式。将这个解及其导数代入原始方程，可将方程组转换为特征值问题。然后可使用得到的特征值和特征向量来推导微分方程的通解。例如，对于两个方程的情况，通解可以用向量表示为：

$$y = c_1 v_1 e^{\lambda_1 t} + c_2 v_2 e^{\lambda_2 t}$$

其中 v_i 对应于第 i 个特征值的特征向量，λ_i 和 c 是可以用初始条件确定的未知系数。

(a) 将系统转化为特征值问题。

(b) 使用 Python 求解特征值和特征向量。根据特征值，你认为解的特征是什么？

(c) 使用(b)的结果和给定的初始条件来确定通解。

(d) 使用 Python 在 $0 \leqslant t \leqslant 1$ 范围内绘制解的图形。

13.14 水在北美五大湖之间的流动如图所示。基于质量平衡，可为每个湖泊中以一级动力学衰减的污染物的浓度写出以下微分方程：

$$\frac{\mathrm{d}c_1}{\mathrm{d}t} = -(0.0056 + k)c_1$$

$$\frac{\mathrm{d}c_2}{\mathrm{d}t} = -(0.01 + k)c_2$$

$$\frac{\mathrm{d}c_3}{\mathrm{d}t} = 0.01902c_1 + 0.01387c_2 - (0.047 + k)c_3$$

$$\frac{\mathrm{d}c_4}{\mathrm{d}t} = 0.33597c_3 - (0.376 + k)c_4$$

$$\frac{\mathrm{d}c_5}{\mathrm{d}t} = 0.11364c_4 - (0.133 + k)c_5$$

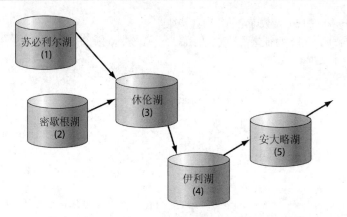

其中 k=一阶衰减率(yr^{-1})，等于 0.69315/半衰期。注意，方程中的常数说明了湖泊之间的流速及其各自的体积。由于二战后的十年在大气层中试验了核武器，1963 年五个湖泊中锶-90(^{90}Sr)的浓度约为：

$$[17.7, 30.5, 43.9, 136.3, 30.1] \quad 单位为 \text{Bq/m}^3$$

假设之后没有额外的 ^{90}Sr 进入系统，请使用 Python 和习题 13.13 中概述的方法，计算从 1963 年到 2020 年每个湖泊中 ^{90}Sr 的浓度。注意 ^{90}Sr 的半衰期为 28.8 年。

13.15　开发一个 Python 函数，使用幂法确定最大特征值及其相关的特征向量。通过重复例 13.5 来测试函数，然后用它来求解习题 13.3。

13.16　回想一下，在第 8 章开始时，我们用符合胡克定律的无摩擦绳索悬挂了三个零阻力的蹦极者。如图 8.1(a)所示，如果蹦极者从起始位置处被突然释放，即每根绳子完全伸展，但没有拉伸，确定最终表征蹦极者的振荡运动和相对位置的结果特征值和特征向量。虽然蹦极绳实际上并不像理想弹簧那样运动，但假设它们的拉伸和压缩与作用力成线性比例。使用例 8.2 中的参数。

第 IV 部分

曲线拟合

IV.1 综述

什么是曲线拟合？

数据通常是沿着一个连续统一体给出的离散值。但是，你可能需要对离散值之间的点进行估计。第14~18章描述了对这些数据进行曲线拟合以获得中间估计值的技术。此外，对于复杂的函数，你可能需要一个简化版本。做到这一点的一种方法是，计算该函数在感兴趣范围内的多个离散值处的值。然后，可以推导出一个更简单的函数来拟合这些值。这两种应用都被称为曲线拟合。

曲线拟合有两种通用方法，它们根据与数据相关的误差大小而相互区分。

第一种，当数据表现出明显的误差或"分散"时，策略是推导出代表数据总体趋势的单一曲线。由于任何单个数据点都可能不正确，因此我们不会努力让曲线与每个点相交。相反，曲线遵循所有点作为一个整体的模式。具有这种性质的方法被称为最小二乘回归，见图 PT4.1(a)。

第二种，在已知数据非常精确的情况下，基本方法是拟合一条或一系列直接通过每个点的曲线。这种数据通常来源于属性表。例如水的密度值或气体的热容量与温度的函数关系。对已知的离散点之间的数值进行估计的方法称为插值法，见图 PT4.1(b) 和 PT4.1(c)。

曲线拟合与工程和科学。你第一次接触曲线拟合可能是从表格数据中确定中间值——例如，从工程经济学的利息表或热力学的蒸气表中确定中间值。在你余下的职业生涯里，你将经常有机会从这些表格中估计中间值。

尽管许多广泛使用的工程和科学属性已被制成表格，但还有很多属性无法以这种简便形式提供。特殊情况和新的问题背景通常需要你测量自己的数据，并建立自己的预测关系。在拟合实验数据时通常会遇到两种类型的应用：趋势分析和假设检验。

趋势分析是指利用数据的模式进行预测的过程。对于数据测量精度高的情况，你可以使用插值多项式。不精确的数据通常使用最小二乘回归来分析。

趋势分析可用于预测或预报因变量的值。这可能涉及超出观察数据范围的外插法或数据范围内的内插法。所有的工程和科学领域都涉及这种类型的问题。

实验性曲线拟合的第二个应用是假设检验。在该应用中，一个现有的数学模型将与测量数据进行比较。如果模型系数未知，则可能需要确定与观测数据最匹配的值。另一方面，如果已经有了模型系数的估计值，则将模型的预测值与观察值进行比较，以测试模型的充分性。通常情况下，会比较多个可供选择的模型，然后根据经验观察选择"最佳"模型。

除了上述工程和科学应用，曲线拟合在其他数值方法中也很重要，例如积分和微分方程的近似解。最后，曲线拟合技术可用于推导近似于复杂函数的简单函数。

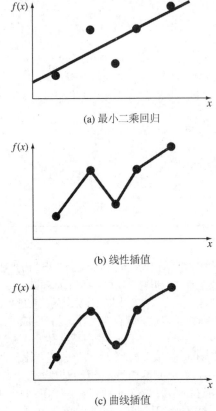

(a) 最小二乘回归

(b) 线性插值

(c) 曲线插值

图 PT4.1　通过五个数据点拟合"最佳"曲线的三种尝试

IV.2　章节结构

在简要回顾了统计学之后，第 14 章重点讨论直线线性回归；即如何通过一组不确定的数据点来确定"最佳"直线。除了讨论如何计算这条直线的斜率和截距，还介绍了评估结果有效性的定量和直观方法。此外，还描述了随机数生成以及非线性方程线性化的几种方法。

第 15 章首先简要讨论多项式和多元线性回归。多项式回归涉及抛物线、三阶或高阶多项式的最佳拟合。接着描述多元线性回归，它针对因变量为 y、自变量为 x1, x2, ..., x_m 的线性函数而设计。当感兴趣的变量取决于许多不同的因素时，这种方法对于评估实验数据具有特殊的实用性。

在多元回归之后，我们说明了多项式和多元回归都是一般线性最小二乘模型的子集。此外，介绍回归的简明矩阵表示，并讨论其一般统计特性。第 15 章的最后几节专门讨论非线性回归。该方法旨在计算参数非线性的方程与数据的最小二乘拟合。

第 16 章讨论傅里叶分析，其中涉及对数据进行周期函数拟合。我们的重点将放在快速傅里叶变换(简称 FFT)上。这种方法很容易用 Python 实现，有许多工程上的应用，从结构的振动分析到信号处理均有涉及。

第 17 章描述了另一种称为插值法的曲线拟合技术。如前所述，插值法用于估计精确数据点之间的中间值。在第 17 章中，多项式被用于这一方法。我们通过使用直线和抛物线连接各点来介绍多项式插值的基本概念。然后，我们开发了一个用于拟合 n 阶多项式的通用程序，提出了用方程形式表达这些多项式的两种方式。第一种称为牛顿插值多项式，当多项式的适当阶数未知时更可取。第二种称为拉格朗日插值多项式，在事先知道正确的阶数时更具有优势。

第 18 章介绍了一种拟合精确数据点的替代技术。这种技术被称为样条插值，它以分段方式对数据进行多项式拟合，因此特别适合拟合大体平滑但局部突然变化的数据。该章还概述了 Python 中如何实现分段插值。该章最后介绍了两种重要的数据平滑技术：三次样条平滑和 LOESS，并介绍了如何通过 Python 函数实现。

第 14 章

直线线性回归

本章学习目标

本章旨在介绍如何应用最小二乘回归来拟合数据的直线。

- 熟悉一些基本的描述性统计和正态分布。
- 知道如何计算最佳拟合直线的斜率和截距。
- 学习一种不必计算即可在数据中绘制一条直线的技术。
- 知道如何使用 Python 生成随机数，以及如何将它们用于蒙特卡洛模拟。
- 知道如何计算估值的决定系数和标准误差，并理解它们的含义。
- 学习如何利用残差对模型充分性进行初步评估。
- 学习如何估算斜率和截距的置信区间，并使用它们来确定模型的有效性。
- 理解如何将一些非线性模型转换为直线形式，并应用回归对模型进行拟合。
- 知道如何使用 Python 实现直线线性回归。

问题引入

在第 1 章中，我们注意到，在空气中自由下落的物体，例如蹦极者，会受到空气阻力或绳子拉力的向上作用力。作为第一近似值，我们假设这个力与速度的平方成正比，如

$$F_U = c_d v^2 \tag{14.1}$$

其中 F_U=空气阻力或绳子向上的拉力(N=kg·m/s^2)，c_d=阻力系数(kg/m)，v=速度(m/s)。

式(14.1)这样的表达式来自流体力学领域。尽管这种关系部分源于理论，但实验在其形成过程中起着至关重要的作用。图 14.1 描绘的就是这样一个实验。一个人被悬挂在风洞中(有志愿者吗？)，并测量不同风速水平下的力。典型结果列于表 14.1。

通过绘制力与速度的关系图，可以直观地看出这种关系。如图 14.2 所示，这种关系的几个特征值得一提。首先，这些点表明力随着速度的增加而增加。其次，这些点并不是平滑增加的，而是呈现出分散的状态，干扰也似乎随着速度的增加而增加。最后，虽然可能不明显，但力和速度之间的关系可能不是线性的。当然，注意到式(14.1)，我们可能会预料到这一点。如果我们假设在速度为零处，力从零开始并逐渐增加，这个结论就会变得更加明显。

在第 14 章和第 15 章中，我们将探讨如何将"最佳"直线或曲线拟合到此类数据中。在这样做的过程中，我们将说明像式(14.1)这样的关系是如何从实验数据中产生的。

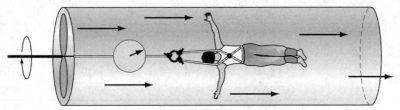

图 14.1　风洞实验，测量空气阻力与速度的依赖关系

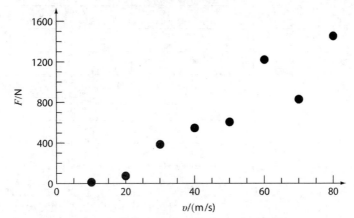

图 14.2　悬挂在风洞中物体的阻力与风速的关系图

表 14.1　风洞实验的阻力(N)和速度(m/s)的实验数据

v/(m/s)	10	20	30	40	50	60	70	80
F/N	25	70	380	550	610	1220	830	1450

14.1　统计学回顾

在描述最小二乘回归之前，我们将首先回顾统计学领域的一些基本概念。这包括通过直方图观察一组数据的分布，以及计算平均值、标准偏差与残差平方和的样本统计量。我们还将讨论最常用来描述数据变异性的正态分布。此外，将说明如何使用 Python 来计算这些统计量，并制作说明性图表。如果你已经非常熟悉这些主题，可以随时跳到第 14.2 节，但我们建议你注意一下这里使用的 Python 代码。

14.1.1　描述性统计

假设在一项工程研究中，对一个特定的量进行了多次测量。例如，表 14.2 包含了在结构钢样品上测量的热膨胀系数的 24 个读数。我们不认为这些读数会出现与某些因素或变量有关的趋势，例如，样品被测量的顺序、样品成分的任何显著变化(不太可能)，但是，根据需要，我们可以检查一下。如果样品是按每一行的顺序测量的，图 14.3 有一个测量与样品号的关系图。

表 14.2　结构钢热膨胀系数的测量

6.495	6.595	6.615	6.635	6.485	6.555
6.665	6.505	6.435	6.625	6.715	6.655
6.755	6.625	6.715	6.575	6.655	6.605
6.565	6.515	6.555	6.395	6.775	6.685

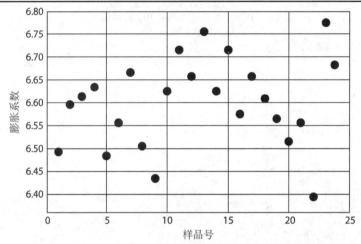

图 14.3　膨胀系数与样品号的关系

　　我们在数据中没有观察到明确的趋势。最多，我们可能会说，数据的变异性随着时间的推移而增加，而且有三个数据显示出增加趋势，三个数据显示出下降趋势。此外，数据范围从 6.395 到 6.775，我们有兴趣了解每个测量间隔(可能是 0.05)中有多少数据点。如果统计这些数据并创建一个条形图，我们就看到了如图 14.4 所示的数据直方图。

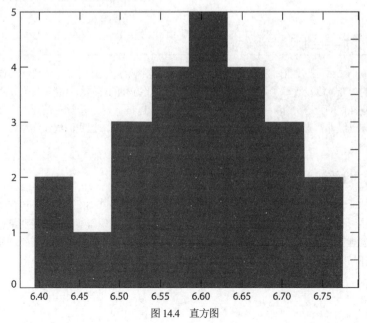

图 14.4　直方图

在这里，我们注意到数据显示出集中趋势和较为对称的分布。这就要求我们估计测量的中心位置是什么，并对数据的分布进行量化。如果能够进行数千次测量，并在直方图中使用微小的间隔，我们将看到一条几乎连续的曲线，并能准确地描述位置和分布；但是，如果只给出一小部分样本(这在实际应用中很常见)，我们就必须估计这些"真实"值是什么，这就是样本统计的本质。一组无限大的测量值将代表所谓的总体。

位置的度量。 集中趋势的"真实"值称为平均数。我们对它的估计被称为"样本平均数"，最常用但不唯一的统计量是样本均值：

$$\bar{y} = \frac{\sum y_i}{n} \tag{14.2}$$

其中求和(以及本节中所有后续的求和)是从 $i=1$ 到 n。

有许多方法可以代替平均数来测量集中趋势。最常见的一种是中位数。关于数据的一个问题是，一个或多个数据点可能是离群值。这些测量值通常与失误或误差有关。它们对平均数的影响大于对中位数的影响。中位数是数据的中点，是通过对数据集进行排序并选择中间值来找到或计算得到的。如果数据的数量是偶数，如表 14.2 中的数据，则取两个中间点的平均值作为中位数。中位数有时称为第 50 百分位数。

众数是最常出现的值，是直方图上的峰值。在图 14.3 中，众数约为 6.62。如果观察单个测量值，则众数对于我们这样的小型数据集并不是那么有用。有四个测量值，6.555、6.625、6.655 和 6.715，它们都出现了两次。当直方图表明分布不对称时，众数很有用。而钢材系数的数据并非这种情况。

还有其他估计平均数的方法，可以进一步降低远离中心的测量值的影响。其中一种被称为 m 估计，这里将不做介绍。

离散性或分散度的度量。 直观地说，数据的离散性越大，越难以准确估计平均数。最简单的散布度量是范围，即最大和最小数据点之间的差异。然而，范围并不被认为是一种可靠的估计，因为它对样本大小非常敏感，并且仅受两个数据点的影响。它有时用于非常小的数据集，例如两到五个点，然后除以数据点数量的平方根。

最常见的散布度量是样本标准偏差(s_y)，计算方式为：

$$s_y = \sqrt{\frac{SS_T}{n-1}} \tag{14.3}$$

其中 SS_T＝数据点与平均数估计值之间的差值的平方和，也称为总校正平方和，计算方式为：

$$SS_T = \sum(y_i - \bar{y})^2 \tag{14.4}$$

总平方和被认为是衡量数据变异性的一个有用指标。与平均值相差较大的数据会使 SS_T 大幅增加；因此，SS_T 对数据中的离群值非常敏感。另一种衡量数据分散度的常用方法是样本方差：

$$s_y^2 = \frac{\sum(y_i - \bar{y})^2}{n-1} \tag{14.5}$$

注意，式(14.3)和式(14.5)中的分母是 $n-1$。你可能认为它应该是 n。除数 $n-1$ 被称为自由度。想象一下，如果我们一遍又一遍地测量，共进行了 n 次，并且对于每组测量，我们计算 $\bar{y}$ 和 s_y，我们会期望这些估计值围绕着平均值(表示为 μ)和标准偏差(表示为 σ)的真实值。事实证明，这对平均值是成立的。然而，如果我们在式(14.3)的分母中使用 n，会发现 s_y 估计值会从真实值向左偏移，系数为 $(n-1)/n$。使用 $n-1$ 作为分母，近似值将与真实值正确对齐。通过从数据中计算 $\bar{y}$ 并将其用于式(14.3)，我们从数据中移除了一个自由度，因此分母是 $n-1$。这可通过使用一种称为期望的方法在数学上证明，在此不予说明。

注意，s_y^2 有一个替代的等价公式，它更便于执行基于计算器的手动操作。

$$s_y^2 = \frac{\sum y_i^2 - n\bar{y}^2}{n-1} \tag{14.6}$$

这个公式不需要计算各个 $(y_i - \bar{y})$ 差值，因此节省了计算量；然而，需要注意的是，分子可以表示两个非常大的数字之间的一个微小差值，因此会产生舍入误差(回顾第 4 章中关于减法抵消的讨论)。式(14.6)通常不在计算机代码中使用，计算机代码会使用前一个公式。

如上所述，s_y、SS_T 和 s_y^2 这些离散性或分散度的度量很容易受到数据中离群值的影响，并且会因此大幅增大。如果发生这种情况，估计值将远大于 σ。是否存在不易受离群值影响的散布度量以及 σ 的估计量？[1]答案是肯定的，该度量称为绝对中位差或 MAD。以下是计算 MAD 的步骤：

(1) 计算数据集的中位数 $\bar{y}$

(2) 计算数据与中位数的绝对值，又称绝对偏差

(3) 计算绝对偏差的中位数

(4) 将这个数除以 0.6745，得到 σ 的无偏估计值

最后一个在量化数据分布方面具有实用性的统计量是变异系数 $c.v.$。该统计量是样本标准偏差与样本均值估计值的比值。它通常以百分比表示，如下：

$$c.v. = \frac{s_y}{\bar{y}}100\% \tag{14.7}$$

例 14.1　计算样本统计量

问题描述。计算表 14.2 中数据的样本均值、中位数、总平方和、方差、标准偏差、变异系数和 MAD。

问题解答。可将数据整理成表格形式，用于计算所需的样本统计量。见表 14.3。

样本均值可以使用式(14.2)计算为算术平均值：

$$\bar{y} = \frac{158.4}{24} = 6.600$$

对于偶数个数据，中位数 $\bar{y}$ 是第一列第 12 和 13 项的平均值(6.605+6.615)/2=6.61。

总校正平方和 SS_T 是 $y_i - \bar{y}$ 列的平方和，表中显示结果为 0.217。因此，估计方差为：

$$s_y^2 = \frac{SS_T}{n-1} \approx 0.009435, \quad s_y \approx 0.097133$$

因而变异系数为 $s_y/\bar{y} \approx 1.47\%$。

就 MAD 而言，表格给出了与中位数的绝对偏差 $|y_i - \bar{y}|$，然后对这一列进行排序。MAD 是最后一列的中位数除以 0.6745，即

$$MAD = \frac{0.055}{0.6745} \approx 0.0815$$

注意，作为 σ 的估计值，MAD 低于样本标准偏差。

---

1 你可能已经想到一个解决离群值的简单方法——删除它们！这通常被认为是不合理的处理实验数据的做法，除非有明确的证据表明存在错误或测量失败。

表 14.3 为计算样本统计量而排列的数据

i	y_i	排序	$y_i - \bar{y}$	$|y_i - \bar{y}|$	排序
1	6.495	6.395	−0.205	0.215	0.005
2	6.595	6.435	−0.165	0.175	0.005
3	6.615	6.485	−0.115	0.125	0.015
4	6.635	6.495	−0.105	0.115	0.015
5	6.485	6.505	−0.095	0.105	0.015
6	6.555	6.515	−0.085	0.095	0.025
7	6.665	6.555	−0.045	0.055	0.035
8	6.505	6.555	−0.045	0.055	0.045
9	6.435	6.565	−0.035	0.045	0.045
10	6.625	6.575	−0.025	0.035	0.045
11	6.715	6.595	−0.005	0.015	0.055
12	6.655	6.605	0.005	0.005	0.055
13	6.755	6.615	0.015	0.005	0.055
14	6.625	6.625	0.025	0.015	0.075
15	6.715	6.625	0.025	0.015	0.095
16	6.575	6.635	0.035	0.025	0.105
17	6.655	6.655	0.055	0.045	0.105
18	6.605	6.655	0.055	0.045	0.105
19	6.565	6.665	0.065	0.055	0.115
20	6.515	6.685	0.085	0.075	0.125
21	6.555	6.715	0.115	0.105	0.145
22	6.395	6.715	0.115	0.105	0.165
23	6.775	6.755	0.155	0.145	0.175
24	6.685	6.775	0.175	0.165	0.215
	和为 158.4	平方和为 1045.657	0.217		

在回顾这些计算时，我们注意到，对数据进行排序(在表 14.3 中进行了两次)，以及计算与平均值偏差的平方和都非常耗时。我们注意到了表格中排序后的 y_i 列的平方和。这使得我们可以使用式 (14.6) 中的快捷公式:

$$s_y^2 = \frac{1045.7 - 24 \times 6.6^2}{23} \approx 0.0113 \quad 则 \quad s_y \approx 0.1063$$

注意，最后这些值与本例中前面的值不同。其原因是式(14.6)的分子项不够精确。如果改用 1045.657，答案将是一致的。这就指出了在使用快捷公式和其他类似公式时需要注意精确度。

14.1.2 正态分布

上一节中简要说明了使用直方图来描述数据。在深入进行数值估计之前，先以图形方式观察数据总是很有用的。这使我们能够首先解决一些重要的问题，例如:

● 数据是否表现出单一的集中趋势？

- 数据的离散性或分散度如何？
- 分散度是否关于中心近似对称？
- 是否有任何明显的离群值需要进一步调查？

下面是一些关于构建直方图及其相关条形图的更多信息。直方图是一组频率数据，也就是说，它表示数据范围中给定间隔内的数据数量。按照惯例，选择的间隔在宽度上是均匀的。然后问题就来了：要使用多少个间隔？这听起来像是一个简单的问题，但间隔的选择是构建直方图时的一个常见错误。使用太多或太少的间隔，你将无法看出总体的模式。当有 50 个或更多数据时，一般的指导原则是使用 $\sqrt{n}$ 和 $\log_2(n)-1$ 之间的若干间隔，将这些数字向下舍入到最接近的整数。对于较小的数据集，可能需要进行一些实验和判断。对于上一节的数据集，图 14.5 对比了使用 4、8 和 15 个间隔(或通常称为 bin)的情况。

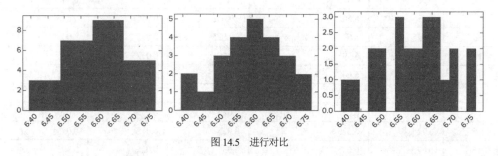

图 14.5 进行对比

可以看到，在中间情况下，分布的形状更加清晰。

通常尝试使用称为分布的数学函数对直方图进行建模。最常用的函数是正态分布或高斯分布，由经典的"钟形曲线"表示。虽然不是全部，但是很多现象都可以用正态分布来充分描述，而且，重要的是，如果我们重复收集 n 个数据的样本，则平均值 ȳ 序列的直方图将始终趋于正态分布，遵循称为中心极限定理的原则。

正态分布在数学上由密度函数 f 定义：

$$f(y) = \frac{1}{\sigma\sqrt{2\pi}} e^{-\frac{(y-\mu)^2}{2\sigma^2}} \qquad -\infty \leqslant y \leqslant \infty$$

(14.8)

其中 μ=平均值，σ=标准偏差。密度曲线下的面积是概率，因此总面积等于 1，曲线在 $y=\mu$ 处的高度为 $1/(\sigma\sqrt{2\pi})$。如果我们通过定义 $z \triangleq (y-\mu)/\sigma$ 使正态分布标准化，密度函数会变得更简单：

$$f(z) = \frac{1}{\sqrt{2\pi}} e^{-z^2} \qquad -\infty \leqslant z \leqslant \infty$$

(14.9)

我们观察到图 14.6 的曲线下的大部面积都在 $-3 \leqslant z \leqslant 3$ 的范围内，相当于 $\pm 3\sigma$，大约为 $y=\mu$。$z=-1$ 和 $z=1$ (或 $\mu-\sigma \leqslant y \leqslant \mu+\sigma$)之间的面积约为 68%。同样，在 $z=\pm 2$ 之间的面积约为 95%，$z=\pm 3$ 之间的面积约为 99.7%。这些观察结果合在一起被称为正态概率规则。

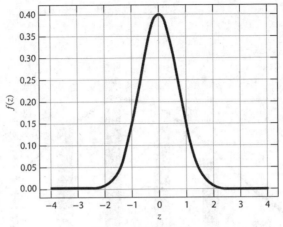

图 14.6　正态概率规则

由于纵坐标是频率，式(14.8)和式(14.9)中描述的曲线无法在直方图上正确绘制。要将正态密度与直方图进行比较，我们需要放大正态密度或缩小直方图的频率。

例 14.2　直方图的构建以及与正态分布的对比

问题描述。 为表 14.2 中的数据构建直方图，并与正态分布的图形进行对比。使用宽度为 0.05 的均匀间隔，从 6.39 开始。

问题解答。 我们可以参考表 14.3 中的第一个排序列。首先，列出 bin 的边界。

[6.39、6.44、6.49、6.54、6.59、6.64、6.69、6.74、6.79]

接下来，可以使用表 14.3 对区间内的数据进行计数(见表 14.4)，并生成直方图。

表 14.4　bin 区间

bin 中心点	bin 区间	频率
6.415	6.39-6.44	2
6.465	6.44-6.49	1
6.515	6.49-6.54	3
6.565	6.54-6.59	4
6.615	6.59-6.64	6
6.665	6.64-6.69	4
6.715	6.69-6.74	2
6.765	6.74-6.79	2
		24

为了与正态分布进行比较，我们需要 μ 和 σ 的值。这里能做的就是使用相应的估计值 $\bar{y}$ 和 s_y。为了计算图表的值，使用式(14.8)并通过乘以 n 和 bin 宽度(这里是 0.05)来缩放结果，这是一个合理的近似计算。这样，我们就可以构建对比图，如图 14.7 所示。

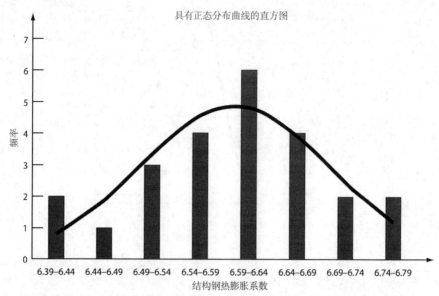

图 14.7　用于描述表 14.2 中数据分布的直方图。如果样本量大幅增加，直方图条可能会更接近图中所示的钟形曲线，
即正态分布密度曲线

可以在直方图条中看到类似于正态分布曲线的总体趋势。如果使用更大的数据集和相应更窄的
bin 宽度，这种相似度会更接近。

14.1.3　使用 Python 进行描述性统计

Python 在其 NumPy 和 SciPy 模块中提供了一套函数，以方便描述性统计的计算。以下代码说
明了它们的用法。

```
import numpy as np
from scipy import stats
ce = np.array([6.495, 6.595, 6.615, 6.635, 6.485, 6.555,
               6.665, 6.505, 6.435, 6.625, 6.715, 6.655,
               6.755, 6.625, 6.715, 6.575, 6.655, 6.605,
               6.565, 6.515, 6.555, 6.395, 6.775, 6.685])
cebar = np.mean(ce)
print('mean estimate = {0:5.3f} '.format(cebar))
cemed = np.median(ce)
print('sample median = {0:5.3f} '.format(cemed))
cemode = stats.mode(ce,axis=None)
print('sample mode = ',cemode)
cevar = np.var(ce)
print('sample variance = {0:5.3e} '.format(cevar))
ces = np.std(ce)
print('sample standard deviation = {0:7.5f} '.format(ces))
def S(a):
    abar = np.mean(a)
    adev = a - abar
    return np.sum(adev**2)
cv = ces/cebar
print('coefficient of variation = {0:5.3f} %'.format(cv))
Sce = S(ce)
```

```
print('total corrected sum of squares = {0:5.3f} '.format(Sce))
MADce = stats.median_absolute_deviation(ce)
print('MAD = {0:5.3e}'.format(MADce))
mean estimate = 6.600
sample median = 6.610
sample mode = ModeResult(mode=array([6.555]), count=array([2]))
sample variance = 9.042e-03
sample standard deviation = 0.09509
coefficient of variation = 0.014 %
total corrected sum of squares = 0.217
MAD = 8.154e-02
```

这些结果与先前在例 14.1 中获得的结果一致。注意 SciPy 模块中 stats.mode 函数的结果格式，只有第一次出现的两个相同值才会被记录下来。你还会注意到，一个函数 S 被编程用来计算总校正平方和，模块中没有这个函数，但它可以在 Python 中通过 np.var(ce)*(n-1)间接计算，其中 n 是数据的数量。

Python 还可用于生成直方图数据和图表。NumPy 模块中的 histogram 函数具有以下语法：

```
hist, bin_edges = np.histogram(data_array,bins=10,range)
```

还有其他参数。bin 和 range 参数是可选的。对于例 14.2 中的数据和规格，可使用以下代码。

```
import numpy as np
#from scipy import stats

ce = np.array([6.495, 6.595, 6.615, 6.635, 6.485, 6.555,
               6.665, 6.505, 6.435, 6.625, 6.715, 6.655,
               6.755, 6.625, 6.715, 6.575, 6.655, 6.605,
               6.565, 6.515, 6.555, 6.395, 6.775, 6.685])

hist, bin_edges = np.histogram(ce,bins=8,range=[6.39,6.79])
print('\nHistogram data:\n',hist)
print('\nBin boundaries:\n',bin_edges)

Histogram data:
 [2 1 3 4 6 4 2 2]

Bin boundaries:
 [6.39 6.44 6.49 6.54 6.59 6.64 6.69 6.74 6.79]
```

有了这些数据，就可以使用 MatplotLib pyplot 模块中的 bar 函数创建一个条形图，并对图表的外观进行相当程度的控制，如图 14.8 所示。

```
bin_width = bin_edges[1]-bin_edges[0]
n = len(hist)
bin_centers = np.zeros((n))
for i in range(n):
    bin_centers[i] = (bin_edges[i]+bin_edges[i+1])/2

import matplotlib.pyplot as plt
plt.bar(bin_centers,hist,width=bin_width,color='w',edgecolor='k')
```

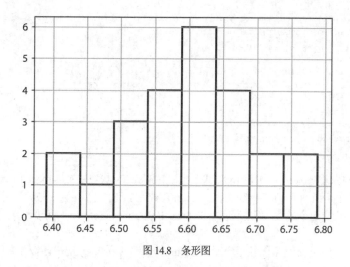

图 14.8 条形图

可通过输入以下命令向图中添加一条正态分布曲线，其中包括使用 SciPy stats 模块中的 norm.pdf 函数：

```
from scipy import stats
cebar = np.mean(ce)
ces = np.std(ce)
x = np.linspace(6.39,6.79)
y = stats.norm.pdf(x,cebar,ces)
plt.plot(x,24*0.05*y,color='k')
```

得到的结果如图 14.9 所示。

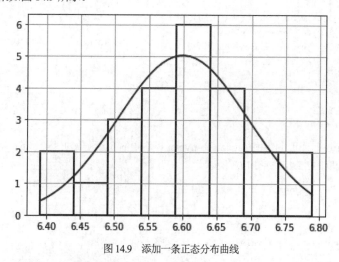

图 14.9 添加一条正态分布曲线

注意一下分布曲线是如何通过乘以数据数量(24)和 bin 宽度(0.05)缩放到条形图的。

为方便起见，Python 的 pylab 模块提供了一个 hist 函数，用于计算直方图数据并生成条形图。这里，我们同样可以添加正态分布曲线，如图 14.10 所示。

```
import pylab
pylab.figure()
```

```
pylab.hist(ce,bins=8,range=[6.39,6.79])
pylab.grid()
pylab.plot(x,1.2*y,color='r')
```

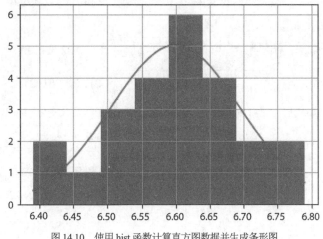

图 14.10 使用 hist 函数计算直方图数据并生成条形图

使用 hist 函数，你对呈现的外观没有太多控制权，但它通常是首选方法。

14.2 随机数和模拟

在本节中，我们将描述 Python 中 NumPy 的 random 子模块中的函数，这些函数可用来生成遵循给定统计分布的随机数序列。我们将重点介绍均匀分布和正态分布，尽管其他许多分布选项也都是可用的。

14.2.1 均匀分布中的随机数

一般来说，均匀分布的密度函数为

$$f(x) = \frac{1}{b-a} \qquad a \leqslant x \leqslant b$$

这意味着 x 的值 a 和 b 之间的任何子区间内的概率是一个常数。

注意，对于实数、随机变量的分布，x 的特定值的概率为零，对应于 x 轴上单个点在 f 下方的面积。

Python 中的一个内置函数提供了 n 个随机数，作为从均匀分布中抽取的 ndarray，其语法如下：

```
xvals = numpy.random.uniform(a,b,n)
```

例 14.3 生成均匀的随机阻力值

问题描述。如果初始速度为零，则自由落体蹦极者向下的速度可以通过以下解析解(式 1.9)来预测：

$$v = \sqrt{\frac{mg}{c_d}} \tanh\left(\sqrt{\frac{gc_d}{m}}\, t\right)$$

假设 m=68.1kg，但不知道精确的 c_d。例如，你可以假设它有一个介于 0.225 和 0.275 的随机值，即平均值 0.25kg/m 附近±10%左右。使用 Python NumPy 的 random.uniform 函数，为给定范围内的

c_d生成 1000 个随机值，然后使用这些值计算 t=4s 时的 1000 个速度值。在直方图中显示 c_d 和 v 值。

问题解答。 为 c_d 生成随机数之前，可先计算平均速度：

$$v_{\text{mean}} = \sqrt{\frac{9.81 \cdot 68.1}{0.25}} \tanh\left(\sqrt{\frac{9.81 \cdot 0.25}{68.1}}\, 4\right) \approx 33.1118\,\text{m/s}$$

还可以生成速度范围：

$$v_{\text{low}} = \sqrt{\frac{9.81 \cdot 68.1}{0.275}} \tanh\left(\sqrt{\frac{9.81 \cdot 0.275}{68.1}}\, 4\right) \approx 32.6223\,\text{m/s}$$

$$v_{\text{high}} = \sqrt{\frac{9.81 \cdot 68.1}{0.225}} \tanh\left(\sqrt{\frac{9.81 \cdot 0.225}{68.1}}\, 4\right) \approx 33.6198\,\text{m/s}$$

通过这些结果，我们可以看到，当阻力系数变化 20%时，速度只变化了

$$\Delta v = \frac{33.6198 - 32.6223}{33.1118} \approx 3.01\%$$

这告诉我们，速度对阻力系数的误差不是很敏感。

下面的 Python 脚本可以生成 c_d 的随机值以及样本均值和标准偏差。然后生成一个直方图，如图 14.11(a) 所示。出于对比的目的，真实平均值计算为 $\mu=(a+b)/2=0.25$，标准偏差为 $\sigma = \sqrt{(b-a)^2/12} \approx 0.0144$。

```python
import numpy as np

n = 1000
a = 0.225
b = 0.275

mu_cd = (a+b)/2
sigma_cd = np.sqrt((b-a)**2/12)

cdrand = np.random.uniform(a,b,n)

avg_cd = np.mean(cdrand)
s_cd = np.std(cdrand)

print('\nMean = {0:7.4f}'.format(mu_cd))
print('Sigma = {0:7.4f}'.format(sigma_cd))
print('Sample mean = {0:7.4f}'.format(avg_cd))
print('Sample std dev = {0:7.4f}'.format(s_cd))

import pylab
pylab.figure()
pylab.hist(cdrand,bins=10,range=[a,b],color='w',edgecolor='k',linewidth=2.)
pylab.grid()

Mean = 0.2500
Sigma = 0.0144
Sample mean = 0.2509
Sample std dev = 0.0144
```

观察到平均值和标准偏差的 "实验" 估计值非常接近理论值。如果样本量再小很多，直方图的偏差会更大，估计就不会这么接近。

可将 c_d 的 1000 个值用于解析解来计算 t=4s 时的速度分布。

```
g = 9.81 # m/s2
m = 68.1 # kg
t = 4 # s
vrand = np.sqrt(m*g/cdrand)*np.tanh(np.sqrt(g*cdrand/m)*t)

pylab.figure()
pylab.hist(vrand,bins=10,range=[33.11,33.62],color='w',edgecolor='k',line
width=2.)
pylab.grid()
pylab.xlabel('Velocity - m/s')
pylab.title('b) Distribution of Velocity')

avg_v = np.mean(vrand)
range_v = np.max(vrand)-np.min(vrand)
print('Average velocity = {0:7.4f} m/s'.format(avg_v))
print('% Variation of velocity = {0:7.2f}'.format(range_v/avg_v*100))

Average velocity = 33.1084 m/s
% Variation of velocity = 3.01
```

速度分布如图 14.11(b)中的直方图所示。从样本计算出的平均值和百分比变化与先前计算的值相比具有很大优势。

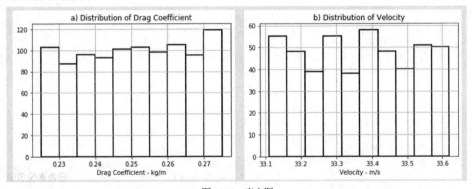

图 14.11　直方图

上述例子的正式名称为蒙特卡洛模拟。蒙特卡洛这个词指的是摩纳哥的蒙特卡洛赌场，20 世纪 40 年代，物理学家首次在核武器项目中使用这个词。尽管这种方法对这个简单例子产生了直观的结果，但在某些情况下，这种计算机模拟会产生令人惊讶的结果，且提供无法确定的解。这种方法之所以可行，只是因为计算机能高效地执行繁杂、重复的计算。

14.2.2　正态分布中的随机数

Python 中的一个内置函数提供了 n 个随机数，作为从正态分布中抽取的 ndarray，其语法如下：

```
xvals = numpy.random.normal(mu,sigma,n)
```

其中 mu 是分布的平均值，sigma 是标准偏差。如果用 n, m 代替第三个参数 n，可返回一个二维 n×m 数组。

例 14.4　生成正态分布的随机阻力值
问题描述。分析与例 14.2 相同的情况，但不是采用均匀分布，而是生成 1000 个正态分布的阻力系数值，平均值为 0.25，标准偏差为 0.0144。

问题解答。下面的 Python 脚本可以生成 c_d 的随机值，同时计算样本均值、标准偏差并绘制数据的直方图。添加代码来计算相应的速度，以及它们的样本均值和标准偏差。

```
import numpy as np

n = 1000

mu_cd = 0.25
sigma_cd = 0.0144
lowlim = mu_cd - 3.5*sigma_cd
hilim = mu_cd + 3.5*sigma_cd

cdnorm = np.random.normal(mu_cd,sigma_cd,n)

avg_cd = np.mean(cdnorm)
s_cd = np.std(cdnorm)

print('\nMean = {0:7.4f}'.format(mu_cd))
print('Sigma = {0:7.4f}'.format(sigma_cd))
print('Sample mean = {0:7.4f}'.format(avg_cd))
print('Sample std dev = {0:7.4f}'.format(s_cd))

import pylab
pylab.figure()
pylab.hist(cdnorm,bins=10,range=[lowlim,hilim],color='w', \
           edgecolor='k',linewidth=2.)
pylab.grid()
pylab.xlabel('Drag Coefficient - kg/m')
pylab.title('(a) Distribution of Drag Coefficient')

g = 9.81 # m/s2
m = 68.1 # kg
t = 4 # s
vnorm = np.sqrt(m*g/cdnorm)*np.tanh(np.sqrt(g*cdnorm/m)*t)
vmin = np.min(vnorm)
vmax = np.max(vnorm)

pylab.figure()
pylab.hist(vnorm,bins=10,range=[vmin,vmax],color='w', \
           edgecolor='k',linewidth=2.)
pylab.grid()
pylab.xlabel('Velocity - m/s')
pylab.title('(b) Distribution of Velocity')

avg_v = np.mean(vnorm)
range_v = np.max(vnorm)-np.min(vnorm)
print('Average velocity = {0:7.4f} m/s'.format(avg_v))
print('% Variation of velocity = {0:7.2f} %'.format(range_v/avg_v*100))

Mean = 0.2500
Sigma = 0.0144
Sample mean = 0.2495
Sample std dev = 0.0145
Average velocity = 33.1251 m/s
% Variation of velocity = 3.01 %
```

图 14.12(a)所示直方图显示了一个典型的正态分布，样本均值和标准偏差与用于生成随机数的理想值非常接近。

速度的结果如图 14.12(b)所示，分布看起来也像是正态分布。平均速度与例 14.2 中根据平均阻力系数计算出的速度相一致。

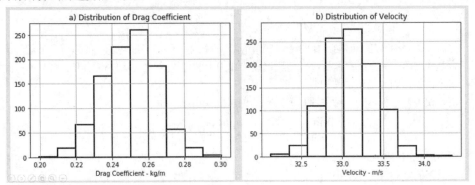

图 14.12　生成的直方图是典型的正态分布

上述两个例子虽然很简单，但是说明了如何使用 Python 轻松地创建随机数。我们将在本章末尾的问题中探讨其他应用。

14.3　直线最小二乘回归

当数据存在较大误差时，最佳的曲线拟合策略是指定一个近似函数来拟合数据的特征或总体趋势，而不必尝试与每个数据点相匹配。做到这一点的一种方法是针对数据与感兴趣的因子或独立变量作图，观察所绘制的数据，然后凭借你的最佳判断穿过这些点绘制一条线。尽管这种"眼球"方法具有常识性的乐趣，且对"粗略"的计算是有效的，但它们存在缺陷，因为它们是武断且主观的。也就是说，除非这些点明显显示出一条完美直线(这种情况下，插值法是合适的)，否则不同的分析人员会画出不同的线。稍后将描述一种更详细的方法，通过数据绘制一条更可靠且可复验的直线。

不过事实证明，人眼对模型的判断力非常好。如果观察告诉我们，测量值和一个因子或自变量之间没有模型或相关性，统计计算很可能会证实这一点。如果我们看到一个模型，并且它看起来是线性的，就需要直线拟合。但是，如果我们看到一个模型，并且它肯定有曲率，那么我们试图对数据进行直线拟合就是在浪费时间。

为了消除对数据拟合线的主观性，必须建立一个标准作为拟合的基础。一个合理的方法是推导出一条曲线，使数据点和线之间的差异最小化。要做到这一点，我们必须首先对"差异"一词进行量化。最简单的例子是将一条直线拟合到一组成对的观测值 $\{x_1, y_1\}$，$\{x_2, y_2\}$，$\cdots$，$\{x_m, y_n\}$。直线的数学表达式为

$$y_i = a_0 + a_1 x_i + e_i$$

其中 a_0 和 a_i 分别是选定的截距和斜率的系数，e_i 是修正直线预测值使其等于实际测量值 y_i 所需的误差或残差。另一种写法，认为直线公式代表测量值的预测值 $\hat{y}_i$，即

$$\hat{y}_i = a_0 + a_1 x_i$$

然后将残差作为实际测量值与预测值之间的差值：

$$e_i = y_i - \hat{y}_i \tag{14.10}$$

因此，有了 a_0 和 a_i 的值，我们可以计算一组残差 e_i，$i=1, ..., n$。

14.3.1 "最佳"拟合的标准

拟合一条通过数据的"最佳"线，一种策略是使残差的总和最小化，如

$$\min_{a_0, a_1} \sum e_i \quad 或 \quad \min_{a_0, a_1} \sum (y_i - a_0 - a_1 x_i) \tag{14.11}$$

然而，这个标准是不够的，如图 14.13(a)所示，它描述了一条直线与两点的拟合。显然，最佳的拟合是连接两点的直线；但是，任何通过连接线中点的直线(垂直线除外)都会使式(14.11)得到相同的最小值零，因为正负误差相互抵消了。

消除误差符号影响的一种方法是使残差的绝对值最小化，即

$$\min_{a_0, a_1} \sum |e_i| \quad 或 \quad \min_{a_0, a_1} \sum |y_i - a_0 - a_1 x_i| \tag{14.12}$$

图 14.13(b)说明了为什么该标准也不够充分。对于图中所示的四个点，任何落在虚线内的直线都将使残差的绝对值之和最小化。因此，这个标准也无法产生唯一的最佳拟合。

拟合最佳线的第三种策略称为极小极大。在这种技术中，选择的线会使最大绝对值残差(即单个点从线下落的最大距离)最小化。如图 14.13(c)所示，这种策略不适合回归，因为它会对离群值(即误差较大的单点)产生不适当的影响。然而，应该指出的是，极小极大准则非常适合将简单函数拟合到一个复杂的分析函数中(Carnahan、Luther 和 Wilkes，1969 年)。

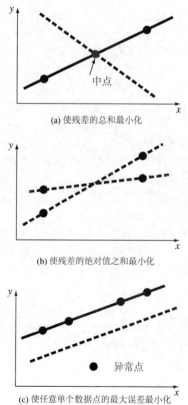

(a) 使残差的总和最小化

(b) 使残差的绝对值之和最小化

(c) 使任意单个数据点的最大误差最小化

图 14.13 不适合回归的"最佳拟合"标准的例子

克服上述方法缺点的第四个策略是使残差的平方和最小化:

$$\min_{a_0, a_1} \sum e_i^2 \quad \text{或} \quad \min_{a_0, a_1} \sum (y_i - a_0 - a_1 x_i)^2 \tag{14.13}$$

为方便起见,我们定义 $SS_E \equiv \sum e_i^2$。这种最小化标准被称为最小二乘法,它有几个优点,其中之一就是它可以为一组数据生成一条唯一的线。

然而,值得一提的是,由于离群值具有较大的残差值,它的平方可能会过度影响 SS_E,进而影响拟合线。这样的离群值对得到的最佳拟合有很大的影响。从数据集中检测并尽可能删除离群值是一个重要的话题,也是一件棘手的事情。如果残差数据似乎服从正态分布,那么识别离群值的一个很好的标准是它离样本均值太远(很少出现),例如是估计值标准误差(即 s_e)的 4 到 5 倍。这个量,我们后面很快会讲到,是对最佳拟合线附近测量值的标准偏差的度量。

还有一种识别离群值的常见的图形方法,称为箱线图。它的基础是使用中位数,而不是平均估计值;使用四分位数范围(第 25 到第 75 个百分位数),而不是样本标准偏差。这里不作介绍,但你应该知道它。在 Python 中使用 matplotlib.pyplot.boxplot 函数可以很方便地生成箱线图。

如前所述,不鼓励从数据中删除离群值,除非有明确的证据证明其原因,例如测量仪器故障或操作人员失误。你每次删除离群值都应该留下记录,并准备为该行为进行辩护。一定要记住,极端的离群值会影响最小二乘拟合。

14.3.2 直线的最小二乘拟合

为确定 a_0 和 a_1 的值,SS_E 对每个未知系数进行微分:

$$\frac{\partial SS_E}{\partial a_0} = -2 \sum (y_i - a_0 - a_1 x_i)$$

$$\frac{\partial SS_E}{\partial a_1} = -2 \sum (y_i - a_0 - a_1 x_i) x_i$$

注意,我们已经简化了求和符号;除非另有说明,否则所有求和都是从 $i=1$ 到 n。将这些导数设置为零可得到 SS_E 的最小值。如果这样做,方程可以表示为

$$0 = \sum y_i - \sum a_0 - \sum a_1 x_i$$
$$0 = \sum x_i y_i - \sum a_0 x_i - \sum a_i x_i^2$$

现在,意识到 $\sum a_0 = n a_0$,我们可以将方程表示为具有两个未知数 a_0 和 a_1 的联立线性方程:

$$\begin{bmatrix} n & \sum x_i \\ \sum x_i & \sum x_i^2 \end{bmatrix} \begin{bmatrix} a_0 \\ a_1 \end{bmatrix} = \begin{bmatrix} \sum y_i \\ \sum x_i y_i \end{bmatrix} \tag{14.14}$$

这些被称为正态方程。可以同时求解得到

$$a_1 = \frac{n \sum x_i y_i - \sum x_i \sum y_i}{n \sum x_i^2 - \left(\sum x_i \right)^2} \tag{14.15}$$

这个结果可以与式(14.14)第一行所表示的式结合使用,求解得到

$$a_0 = \bar{y} - a_1 \bar{x} \tag{14.16}$$

其中 $\bar{y}$ 和 $\bar{x}$ 分别是 y 和 x 的样本均值。

例 14.5 直线线性回归

问题描述。为表 14.1 中的数值拟合一条直线。

问题解答。在本应用中,力是因变量 y,速度是自变量 x。数据呈现为表格形式,必要的总和

计算也显示在表 14.5 中。

样本均值计算为

$$\bar{x} = \frac{360}{8} = 45 \qquad \bar{y} = \frac{5135}{8} = 641.875$$

然后可以使用式(14.15)和式(14.16)计算斜率和截距为

$$a_1 = \frac{8 \times 312850 - 360 \times 5135}{8 \times 20400 - 360^2} \approx 19.47$$

$$a_0 \approx 641.875 - 19.47 \times 45 \approx -234.28$$

使用力和速度符号代替 y 和 x,最小二乘拟合模型是

$$F = -234.29 + 19.47v$$

拟合线和数据如图 14.14 所示。

注意,虽然这条线似乎很好地拟合了数据的趋势,但速度为零处的截距预测的力是负值,这是不现实的。在第 14.4 节中,我们将展示如何使用自变量为非线性而拟合参数为线性的模型,来开发其他更符合实际的最佳拟合线。

表 14.5　为表 14.1 中的数据计算最佳拟合直线所需的数据和总和

i	x_i	y_i	x_i^2	$x_i y_i$
1	10	25	100	250
2	20	70	400	1400
3	30	380	900	11400
4	40	550	1600	22000
5	50	610	2500	30500
6	60	1220	3600	73200
7	70	830	4900	58100
8	80	1450	6400	116000
Σ	360	5135	20400	312850

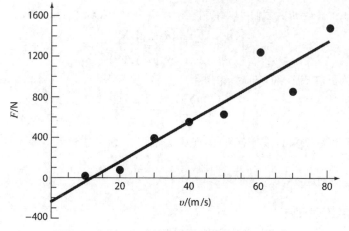

图 14.14　对表 14.1 中的数据进行直线的最小二乘拟合

14.3.3 绘制直线的"荒岛"法

在这里，我们将从拟合直线的数学/数值方法中抽离出来，介绍一种"荒岛"方法，如果你被困在现场，并且需要通过收集的数据绘制直线，在没有计算辅助工具的情况下，你可以使用这种方法。许多研究人员已经践行过这种方法。这里描述的方法的初始版本是由 Tukey(1971 年)提出的，有时被称为中值-中值线算法。

我们将使用表 14.1 中的数据来说明该方法。以下是步骤：

(1) 用竖线将图上的数据点大致均匀地分成三组。

(2) 找出首尾两组中垂直和水平中线的交点。

(3) 在两个交点之间画一条线。

(4) 作为一种可能的改进，将这条线移到中间一组数据的中线交点的三分之一处。

该方法应用于表 14.1 中的数据，如图 14.15 所示。8 个数据被分成 3、2 和 3 组。左右两组的中位数由圆圈定位并显示。这就确定了画线的点。确定中间组的两点的中位数位置，绘制的线可以向该点移动。此外，为了进行对比，这里显示了回归线。根据原理，回归线可能更好，但如果你没有能力使用计算机或计算器来计算回归线，这样画条线也可以。对于更大的数据集，画的线会趋向于回归线。

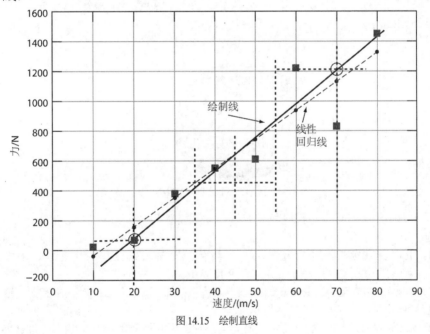

图 14.15 绘制直线

14.3.4 线性回归误差的量化

除了例 14.4 中计算的直线外，任何直线的残差平方和都会更大。因此，这条线是唯一的，并且根据我们选择的标准，它是通过这些点的"最佳"拟合线。通过更仔细地检查残差的计算方式以及它们与总校正平方和的关系，可以阐明这种拟合的其他几个属性。

从式(14.13)，我们可以定义误差平方和 SS_E 为

$$SS_E = \sum(y_i - \hat{y}_i)^2 \tag{14.17}$$

我们可以回忆式(14.4)，并将其人为地分成两项。

$$SS_T = \sum(y_i - \bar{y})^2 = \sum(\hat{y}_i - \bar{y})^2 + \sum(y_i - \bar{y})^2$$
$$= \qquad SS_R \qquad + \qquad SS_E$$

(14.18)

这被称为平方和的分区，可以用一个饼图(如图14.16所示)来巧妙地表示。SS_R项被称为回归平方和，它代表模型解释的"总平方和"部分。

这种分区有几种解释。首先，如果SS_R只是饼图的一小块，那么模型很可能是无效的，也就是说，它对行为的解释不够充分。另一方面，如果SS_E较大，则可能表明测量结果只是干扰信息，这是我们必须接受的随机行为。因此，这可能使我们处于这样的灰色地带——必须认真考虑才能确定何时该模型"对分区部分是充分的"。而且，更进一步，如果有相互竞争的模型，我们需要判断哪一个才是最佳选择。

有一个与回归相关的重要概念，叫做模型充分性。我们期望该模型能解释数据中的所有系统行为，并且残差是随机的，由给定方差σ_e^2的正态分布描述。此外，方差应该是一致的，不随自变量x而变化。应该检查这些充分性要求，但工程师和科学家们经常忽视这些要求。一种定性方法是创建两个图：残差的直方图和残差与x的关系图，或者更常见的是，与y预测值的关系图。直方图应该"看起来像"正态分布，并且该图不应显示残差与自变量的系统行为，残差沿x轴的分布也不应显示出显著变化。

总校正平方和SST的划分

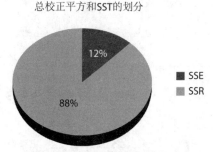

图14.16 将SST划分为SSE和SSR

对模型充分性的评估引出了这样一个问题："如果模型不充分怎么办？"以下是一些典型的补救措施：

(1) 如果残差中存在显著的系统性行为，直线模型是不充分的，应该使用更复杂的模型。这通常在线条和数据的图表中显而易见。这将在第15章中讨论。

(2) 如果误差方差随x发生显著变化，则应对y数据进行转换，通常使用对数或幂，这样就不会发生这种情况。

(3) 如果误差分布与正态分布不符，对y进行转换之后可能就会符合。如果还不能解决，则不应使用线性回归。

还有与充分性检查相关的定量统计检验，因为超出了我们的范围故而不在此处进行介绍。一般来说，良好的定性判断就足够了。

除了充分性，我们还想考虑直线模型在拟合数据方面的表现如何。一般来说，如果SS_R较大而SS_E较小，则表明该模型是有价值的。如果满足充分性的要求，则可以证明最小二乘回归将提供最佳的(即最有可能的)a_0和a_1估计值(Draper和Smith，1981年)。这在统计学中被称为最大似然原理。此外，如果满足这些标准，则回归线的标准偏差可以计算为

$$s_e = \sqrt{\frac{SS_E}{n-2}} \tag{14.19}$$

其中 s_e 称为估计值的标准误差。下标 e 表示这是模型中真实误差项 σ_e 的标准偏差的估计值。注意，我们除以 $n-2$ 而不是 n，因为有两个参数 a_0 和 a_1 是使用数据估计的，所以失去了两个自由度。注意，这些计算对于 $n=2$ 没有意义，因为对于两个数据点，穿过它们的是一条唯一的直线，没有残余误差。

正如样本标准偏差[式(14.3)]的情况一样，估计值的标准误差量化了数据的分离度；然而，s_e 描述了回归线周围的分离度，如图 14.17(b)所示，与量化样本均值周围分离度的样本标准偏差形成对比，如图 14.17(a)所示。

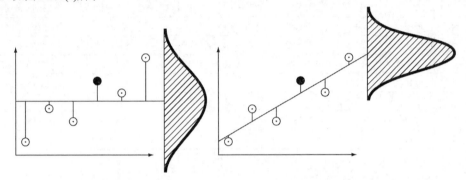

(a) 数据在因变量均值周围的分布　　　　　　　　(b) 数据在最佳拟合线周围的分布

图 14.17　回归数据显示，从(a)到(b)的分离度减小；右侧的钟形曲线表明线性回归带来改善

这些概念可以帮助我们描述直线模型的"拟合优度"。这对于比较几个候选模型的性能特别有用，我们将在第 15 章中学习。用于量化模型性能的一个常用量是决定系数 R^2，它是模型给出的总校正平方和的分数。

$$R^2 = \frac{SS_R}{SS_T} = 1 - \frac{SS_E}{SS_T} \tag{14.20}$$

在常用的统计术语中，这被称为"R 平方"。决定系数 R 的平方根称为皮尔逊相关系数。可用于计算直线情况下 R 的另一个公式是

$$R = \frac{n\sum(x_i y_i) - \sum x_i \sum y_i}{\sqrt{n\sum x_i^2 - \left(\sum x_i\right)^2}\sqrt{n\sum y_i^2 - \left(\sum y_i\right)^2}} \tag{14.21}$$

例 14.6　线性最小二乘拟合的误差估计

问题描述。计算例 14.4 的回归情况的总校正平方和、样本标准偏差、误差平方和、回归平方和以及 R^2 值。创建一个残差与 x 值的关系图。陈述你对这些结果的看法。

问题解答。可以采用表格形式列出数据，并计算出所需的总和。如表 14.6 所示。

从表格中可以直接看出，总校正平方和为

$$SS_T = 1\,808\,296.9$$

则样本标准偏差为

$$s_y = \sqrt{\frac{SS_T}{n-1}} = \sqrt{\frac{1\,808\,297}{7}} \approx 508.26$$

误差平方和以及回归平方和可从表格中读取：

$$SS_E=216118.2 \quad SS_R=1\,592\,178.7$$

最后，决定系数计算为

$$R^2 = \frac{SS_R}{SS_T} = \frac{1\,592\,178.7}{1\,808\,296.9} \approx 0.88 \text{ 或 } 88\%$$

表 14.6　计算表 14.1 中数据的拟合优度统计所需的数据以及总和

i	x_i	y_i	$\hat{y}_t$	e_i	e_i^2	$(y_i - \bar{y})^2$	$(\hat{y}_t - \bar{y})^2$
1	10	25	−39.58	64.58	4171.0	380534.8	464385.5
2	20	70	155.12	−85.12	7245.3	327041.0	236931.4
3	30	380	349.82	30.18	910.8	68578.5	85295.3
4	40	550	544.52	5.48	30.0	8441.0	9477.3
5	50	610	739.23	−129.23	16699.4	1016.0	9477.3
6	60	1220	933.93	286.07	81836.9	334228.6	85295.3
7	70	830	1128.63	−298.63	89180.4	35391.0	236931.1
8	80	1450	1323.33	126.67	16044.4	653066.0	464385.5
					216118.2	1808296.9	1592178.7

图 14.18 是残差与 x 值的关系图。

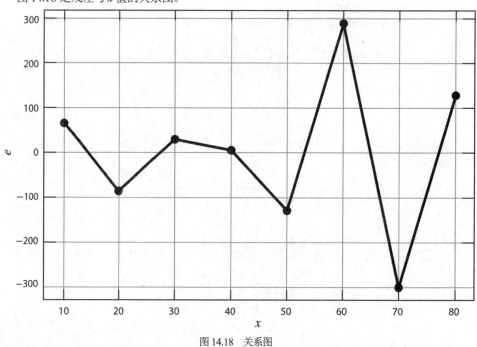

图 14.18　关系图

我们首先通过 R^2 值观察到，该模型解释了数据中 88% 的变异性。该模型很可能是显著的，证实了图 14.14 中观察到的情况。

如图中所示，这里需要关注的一个问题是，在 x 的高值处，残差的变异性似乎越向右越高。由于数据量较少，很难从统计上支持这一观察结果，但我们可以思考这在物理上是否有意义——体重较高时速度的变化更大。

在继续之前，需要注意一点。尽管决定系数 R^2 提供了一个方便的拟合优度度量，但你应该注意不要赋予它过多的含义。仅仅因为"R 平方"接近 1 并不意味着拟合就一定很好。例如，即使 x 和 y 之间的关系甚至不是线性的时候，也可能获得相对较高的 R^2 值！但是，在这种情况下，回归模型显然无法通过充分性测试。而且，如后面所见，在比较不同的回归模型时，不建议使用 R^2 作为选择最佳模型的标准。

Anscombe(1973 年)提出了一个很好的例子。如图 14.19 所示，他提出了四个数据集；每个数据集包含 11 个数据点。尽管它们的图非常不同，但都具有相同的最佳拟合方程，$y=3+0.5x$，以及相同的决定系数，$R^2=67\%$！然而，通过观察可以清楚地看出，只有左上角的图形可能满足充分性要求。该图还说明了为什么以图形方式研究数据和回归模型是很重要的。

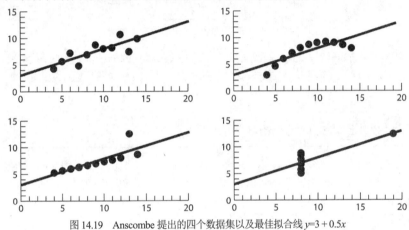

图 14.19　Anscombe 提出的四个数据集以及最佳拟合线 $y=3+0.5x$

始终牢记 R^2 的基本定义；也就是说，它描述了模型所解释的数据中变异的比例。如果你面临的情况是测量中的随机干扰含量很高，R^2 可能有一个相对较低的值，但你开发的模型可能是达到要求的、是有价值的。

最后，在介绍与回归相关的重要概念时，我们要考虑曲线拟合计算产生的参数估计值(直线模型的截距和斜率)的确定性(或不确定性)。我们清楚地看到，存在与数据相关的不确定性或干扰。根据不同的情况，数据可能或多或少地被干扰"污染"。如果模型是充分的，这种不确定性体现在残差的方差估计值 s_e^2 中。图 14.20 阐述了这一概念——不确定性会被参数估计值扩散。那么问题是我们如何量化这种扩散。

在不深入研究应用统计学的情况下，我们将在这里描述用于计算这种扩散的公式。首先计算 x 的校正平方和：

$$S_{xx} = \sum(x_i - \bar{x})^2$$

然后，斜率 a_1 和截距 a_{22} 的方差估计为

$$s_{a1}^2 = \frac{s_e^2}{S_{xx}} \qquad\qquad s_{a0}^2 = s_e^2\left(\frac{1}{n} + \frac{\bar{x}^2}{S_{xx}}\right)$$

其中每一项的平方根就是估计参数值的标准误差。

如何使用这些标准误差？同样，在不介绍细节的情况下，我们可以高度确信参数的真实值在估计值±三个标准误差内。

让我们看看这如何应用于前面例 14.5 的结果。

$$S_{xx} = \sum (x_i - \overline{x})^2 = 6225$$

$$s_{a1}^2 = \frac{s_e^2}{S_{xx}} = \frac{36020}{6225} \approx 5.79 \qquad\qquad s_{a1} \approx 2.41$$

$$s_{a0}^2 = s_e^2\left(\frac{1}{n} + \frac{\overline{x}^2}{S_{xx}}\right) = 36020\left(\frac{1}{8} + \frac{2025}{6225}\right) \approx 16220 \qquad s_{a0} \approx 127$$

使用 a_0 和 a_1 的回归值以及它们的三倍标准误差，我们得出

$$-615 \leqslant a_0 \leqslant 147 \qquad\qquad 12.24 \leqslant a_1 \leqslant 26.7$$

图 14.20   不确定性从残差方差到参数方差的扩散

注意到这些间隔非常宽，尤其是截距的间隔。这与直线模型的不足和测量的干扰有关。但正如他们所说，"事情就是这样。"有了更好、更精确的测量(也许还有更好的模型！)，间隔就会变得更紧密。

14.4   非线性关系的线性化

直线回归为数据拟合最佳线提供了一个强大的工具。但是，它的基础是因变量(或响应变量)与自变量(或回归变量)之间的关系是线性的。通常情况并非如此，回归建模的第一步是绘制数据图，看看直线是否合适。某些情况下，多项式模型比较合适。这些将在下一章中描述。对于其他情况，可将数据的表达转换成可以与直线模型兼容的形式。

回归建模的一个重要区别是，所考虑的模型是基于基础知识还是纯粹基于经验。例如，描述蹦极者的力和速度之间关系，物理学提出了

$$F \propto v^2 \quad \text{或} \quad F = c_d v^2$$

这是一个基于理论的基本模型，而我们根据本章前面的数据拟合的直线模型是经验性的。通常，当一个基本模型可用时，我们希望能使用它。有时，基本模型很复杂，用经验近似代替它也是有利的。

可以转化为直线形式的模型的一个例子是指数模型：

$$y = \alpha_1 e^{\beta_1 x} \tag{14.22}$$

其中 a_1 和 β_1 是常数。这个模型被用于工程和科学的许多领域，用来描述以一定速率增加(β_1 为正)或减少(β_1 为负)的量，该速率与它们的大小成正比。例如，人口增长或放射性衰变就会表现出这种行为。如图 14.21(a)所示，该方程表示 y 和 x 之间的非线性关系(对于 $\beta_1 \neq 0$)。

非线性模型的另一个例子是幂方程：

$$y = \alpha_2 x^{\beta_2} \tag{14.23}$$

其中 a_2 和 β_2 是常数。这个模型在工程和科学的各个领域都有广泛的适用性。当基本模型未知时，它经常用于拟合实验数据。如图 14.21(b)所示，方程(对于 $\beta_2 \neq 0$)是非线性，并且截距为零。这就是蹦极者的力与速度的基本方程的形式，只不过指数固定为 2。

非线性模型的第三个例子是饱和增长率方程：

$$y = \frac{\alpha_3 x}{\beta_3 + x} \tag{14.24}$$

其中 a_3 和 β_3 是常数系数。该模型特别适用于在限制条件下表征种群增长率，也代表了 y 和 x 之间的非线性关系，随着 x 的增加而趋于平稳或"饱和"，见图 14.21(c)。它有许多应用，特别是在与生物学相关的工程和科学领域。

还有其他许多非线性模型，大部分是根据对数据行为的观察而选择的。如上所述，上述三个模型对 α 和 β 参数是非线性的。这些模型可使用非线性回归来拟合数据，这会在第 15 章中介绍。另一种方法是将这些方程转换为参数线性的形式，然后应用直线回归。

例如，式(14.22)可通过取其自然对数来线性化。

$$\ln(y) = \ln(\alpha_1) + \beta_1 x \tag{14.25}$$

因此，$\ln(y)$ 与 x 的关系图将是一条斜率为 β_1、截距为 $\ln(\alpha_1)$ 的直线。参见图 14.21(d)。

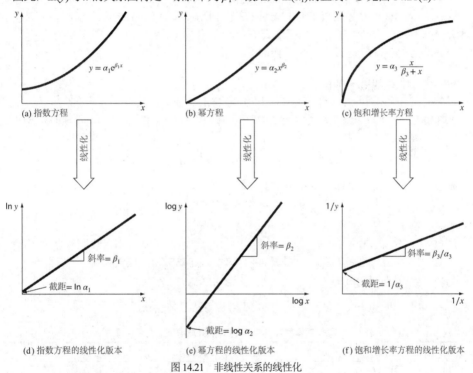

图 14.21 非线性关系的线性化

式(14.23)可通过两边取以 10 为底的对数来线性化，得到

$$\log_{10}(y) = \log_{10}(\alpha_2) + \beta_2 \log_{10}(x) \tag{14.26}$$

因此，$\log_{10}(y)$ 与 $\log_{10}(x)$ 的关系图将得到一条斜率为 β_2、截距为 $\log_{10}(a_2)$ 的直线，如图 14.21(e) 所示。注意，任何底数对数都可用于对该模型进行线性化；但是，正如这里所做的那样，常用的是以 10 为底的对数。

式(14.24)通过对结果求倒数来线性化：

$$\frac{1}{y} = \frac{1}{\alpha_3} + \frac{\beta_3}{\alpha_3} \frac{1}{x} \tag{14.27}$$

因此，$1/y$ 与 $1/x$ 的关系图将是一条直线，其截距为 $1/\alpha_3$，斜率为 β_3/α_3，见图 14.21(f)。

在转换后的版本中，这些模型可以用直线线性回归拟合来计算系数。然后，可以将它们转换回原始格式并用于预测。

在拟合转换后的模型时，有一个值得注意的方面。如果式(14.22)这样写，左边是 y 的实际值而不是模型预测值，它会是

$$y = \alpha_1 e^{\beta_1 x} + \varepsilon \tag{14.28}$$

其中 ε 表示误差项，是为了达到实际测量的 y 值而必须添加到模型中的。如果这个模型是充分的，ε 可能是一个随机变量，代表测量过程中的干扰。它的均值为零，方差为 σ_e^2。当式(14.28)应用于一组值 $\{x_i, y_i, i=1, ..., n\}$ 时，对于选定的 α_1 和 β_1 值，它会产生一组残差 $\{e_i, i=1, ..., n\}$。这些残差可以分析模型的充分性并用于估算 σ_e^2。

应该清楚的是，对式(14.22)等模型进行转换时，所得模型的误差项不是式(14.28)中的 ε——它是不同的，并且，举个例子，它不再代表测量过程中的干扰。因此，当需要表征和估计原始模型中的误差项时，更典型的做法是直接将非线性回归应用于该模型而不进行转换。此外，如果转换后的模型是充分的，也不能保证原来的模型就是充分的，反之亦然。

下面的例子演示了幂函数模型的转换过程。

例 14.7 用幂方程拟合数据

问题描述。使用对数变换将式(14.23)拟合到表 14.1 中的数据。

问题解答。数据可以整理为表格形式，需要计算的总和如表 14.7 所示。对数项的样本均值(平均数)根据表中的总和计算为

$$\overline{\log_{10}(x_i)} = \frac{12.6055}{8} \approx 1.5757 \qquad \overline{\log_{10}(y_i)} = \frac{20.5153}{8} \approx 2.5644$$

然后可以使用式(14.15)和式(14.16)计算斜率和截距。

$$\beta_2 = \frac{8 \times 33.6219 - 12.6055 \times 20.5153}{8 \times 20.5156 - 12.6055^2} \approx 1.9842$$

和

$$\log_{10}(\alpha_2) = 2.5644 - 1.9842 \times 1.5757 \approx -0.5621$$

转换后模型的最小二乘拟合为

$$\log_{10}(y) = -0.5620 + 1.9842 \log_{10}(x)$$

表 14.7　幂函数模型与表 14.1 中数据的拟合数据、总和以及结果

i	x_i	y_i	$\log_{10}(x_i)$	$\log_{10}(y_i)$	$\log_{10}(x_i)^2$	$\log_{10}(x_i)\log_{10}(y_i)$	$\log_{10}(\hat{y}_t)$	$\hat{y}_t$	e_i
1	10	25	1.0000	1.3979	1.0000	1.3979	1.4221	26.43	−1.4
2	20	70	1.3010	1.8451	1.6927	2.4005	2.0194	104.58	−34.6
3	30	380	1.4771	2.5798	2.1819	3.8107	2.3688	233.80	146.2
4	40	550	1.6021	2.7404	2.5666	4.3902	2.6167	413.75	136.3
5	50	610	1.6990	2.7853	2.8865	4.7322	2.8090	644.21	−34.2
6	60	1220	1.7782	3.0864	3.1618	5.4880	2.9661	924.98	295.0
7	70	830	1.8451	2.9191	3.4044	5.3860	3.0990	1255.94	−425.9
8	80	1450	1.9031	3.1614	3.6218	6.0164	3.2140	1636.95	−186.9
			12.6055	20.5153	20.5156	33.6219			

对数转换的数据与拟合如图 14.22(a)所示。我们还可使用原始坐标显示拟合。为此，α_2 的值计算为 $10^{-0.5620} \approx 0.2741$。使用力和速度代替 y 和 x，拟合模型变为

$$F = 0.2741 v^{1.9842}$$

图 14.22(b)显示了这个式与原始数据的线条图。基于物理学，我们预计指数为 2，并且从统计上看，1.9842 与 2.0000 没有区别；因此，我们的拟合有助于证实理论，并提供了阻力系数的估计值 $c_d = 0.2741 \text{kg/m}$。稍后将解决的一个问题是这个估计值的确定性。

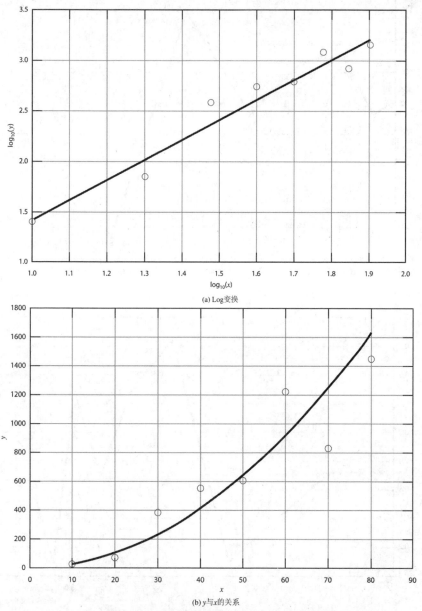

(a) Log变换

(b) y与x的关系

图 14.22　对表 14.1 中的数据进行幂函数模型的最小二乘拟合。上图是转换后数据的拟合，下图是拟合的幂函数和原始数据

此外，图 14.23(a)中给出了残差与预测 y 值的关系图。在统计术语中，这称为残差-拟合图，通常用于分析充分性。尽管没有观察到系统变化，但仍然担心在较高的 y 值处变异性会增加；但是，转换后模型的残差-预测的 $\log_{10}(y)$ 值的关系图消除了这种担忧。这里，变异性更一致。这表明通过拟合转换后的模型提高了充分性，这是一个幸运的副产品。

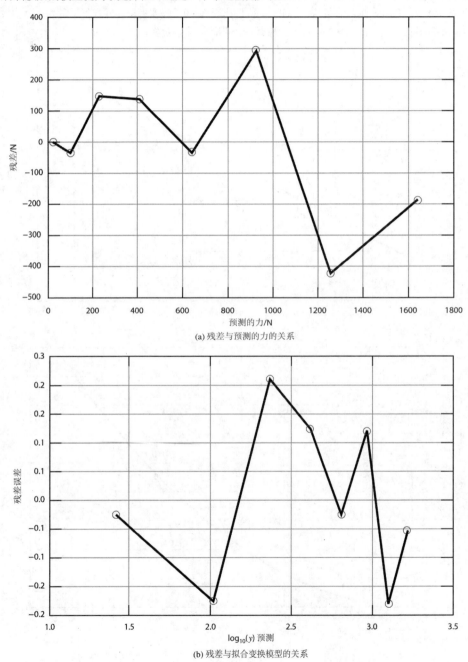

(a) 残差与预测的力的关系

(b) 残差与拟合变换模型的关系

图 14.23 拟合转换

这里可能产生一个问题，那就是为什么我们不给出残差的直方图。答案很简单。我们真的没有足够的数据使直方图有意义。还有其他方法可以检查残差是否符合正态分布，但这里就不花时间介绍了。

例 14.6 中的拟合可以与例 14.4 中的直线拟合进行比较。例 14.6 中的 R^2 值为 95%，例 14.4 中的为 88%。这表明与原始线性模型相比，幂方程占总校正平方和的比重更大。我们可以预料到这一点，因为幂函数模型与物理学中的基本方程一致。如第 15 章所见，用给定的指数 2 拟合幂函数模型是很简单的。

直线线性回归概论

在讨论更多线性回归的一般方法(包括曲线模型和多变量模型)之前，我们必须强调，上述材料对直线回归只是入门性介绍。我们着重于直线公式的简单推导和实际使用来拟合数据。你应该认识到，回归的某些理论方面具有实际重要性，但超出了本书的范围。例如，我们所介绍的最小二乘过程中所固有的几个统计假设是：

(1) 每个 x 都有一个固定值。它是确定的，而不是统计性质的。这是公认无误的。

(2) y 值是自变量，它们的方差是一致的。

(3) 给定 x 的 y 值是正态分布的。

这些假设与回归的正确应用有关。在关于模型充分性的讨论中，我们已经提到了(2)和(3)。我们鼓励你查阅其他参考资料，例如 Montgomery 和 Runger(2014 年)，当然，鼓励学生学习应用统计学的完整课程。

14.5　计算机应用

直线回归是如此常见，以至于它可以在大多数袖珍计算器上实现。在本节中，我们将展示如何开发一个简单的 Python 函数来确定斜率和截距、R^2 值和估计值的标准误差。我们还将展示如何使用 NumPy stats 子模块中的 polyfit 函数实现直线回归。

14.5.1　Python 函数: strlinregr

可以轻松地开发出用于直线回归的 Python 函数(图 14.24)。使用 NumPy sum 函数或 for 循环计算所需的总和。然后将这些用于式(14.15)和式(14.16)计算斜率和截距。残差在内部计算并用于计算 SS_E。计算总校正平方和 SS_T，然后计算回归平方和 SS_R。这些用于计算 R^2 和估计值的标准误差 SE。该函数返回截距、斜率、R^2 和 SE。

为检查 strlinregr 函数的性能，添加了以下 Python 代码。

```
x = np.array([10., 20., 30., 40., 50., 60., 70., 80.])
y = np.array([25.,70., 380., 550., 610., 1220., 830., 1450.])
a0,a1,Rsq,SE = strlinregr(x,y)
print('Intercept = {0:7.2f}'.format(a0))
print('Slope = {0:7.3f}'.format(a1))
print('R-squared = {0:5.3f}'.format(Rsq))
print('Standard error = {0:7.2f}'.format(SE))
```

```
def strlinregr(x,y):
    n = len(x)
    if len(y) != n: return 'x and y must be of same length'
    sumx = np.sum(x)
    xbar = sumx/n
    sumy = np.sum(y)
    ybar = sumy/n
    sumsqx = 0
    sumxy = 0
    for i in range(n):
        sumsqx = sumsqx + x[i]**2
        sumxy = sumxy + x[i]*y[i]
    a1 = (n*sumxy-sumx*sumy)/(n*sumsqx-sumx**2)
    a0 = ybar - a1*xbar
    e = np.zeros((n))
    SST = 0
    SSE = 0
    for i in range(n):
        e[i] = y[i] - (a0+a1*x[i])
        SST = SST + (y[i]-ybar)**2
        SSE = SSE + e[i]**2
    SSR = SST - SSE
    Rsq = SSR/SST
    SE = np.sqrt(SSE/(n-2))
    return a0,a1,Rsq,SE
```

图 14.24 Python 函数 strlinregr 实现直线线性回归

结果显示为

```
Intercept = -234.29
Slope = 19.470
R-squared = 0.880
Standard error = 189.79
```

还可以添加其他代码,以显示拟合线和数据、残差直方图(由于 n 很低,这里的信息量不大)以及残差与拟合的关系图,如图 14.25 所示。

```
xline = np.linspace(0,90,10)
yline = a0 + a1*xline
yhat = a0 + a1*x
e = y - yhat
import pylab
pylab.scatter(x,y,c='k',marker='s')
pylab.plot(xline,yline,c='k')
pylab.grid()
pylab.xlabel('x')
pylab.ylabel('y')
pylab.figure()
pylab.hist(e,bins=3,color='w',edgecolor='k',linewidth=2.)
pylab.grid()
pylab.xlabel('Residual')
pylab.figure()
pylab.plot(yhat,e,c='k',marker='o')
pylab.grid()
pylab.xlabel('Predicted y')
pylab.ylabel('Residual')
```

```
pylab.title('Residuals vs. Fits')
```

这些重复了例 14.4 和例 14.5 的结果。

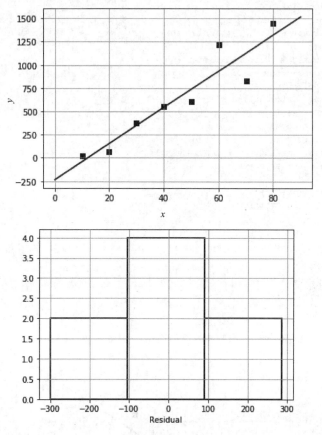

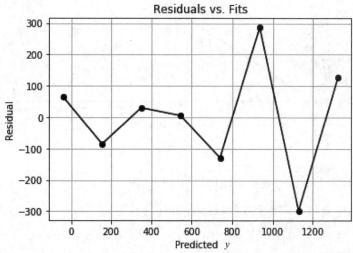

图 14.25　显示的图形

还可将 **strlinregr** 函数应用于幂方程模型和转换后的 *x* 和 *y* 数据。

```
logx = np.log10(x)
logy = np.log10(y)
a0,a1,Rsq,SE = strlinregr(logx,logy)
print('Intercept = {0:7.2f}'.format(a0))
print('Slope = {0:7.3f}'.format(a1))
print('R-squared = {0:5.3f}'.format(Rsq))
print('Standard error = {0:7.2f}'.format(SE))
logxline = np.linspace(0.9,2,10)
logyline = a0 + a1*logxline
logyhat = a0 + a1*logx
loge = logy - logyhat
pylab.figure()
pylab.scatter(logx,logy,c='k',marker='s')
pylab.plot(logxline,logyline,c='k')
pylab.grid()
pylab.xlabel('log10(x)')
pylab.ylabel('log10(y)')
```

结果为：

```
Intercept = -0.56
Slope = 1.984
R-squared = 0.948
Standard error = 0.15
```

图 14.26 显示了结果。

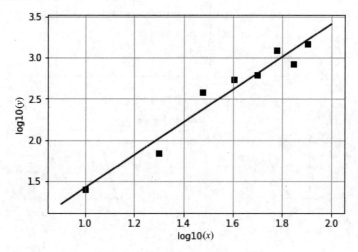

图 14.26　应用 strlinregr 函数的结果

14.5.2　Python NumPy 函数：polyfit 和 polyval

Python 的 NumPy 模块有一个内置函数 polyfit，它可以使用线性最小二乘法将 *n* 阶多项式拟合到数据中。它可以应用为

```
p = np.polyfit(x,y,n)
```

其中 x 和 y 分别为包含自变量和因变量值的数组，n 是多项式的次数。该函数返回数组 p 中从最高到最低阶项的多项式系数。我们应该注意到，它表示的是下式中 x 的递减幂的多项式：

$$f(x) = p[0]x^n + p[1]x^{n-1} + \cdots + p[n-1]x + p[n]$$

因为直线是一阶多项式，所以 polyfit($x, y, 1$) 将返回最佳拟合直线的斜率和截距。下面是应用于前述例子的 Python 代码。

```
import numpy as np

x = np.array([10., 20., 30., 40., 50., 60., 70., 80.])
y = np.array([25.,70., 380., 550., 610., 1220., 830., 1450.])

p = np.polyfit(x,y,1)
print('Straight-line coefficients are:\n',p)
```

结果显示为

```
Straight-line coefficients are:
 [ 19.4702381 -234.28571429]
```

因此，斜率约为 19.47，截距约为-234.3。

然后可以使用另一个函数 polyval 来计算给定 x 值的 y 的预测值。

```
x = np.linspace(0,100,2)
import pylab
pylab.plot(x,np.polyval(p,x),c='k')
pylab.grid()
pylab.xlabel('x')
pylab.ylabel('y')
```

可得到如图 14.27 所示的图形。

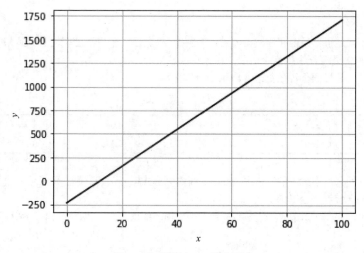

图 14.27　使用 polyval 的结果图

14.6　案例研究：酶动力学

背景。酶充当催化剂可以加快活细胞中发生的化学反应的速率。大多数情况下，它们将一种化

学物质(反应物)转化为另一种化学物质(产物)。Michaelis-Menten 模型通常用来描述此类反应:

$$v = \frac{v_m S}{k_s + S}$$ (14.29)

其中 v=反应速率,v_m=最大反应速率,S=反应物浓度,k_s=半饱和常数。如图 14.28 所示,该式描述了一个随着 S 的增加而趋于平稳的饱和关系。该图还表明,半饱和常数对应于反应速率为最大值一半时的反应物浓度。

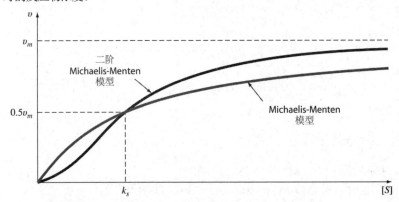

图 14.28　酶动力学的 Michaelis-Menten 模型的两种形式

尽管 Michaelis-Menten 模型提供了一个很好的起点,但它已经被改进和扩展,以纳入酶动力学的其他特征。一种简单的扩展涉及所谓的变构酶,在这种酶中,反应物分子在一个位点的结合会导致后续分子在其他位点的结合增强。对于具有两个相互影响的结合位点的情况,下面的二阶形式通常会产生更好的拟合效果:

$$v = \frac{v_m S^2}{k_s^2 + S^2}$$ (14.30)

该模型还描述了一条饱和曲线,但是,如图 14.28 所示,平方浓度产生了一条初始斜率为零的曲线,且在 $S=k_s$ 处有一个拐点。曲线更像 S 形或乙字形。

问题描述。假设向你提供如表 14.8 所示的数据。

表 14.8　提供的数据

S	1.3	1.8	3.0	4.5	6.0	8.0	9.0
v	0.070	0.130	0.220	0.275	0.335	0.350	0.360

使用线性回归,用式(14.29)和式(14.30)的线性化形式拟合这些数据。除了估计模型参数外,还要评估模型的比较性能及其充分性。

问题解答。式(14.29)是式(14.24)的饱和增长率模型的格式,可以像式(14.27)那样进行线性化,得到

$$\frac{1}{v} = \frac{1}{v_m} + \frac{k_s}{v_m}\frac{1}{S}$$

然后可以使用图 14.29 中的 strlinregr 函数来确定模型的最小二乘拟合。

```
S = np.array([1.3, 1.8, 3., 4.5, 6., 8., 9.])
v = np.array([0.07, 0.13, 0.22, 0.275, 0.335, 0.35, 0.36])
x = 1./S
```

```
y = 1./v

a0,a1,Rsq,SE = strlinregr(x,y)
print('Intercept = {0:7.4f}'.format(a0))
print('Slope = {0:7.3f}'.format(a1))
print('R-squared = {0:5.3f}'.format(Rsq))
print('Standard error = {0:7.3f}'.format(SE))

vm = 1/a0
ks = a1*vm

print('Estimated maximum rate = {0:5.3f}'.format(vm))
print('Estimated half-saturation constant = {0:6.3f}'.format(ks))
```

结果为

```
Intercept = 0.1902
Slope = 16.402
R-squared = 0.934
Standard error = 1.185
Estimated maximum rate = 5.257
Estimated half-saturation constant = 86.226
```

则最佳拟合模型为

$$v = \frac{5.257S}{86.226 + S}$$

尽管就模型所解释的 $1/v$ 的变异性比例而言，R^2 值是令人鼓舞的，但对估计系数的检查可能会引起怀疑。例如，最大速率 5.257 远高于观察到的最高速率 0.36。此外，半饱和速率 86.226 也远大于最大反应物浓度 9。

当我们在图 14.29(a) 中把拟合线和数据一起绘制时，这个问题就凸显出来了。虽然这条线捕捉到了上升的趋势，但它无法与数据中显示的曲率和饱和度相一致。此外，在图 14.29(b) 中，可以明显看出残差图中存在系统行为。这表明尽管 $R2$ 值相对较高，但该模型仍然是不充分的。

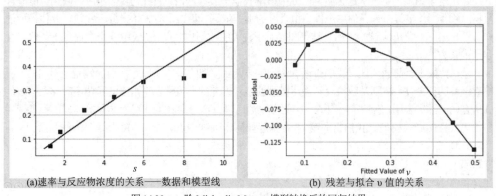

(a) 速率与反应物浓度的关系——数据和模型线　(b) 残差与拟合 v 值的关系

图 14.29　一阶 Michaelis-Menten 模型转换后的回归结果

一阶模型的结果引导我们考虑二阶模型，它可以通过倒置未转换的模型进行直线回归：

$$\frac{1}{v} = \frac{1}{v_m} + \frac{k_s^2}{v_m}\frac{1}{S^2}$$

如果我们将 strlinregr 函数应用于这种形式的模型，结果如下：

```
Intercept = 2.4492
Slope = 19.376
R-squared = 0.993
Standard error = 0.389
Estimated maximum rate = 0.408
Estimated half-saturation constant = 2.813
```

你会立即注意到 R^2 和标准误差值的改善。这是令人鼓舞的。此外，图 14.30 中的图也很有启发意义。在图 14.30(a)中，该模型更紧密地捕捉了数据的曲率和饱和度，而图 14.30(b)中的残差与拟合图不存在可在 14.29(b)中观察到的系统行为。该模型满足了充分性要求。

拟合的二阶 Michaelis-Menten 模型为

$$v = \frac{0.408S^2}{2.813^2 + S^2}$$

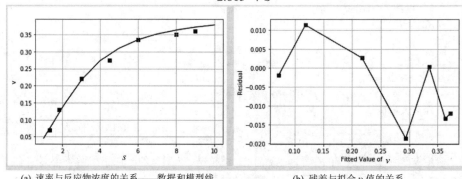

(a) 速率与反应物浓度的关系——数据和模型线　　　　　(b) 残差与拟合 v 值的关系

图 14.30　转换后的二阶 Michaelis-Menten 模型的回归结果

我们还观察到，与一阶模型相比，参数估计在这里更合理。我们的结论是，二阶模型为数据集提供了一个更好的拟合。这表明我们所处理的是一种变构酶。

除了这个结果，还可从这个案例研究中得出其他一般性结论。首先，我们不应该依赖性能统计数据(例如 R^2)并将其作为评估单个模型拟合度的唯一依据。第二，应该始终分析残差以评估模型的充分性。第三，分析应该始终附有结果图。对于较大的数据集，在 10 或 100 个数据点中还要包含残差的直方图。

最后，如本章前面所述，我们必须意识到，转换后模型的残差与原始模型的残差是不同的。应检查两者的充分性，特别是应检查转换后模型的残差方差的一致性。原始模型和转换后模型的残差分析之间的冲突表明，某些情况下(如多项式函数)，最好拟合参数为非线性的原始模型，或者使用参数为线性的经验模型。我们将在第 15 章描述如何做到这一点。

习题

14.1 给定数据

0.90	1.42	1.30	1.55	1.63
1.32	1.35	1.47	1.95	1.66
1.96	1.47	1.92	1.35	1.05
1.85	1.74	1.65	1.78	1.71
2.29	1.82	2.06	2.14	1.27

确定(a)样本平均数，(b)中位数，(c)众数，(d)范围，(e)样本标准偏差，(f)样本方差，(g)MAD，(h)变异系数。在数据中是否发现任何离群值？如果是，请说明你的判断。

14.2 为习题 14.1 中的数据构建一个直方图。使用从 0.85 到 2.35 的五个区间。如果有数值落在 bin 的边界上，请设计一个方案，将其分配到较低或较高的 bin 中。

14.3 给定数据

29.65	28.55	28.65	30.15	29.35	29.75	29.25
30.65	28.15	29.85	29.05	30.25	30.85	28.75
29.65	30.45	29.15	30.45	34.65	29.35	29.75
31.25	29.45	30.15	29.65	30.55	29.65	29.25

(a) 确定以下样本统计量：平均数、中位数、众数、方差、标准偏差、MAD 以及变异系数。如果有任何似乎是离群值的可疑数值，请将其识别出来。删除它们并重复计算，注意任何明显的差异。在后续问题中都忽略掉离群值。

(b) 构建数据的直方图。根据指导原则确定使用的 bin 的数量。选择 bin 的边界，使得没有数据落在边界上面。

(c) 根据样本均值和标准偏差，在图表上构建一个缩放的正态分布曲线。对其进行评论。

(d) 评估这些数据的 68%正态概率规则。它是否合理？

建议你用 Python 来解决这个问题。

14.4 使用推导出式(14.15)和式(14.16)的相同方法，推导出以下模型的最小二乘拟合：

$$y = a_1 x + \varepsilon$$

即，确定由最小二乘法计算得出的截距为零的直线的斜率。用这个模型拟合下面的数据，并以图形形式呈现结果。

x	2	4	6	7	10	11	14	17	20
y	4	5	6	5	8	8	6	9	12

14.5 使用最小二乘法回归对以下数据拟合直线。

x	0	2	4	6	9	11	12	15	17	19
y	5	6	7	6	9	8	8	10	12	12

在计算斜率和截距的同时，还要计算估计值的标准误差 s_e，以及决定系数 R^2。交换两个变量后再重复计算一次。解释你的结果。

14.6 对表 14.1 中的数据拟合一个幂函数模型，但是使用自然对数来转换数据。

14.7 为了研究 10 公斤二氧化硫(SO_2)气体在 400K 时的压力和体积之间的关系，我们收集了以下数据。

$V(m^3)$	0.156	0.234	0.312	0.390	0.468	0.546	0.624	0.702	0.780
$P(MPa)$	3.326	2.217	1.663	1.330	1.109	0.950	0.831	0.739	0.665

希望研究理想气体定律在测量的条件范围内是否有效。为此，请将一个直线模型拟合到数据中，但是呈现 P 与 $1/V$ 的关系，评估拟合情况，包括残差与 $1/V$ 的关系图，并将模型与理想气体定律预测的压力进行比较：

$$PV = nRT$$

其中 P=压力，单位为 MPa；V=体积，单位为 m^3；n=气体的 kmol 数；R=气体常数，8.3145×10^{-3} MPa·m^3/(kmol·K)；T=温度，单位为 K(开尔文)。SO_2 的分子量为 64.07。MPa 是兆帕或 10^6Pa。1 帕斯卡是 $1N/m^2$。1kmol 是 1000 摩尔。

14.8　除了图 14.12 中的例子外，还有其他一些模型可以用转换方式进行线性化。这里有一个：

$$y = \alpha_4 x e^{\beta_4 x}$$

将这个模型线性化，并根据以下数据估算 α_4 和 β_4。呈现拟合的 y 与 x 的关系图，以及数据和残差与预测 y 的关系图。

x	0.1	0.2	0.4	0.6	0.9	1.3	1.5	1.7	1.8
y	0.75	1.25	1.45	1.25	0.85	0.55	0.35	0.28	0.18

14.9　暴雨过后，一个游泳区的大肠杆菌(Escherichia coli)的浓度监测如下：

t (hr)	4	8	12	16	20	24
c (CFU/100 mL)	1600	1320	1000	890	650	560

时间以风暴结束后的小时为单位，单位 CFU 为"菌落形成单位"。使用这些数据来估计(a)风暴结束时(t=0)的浓度，以及(b)浓度达到 200CFU/mL 的时间。注意，选择的模型应该符合实际，浓度不可能为负数，而且细菌浓度总是随着时间的推移而减少。

14.10　与其使用如式(14.22)所示的 e 为底的指数模型，一种常见的替代方法是采用以 10 为底的等价方法：

$$y = \alpha_5 10^{\beta_5 x}$$

当用于曲线拟合时，该式产生的结果与以 e 为底的模型结果相同，但是指数系数 β_5 的值将与使用式(14.22)估计的 β_1 值不同。使用底数为 10 的模型来求解习题 14.9。同时，开发一个公式将 β_5 和 β_1 关联起来。

14.11　根据以下数据，确定一个方程来预测新陈代谢率与质量的关系。用它来预测一只 200 公斤的老虎的新陈代谢率。

动物	质量/kg	新陈代谢率/W
奶牛	400	270
人类	70	82
绵羊	45	50
母鸡	2	4.8
老鼠	0.3	1.45
鸽子	0.16	0.97

14.12　平均来说，人的表面积 A 与体重 W 和身高 H 有关。对几个身高 180 厘米、体重不同(kg)的人进行测量，得出的表面积值(m^2)如下表所示。

W/kg	70	75	77	80	82	84	87	90
A /m^2	2.10	2.12	2.15	2.20	2.22	2.23	2.26	2.30

数据表明，幂函数 $A = aW^b$ 可以相当好地拟合这些数据。给出数据与模型线的关系图，以及残差与预测的 A 值的关系图。预测一个 95kg 的人的表面积是多少？该预测的确定性是多少？用估计的标准误差的±2 倍表示。

14.13 为以下数据拟合一个指数模型。

x	0.4	0.8	1.2	1.6	2	2.3
y	800	985	1490	1950	2850	3600

使用 Python 计算拟合，并在标准和半对数图上绘制数据和方程。

14.14 为了确定细菌每天的生长速度 k 与氧气浓度 c(单位是 mg/L)的关系，一位调查员报告了以下实验数据。众所周知，这种增长可用以下公式来模拟：

$$k = \frac{k_{max} c^2}{c_s + c^2}$$

其中 c_s 和 k_{max} 是参数。使用转换来线性化这个方程。然后，使用直线回归法来估计这两个参数。最后，使用该模型来预测 c=2mg/L 时的生长速度。

c	0.5	0.8	1.5	2.5	4
k	1.1	2.5	5.3	7.6	8.9

14.15 开发一个 Python 函数来计算并返回一个数值数组的描述性统计。该函数应该返回数值的数量、样本均值、中位数、众数、范围、样本标准偏差、样本方差、MAD 和变异系数。此外，该函数应生成并显示数据的柱状图。使用数据数量的平方根四舍五入到最接近的整数作为 bin 数。用下表所示的一种化学产品黏度数据测试你的函数。

8.2	8.6	8.9	8.2	9.3
8.2	8.6	9.1	8.1	9.3
8.2	8.6	9.5	8.3	9.5
8.4	8.6	8.5	8.4	9.3
8.4	8.6	8.4	8.7	9.5
8.4	8.8	8.3	8.8	9.5

14.16 修改图 14.24 中的 strlinregr 函数，使其除了具有图中特点外，还具有以下特点：

(a) 计算并返回斜率和截距的标准误差。

(b) 显示带有拟合线的数据图。

(c) 显示残差与预测值的关系图。用习题 14.5 的数据测试修改后的函数。

14.17 开发一个名为 power_regr 的 Python 函数，对一组数据拟合一个幂函数模型。让该函数返回最佳拟合系数 α_2 和 β_2 以及原始的未转换模型的 R^2。同时返回由直线系数的标准误差逆转换而来的系数的标准误差。用习题 14.11 的数据测试函数。

14.18 下面的数据显示了 SAE70 油的黏度与温度之间的关系。绘制数据并选择使用的转换，以便你可以执行直线回归。给出数据与拟合线以及残差与预测值的关系图。对该模型的充分性进行评论。

温度/℃	26.67	93.33	148.89	315.66
黏度/Pa·s	1.35	0.085	0.012	0.0075

14.19 你在实验室中进行实验，确定一种气体在不同温度下的热容量 c_P[单位为 J/(kg·℃)]。

T	-50	-30	0	60	90	110
c	1250	1280	1350	1480	1580	1700

使用回归法确定一个模型来预测给定温度下的热容量。在 30℃的温度下测试你的模型。

14.20 众所周知，塑料的抗拉强度会随着热处理时间的推移而增加。以下收集到的数据可作为这一效应的证据。

时间	10	15	20	25	40	50	55	60	75
抗拉强度	5	20	18	40	33	54	70	60	78

(a) 为这些数据拟合一条直线，并使用该模型预测 32 分钟时的拉伸强度。

(b) 重复上述分析，但是拟合截距为零的直线。参考习题 14.4。

(c) 根据(a)部分，计算斜率和截距的"置信区间"，即估计值±2 倍标准误差。截距的区间是否包括零？如果是，你认为这意味着什么？

14.21 以下数据是在一个间歇式搅拌罐化学反应器进行一般反应 A→B 的操作过程中测得的。使用这些数据来确定以下化学动力学模型的 k_0 和 E 的最佳估计值。

$$-\frac{\mathrm{d}A}{\mathrm{d}t} = k_0 e^{-\frac{E}{RT}} A$$

其中 R=气体定律常数，8.3145J/(mol·K)。计算你的参数估计值的两倍标准误差范围。你观察到了什么？

-dA/dt/[mol/(L·s)]	460	960	2485	1600	1245
A/(mol/L)	200	150	50	20	10
T/K	280	320	450	500	550

14.22 在如下聚合反应的 15 个时间点上收集浓度数据：

$$xA+yB=A_xB_y$$

我们假设该反应是通过一个由许多步骤组成的复杂机制发生的。我们假设了几个模型，并计算了将数据拟合成这些模型的残差平方和。结果如下。你会选择哪个模型来最好地解释数据？解释一下你的选择。你希望得到任何额外信息吗？

	模型		
	A	B	C
残差平方和，SS_E	135	105	100
模型参数的数量，n	2	3	5

14.23 下面是间歇式反应器中滞后期结束后细菌增长的数据。在最初的 2.5 小时内让细菌尽快增长，然后诱导它们产生一种重组蛋白质，这种蛋白质的产生使细菌的增长速度明显减慢。细菌的理论增长可以用以下方式描述：

$$\frac{\mathrm{d}X}{\mathrm{d}t} = \mu X$$

其中 X=细菌的数量，μ=细菌在指数增长期间的具体增长速率。根据下表中的这些数据，分别估计生长的前两小时和生长的后四小时的具体增长率。创建数据和两个模型的关系图。

时间/h	0	1	2	3	4	5	6
[细胞]/(g/L)	0.100	0.335	1.102	1.655	2.453	3.702	5.460

14.24 进行了一项交通工程研究，以确定自行车道的正确设计。收集有关自行车道宽度以及自行车与过往车辆之间的平均距离的数据。九条街的数据如下。

距离/m	2.4	1.5	2.4	1.8	1.8	2.9	1.2	3	1.2
车道宽度/m	2.9	2.1	2.3	2.1	1.8	2.7	1.5	2.9	1.5

(a) 对数据作图并进行观察。

(b) 使用回归分析将数据拟合成一条直线。将这条线添加到图中。

(c) 如果自行车与过往车辆之间的最小安全距离为 2 米，确定自行车道的设计宽度。

14.25 在水利资源工程中，水库的大小取决于对被蓄水河流的水流的准确估计。对于一些河流，这种流量数据的长期历史记录很难获得。相比之下，过去多年的降水气象数据通常是可用的。因此，确定河流流量和降水之间的关系通常很有用。对于要筑坝建水库的河流，可以得到以下数据。

降水量/(cm/年)	88.9	108.5	104.1	139.7	127	94	116.8	99.1
流量/(m³/s)	14.6	16.7	15.3	23.2	19.5	16.1	18.1	16.6

(a) 绘制数据图并评论你所观察到的情况。

(b) 将数据拟合成一条直线，并将这条线添加到图中。

(c) 绘制残差与预测流量的对比图，并评论模型是否充分。

(d) 如果降水量为 120cm，使用最佳拟合线来预测年流量。

(e) 给定(d)部分的降水量，如果排水面积为 $1100km^2$，估计有多少降水是通过蒸发、深层地下水渗入和蓄水利用等过程损失的。

14.26 帆船桅杆每厘米长度的横截面积为 10.65 平方厘米，由一种实验性复合材料构成。通过测试确定了应力和应变之间的关系。测试结果如下。

应变/(cm/cm)	0.0032	0.0045	0.0055	0.0016	0.0085	0.0005
应力/(N/cm²)	4970	5170	5500	3590	6900	1240

由风引起的应力可以计算为 F/A_c，其中 F=桅杆上的力(N)，A_c=桅杆每单位长度的横截面积。然后可以将该值代入胡克定律以确定桅杆的挠度 $\Delta L_{strain} \times L$，其中 L=桅杆的长度。如果风力为 25 000N，则使用该数据来估算 9 米长桅杆的挠度。

14.27 下面的数据是从一项实验中获得的，该实验测量了不同电压下导线中的电流。

u/V	2	3	4	5	7	10
I/A	5.2	7.8	10.7	13	19.3	27.5

(a) 根据数据的直线回归，预测 3.5V 电压下的电流。对模型线和数据作图，并绘制残差与预测值之间的关系图。评估拟合情况。

(b) 以零截距重新进行回归。

14.28 进行了一项实验以确定导电材料的伸长率%与温度的关系。结果数据列表如下。预测温度为 400°C时的伸长率(%)。

温度/°C	200	250	300	375	425	475	600
伸长率/%	7.5	8.6	8.7	10	11.3	12.7	15.3

14.29 城市郊区一个小社区的人口 p 在 20 年间快速增长。

t	0	5	10	15	20
p	100	200	450	950	2000

作为一名就职于公用事业公司的工程师,你必须预测未来五年的人口,以便预测对电力的需求。采用指数模型和直线回归法进行预测。

14.30 空气流过平坦表面时的速度 u 是在远离该表面的几个距离 y 处测量的。假设表面速度为零 $y=0$,将这些数据拟合成一条曲线。使用你的结果确定空气黏度为 $1.8 \times 10^{-5} \text{Pa·s}$ 的表面处的剪切应力 $\mu du/dy$。

y/m	0.002	0.006	0.012	0.018	0.024
u/(m/s)	0.287	0.899	1.915	3.048	4.299

14.31 Andrade 方程是温度对黏度影响的模型:

$$\mu = De^{B/T}$$

其中 μ=黏度(Pa·s),T=绝对温度(K),D 和 B 是参数。已经收集了以下水的数据:

温度/°C	黏度/c_P
0	1.794
4.4	1.546
10	1.31
15.6	1.129
21.1	0.982
26.7	0.862
32.2	0.764
37.8	0.682
48.9	0.559
60	0.47
71.1	0.401
82.2	0.347
93.3	0.305

将这些数据拟合为 Andrade 方程。注意,$1 c_P = 0.001 \text{Pa·s}$,$T(K) = T(°C) + 273.15$。

14.32 执行与例 14.2 中相同的计算,但除了阻力系数,将质量均匀改变±10%。

14.33 执行与例 14.3 中相同的计算,但除了阻力系数,质量也随其平均值的正态分布变化,变异系数为 5.7887%。

14.34　矩形渠道的曼宁公式为

$$Q = \frac{1}{n_m} \frac{(BH)^{5/3}}{(B+2H)^{2/3}} \sqrt{S}$$

其中 Q=体积流量(m^3/s)，n_m=渠道表面的粗糙度系数，B=渠道宽度(m)，H=流体深度(m)，S=坡度。你正在将该公式应用于一条溪流，你知道它的宽度是 20m，深度是 0.3m，但是，典型情况是，你不确定粗糙度和坡度的值。你认为粗糙度约为 0.03，坡度约为 0.0003，不确定性约为±10%。

假设分布均匀，使用 10000 个样本的蒙特卡洛分析来描述流量的分布特征。为清楚起见，生成 n_m 和 S 的随机序列，然后使用这些序列中的响应对，用曼宁公式计算流量。然后，制作柱状图和流量的样本统计。根据样本大小使用适当数量的 bin。

14.35　蒙特卡洛分析可用于优化。例如，一个不受重大阻力影响的弹丸的轨迹可以用以下方法建模：

$$y = \tan(\theta_0)x - \frac{g}{2v_0^2 \cos^2(\theta_0)}x^2 + y_0$$

其中 y=轨迹的高度(米)，θ_0=发射角(弧度)，v_0=发射速度(米/秒)，y_0=初始高度。

想象一下，一个职业高尔夫球员，例如罗里·麦克罗伊，从 2.5 米高的发球台打出一杆，初始角度为 20°，击打速度为 170 英里/小时。请确定开球的最大高度和出现这种情况的距离。当然，这种情况下，忽略空气阻力是一个重要影响。

(a)　用微积分确定答案。

(b)　使用蒙特卡洛模拟来寻找答案。

建议：你可通过设置 y=0 并求解 x 来确定开球重新转向球道的距离。然后，在 0 和这个 x 的距离之间创建 10000 个 x 的值。你可以计算每个 x 的 y 值，然后找到最大的 y 和它的位置，也就是 x 值。对于位置，你可以查一下 NumPy 的 where 函数。

14.36　斯托克斯沉降定律提供了一种方法来计算层流条件下球形颗粒的沉降速度。

$$v_s = \frac{g}{18} \frac{\rho_s - \rho}{\mu} d^2$$

其中，v_s=最终沉降速度(m/s)，g=重力加速度($9.81m/s^2$)，ρ=流体密度(kg/m^3)，ρ_s=颗粒密度(kg/m^3)，μ=流体黏度(Pa·s)，d=颗粒直径(m)。

假设你做了一个实验，在室温(20℃)下，测量几种不同材料的直径 500μm 的珠子在玉米糖浆中的最终沉降速度，得到的数据如下表所示。

珠子材料	密度/(kg/m^3)	沉降速度/(mm/s)
玻璃	2500	1.06
铝	2700	1.28
碳	3510	1.62
钛锌	4500	2.22
铁	7120	5.39
钢	7200	5.52
铜	7800	4.58
铅	8800	6.62
钨	11350	7.68

(a) 生成沉降速度与密度的关系图。使用标记，而不是线条。

(b) 使用 polyfit 函数对数据进行直线拟合，并将直线添加到图中。

(c) 用你的模型来预测密度为 16400 kg/m^3 的类似大小的钽珠的沉降速度。

(d) 使用斜率和截距值来估计液体的黏度和密度。在已发表的文献中，20℃ 时玉米糖浆的黏度约为 0.16Pa·s，密度约为 1350 kg/m^3。请解释这些数值与你的计算值之间的任何差异。

14.37 除了图 14.21 中的例子，还有许多其他的模型可以重新表述为直线回归。例如，以下模型适用于间歇反应器中的三阶化学反应：

$$c = c_0 \frac{1}{\sqrt{1 + 2kc_0^2 t}}$$

其中 c=浓度(mol/L)，c_0=初始浓度(mol/L)，k=反应速率((L/mol)^2/d)，t=时间(d)。将此模型转换为直线回归，并根据表中的数据，用它来估计 k 和 c_0。给出直线参数的标准误差，估计 k 和 c_0 值的不确定性。对数据和你拟合的模型作图，包括转换后的模型和原始模型。

14.38 在第 7 章中，我们介绍了寻找一维和多维函数最优值的优化技术。随机数提供了一种解决相同类型问题的替代方法(回顾一下习题 14.35)。这是通过在自变量(或多个变量)的随机选择值处反复估算函数，并跟踪产生被优化函数的最佳值来完成的。如果采集了足够数量的样本，最终将找到最优值。此外，具有多个局部最优值的系统也有优势。随机搜索通常会找到最佳的局部最优值。开发一个名为 RandOpt 的 Python 函数，它使用随机数来定位域 0≤x≤2 中 "驼峰" 函数的最大值。

$$f(x) = \frac{1}{(x - 0.3)^2 + 0.01} + \frac{1}{(x - 0.9)^2 + 0.04} - 6$$

这是可用于测试函数的 Python 脚本：

```
import numpy as np
import pylab
xmin = 0
xmax = 2
xplot = np.linspace(xmin,xmax,200)
yplot = f(xplot)
pylab.plot(xplot,yplot,c='k')
pylab.grid()
n = 10000
xopt,yopt = RandOpt(f,n,xmin,xmax)
print('xopt =',xopt)
print('yopt = ',yopt)
```

14.39 使用与习题 14.38 相同的方法，开发一个函数，在-2≤x≤2 和 1≤y≤3 的域内，使用随机数搜索并确定以下二维函数的最大值和相应的 x 和 y 值：

$$f(x, y) = y - x - 2x^2 - 2xy - y^2$$

下图显示了该函数在此区域内的等高线。使用微积分可以很容易地确定最大值位于 y=1.5 和 x=-1 处，最大值为 1.25。这里有一个 Python 脚本，可用来测试函数。

```
xint = np.array([-2.,2.])
yint = np.array([1.,3.])
n = 10000
xopt,yopt,fopt = RandOpt2D(fxy,n,xint,yint)
print('xopt =',xopt)
print('yopt = ',yopt)
print('fopt = ',fopt)
```

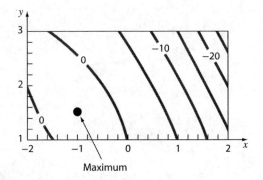

14.40 假设一群粒子被限制沿着一条一维线运动。如图所示。假设每个粒子在每个时间步长 Δt 上向右或向左移动一个距离 Δx 的可能性相同。在 $t=0$ 时，所有粒子都排列在 $x=0$ 处，并可以往任何一个方向随机地走一步。Δt 之后，大约 50% 的粒子往右边走一步，另外 50% 往左边走一步。$2\Delta t$ 之后，25% 会往左边走两步，25% 往右边走两步，而 50% 会回到原点。随着时间步长的增加，粒子会分散开来，在原点附近的粒子数量更多，而在更远地方的则越来越少。最终结果是，粒子的分布接近于一个扩散的、钟形的分布。这个过程的正式名称为随机漫步，描述了工程和科学中的许多现象，常见的例子是布朗运动。开发一个 Python 函数，给定步长 Δx、粒子总数 n 和步长 m。在每一步，确定每个粒子在 x 轴上的位置，并使用这些结果生成一个动态直方图，显示分布的形状如何随着计算的进行而演变。注意，你可以研究一下 Python 的 time 模块中的 sleep 函数，以实现时间延迟，从而减慢模拟的速度。

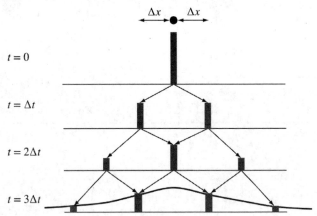

14.41 用二维随机漫步重复习题 14.40。如图所示，每个粒子以 0 到 2π 的随机角度 θ 走一个随机步长 Δ。生成一对动画图，其中一个是粒子的位置，另一个是 x 坐标的直方图。挑战：对于模拟的最终状态，使用 NumPy 的 histogram2D 函数和 Matplotlib 模块的 bar3D 函数创建一个 2D 直方图。

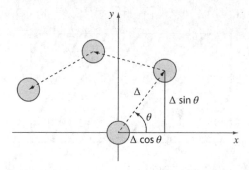

14.42　下表显示了截至 2020 年户外跑步距离的世界纪录和保持者。最后两个项目分别是更常见的半程马拉松和马拉松。注意，除了 100 米、半程马拉松和马拉松，其他都是在椭圆形跑道上进行的。为每个性别拟合一个幂函数模型，并使用它来预测 2000 米比赛的世界纪录。注意，截至 2000 年，2000 米比赛的实际记录是 284.79 秒(El Guerrouj，男子)和 323.75 秒(Dibaba，女子)。创建一个数据和模型线的单一图表，并包括一个图例。对模型和预测进行评论。

	男子		女子	
项目/m	时间/s	记录保持者	时间/s	记录保持者
100	9.58	Bolt	10.49	Griffith-Joyner
200	19.19	Bolt	21.34	Griffith-Joyner
400	43.03	WaydevanNiekerk	47.60	Koch
800	100.91	Rudisha	113.28	Kratochvilova
1000	131.96	Ngeny	148.98	Masterkova
1500	326.00	ElGuerrouj	230.07	Dibaba
5000	757.35	Bekele	851.15	Dibaba
10000	1577.53	Bekele	1757.45	Ayana
21098	3481.00	Kamworor	3891.00	Jepkosgei
42195	7283.40	Kipchoge	8044.00	Kosgei

第15章

一般线性回归和非线性回归

本章学习目标

本章采用拟合直线的概念并将其扩展到①在一个因素或自变量中拟合多项式,以及②拟合涉及多个因素或自变量的模型。对于这些例子,模型在拟合参数中将是线性的。我们将展示如何概括此类应用程序,并应用于更多类型的问题中。最后,我们将展示如何使用优化技术来拟合参数为非线性的模型。涵盖的具体目标和主题是:

- 知道如何实现多项式回归,并将数据拟合为多项式模型,考虑到多项式的天然共线性,确定多项式的最佳阶数和结构。
- 理解如何实现涉及多个因素或自变量的回归。
- 学习一般线性回归的向量矩阵公式,并知道如何用 Python 编程来求解一般公式。
- 知道如何计算一般线性回归的参数置信区间。
- 理解线性回归和非线性回归之间的区别。
- 学习如何将优化方法应用于非线性回归问题的求解。
- 学习如何估算非线性回归中的参数置信区间。
- 理解布伦特(Brent)法如何将交叉法的可靠与开型法的迅速相结合,以稳健、高效的方式定位根。
- 学习如何使用 Python 的 SciPy 模块中的内置方法来估算根。
- 了解如何使用 Python 的内置功能来计算和确定多项式的根。

15.1 多项式回归

在第 14 章中,我们开发了一个程序,利用最小二乘法推导出直线的方程。有些数据展现的模式显然无法被一条直线很好地拟合,如图 15.1 所示。对于这些情况,曲线模型是很有吸引力的。我们在第 14 章中说明了可以转换为直线形式的非线性模型。一个常用的替代方法是对数据进行多项式拟合,也就是多项式回归。

最小二乘法的过程可以很容易地扩展到用高阶多项式拟合数据。作为第一个例子,假设我们想拟合一个二阶多项式模型:

$$y = \beta_0 + \beta_1 x + \beta_2 x^2 + \varepsilon \tag{15.1}$$

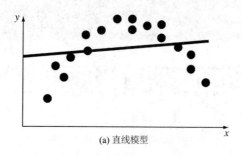

(a) 直线模型

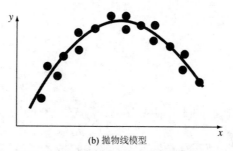

(b) 抛物线模型

图 15.1　表示曲线的数据更适用于抛物线模型

这里，y 代表实际测量的变量，β 是未知参数。ε 是模型误差，假设均值为零，且是随机的，由方差为 σ_e^2 的正态分布描述。给定一组数据 $\{x_i, y_i, i=1, ..., n\}$，我们想要生成特定的 β 的估计值；将其命名为 b，这将产生一组特定的残差 e，可根据与 ε 相关的假设进行检验。因此，对于数据集中 n 对数据中的每一对，可以写出

$$y_i = \beta_0 + \beta_1 x_i + \beta_2 x_i^2 + \varepsilon_i \tag{15.2}$$

这 n 个表达式被称为模型实现。这使得我们可以将残差的平方和表示为

$$SS_E = \sum \left[y_i - \left(\beta_0 + \beta_1 x_i + \beta_2 x_i^2 \right) \right]^2 \tag{15.3}$$

然后，最小二乘问题变成了寻找使 SS_E 最小化的 b 的问题。这可以很容易地使用微积分来求解，即求 SS_E 相对于三个 β 的偏导数并将其设为零，从而得到三个未知 b 的三个方程：

$$\frac{\partial SS_E}{\partial \beta_0} = -2 \sum \left[y_i - \left(\beta_0 + \beta_1 x_i + \beta_2 x_i^2 \right) \right]$$

$$\frac{\partial SS_E}{\partial \beta_1} = -2 \sum x_i \left[y_i - \left(\beta_0 + \beta_1 x_i + \beta_2 x_i^2 \right) \right]$$

$$\frac{\partial SS_E}{\partial \beta_2} = -2 \sum x_i^2 \left[y_i - \left(\beta_0 + \beta_1 x_i + \beta_2 x_i^2 \right) \right]$$

得到

$$[n]b_0 + \left[\sum x_i \right] b_1 + \left[\sum x_i^2 \right] b_2 = \sum y_i$$

$$\left[\sum x_i \right] b_0 + \left[\sum x_i^2 \right] b_1 + \left[\sum x_i^3 \right] b_2 = \sum x_i y_i \tag{15.4}$$

$$\left[\sum x_i^2 \right] b_0 + \left[\sum x_i^3 \right] b_1 + \left[\sum x_i^4 \right] b_2 = \sum x_i^2 y_i$$

与直线回归一样，式(15.4)被称为正态方程。可以用第 9 章中学到的方法方便地求出 b 的值。

然后就得到如下形式的预测模型。

$$\hat{y} = b_0 + b_1 x + b_2 x^2 \tag{15.5}$$

而残差和残差的平方和可以计算为

$$e_i = y_i - \hat{y}_i \qquad SS_E = \sum e_i^2$$

则估计值的标准误差为

$$s_e = \sqrt{\frac{SS_E}{n-3}} \tag{15.6}$$

注意分母与有两个估计参数的直线回归$(n-2)$的区别，因为这里估计了 3 个参数。

上述方法可以扩展到高阶多项和缺项多项式，但是使用单个线性方程的推导会变得很麻烦。在本章后面，你将看到如何方便地用向量和矩阵来表示任意阶多项式的回归。我们还将介绍参数标准误差。

例 15.1 多项式回归

问题描述。用二阶多项式拟合表 15.1 前两列中的数据。

表 15.1　二阶多项式的回归计算

	x	y	x^2	x^3	x^4	xy	$x^2 y$
	0	2.1	0	0	0	0	0
	1	7.7	1	1	1	7.7	7.7
	2	13.6	4	8	16	27.2	54.4
	3	27.2	9	27	81	81.6	244.8
	4	40.9	16	64	256	163.6	654.4
	5	61.1	25	125	625	305.5	1527.5
总和	15	152.6	55	225	979	585.6	2488.8

问题解答。使用表 15.1 中的总和，我们可以定量地求解式(15.4)。

$$[6] b_0 + [15] b_1 + [55] b_2 = 152.6$$
$$[15] b_0 + [55] b_1 + [225] b_2 = 585.6$$
$$[55] b_0 + [225] b_1 + [979] b_2 = 2488.8$$

我们可以使用以下 Python 代码来求解参数估计值。

```
import numpy as np

X = np.matrix('6., 15., 55. ; 15., 55., 225. ; 55., 225., 979.')
const = np.matrix('152.6 ; 585.6 ; 2488.8')

b = np.linalg.solve(X,const)
np.set_printoptions(precision=4)
print('Estimated parameters are\n',b)
```

得到结果

```
Estimated parameters are
 [[2.4786]
 [2.3593]
 [1.8607]]
```

则得到的模型为

$$\hat{y} = 2.4786 + 2.3593x + 1.8607x^2$$

可以使用这个模型来完成与该回归相关的计算。相关数据如表 15.2 所示。

表 15.2 相关数据

$\hat{y}$	e
2.479	-0.379
6.699	1.001
14.64	-1.04
26.303	0.897
41.687	-0.787
60.793	0.307
3.75	SS_E
2513.4	SS_T
2509.6	SS_R
1.118	S_e
0.9985	R^2

这些结果表明，模型解释了 y 值 99.85% 的变异性，达到了较高比例。残差序列中没有任何系统性的行为，这表明该模型是充分的。图 15.2 说明了拟合情况。

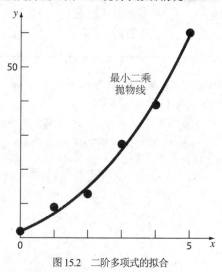

图 15.2 二阶多项式的拟合

还有一些与拟合多项式有关的问题。一个主要问题是选择适当的多项式阶数。一个具有五个参数的四阶多项式可完美地拟合五个数据点，但一般来说，它是一个糟糕的模型，因为它在数据点之间的预测将是有缺陷的，甚至是奇怪的。第二个问题是确定多项式模型中的所有项是否都有意义，可能简化后的模型也是充分的。这强调了精简的概念，当应用于回归时，它表明最好的模型是最精简却仍能充分代表某一现象的模型[1]。与之相反的概念是过度拟合，即模型的使用对于手头任务来说过于复杂，有太多的项。我们将在本章后面探讨"简约性"和"过度拟合"。

15.2　多元线性回归

y 是两个或多个独立变量或因素的线性函数，这一情况是直线回归的另一个有用的扩展。例如，y 可能是 x_1 和 x_2 的函数，如

$$y = \beta_0 + \beta_1 x + \beta_2 x_2 + \varepsilon$$

这个方程用两个自变量来拟合数据，其模型可以设想为 x_1-x_2-y 三维空间中的一个平面(图 15.3)。

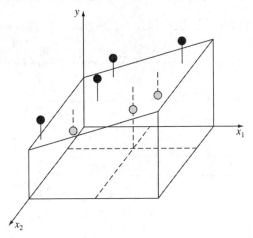

图 15.3　多元线性回归的图形描述，其中 y 是 x_1 和 x_2 的函数，模型定义了三维空间中的一个平面

与前面的情况一样，模型参数的"最佳"估计值是通过计算残差平方和来确定的：

$$SS_E = \sum e_i^2 = \sum_{i=1}^{n} \left[y_i - (b_0 + b_1 x_{1,i} + b_2 x_{2,i}) \right]^2 \tag{15.7}$$

并取 SS_E 相对于每个 b 的偏导数。

$$\frac{\partial SS_E}{\partial b_0} = -2 \sum \left[y_i - (b_0 + b_1 x_{1,i} + b_2 x_{2,i}) \right]$$

$$\frac{\partial SS_E}{\partial b_1} = -2 \sum x_{1,i} \left[y_i - (b_0 + b_1 x_{1,i} + b_2 x_{2,i}) \right]$$

$$\frac{\partial SS_E}{\partial b_2} = -2 \sum x_{2,i} \left[y_i - (b_0 + b_1 x_{1,i} + b_2 x_{2,i}) \right]$$

和前面一样，将这些偏导数设为零，结果可以重新排列成一组 b 的三个线性方程。我们可以用向量矩阵的形式将其表示为

$$\begin{bmatrix} n & \sum x_{1,i} & \sum x_{2,i} \\ \sum x_{1,i} & \sum x_{1,i}^2 & \sum x_{1,i} x_{2,i} \\ \sum x_{2,i} & \sum x_{1,i} x_{2,i} & \sum x_{2,i}^2 \end{bmatrix} \begin{bmatrix} b_0 \\ b_1 \\ b_2 \end{bmatrix} = \begin{bmatrix} \sum y_i \\ \sum x_{1,i} y_i \\ \sum x_{2,i} y_i \end{bmatrix} \tag{15.8}$$

1　这里表达的观点通常被称为奥卡姆(Occam 或 Ockham)剃刀原理。这是 14 世纪英国修道士和逻辑学家奥卡姆·威廉(约 1285—1349 年)提出的一种哲学启发法。尽管这句话已经被以多种形式解释过了，但一个很好的简洁的表达是："当你对同一项预测做出了两种相互竞争的假设时，更简单的那个假设就是最好的。"

求解这些正态方程就得到了参数估计值。

与多项式回归一样，多变量模型可以扩展到 m 维，如

$$y = \beta_0 + \beta_1 x_1 + \beta_2 x_2 + \cdots + \beta_m x_m + \varepsilon$$

总校正平方和 SS_T 可以划分为残差平方和 SS_E 以及回归平方和 SS_R。与直线回归一样，这种划分可用于计算估计值的决定系数 $R^2 = SS_R/SS_T$，以及标准误差：

$$s_e = \sqrt{\frac{SS_E}{n - (m + 1)}}$$

例 15.2 多元线性回归

问题描述。表 15.3 中是由模型 $y = 5 + 4x_1 - 3x_2$ 生成的数据，其中随机误差被加入模型预测中。

表 15.3 生成的数据

x_1	x_2	y
0	0	5.16
2	1	9.91
2.5	2	8.91
1	3	0.27
4	6	3.07
7	2	27.04

使用多元线性回归来拟合这些数据。评估拟合结果与"真实"模型的接近程度。

问题解答。表 15.4 中显示了建立正态方程所需的总和。

表 15.4 例 15.2 中正态方程所需的计算

i	x_1	x_2	y	x_1^2	x_2^2	$x_1 x_2$	$x_1 y$	$x_2 y$
1	0	0	5.16	0	0	0	0	0
2	2	1	9.91	4	1	2	19.81	9.905
3	2.5	2	8.91	6.25	4	5	22.28	17.82
4	1	3	0.27	1	9	3	0.2728	0.8183
5	4	6	3.07	16	36	24	12.27	18.41
6	7	2	27.04	49	4	14	189.3	54.08
n	16.5	14	54.36	76.25	54	48	243.91	101.03

将适当的总和代入式(15.8)得到

$$\begin{bmatrix} 6 & 16.5 & 14 \\ 16.5 & 76.25 & 48 \\ 14 & 48 & 54 \end{bmatrix} \begin{bmatrix} b_0 \\ b_1 \\ b_2 \end{bmatrix} = \begin{bmatrix} 54.36 \\ 243.91 \\ 101.03 \end{bmatrix}$$

我们可以求解这三个线性方程，得到 $b_0 \approx 5.081$，$b_1 \approx 3.975$，$b_2 \approx -2.98$。这些估计值与生成数据的原始模型一致或十分接近。

虽然在很多情况下，线性模型是充分且适当的，但多元线性回归可以扩展到多变量的幂函数模型，例如

$$y = \beta_0 x_1^{\beta_1} x_2^{\beta_2} \cdots x_m^{\beta_m} + \varepsilon$$

通过对数转换为

$$\log(y) = \log(\beta_0) + \beta_1 \log(x_1) + \beta_2 \log(x_2) + \cdots + \beta_m \log(x_m) + \varepsilon'$$

如第 14 章所述[回顾式(14.28)后面的讨论]，我们必须认识到原始模型剩余误差项(ε)和转换模型剩余误差项(ε')之间的区别。

多元线性回归与多项式回归在简约性和过度拟合方面出现了类似的情况。但在这里，当我们确定模型项是否应该包含在内时，实际上是在确定输入的变量是否重要。我们还应该提到，可将 SS_R 划分为与每个输入变量相关的平方和分量。这提供了进一步的见解，有助于通过一种叫做方差分析的技术来确定模型。

如我们所见，将所有线性回归案例概括为一个一致的框架是有用的，该框架可容纳多种模型结构，并要求待估计的模型参数线性地加入模型。

15.3　一般线性最小二乘回归

在第 14 章和本章的前几页，我们介绍了三种类型的线性回归：直线、多项式和多元线性。事实上，这三种类型都遵循以下对一般线性模型的描述：

$$y = \beta_0 f_0(x_1, x_2, \ldots, x_p) + \beta_1 f_1(x_1, x_2, \ldots, x_p) + \cdots + \beta_m f_m(x_1, x_2, \ldots, x_p) + \varepsilon \quad (15.9)$$

其中 f_0，f_1，$\cdots$，f_m 是 $m+1$ 个基函数。在直线回归和多项式回归的情况下，只有一个 x 变量；但是在多元线性回归中，有一个以上的 x 变量。如前所述，线性回归的要求是，模型对待估计的参数是线性的，如式(15.9)所示。我们的许多模型都有一个主导参数，就是截距。这些情况下，$f_0=1$。

就自变量项 x_k 而言，模型项可能是高度非线性的。比如：

$$y = \beta_0 + \beta_1 \cos(\omega x) + \beta_2 \sin(\omega x) + \varepsilon$$

是适合于线性回归的。这个模型是傅里叶分析的基础。另一方面，蒸气压力 P 作为温度 T 的函数，它的安托万方程表示为

$$P = 10^{A - \frac{B}{C+T}} + \varepsilon$$

其中 A、B 和 C 都是待估计的模型参数。这个模型在这些参数上是非线性的，而且，即使进行了对数转换：

$$\log_{10}(P) = A - \frac{B}{C+T} + \varepsilon'$$

它在参数上仍然是非线性的。拟合这样一个模型需要非线性回归的方法，我们将在本章后面介绍。

回到式(15.9)，考虑我们已经收集了 n 个数据点的情况：

$$\{y_i, x_{1,i}, x_{2,i}, \ldots, x_{p,i}, i = 1, \ldots, n\}$$

其中 y_i=第 i 个数据点的因变量值，$x_{j,i}$=第 i 个数据点的第 j 个自变量值，$i=1, \cdots, n, j=1, \cdots, p$。这

些数据点中的每一个都可以被引入模型，创建 n 个模型实现关系，可以将 m 个基函数在 p 个自变量上计算的值存储到一个 $n \times (m+1)$ 的矩阵 X 中，

$$X \equiv \begin{bmatrix} f_0(x_{1,1}, x_{2,1}, \ldots, x_{p,1}) & f_1(x_{1,1}, x_{2,1}, \ldots, x_{p,1}) & \cdots & f_m(x_{1,1}, x_{2,1}, \ldots, x_{p,1}) \\ f_0(x_{1,2}, x_{2,2}, \ldots, x_{p,2}) & f_1(x_{1,2}, x_{2,2}, \ldots, x_{p,2}) & \cdots & f_m(x_{1,2}, x_{2,2}, \ldots, x_{p,2}) \\ \vdots & \vdots & \ddots & \vdots \\ f_0(x_{1,n}, x_{2,n}, \ldots, x_{p,n}) & f(x_{1,n}, x_{2,n}, \ldots, x_{p,n}) & \cdots & f_m(x_{1,n}, x_{2,n}, \ldots, x_{p,n}) \end{bmatrix} \tag{15.10}$$

重要的是要认识到 X 矩阵不同于 x 变量。它是涉及 x 变量的函数的估计值的集合，在最简单的形式下，它可能只是一个单独的 x 变量，但可能是涉及 x 变量的非线性组合或函数。这个实现关系的矩阵在应用统计学中通常表示为 X，就像我们这里所写的那样。同时定义

$$y \equiv \begin{bmatrix} y_1 \\ y_2 \\ \vdots \\ y_n \end{bmatrix}, \quad \beta = \begin{bmatrix} \beta_0 \\ \beta_1 \\ \vdots \\ \beta_m \end{bmatrix}, \quad e = \begin{bmatrix} e_1 \\ e_2 \\ \vdots \\ e_n \end{bmatrix}$$

我们有

$$y = X\beta + e \tag{15.11}$$

注意，这里 y 是 n 个实际测量的响应值的向量。在 X 矩阵中，我们在 n 行的每一行中替换了数据集中该元素的自变量值。然后，对于给定的一组 $m+1$ 个参数值，模型预测计算为 $X\beta$，残差向量 e 包含需要添加到模型预测中以得到实际响应 y 的误差。

为了进行最小二乘推导，我们需要残差的平方和，即

$$SS_E = \sum_{i=1}^{n} e_i^2 = e'e$$

后者是误差向量与自身的内积，得到平方之和。因为根据式 (15.11)，$e = y - X\beta$，所以可用偏导数来表述最小二乘的最小化：

$$\frac{\partial SS_E}{\partial \beta} = \frac{\partial}{\partial \beta}(e'e) = \frac{\partial}{\partial \beta}((y - X\beta)'(y - X\beta)) = -2X'(y - X\beta)$$

通过将后一个表达式设为零，我们推导出线性回归的一般正态方程组，现在它包含参数估计 b。

$$[X'X]\, b = X'y \tag{15.12}$$

可以将参数估计的解析解写为

$$b = [X'X]^{-1} X'y \tag{15.13}$$

为确定 b 的值，我们使用现成的数值方法来求解 m 个线性正态方程。有了具体的 b 值，我们可以计算与拟合有关的统计量：

$$e = y - Xb, \qquad SS_E = \sum_{i=1}^{n} e_i^2 = e'e, \qquad \hat{y} = Xb$$

$$SS_T = \sum_{i=1}^{n}(y_i - \bar{y})^2, \qquad SS_R = \sum_{i=1}^{n}(y_i - \hat{y}_i)^2, \qquad R^2 = \frac{SS_R}{SS_T}$$

我们还注意到，在上面，根据总校正平方和 SS_T 的划分，$SS_R = SS_T - SS_E$。我们通常不直接计算回归平方和 SS_R，而是用这个减法来计算。和之前一样，估计的标准误差由以下公式给出：

$$s_e = \sqrt{\frac{SS_E}{n - (m+1)}}$$

在这里，我们引入了模型参数的标准误差估计。如第 14 章所述，这涉及由误差方差 σ^2 表示的不确定性如何通过模型传播到参数估计中相应的不确定性。在向量矩阵中，这是以参数估计的协方

差矩阵$\mathrm{cov}(\hat{\boldsymbol{\beta}})$为基础的，它由下式给出：

$$\mathrm{cov}(\hat{\boldsymbol{\beta}}) = \sigma_e^2 [\boldsymbol{X'X}]^{-1} \tag{15.14}$$

对于具体的回归计算，$\hat{\boldsymbol{\beta}}$变成$\boldsymbol{b}$，σ_e^2估计为：

$$s_e^2 = \frac{SS_E}{n - (m+1)}$$

每个参数的标准误差估计为：式(15.13)中逆矩阵$[\boldsymbol{XX}]^{-1}$的相应对角元素的平方根乘以s_e^2。这个计算很重要，因为它为我们判断模型中各个项的重要性和开发精简的模型结构提供了基础。

在这一点上，我们希望你能欣赏上述一般线性最小二乘矩阵公式的强大和优雅。回顾一下，早期的多项式和多元回归的推导涉及使用偏微分来生成正态方程，而这些正态方程本身就包含许多求和。相比之下，矩阵方法能得到相同的结果，但采用了一种更简洁的方式。下面的例子用这种方法估计光学领域一个常用模型的参数，展示了这种方法的威力。

例 15.3　一般线性回归——硼硅酸盐玻璃的折射率

问题描述。 众所周知，柯西(Cauchy)方程是一个很好的模型，可以将半透明材料的折射率n与入射光线的波长λ联系起来，其形式为

$$n = \beta_0 + \beta_1 \frac{1}{\lambda^2} + \beta_2 \frac{1}{\lambda^4}$$

表 15.5 中的数据是实验室对硼硅酸盐玻璃样品折射率仔细测量后的结果。使用一般线性回归将柯西方程拟合到这些数据中，并给出与拟合相关的统计量。

表 15.5　硼硅酸盐玻璃在不同波长下的折射率测量结果

波长/μm	折射率
0.6563	1.50883
0.6439	1.50917
0.589	1.51124
0.5338	1.51386
0.5086	1.51534
0.4861	1.5169
0.434	1.52136

问题解答。 这种情况下的模型实现矩阵为：

$$\boldsymbol{X} = \begin{bmatrix} f_0(x_1) & f_1(x_1) & \cdots & f_k(x_1) \\ f_0(x_2) & f_1(x_2) & \cdots & f_k(x_2) \\ \vdots & \vdots & \ddots & \vdots \\ f_0(x_n) & f_1(x_n) & \cdots & f_k(x_n) \end{bmatrix} = \begin{bmatrix} 1 & \dfrac{1}{\lambda_1^2} & \dfrac{1}{\lambda_1^4} \\ 1 & \dfrac{1}{\lambda_2^2} & \dfrac{1}{\lambda_2^4} \\ \vdots & \vdots & \vdots \\ 1 & \dfrac{1}{\lambda_8^2} & \dfrac{1}{\lambda_8^4} \end{bmatrix}$$

对于表 15.4 中的数据，可知：

$$X = \begin{bmatrix} 1 & 2.322 & 5.590 \\ 1 & 2.412 & 5.817 \\ 1 & 2.883 & 8.309 \\ 1 & 3.509 & 12.316 \\ 1 & 3.866 & 14.945 \\ 1 & 4.232 & 17.910 \\ 1 & 5.309 & 28.186 \\ 1 & 6.288 & 39.535 \end{bmatrix}$$

响应向量为：

$$y = n = \begin{Bmatrix} 1.50883 \\ 1.50917 \\ 1.51124 \\ 1.51386 \\ 1.51534 \\ 1.51690 \\ 1.52136 \\ 1.52546 \end{Bmatrix}$$

正态方程由下式给出：

$$\begin{bmatrix} 8 & 30.82 & 132.41 \\ 30.82 & 132.41 & 625.52 \\ 132.41 & 625.52 & 3185.2 \end{bmatrix} b = \begin{bmatrix} 12.122 \\ 46.758 \\ 201.12 \end{bmatrix}$$

求解这些模型参数得到：

$$b = \begin{bmatrix} 1.499 \\ 4.321 \times 10^{-3} \\ -1.509 \times 10^{-5} \end{bmatrix}$$

因此，我们的柯西方程模型为：

$$n = 1.499 + 4.321 \times 10^{-3} \frac{1}{\lambda^2} - 1.509 \times 10^{-5} \frac{1}{\lambda^4}$$

该模型与数据的拟合程度如何？图形如图 15.4 所示。

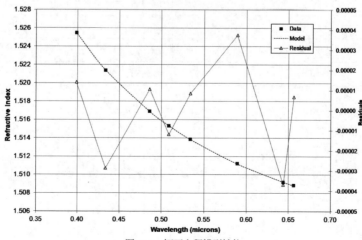

图 15.4 柯西方程模型性能

模型的拟合看起来非常好。残差很小，而且它们在波长方面是随机的。

至于其他的统计量，$SS_T = 2.405 \times 10^{-4}$，$SS_E = 4.133 \times 10^{-9}$，$R^2 = 0.999983$，$s_e = 2.875 \times 10^{-5}$。协方差矩阵估计值为：

$$\text{cov}(\hat{\boldsymbol{\beta}}) = \sigma_e^2 [\boldsymbol{X}'\boldsymbol{X}]^{-1} = 8.267 \times 10^{-10} \begin{bmatrix} 14.20 & -7.150 & 0.8137 \\ -7.150 & 3.704 & -0.4302 \\ 0.8137 & -0.4302 & 0.05096 \end{bmatrix}$$

则每个参数的标准误差计算为：

$$s_{b_0} = \sqrt{8.267 \times 10^{-10} \cdot 14.20} \approx 1.083 \times 10^{-4}$$

$$s_{b_1} = \sqrt{8.267 \times 10^{-10} \cdot 3.704} \approx 5.534 \times 10^{-5}$$

$$s_{b_2} = \sqrt{8.267 \times 10^{-10} \cdot 0.05096} \approx 6.491 \times 10^{-6}$$

标准误差很小。举个例子，如果我们取 b_2 参数值±3s_b 的区间，则得出-3.456×$10^{-5} \leq \beta_2 \leq$4.382×$10^{-6}$。该区间包含零，这使得我们很难断言 β_2 不同于零。换句话说，它表明我们可能要把第三项从模型中去掉，然后重新进行拟合。而其他两个参数的情况则不同，它们的区间与参数值相比非常小。

15.4 回归中的模型建立与选择

我们已经介绍了可以使用线性最小二乘回归技术拟合数据的各种模型。这立即引起了一个问题，即如何在相互竞争的模型之间做出抉择。这方面最好的例子之一是拟合多项式。有多少以及哪些多项式项能提供最佳拟合？事实证明，这不是一个容易直接回答的问题，这就是我们在本节中讨论的主题。

在模型拟合中，有两个一般性标准。一个是性能，如决定系数 R^2 和估计的标准误差 s_e。另一个是充分性，即模型是否考虑了数据中的所有系统行为？我们通过观察残差的直方图以及残差与拟合值和自变量的关系图来分析这一点。此外，向模型中添加项时，像 R^2 这样的标准将朝着统一方向(完美拟合)增加，直到参数的数量与数据的数量相等时，模型将准确地通过每个数据点；但是，对数据点之间的数值来说，这可能是一个非常糟糕的模型。

一种行之有效的建立模型的方法被称为逐步回归。其中有前向选择和后向消除技术。在前向选择中，人们从一个简单模型开始，逐步添加项，评估每一步的性能和充分性。最佳性能和满足充分性很可能发生在不同的步骤中。然后，必须做出选择。在后向消除中，人们从一个具有许多项的模型开始，找到一个可以删除的候选项。重复此过程，直到所有剩余的项都被证明是合理的，并且最好使充分性也得到满足。这个过程有可能删除一个完整模型的中间项；而前向选择不会。最后一种穷举技术由统计软件提供，该技术对一个完整模型的所有可能的子模型进行回归和评估，并选择性能最佳的模型。

在说明通过回归建立模型前，解决性能标准是很重要的。我们已经指出了与 R^2 相关的缺点。从本质上讲，向模型中添加项是没有任何问题的。一种常见的替代方法称为校正 R^2，定义为：

$$R^2_{\text{adj}} = 1 - \frac{SS_E/(n-(m+1))}{SS_T/(n-1)} = 1 - (1-R^2)\frac{n-1}{n-(m+1)}$$

根据这个标准，当我们增加模型项的数量时，R^2 趋近于 1 的速度会被分母 $n-(m+1)$ 所延缓，并且 R^2 可能会经过一个最大、最优值。

另一个感兴趣的度量是估计的标准误差 s_e：

$$s_e = \sqrt{\frac{SS_E}{n-(m+1)}}$$

随着我们增加模型中项的数量，SS_E 通常会减少，但由于 m 增加，分母也会减少。然后我们可以寻找最小的 s_e。

只要数据集不是太大，这两个性能标准 R_{adj}^2 和 s_e 就很有用。如果 $n \gg m$，增加模型项的补偿将是微不足道的，需要采取另一种措施。

回归的性能标准有很多，我们不能在此介绍太多，但其中一个值得关注的是预测误差平方和，或称 PRESS 统计量，以及相关的预测 R^2。它们之所以有用，有两个原因：①它们对较大的数据集有效，②它们可以检测过度拟合(模型项太多)并防止这种情况。PRESS 的概念可以通俗地表述为"让回归在一个公平的环境中竞争"。该方法的步骤是：

(1) 从数据集中删除第一个数据点。

(2) 仅使用剩余的数据点进行回归。

(3) 使用生成的模型来预测对遗漏数据点的响应 $\hat{y}$。

(4) 计算与该预测相关的残差 $e_{(i)}$。

(5) 重复步骤(1)到(4)，删除后续数据点。

则

$$\text{PRESS} = \sum_{i=1}^{n} e_{(i)}^2$$

预测 R^2 为

$$R_{pred}^2 = 1 - \frac{\text{PRESS}}{SS_T}$$

过度拟合的模型无法很好地预测遗漏的点。因此，R^2 中的最大值倾向于选择一个健全的模型。但是，这个模型还必须满足充分性。

计算 PRESS 统计量的步骤听起来非常耗费精力(N 次回归计算！)，但是有一个涉及"帽子"矩阵 $\boldsymbol{H}$ 的捷径，如下：

$$\boldsymbol{H} = \boldsymbol{X}(\boldsymbol{X'X})\,\boldsymbol{X'}$$

且

$$\text{PRESS} = \sum_{i=1}^{n} \left(\frac{e_i}{1-h_{ii}}\right)^2$$

这里，e_i 是整个数据集的单次回归的残差，h_{ii} 是 $\boldsymbol{H}$ 相应的对角线元素。

现在我们将用一个涉及拟合多项式模型的例子来说明这些概念。

例 15.4 多项式模型的回归——水的黏度与温度的关系

问题描述。 表 15.6 中列出了不同温度下水的黏度(厘泊，cP)数据。建立一个能很好地拟合这些数据并满足充分性要求的多项式模型。使用正向选择的逐步回归法。

问题解答。 首先，如果我们根据表中的温度，考虑一个八阶多项式，分别比较表中第二个和最后一个温度的八阶项，我们可以得到

$$1.52 \times 10^5 \text{ 和 } 5.76 \times 10^{15}$$

注意两项之间存在十个数量级的差异，这是一个缩放性问题。这揭示了多项式模型的一个问题，即它可能导致难以求解正态方程(一个条件不良的 $\boldsymbol{X}$ 矩阵)。

　　多项式模型还有一个问题。多项式的项之间自然是相互高度关联的——它们都是单一自变量的函数。这就是所谓的共线性。

表 15.6　不同温度下测得的水的黏度

温度/℃	黏度/cP
0.00	1.794
4.44	1.546
10.00	1.310
15.56	1.129
21.11	0.982
26.67	0.862
32.22	0.764
37.78	0.682
48.89	0.559
60.00	0.470
71.11	0.401
82.22	0.347
93.33	0.305

　　针对缩放性差和共线性的一个常见策略是，通过以下转换使独立变量标准化：

$$z = \frac{x - \overline{x}}{s_x}$$

　　这将创建一个以雾为中心、范围为±3 的数值向量。对表 15.6 中的温度数据应用这一转换，生成以下数值。

-1.28	-1.13	-0.95	-0.76	-0.58	-0.40	-0.21	-0.03	0.34	0.70	1.07	1.44	1.80

　　我们将使用这些数值来建立模型。代价就是，在使用模型预测黏度之前，我们还必须转换温度。图 15.5 中的 Python 代码被用来计算回归和相关的性能统计。

```
import numpy as np
import pylab
# set table date
x = np.array([0., 4.44, 10., 15.56, 21.11, 26.67, 32.22,
             37.78, 48.89, 60., 71.11, 82.22, 93.33])
y = np.array([1.794, 1.546, 1.31, 1.129, 0.982, 0.862,
             0.764, 0.682, 0.559, 0.47, 0.401, 0.347, 0.305])
# standardize x to z
xbar = np.mean(x)
sx = np.std(x)
z = (x-xbar)/sx
n = len(x)
m = 9
  # order of polynomial
# calculate the X matrix
X = np.zeros((n,m+1))
for i in range(n):
    for j in range(m+1):
        X[i,j] = z[i]**j
```

图 15.5　水的黏度数据的完全多项式回归的 Python 代码

```
# formulate and solve the normal equations
Xt = np.transpose(X)
A = np.dot(Xt,X)
const = np.dot(Xt,np.transpose(y))
b = np.linalg.solve(A,const)
print('Estimated model parameters are:\n',b)
#compute model predictions and residuals
yhat = np.zeros((n))
e = np.zeros((n))
for i in range(n):
    for j in range(m+1):
        yhat[i] = yhat[i] + b[j]*z[i]**j
    e[i] = y[i] - yhat[i]
#compute the sum of squares
SSE = np.dot(e,e)  # residuals
SST = np.var(y)*(n-1)  # total corrected
SSR = SST - SSE  # regression
print('SSE = ',SSE)
print('SST = ',SST)
print('SSR = ',SSR)
# R2 and the standard error of the estimate
R2 = SSR/SST
se2 = SSE/(n-(m+1))
se = np.sqrt(se2)
print('R-squared = ',R2)
print('Standard error of the estimate = ',se)
# adjusted R2
R2adj = 1 - (SSE/(n-(m+1)))/(SST/(n-1))
print('Adjusted R-squared = ',R2adj)
# covariance matrix and parameter standard errors
XtXinv = np.linalg.inv(np.dot(Xt,X))
covb = XtXinv*se2
seb = np.zeros((m+1))
for j in range(m+1):
    seb[j] = np.sqrt(se2*covb[j,j])
print('Standard errors of the parameter estimates:\n',seb)
# hat matrix, PRESS statistic and predicted R2
H = np.dot(np.dot(X,XtXinv),Xt)
PRESS = 0
for i in range(n):
    PRESS = PRESS + (e[i]/(1-H[i,i]))**2
R2pred = 1 - PRESS/SST
print('PRESS = ',PRESS)
print('Predicted R-squared = ',R2pred)
# plots
def ypred(x,xavg,xstd,b,m):
    yp = 0
    zvar = (x-xavg)/xstd
    for j in range(m+1):
        yp = yp + b[j]*zvar**j
    return yp

xplot = np.linspace(0,95.)
npt = len(xplot)
```

图 15.5(续)

```
yplot = np.zeros((npt))
for k in range(npt):
    yplot[k] = ypred(xplot[k],xbar,sx,b,m)
pylab.scatter(x,y,c='k',marker='s')
pylab.plot(xplot,yplot,c='k')
pylab.grid()
pylab.xlabel('Temperature - degC')
pylab.ylabel('Viscosity - cP')
pylab.figure()
pylab.plot(yhat,e,c='k',ls='-',marker='s')
pylab.grid()
pylab.xlabel('Predicted Viscosity - cP')
pylab.ylabel('Residual - cP')
```

图 15.5(续)

用图 15.5 中的代码对数据进行二阶多项式的拟合。下面是量化的结果。

```
Estimated model parameters are:
 [ 0.66898204 -0.50752418 0.18878719]
SSE = 0.04387720062491488
SST = 2.4905652071005924
SSR = 2.4466880064756773
R-squared = 0.982382633267412
Standard error of the estimate = 0.06623986762133124
Adjusted R-squared = 0.9788591599208946
Standard errors of the parameter estimates:
 [0.00184482 0.00137498 0.00138652]
PRESS = 0.11329036057233799
Predicted R-squared = 0.9545121885388315
```

图形结果如图 15.6 所示。

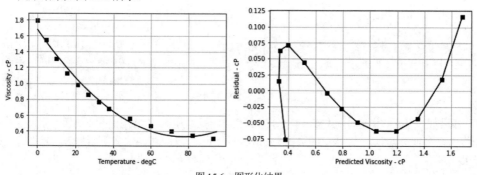

图 15.6　图形化结果

从图中可以看出，二次多项式是不充分的，即使三个 R^2 值都相当高。模型无法很好地拟合数据的模式，这从残差与拟合的图中也能明显看出。注意，R^2 的值大于 R_{adj}^2 的值，而 R_{adj}^2 的值又大于 R_{pred}^2 的值。

我们没有占用大量篇幅来展示正向选择过程的详细结果，而是在表 15.7 列出每个多项式阶数的总结性结果，并且突出显示了各个标准的最佳选择。

表 15.7 总结性结果

阶数	R^2	R^2_{adj}	R^2_{pred}	s_e
2	0.98238	0.97886	0.95454	0.066240
3	0.99840	0.99787	0.99171	0.021040
4	0.99982	0.99973	0.99803	0.007493
5	0.99996	0.99992	0.99843	0.004000
6	0.99999	0.99998	0.99707	0.002065
7	0.999999	0.999998	0.99898	0.000601
8	0.999999	0.999999	0.99995	0.000474
9	0.999999	0.999999	0.97529	0.000547

对于 5 阶和 8 阶多项式，R^2_{pred} 分别经过两个最大值。对于 8 阶模型，估计值的标准误差 s_e 具有最小值。R^2 和 R^2_{adj} 都指向最高阶多项式。用 5 阶拟合的图形检查性能和充分性，如图 15.7 所示。

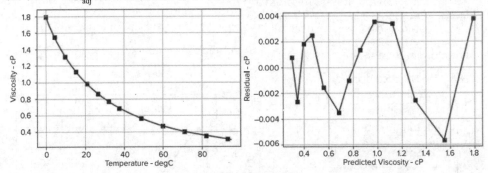

图 15.7 5 阶拟合的图形

拟合似乎很好，残差的模式有一些摆动，但相当随机。另外，在黏度值为 1 的情况下，残差为 10^{-3}。5 阶多项式似乎是一个很好的选择，而 8 阶模型也许是过度拟合了。下面是 5 阶模型的完整结果：

```
Estimated model parameters are:
  [ 0.67339962 -0.37086365 0.15887252 -0.07404558 0.04001281 -0.01029659]
SSE = 0.0001119464027988233
SST = 2.4905652071005924
SSR = 2.4904532606977936
R-squared = 0.9999550518081279
Standard error of the estimate = 0.003999042792591091
Adjusted R-squared = 0.9999229459567907
Standard errors of the parameter estimates:
  [8.85397093e-06 1.90877863e-05 2.53260683e-05 2.50813895e-05
  1.34210643e-05 8.96731652e-06]
PRESS = 0.00391224304370201
Predicted R-squared = 0.9984291746176538
```

则模型为

$$\mu = 0.6734 - 0.3709z + 0.1589z^2 - 0.07405\,z^3 + 0.04001\,z^4 - 0.01030z^5$$

值得一提的是，尽管我们已经介绍了有关模型建立和选择的细节，但我们只是触及了这个话题的表面。可通过独立学习或参加工程师和科学家的应用统计课程来了解更多信息。

15.5　非线性回归

在工程和科学中，有许多情况下必须对数据进行非线性参数的模型拟合。例如，正如我们以前所引用的，将液体物质的蒸气压力与温度联系起来的安托万方程，以对数形式表示：

$$\log_{10}(P_V) = A - \frac{B}{C + T} \tag{15.15}$$

其中 $P_V=$蒸气压力，$T=$温度，A、B 和 C 是可调整的参数，其值取决于压力和温度的单位，例如，mmHg 和℃。这个公式无法转换为参数线性的形式。

非线性回归有用的另一种情况涉及估计参数的多步骤数值方法，该方法可产生响应变量 y 的预测。微分方程参数的数值解是这类情况的常见例子。我们将在后面的第Ⅵ部分中说明此类应用。

与线性最小二乘回归一样，非线性回归需要确定使残差平方和最小化的参数值。然而，在这里，我们不能调用微积分来提供一个封闭形式的解，正如我们之前在线性回归的正态方程中发现的那样。必须以迭代方式来寻找最小值。

有一些寻找最小值的数值技术非常适合非线性回归。一种是高斯-牛顿法，基于原始非线性方程的泰勒级数线性化。然后，利用最小二乘理论来获得新的估计，如果方程实际上是线性的，将在一个步骤中确定最佳参数估计。当然，对于非线性模型，这种情况不会发生，因此需要使用迭代方法。另一种方法是沿着平方和函数的斜率或梯度向最小值移动，有时很慢。这是一种众所周知的方法，以其作者的名字命名为 Marquardt 方法，结合了高斯-牛顿法和梯度方法。这些方法的详细信息可在其他地方获得(Chapra 和 Canale，2010 年)。

一种实用的替代方法是使用嵌入现有软件中的优化技术，例如 Python 中 SciPy optimize 模块中的 minimize 函数，如第 7 章所述。这里有九种成熟的算法可用于最小化残差平方和，从而实现最小二乘非线性回归结果。minimize 函数还可在参数估计上加入约束条件，这样数值过程就不会偏离到物理上不现实或导致问题的参数值。非线性回归的一个不同之处在于必须提供参数的初始估计。这些应该是合理的值；否则，优化技术可能无法找到解决方案。

例 15.5　用 Python 对安托万方程进行非线性回归

问题描述。表 15.8 列出了浓硫酸(95 wt%的水溶液)的蒸气压与温度的关系数据。用非线性回归法将安托万方程[式(15.15)]拟合到这些数据上。

问题解答。首先，我们注意到最后一个蒸气压力值与第一个蒸气压力值的比率约为 527000:1。安托万方程的对数转换在这里很重要，否则，优化方法会降低范围低端的残差。

首先，我们使用 Python 的 pylab 模块来创建原始数据和对数转换后的蒸气压力与温度的关系图，以及基于一些典型的安托万方程参数(作为初始猜测)的模型曲线。

表 15.8 95wt%硫酸的蒸气压力与温度的关系

温度/℃	蒸气压力/托	温度/℃	蒸气压力/托	温度/℃	蒸气压力/托
35	0.0015	125	1.07	215	66.9
40	0.00235	130	1.42	220	79.8
45	0.0037	135	1.87	225	95.5
50	0.0058	140	2.4	230	115
55	0.00877	145	3.11	235	137
60	0.0133	150	4.02	240	164
65	0.0196	155	5.13	245	193
70	0.0288	160	6.47	250	229
75	0.0415	165	8.39	255	268
80	0.0606	170	10.3	260	314
85	0.0879	175	12.9	265	363
90	0.123	180	15.9	270	430
95	0.172	185	20.2	275	500
100	0.237	190	24.8	280	580
105	0.321	195	30.7	285	682
110	0.437	200	36.7	290	790
115	0.59	205	45.3		
120	0.788	210	55		

```
import numpy as np
import pylab
# read data from text file
T,VP =
np.loadtxt(fname='H2SO4_VaporPressureData.csv',delimiter=',',unpack=True)
# plot data
pylab.scatter(T,VP,c='k',marker='.',label='data')
pylab.grid()
pylab.xlabel('Temperature - degC')
pylab.ylabel('Vapor Pressure  torr')
# initial guess for parameters
A = 10
B = 3500
C = 300
# plot model curve
Tplot = np.linspace(30.,300.,100)
VPplot = 10**(A-B/(C+Tplot))
pylab.plot(Tplot,VPplot,c='k',ls=':',label='model')
pylab.legend()
# log-transform VP data and generate similar plot
logVP = np.log10(VP)
pylab.figure()
pylab.scatter(T,logVP,c='k',marker='.',label='data')
pylab.grid()
pylab.xlabel('Temperature - degC')
pylab.ylabel('log10(VP)')
logVPplot = np.log10(VPplot)
pylab.plot(Tplot,logVPplot,c='k',ls=':',label='model')
```

```
pylab.legend()
```

得到的关系图如图 15.8 所示。

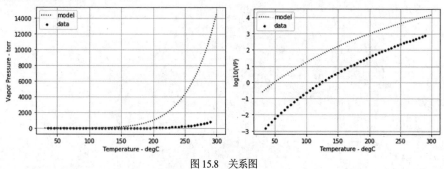

图 15.8　关系图

注意，数据是从一个文本文件(.csv)中获取的。这在处理较大的数据集时很常见。我们看到，如预期的那样，模型偏离了数据。在低温下的蒸气压图上，差异并不明显，但 $\log_{10}$ 图中的模型和数据显然相互独立、毫无关联。可以看到，我们的初始猜测将模型置于"大致范围内"。这些猜测可以进一步"调整"以使初始模型更接近数据。在非线性回归中，参数初始猜测的手动"调整"很常见。现在介绍一下非线性回归和相关统计的代码。

```python
def SSE(params):
    A = params[0] ; B = params[1] ; C = params[2]
    logVPpred = A - B/(C+T)
    e = logVP - logVPpred
    return np.dot(e,e)

from scipy.optimize import minimize
result = minimize(SSE,(A,B,C))
print(result.x)

# plot data
pylab.figure()
pylab.scatter(T,VP,c='k',marker='.',label='data')
pylab.grid()
pylab.xlabel('Temperature - degC')
pylab.ylabel('Vapor Pressure - torr')
# regressed estimates for parameters
A = result.x[0]
B = result.x[1]
C = result.x[2]
# plot model curve
Tplot = np.linspace(30.,300.,100)
VPplot = 10**(A-B/(C+Tplot))
pylab.plot(Tplot,VPplot,c='k',ls=':',label='model')
pylab.legend()
pylab.title('Nonlinear Regression')

pylab.figure()
pylab.scatter(T,logVP,c='k',marker='.',label='data')
pylab.grid()
pylab.xlabel('Temperature - degC')
pylab.ylabel('log10(VP)')
pylab.title('Nonlinear Regression')
```

```
# regression statistics
SSe = SSE(result.x)
n = len(T)
SST = np.var(logVP)*(n-1)
R2 = 1 - SSe/SST
se = np.sqrt(SSe/(n-3))
print('R-squared = ',R2)
print('Standard error of the estimate = ',se)

logVPpred = A - B/(C+T)
e = logVP - logVPpred
pylab.figure()
pylab.plot(logVPpred,e,c='k')
pylab.grid()
pylab.xlabel('Predicted log10(VP)')
pylab.ylabel('Residual')
pylab.title('Residuals vs. Fits')
```

结果如下：

```
[   9.80565591 3901.73546568 273.9292448 ]
R-squared = 0.9999929675994859
Standard error of the estimate = 0.004450499116009375
```

可参见图15.9。

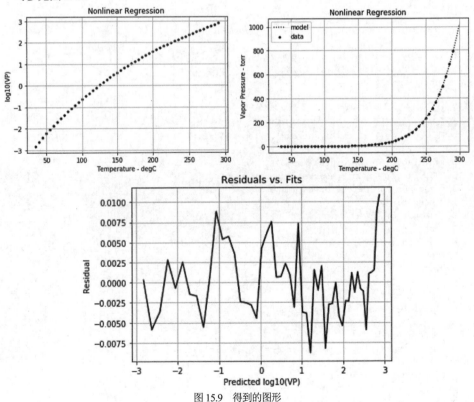

图 15.9　得到的图形

我们观察到拟合的效果很好。$\log_{10}(P)$ 的残差非常小，残差与拟合的关系图没有显示出任何模式。该模型似乎是充分的。这个例子揭示了为什么用安托万方程来模拟温度对蒸气压力的影响。

关于非线性回归，我们还有一个问题需要考虑。在线性回归中，我们能够使用误差方差 s_e^2 和 $[X'X]^{-1}$ 来估计参数估计的标准误差。在非线性回归的情况下我们能做什么？有两种常见的方法，通过线性化近似来给出 $[X'X]^{-1}$，以及随机误差的蒙特卡罗模拟。我们将在这里说明前者。对于例 15.6 中说明的安托万方程，我们将将近似的 X 矩阵表示为

$$X = \begin{bmatrix} \dfrac{\partial y}{\partial A}(T_1) & \dfrac{\partial y}{\partial B}(T_1) & \dfrac{\partial y}{\partial C}(T_1) \\ \dfrac{\partial y}{\partial A}(T_2) & \dfrac{\partial y}{\partial B}(T_2) & \dfrac{\partial y}{\partial C}(T_2) \\ \vdots & \vdots & \vdots \\ \dfrac{\partial y}{\partial A}(T_n) & \dfrac{\partial y}{\partial B}(T_n) & \dfrac{\partial y}{\partial C}(T_n) \end{bmatrix} \qquad y = \log_{10}(P) = A - \dfrac{B}{C+T}$$

这种情况下，偏导数可以用解析法推导出来；但是，这些通常必须使用有限差分来估算。我们有：

$$\frac{\partial y}{\partial A} = 1 \qquad \frac{\partial y}{\partial B} = \frac{1}{C+T} \qquad \frac{\partial y}{\partial C} = -\frac{B}{(C+T)^2}$$

我们回想一下，参数的估计协方差矩阵是 $s_e^2\,[X'X]^{-1}$，参数的标准误差取该矩阵对角线元素的平方根。在这里，我们添加了例 15.6 中的代码来计算和显示标准误差。

```
# formulate the X matrix
X = np.zeros((n,3))
for i in range(n):
    X[i,0] = 1
    X[i,1] = 1/(C+T[i])
    X[i,2] = - B/(C+T[i])**2

# compute the covariance matrix
XtXinv = np.linalg.inv(np.dot(np.transpose(X),X))
cov = se**2 * XtXinv
seA = cov[0,0]
seB = cov[1,1]
seC = cov[2,2]
print('Estimated parameter standard errors:')
print('A: ',seA)
print('B: ',seB)
print('C: ',seC)
```

结果为

```
Estimated parameter standard errors:
A: 0.0004991211539259338
B: 346.5871827501103
C: 0.9397624976948085
```

评估这些结果的变异系数(%)是很有趣的。

```
# coefficients of variation
print('Coefficients of variation (%):')
```

```
print('A: {0:7.3g}'.format(seA/A*100))
print('B: {0:7.3g}'.format(seB/B*100))
print('C: {0:7.3g}'.format(seC/C*100))
Coefficients of variation (%):
A:        0.00509
B:        8.88
C:        0.343
```

可以发现，三个参数的确定性区间差别很大，B 的确定性最低，约为 9% CV。

本节为你提供了执行非线性回归计算的良好基础，包括有助于验证模型的相关统计量。非线性模型通常诞生于试图基于基础的考量来表示现象的尝试，因此可能难以用于建立模型，而经验模型(通常是多项式)是模型构建的有效候选者。某些情况下，基本模型包含的一些项，需要评估才能确定它们是否足够重要且可以保留。这种情况下，就要用到参数确定性区间。此外，对于非线性回归，参数估计的确定性在报告结果(例如发表的文献)时可能非常重要。

15.6 案例研究：拟合实验数据

背景。 如第 15.2 节末尾所述，尽管在许多情况下，一个响应变量与两个或多个输入因素线性相关，但多元线性回归在应用于一般形式的多变量幂方程(如下)时，还具有额外的效用：

$$y = b_0 x_1^{b_1} x_2^{b_2} \cdots x_m^{b_m} \tag{15.16}$$

在拟合某些类型的实验数据时，这类方程非常有用。为了应用线性回归，通过取两边的对数将式(15.16)进行变换，如下：

$$\log_{10}(y) = \log_{10}(b_0) + b_1 \log_{10}(x_1) + b_2 \log_{10}(x_2) + \cdots + b_m \log_{10}(x_m) \tag{15.17}$$

因此，响应或因变量的对数与输入因素或自变量的对数线性相关。

问题描述。 这是一个与天然水域中(如河流、湖泊和河口等)的气体转移有关的例子。人们发现，溶解氧的传质系数 K_L(m/d) 与河流的平均水流速度 U(m/s) 和平均深度 H(m) 有关：

$$K_L = b_0 U^{b_1} H^{b_2} \tag{15.18}$$

将式(15.18)转换为以 10 为底的对数，得到：

$$\log_{10}(K_L) = \log_{10}(b_0) + b_1 \log_{10}(U) + b_2 \log_{10}(H) \tag{15.19}$$

表 15.9 中的数据是在实验室的水槽中收集的，水温为 20℃。

表 15.9　收集的数据

U	0.5	2	10	0.5	2	10	0.5	2	10
H	0.15	0.15	0.15	0.3	0.3	0.3	0.5	0.5	0.5
K_L	0.48	3.9	57	0.85	5	77	0.8	9	92

使用一般线性回归将这些数据拟合为式(15.16)和式(15.17)中描述的模型。

问题解答。 可以改编图 15.15 中的 Python 代码来创建 X 矩阵并求解式(15.17)中的参数。

```
import numpy as np
import pylab
# create the data arrays
U = np.array([0.5, 2., 10., 0.5, 2., 10., 0.5, 2., 10.])
H = np.array([0.15, 0.15, 0.15, 0.3, 0.3, 0.3, 0.5, 0.5, 0.5])
KL = np.array([0.48, 3.9, 57., 0.85, 5., 77., 0.8, 9., 92.])
# log transformation
```

```
logU = np.log10(U)
logH = np.log10(H)
logKL = np.log10(KL)
n = len(U)
# calculate the X matrix
X = np.zeros((n,3))
for i in range(n):
    X[i,0] = 1
    X[i,1] = logU[i]
    X[i,2] = logH[i]
# formulate and solve the normal equations
Xt = np.transpose(X)
A = np.dot(Xt,X)
const = np.dot(Xt,np.transpose(logKL))
b = np.linalg.solve(A,const)
print('Estimated model parameters are:\n',b)
# back-transform the intercept
b0 = 10**b[0]
print('b0 = ',b0)
```

由此得出的参数估计值为

```
Estimated model parameters are:
 [0.57627483 1.5620453 0.50742446]
b0 = 3.769422594695167
```

转换后的最佳拟合模型为

$$\log10(K_L)=0.5763+1.562\log_{10}(U)+0.5074\log_{10}(H)$$

或者使用原始形式

$$K_L=3.769U^{1.562}H^{0.5074}$$

根据我们的习惯，也可以用 Python 代码来计算与拟合有关的统计量。

```
# model predictions
logKLpred = b[0] + b[1]*logU + b[2]*logH
# residuals and SSE
e = logKL - logKLpred
SSE = np.dot(e,e)
print('SSE = ',SSE)
# SST
SST = np.var(logKL)*(n-1)
# R2 and se
R2 = 1 - SSE/SST
se = np.sqrt(SSE/(n-3))
print('R-squared = ',R2)
print('Standard error = ',se)
```

这些统计量为

```
SSE = 0.02417133664466078
R-squared = 0.9957090256143829
Standard error = 0.06347090756751052
```

注意，我们是根据对数转换的模型来计算这些结果的。如图 15.10 所示的残差与 $\log_{10}(K_L)$ 预测值的关系图可用来判断模型的充分性。

除了三组数据的自然分组，没有明显的模式。该模型似乎是充分的。

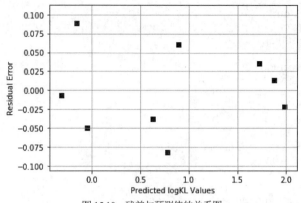

图 15.10　残差与预测值的关系图

如果想在二维图中呈现拟合结果，不能使用多项式所采用的格式，因为输入因素不止一个。这种情况下，通常会绘制预测响应与实际测量值的对比图，如果沿着 45°线，那就是完全一致。下面是用于绘制转换后数据和原始数据以及模型预测的图形的 Python 代码。

```
# performance plots
pylab.figure()
pylab.scatter(logKL,logKLpred,c='k',marker='o')
pylab.plot([-0.4,2.1],[-0.4,2.1],c='k',ls='--')
pylab.grid()
pylab.xlabel('Measured logKL')
pylab.ylabel('Predicted logKL')
pylab.figure()
KLpred = 10**logKLpred
pylab.scatter(KL,KLpred,c='k',marker='o')
pylab.plot([0.,100.],[0.,100.],c='k',ls='--')
pylab.grid()
pylab.xlabel('Measured KL')
pylab.ylabel('Predicted KL')
```

得到的图形如图 15.11 所示。注意对数转换是如何将数据展开的，并且与例 15.6 中的蒸气压数据一样，转换将数据分散开来并进行缩放，因此较小的值不会在拟合中降低权重。此外，如果数据点相对于 45 度线有规律可循，那就说明模型不充分，不过这里的情况并非如此。

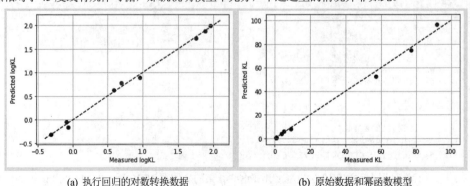

(a) 执行回归的对数转换数据　　　　　　　(b) 原始数据和幂函数模型

图 15.11　氧气传质系数的预测值与测量值的图，基于多变量幂函数模型的回归，输入变量为水流速度和水流深度。45° 虚线展示了模型预测值与测量值的完美一致性

习题

15.1 用抛物线拟合表 14.1 中的数据。确定拟合的 R^2，并评价拟合的充分性。

15.2 使用推导式(14.15)和式(14.16)的相同方法，推导出以下模型的最小二乘拟合。

$$y=\beta_1 x+\beta_1 x^2+\varepsilon$$

即确定截距为零的二阶多项式的最小二乘拟合的正态方程。用这种方法来拟合表 14.1 中的数据以进行检验。

15.3 为以下数据找到一个合适的多项式模型。用 R_{adj}^2 和 s_e 作为选择多项式阶数的标准。绘制你选择的模型曲线和残差与预测 y 值的关系图。

x	3	4	5	7	8	9	11	12
y	1.6	3.6	4.4	3.4	2.2	2.8	3.8	4.6

15.4 对于习题 15.3 中的数据，确定 3、4、5 阶多项式的 PRESS 统计量和 R_{pred}^2。这些结果是否证实了你在习题 15.3 中选择的多项式？

15.5 对于下表中的数据，在氯化物浓度等于零的情况下，使用多项式回归法来建立溶解氧浓度与温度的关系的预测方程。使用足够高阶的多项式，使预测结果与表中显示的测量值的有效位数一致。

$T/°C$	不同温度(°C)和氯化物浓度(g/L)下的溶解氧浓度(mg/L)		
	c=0g/L	c=10g/L	c=20g/L
0	14.6	12.9	11.4
5	12.8	11.3	10.3
10	11.3	10.1	8.96
15	10.1	9.03	8.08
20	9.09	8.17	7.35
25	8.26	7.46	6.73
30	7.56	6.85	6.20

15.6 对于习题 15.5 的表中的数据，使用多元线性回归建立一个模型来预测溶解氧浓度与温度和氯化物浓度的关系。使用该模型方程来估计 T=12°C、氯化物浓度为 15g/L 时的溶解氧浓度。注意，此测量值为 9.09mg/L，未在表中给出。计算你的预测值的相对误差百分比。解释造成这种差异的可能原因。

15.7 基于在习题 15.5 和习题 15.6 中建立的模型，可以假设一个更复杂的模型，说明温度和氯化物浓度对溶解氧饱和度的影响，其形式为

$$DO=\beta_0+\beta_1 T+\beta_2 c+\beta_3 T^2+\beta_4 T^3+\varepsilon$$

因为它涉及一个(或多个)输入变量的高阶多项式幂，所以被称为响应面模型。针对习题 15.5 的表中的数据，使用一般线性回归来估计该模型的参数。使用得到的模型方程来估计在 T=12°C、氯化物浓度为 15g/L 时的溶解氧浓度。注意，此测量值为 9.09mg/L，未在表中给出。计算预测值的相对误差百分比。如果你完成了习题 15.6，请比较两次结果的误差。

15.8 使用多元线性回归对以下数据进行模型拟合。

x_1	0	1	1	2	2	3	3	4	4
x_2	0	1	2	1	2	1	2	1	2
y	15.1	17.9	12.7	25.6	20.5	35.1	29.7	45.4	40.2

计算模型系数、估计值的标准误差、R^2 值以及参数估计的标准误差。绘制沿 45°线的预测值与测量 y 值的关系图，以及残差与预测 y 值的关系图。对模型的性能和充分性进行评论。

15.9 在混凝土圆形涵洞中收集了以下水的稳定流动的数据：

实验	直径/m	坡度/(m/m)	流速/(m³/s)
1	0.3	0.001	0.04
2	0.6	0.001	0.24
3	0.9	0.001	0.69
4	0.3	0.01	0.13
5	0.6	0.01	0.82
6	0.9	0.01	2.38
7	0.3	0.05	0.31
8	0.6	0.05	1.95
9	0.9	0.05	5.66

使用多元线性回归将数据拟合为如下模型：

$$Q=\beta_0 D^{\beta 1} S^{\beta 2}+ \varepsilon'$$

其中 Q=流速，D=直径，S=坡度。

15.10 三种携带疾病的生物体在海水中呈指数级衰减，遵循以下模型：

$$p(t)=Ae^{-1.5t}+Be^{-0.3t}+Ce^{-0.05t}$$

给定以下测量结果，使用一般线性最小二乘法估计每个生物体（A、B 和 C）的初始浓度。

t	0.5	1	2	3	4	5	6	7	9
$p(t)$	6	4.4	3.2	2.7	2	1.9	1.7	1.4	1.1

计算并报告 R_2 值和估计的标准误差。绘制数据和模型曲线以及残差与预测 p 值的关系图。对模型的性能和充分性进行评论。

15.11 以下模型用于表示太阳辐射对水生植物光合作用速率的影响：

$$P = P_m \frac{I}{I_{\text{sat}}} e^{- \frac{I}{I_{\text{sat}}}+1}$$

其中 P=光合作用速率(mg/(m³·d))，P_m=最大光合作用速率，I=太阳辐射(μE/(m²·s))，I_{sat}=最佳太阳辐射。根据以下数据，使用非线性回归来估计 P_m 和 I_{sat}。

I	50	80	130	200	250	350	450	550	700
P	99	177	202	248	229	219	173	142	72

绘制数据和模型线以及残差与预测 P 值的关系图。对模型的性能和充分性进行评论。

15.12 给出下列数据。

x	1	2	3	4	5
y	2.2	2.8	3.6	4.5	5.5

使用 Python 将数据拟合为如下模型。

$$y = a + bx + \frac{c}{x}$$

给出与拟合相关的如下统计量：R^2、s_e，以及参数 a、b 和 c 的标准误差估计。绘制数据与模型线的关系图。对拟合进行评论。

15.13　在习题 14.8 中，我们使用转换来线性化并拟合以下模型：

$$y = \alpha_4 x e^{\beta_4 x}$$

基于以下数据，使用非线性回归来估计 α_4 和 β_4。绘制拟合线与数据的关系图，以及残差与模型预测值的关系图。

x	0.1	0.2	0.4	0.6	0.9	1.3	1.5	1.7	1.8
y	0.75	1.25	1.45	1.25	0.85	0.55	0.35	0.28	0.18

15.14　酶促反应被广泛用于表征生物介导的反应。以下是用于拟合此类反应的模型示例：

$$v_0 = \frac{k_m S^3}{K + S^3}$$

其中 v_0=初始反应速率(M/s)，S=反应物浓度(M)，k_m 和 K 为参数。获得的以下数据可用来拟合这个模型。

$[S]$/M	v_0/(M/s)
0.01	6.078×10^{-11}
0.05	7.595×10^{-9}
0.1	6.063×10^{-8}
0.5	5.788×10^{-6}
1	1.737×10^{-5}
5	2.423×10^{-5}
10	2.430×10^{-5}
50	2.431×10^{-5}
100	2.431×10^{-5}

(a) 利用转换使模型适合于线性回归。在对数图中显示数据和模型线。

(b) 使用非线性回归来拟合模型，并绘制类似的图。评论参数值和图形的差异。

15.15　给定如下数据。

x	5	10	15	20	25	30	35	40	45	50
y	17	24	31	33	37	37	40	40	42	41

使用最小二乘法回归来拟合(a)直线，(b)幂函数方程，(c)饱和增长速率模型，(d)抛物线。对于(b)和(c)，采用转换的方式获得参数线性的模型形式。将数据与拟合线一起绘制出来。计算每个模型的 R_{adj}^2，并将其作为选择最佳模型的基础。对于你的最佳模型，绘制残差与预测 y 值的关系图，并判断模型是否充分。

15.16　以下数据代表了细菌在液体培养物中若干天的生长情况。

天	0	4	8	12	16	20
数量	67.38×10^6	74.67×10^6	82.74×10^6	91.69×10^6	101.6×10^6	112.58×10^6

为这些数据找到一个最合适的模型。尝试几种可能性——线性、二次函数和指数函数。使用你选择的模型来预测 35 天后的细菌数量。

15.17 硫酸溶液的热容量与 H_2SO_4 的浓度有关,这一性质在实验室中进行了充分的测量,数据如下表所示。

wt% H_2SO_4	C_p kJ/(kg·K)	wt% H_2SO_4	C_p kJ/(kg·K)
0.34	4.173	35.25	3.030
0.68	4.160	37.69	2.940
1.34	4.135	40.49	2.834
2.65	4.087	43.75	2.711
3.50	4.056	47.57	2.576
5.16	3.998	52.13	2.429
9.82	3.842	57.65	2.269
15.36	3.671	64.47	2.098
21.40	3.491	73.13	1.938
22.27	3.465	77.91	1.892
23.22	3.435	81.33	1.876
24.25	3.403	82.49	1.870
25.39	3.367	84.48	1.846
26.63	3.326	85.48	1.820
28.00	3.281	89.36	1.681
29.52	3.231	91.81	1.586
30.34	3.202	94.82	1.488
31.20	3.173	97.44	1.425
33.11	3.107	100.00	1.403

用 Python 为这种关系建立一个多项式模型。与例 15.4 一样,在建立多项式模型之前,只好先将 wt% 数值标准化。再绘制数据图。此外,建议你从文本文件(.csv)中读取表中数值。使用 R^2_{pred} 作为模型选择的标准。评估模型的充分性。讨论你观察到的任何问题。注意,我们将在第 18 章重新讨论这个问题。

15.18 使用一般最小二乘法估计以下状态方程的最佳维里系数 A_1 和 A_2。$R=82.05(\text{mL}\cdot\text{atm})/(\text{mol}\cdot\text{K})$,$T=303\text{K}$。

$$\frac{P\hat{V}}{RT} = 1 + \frac{A_1}{\hat{V}} + \frac{A_2}{\hat{V}^2}$$

这里 $\hat{V}$ =比容(mL/mol)。

P/atm	0.985	1.108	1.363	1.631
V(mL/mol)	25000	22200	18000	15000

15.19 环境科学家和工程师们在处理酸雨的影响时，必须确定雨水中离子产物的值 K_w，它是温度的函数。可以用以下公式来模拟这种关系：

$$-\log_{10}(K_w) = \frac{a}{T} + b \log_{10}(T) + cT + d$$

其中 T=绝对温度(K)，a、b、c 和 d 是参数。用 Python 对以下数据进行回归以估计参数。绘制数据和模型曲线与温度的关系图，以及残差与预测值的关系图。对拟合进行评论。

$T/°C$	K_w
0	1.164×10^{-15}
10	2.950×10^{-15}
20	6.846×10^{-15}
30	1.467×10^{-14}
40	2.929×10^{-14}

15.20 汽车停车所需的距离的因素是思考距离和制动距离，思考距离和制动距离都是车速的函数。我们收集了以下实验数据来量化这种关系。分别为思考距离和制动距离部分建立最佳拟合方程，然后使用这些方程来预测以 110km/hr 和 150km/hr 行驶的汽车的总停车距离。评论你的结果。

车速/(km/hr)	30	45	60	75	90	120
思考距离/m	5.6	8.5	11.1	14.5	16.7	22.4
制动距离/m	5.0	12.3	21	32.9	47.6	84.7

15.21 我们收集了以下数据并提出一个模型：

$$y = a + be^{cx}$$

使用非线性回归将数据拟合为该模型，检查模型的充分性。绘制数据和模型线以及残差与预测 y 值的关系图。

x	0.4	1.4	5.4	19.5	48.2	95.9
y	51.6	53.4	20.0	-4.2	-3.0	-4.8

15.22 众所周知，下表的数据可用以下方程来建模：

$$y = \left(a + \frac{b}{\sqrt{x}}\right)^2$$

使用非线性回归来估计参数。用你的模型来预测 x=1.6 时的 y 值。你能对这个模型应用线性回归吗？如果可以，请执行，并将其预测结果与非线性回归的预测结果进行比较。

x	0.5	1	2	3	4
y	10.4	5.8	3.3	2.4	2

15.23 一位研究人员报告了下表列出的数据，用于确定细菌生长速率 k(每天)与氧气浓度 c(mg/L)的函数关系。这种增长过程通常由下式来建模：

$$k = \frac{k_{max}c^2}{c_s + c^2}$$

使用非线性回归来估计 c_s 和 k_{max}，并预测 c=2mg/L 时的生长速率。

c	0.5	0.8	1.5	2.5	4
k	1.1	2.4	5.3	7.6	8.9

绘制数据和模型线以及残差与预测 k 值的关系图。

15.24 对一种材料进行周期性疲劳测试，即在材料上施加应力(MPa)并测定材料失效所需的周期数。结果如下表所示。

应力/MPa	1	10	100	1000	10000	100000	1000000
周期	1100	1000	925	800	625	550	420

检验数据，根据需要创建图形，并选择一个你认为可能合适的模型。通过回归确定模型参数，并测试模型的充分性。

15.25 下面的数据显示了 SAE70 油的黏度与温度之间的关系。用来表示这种依赖关系的常用模型是

$$\mu = b_0 e^{b_1/T}$$

其中μ=黏度(Pa·s)，T=绝对温度(K)。使用非线性回归来估计参数 b_0 和 b_1。计算 R^2 和 s_e。计算参数的标准误差估计。对参数估计的不确定性进行评论。绘制数据和模型线的图形，以及残差和预测μ值的关系图。

温度/℃	26.67	93.33	148.89	315.66
黏度/(Pa·s)	1.35	0.085	0.012	0.0075

15.26 暴雨过后的不同时间里，游泳池的大肠杆菌(Escherichiacoli)的浓度监测如下：

t(hr)	4	8	12	16	20	24
c(CFU/100mL)	1600	1320	1000	890	650	560

用非线性回归将指数模型[式(14.22)]直接拟合到这些数据上。使用该模型来估计(a)暴雨结束时(t=0)的浓度，(b)浓度达到 200CFU/100mL 的时间。

15.27 一氧化氮(NO)被吸收到反应溶液中可生成产物。下面是这个过程中的测量数据。使用非线性回归来估计如下模型中的参数 b_1、b_2 和 b_3：

$$y = b_0 e^{b_1 x} x^{b_2}$$

其中y=产物浓度(g/L)，x=吸收的 NO(g/L)。

x	0.09	0.32	0.69	1.51	2.29	3.06	3.39	3.63	3.77
y	15.1	57.3	103.3	174.6	191.5	193.2	178.7	172.3	167.5

使用你的模型来预测产物浓度最高时的 NO 吸收量。绘制数据和模型线的图，以及残差与预测 y 值的关系图。计算 R^2 值和估计的标准误差。评论拟合优度和模型的充分性。

15.28 Soave-Redlich-Kwong(SRK)状态方程用于描述气体在较高的、非理想的压力和温度下的行为。它是对理想气体定律的修改，如下：

$$P = \frac{RT}{\hat{V} - b} - \frac{\alpha a}{\hat{V}(\hat{V} - b)}$$

其中 $P=$压力(atm)，$R=$气体定律常数[0.082057L·atm/(mol·K)]，$T=$温度(K)，$\hat{v}=$比容(L/mol)，α、a 和 b 是所考虑的气体的经验常数，由以下公式给出：

$$a = 0.42747 \frac{(RT_c)^2}{P_c} \qquad b = 0.08664 \frac{RT_c}{P_c}$$

$$\alpha = \left[1 + m\left(1 - \sqrt{\frac{T}{T_c}}\right)\right]^2$$

其中

$$m = 0.48508 + 1.5517\omega - 0.1561\omega^2$$

其中 $T_c=$气体的临界温度(K)，$P_c=$气体的临界压力(atm)，$\omega=$气体的偏心因子。

注意，理想气体定律由更简单的公式描述为

$$P = \frac{RT}{\hat{v}}$$

表中列出了二氧化硫(SO_2)气体的实验室实验数据。

$\hat{v}$ /(L/mol)	T/K	P/atm
4.345	323.2	5.651
3.26	323.2	7.338
2.901	323.2	8.118
4.674	348.2	5.767
3.178	348.2	8.237
1.495	348.2	15.71
5.136	373.2	5.699
2.926	373.2	9.676
1.62	373.2	16.345
0.979	373.2	24.401
5.419	398.2	5.812
2.734	398.2	11.12
1.504	398.2	19.017
0.944	398.2	27.921
1.532	423.2	20.314
1.169	423.2	25.695
1.325	473.2	26.617
0.679	473.2	47.498

　　二氧化硫(SO_2)的分子量为 64.07g/mol。其临界性质为 $T_c=430.7K$、$P_c=77.8atm$。该气体 $\omega=0.251$。使用非线性回归来确定参数 a 和 b 的值，并将这些值与理论(如上述关系式所示)预测的值进行比较。使用由上述公式计算的 α 值。

　　最后，使用你的模型，根据 SRK 状态方程和理想气体定律，绘制表中条件下的预测压力与测量压力的关系图。图中应包含 45°线，并评论一致性(或缺乏一致性)。

　　注意，你可能发现，在文本文件中输入数据并将文件读入 Python 脚本比较方便。

第16章

傅里叶分析

本章学习目标

本章的主要目的是介绍傅里叶分析。该主题以约瑟夫·傅里叶[1]的名字命名，涉及在数据的时间序列中识别周期或模式。涵盖的具体目标和主题是：

- 理解正弦曲线以及如何将其用于曲线拟合。
- 知道如何使用最小二乘回归将正弦曲线拟合到数据中。
- 理解基于欧拉公式的正弦曲线和复指数之间的关系。
- 认识到在频域中分析数学函数或信号的好处，即作为频率的函数而不是时间的函数。
- 理解傅里叶积分和变换如何将傅里叶分析扩展到非周期函数和信号。
- 理解离散傅里叶变换(DFT)如何将傅里叶分析扩展到抽样信号。
- 认识到离散抽样如何限制 DFT 区分频率的能力。特别是，知道如何计算和解释奈奎斯特(Nyquist)频率。
- 认识到快速傅里叶变换(FFT)如何在数据记录长度为2次方的情况下提供计算DFT的高效方法。
- 知道如何使用 Python 计算 DFT 和 FFT，并了解如何解释结果。
- 知道如何计算和解释功率谱。
- 学习如何使用 Python 的 SciPy 模块中的内置方法来估算根。
- 了解如何使用 Python 的内置功能来计算和确定多项式的根。

问题引入

在第 8 章的开头，我们使用牛顿第二定律和力平衡来预测由绳索连接的三个蹦极者的平衡位置。然后，在第 13 章，我们确定了同一系统的特征值和特征向量，以确定其共振频率和主要振动模式。尽管这种分析肯定提供了有用的结果，但它需要详细的系统信息，包括基础模型和参数的知识(即，蹦极者的质量和绳索的弹簧常数)。

因此，假设你在离散的、等间隔的时间内测量了蹦极者的位置或速度(回顾图 13.1)。这样的信息被称为时间序列。然而，进一步假设你不知道基础模型或计算特征值所需的参数。在这种情况下，是否有办法利用时间序列来了解一些关于系统动力学的基本知识？

在本章中，我们描述了这样一种方法，即傅里叶分析，它提供了实现这一目标的方法。该方法基于这样一个前提，即更复杂的函数(例如，时间序列)可以用更简单的三角函数的总和来表示。在概述如何做到这一点之前，探讨如何用正弦函数来拟合数据是很有用的。

16.1 用正弦函数进行曲线拟合

周期函数 $f(t)$ 就是

$$f(t) = f(t + T) \tag{16.1}$$

其中 T 是一个常数，称为周期，它是使式(16.1)成立的时间的最小值。常见的例子包括人工和自然信号，见图 16.1。

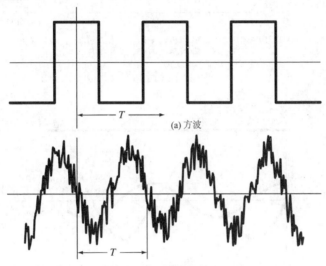

图 16.1 除了正弦和余弦等三角函数外，周期函数还包括理想化的波形，如(a)。除了这些人工形式，自然界中的周期性信号还可能被噪声污染，如(b)

最基本的周期函数是正弦函数。在本次讨论中，我们将使用术语"sinusoid(正弦曲线)"来表示可以描述为正弦或余弦的任何波形。没有明确的约定要选择这两个函数中的哪一个，在任何情况下，这两个函数的结果都是相同的，因为它们只是在时间上偏移了 π/2 弧度。在本章中，我们将使用余弦，一般可以表示为

$$f(t) = A_0 + C_1\cos(\omega_0 t + \theta) \tag{16.2}$$

对式(16.2)的观察表明，有四个参数可以唯一地描述正弦曲线，见图 16.2(a)。

- 平均值 A_0 规定了横坐标上方的平均高度。
- 振幅 C_1 规定了振荡的高度。
- 角频率 ω_0 描述了周期发生的频率。
- 相位角(或相位移)θ 描述了正弦曲线在水平方向上的偏移程度。

注意，角频率(弧度/时间)与普通频率 f(周期/时间)[1]的关系为

$$\omega_0 = 2\pi f \tag{16.3}$$

---

1 当时间单位为秒时，普通频率的单位为赫兹(Hz)。

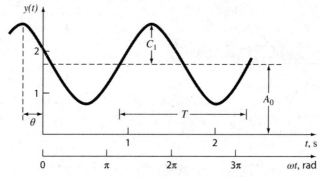

(a) 正弦函数$y(t)=A_0+C_1\cos(\omega_0 t+\theta)$ 的图形。对于图中情况，$A_0=1.7$，$C_1=1$，
$\omega_0=2\pi/T=2\pi/(1.5s)$，$\theta=\pi/3$，弧度=1.0472。
其他用于描述曲线的参数为：频率$f=\omega_0/2\pi$，图中情况下为
1周期/(1.5s)≈0.6667Hz，周期$T=1.5s$

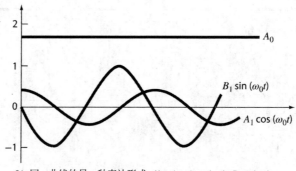

(b) 同一曲线的另一种表达形式 $y(t)=A_0+A_1\cos(\omega_0 t)+B_1\sin(\omega_0 t)$

图 16.2　函数的三个组成部分如图(b)所示，其中 $A_1=0.5$，$B_1=-0.866$。(b)中的三条曲线相加得到(a)中的单条曲线

　　而普通频率又与周期 T 相关：

$$f = \frac{1}{T} \tag{16.4}$$

　　此外，相位角表示从 $t=0$ 到余弦函数开始一个新周期的点的距离(以弧度为单位)。如图 16.3(a) 所示，负值被称为滞后相位角，因为曲线 $\cos(\omega_0 t-\theta)$ 在 $\cos(\omega_0 t)$ 之后开始一个新的周期 θ 弧度。因此，$\cos(\omega_0 t-\theta)$ 被称为滞后 $\cos(\omega_0 t)$。相反的情形如图 16.3(b) 所示，正值被称为超前相位角。

　　尽管式(16.2)是正弦函数的一个充分的数学表征，但从曲线拟合的角度看，它是很难处理的，因为相移包括在余弦函数的参数中。这个缺陷可通过引用三角恒等式来克服：

$$C_1\cos(\omega_0 t + \theta) = C_1[\cos(\omega_0 t)\cos(\theta) - \sin(\omega_0 t)\sin(\theta)] \tag{16.5}$$

将式(16.5)代入式(16.2)，合并同类项之后得到

$$f(t) = A_0 + A_1\cos(\omega_0 t) + B_1\sin(\omega_0 t) \tag{16.6}$$

其中

$$A_1 = C_1\cos(\theta) \qquad\qquad B_1 = -C_1\sin(\theta) \tag{16.7}$$

将式(16.7)的两部分相除得到

$$\theta = \arctan\left(-\frac{B_1}{A_1}\right) \tag{16.8}$$

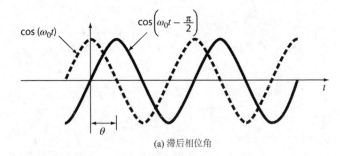

(a) 滞后相位角

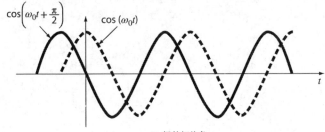

(b) 超前相位角

图 16.3 (a)中的滞后曲线也可描述为 $\cos(\omega_0 t + 3\pi/2)$。换句话说，如果一条曲线滞后一个角度 a，它也可以表示为超前 $2\pi - a$

其中，如果 $A_1 < 0$，θ 增加 π。对式(16.7)求平方和得到

$$C_1 = \sqrt{A_1^2 + B_1^2} \tag{16.9}$$

因此，式(16.6)是式(16.2)的另一种表述方式，它仍然需要四个参数，但它被转换为一般线性模型的格式。正如下一节所述，它可以简单地用作最小二乘拟合的基础。

但是，在进行下一节之前，我们应该强调，使用正弦而不是余弦作为式(16.2)的基本模型也是可以的。例如，也可以使用

$$f(t) = A_0 + C_1 \sin(\omega_0 t + \delta)$$

两种形式之间可以通过简单的关系式进行转换：

$$\sin(\omega_0 t + \delta) = \cos\left(\omega_0 t + \delta - \frac{\pi}{2}\right)$$

和

$$\cos(\omega_0 t + \delta) = \sin\left(\omega_0 t + \delta + \frac{\pi}{2}\right) \tag{16.10}$$

换句话说，$\theta = \delta - \pi/2$。唯一重要的注意事项是，应该始终如一地使用其中一种形式。因此，我们将在整个讨论中使用余弦函数。

正弦曲线的最小二乘拟合

式(16.6)可以被看作线性最小二乘模型：

$$y = A_0 + A_1 \cos(\omega_0 t) + B_1 \sin(\omega_0 t) + e \tag{16.11}$$

它只是通用模型[回忆式(15.9)]的另一个例子

$$y = \beta_0 f_0(x_1, x_2, \ldots, x_p) + \beta_1 f_1(x_1, x_2, \ldots, x_p) + \cdots + \beta_m f_m(x_1, x_2, \ldots, x_p) + \varepsilon$$

其中 $f_0 = 1$，$f_1 = \cos(\omega_0 t)$，$f_2 = \sin(\omega_0 t)$，其他所有 $f = 0$。因此，我们的目标是确定使下式最小化的系

数值:

$$S_r = \sum_{i=1}^{N} \{y_i - [A_0 + A_1\cos(\omega_0 t) + B_1\sin(\omega_0 t)]\}^2$$

实现这一最小化的正态方程可以用矩阵形式表达为

$$\begin{bmatrix} N & \sum\cos(\omega_0 t) & \sum\sin(\omega_0 t) \\ \sum\cos(\omega_0 t) & \sum\cos^2(\omega_0 t) & \sum\cos(\omega_0 t)\sin(\omega_0 t) \\ \sum\sin(\omega_0 t) & \sum\cos(\omega_0 t)\sin(\omega_0 t) & \sum\sin^2(\omega_0 t) \end{bmatrix} \begin{Bmatrix} A_0 \\ B_1 \\ B_1 \end{Bmatrix} = \begin{Bmatrix} \sum y \\ \sum y\cos(\omega_0 t) \\ \sum y\sin(\omega_0 t) \end{Bmatrix} \tag{16.12}$$

这些方程可用于求解未知系数。然而，与其这样做，我们不如研究一种特殊情况：有 N 个间隔为Δt 的等间距的观测值，总记录长度为 $T=(N-1)\Delta t$。对于这种情况，可以确定以下平均值(见习题 16.5):

$$\frac{\sum\sin(\omega_0 t)}{N} = 0 \qquad \frac{\sum\cos(\omega_0 t)}{N} = 0$$

$$\frac{\sum\sin^2(\omega_0 t)}{N} = \frac{1}{2} \qquad \frac{\sum\cos^2(\omega_0 t)}{N} = \frac{1}{2} \tag{16.13}$$

$$\frac{\sum\cos(\omega_0 t)\,\sin(\omega_0 t)}{N} = 0$$

因此，对于等间距的点，正态方程变为

$$\begin{bmatrix} N & 0 & 0 \\ 0 & N/2 & 0 \\ 0 & 0 & N/2 \end{bmatrix} \begin{Bmatrix} A_0 \\ B_1 \\ B_2 \end{Bmatrix} = \begin{Bmatrix} \sum y \\ \sum y\cos(\omega_0 t) \\ \sum y\sin(\omega_0 t) \end{Bmatrix}$$

对角线矩阵的逆矩阵只是另一个对角线矩阵，其元素是原矩阵的倒数。因此，系数可以被确定为

$$\begin{Bmatrix} A_0 \\ B_1 \\ B_2 \end{Bmatrix} = \begin{bmatrix} 1/N & 0 & 0 \\ 0 & 2/N & 0 \\ 0 & 0 & 2/N \end{bmatrix} \begin{Bmatrix} \sum y \\ \sum y\cos(\omega_0 t) \\ \sum y\sin(\omega_0 t) \end{Bmatrix}$$

或

$$A_0 = \frac{\sum y}{N} \tag{16.14}$$

$$A_1 = \frac{2}{N}\sum y\cos(\omega_0 t) \tag{16.15}$$

$$B_1 = \frac{2}{N}\sum y\sin(\omega_0 t) \tag{16.16}$$

注意，第一个系数表示函数的平均值。

例16.1 正弦曲线的最小二乘拟合

问题描述。图 16.2(a)中的曲线描述为 $y=1.7+\cos(4.189t+1.0472)$。为这条曲线生成 10 个离散值，间隔为 $\Delta t=0.15$，范围为 $t=0$ 到 1.35。利用这些信息，通过最小二乘拟合来估计式(16.11)的系数。

问题解答。估算 $\omega=4.189$ 的系数所需的数据如表 16.1 所示。

表 16.1 所需的数据

t	y	$y\cos(\omega_0 t)$	$y\sin(\omega_0 t)$
0	2.200	2.200	0.000
0.15	1.595	1.291	0.938
0.30	1.031	0.319	0.980
0.45	0.722	−0.223	0.687
0.60	0.786	−0.636	0.462
0.75	1.200	−1.200	0.000
0.90	1.805	−1.460	−1.061
1.05	2.369	−0.732	−2.253
1.20	2.678	0.829	−2.547
1.35	2.614	2.114	−1.536
$\Sigma=$	17.000	2.502	−4.330

这些结果可用来确定[通过式(16.14)至(16.16)]

$$A_0 = \frac{17.000}{10} = 1.7 \qquad A_1 = \frac{2}{10}\times 2.502 \approx 0.500 \qquad B_1 = \frac{2}{10}\times(-4.330) = -0.866$$

因此，最小二乘拟合为

$$y = 1.7 + 0.500\cos(\omega_0 t) - 0.866\sin(\omega_0 t)$$

通过计算式(16.8)得到

$$\theta = \arctan\left(\frac{-0.866}{0.500}\right) = 1.0472$$

通过式(16.9)得到

$$C_1 = \sqrt{0.5^2 + (-0.866)^2} = 1.00$$

模型可以表达为式(16.2)的形式，得到

$$y = 1.7 + \cos(\omega_0 t + 1.0472)$$

或者另一种形式，由式(16.10)给出的正弦函数：

$$y = 1.7 + \sin(\omega_0 t + 2.618)$$

上述分析可以推广到通用模型

$$f(t) = A_0 + A_1\cos(\omega_0 t) + B_1\sin(\omega_0 t) + A_2\cos(2\omega_0 t) + B_2\sin(2\omega_0 t)$$
$$+ \cdots + A_m\cos(m\omega_0 t) + B_m\sin(m\omega_0 t)$$

其中，对于等间距的数据，系数可以计算为

$$A_0 = \frac{\sum y}{N}$$

$$\left.\begin{array}{l} A_j = \dfrac{2}{N}\sum y\cos(j\omega_0)t \\[2mm] B_j = \dfrac{2}{N}\sum y\sin(j\omega_0)t \end{array}\right\} \quad j = 1, 2, \ldots, m$$

虽然这些关系可用于拟合回归意义上的数据(即 $N > 2m+1$)，但另一种应用是将它们用于插值法或配置法——即用于未知数 $2m+1$ 的数量等于数据点 N 的情况，这是连续傅里叶级数中使用的方法，如下所述。

16.2 连续傅里叶级数

在研究热流问题的过程中，傅里叶证明，任意周期函数可以用谐波相关频率的无穷级数的正弦曲线来表示。对于周期为 T 的函数，连续傅里叶级数可以写为

$$f(t) = a_0 + a_1\cos(\omega_0 t) + b_1\sin(\omega_0 t) + a_2\cos(2\omega_0 t) + b_2\sin(2\omega_0 t) + \cdots$$

或者更简洁一点：

$$f(t) = a_0 + \sum_{k=1}^{\infty} [a_k\cos(k\omega_0 t) + b_k\sin(k\omega_0 t)] \tag{16.17}$$

其中，第一模式的角频率($\omega_0 = 2\pi/T$)称为基频，它的常数倍数 $2\omega_0$、$3\omega_0$ 等称为谐波。因此，式(16.17)将 $f(t)$ 表示为基函数的线性组合：1、$\cos(\omega_0 t)$、$\sin(\omega_0 t)$、$\cos(2\omega_0 t)$、$\sin(2\omega_0 t)$……。

式(16.17)的系数可以通过以下方式计算：

$$a_k = \frac{2}{T} \int_0^T f(t)\cos(k\omega_0 t)\,dt \tag{16.18}$$

$$b_k = \frac{2}{T} \int_0^T f(t)\sin(k\omega_0 t)\,dt \tag{16.19}$$

对于 $k=1, 2\ldots$

$$a_0 = \frac{1}{T} \int_0^T f(t)\,dt \tag{16.20}$$

例 16.2 连续傅里叶级数近似

问题描述。用连续傅里叶级数来近似高度为 2、周期为 $T=2\pi/\omega_0$ 的正方形或矩形波函数，见图 16.1(a)：

$$f(t) = \begin{cases} -1 & -T/2 < t < -T/4 \\ 1 & -T/4 < t < T/4 \\ -1 & T/4 < t < T/2 \end{cases}$$

问题解答。由于波的平均高度为零，可以直接得到 $a_0=0$ 的值。剩余系数可以计算为[式(16.18)]

$$a_k = \frac{2}{T} \int_{-T/2}^{T/2} f(t)\cos(k\omega_0 t)\,dt$$

$$= \frac{2}{T} \left[-\int_{-T/2}^{-T/4} \cos(k\omega_0 t)\,dt + \int_{-T/4}^{T/4} \cos(k\omega_0 t)\,dt - \int_{T/4}^{T/2} \cos(k\omega_0 t)\,dt \right]$$

计算积分可以得到

$$a_k = \begin{cases} 4/(k\pi) & k = 1, 5, 9, \ldots \\ -4/(k\pi) & k = 3, 7, 11, \ldots \\ 0 & k = \text{偶数} \end{cases}$$

类似地，可以确定所有 $b=0$。因此，傅里叶级数近似是

$$f(t) = \frac{4}{\pi}\cos(\omega_0 t) - \frac{4}{3\pi}\cos(3\omega_0 t) + \frac{4}{5\pi}\cos(5\omega_0 t) - \frac{4}{7\pi}\cos(7\omega_0 t) + \cdots$$

图 16.4 显示了结果中的前三项。

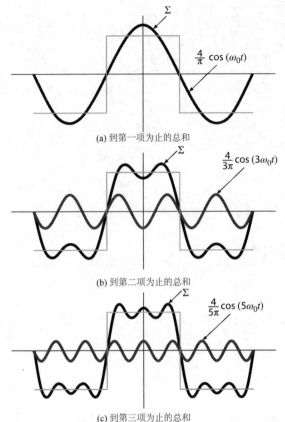

(a) 到第一项为止的总和

(b) 到第二项为止的总和

(c) 到第三项为止的总和

图 16.4 方波的傅里叶级数近似。这一系列图显示了从第一项、第二项到第三项为止的总和。
在每个阶段增加或减少的个别项也被显示出来

在继续之前，需要说明傅里叶级数也可以使用复数符号以更紧凑的形式来表示。这是根据欧拉公式得出的(图 16.5)：

$$e^{\pm xi} = \cos x \pm \sin xi \tag{16.21}$$

其中 $i = \sqrt{-1}$，x 为弧度。用式(16.21)可以将傅里叶级数简洁地表示为

$$f(t) = \sum_{k=-\infty}^{\infty} \tilde{c}_k e^{k\omega_0 ti} \tag{16.22}$$

其中系数为

$$\tilde{c}_k = \frac{1}{T} \int_{-T/2}^{T/2} f(t) e^{-k\omega_0 ti} dt \tag{16.23}$$

注意，波浪符号~是为了强调系数是复数。因为它更简洁，本章的其余部分将主要使用复数形式。你只需要记住，它与正弦曲线表示法是相同的。

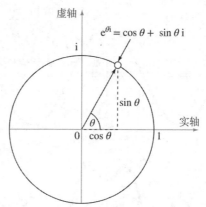

图 16.5 欧拉公式的图形描述。旋转的向量被称为相量(phasor)

16.3 频域和时域

到目前为止,我们对傅里叶分析的讨论仅限于时域。虽然我们对频域不那么熟悉,但它为描述振荡函数的行为提供了另一个视角。

正如振幅可以相对于时间作图一样,它也可以相对于频率作图,见图16.6(b)。考虑如下正弦函数的三维图:

$$f(t) = C_1\cos\left(t + \frac{\pi}{2}\right)$$

在图中,曲线 $f(t)$ 的大小或振幅是因变量,时间 t 和频率 $f=\omega_0/2\pi$ 是自变量。因此,振幅和时间轴形成一个时间平面,而振幅和频率轴形成一个频率平面。所以,正弦曲线可以被设想为沿频率轴向外移动 $1/T$ 的距离,并与时间轴平行。因此,当我们谈论正弦曲线在时域中的行为时,我们指的是曲线在时间平面上的投影,见图16.6(a)。同样,频域中的行为也只是它在频率平面上的投影。

如图16.6(c),这个投影是对正弦曲线最大正振幅 C_1 的测量。由于对称性,完整的峰对峰摆动是不必要的。再加上沿频率轴的位置 $1/T$,图16.6(c)现在定义了正弦曲线的振幅和频率。这些信息足以重现时域中曲线的形状和大小。然而,还需要一个参数——即相位角——来定位曲线相对于 $t=0$ 的位置。因此,还必须包括相位图,如图16.6(d)所示。相位角被确定为从零到止峰值出现的点的距离(弧度)。如果峰值出现在零点之后,它被称为滞后(回顾第16.1节中对滞后和超前的讨论),按照惯例,相位角被赋负值。反之,零点之前的峰值被称为超前,相位角为正值。因此,在图16.6中,峰值在零之前,相位角被绘制为 $+\pi/2$。图16.7描述了一些其他的可能性。

我们现在可以看到,图16.6(c)和图16.6(d)提供了另一种方式来呈现或总结图16.6(b)中正弦函数的相关特征。它们被称为线谱。诚然,对于单一的正弦函数,它们并不十分有趣。然而,当应用于更复杂的情况时——例如,傅里叶级数——它们真正的力量和价值就会显现出来。例如,图16.8显示了例16.2中方波函数的振幅和相位线谱。

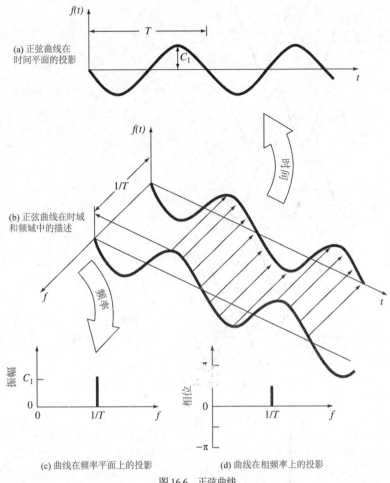

(a) 正弦曲线在时间平面的投影

(b) 正弦曲线在时域和频域中的描述

(c) 曲线在频率平面上的投影　　　　(d) 曲线在相频率上的投影

图 16.6　正弦曲线

　　这种线谱提供了从时域上看不出来的信息。通过对比图 16.4 和图 16.8 可看出这一点。图 16.4 展示了两种不同的时域视角。第一种是原始方波，它没有告诉我们组成它的正弦曲线的情况。另一种显示这些正弦曲线——即 $(4/\pi)\cos(\omega_0 t)$、$-(4/3\pi)\cos(3\omega_0 t)$、$(4/5\pi)\cos(5\omega_0 t)$ 等。这种方法不能充分显示出这些谐波的结构。相反，图 16.8(a) 和图 16.8(b) 提供了这种结构的图形显示。因此，线谱代表了"指纹"，可以帮助我们描述和理解一个复杂的波形。它们对非理想化的情况尤其有价值，有时能让我们在其他不明显的信号中辨别出结构。在下一节中，我们将描述傅里叶变换，从而将这种分析扩展到非周期性的波形。

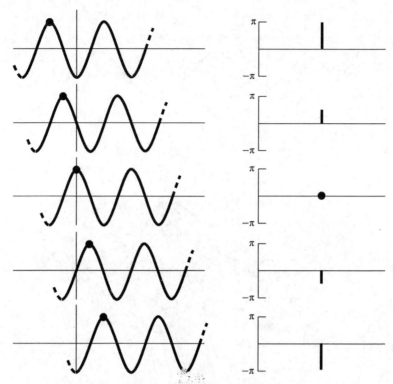

图 16.7 正弦曲线的不同相位显示的相关相位线谱

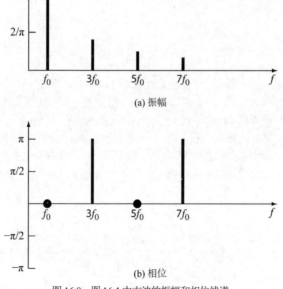

(a) 振幅

(b) 相位

图 16.8 图 16.4 中方波的振幅和相位线谱

16.4　傅里叶积分和变换

尽管傅里叶级数是研究周期性函数的有用工具，但有许多波形并不会有规律地重复。例如，一个闪电只发生一次(或者至少要等很久才会再次发生)，但它会对工作在大频率范围内的接收机(例如电视、收音机和短波接收机)造成干扰。这些证据表明，像闪电产生的这种非周期性信号会表现出一个连续的频谱。由于这类现象是工程师们非常感兴趣的，因此在分析这些非周期性的波形时，除了傅里叶级数，还有一种方法也很有价值。

傅里叶积分是可用于这一目的的主要工具。它可以从傅里叶级数的指数形式[式(16.22)和式(16.23)]中得到。从周期性函数到非周期性函数的过渡，可以通过让周期接近无穷大来实现。换句话说，当 T 变得无限大时，函数永远不会重复，从而变成非周期性的。如果允许这种情况发生，可以证明(例如 Van Valkenburg，1974 年；Hayt 和 Kemmerly，1986 年)，傅里叶级数减少为

$$f(t) = \frac{1}{2\pi} \int_{-\infty}^{\infty} F(\omega) e^{i\omega t}\, \mathrm{d}\omega \tag{16.24}$$

系数变成了频率变量 ω 的连续函数

$$F(\omega) = \int_{-\infty}^{\infty} f(t) e^{-i\omega t}\, \mathrm{d}t \tag{16.25}$$

由式(16.25)定义的函数 $F(\omega)$ 被称为 $f(t)$ 的傅里叶积分。此外，式(16.24)和式(16.25)被统称为傅里叶变换对。因此，在被称为傅里叶积分的同时，$F(\omega)$ 也被称为 $f(t)$ 的傅里叶变换。本着同样的精神，由式(16.24)定义的 $f(t)$ 被称为 $F(\omega)$ 的傅里叶逆变换。因此，对于一个非周期性信号，这一对傅里叶变换允许我们在时域和频域之间来回转换。

傅里叶级数和变换之间的区别现在应该很清楚了。主要区别在于，它们各自适用于不同类别的函数——级数适用于周期性波形，而变换适用于非周期性波形。除了这一主要区别，这两种方法还在如何在时域和频域之间转变方面有所不同。傅里叶级数将一个连续的、周期性的时域函数转换为频率不规则的频域函数。相反，傅里叶变换将一个连续的时域函数转换为一个连续的频域函数。因此，由傅里叶级数产生的离散频谱与由傅里叶变换产生的连续频谱类似。

现在我们已经介绍了一种分析非周期性信号的方法，我们将迈出发展的最后一步。在下一节中，我们将认识到一个事实，即信号很少被描述为实现式(16.25)所需的那种连续函数。相反，数据总是以离散形式存在。因此，我们现在将展示如何计算这种离散测量值的傅里叶变换。

16.5　离散傅里叶变换(DFT)

在工程中，函数通常由一组有限的离散值来表示。此外，数据经常以这种离散格式被收集或转换。如图 16.9 所示，一个从 0 到 T 的区间可以分为 n 个等距的子区间，宽度为 $\Delta t = T/n$。下标 j 被用来指定抽样的离散时间。因此，f_j 表示连续函数 $f(t)$ 在 t_j 处的值。注意，数据点被指定在 $j = 0, 1, 2, \ldots, n-1$。$j = n$ 处的值不包含在内(参见 Ramirez，1985 年，了解关于排除 f_n 的理由)。

对于图 16.9 中的系统，离散傅里叶变换可以写成

$$F_k = \sum_{j=0}^{n-1} f_j e^{-ik\omega_0 j} \qquad k = 0 \text{ 至 } n-1 \tag{16.26}$$

傅里叶逆转换为

$$f_j = \frac{1}{n} \sum_{k=0}^{n-1} F_k e^{ik\omega_0 j} \qquad j = 0 \text{ 至 } n-1 \tag{16.27}$$

其中 $\omega_0 = 2\pi/n$。

式(16.26)和式(16.27)分别代表了式(16.25)和式(16.24)的离散模拟。因此，它们可以被用来计算离散数据的傅里叶直接变换和逆变换。注意，式(16.27)中的因子 $1/n$ 只是一个比例因子，可以包含在式(16.26)或式(16.27)中，但两者不能同时包含。例如，如果把它移到式(16.26)中，第一个系数 F_0(它与常数 a_0 类似)就等于样本的算术平均值。

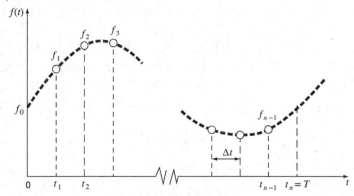

图16.9　离散傅里叶级数的抽样点

在继续之前，DFT 的其他几个方面值得一提。一个信号中可以测量的最高频率，称为奈奎斯特频率，是抽样频率的一半。比最短抽样时间间隔更短的周期性变化无法被检测到。你能检测到的最低频率是总抽样长度的倒数。

举个例子，假设你以 f_s=1000Hz(即每秒 1000 个样本)的抽样频率采集 100 个数据样本(n=100 个样本)。这意味着抽样间隔是

$$\Delta t = \frac{1}{f_s} = \frac{1}{1000 \text{ 样本/s}} = 0.001 \text{s/样本}$$

总抽样长度为

$$t_n = \frac{n}{f_s} = \frac{100 \text{ 样本}}{1000 \text{ 样本/s}} = 0.1\text{s}$$

频率增量为

$$\Delta f = \frac{f_s}{n} = \frac{1000 \text{ 样本/s}}{100 \text{ 样本}} = 10\,\text{Hz}$$

奈奎斯特频率为

$$f_{\max} = 0.5 f_s = 0.5 \times 1000 \text{Hz}$$

最低可检测频率为

$$f_{\min} = \frac{1}{0.1\text{s}} = 10\,\text{Hz}$$

因此，对于这个例子，DFT 可以检测周期从 1/500=0.002 秒到 1/10=0.1 秒的信号。

16.5.1　快速傅里叶变换(FFT)

尽管可以开发一种算法来计算基于式(16.26)的 DFT，但由于需要进行 n^2 次操作，所以在编译上是很麻烦的。因此，对于中等大小的数据样本，直接确定 DFT 是非常耗时的。

　　快速傅里叶变换(或称 FFT)是一种被开发出来用于以一种极其经济的方式计算 DFT 的算法。它之所以快速,是因为它可以利用先前的计算结果来减少运算的数量。特别是,它利用三角函数的周期性和对称性来计算变换,其运算量大约为 $n\log_2 n$ 次(图 16.10)。因此,对于 $n=50$ 个样本,FFT 比标准 DFT 快 10 倍左右。对于 $n=1000$,它大约快 100 倍。

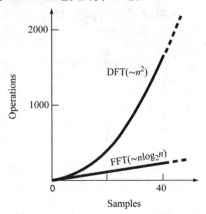

图 16.10　标准 DFT 和 FFT 的运算次数与样本大小的关系图

　　最初的 FFT 算法是由高斯在 19 世纪初开发的(Heideman 等人,1984 年)。20 世纪初,Runge、Danielson、Lanczos 等人为其做出了重大贡献。然而,由于离散变换往往需要几天到几周的时间来手工计算,在开发出现代数字计算机之前,它们并没有引起广泛的兴趣。

　　1965 年,J.W.Cooley 和 J.W.Tukey 发表了一篇重要论文,他们在文中概述了计算 FFT 的算法。这个方案与高斯和其他早期研究者的方案相似,被称为 Cooley-Tukey 算法。今天,有许多其他的方法都是这个方法的分支。正如接下来所描述的,Python 的 SciPy 模块提供了一个叫做 fft 的函数,它采用了这种高效的算法来计算 DFT。

16.5.2　Python SciPy 函数: fft

　　Python 中的 SciPy 模块提供了一种计算 DFT 的有效方法。有一个 fft 子模块,提供了各种傅里叶变换的函数。在这里,我们将重点讨论一维离散傅里叶变换函数 fft。它的语法是

```
from scipy.fft import fft
F=fft(f)
```

　　其中 $F=$一个包含 DFT 的数组,$f=$一个包含输入样本的数组。有一些可选的参数,其中一个是 $n=$输出 F 的长度。如果没有指定 n,输出将使用输入的长度。如果 n 小于 f 的长度,输入将被相应地裁剪。如果 n 大于 f 的长度,输入将用零进行填充。

　　注意,F 的元素是按照所谓的反包围顺序排列的。前一半的值是正频率(从常数开始),后一半是负频率。因此,如果 $n=8$,顺序是[0, 1, 2, 3, -4, -3, -2, -1]。下面的例子展示了该函数在计算简单正弦曲线的 DFT 中的应用。

例 16.3　用 Python 计算一个简单正弦曲线的 DFT

　　问题描述。应用 Python 的 fft 函数来确定如下简单正弦曲线的离散傅里叶变换:

$$f(t)=5+\cos(2\pi 12.5t)+\sin(2\pi 18.75t)$$

用 $\Delta t=0.02$ 秒生成 8 个等距点。绘制结果与频率的关系图。

问题解答。在生成 DFT 之前，我们可以先计算几个相关的量。抽样频率为

$$f_s = \frac{1}{\Delta t} = \frac{1}{0.02\,\text{s}} = 50\,\text{Hz}$$

总抽样长度为

$$t_n = \frac{n}{f_s} = \frac{8}{50} = 0.16\,\text{s}$$

奈奎斯特抽样频率为

$$f_{\max} = \frac{f_s}{2} = 25\,\text{Hz}$$

最低可检测频率为

$$f_{\min} = \frac{1}{t_n} = \frac{1}{0.16\,\text{s}} = 6.25\,\text{Hz}$$

因此，该分析可以检测周期从 1/25=0.04s 到 1/6.25=0.16s 的信号。因此，12.5Hz 和 18.75Hz 的信号我们应该都能够求解。

以下 Python 脚本用于生成并绘制时域样本，见图 16.11(a)。注意这里选择使用 Matplotlib 模块而不是 Pylab，以便在同一帧中提供多个子图。

```python
import numpy as np
import matplotlib.pyplot as plt
from scipy.fft import fft

# compute the time series
n = 8 ; dt = 0.02 ; fs = 1/dt ; T = 0.16
tspan = np.arange(0,n)/fs
y = 5 + np.cos(2*np.pi*12.5*tspan) + np.sin(2*np.pi*18.75*tspan)

# create a frame for 2 subplots
# and plot the time samples
# as the first subplot
fig=plt.figure()
ax1 = fig.add_subplot(211)
fig.subplots_adjust(hspace=0.5)
ax1.plot(tspan,y,c='k',marker='o')
ax1.grid()
ax1.set_xlabel('a) f(t) vs. time (s)')
```

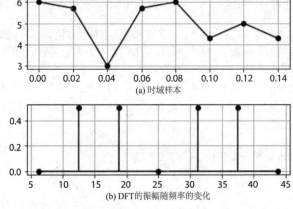

(a) 时域样本

(b) DFT的振幅随频率的变化

图 16.11　使用 Python SciPy 的 fft 函数计算 DFT 的结果

正如第 16.5 节开头所述，注意 tspan 省略了最后一个点。

fft 函数可用来计算 DFT 并显示结果。

```
# compute and print the DFT
np.set_printoptions(precision=3,suppress=True)
Y = fft(y)/n
print(Y)
```

```
[ 5.-0.j 0.+0.j 0.5-0.j -0.-0.5j 0.-0.j -0.+0.5j 0.5+0.j 0.-0.j ]
```

表 16.2 总结了结果。

表 16.2　结果

序数	频率	周期	实数	虚数
0	0	常数	5	0
1	6.25	0.16	0	0
2	12.5	0.08	0.5	0
3	18.75	0.0533	0	−0.5
4	25	0.04	0	0
5	31.25	0.032	0	0.5
6	37.5	0.0267	0.5	0
7	43.75	0.0229	0	0

注意，fft 检测到 12.5Hz 和 18.75Hz 的信号。此外，我们将奈奎斯特频率高亮显示，以表明表中大于该频率的频率是多余的。也就是说，它们只是小于奈奎斯特频率的结果的镜像变换。

我们使用 Matplotlib 模块中的 stem 图格式，添加了 DFT 值的大小与频率的关系图。

```
# plot the magnitude of the DFT
# as the second subplot
Ymag = abs(Y[1:])
freq = np.arange(1,n)/T
ax2 = fig.add_subplot(212)
ax2.stem(freq,Ymag,basefmt='k-',linefmt='k-',markerfmt='ko',
         use_line_collection=True)
ax2.set_xlabel('b) DFT magnitude vs. frequency (Hz)')
ax2.grid()
```

跨过奈奎斯特频率后的镜像变换在图中很明显，见图 16.11(b)。出于这个原因，通常只绘制 DFT 的前半部分。

16.6　功率谱

除了复数 DFT、幅值(振幅)和相位谱，另一种描述基本频率内容的常用方法是功率谱。顾名思义，它源于对电力系统输出功率的分析，其中功率一般与电压或电流的平方成正比。就 DFT 而言，功率谱由功率与频率的关系图组成。对于非周期性信号，这是一条连续曲线；而对于周期性信号，如例 16.3 中所示，它是离散的。功率可以被计算为傅里叶系数的平方之和(或积分)：

$$P_k = |\tilde{c}_k|^2 \qquad \text{或} \qquad P(\omega) = |F(\omega)|^2$$

在傅里叶积分变换的情况下，P_k=与离散频率 $k\omega_0$ 相关的功率，$P(\omega)$=与连续频率 ω 相关的功率。

例 16.4 用 Python 计算功率谱

问题描述。 对于例 16.3 中计算了 DFT 的正弦函数，计算它的频谱。

问题解答。 以下 Python 脚本可计算并显示功率谱：

```python
import numpy as np
import matplotlib.pyplot as plt
from scipy.fft import fft

# compute the DFT
n = 8 ; dt = 0.02 ; fs = 1/dt ; T = 0.16
tspan = np.arange(0,n)/fs
y = 5 + np.cos(2*np.pi*12.5*tspan) + np.sin(2*np.pi*18.75*tspan)
Y = fft(y)/n
freq = np.arange(1,n)/T
# compute and plot the power spectrum
nyquist = fs/2
n2 = int(n/2)
fP = freq[0:n2]
Pyy = abs(Y[1:n2+1])**2
fig=plt.figure()
plt.stem(fP,Pyy,basefmt='k-',linefmt='k-',markerfmt='ko',
         use_line_collection=True)
plt.xlabel('Frequency (Hz)')
plt.title('Power Spectrum')
plt.grid()
```

如上所示，第一部分重复了例 16.3 中 DFT 计算的相关语句。第二部分是计算并绘制功率谱。功率谱只对 DFT 的前半部分进行计算，因为后半部分是镜像变换。如图 16.12 所示，结果图表明，峰值出现在 12.5Hz 和 18.75Hz，而没有其他频率，正如预期的那样。

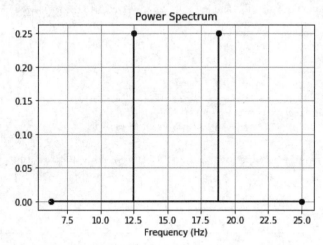

图 16.12 频率为 12.5Hz 和 18.75Hz 的正弦函数的功率谱

16.7 案例研究：太阳黑子

1848 年，约翰·鲁道夫·沃尔夫(Johann Rudolph Wolf)设计了一种方法，通过计算太阳表面上

单个黑点或黑点群的数量来量化太阳活动。他计算了一个数量，现在被称为沃尔夫太阳黑子数，[1]
方法是将一年中的黑子群数乘以 10 加上单个黑子的总数。如图 16.13 所示，每年计数的数据集可
以追溯到 1700 年。根据早期的记录，沃尔夫确定周期的长度为 11.1 年。使用傅里叶分析法，通过
对数据执行 FFT 来确认这一结果。

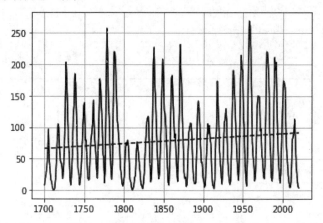

图 16.13　从 1700 年到 2019 年，沃尔夫太阳黑子数与年份的关系。虚线是对数据的直线拟合，显示出上升趋势

　　问题解答。 这些数据以 .csv 格式从 http://www.sidc.be/silso/datafiles 下载，文件名为 SN_
y_tot_V2.0.csv。首先，我们可以写一个 Python 脚本，从文件中加载数据，提取序列，并创建如图
16.13 所示的图。这里还包含了一个通过数据的直线拟合，显示了数据的轻微上升趋势。这表明数
据不是静止的(有一个恒定的平均值)。因此，我们通过减去直线值对数据进行转换。

```
import numpy as np
import pylab

yr,numspots,sd,n1,n1 =
np.loadtxt(fname='SN_y_tot_V2.0.csv',delimiter=';',unpack=True)
pylab.plot(yr,numspots,c='k')
pylab.grid()

coef = np.polyfit(yr,numspots,1)
pylab.plot(yr,np.polyval(coef,yr),c='k',ls='--')
```

接着，可以用 fft 函数来平稳数据序列，计算并绘制功率谱，如图 16.14 所示。

```
y = numspots - np.polyval(coef,yr)
pylab.figure()
pylab.plot(yr,y,c='k')
pylab.grid()
pylab.xlabel('Year')
pylab.ylabel('Sunspot Number')

from scipy.fft import fft
Y = fft(y)
fs = 1 # 1/yr
n = len(yr)
f = np.arange(1,n)*fs/n
```

---

1 你也可能看过它的德语形式，Wölfer 太阳黑子数。注意，今天，它们通常被称为国际太阳黑子数。

```
n2 = int(n/2)
f2 = f[0:n2]
Y2 = Y[1:n2+1]
Pyy = abs(Y2)**2
pylab.figure()
pylab.plot(f2,Pyy,c='k')
pylab.grid()
pylab.xlabel('Frequency - cycles/yr')
pylab.ylabel('Power')
```

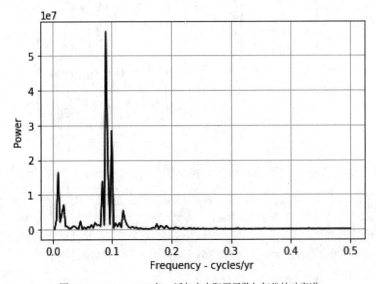

图 16.14 1700—2019 年，沃尔夫太阳黑子数与年份的功率谱

在频率内容中有一个最大值刚好低于 0.1 周期/年。我们可通过脚本和输出更精确地找到这一点：

```
pmax = np.max(Pyy)
for i in range(n2):
    if Pyy[i] >= pmax:
        imax = i
        fmax = f2[i]
        break

print('Frequency at max power = ',fmax,' 1/yr')
print('Period at max power = ',1/fmax,' years')

Frequency at max power = 0.090625 1/yr
Period at max power = 11.03448275862069 years
```

我们看到，周期为 11.03 年，与 170 多年前沃尔夫观测到的 11.1 年的数值很接近。使用傅里叶变换来检测和估计数据序列中基本正弦曲线的频率，这是一个极好的例子。

习题

16.1 下式描述了热带湖泊温度(以℃ 为单位)随时间(以天为单位)的变化：

$$T(t) = 12.8 + 4\cos\left(\frac{2\pi}{365}t\right) + 3\sin\left(\frac{2\pi}{365}t\right)$$

(a) 平均温度、(b)振幅、(c)周期，分别是多少？

16.2 一个池塘的温度在一年中呈正弦变化。用线性回归法将式(16.11)拟合到下列数据中。使用你的拟合方程来确定平均数、振幅以及最高温度的日期和数值。因为这是一个年度周期，所以周期为 365 天。为了直观地确认你的拟合，绘制模型线和数据的关系图。

t/d	15	45	75	105	135	165	225	255	285	315	345
$T/°C$	3.4	4.7	8.5	11.7	16	18.7	19.7	17.1	12.7	7.7	5.1

16.3 某一废水流中的 pH 值在一天内呈正弦变化。对表格中的数据进行回归，以拟合为式(16.11)。用你的模型来确定 pH 值的平均值、振幅以及最大值的时间和数值。注意，周期是 24 小时。

时间/hr	0	2	4	5	7	9
pH	7.6	7.2	7	6.5	7.5	7.2
时间/hr	12	15	20	22	24	
pH	8.9	9.1	8.9	7.9	7	

16.4 将亚利桑那州图森市的太阳辐射制成如下表格。

时间/月份	J	F	M	A	M	J
辐射/(W/m²)	144	188	245	311	351	359
时间/月份	J	A	S	O	N	D
辐射/(W/m²)	308	287	260	211	159	131

假设每个月有 30 天，对这些数据拟合一个正弦曲线。将每个数据点视为月中的数据。用得到的模型来预测 8 月底的辐射。对模型的充分性进行评论。

16.5 下面的时间序列数据是由几个正弦曲线相加产生的，在相加的过程中加入了少量噪声。确定这些正弦曲线的频率(单位：Hz)，以及它们是正弦还是余弦。

t	$f(t)$	t	$f(t)$	t	$f(t)$	t	$f(t)$
0	21.497	0.08	10.002	0.16	2.499	0.24	13.999
0.01	11.887	0.09	10.223	0.17	12.12	0.25	13.774
0.02	16.405	0.1	22.63	0.18	7.601	0.26	1.374
0.03	10.826	0.11	10.655	0.19	13.178	0.27	13.337
0.04	3.865	0.12	17.299	0.2	20.132	0.28	6.692
0.05	15.567	0.13	9.853	0.21	8.439	0.29	14.148
0.06	5.075	0.14	9.128	0.22	18.929	0.3	14.865
0.07	12.998	0.15	16.045	0.23	11	0.31	7.961

16.6 在电路中，常见的是以矩形波形式出现的电流行为，如图所示。注意，这个波与例 16.2 中描述的不同。函数描述为

$$f(t) = \begin{cases} A_0 & 0 \leqslant t \leqslant T/2 \\ -A_0 & T/2 \leqslant t \leqslant T \end{cases}$$

傅里叶级数可以表示为

$$f(t) = \sum_{n=1}^{\infty}\left(\frac{4A_0}{(2n-1)\pi}\right)\sin\left(\frac{2\pi(2n-1)t}{T}\right)$$

开发一个 Python 脚本，在 $0 \leqslant t \leqslant 4T$ 的范围内生成并绘制级数的前六个项。同时绘制这些项的总和。用黑色虚线表示各个项，用黑色实线表示总和。如图所示，$A_0 = 1$，$T = 0.25$。

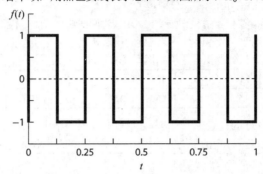

16.7 使用连续傅里叶级数来近似下图中的锯齿波。将级数的前四项以及它们的总和分别绘制成图。图形从 $-T$ 到 T，且 $T = 1$。绘制另一个谐波振幅与项数的关系图。

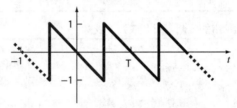

16.8 使用连续傅里叶级数来近似下图中的三角波。将级数的前四项以及它们的总和分别绘制成图。图形从 $-T$ 到 T，且 $T = 2$。绘制另一个谐波振幅与项数的关系图。

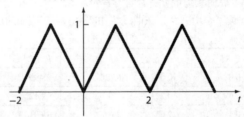

16.9 使用 e^x、$\cos(x)$ 和 $\sin(x)$ 的 Maclaurin 级数扩展来证明欧拉公式[式(16.21)]。

16.10 一个半波整流器可以表征为

$$C_1 = \frac{1}{\pi} + \frac{1}{2}\sin(t) - \frac{2}{3\pi}\cos(2t) - \frac{2}{15\pi}\cos(4t) - \frac{2}{35\pi}\cos(6t) - \cdots$$

其中 C_1 描述了波形。将涉及时间的前四项与它们的总和一起绘制出来。选择一个合理的时间范围来绘图，使得波形能够很好地显示出来。

16.11 重做例 16.3，但是条件改为 64 个点以 $\Delta t = 0.01\text{s}$ 的速率抽样，并基于函数

$$f(t) = \cos(2\pi 12.5t) + \cos(2\pi 25t)$$

使用 Python SciPy 的 fft 函数生成这些值的 DFT，并将结果绘制为功率谱。

16.12 创建一个 Python 脚本，生成以下函数的 64 个点：

$$f(t) = \cos(10t) + \sin(3t)$$

范围为 $t = 0$ 至 2π。使用 Numpy 的 random.normal 函数给信号增加一个随机成分，其平均值为 0，标准差为 0.25。使用 SciPy 的 fft 函数生成信号值的 DFT，并以功率谱的形式绘制结果。DFT 是否

能检测到两个基本频率?

16.13 创建一个 Python 脚本,为图 16.2 中描述的正弦曲线从 t=0 到 6s 生成 32 个点。比较 DFT 并创建三个子图:(a)原始信号、(b)DFT 的实部、(c)DFT 的虚部与频率的关系。

16.14 使用 fft 函数来计算习题 16.7 中锯齿波的 DFT。使用 128 个抽样点从 t=0 到 4T 对该波进行抽样。绘制一个功率谱图。

16.15 开发一个 Python 函数,使用 fft 函数生成功率谱图,并给定函数名、周期和抽样点的数量作为参数。函数定义的前导语句应该是

```
def powerspec(f,T,n):
```

用你的函数求解习题 16.11。

16.16 使用 Python SciPy 模块中的 fft 函数来计算下列函数的 DFT:

$$f(t)=1.5+1.8\cos(2\pi12t)+0.8\sin(2\pi20t)-1.25\cos(2\pi28t)$$

以 128 次/秒的频率进行 64 次抽样。让你的脚本计算并显示 Δt、t_n、Δf、f_{min} 和 f_{max} 的值。如例 16.3 和例 16.4 所示,让你的脚本生成如图 16.11 和图 16.12 所示的图形。

16.17 如果你取了 128 个数据样本(n=128),总的样本长度 t_n=0.4s,请计算以下内容:(a)抽样频率 f_s,样本/s,(b)抽样间隔 Δt,s/样本,(c)奈奎斯特频率 f_{max},Hz,(d)最小频率 f_{min},Hz。

16.18 发现并分析自然界中的周期性行为是一项重要工作,而傅里叶分析提供了一个观察数据的窗口。数据是可用的,有不同的来源,例如 https://www.nhc.noaa.gov/climo/images/ AtlanticStormTotalsTable.pdf(从 1851 年开始,每年在大西洋盆地的有名称的飓风的数量)。应用傅里叶变换来揭示任何重要的周期性频率。为数据添加长期线性趋势,如 16.7 中的案例研究所示。

## 第 17 章

多项式插值法

本章学习目标

本章的主要目的是介绍多项式插值法。涵盖的具体目标和主题是：

- 了解用联立方程估算多项式系数是一个条件不良的问题。
- 理解如何用 Python Numpy 模块的 polyfit 和 polyval 函数估算多项式系数并进行插值。
- 理解如何用牛顿多项式进行插值。
- 能够用拉格朗日多项式进行插值。
- 理解如何将逆插值问题转变为根问题来求解。
- 理解外推法的风险。
- 了解高阶多项式可以表现出巨大的振荡，可能对插值产生不利影响。

问题引入

如果想改进对自由下落的蹦极者的速度预测，可以扩展我们的模型，以考虑质量和阻力系数以外的其他因素。如第 1.4 节中所述，阻力系数本身可以被表述为其他因素的函数，如蹦极者的面积以及空气的密度和黏度等特性。

空气密度和黏度作为温度的函数，通常以表格形式呈现。例如，表 17.1 转载自一本流行的流体力学教科书(White，2015 年)。

假设表格中没有你想要的温度下的密度。这种情况下，你将不得不进行插值。也就是说，你将不得不根据它两侧的密度来估算所需温度下的数值。最简单的方法是确定连接两个相邻值的直线方程，并使用该方程来估算所需中间温度下的密度。尽管这种线性插值在许多情况下是完全足够的，但当数据表现出明显的曲率时，就会引入误差。在本章中，我们将探讨一些不同的方法，以获得对这种情况的充分估计。

表 17.1　较大温度(T)范围内空气的密度(ρ)和黏度(μ)，引用自 White(2015 年)

T /°C	ρ /(kg/m^3)	μ/(Pa · s) × 10^5
−40	1.52	1.51
0	1.29	1.71
20	1.20	1.80
50	1.09	1.95

（续表）

$T/°C$	$\rho /(\text{kg/m}^3)$	$\mu/(\text{Pa} \cdot \text{s}) \times 10^5$
100	0.95	2.17
150	0.84	2.38
200	0.75	2.57
250	0.68	2.75
300	0.62	2.93
400	0.53	3.25
500	0.46	3.55

17.1　插值法简介

你经常会遇到需要在精确的数据点之间估计一个属性中间值的情况。我们在第 14 章和第 15 章中已经说明了一种方法，即回归，它将一个模型拟合到数据上，并使用该模型来提供估计值。另一种常用方法是多项式插值法。一个(n-1)阶多项式的一般公式是

$$f(x) = a_0 + a_1 x + a_2 x^2 + \cdots + a_{n-1} x^{n-1} \tag{17.1}$$

对于 n 个数据点，只有一个阶数为(n-1)的多项式能通过所有的点。例如，连接两点的只有一条直线，即一阶多项式，见图 17.1(a)。同样，连接一组三点的只有一条抛物线，见图 17.1(b)。多项式插值涉及确定拟合 n 个数据点的唯一的(n-1)阶多项式。然后这个多项式会提供一个公式来计算中间值。

在继续之前，我们应该注意 Python NumPy 的多项式函数是用 x 的递减幂来表示系数的，如

$$f(x) = p_0 x^{n-1} + p_1 x^{n-2} + \cdots + p_{n-2} x + p_{n-1} \tag{17.2}$$

为了与 Python 保持一致，我们将在下一节中采用式(17.2)的模式。

17.1.1　确定多项式系数

计算式(17.2)系数的一个直接方法基于以下事实，即需要 n 个数据点来确定 n 个系数。如下面的例子所示，这使我们能够生成 n 个线性代数方程，我们可以同时求出系数。

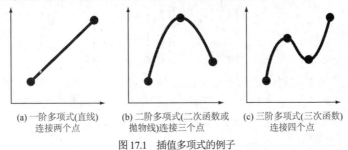

(a) 一阶多项式(直线)　　(b) 二阶多项式(二次函数或　　(c) 三阶多项式(三次函数)
　　连接两个点　　　　　　　抛物线)连接三个点　　　　　连接四个点

图 17.1　插值多项式的例子

例 17.1　用联立方程确定多项式系数

问题描述。 假设我们想要确定抛物线 $f(x) = p_0 x^2 + p_1 x + p_2$ 的系数，它经过表 17.1 中的最后三个密度值：

$$x_1 = 300 \qquad f(x_1) = 0.616$$
$$x_2 = 400 \qquad f(x_2) = 0.525$$
$$x_3 = 500 \qquad f(x_3) = 0.457$$

问题解答。 每一对都可以代入式(17.2)中，生成三个方程组：

$$0.616 = p_0\,300^2 + p_1\,300 + p_2$$
$$0.525 = p_0\,400^2 + p_1\,400 + p_2$$
$$0.457 = p_0\,500^2 + p_1\,500 + p_2$$

或者，采用向量/矩阵的形式：

$$\begin{bmatrix} 90000 & 300 & 1 \\ 160000 & 400 & 1 \\ 250000 & 500 & 1 \end{bmatrix} \begin{bmatrix} p_0 \\ p_1 \\ p_2 \end{bmatrix} = \begin{bmatrix} 0.616 \\ 0.525 \\ 0.457 \end{bmatrix}$$

因此，该问题简化为求解三个线性代数方程组的三个未知系数。可使用一个简单的 Python 脚本来获取系数值：

```
import numpy as np
A = np.matrix('90000., 300., 1. ; 160000., 400., 1. ; 250000., 500., 1.')
b = np.matrix('0.616 ; 0.525 ; 0.457')
p = np.linalg.solve(A,b)
print(p)
```

结果为

```
[[ 1.150e-06]
 [-1.715e-03]
 [ 1.027e+00]]
```

因此，精确经过三个点的抛物线为

$$f(x) = (1.150 \times 10^{-6})x^2 - (1.715 \times 10^{-3})\,x + 1.027$$

这个多项式提供了一种估算中间值的方法。例如，350℃ 时的密度可估算为

$$f(350) = (1.150 \times 10^{-6})350^2 - (1.715 \times 10^{-3})350 + 1.027 \approx 0.568$$

虽然例 17.1 中的方法提供了一种简单的方式来进行插值，但它有一个严重缺陷。为理解这个缺陷，注意例子中的系数矩阵有一个明显的结构。将其概括地表达为以下形式就可以清楚地看出：

$$\begin{bmatrix} x_1^2 & x_1 & 1 \\ x_2^2 & x_2 & 1 \\ x_3^2 & x_3 & 1 \end{bmatrix} \begin{bmatrix} p_0 \\ p_1 \\ p_2 \end{bmatrix} = \begin{bmatrix} f(x_1) \\ f(x_2) \\ f(x_3) \end{bmatrix} \tag{17.3}$$

这种形式的系数矩阵被称为范德蒙德(Vandermonde)矩阵。这是条件非常不良的矩阵。也就是说，它们的解会受到舍入误差的影响。用 Python 来计算例 17.1 中的系数矩阵的条件数，可以说明这一点。

```
print('{0:7.5g}'.format(np.linalg.cond(A)))
```

```
5.8932e+06
```

根据我们在第 11.2.2 节中的讨论，这个条件数对于 3×3 矩阵来说是很大的，这意味着解的舍入误差可能是 10^{6-t} 的数量级，其中 t 是系数的精度。在第 15 章中，我们在另一个场合遇到了这个问题，即多项式回归，并提供了一个缩放方法来解决这个问题。在那里，我们还处理了回归计算中的共线性的问题。使用缩放方法，我们将定义一个新变量，例如

$$z \equiv \frac{x - 400}{100}$$

则例 17.1 的系数矩阵将是 $\begin{bmatrix} 1 & -1 & 1 \\ 0 & 0 & 1 \\ 1 & 1 & 1 \end{bmatrix}$，条件数为 3.26。

我们可以用这种方式来求解问题，但是，为了使用插值多项式，我们首先必须将温度转换为上述的 z 形式。另外，值得注意的是，随着插值多项式阶数的增加，原来的条件不良情形会变得更糟。

与其用缩放法来处理这个困境，不如用其他不存在这个缺陷的方法来求解这个问题。在本章中，我们将描述两种非常适合在计算机上实现的技术：牛顿多项式和拉格朗日多项式。在此之前，我们将简要回顾一下如何用 Python 的内置函数直接估算插值多项式的系数。

17.1.2 Python NumPy 函数：polyfit 和 polyval

回顾第 14.5.2 节，polyfit 函数可用来进行多项式回归。在这种应用中，数据点的数量大于被估算的系数的数量。因此，最小二乘拟合线不一定通过任何一个点，而是遵循数据的一般趋势。

对于数据点数量等于系数数量的情况，polyfit 将确定插值多项式的系数，也就是说，多项式直接通过数据点。例如，polyfit 可用来确定通过表 17.1 中最后三个密度值的抛物线的系数。

```
T = np.array([300., 400., 500.])
rho = np.array([0.616, 0.525, 0.457])
coef = np.polyfit(T,rho,2)
print(coef)

[ 1.150e-06 -1.715e-03 1.027e+00]
```

然后可使用 polyval 函数进行插值，如

```
dens = np.polyval(coef,350.)
print('{0:7.5g}'.format(dens))

0.56762
```

这些结果与例 17.1 中使用联立线性方程得到的结果一致。

17.2　牛顿插值多项式

除了我们熟悉的式(17.2)的格式外，还有多种表达插值多项式的替代形式。牛顿插值多项式是最流行和最有用的形式之一。在介绍一般方程之前，我们将介绍一阶和二阶的版本，因为它们可以简单地从视觉上进行解释。

17.2.1　线性插值

插值最简单的形式是用直线连接两个数据点。这种技术被称为线性插值，如图 17.2 所示。

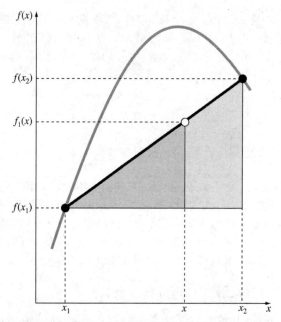

图 17.2 线性插值的图形描述。阴影区域表示用于推导牛顿线性插值公式[式(17.5)]的相似三角形

根据相似三角形

$$\frac{f_1(x) - f(x_1)}{x - x_1} = \frac{f(x_2) - f(x_1)}{x_2 - x_1} \tag{17.4}$$

重新排列得到

$$f_1(x) = f(x_1) + \frac{f(x_2) - f(x_1)}{x_2 - x_1}(x - x_1) \tag{17.5}$$

这就是牛顿线性插值公式。$f_1(x)$ 的下标表示这是一个一阶插值多项式。注意，除了代表连接两点的直线的斜率外，$[f(x_2)-f(x_1)]/(x_2-x_1)$ 项还是一阶导数的有限差分近似[回顾式(4.20)]。一般来说，数据点之间的间隔越小，近似度越高。这是因为，随着间隔的缩小，连续函数能更好地被直线所逼近。这一特性在下面的例子中得到了证明。

例 17.2 线性插值

问题描述。 用线性插值法估算 2 的自然对数。首先，在 ln1=0 和 ln6≈1.791759 之间进行插值计算。然后，重复这个过程，但是使用更小的区间——从 ln1 到 ln4 (1.386294)。注意，ln2 的真实值约为 0.6931472。

问题解答。 我们使用式(17.5)，从 x_1=1 到 x_2=6，得到

$$f_1(2) = 0 + \frac{1.791759 - 0}{6 - 1}(2 - 1) \approx 0.3583519$$

这代表误差 ε_t =48.3%。使用从 x_1=1 到 x_2=4 的较小区间，可以得到

$$f_1(2) = 0 + \frac{1.386294 - 0}{4 - 1}(2 - 1) \approx 0.4620981$$

因此，使用较小区间可将相对误差百分比降到 ε_t =33.3%。图 17.3 显示了两种插值法和真实函数。

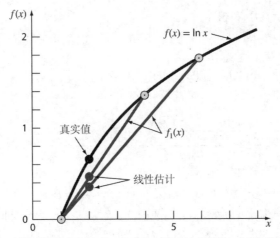

图 17.3　两种线性插值来估算 ln 2。注意较小区间是如何提供一个更好的估计值的

17.2.2　二次插值

例 17.2 中的误差是因为用直线逼近曲线而造成的。因此，改善估计值的策略是在连接各点的直线上引入一些曲率。如果有三个数据点，这可通过二阶多项式(也叫二次多项式或抛物线)来完成。为此，一个特别方便的形式是

$$f_2(x) = b_1 + b_2(x - x_1) + b_3(x - x_1)(x - x_2) \tag{17.6}$$

可用一个简单程序来确定系数的值。对于 b_1，式(17.6)中的 $x = x_1$ 可以用来计算

$$b_1 = f(x_1) \tag{17.7}$$

式(17.7)可代入式(17.6)，在 $x = x_2$ 处计算为

$$b_2 = \frac{f(x_2) - f(x_1)}{x_2 - x_1} \tag{17.8}$$

最后，式(17.7)和式(17.8)可代入式(17.6)，在 $x = x_3$ 处计算并求解(经过一些代数运算)得到

$$b_3 = \frac{\dfrac{f(x_3) - f(x_2)}{x_3 - x_2} - \dfrac{f(x_2) - f(x_1)}{x_2 - x_1}}{x_3 - x_1} \tag{17.9}$$

注意，与线性插值的情况一样，b_2 仍然代表连接点 x_1 和 x_2 的直线的斜率。因此，式(17.6)的前两项等同于 x_1 和 x_2 之间的线性插值，如式(17.5)所示。最后一项，$b_3(x-x_1)(x-x_2)$ 将二阶曲率引入式。

在说明如何使用式(17.6)之前，我们应该研究一下系数 b_3 的形式。它非常类似于之前在式(4.27)中介绍的二阶导数的有限差分近似。因此，式(17.6)开始表现出与泰勒级数展开非常相似的结构。也就是说，项在不断增加以体现越来越高阶的曲率。

例 17.3　二次插值

问题描述。对例 17.2 中相同的三个点，用二阶牛顿多项式估算 ln2 的值：

$$x_1 = 1 \qquad f(x_1) = 0$$
$$x_2 = 4 \qquad f(x_2) = 1.386294$$
$$x_3 = 6 \qquad f(x_3) = 1.791759$$

问题解答。 应用式(17.7)得到

$$b_1 = 0$$

式(17.8)给出

$$b_2 = \frac{1.386294 - 0}{4 - 1} = 0.4620980$$

式(17.9)生成

$$b_3 = \frac{\dfrac{1.791759 - 1.386294}{6 - 4} - 0.4620980}{6 - 1} = -0.0518730$$

将这些值代入式(17.6)得到二次方程

$$f_2(x) = 0 + 0.4620981(x-1) - 0.05189731(x-1)(x-4)$$

在 $x=2$ 处可以计算为 $f_2(2)=0.5658444$，这表示相对误差为 $\varepsilon_t =18.4\%$。因此，与例 17.2 和图 17.3 中使用直线得到的结果相比，二次公式(图 17.4)引入的曲率改善了插值的效果。

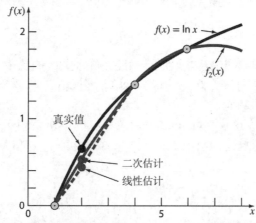

图 17.4　使用二次插值法估算 ln2。图中还包括从 $x=1$ 到 4 的线性插值，以进行比较

17.2.3　牛顿插值多项式的一般形式

前面的分析可以概括为对 n 个数据点拟合一个 $(n-1)$ 阶多项式。

$(n-1)$ 阶多项式为

$$f_{n-1}(x) = b_1 + b_2(x - x_1) + \cdots + b_n(x - x_1)(x - x_2) \cdots (x - x_{n-1}) \tag{17.10}$$

如同之前的线性和二次插值一样，可以用数据点来估算系数 $b_1, b_2, \cdots, b_n$。对于一个 $(n-1)$ 阶多项式，需要 n 个数据点：$[x_1, f(x_1)]$, $[x_2, f(x_2)]$, ..., $[x_n, f(x_n)]$。我们使用这些数据点和以下方程来估算系数。

$$b_1 = f(x_1) \tag{17.11}$$

$$b_2 = f[x_2, x_1] \tag{17.12}$$

$$b_3 = f[x_3, x_2, x_1] \tag{17.13}$$

$$\vdots$$

$$b_n = f[x_n, x_{n-1}, \ldots, x_2, x_1] \tag{17.14}$$

其中括起来的函数计算是有限差分。例如，一阶有限差分一般表示为

$$f[x_i, x_j] = \frac{f(x_i) - f(x_j)}{x_i - x_j} \tag{17.15}$$

二阶有限差分表示两个一阶差分的差分，一般表示为

$$f[x_i, x_j, x_k] = \frac{f[x_i, x_j] - f[x_j, x_k]}{x_i - x_k} \tag{17.16}$$

类似地，n 阶有限差分为

$$f[x_n, x_{n-1}, \ldots, x_2, x_1] = \frac{f[x_n, x_{n-1}, \ldots, x_2] - f[x_{n-1}, x_{n-2}, \ldots, x_1]}{x_n - x_1} \tag{17.17}$$

这些差分可以用来估算式(17.11)至式(17.14)中的系数，然后将其代入式(17.10)，得到牛顿插值多项式的一般形式：

$$f_{n-1}(x) = f(x_1) + (x - x_1) f[x_2, x_1] + (x - x_1)(x - x_2) f[x_3, x_2, x_1]$$
$$+ \cdots + (x - x_1)(x - x_2) \cdots (x - x_{n-1}) f[x_n, x_{n-1}, \ldots, x_2, x_1] \tag{17.18}$$

我们应该注意，在式(17.18)中使用的数据点不一定要等距，也不一定要按升序排列，如下面的例子所示。但是，这些点的顺序应使它们以未知数为中心，并尽可能接近未知数。另外，注意式(17.15)至式(17.17)是如何递归的——即，高阶差分是通过取低阶差分的差分来计算的(图 17.5)。我们可以利用这一性质来开发一个高效的 Python 脚本以实现该方法。

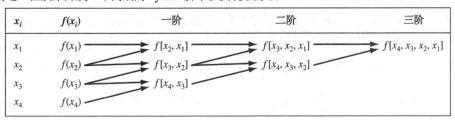

图 17.5　有限差分递归性质的图解，这种表示形式称为差分表

例 17.4　牛顿插值多项式

问题描述。在例 17.3 中，数据点 $x_1=1$、$x_2=4$、$x_3=6$ 被用来通过抛物线估算 ln2。现在增加第四个点[$x_4=5$；$f(x_4)=1.609438$]，用三阶牛顿插值多项式估算 ln2。

问题解答。$n=4$ 的三阶多项式[式(17.10)]为

$$f_3(x) = b_1 + b_2(x-x_1) + b_3(x-x_1)(x-x_2) + b_4(x-x_1)(x-x_2)(x-x_3)$$

该问题的一阶差分为[式(17.15)]

$$f[x_2, x_1] = \frac{1.386294 - 0}{4 - 1} = 0.4620980$$

$$f[x_3, x_2] = \frac{1.791759 - 1.386294}{6 - 4} = 0.2027325$$

$$f[x_4, x_3] = \frac{1.609438 - 1.791759}{5 - 6} = 0.1823210$$

二阶差分为[式(17.16)]

$$f[x_3, x_2, x_1] = \frac{0.2027325 - 0.4620980}{6 - 1} = -0.05187310$$

$$f[x_4, x_3, x_2] = \frac{0.1823210 - 0.2027325}{5 - 4} = -0.02041150$$

三阶差分为[式(17.17)，$n=4$]

$$f[x_4, x_3, x_2, x_1] = \frac{-0.02041150 - (-0.05187311)}{5 - 1} = 0.007865403$$

因此，差分表如表 17.2 所示。

表 17.2　差分表

x_i	$f(x_i)$	一阶	二阶	三阶
1	0	0.4620980	−0.05187310	0.007865403
4	1.386294	0.2027325	−0.02041150	
6	1.791759	0.1823210		
5	1.609438			

$f(x_1)$、$f[x_2, x_1]$、$f[x_3, x_2, x_1]$和$f[x_4, x_3, x_2, x_1]$的结果分别代表式(17.10)的系数 b_1、b_2、b_3 和 b_4。因此，插值三次方程为

$$f_3(x) = 0 + 0.4620981(x - 1) - 0.05187311(x - 1)(x - 4)$$
$$+ 0.007865529(x - 1)(x - 4)(x - 6)$$

通过该方程可估算得到 $f_3(2)=0.6287686$，这表示相对误差为 $\varepsilon_t=9.3\%$。完整的三阶多项式如图 17.6 所示。

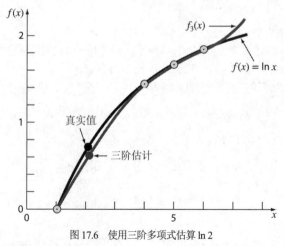

图 17.6　使用三阶多项式估算 ln 2

17.2.4　Python 函数 Newtint

开发一个 Python 函数来实现牛顿插值是很简单的。如图 17.7 所示，第一步是计算差分并将其存储在一个数组中。然后将这些差分与式(17.18)一起使用来执行插值。

```
def Newtint(x,y,xx):
    """
    Newtint: Newton interpolating polynomial
    Uses an (n-1)th-order Newton interpolating polynomial
    based on n data pairs to return a value of the
    dependent variable, yint, at a given value of the
    independent variable, xx.
    Input:
        x = array of independent variable values
        y = array of dependent variable values
        xx = value of independent variable at which
             the interpolation is calculated
    Output:
        yint = interpolated value of the dependent variable
    """
    # compute the finite divided differences in the
    # form of a difference table
    n = len(x)
    if len(y) != n:
        return 'x and y must be of same length'
    b = np.zeros((n,n))
    # assign the dependent variables to the first column of b
    b[:,0] = np.transpose(y)
    for j in range(1,n):
        for i in range(n-j):
            b[i,j] = (b[i+1,j-1]-b[i,j-1])/(x[i+j]-x[i])
    # use the finite divided differences to interpolate
    xt = 1
    yint = b[0,0]
    for j in range(n-1):
        xt = xt * (xx - x[j])
        yint = yint + b[0,j+1]*xt
    return yint
```

图 17.7 执行牛顿插值的 Python 函数

重复我们在例 17.3 中的计算，作为使用该函数的 Python 脚本的例子：

```
x = np.array([1., 4., 6., 5.])
y = np.log(x)
yi = Newtint(x,y,2.)
print(yi)
```

得到结果

```
0.6287685789084135
```

17.3 拉格朗日插值多项式

假设我们将线性插值多项式表述为用直线连接的两个数值的加权平均数：

$$f(x) = L_1 f(x_1) + L_2 f(x_2) \tag{17.19}$$

其中 L 为加权系数。符合逻辑的是，一阶加权系数是在 x_1 处等于 1、在 x_2 处等于 0 的直线：

$$L_1 = \frac{x - x_2}{x_1 - x_2}$$

类似地，二阶系数是在 x_2 等于 1、在 x_1 等于 0 的直线：

$$L_2 = \frac{x - x_1}{x_2 - x_1}$$

将这两个系数代入式(17.19)，得到连接两点的直线(图17.8)：

$$f_1(x) = \frac{x - x_2}{x_1 - x_2} f(x_1) + \frac{x - x_1}{x_2 - x_1} f(x_2) \tag{17.20}$$

其中$f_1(x)$的下标表示这是一个一阶多项式。式(17.20)被称为线性拉格朗日插值多项式。

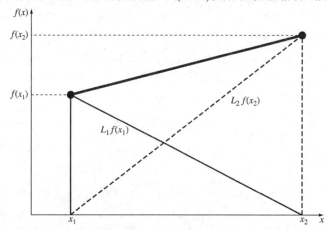

图17.8 对拉格朗日插值多项式背后原理进行的直观描述。该图显示的是一阶情况。式(17.20)中的两个项都是经过其中一个点、在另一个点上为零。因此，这两个项的总和必须是连接这两个点的唯一直线

同样的策略也可用来拟合一条通过三点的抛物线。这种情况下，需要使用三条抛物线，每条抛物线都穿过其中一个点，并在另外两个点上等于零。它们的总和将代表连接这三个点的唯一抛物线。

这样一个二阶拉格朗日插值多项式可以写为

$$f_2(x) = \frac{(x - x_2)(x - x_3)}{(x_1 - x_2)(x_1 - x_3)} f(x_1) + \frac{(x - x_1)(x - x_3)}{(x_2 - x_1)(x_2 - x_3)} f(x_2)$$
$$+ \frac{(x - x_1)(x - x_2)}{(x_3 - x_1)(x_3 - x_2)} f(x_3) \tag{17.21}$$

注意第一项在x_1处等于$f(x_1)$，在x_2和x_3处等于零。其他项以此类推。

一阶和二阶以及高阶拉格朗日多项式都可以简明地表示为

$$f_{n-1}(x) = \sum_{i=1}^{n} L_i(x) f(x_i) \tag{17.22}$$

其中

$$L_i(x) = \prod_{\substack{j=1 \\ j \neq i}}^{n} \frac{x - x_j}{x_i - x_j} \tag{17.23}$$

其中n=数据点的数量，Π表示"累乘"。

例17.5 拉格朗日插值多项式

问题描述。根据以下数据，使用一阶和二阶的拉格朗日插值多项式来估算 T=15℃时未使用的机油的密度：

x_1=0　$f(x_1)$=3.85
x_2=20　$f(x_2)$=0.800
x_2=40　$f(x_3)$=0.212

问题解答。使用一阶多项式[式(17.20)]可以得到 $x=15$ 处的估计值：

$$f_1(x) = \frac{15-20}{0-20} \times 3.85 + \frac{15-0}{20-0} \times 0.800 = 1.5625$$

同样，二阶多项式计算为[式(17.21)]

$$f_2(x) = \frac{(15-20) \times (15-40)}{(0-20) \times (0-40)} \times 3.85 + \frac{(15-0) \times (15-40)}{(20-0) \times (20-40)} \times 0.800$$

$$+ \frac{(15-0) \times (15-20)}{(40-0) \times (40-20)} \times 0.212 = 1.3316875$$

Python 函数：Lagrange

我们可以根据式(17.22)和式(17.23)创建一个 Python 函数。如图 17.9 所示，该函数有三个参数，与之前 Newtint 函数中的参数相同：一个自变量值数组 x，一个相应的因变量值数组 y，以及一个用于插值的自变量值 xx。多项式的阶数取决于 x 数组的长度。如果有 n 个值，则拟合一个 $(n-1)$ 阶的多项式。

```
def Lagrange(x,y,xx):
    """
    Lagrange interpolating polynomial
    Uses an (n-1)th-order Lagrange interpolating polynomial
    based on n data pairs to return a value of the
    dependent variable, yint, at a given value of the
    independent variable, xx.
    Input:
        x = array of independent variable values
        y = array of dependent variable values
        xx = value of independent variable at which
            the interpolation is calculated
    Output:
        yint = interpolated value of the dependent variable
    """
    n = len(x)
    if len(y) != n:
        return'x and y must be of same length'
    s = 0
    for i in range(n):
        product = y[i]
        for j in range(n):
            if i != j:
                product = product * (xx - x[j])/(x[i]-x[j])
        s = s + product
    yint = s
    return yint
```

图 17.9　执行拉格朗日插值的 Python 函数

该函数的一个应用是根据表 17.1 中的前四个值来预测标准大气压下和温度为 15℃时的空气密度。因为自变量和因变量数组使用了四个值，所以 Lagrange 函数将使用以下脚本得到一个三阶多项式：

```
T = np.array([-40., 0., 20., 50.])
rho = np.array([1.52, 1.29, 1.2, 1.09])
rhoint = Lagrange(T,rho,15.)
print(rhoint)
```

结果为

```
1.2211284722222222
```

17.4　逆插值

顾名思义，在大多数插值情况下，$f(x)$和x值分别是因变量和自变量。因此，x的值通常是等间距的。一个简单例子是由函数$f(x)=1/x$得出的数值表：

x	1	2	3	4	5	6	7
$f(x)$	1	0.5	0.3333	0.25	0.2	0.1667	0.1429

现在，假设你必须使用同样的数据，但你得到的是$f(x)$的值，必须确定对应的x的值。例如，对于上面的数据，假设你被要求确定$f(x)=0.3$所对应的x的值。对于这种情况，由于函数是可用的，而且容易计算，正确答案可以直接确定为$x=1/0.3\approx3.3333$。

这样的问题被称为逆插值。对于更复杂的情况，你可能想把$f(x)$和x的值对调一下[也就是说，绘制x相对于$f(x)$的关系图]，然后用牛顿或拉格朗日插值等方法来确定结果。遗憾的是，当你颠倒变量时，不能保证沿着新的横坐标[$f(x)$]的值间隔均匀。事实上，许多情况下，这些值会"伸缩"。也就是说，它们会有一个对数刻度的外形，一些相邻的点挤在一起，而另一些则分散开来。例如，对于$f(x)=1/x$，结果如下：

$f(x)$	0.1429	0.1667	0.2	0.25	0.3333	0.5	1
x	7	6	5	4	3	2	1

横坐标上的这种不均匀间隔常导致所产生的插值多项式出现振荡。这种情况甚至在低阶多项式上也会发生。另一种策略是将x阶插值多项式$f_n(x)$拟合到原始数据上[即$f(x)$相对于x]。大多数情况下，由于x的间隔是均匀的，这个多项式不会条件不良。那么你的问题的答案就相当于找到使这个多项式等于给定$f(x)$的x值。这样，插值问题就变成一个根的问题！

例如，对于刚才概述的问题，一个简单方法是将二次多项式拟合到三个点上：$(2, 0.5)$、$(3, 0.3333)$和$(4, 0.25)$。其结果将是：

$$f_2(x)=0.041667\,x^2-0.375x+1.08333$$

因此，寻找与$f(x)=0.3$相对应的x这一逆插值问题的答案，将变为确定下式的根：

$$0.3=0.041667\,x^2-0.375x+1.08333$$

对于这个简单例子，可用二次方程求两个根：

$$x_{1,2}=\frac{0.375\pm\sqrt{(-0.375)^2-4\times0.041667\times0.78333}}{2\times0.041667}\approx\begin{matrix}5.704158\,,\\3.295842\end{matrix}$$

因此，二次根为3.296，很好地接近了真实值3.333。如果需要更高的精确度，可以采用三阶或四阶多项式，以及第5章或第6章中的根定位方法。

17.5　外推法和振荡

在离开本章前，有两个与多项式插值有关的问题必须解决。它们是外推法和振荡。

17.5.1　外推法

外推法是估算$f(x)$在已知基准点$x_1, x_2, ..., x_n$范围之外的值的过程。如图17.10所示，外推法的开放性表明它是一个踏入未知的步骤，因为这个过程将曲线延伸到已知区域之外。所以，真实的曲线很容易与预测结果相背离。因此，每当出现必须进行外推的情况时，都应该特别小心。

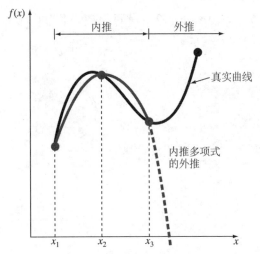

图 17.10 外推预测可能出现的分歧。推断的基础是通过前三个已知点拟合出一条抛物线

例 17.6 外推法的风险

问题描述。这个例子仿照了 Forsythe、Malcolm 和 Moler(1977 年)最初开发的一个例子。美国从 1920 年到 2020 年[1]的人口(以百万计)列表如下。

年份	1920	1930	1940	1950	1960	1970	1980	1990	2000	2010	2020
人口(10^6)	106.02	123.2	132.17	151.33	179.32	203.21	226.55	248.71	281.42	308.75	332.64

为 1920 年至 2010 年的前 10 个点拟合一个九阶多项式。使用该多项式来预测 2020 年的人口,并与表中的预测值进行比较。

问题解答。首先,这里是试图拟合七阶多项式的 Python 代码。

```
import numpy as np

yr = np.arange(1920.,2020.,10.)
pop = np.array([106.02,123.2,132.17,151.33,179.32,203.21,226.55,248.71,
                281.42,308.75])

coef = np.polyfit(yr,pop,7)
np.set_printoptions(precision=5)
print(coef)
```

然而,显示的结果为警告:

```
[-2.62750e-19 1.89237e-15 -3.36857e-12 -4.03934e-09 1.04524e-05 2.07940e-02
 -3.03478e+01 -1.00419e+05 2.16510e+08 -1.15968e+11]
RankWarning: Polyfit may be poorly conditioned
```

出现这个警告是因为多项式将年数变成了高次幂。我们以前也遇到过这种情况,建议的方法是对自变量进行缩放。在第 15 章中,我们使用了比例转换的方法

$$z = \frac{x - \overline{x}}{s_x}$$

---

1 2020 年的数值是美国人口普查局的预测。

将它应用于我们的例子，$z = (yr-1965)/30$。如果将其纳入我们的 Python 代码以拟合九阶多项式，修改后的代码为

```
z = (yr-1965.)/30.
coef = np.polyfit(z,pop,9)
np.set_printoptions(precision=5)
print(coef)
```

结果没有再出现警告，显示为

```
[ -18.12465 -2.0495 79.56966 -1.04477 -105.68631 23.29964
   40.06379 -16.82524 70.63697 191.71441]
```

可以用 polyval 函数来预测 2020 年的人口：

```
z20 = (2020.-1965.)/30.
pop20 = np.polyval(coef,z20)
print('{0:7.2f}'.format(pop20))
```

预测值为

```
-417.05
```

这大大低于表中的 332.64，显然是错误的。

通过生成表格数据和模型曲线图，可以获得深入的了解。

```
import pylab
yr2 = np.append(yr,[2020.])
pop2 = np.append(pop, [332.64])
yrplot = np.linspace(1920.,2020.,200)
zplot = (yrplot-1965.)/30.
pop2plot = np.polyval(coef,zplot)
pylab.scatter(yr2,pop2,c='k',marker='s')
pylab.plot(yrplot,pop2plot,c='k',ls='--')
pylab.grid()
pylab.xlabel('Year')
pylab.ylabel('Population (millions)')
```

图 17.11 揭示了这个问题。多项式完美拟合了直到 2010 年的数据；然而，当用来推断到 2020 年时，它的上升模式急剧向下偏离，产生了错误的预测。一个更微妙的观察是模型曲线在 1920 年和 1940 年之间的轻微振荡。这把我们引向下一节的主题。

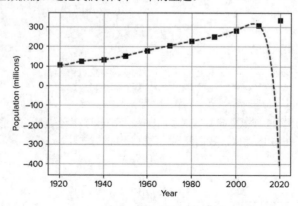

图 17.11　根据 1920 年至 2010 年的数据，使用九阶多项式对 2020 年的美国人口进行预测

17.5.2 振荡

我们已经看到，在回归中过度拟合多项式的情况下，模型线可以在数据点之间振荡，并提供虚假的预测。这也是多项式插值的情况——"多不一定好"。一个插值需要通过数据点的高阶多项式，可能会在这些点之间表现出明显的振荡。下面的例子说明了这一点，并强调了我们在回归中讨论过的"简约"概念，即使用最简单、但能为插值提供充足作用的模型或多项式。

例 17.7 高阶多项式插值的风险

问题描述。1901 年，Carl Runge[1]发表了一篇关于高阶多项式插值风险的研究论文。他研究了下面这个简单得令人难以置信的函数。

$$f(x) = \frac{1}{1 + 25\,x^2} \tag{17.24}$$

这个函数现在被称为 Runge 函数。Runge 在区间[-1, 1]上取等距的 x 值。然后 Carl Runge 使用了阶数越来越高的插值多项式，发现随着他取的点越来越多，多项式和原始曲线有很大的不同。而且，随着阶数的增加，情况大大恶化。这种行为被称为 Runge 现象。复制 Runge 的结果，使用 Python NumPy 的 polyfit 和 polyval 函数，将四阶和十阶多项式分别拟合到式(17.24)生成的五个和十一个等距的点上。将结果与 Runge 函数的样本值和曲线一起绘制成图。

问题解答。对于第一种情况，下面的 Python 代码生成 5 个 x 值和相应的 $f(x)$ 值，根据四阶多项式拟合插值了 50 个 x 值，并创建了包含 Runge 函数曲线的图。

```
import numpy as np
import pylab
# generate 5 equally-spaced points and function values
x = np.linspace(-1.,1.,5)
y = 1./(1.+25.*x**2)
# 50 interpolation poings
xx = np.linspace(-1.,1.)
# fit 4th-order polynomial
coef = np.polyfit(x,y,4)
# use polynomial to interpolate
y4 = np.polyval(coef,xx)
# Runge's function values
yr = 1./(1.+25.*xx**2)
# generate plot
pylab.scatter(x,y,c='k',marker='o')
pylab.plot(xx,y4,c='k',ls='--',label='4th-order')
pylab.plot(xx,yr,c='k',label='Runge')
pylab.grid()
pylab.xlabel('x')
pylab.ylabel('y')
pylab.legend()
```

绘制的图如图 17.12 所示，可以看到，多项式在表示 Runge 函数和提供插值方面的表现并不好。可以很容易地修改 Python 代码来提供第二种情况下的图。

---

1 全名是 *Carl David Tolmé Runge* (1856—1927 年)，是德国数学家、物理学家和光谱学家。

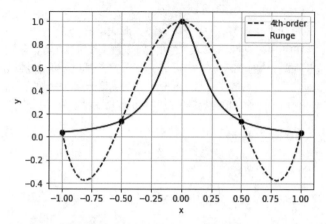

图 17.12　基于函数的五个等距点抽样，Runge 函数和四阶插值多项式的对比

```
import numpy as np
import pylab
# generate 11 equally-spaced points and function values
x = np.linspace(-1.,1.,11)
y = 1./(1.+25.*x**2)
# 100 interpolation poings
xx = np.linspace(-1.,1.,100)
# fit 10th-order polynomial
coef = np.polyfit(x,y,10)
# use polynomial to interpolate
y10 = np.polyval(coef,xx)
# Runge's function values
yr = 1./(1.+25.*xx**2)
# generate plot
pylab.scatter(x,y,c='k',marker='o')
pylab.plot(xx,y10,c='k',ls='--',label='10th-order')
pylab.plot(xx,yr,c='k',label='Runge')
pylab.grid()
pylab.xlabel('x')
pylab.ylabel('y')
pylab.legend()
```

结果如图 17.13 所示。

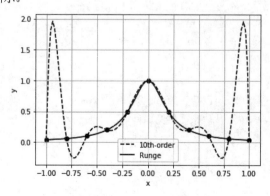

图 17.13　基于函数的 11 个等距点抽样，Runge 函数和十阶插值多项式的对比

图 17.13 中的情况更糟糕，在区间两端尤其如此。

尽管在某些情况下，高阶多项式是合理的，但一般是要避免的。在大多数工程和科学场景中，本章所述的低阶多项式可以有效地用于捕捉数据中的曲线趋势，而不会受到振荡的影响。

一个典型例子是考虑 Runge 函数在区间[0.25, 1.0]上有五个等值点和一个四阶插值多项式。图 17.14 显示了明显好转的结果。你会注意到，我们考虑的是原始区间的一部分，而不是试图适应从 −1 到 1 的多项式。我们将在第 18 章中考虑子区间或分片插值的概念。

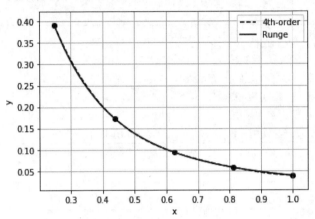

图 17.14 区间[0.25, 1.0]上的四阶插值多项式和 Runge 函数

习题

17.1 以下数据是以高精确度测量得到的。使用(对于这种类型的问题来说)最好的数值方法，来估算 $x=3.5$ 处的 y 值。注意，多项式将产生一个精确的值。你的解应该证明你的结果是精确的。

x 0	1.8	5	6	8.2	9.2	12
y 26	16.415	5.375	3.5	2.015	2.54	8

17.2 根据表中的数据，使用牛顿插值多项式来确定 $x=3.5$ 处的 y 值，使其达到最佳精度。计算图 17.5 中的有限差分，并对你的点进行排序以达到最佳精度和收敛性。也就是说，这些点应该以未知数为中心并尽可能地接近未知数。

x	0	1	2.5	3	4.5	5	6
y	2	5.4375	7.3516	7.5625	8.4453	9.1875	12

17.3 给定下表中的数据，使用牛顿插值多项式来估算 $x=8$ 处的 y 值。计算图 17.5 中的有限分差，并对你的点进行排序以达到最佳精度和收敛性。然后，重复这个过程，但是使用表格中的数据顺序，对结果中的任何差异进行评论。

x	0	1	2	5.5	11	13	16	18
y	0.5	3.134	5.3	9.9	10.2	9.35	7.2	6.2

17.4 给定数据

x	1	2	2.5	3	4	5
$f(x)$	0	5	7	6.5	2	0

(a) 绘制数据图,并从图中估算 $f(3.4)$。

(b) 使用一到五阶牛顿插值多项式计算 $f(3.4)$。

(c) 分析你的结果,以确定哪一阶多项式能提供合理准确的插值。

17.5 给定下表中的数据,用一到四阶牛顿多项式来估算 $f(4)$。你的结果表明,用于生成表中数据的多项式的阶数是多少?

x	1	2	3	5	6
$f(x)$	4.75	4	5.25	19.75	36

17.6 用一阶到三阶的拉格朗日多项式重复问题 17.5。

17.7 第 15 章中的习题 5 列出了水中溶解氧浓度与温度和氯离子浓度的关系。

(a) 使用二次和三次插值法确定 $T=12℃$、$c=10g/L$ 时的氧气浓度。

(b) 使用线性插值法确定 $T=12℃$、$c=15 g/L$ 时的氧气浓度。

(c) 重复(b),但使用二次插值法。

17.8 运用逆插值法,使用三次多项式和二分法来确定以下表格中 $f(x)=1.7$ 所对应的 x 的值。

x	1	2	3	4	5	6	7
$f(x)$	3.6	1.8	1.2	0.9	0.72	1.5	0.51429

17.9 用逆插值法来确定以下表格数据中对应于 $f(x)=0.93$ 的 x 的值:

x	0	1	2	3	4	5
$f(x)$	0	0.5	0.8	0.9	0.941176	0.961538

注意,表中的数值是用函数 $f(x)=x^2/(1+x^2)$ 生成的。

(a) 通过分析确定正确的值。

(b) 使用二次逆插值和二次方程来确定数值。

(c) 使用三次逆插值和二分法来确定数值。

17.10 在压力为 200MPa 的情况下,蒸气的比容 $v(m^3/kg)$ 和熵 $s(kJ/[kg·K])$ 的关系如下表(部分)所示。

(a) 用线性插值法估算 $v=0.118$ 时的熵。

(b) 使用二次插值法估算 $v=0.118$ 时的熵。

(c) 用二次逆插值法估算对应于熵=6.45 的比容。

$v/(m^3/kg)$	0.10377	0.11144	0.12547
$s/[kJ/(kg·K)]$	6.4147	6.5453	6.7664

17.11 以下关于氮气密度与温度关系的数据来自一个表格,其数值是以高精度测量的。使用一阶到五阶多项式来估算温度为 330K 时的密度。你的最佳估计值是什么?使用你的选择和逆插值来确定相应的温度。

T/K	200	250	300	350	400	450
密度/(kg/m³)	1.708	1.367	1.139	0.967	0.854	0.759

17.12 测量温度的最精确装置之一是铂金电阻温度计,又称热电阻(RTD)。在这种装置中,一根细长的铂金丝缠绕在线轴上,并嵌入不锈钢护套中。铂金丝的电阻随温度的变化呈线性关系。一根典型的长铂金丝在 0℃ 时的电阻值约为 100Ω,每度变化约 0.39Ω。因此,为了准确测量温度,

人们必须能够以高分辨率测量电阻的变化。传统上，这由非平衡电桥电路来完成。如图所示，它提供一个与传感器电阻成比例(但不是线性)的小电压输出。

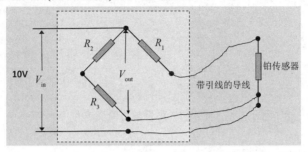

以下是来自该电路的测量值，其中 $R_1=R_2=5\text{k}\Omega$，$R_3=120\Omega$。

传感器电阻/Ω	100	115	130	145	160	175
电桥输出/V	0.45244	0.10592	-0.19918	-0.46988	-0.71167	-0.92896

一个标准的 100Ω 铂金电阻温度计在 100℃时的电阻为 139.27Ω。使用多项式插值法来估算这些条件下的电桥输出电压。如果测得电桥输出为 0 伏，使用逆插值来估算测量的电阻。你的结论是什么？

17.13 贝塞尔(Bessel)函数经常出现在高级工程分析中，例如对电场的研究。下面是一些 0 阶第一类贝塞尔函数的选定值：

x	1.8	2.0	2.2	2.4	2.6
$J_1(x)$	0.5815	0.5767	0.5560	0.5202	0.4708

使用三阶和四阶插值多项式估算 $J_1(2.1)$。确定每种情况下与真实值相比的误差百分比，可以用 Python 的 SciPy 模块中的 special.jv 函数确定。

17.14 重复例 17.6，但是使用一阶、二阶和三阶插值多项式，根据最新的数据预测 2020 年的人口。也就是说，对于线性预测，使用 2000 年和 2010 年的数据，以此类推。将你的结果与美国人口普查局预测的数值进行比较。你的结果中哪一个比较好？

17.15 下表列出了过热蒸气在一定压力下的比容，其数值引用自蒸气表。

$T/℃$	370	382	394	406	418
$v/(\text{L/kg})$	5.9313	7.5838	8.8428	9.796	10.5311

使用多项式插值法估算 $T=400℃$时的 v。

17.16 矩形区域受到强度为 q 的均匀载荷时，其角的部位的垂直应力 σ_z 由 Boussinesq 方程的解给出：

$$\sigma = \frac{q}{4\pi}\left[\frac{2mn\sqrt{m^2+n^2+1}}{m^2+n^2+1+m^2n^2}\frac{m^2+n^2+2}{m^2+n^2+1} + \sin^{-1}\left(\frac{2mn\sqrt{m^2+n^2+1}}{m^2+n^2+1+m^2n^2}\right)\right]$$

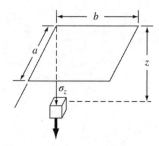

在过去，由于这个方程不方便人工求解，所以被重新表述为

$$\sigma_z = q f_z(m, n)$$

其中 $f_z(m, n)$ 称为影响值，m 和 n 是无量纲比值，$m=a/z$，$n=b/z$，a 和 b 的定义见图。然后将影响值制成表格，下表中给出了其中的一部分。如果 $a=4.6$ 米，$b=14$ 米，用三阶插值多项式计算矩形基脚角下 10 米深处的 σ_z，该基脚承受的总载荷为 100 吨(公吨)。用每平方米的吨数表示你的答案。注意，q 等于单位面积的载荷。

m	$n = 1.2$	$n = 1.4$	$n = 1.6$
0.1	0.02926	0.03007	0.03058
0.2	0.05733	0.05894	0.05994
0.3	0.08323	0.08561	0.08709
0.4	0.10631	0.10941	0.11135
0.5	0.12626	0.13003	0.13241
0.6	0.14309	0.14749	0.15027
0.7	0.15703	0.16199	0.16515
0.8	0.16843	0.17389	0.17739

17.17 水的密度与温度的关系如下表所示。

温度/℃	密度/(kg/m³)
0	999.87
2	999.97
6	999.97
10	999.73

水有一个奇怪的特性，它的密度在 0 到 10℃之间达到最大值。这方面的一个表现是，当它冻结时，它的比容会增加，这是导致家庭供水管道断裂的一个众所周知的原因。使用三阶插值多项式，估算出最大值的位置及其数值。顺便说一下，这个值是众所周知的 1000 kg/m³。

17.18 热电偶是工业应用中最常见的测量温度的设备。它的基本理念是，在两种不同的金属或合金的交界处会产生一个小的"电动势"(或称 e.m.f.)。如果这个节点与另一个处于相同温度的节点相平衡，电动势就会相互抵消，但是，如果节点处于不同的温度，即 T_h 和 T_c，如下图(a)所示，就会产生一个与温度差成比例的小电流。

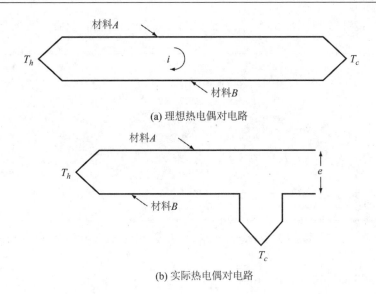

(a) 理想热电偶对电路

(b) 实际热电偶对电路

如图中(b)所示，热电偶电路的实用之处在于，它可以通过控制温度 T_c(称为参考节点温度)和断开电路来测量净 e.m.f.。对于典型的热电偶材料，测量的 e.m.f.单位是毫伏(mV)，为了测量十分之一度，必须能以微伏(μV)的分辨率进行测量。

在实验室中已经仔细测量了常见合金的净 e.m.f.和温度之间的关系，并且可以通过表格获得，例如，从 NIST 中获得。它在一定程度上是线性的，但不完全是。下面是普通 K 型热电偶的一些值，其材料为铬铝(铬——90%的镍/10%的铬合金，铝——95%的镍/2%的铝/2%的锰/1%的硅合金)，参考节点温度为 0 ℃。

温度/℃	−100	0	100	200	300	400
e.m.f./mV	−3.554	0	4.096	8.138	12.209	16.397

使用多项式插值法来估算温度为 144 ℃ 时对应的 e.m.f.。从表格中找出准确的数值，并计算出误差的百分比。

17.19 重力加速度随着地球表面向上距离的增加而减小。根据下表中的数据，估算 55,000 米处的 g：

y/m	0	30,000	60,000	90,000	120,000
g/(m/s^2)	9.8100	9.7487	9.6879	9.6278	9.5682

17.20 加热板不同点上精确测量的温度如下表所示。估算(a)x=4、y=3.2，和(b)x=4.3、y=2.7 处的温度。

	x=0	x=2	x=4	x=6	x=8
y=0	100.00	90.00	80.00	70.00	60.00
y=2	85.00	64.49	53.50	48.15	50.00
y=4	70.00	48.90	38.43	35.03	40.00
y=6	55.00	38.78	30.39	27.07	30.00
y=8	40.00	35.00	30.00	25.00	20.00

17.21 表中列出了硼硅玻璃在不同光波长度下的折射率。用逆插值法估算折射率为 1.520 时的波长。

波长 λ/Å	折射率/n
6563	1.50883
6439	1.50917
5890	1.51124
5338	1.51386
5086	1.51534
4861	1.51690
4340	1.52136
3988	1.52546

17.22 使用 NumPy 模块中的 polyfit 和 polyval，开发一个 Python 函数，执行多项式插值。这个函数应该看起来像

```
def polyint(x,y,n,xval):
    .
    .
    return yint
```

其中 x 和 y 是输入数组，n 是多项式阶数，xval 是要插值的 x 的值。给定 x 和 y 数组的长度，该函数应该检查参数 n 是否可以接受。该函数还应该检查 x 和 y 数组的长度是否相同。

用 x 值为 1.、2.、4.和 8.，以及由下式计算的 y 值来测试你的函数。

$$y = 10e^{-x/5}$$

插值 $x=3$ 的 y 值。计算并显示插值的百分比误差。

17.23 下面的数据来自一个测量精度很高的表格。使用牛顿插值多项式来估算 $x=3.5$ 处的 y 值。对所有的点进行适当排序，并制定有限差分表。注意，多项式会生成一个精确的值。你的解应该证明你的结果是精确的。

x	0	1	2.5	3	4.5	5	6
y	26	15.5	5.375	3.5	2.375	3.5	8

17.24 以下数据描述了美国标准大气压(kPa)与海拔的关系。

海拔 /m	0	1000	2000	3000	4000	5000	6000	7000	8000	9000	10000
压力 /kPa	101.33	89.88	79.50	70.12	61.66	54.05	47.22	41.11	35.65	30.80	26.50

选择表中的最后五组数据，并使用图 17.7 和图 17.9 分别描述的 Newtint 函数和 Lagrange 函数来估算珠穆朗玛峰顶的大气压。

第18章

样条和分段插值

本章学习目标

本章的主要目的是介绍样条以及分段插值与平滑之间的对比。涵盖的具体目标和主题为:

● 理解样条通过分段方式将低阶多项式拟合到数据上而使振荡最小。

● 知道如何开发代码来执行表格查询。

● 认识到为什么三次多项式比四次和高阶样条更好。

● 理解支撑三次样条拟合的连续性条件。

● 理解自然、固定和非节点末端条件之间的区别。

● 知道如何使用 Python 的 SciPy 模块中的 interpolate 函数将数据拟合为样条。

● 理解二维插值是如何用 Python 实现的。

● 知道样条被扩展为噪声数据的平滑机制。

● 理解用于平滑噪声数据的另一种 LOESS 方法。

18.1 样条简介

在第 17 章中,($n-1$)阶多项式被用来在 n 个数据点之间进行插值。例如,对于八个点,我们可以推导出一个完美的七阶多项式。这条曲线将捕捉到各点提示的所有弯曲(至少为七阶或七阶以上导数)。然而,在有些情况下,这些函数会因为舍入误差和振荡而导致错误的结果。另一种方法是将低阶多项式以分段方式应用于数据点的子集。这种连接多项式被称为样条函数。例如,用于连接每一对数据点的三阶曲线被称为三次样条。这些函数的构造可以使相邻的三次方程之间的连接在视觉上是平滑的。从表面上看,样条的三阶近似值似乎不如七阶的表达形式。你可能会想,为什么样条会比较好呢?

图 18.1 说明了样条比高阶多项式表现更好的情况。这种情况下,一个函数通常是平滑的,但在感兴趣的区域中某个地方发生了突然变化。图 18.1 中描述的梯级增长是这种变化的一个极端例子,但可以说明这个问题。

图 18.1(a)到(c)说明了高阶多项式是如何在突变的附近剧烈振荡的。相比之下,样条也是连接各点的,但由于它只限于低阶变化,振荡被控制在最小范围内。因此,样条通常为具有局部突然变化的函数的行为提供了更好的近似。

样条的概念起源于绘图技术,即使用一个薄的、灵活的条带(称为样条)来绘制通过一组点的平滑曲线。图 18.2 描述了一系列五个别针(数据点)的样条过程。在这种技术中,绘图者将纸放在木板上，在数据点的位置将钉子或别针插入纸(和木板)。钉子之间的条带交织在一起，就形成一条平滑的立体曲线。因此，这种类型的多项式采用了"立体样条(三次样条)"的名称。

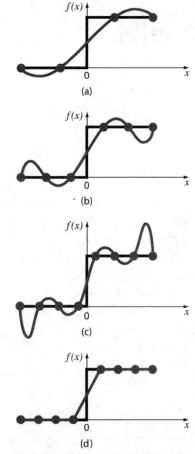

图18.1 样条优于高阶插值多项式的情况的直观表示。要拟合的函数在 $x=0$ 处突然增加。(a)到(c)部分表明，这个突然变化会引起插值多项式的振荡。相比之下，由于(d)线性样条仅限于直线连接，所以提供了一个更可接受的近似值

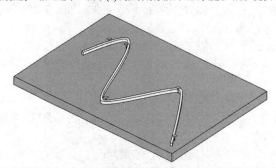

图18.2 使用样条来绘制通过一系列点的平滑曲线的绘图技术。注意在终点处样条是如何变直的。
这被称为"自然"样条

在本章中，我们将首先使用简单的线性函数来介绍一些基本概念以及与样条插值有关的问题。

然后，我们推导出一种将四元样条拟合到数据的算法。接下来是关于三次样条的资料，它是工程和科学中最常见和最有用的版本。最后，我们将描述 Python 中 SciPy 模块的 interpolate 子模块的功能，包括其生成样条的功能。

18.2　线性样条

图 18.3 中显示了用于样条的符号。对于 n 个数据点(i=1, 2, ..., n)，有 n–1 个区间。每个区间 i 都有自己的样条函数 $s_i(x)$。对于线性样条，每个函数仅仅是连接每个区间两端的两点的直线，它被表述为

$$s_i(x) = a_i + b_i(x - x_i) \tag{18.1}$$

其中 a_i 是截距，定义为

$$a_i = f_i \tag{18.2}$$

而 b_i 是连接两点的直线的斜率：

$$b_i = \frac{f_{i+1} - f_i}{x_{i+1} - x_i} \tag{18.3}$$

其中 f 是 $f(x_i)$ 的简写。将式(18.1)和(18.2)代入式(18.3)得到

$$s_i(x) = f_i + \frac{f_{i+1} - f_i}{x_{i+1} - x_i}(x - x_i) \tag{18.4}$$

这些方程可用于估算 x_1 和 x_n 之间任何一点的函数，但先定位该点所在的区间。然后，用适当的方程来确定区间内的函数值。对式(18.4)的检验表明，线性样条相当于使用牛顿一阶多项式[式(17.5)]在每个区间内进行插值。

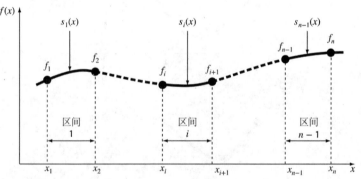

图 18.3　用来推导样条的符号。注意，有 n–1 个区间和 n 个数据点

例 18.1 一阶样条
问题描述。 用一阶样条拟合表 18.1 的数据。估算 x=5 处的函数。

表 18.1　样条函数待拟合的数据

i	x_i	f_i
1	3.0	2.5
2	4.5	1.0
3	7.0	2.5
4	9.0	0.5

问题解答。数据可以代入式(18.4)，生成线性样条函数。例如，对于从 $x=4.5$ 到 $x=7$ 的第二个区间，该函数为

$$s_2(x) = 1.0 + \frac{2.5 - 1.0}{7.0 - 4.5}(x - 4.5)$$

其他区间的方程可以计算出来，得到的一阶样条曲线绘制在图 18.4(a)中。$x=5$ 处的数值为 1.3。

$$s_2(x) = 1.0 + \frac{2.5 - 1.0}{7.0 - 4.5}(5 - 4.5) = 1.3$$

对图 18.4(a)的目测表明，一阶样条的主要缺点是它们不平滑。从本质上讲，在两个样条相交的数据点(称为节点)，斜率会突然改变。从形式上讲，函数的一阶导数在这些点上是不连续的。这一缺陷可以通过使用高阶多项式样条来克服，通过等价导数来确保节点处的平滑性，这一点将在随后讨论。在这之前，下面提供了一个线性样条的应用实例。

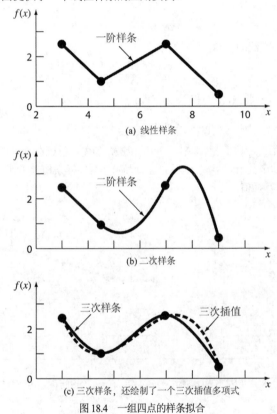

图 18.4　一组四点的样条拟合

表格查询

查表是工程和计算机科学应用中经常遇到的一个任务。有两种类型的表格查询。一种是离散表查询。离散表是与离散对象有关的信息表。例如，按名称列出的特定材料的属性。另一种，我们称之为连续表，是对连续属性的离散抽象，如表 17.1 所示的不同温度下的空气密度。每种类型的表的查询方法都不同。

首先，离散表的条目一般可按任意顺序排列，索引数或自变量可以是数字或名称(字符串)。在连续表中，我们希望自变量是有序的，通常是以数值升序的方式。我们不会对离散表进行插值。某

一项目要么在表中，要么不在。也有可能项目出现了不止一次，而且必须有一个策略来决定当这种情况发生时该怎么做。尽管离散表不一定是数字性质的，但由于从这些表中提取信息是很常见的，所以值得用 Python 来介绍一个例子。

例 18.2 从离散表中提取信息

问题描述。表 18.2 列出了各种颗粒状材料的一组属性。开发一个 Python 函数，它的参数是材料的名称和属性的名称，并返回适当的值。

表 18.2 各种颗粒状材料的属性

材料	绝对密度/(kg/m³)	体积密度/(kg/m³)	孔隙率	颗粒直径/mm	形状系数
小麦	1400	865	39.2	3.61	1.07
大米	1457	905	37.9	2.72	1.04
小米	1180	727	38.4	1.99	1.07
聚乙烯	922	592	35.8	3.43	1.02
玉米	1342	743	44.6	7.26	1.50
聚苯乙烯	1058	641	39.4	1.56	1.14
大麦	1279	725	43.4	3.70	1.14
亚麻籽	1129	703	37.8	2.09	1.05

问题解答。使用 Python 有不同的方法来处理这个问题。这里的方法与连续表的方法很有关系。首先，我们定义材料和属性名称。然后是表的条目。

```python
import numpy as np

Matl = np.array(['Wheat' , 'Rice' , 'Millet', 'Polyethylene',
                 'Corn', 'Polystyrene', 'Barley', 'Flaxseeds'])
Prop = np.array(['Absolute Density', 'Bulk Density', 'Percent Void',
                 'Particle Diameter', 'Shape Factor'])
TableData = np.array([[1400., 865., 39.2, 3.61, 1.07],
                      [1457., 905., 37.9, 2.72, 1.04],
                      [1180., 727., 38.4, 1.99, 1.07],
                      [ 922., 592., 35.8, 3.43, 1.02],
                      [1342., 743., 44.6, 7.26, 1.50],
                      [1058., 641., 39.4, 1.56, 1.14],
                      [1279., 725., 43.4, 3.70, 1.14],
                      [1129., 703., 37.8, 2.09, 1.05]])
```

注意，对于较长的表格，从外部文本文件中读入数据表信息是很有用的。

接下来，我们对查询功能进行编程：

```python
def TableLookup2(Row,Col,RowNames,ColNames,TableData):
    """
    Function for lookup in a two-dimensional table.
    Input:
        Row = name in row array
        Col = name in column array
        RowNames = row array
        ColNames = column array
        TableData = two-dimensional array of data in table
    Output:
```

```
        TableValue = value extracted from table
    """
    n = len(RowNames) ; m = len(ColNames)
    nt = np.size(TableData,0)
    mt = np.size(TableData,1)
    if n != nt or m != mt:
        return 'table information does not conform in size'
    ifind = False
    for i in range(n):
        if Row = = RowNames[i]:
            isel = i
            ifind = True
            break
    if not ifind: return 'row name not found in table'
    jfind = False
    for j in range(m):
        if Col = = ColNames[j]:
            jsel = j
            jfind = True
            break
    if not jfind: return 'column name not found in table'
    return TableData[isel,jsel]
```

下面是该函数的一个应用实例：

```
MatlName = 'Corn'
PropName = 'Bulk Density'
TableValue = TableLookup2(MatlName,PropName,Matl,Prop,TableData)
if type(TableValue) = = type(str()):
    print(TableValue)
else:
    print('{0:1} of {1:11} is
{2:7.5g}'.format(PropName,MatlName,TableValue))
```

```
Bulk Density      of Corn          is      743
```

当使用一个错误的名称时，情形如下：

```
MatlName = 'Corn'
PropName = 'BulkDensity'
TableValue = TableLookup2(MatlName,PropName,Matl,Prop,TableData)
if type(TableValue) = = type(str()):
    print(TableValue)
else:
    print('{0:1} of {1:11} is
{2:7.5g}'.format(PropName,MatlName,TableValue))
```

```
column name not found in table
```

在结束这个例子时，我们注意到，如果由于某种原因表中有多个条目，这个函数会返回第一个条目。

现在，回到连续表，一个与本章更相关的话题。我们先看一下单向表，即表中有一个单一的自变量和因变量。再次考虑一下表 17.1 中的数据，处理表格查询的一种方法是一个 Python 函数，你提供所需的自变量值，例如 75 ℃，以及表值为 50 ℃ 和 100 ℃ 的两对温度和密度；然后该函数将计算一个简单的线性插值并返回估计值。这种方式带来的挑战是在每次插值前都要手动读表。另一个更通用的方法类似于例 18.2 中的 TableLookup2 函数，通过提供自变量值以及自变量和因变量值的数组，让函数在表中找到包含自变量值的区间。

因此，Python 函数将执行两个任务。第一，在表中搜索，找到自变量的两个值，这两个值包围着所提供的值；第二，进行线性插值计算并返回结果。当然，该函数应该检查以确定所提供的值是否在表的范围内；如果不在，则返回错误信息，如果与表的值重合，则不需要插值。

这种方法要求对表中的数据进行排列，使自变量或索引数变量是有序的，通常是升序的。这在大多数情况下是一种典型的排列。有两种常见的方法可在表中找到合适的区间：顺序搜索和二进制搜索。顾名思义，顺序搜索就是将自变量的期望值与输入数组中的数值进行比较，直到找到合适的区间。对于升序的数据(这是最常见的)，在输入数组中进行搜索，直到发现一个值大于所提供的值。这样就找到了该区间较大的值，较小的值就是它前面的那个值。如果找到一个完全匹配的值，就可以避免插值计算。

这里有一个 Python 函数，完成了顺序搜索和线性插值：

```python
import numpy as np

def TableLookup(x,y,xx):
    n = len(x)
    if n != len(y): return 'input arrays must be the same length'
    if xx < x[0] or xx > x[n-1]:
        return 'input value out of range of table'
    for i in range(n):
        if xx == x[i]:  # check for an exact match
            return y[i]
        elif x[i] > xx:  # check for upper interval
            i2 = i
            break
    xint = (xx-x[i2-1])/(x[i2]-x[i2-1])*(y[i2]-y[i2-1])+y[i2-1]
    return xint
```

可以用表 17.1 中的数据多次测试这个函数：

```python
T = np.array([-40, 0., 20., 50., 100., 150., 200., 250.,
             300., 400., 500.])
rho = np.array([1.52, 1.29, 1.20, 1.09, 0.946, 0.935,
               0.746, 0.675, 0.616, 0.525, 0.457])

Tx = 350.
rhox = TableLookup(T,rho,Tx)
print(rhox)

0.5705
```

完全匹配的结果是

```python
Tx = -40.
rhox = TableLookup(T,rho,Tx)
print(rhox)

1.52
```

错误条目的结果是

```python
Tx = -501.
```

```
rhox = TableLookup(T,rho,Tx)
print(rhox)
```

```
input value out of range of table
```

对于数据表很长的情况，也许有几千个条目，顺序排序的效率很低，因为它必须在到达区间端点之前搜索前面所有的点。对于一次性计算，顺序技术可能仍然适合；但如果查表任务被嵌入另一个有成千上万次迭代的例行程序，一个很好的选择是二进制搜索。这里有一个 Python 函数，它可以执行二进制搜索，然后进行线性插值：

```
def TableLookupBin(x,y,xx):
    n = len(x)
    if n != len(y): return 'input arrays must be the same length'
    if xx < x[0] or xx > x[n-1]:
        return 'input value out of range of table'
    iL = 0 ;  iU = n-1
    while True:
        if iU - iL <= 1: break  # exit when the subscript index is 1
        iM = int((iL+iU)/2)  # compute the midpoint index
        if x[iM] = = xx:  # check for a match
            return y[iM]
        elif x[iM] < xx:  # adjust upper or lower index
            iL = iM
        else:
            iU = iM
    xint = (xx-x[iL])/(x[iU]-x[iL])*(y[iU]-y[iL])+y[iL]
    return xint
```

这里的方法类似于根定位的二分法。中点的索引数 iM，被计算为第一个或较低的索引数(iL = 0)和最后一个或较高的索引数(iU = n-1)的平均值。然后将 xx 值与 x 数组的中点值 xM 进行比较，以评估它是否匹配或者在数组的上半部分或下半部分。根据它所处的位置，上半部分或下半部分的索引数将采用中点索引数的值。这个过程重复进行，直到较高和较低索引数之间的差异小于或等于零。在这一点上，下限索引数位于包含 xx 的区间的下限，上限索引数是区间的上限，然后计算线性插值。

与之前类似的代码得到相同的插值结果：

```
T = np.array([-40, 0., 20., 50., 100., 150., 200., 250.,
             300., 400., 500.])
rho = np.array([1.52, 1.29, 1.20, 1.09, 0.946, 0.935,
               0.746, 0.675, 0.616, 0.525, 0.457])

Tx = 350.
rhox = TableLookupBin(T,rho,Tx)
print(rhox)
```

```
0.5705
```

这个结果可通过下面的手工计算得到验证：

$$f(350) = \frac{350 - 300}{400 - 300} \times (0.525 - 0.616) + 0.616 \approx 0.5705 \quad ✓$$

18.3 二次样条

为确保 n 阶导数在节点处是连续的，必须使用至少($n+1$)阶的样条。三阶多项式或三次样条可确保一阶和二阶导数的连续性，在实践中最常使用。尽管在使用三次样条时，三阶和更高阶的导数可能是不连续的，但它们通常不能被直观地检测出来，因此被忽略了。

由于三次样条的推导有些复杂，我们决定首先使用二阶多项式来说明样条插值的概念。这些"二次样条"在节点处有连续的一阶导数。虽然二次样条并不具有实际意义，但它们可以很好地展示开发高阶样条的一般方法。

二次样条的目标是为数据点之间的每个区间推导出一个二阶多项。每个区间的多项式一般可以表示为

$$s_i(x) = a_i + b_i(x - x_i) + c_i(x - x_i)^2 \tag{18.5}$$

其中的符号与图 18.3 一样。对于 n 个数据点($i=1, 2, ..., n$)，有 $n-1$ 个区间，因此有 $3(n-1)$ 个未知常数(a、b 和 c 的)需要估算。因此，需要 $3(n-1)$ 个方程或条件来估算未知数。这些可以按以下方式制定。

(1) 该函数必须通过所有的点。这被称为连续性条件。它可以在数学上表示为

$$f_i = a_i + b_i(x_i - x_i) + c_i(x_i - x_i)^2$$

这可简化为

$$a_i = f_i \tag{18.6}$$

因此，每个二次方程中的常数必须等于区间开端的因变量值。这个结果可以并入式(18.5)：

$$s_i(x)=f_i+b_i(x-x_i)+c_i(x-x_i)^2$$

注意，由于我们已经确定了其中一个系数，现在在需要估算的条件数量已经减少到 $2(n-1)$。

(2) 相邻多项式的函数值在节点处必须相等。这个条件对于节点 $i+1$ 可以写为

$$f_i + b_i(x_{i+1} - x_i) + c_i(x_{i+1} - x_i)^2 = f_{i+1} + b_{i+1}(x_{i+1} - x_{i+1}) + c_{i+1}(x_{i+1} - x_{i+1})^2 \tag{18.7}$$

这个方程可以通过定义第 i 个区间的宽度在数学上简化为

$$h_i=x_{i+1}-x_i$$

因此，式(18.7)简化为

$$f_i + b_ih_i + c_ih_i^2 = f_{i+1} \tag{18.8}$$

节点 $i=1, ..., n-1$ 都可以写出这个式。由于这相当于 $n-1$ 个条件，这意味着还有 $2(n-1)-(n-1)=n-1$ 个剩余条件。

(3) 内部节点的一阶导数必须相等。这是一个重要条件，因为它意味着相邻的样条将被平滑地连接，而不是像我们看到的线性样条那样出现锯齿状。对式(18.5)进行微分，从而得到

$$s_i'(x) = b_i + 2c_i(x - x_i)$$

因此，内部节点 $i+1$ 处的导数的等价性可以写为

$$b_i + 2c_ih_i = b_{i+1} \tag{18.9}$$

为所有内部节点写出这个方程，相当于 $n-2$ 个条件。这意味着还有 $n-1-(n-2)=1$ 个剩余条件。除非我们有一些关于函数或其导数的额外信息，否则则必须做一个任意的选择来成功计算常数。

(4) 假设二阶导数在第一点处为零。因为式(18.5)的二阶导数是 $2c_i$，这个条件在数学上可以表示为

$$c_1=0$$

这个条件的直观解释是，前两点将由一条直线连接。

例 18.3 二次样条

问题描述。对例 18.1(表 18.1)中使用的相同数据进行二次样条分析。用这些结果来估算 $x=5$ 处的值。

问题解答。对于本问题，我们有四个数据点和 $n=3$ 个区间。因此，这意味着在应用了连续性条件和二阶导数为零的条件后，还需要 $2(4-1)-1=5$ 个条件。对 $i=1$ 到 $3(c_1=0)$ 写出式(18.8)，得到

$$f_1 + b_1 h_1 = f_2$$
$$f_2 + b_2 h_2 + c_2 h_2^2 = f_3$$
$$f_3 + b_3 h_3 + c_3 h_3^2 = f_4$$

导数的连续性，式(18.9)，创造了额外的 $3-1=2$ 个条件(再次回顾，$c_1=0$)：

$$b_1 = b_2$$
$$b_2 + 2c_2 h_2 = b_3$$

必要的函数和区间宽度值为

$$f_1 = 2.5 \qquad h_1 = 4.5 - 3.0 = 1.5$$
$$f_2 = 1.0 \qquad h_2 = 7.0 - 4.5 = 2.5$$
$$f_3 = 2.5 \qquad h_3 = 9.0 - 7.0 = 2.0$$
$$f_4 = 0.5$$

这些数值可以代入条件，用矩阵形式表示为

$$\begin{bmatrix} 1.5 & 0 & 0 & 0 & 0 \\ 0 & 2.5 & 6.25 & 0 & 0 \\ 0 & 0 & 0 & 2 & 4 \\ 1 & -1 & 0 & 0 & 0 \\ 0 & 1 & 5 & -1 & 0 \end{bmatrix} \begin{bmatrix} b_1 \\ b_2 \\ c_2 \\ b_3 \\ c_3 \end{bmatrix} = \begin{bmatrix} -1.5 \\ 1.5 \\ -2 \\ 0 \\ 0 \end{bmatrix}$$

这些方程可以用 Python 解出结果：

$$b_1 = -1$$
$$b_2 = -1 \qquad c_2 = 0.64$$
$$b_3 = 2.2 \qquad c_3 = -1.6$$

这些结果以及 α 的值[式(18.6)]，可以被代入原来的二次方程中，为每个区间建立以下二次样条：

$$s_1(x) = 2.5 - (x - 3)$$
$$s_2(x) = 1.0 - (x - 4.5) + 0.64(x - 4.5)^2$$
$$s_3(x) = 2.5 + 2.2(x - 7.0) - 1.6(x - 7.0)^2$$

因为 $x=5$ 位于第二个区间，我们用 s_2 进行预测：

$$s_2(5) = 1.0 - (5 - 4.5) + 0.64(5 - 4.5)^2 = 0.66$$

图 18.4(b)中描述了总的二次样条拟合。注意，有两个缺点影响了拟合：①连接前两点的直线；②最后一个区间的样条似乎摆动得太高。下一节中的三次样条不存在这些缺点，因此，是更好的样条插值方法。

18.4 三次样条

如上一节开头所述，三次样条在实践中最常被使用。线性和二次样条的缺点已经讨论过了。四

阶或更高阶的样条不被使用，因为它们往往表现出高阶多项式所固有的不稳定性。三次样条是首选，因为它们提供了最简单的表示方法，表现出所需的平滑外观。

三次样条的目标是为节点之间的每个区间推导出一个三阶多项式，一般表示为

$$s_i(x) = a_i + b_i(x - x_i) + c_i(x - x_i)^2 + d_i(x - x_i)^3 \qquad (18.10)$$

因此，对于 n 个数据点($i=1, 2, ..., n$)，有 $n-1$ 个区间和 $4(n-1)$ 个未知系数需要估算。因此，需要 4 个($n-1$)条件来估算它们。

第一个条件与用于二次样条的条件相同。也就是说，它们被设定为使函数通过各点，并且在节点处的一阶导数相等。此外，制定了条件以确保节点处的二阶导数也相等。这大大增强了拟合的平稳性。

制定了这些条件后，还需要两个条件来获得解。这比二次样条的结果要好得多，在二次样条中我们需要指定一个条件。这种情况下，我们不得不任意指定第一个区间的二阶导数为零，从而使结果不对称。对于三次样条，我们处于有利地位，因为需要两个额外条件，所以可在两端公平地应用它们。

对于三次样条，这两个条件可用几种方式来表述。一个非常常见的方法是假设第一和最后一个节点的二阶导数等于零。这些条件的直观解释是，函数在末端节点处成为一条直线。指定这样一个末端条件会导致所谓的"自然"样条。它之所以被命名为自然样条，是因为绘图样条自然地以这种方式表现出来(图 18.2)。

还有其他各种可以指定的末端条件。其中两个比较流行的是固定和非节点条件。我们将在 18.4.2 节描述它们。在下面的推导中，我们将仅限于自然样条。

一旦指定了额外的末端条件，我们将拥有估算 $4(n-1)$ 个未知系数所需的 $4(n-1)$ 个条件。虽然以这种方式开发三次样条是可能的，但我们将提出另一种方法，只需要求解 $n-1$ 个方程。此外，联立方程将是三对角的，因此可非常有效地进行求解。虽然这种方法的推导没有二次样条那么直接，但效率得到提高，是非常值得的。

18.4.1　三次样条的推导

与二次样条的情况一样，第一个条件是样条曲线必须通过所有数据点。

$$f_i = a_i + b_i(x_i - x_i) + c_i(x_i - x_i)^2 + d_i(x_i - x_i)^3$$

简化为

$$a_i = f_i \qquad (18.11)$$

因此，每个三次样条中的常数必须等于区间开端的因变量值。这个结果可并入式(18.10)：

$$s_i(x) = f_i + b_i(x - x_i) + c_i(x - x_i)^2 + d_i(x - x_i)^3 \qquad (18.12)$$

接下来，我们将应用每个三次样条必须在节点处连接的条件。对于节点 $i+1$，这可以表示为

$$f_i + b_i h_i + c_i h_i^2 + d_i h_i^3 = f_{i+1} \qquad (18.13)$$

其中

$$h_i = x_{i+1} - x_i$$

内部节点的一阶导数必须相等。式(18.12)经微分后得到

$$s_i'(x) = b_i + 2c_i(x - x_i) + 3d_i(x - x_i)^2 \qquad (18.14)$$

因此，内部节点 $i+1$ 处的导数的等价性可以写成

$$b_i + 2c_i h_i + 3d_i h_i^2 = b_{i+1} \qquad (18.15)$$

内部节点上的二阶导数也必须相等。式(18.14)经微分后得到

$$s_i''(x) = 2c_i + 6d_i(x - x_i) \tag{18.16}$$

因此，内部节点 $i+1$ 处的二阶导数的等价性可以写为

$$c_i + 3d_ih_i = c_{i+1} \tag{18.17}$$

接下来，我们可求解式(18.17)中的 d_i：

$$d_i = \frac{c_{i+1} - c_i}{3h_i} \tag{18.18}$$

这可代入式(18.13)，得到

$$f_i + b_ih_i + \frac{h_i^2}{3}(2c_i + c_{i+1}) = f_{i+1} \tag{18.19}$$

式(18.18)也可以代入式(18.15)，得到

$$b_{i+1} = b_i + h_i(c_i + c_{i+1}) \tag{18.20}$$

求解式(18.19)得到

$$b_i = \frac{f_{i+1} - f_i}{h_i} - \frac{h_i}{3}(2c_i + c_{i+1}) \tag{18.21}$$

这个式子的索引数可以减少1：

$$b_{i-1} = \frac{f_i - f_{i-1}}{h_{i-1}} - \frac{h_{i-1}}{3}(2c_{i-1} + c_i) \tag{18.22}$$

式(18.20)的索引数也可以减少1：

$$b_i = b_{i-1} + h_{i-1}(c_{i-1} + c_i) \tag{18.23}$$

式(18.21)和式(18.22)可代入式(18.23)，结果可以简化为

$$h_{i-1}c_{i-1} + 2(h_{i-1} + h_i)c_i + h_ic_{i+1} = 3\frac{f_{i+1} - f_i}{h_i} - 3\frac{f_i - f_{i-1}}{h_{i-1}} \tag{18.24}$$

通过认识到右边的项是有限差分[回顾式(17.15)]，可以使这个方程更简洁一些：

$$f[x_i, x_j] = \frac{f_i - f_j}{x_i - x_j}$$

因此，式(18.24)可以写为

$$h_{i-1}c_{i-1} + 2(h_{i-1} + h_i)c_i + h_ic_{i+1} = 3(f[x_{i+1}, x_i] - f[x_i, x_{i-1}]) \tag{18.25}$$

内部节点 $c=2, 3, ..., n-2$ 都可以写出式(18.25)，其结果是 $n-3$ 个联立的三对角方程，有 $n-1$ 个未知系数，$c_1, c_2, ..., c_{n-1}$。因此，如果我们有两个额外的条件，我们可以求解 c。一旦确定了 c，式(18.21)和式(18.18)就可用来确定其余系数，b 和 d。

如前所述，这两个额外的末端条件可以用多种方式来表述。一种常见的方法，即自然样条，假设末端节点的二次导数等于零。为了解如何将这些条件整合到求解方案中，可以将第一个节点处的二次导数[式(18.16)]设置为零，如下所示：

$$s_1''(x_1) = 0 = 2c_1 + 6d_1(x_1 - x_1)$$

因此，这个条件相当于将 c_1 设为零。同样的计算可以在最后一个节点进行：

$$s_{n-1}''(x_n) = 0 = 2c_{n-1} + 6d_{n-1}h_{n-1} \tag{18.26}$$

回顾式(18.17)，我们可以方便地定义一个无关的参数 c_n，在这种情况下，式(18.26)变成

$$c_{n-1} + 3d_{n-1}h_{n-1} = c_n = 0$$

因此，为了在最后一个节点强加一个零的二阶导数，我们设定 $c_n = 0$。

现在，最终方程可用矩阵形式写为

$$\begin{bmatrix} 1 & & & & \\ h_1 & 2(h_1+h_2) & h_2 & & \\ & \ddots & & \ddots & \\ & & h_{n-2} & 2(h_{n-2}+h_{n-1}) & h_{n-1} \\ & & & & 1 \end{bmatrix} \begin{bmatrix} c_1 \\ c_2 \\ \vdots \\ c_{n-1} \\ c_n \end{bmatrix} = \begin{bmatrix} 0 \\ 3(f[x_3,x_2]-f[x_2,x_1]) \\ \vdots \\ 3(f[x_n,x_{n-1}]-f[x_{n-1},x_{n-2}]) \\ 0 \end{bmatrix} \tag{18.27}$$

如上所示，该系统是三对角的，因此求解起来很高效。

例 18.4 自然三次样条

问题描述。对例 18.1 和例 18.2(表 18.1)中使用的相同数据拟合三次样条。利用得到的结果来估计 $x=5$ 处的值。

问题解答。第一步是利用式(18.27)生成一组联立方程，用来确定 c 系数：

$$\begin{bmatrix} 1 & & & \\ h_1 & 2(h_1+h_2) & h_2 & \\ & h_2 & 2(h_2+h_3) & h_3 \\ & & & 1 \end{bmatrix} \begin{bmatrix} c_1 \\ c_2 \\ c_3 \\ c_4 \end{bmatrix} = \begin{bmatrix} 0 \\ 3(f[x_3,x_2]-f[x_2,x_1]) \\ 3(f[x_4,x_3]-f[x_3,x_2]) \\ 0 \end{bmatrix}$$

必要的函数和区间宽度值为

$$f_1 = 2.5 \qquad h_1 = 4.5 - 3.0 = 1.5$$
$$f_2 = 1.0 \qquad h_2 = 7.0 - 4.5 = 2.5$$
$$f_3 = 2.5 \qquad h_3 = 9.0 - 7.0 = 2.0$$
$$f_4 = 0.5$$

代入这些得到

$$\begin{bmatrix} 1 & & & \\ 1.5 & 8 & 2.5 & \\ & 2.5 & 9 & 2 \\ & & & 1 \end{bmatrix} \begin{bmatrix} c_1 \\ c_2 \\ c_3 \\ c_4 \end{bmatrix} = \begin{bmatrix} 0 \\ 4.8 \\ -4.8 \\ 0 \end{bmatrix}$$

这些方程可用 Python 解出结果：

$$c_1 = 0 \qquad\qquad c_2 = 0.839543726$$
$$c_3 = -0.766539924 \qquad c_4 = 0$$

式(18.21)和式(18.18)可用来计算 b 和 d：

$$b_1 = -1.419771863 \qquad d_1 = 0.186565272$$
$$b_2 = -0.160456274 \qquad d_2 = -0.214144487$$
$$b_3 = 0.022053232 \qquad d_3 = 0.127756654$$

这些结果以及 a 的值[式(18.11)]，可以代入式(18.10)，为每个区间建立以下三次样条：

$$s_1(x) = 2.5 - 1.419771863(x-3) + 0.186565272(x-3)^3$$
$$s_2(x) = 1.0 - 0.160456274(x-4.5) + 0.839543726(x-4.5)^2 - 0.214144487(x-4.5)^3$$
$$s_3(x) = 2.5 + 0.022053232(x-7.0) - 0.766539924(x-7.0)^2 + 0.127756654(x-7.0)^3$$

然后可以利用这三个方程来计算每个区间内的数值。例如，$x=5$ 处的数值，属于第二个区间，

计算为

$$s_2(5) = 1.0 - 0.160456274 \times (5 - 4.5) + 0.839543726 \times (5 - 4.5)^2 - 0.214144487 \times (5 - 4.5)^3$$
$$= 1.102889734$$

图 18.4(c)描述了总的三次样条拟合。

图 18.4 总结了例 18.1 到例 18.3 的结果。可以注意到，从线性样条到二次样条再到三次样条，拟合效果逐渐改善。我们还在图 18.4(c)上叠加了一个三次插值多项式。尽管三次样条曲线由一系列三阶曲线组成，但得到的拟合结果与使用三阶多项式得到的结果不同。这是由于自然样条要求末端节点的二阶导数为零，而三次多项式则没有这样的约束条件。

18.4.2　末端条件

虽然自然样条的图形方式很吸引人，但它只是可以为样条指定的几个末端条件之一。两个最常用的条件如下：

- 固定末端条件。这个条件涉及在第一个和最后一个节点上指定一阶导数。这有时被称为"固定"样条，因为它是当你夹紧绘图样条的末端，使其具有所需的斜率时发生的。例如，如果指定一阶导数为零，那么样条将在末端拉平或变成水平。
- "非节点"末端条件。第三种方法是强制要求三阶导数在第二和倒数第二个节点的连续性。由于样条已经指定了函数值以及它的一阶和二阶导数在这些节点上是相等的，指定连续的三阶导数意味着相同的三次函数将适用于最前和最后两个相邻的分段。由于第一个内部节点不再代表两个不同的三次函数的交界处，它们不再是真正的节点。因此，这种情况被称为"非节点"条件。它的另一个特性是，对于四个点，它产生的结果与使用第 17 章中描述的那种普通三次插值多项式获得的结果相同。

通过将式(18.25)应用于内部节点 $i=2, 3, ...,$ 并使用表 18.3 中所写的第一个(1)和最后一个方程 $(n-1)$，这些条件可以很容易地进行应用。

表 18.3　为三次样条指定一些常用末端条件所需的首尾两端的方程

条件	首尾两端的方程
自然	$c_1 = 0, c_n = 0$
固定(其中 f_1 和 f_n 分别为第一个和最后一个节点指定的一阶导数)	$2h_1 c_1 + h_1 c_2 = 3f[x_2, x_1] - 3f_1'$ $h_{n-1} c_{n-1} + 2h_{n-1} c_n = 3f_n' - 3f[x_n, x_{n-1}]$
非节点	$h_2 c_1 - (h_1 + h_2)c_2 + h_1 c_3 = 0$ $h_{n-1} c_{n-2} - (h_{n-2} + h_{n-1})c_{n-1} + h_{n-2} c_n = 0$

图 18.5 显示了应用于拟合表 18.1 中数据的三种末端条件的比较。固定条件设置为两端的导数等于零。

如预期的那样，固定情况下的样条拟合在两端趋于平稳。相比之下，自然样条和非节点样条的情况更接近于数据点的趋势。注意自然样条是如何趋向于拉直的，因为二阶导数在两端归零，这是符合预期的。由于非节点样条在两端有非零的二阶导数，所以它表现出更多的弯曲。

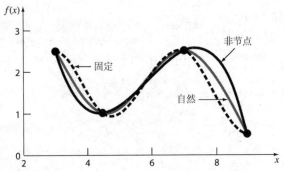

图 18.5 表 18.1 中数据的固定(一阶导数为零)、非节点和自然样条的对比

18.5 Python 中的分段插值

鉴于上一节的推导，我们可以在 Python 中构建一个函数来计算自然样条并进行插值。代码如图 18.6 所示，依赖于第 9 章中 tridiag 函数的使用。

```python
import numpy as np

def cspline(x,y,xx):
    """
    Cubic Spline Interpolation with Natural End Conditions
    input:
        x = array of independent variable values
        y = array of dependent variable values
        xx = input value for interpolation
    output:
        yy = interpolated value of y
    """
    n = len(x)
    if len(y) != n: return 'input arrays must be the same length'
    if xx < x[0] or xx > x[n-1]: return 'input value out of range of table'
    h = np.zeros((n-1))  # x interval widths
    for i in range(n-1):
        h[i] = x[i+1] - x[i]
    df = np.zeros((n-1))  # y over h finite differences
    for i in range(n-1):
        df[i] = (y[i+1]-y[i])/h[i]
    e = np.zeros((n))  # diagonals of coefficient matrix
    f = np.zeros((n))
    f[0] = 1 ; f[n-1] = 1
    g = np.zeros((n))
    for i in range(1,n-1):
        e[i] = h[i-1]
        f[i] = 2*(h[i-1] + h[i])
        g[i] = h[i]
    const = np.zeros((n))  # constant vector
    for i in range(1,n-1):
        const[i] = 3*(df[i]-df[i-1])
    c = tridiag(e,f,g,const)   # solve tridiagonal system
    b = np.zeros((n-1))  # calculate b coefficients from c
```

图 18.6 Python 函数 cspline，用于实现具有自然末端条件的三次样条插值

```
    for i in range(n-1):
        b[i] = (y[i+1]-y[i])/h[i]-h[i]/3*(2*c[i]+c[i+1])
    d = np.zeros((n-1))  # calculate d coefficients from c
    for i in range(n-1):
        d[i] = (c[i+1]-c[i])/3/h[i]
    for i in range(n):  # calculate interpolation
        if xx = = x[i]:  # check for an exact match
            return y[i]
        elif x[i] > xx:  # check for upper interval
            i2 = i-1
            break
    yy = y[i2] + b[i2]*(xx-x[i2]) + c[i2]*(xx-x[i2])**2 + d[i2]*(xx-x[i2])**3
    return yy
```

图18.6(续)

可以测试 cspline 函数,首先对 T=350℃的示例值进行插值,然后针对表 17.1 的密度与温度数据中的 100 个温度值阵列绘制插值曲线。

```
Tx = 350.
rhox = cspline(T,rho,Tx)
print(rhox)

import pylab

Tplot = np.linspace(-40.,500.,100)
k = len(Tplot)
rhoplot = np.zeros((k))
for i in range(k):
    rhoplot[i] = cspline(T,rho,Tplot[i])
pylab.scatter(T,rho,c='k',marker='s')
pylab.plot(Tplot,rhoplot,c='k',ls = ':')
pylab.grid()
```

得到的插值为

0.5665375927793199

得到的绘图如图 18.7 所示。

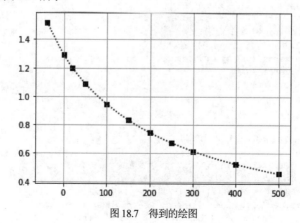

图18.7 得到的绘图

18.5.1　Python SciPy 模块的 interpolate 函数：CubicSpline

三次样条插值也可以使用 Python SciPy 模块中 interpolate 子模块的内置函数来计算。这个多功能的函数允许指定边界条件，包括自然、固定和非节点。语法如下，这里选择自然边界条件：

```
from scipy.interpolate import CubicSpline
cs = CubicSpline(x,y,bc_type='natural')
```

cs 的返回值被称为 PPoly instance，其断点与数据匹配。要计算插值，其语法为

```
yy = cs(xx)
```

其中 xx 是插值所需的 x 值，yy 是插值的值。xx 参数可以是一个数组的值。

例 18.5 使用 Python 的内置函数进行样条分析

问题描述。Runge 函数是一个臭名昭著的例子，它不能用多项式很好地拟合。回顾例 17.7。

$$f(x) = \frac{1}{1 + 25x^2}$$

用 Python 为九个等距的数据点拟合一个三次样条，这些数据点是从这个函数的区间[-1, 1]中抽样的。比较以下几种情况的结果：自然、非节点和固定，两端斜率为$f_1' = 1$和$f_{n-1}' = -4$。

问题解答。九个等距的点可以通过以下方式生成：

```
import numpy as np
from scipy.interpolate import CubicSpline

def Runge(x):
    return 1./(1. + 25.*x**2)

x = np.linspace(-1.,1.,9)
y = Runge(y)
```

接下来，可以生成一个间隔更细的 x 值数组，这样我们就可以创建一个由 50 个插值和函数值组成的数组用于绘图。

```
xx = np.linspace(-1.,1)
```

现在，我们可以使用 CubicSpline 函数来处理与 xx 值数组有关的插值。

```
xx = np.linspace(-1.,1)
cs = CubicSpline(x,y,bc_type='natural')
yy = cs(xx)
```

而且，我们可以计算对应于 xx 值的函数值。

```
yR = Runge(xx)
```

这样我们就得到了需要的结果，可以生成一个图，将插值与真实的函数值进行比较。

```
import pylab
pylab.scatter(x,y,c='k',marker='o')
pylab.plot(xx,yy,c='k',ls='--',label='Spline')
pylab.plot(xx,yR,c='k',label='Runge')
pylab.grid()
pylab.xlabel('x')
pylab.ylabel('f(x)')
pylab.legend()
```

图形如图 18.8 所示。自然样条曲线在遵循 Runge 函数方面做得很好，没有出现我们在第 17 章中看到的剧烈振荡现象。如果有超过九个点，插值将更接近真实的函数。

我们现在可以根据非节点和固定末端条件来添加插值，并生成一张图来展示三种插值类型。

```
# not-a-knot'
csk = CubicSpline(x,y,bc_type='not-a-knot')
yyk = csk(xx)
# clamped with derivatives spec'd
csc = CubicSpline(x,y,bc_type=((1,1.),(1,-4.)))
yyc = csc(xx)
# plot natural, not-a-knot, and clamped
pylab.figure()
pylab.plot(xx,yy,c='k',label='natural')
pylab.plot(xx,yyk,c='k',ls='--',label='not-a-knot')
pylab.plot(xx,yyc,c='k',ls=':',label='clamped')
pylab.grid()
pylab.xlabel('x')
pylab.ylabel('f(x)')
pylab.legend()
```

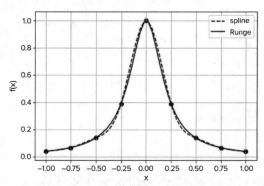

图 18.8　九个数据点，Runge 函数与用 Python 的 CubicSpline 函数生成的自然样条的对比

我们观察到，在图 18.9 中，自然和非节点末端条件之间没有什么区别；然而，在插值范围的两端，具有我们指定的导数值的固定条件有很大的偏差。这里的导数是人为指定的。在其他情况下，我们可能会有可靠的导数值，然后固定样条就会表现良好。

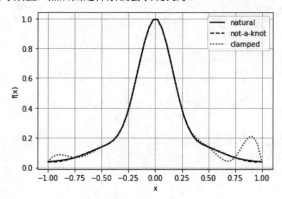

图 18.9　三次样条插值的三种常见末端条件的比较

18.5.2 附加的 Python SciPy 插值函数：interp1d 和 PchipInterpolator

内置的 interp1d 函数提供了一个方便的手段来实现许多不同类型的分段一维插值。一个线性插值的语法示例是：

```
from scipy.interpolate import interp1d
f = interp1d(x,y,kind='linear')
```

返回的 f 是一个可用于插值的函数，例如：

yy = f(xx)

下面是 interp1d 的一些可用方法：

- linear——线性插值
- nearest——找到最近的数据点。这有时被称为最近邻插值。
- quadratic——二次样条
- cubic——三次样条

重复第 18.5 节的插值，但使用 interp1d：

```
import numpy as np
from scipy.interpolate import interp1d
T = np.array([[-40.,   0., 20., 50., 100., 150., 200., 250.,
          300., 400., 500.])
rho = np.array([1.52, 1.29, 1.20, 1.09, 0.946, 0.835,
           0.746, 0.675, 0.616, 0.525, 0.457])

Tx = 350.
frho = interp1d(T,rho,kind='cubic')
rhox = frho(Tx)
print(rhox)
```

结果是

0.5666131930705898

这与自然样条的结果非常接近。

在众多插值函数中，还有一个是 PchipInterpolator，它代表了"分段三维 Hermite 插值"。这种方法使用三次多项式来连接具有连续一阶导数的数据点。然而，与三次样条不同的是，二阶导数不一定连续。此外，节点处的一阶导数与三次样条的一阶导数不同。相反，它们被明确地选择，以便插值是"保持形状的"。也就是说，插值不会像三次样条曲线有时会发生的那样，超越数据点。

因此，在 interp1d/cubic 和 PchipInterpolator 功能之间存在权衡。使用三次样条插值的结果通常会显得更平滑，因为人眼可以检测到二阶导数的不连续。此外，如果数据值是平滑的，三次样条将更准确。另一方面，如果数据不平滑，pchip 插值的过冲较少，振荡也较小。下面的例子估算了 Runge 函数的 pchip 插值。稍后，我们将看到，当数据有明显的随机误差时，应该应用一些特定的平滑技术。

例 18.6 将 PchipInterpolator 应用于 Runge 函数

问题描述。通过使用 PythonSciPy 模块 interpolation 子模块中的 PchipInterpolator 函数来扩展例 18.4。将结果与自然样条进行比较。

问题解答。可使用下面的 Python 脚本来生成两种方法的插值，并在 x=[-1, 1] 的范围内绘制它们和 Runge 函数的曲线。

```python
import numpy as np
import scipy.interpolate as intr

def Runge(x):
    return 1./(1. + 25.*x**2)

x = np.linspace(-1.,1.,9)
y = Runge(x)

xx = np.linspace(-1.,1)
cs = intr.CubicSpline(x,y,bc_type='natural')
yy = cs(xx)

cchip = intr.PchipInterpolator(x,y)
ychip = cchip(xx)


yR = Runge(xx)

import pylab
pylab.scatter(x,y,c='k',marker='o')
pylab.plot(xx,yy,c='k',ls='- -',label='cubic spline')
pylab.plot(xx,ychip,c='k',ls=':',label='pchip')
pylab.plot(xx,yR,c='k',label='Runge')
pylab.grid()
pylab.xlabel('x')
pylab.ylabel('f(x)')
pylab.legend()
```

结果如图 18.10 所示。通过仔细观察，我们注意到 pchip 的曲线更接近 Runge 函数的真实曲线。可以看到，三次样条的过冲/下冲被 pchip 方法所缓和。

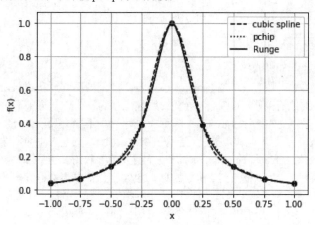

图 18.10　Runge 函数的自然三次样条与 pchip 插值的对比

18.6　多维插值

用于一维问题的插值方法可以扩展到多维插值。在这一节中，我们将描述笛卡儿坐标中二维插值的最简单情况。此外，将描述 Python 的多维插值能力。

18.6.1　双线性插值

二维插值处理的是确定两个变量的函数 $z=f(x_i, y_i)$ 的中间值。如图 18.11 所示，我们有四个点的值：$f(x_1, y_1)$、$f(x_2, y_1)$、$f(x_1, y_2)$ 和 $f(x_2, y_2)$。我们想在这些点之间进行插值，以估计中间点 $f(x_i, y_i)$ 的值。如果我们使用一个线性函数，其结果是一个连接这些点的平面。这样的函数被称为双线性。

图 18.12 描述了一个开发双线性函数的简单方法。首先，可将 y 值固定下来，在 x 方向上应用一维线性插值。使用拉格朗日形式，在 (x_i, y_1) 处的结果为

$$f(x_i, y_1) = \frac{x_i - x_2}{x_1 - x_2} f(x_1, y_1) + \frac{x_i - x_1}{x_2 - x_1} f(x_2, y_1) \tag{18.29}$$

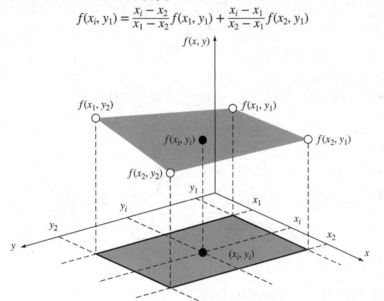

图 18.11　二维双线性插值的图形描述，其中一个中间值(实心圆点)是在四个给定值(空心圆点)的基础上估计的

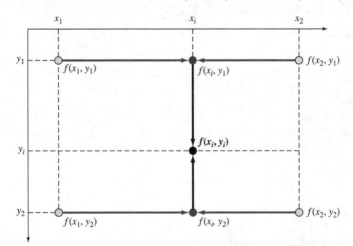

图 18.12　二维双线性插值的实现方式：首先应用一维线性插值沿 x 维度确定 x_i 处的值，然后，这些值可用于沿 y 维度线性插值，以产生 x_i，y_i 处的最终结果

在(x_i, y_2)处的结果为

$$f(x_i, y_2) = \frac{x_i - x_2}{x_1 - x_2} f(x_1, y_2) + \frac{x_i - x_1}{x_2 - x_1} f(x_2, y_2) \tag{18.30}$$

然后，这些点可以用来沿y维度进行线性插值，以生成最终结果：

$$f(x_i, y_i) = \frac{y_i - y_2}{y_1 - y_2} f(x_i, y_1) + \frac{y_i - y_1}{y_2 - y_1} f(x_i, y_2) \tag{18.31}$$

将式(18.29)和式(18.30)代入式(18.31)，可以得到一个单一的方程。

$$\begin{aligned}
f(x_i, y_i) &= \frac{x_i - x_2}{x_1 - x_2} \frac{y_i - y_2}{y_1 - y_2} f(x_1, y_1) + \frac{x_i - x_1}{x_2 - x_1} \frac{y_i - y_2}{y_1 - y_2} f(x_2, y_1) \\
&+ \frac{x_i - x_2}{x_1 - x_2} \frac{y_i - y_1}{y_2 - y_1} f(x_1, y_2) + \frac{x_i - x_1}{x_2 - x_1} \frac{y_i - y_1}{y_2 - y_1} f(x_2, y_2)
\end{aligned} \tag{18.32}$$

例 18.7　双线性插值

问题描述。 假设你在一个矩形加热板表面的一些坐标上测量了温度。

$T(2, 1) = 60$　　　　$T(9, 1) = 57.5$

$T(2, 6) = 55$　　　　$T(9, 6) = 70$

使用双线性插值法估算x_i=5.25、y_i=4.8 处的温度。

问题解答。 将这些值代入式(18.32)得到

$$\begin{aligned}
f(5.25, 4.8) &= \frac{5.25 - 9}{2 - 9} \times \frac{4.8 - 6}{1 - 6} \times 60 + \frac{5.25 - 2}{9 - 2} \times \frac{4.8 - 6}{1 - 6} \times 57.5 \\
&+ \frac{5.25 - 9}{2 - 9} \times \frac{4.8 - 1}{6 - 1} \times 55 + \frac{5.25 - 2}{9 - 2} \times \frac{4.8 - 1}{6 - 1} \times 70 \approx 61.2143
\end{aligned}$$

18.6.2　Python 中的多维插值

Python 的 SciPy 模块中的 interpolate 子模块包含许多用于多维插值的函数[1]。这里选择一个函数 interp2d 来说明这类函数。

这个函数将前面说明的 interp1d 函数扩展到二维。它的语法是

```
f = interp2d(x,y,z,kind='linear')
```

还有 cubic 和 quintic 类型的选项，但 linear 是默认的。

x 和 y 参数是两个自变量的数组，而 z 数组通常是二维的，其因变量值与 x 和 y 轴相对应。用来说明这个函数的一个简单 Python 脚本如下：

```
import numpy as np
from scipy.interpolate import interp2d

x = np.array([2., 9.])
y = np.array([1., 6.])
z = np.array([[60., 57.5],[55., 70.]])

f = interp2d(x,y,z)
print(f(5.25,4.8))
```

x=5.25、y=4.8 处的插值结果为：

```
[61.21428571]
```

---

1 提供的一个奇怪的函数是 CloughTocher2Dinterpolator。事实上是广告，与本文的合作者没有任何联系！

18.7 数据序列的平滑

本章目前为止所介绍的方法，最好是在数据序列不受实验误差/噪声的影响，并且在外观上是平滑的时候应用。当数据是在精心控制的实验室条件下收集的时候，往往就是这种情况。许多物理和化学性质表都遵守这一要求。当一个数据系列表现出非平滑的随机行为时，我们需要另一种方法来插值或预测中间值。在第 14 章和第 15 章中，回归法说明了一种处理噪声数据的方法。在本节中，我们将说明另一种有用的方法，即数据平滑。

回归的基础是假设有一个代表数据序列的基本模型。某些情况下，我们可以根据基本原理假设一个模型，然后用回归来验证该模型并估算其参数。然而，当我们使用一个纯粹的经验模型时，我们正在扩大假设，即这真正代表了生成数据的基本过程。这些情况下，我们最好采用平滑技术。

在本节中，我们将讨论两种常见的平滑方法。首先，我们将扩展三维样条的应用来完成平滑。其次，我们将介绍 LOESS 平滑法作为一种可行的替代方法。

18.7.1 三次样条平滑

为了用三次样条曲线完成平滑，我们必须放宽要求，即噪声数据点$\{x_i, y_i, i=0, ..., n\}$的三次方程满足连续性。我们选择平滑样条函数$s_i(x)$，来使"平滑"目标函数最小化。

$$L = \lambda \sum_{i=0}^{n} \left[\frac{y_i - s_i(x_i)}{\sigma_i}\right]^2 + (1-\lambda) \sum_{i=0}^{n-1} \int_{x_i}^{x_{i+1}} [s''(x)]^2 dx \tag{18.33}$$

其中，

$$s_i(x) = a_i + b_i(x-x_i) + c_i(x-x_i)^2 + d_i(x-x_i)^3 \tag{18.34}$$

当样条函数满足插值三次样条的连续性要求时，式(18.33)的第一项变得很小，同样，在函数偏离数据以实现平滑时变得更大。当整个样条函数是平滑的时候，第二项很小；当分段样条表现出粗糙度以满足连续性时，第二项就会变大。lambda 参数λ用于调整平滑量。当$\lambda=1$时，没有平滑，我们有插值的三次样条。当$\lambda \to 0$时，平滑是极大的。σ_i值通常是对y_i系列标准差的估计值，使用单个估计值σ。

这里不介绍推导的细节[1]，其策略是求解样条三次多项式的系数，使目标函数最小。为了做到这一点，我们首先将平滑样条函数的解表示为一个三对角线性方程组。在这里，由于偏离了连续性，a参数值不再等于y_i值(就像插值样条那样)，所以必须用另一种方式来确定。

$$\begin{bmatrix} p_1 & h_1 & 0 & \cdots & 0 & 0 \\ h_1 & p_2 & h_2 & & 0 & 0 \\ 0 & h_2 & p_3 & & 0 & 0 \\ \vdots & \vdots & \vdots & \ddots & \vdots & \vdots \\ 0 & 0 & 0 & \cdots & p_{n-2} & h_{n-2} \\ 0 & 0 & 0 & \cdots & h_{n-2} & p_{n-1} \end{bmatrix} \begin{bmatrix} c_1 \\ c_2 \\ c_3 \\ \vdots \\ c_{n-2} \\ c_{n-1} \end{bmatrix} = \begin{bmatrix} r_0 & f_1 & r_1 & 0 & \cdots & 0 & 0 \\ 0 & r_1 & f_2 & r_2 & & 0 & 0 \\ \vdots & \vdots & \vdots & \vdots & \ddots & \vdots & \vdots \\ 0 & 0 & 0 & 0 & \cdots & r_{n-2} & 0 \\ 0 & 0 & 0 & 0 & \cdots & f_{n-1} & r_{n-1} \end{bmatrix} \begin{bmatrix} a_0 \\ a_1 \\ a_2 \\ a_4 \\ \vdots \\ a_{n-1} \\ a_n \end{bmatrix}$$

其中$p_i = 2(h_{i-1} - h_i)$, $r_i = 3/h_i$, $f_i = -3(1/h_{i-1} + 1/h_i)$。通过对矩阵的适当定义，这些方程可以写成紧凑的形式

$$Rc = Q'a$$

通过将这种关系并入L，并对a向量进行微分，我们能够推导出一组线性方程来求解c，

$$(\mu Q' \Sigma Q + R)c = Q'y$$

---

1 为完整起见，详细的推导将在附录 B 中介绍。

其中

$$\mu = \frac{2(1-\lambda)}{3\lambda} \quad \text{且} \quad \Sigma = \begin{bmatrix} \sigma_0 & 0 & 0 & 0 \\ 0 & \sigma_1 & 0 & 0 \\ \vdots & \vdots & \ddots & \vdots \\ 0 & 0 & 0 & \sigma_n \end{bmatrix}$$

给出 c 值后，可以用下式求解 a：

$$a = y - \mu\Sigma Qc$$

根据自然末端条件，注意到 $c_0 = c_n = 0$，则多项式的 d 和 b 系数的计算为：

$$d_i = \frac{c_{i+1} - c_i}{3h_i} \qquad b_i = \frac{a_{i+1} - a_i}{h_i} - \frac{1}{3}(c_{i+1} - 2c_i)h_i \qquad i = 0, ..., n-1$$

然后就有了多项式的所有系数：

$$s_i(x) = a_i + b_i(x - x_i) + c_i(x - x_i)^2 + d_i(x - x_i)^3 \quad i = 0, ..., n-1$$

图 18.13 展示了一个用 Python 编码的 csplinesm 函数。该函数的输入参数是 x 和 y 数组、一个特定插值的 xx 值、λ 值、lam 和一个标准偏差估计值 sdest。该函数返回一个对应于 xx 输入的 yy 插值和一组三次样条平滑多项式的系数数组。后者可用于该函数之外的后续插值，在每次需要对给定的 x 和 y 数据集进行插值时，不必调用该函数及其所有计算。

```python
import numpy as np

def csplinesm(x,y,xx,lam,sdest):
    mu = 2*(1-lam)/lam/3
    m = len(x)
    if len(y) != m: return 'x and y arrays must be the same length'
    n = m - 1
    h = np.zeros((n))  # compute x intervals
    for i in range(n):
        h[i] = x[i+1] - x[i]
    # compute elements for R and Q' matrices
    p = np.zeros((n))
    for i in range(1,n):
        p[i] = 2*(-h[i]+h[i-1])
    r = np.zeros((n))
    for i in range((n)):
        r[i] = 3/h[i]
    f = np.zeros((n))
    for i in range(1,n):
        f[i] = - 3*(1/h[i-1]+1/h[i])
    # compose R matrix
    R = np.zeros((n-1,n-1))
    for i in range(n-2):
        R[i,i] = p[i]
        R[i+1,i] = h[i]
        R[i,i+1] = h[i]
    R[n-2,n-2] = p[n-2]
    Qp = np.zeros((n-1,n+1))
    for i in range(n-2):
        Qp[i,i] = r[i]
```

图18.13 用于平滑三次样条的 Python 函数 csplinesm

```
        Qp[i,i+1] = f[i+1]
        Qp[i,i+2] = r[i+1]
    Qp[n-2,n-1] = f[n-1]
    Qp[n-2,n-2] = r[n-2]
    Qp[n-2,n] = r[n-1]
    #  Q from Q'
    Q = np.transpose(Qp)
    # diagonal matrix of sigma estimates
    SigMat = np.zeros((n+1,n+1))
    for i in range(n+1):
        SigMat[i,i] = sdest
    # set up linear equations to solve for c
    Qt = np.dot(Qp,SigMat)
    Qcoef = np.dot(Qt,Q)
    Qcoef = Qcoef*mu + R
    const = np.dot(Qp,y)
    # solve for c
    c = np.linalg.solve(Qcoef,const)
    # solve for d
    SigQ = np.dot(SigMat,Q)
    yc = np.dot(SigQ,c)
    yc = yc*mu
    a = y - yc
    # solve for d and b
    d = np.zeros((n))
    b = np.zeros((n))
    cx = np.zeros((n))
    for i in range(1,n-1):
        cx[i] = c[i-1]
    for i in range(0,n-1):
        d[i] = (cx[i+1]-cx[i])/3/h[i]
        b[i] = (a[i+1]-a[i]/h[i])
    # compute interpolation
    for i in range(n):  # calculate interpolation
        if xx = = x[i]: # check for an exact match
            return y[i],a,b,c,d
        elif x[i] > xx: # check for upper interval
            i2 = i-1
            break
    yy = a[i2] + b[i2]*(xx-x[i2]) + c[i2]*(xx-x[i2])**2 +
d[i2]*(xx-x[i2])**3
    # return interpolated value and spline coefficient arrays
    return yy,a,b,c,d
```

图 18.13(续)

我们将用一组有噪声的化学浓度测量值来测试这个函数。这些数据列在附录 B 中, 我们把它们放在一个文本文件中, 供 Python 脚本输入。

```
conc = np.loadtxt(fname='ConcentrationData.txt')
n = len(conc)
samp = np.zeros((n))
for i in range(n):
```

```
      samp[i] = float(i)
xx = 100.5
lam = 0.001
sconc = np.std(conc)

concint,a,b,c,d = csplinesm(samp,conc,xx,lam,sconc)
print(concint)

import pylab
pylab.scatter(samp,conc,c='k',marker='s')
pylab.plot(samp,a,c='k')
pylab.grid()
pylab.xlabel('sample number')
pylab.ylabel('concentration')
```

脚本要求对 100.5 的 x 值进行插值，然后绘制出与数据值对应的平滑值。标准差估计值是根据数据计算出来的，lambda 加权因子被设置得非常小，为 0.001，以提供大量的平滑。可以调整 lambda 因子以提供所需的平滑量。在这个例子中，$x=100.5$ 处的插值是 16.710944281895063，数据和平滑样条的图形如图 18.14 所示。

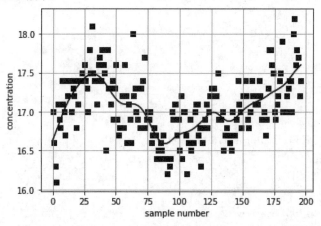

图 18.14　数据和平滑样条的图形

与 Python 中的许多数值方法一样，有一些资源可以用来进行三次样条平滑处理。其中之一是 csaps 函数，可以从 https://pypi.org/project/csaps/中获得。

18.7.2　LOESS 平滑法

LOESS[1]方法的基础是一种直观上有吸引力的平滑技术。我们将一个低阶多项式(通常是二次)拟合到数据上，但是只在插值的邻域内。图 18.15 说明了这个概念。

---

1 在英语中，我们把 LOESS 读作 "low-ess"。这个方法来源于德语名词，derLöβ，是指河谷中的一个地质悬崖，其垂直截面上有细小的粘土或淤泥沉积物流过。Löβ 中的沉积物呈现为一个弯曲的层，类似于贯穿一组数据的平滑曲线。这个名称也恰好是 "局部估计散点图平滑" 的英文首字母缩写。

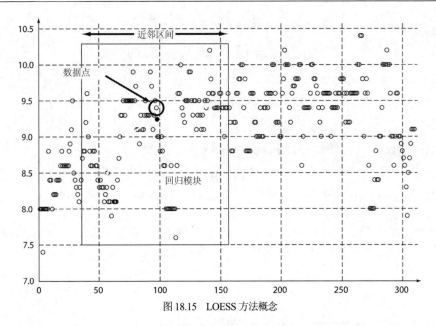

图 18.15 LOESS 方法概念

另一个特点是加权最小二乘法的应用,即离插值位置 x_0 较近的点比离得远的点对拟合的影响更大。邻域的宽度由一个参数 a 控制,这个参数指用于拟合的数据占整个数据集的比例。a 越接近于 1,平滑度越大。除了多项式的阶数外,它是唯一可调整的参数。

对于邻域数据的加权,通常使用一个三次方函数。它被定义为

$$W(z) = (1 - z^3)^3 \qquad 0 \leqslant z \leqslant 1$$
$$W(-z) = W(z)$$

如图 18.16 所示。

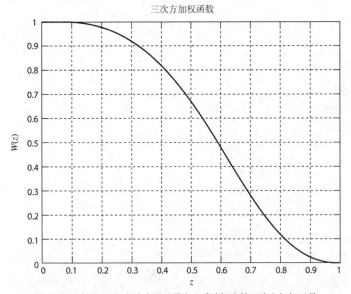

图 18.16 在 LOESS 方法中用于最小二乘法拟合的三次方加权函数

对于二次多项式，最小化的最小二乘法准则是

$$L = \sum_{i=1}^{k} w_i(x_0)(y_i - (b_0 + b_1 x_i + b_2 x_i^2))^2$$

其中 k 是 $\geq a \cdot n$ 的最大整数，并且

$$w_i(x_0) = W\left(\frac{|x_i - x_0|}{\Delta_k(x_0)}\right)$$

$\triangle k(x_0)$ 是 x_0 到第 k 个最近点的距离。

然后，加权最小二乘法的解可以用向量矩阵的形式描述为

$$L = e'We \quad \text{其中} \quad e = y - Xb \quad \text{并且} \quad W = \text{diag}(w)$$

然后，$\partial L / \partial b \Rightarrow 0$ 得到加权正态方程，可解出 b 值。给定 x 值 x_0，得到的多项式被用来计算平滑值 $\hat{y}$。

图 18.17 展示了一个 Python 函数 loess，它为给定的数据集 $\{x_i, y_i, i = 1, ..., n\}$ 计算平滑的 y 值。可将这个函数应用于上一节的相同的浓度数据，使用的 a 值为 0.35。

```python
import numpy as np

def loess(x0,x,y,alpha):
    """
    loess smoothing applied to the series {x,y}
    Input:
        x0 = independent variable value for interpolation
        x = independent variable series
        y = dependent variable series
        alpha = smoothing parameter between 0 and 1
    Output:
        ys = smoothed values of y
    """
    n = len(x)
    if n != len(y): return 'x and y series must be of same length'
    k = int(alpha*n)  # how many data for loess?
    # compute distance array
    dist = np.zeros((n))
    for i in range(n):
        dist[i] = abs(x0-x[i])
    # sort the distance array
    # with an accompanying index array
    sdist,ind = sortdist(dist,n)
    # extract nearest x and y data to x0
    Nx = np.zeros((k))
    Ny = np.zeros((k))
    for i in range(k):
        Nx[i] = x[ind[i]]
        Ny[i] = y[ind[i]]
    # set value for weight calculation
    # based on farthest distance
    delx0 = sdist[k]
    # zero out the rest of the sdist array
    for i in range(k,n):
        sdist[i] = 0
    # compute the weights and the diagonal
```

图 18.17 函数 loess 的 Python 代码

```
    # weight matrix
    z = np.zeros((k))
    w = np.zeros((k))
    for i in range(k):
        z[i] = sdist[i]/delx0
        w[i] = (1-z[i]**3)**3
    W = np.zeros((k,k))
    for i in range((k)):
        W[i,i] = w[i]
    # build the X matrix
    X = np.zeros((k,3))
    for i in range(k):
        X[i,0] = Nx[i]**2
        X[i,1] = Nx[i]
        X[i,2] = 1
    # formulate the coefficient matrix
    # and constant vector
    # for the normal equations
    Xt = np.transpose(X)
    XtW = np.dot(Xt,W)
    Xcoef = np.dot(XtW,X)
    const = np.dot(XtW,Ny)
    # solve the normal equations
    b = np.linalg.solve(Xcoef,const)
    # use the coefficients for the interpolation
    yhat0 = b[0]*x0**2 + b[1]*x0 + b[2]
    return yhat0

def sortdist(dist,n):
    """
    function to sort the dist array
    into the sdist array
    using an insertion sort
    the original indices of the distances
    are retained in ind
    """
    pos = np.zeros((n),dtype=np.bool)
    ind = np.zeros((n),dtype=np.int16)
    sdist = np.zeros((n))
    for i in range(n):
        pos[i] = False
    maxdist = np.max(dist)
    for i in range(n):
        mindist = maxdist
        for j in range(n):
            if dist[j] <= mindist and not pos[j]:
                mindist = dist[j]
                minloc = j
        sdist[i] = mindist
        ind[i] = minloc
        pos[minloc] = True
    return sdist,ind
```

图 18.17(续)

代码如下。

```
conc = np.loadtxt(fname='ConcentrationData.txt')
n = len(conc)
samp = np.zeros((n))
for i in range(n):
    samp[i] = float(i)
xx = 100.5
alpha = 0.35

concint = loess(xx,samp,conc,alpha)
print(concint)

concsm = np.zeros((n))
for i in range(n):
    concsm[i] = loess(samp[i],samp,conc,alpha)

import pylab
pylab.scatter(samp,conc,c='k',marker='s')
pylab.plot(samp,concsm,c='k')
pylab.grid()
pylab.xlabel('sample number')
pylab.ylabel('concentration')
```

结果为:

```
16.66655022336913
```

得到的图形如图 18.18 所示。

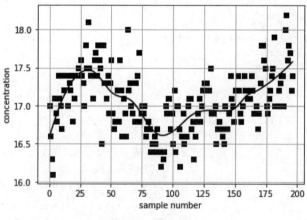

图 18.18　得到的图形

我们注意到, Python 的 statsmodels 模块提供了一个 lowess 函数。

现在我们已经介绍了两种流行的平滑方法, 那么问题来了——哪个是最好的? 我们注意到三次样条法和 LOESS 平滑法的结果相似。当考虑对整个数据系列进行平滑处理时, 三次样条平滑法需要的计算量较少。我们只需要求解一组线性方程就可以得到一组多项式系数, 然后可在整个数据范围内进行多次预测。LOESS 平滑法需要求解一组较小的正态方程, 但这些方程必须在邻域移动时为每个插值点求解。当插值的数量较少时, LOESS 是有吸引力的。鉴于现代计算机的速度, 人们可能不会观察到这两种技术在执行时间上的明显差异。

什么时候使用平滑法而不是经验回归法？例如，使用多项式回归是开发模型的一种常见方式，然后它被用来预测插值。通常情况下，对于生成数据的过程，并没有强烈要求有一个基本的"真实"模型。许多情况下，经验模型的回归是不充分的。将平滑技术作为回归的替代方法是有用的，但不一定总是首选。而且，对于平滑的数据，应该考虑使用插值技术，如三次样条。

18.8　案例研究：湖中的热传导

背景。温带地区的湖泊在夏季会出现热分层现象。如图 18.19 所示，靠近湖面的温暖、有浮力的水覆盖在较冷、密度大的底层水之上。这种分层有效地将湖泊垂直分为两层：湖上层和湖下层，由一个称为温跃层的平面分开。

热分层对环境工程师和科学家们研究这类系统具有重大意义。特别是，温跃层大大减少了两层之间的混合。因此，有机物的分解会导致孤立的底层水域的氧气严重耗尽。据推测，全球变暖将在未来几十年内加剧这一问题。

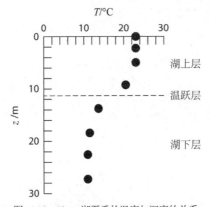

图 18.19　Platte 湖夏季的温度与深度的关系

温跃层的位置可定义为温度与深度关系曲线的拐点，即 $d^2T/dz^2 = 0$ 的那一点，也是导数或梯度的绝对值达到最大的那一点。

温度梯度本身就很重要，因为它可与傅里叶定律结合使用，以确定整个温跃层的热通量：

$$J = -D\rho c_P \frac{dT}{dz} \tag{18.35}$$

其中　J=热通量[J/(m²·s)]，D=涡流扩散系数(m²/s)，ρ=密度(≈ 1000kg/m³)，c_p=热容量[$\approx$ 4186J/(kg·°C)]。

问题描述。表 18.4 列出了密歇根州 Platte 湖的温度与深度的关系数据。使用自然三次样条，确定该湖的温跃层深度和温度梯度。用这些数据确定热通量，给定 $D=10^{-6}$m²/s。

表 18.4　Platte 湖在夏季的温度与深度的关系测量值

z/m	0	2.3	4.9	9.1	13.7	18.3	22.9	27.2
T/°C	22.8	22.8	22.8	20.6	13.9	11.7	11.1	11.1

问题解答。在图 18.6 中，介绍了 Python 函数 cspline 的代码，用于具有自然末端条件(边界处二阶导数为零)的三次样条插值。为估算一阶和二阶导数，我们还需要三次样条多项式的系数。这些

可通过修改 cspline 函数的两个返回语句来轻松获得：

```
return y[i],b,c,d
```
.
.
```
return yy,b,c,d
```

有了这些系数，我们可以通过以下方法计算函数、一阶导数和二阶导数的值：

$$f_i(x) = y_i + b_i(x - x_i) + c_i(x - x_i)^2 + d_i(x - x_i)^3$$
$$f'_i(x) = b_i + 2\,c_i(x - x_i) + 3\,d_i(x - x_i)^2$$
$$f''_i(x) = 2\,c_i + 6\,d_i(x - x_i)$$

以下 Python 脚本采用了改进的 cspline 函数，计算并绘制了温度和导数曲线。

```
z = np.array([0., 2.3, 4.9, 9.1, 13.7, 18.3, 22.9, 27.2])
T = np.array([22.8, 22.8, 22.8, 20.6, 13.9, 11.7, 11.1, 11.1])

zz = 10.
TT,b,c,d = cspline(z,T,zz)

zplot = np.linspace(0.,27.2)
n = len(zplot)
m = len(z)
Tplot = np.zeros((n))
dTplot = np.zeros((n))
d2Tplot = np.zeros((n))
for i in range(n):
    for j in range(m-1):
        if z[j] > zplot[i]:
            j2 = j-1
                break
        Tplot[i] = T[j2]+b[j2]*(zplot[i]-z[j2])+c[j2]*(zplot[i]-z[j2])**2 \
        + d[j2]*(zplot[i]-z[j2])**3
        dTplot[i] = b[j2]+2*c[j2]*(zplot[i]-z[j2])+3*d[j2]*(zplot[i]-z[j2])**2
        d2Tplot[i] = 2*c[j2]+6*d[j2]*(zplot[i]-z[j2])

import matplotlib.pyplot as plt
fig = plt.figure()
ax1 = fig.add_subplot(131)
fig.subplots_adjust(wspace=0.5)
ax1.plot(Tplot,zplot,c='k')
ax1.scatter(T,z,c='k',marker='s')
ax1.set_ylim(30.,0.)
ax1.set_title('T vs. z')
ax1.set_ylabel('Depth, z in m')
ax1.set_xlabel('degC')
ax1.grid()

ax2 = fig.add_subplot(132)
ax2.plot(dTplot,zplot,c='k')
ax2.set_ylim(30.,0.)
ax2.set_title('dT/dz vs. z')
ax2.set_xlabel('degC/m')
ax2.grid()
```

```
ax3 = fig.add_subplot(133)
ax3.plot(d2Tplot,zplot,c='k')
ax3.set_ylim(30.,0.)
ax3.set_title('d2T/dz2 vs. z')
ax3.set_xlabel('degC/m2')
ax3.grid()
```

在图 18.20 中，展示了这三条曲线。Python 代码说明了如何使用 Matplotlib 模块和 pyplot 子模块来创建纵轴刻度翻转的垂直图。注意一阶导数图中的最大值和二阶导数图中与零交叉的值，温跃层似乎位于 11.5 米左右的深度。我们可以使用二阶导数的寻根法来寻找零点，或者使用一阶导数的优化法来寻找最大值，并完善这一估计。其结果是，温跃层位于 11.35m 的深度，梯度为-1.61℃/m。

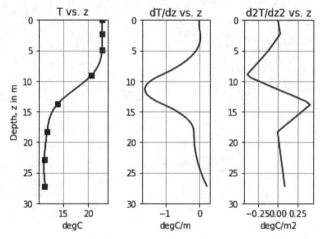

图 18.20　温度、梯度和二阶导数与深度(m)的关系图，由自然三次样条插值生成

通过式(18.35)，梯度可以用来计算整个温跃层的热通量：

$$J = -\left(1 \times 10^{-6}\frac{m^2}{s}\right) \times \left(1\,000\,\frac{kg}{m^3}\right) \times \left(-1.61\,\frac{℃}{m}\right) \times \left(\frac{86\,400\,s}{d}\right) \approx 5.82 \times 10^5 \frac{J}{m^2 \cdot s}$$

前面的分析说明了样条插值如何用于解决工程和科学问题。然而，它也是一个数值微分的例子。因此，它说明了来自不同主题领域的数值方法是如何协同起来用于解决问题的。我们将在第 21 章中详细介绍数值微分。

习题

18.1 给定数据

x	1	2	2.5	3	4	5
$f(x)$	1	5	7	8	2	1

用(a)具有自然末端条件的三次样条，(b)具有非节点末端条件的三次样条，和(c)分段三次Hermite 插值来拟合这些数据。在 1≤x≤5 的域上给出 50 个等距插值点，绘制三种方法的比较图，并对你的观察进行评论。在你认为合适的情况下使用 Python 功能。

18.2　一个垂直的圆柱形容器被用作化学反应器。反应器中的液体没有被搅拌，当少量催化剂被添加到顶部表面时，随着放热反应从顶部到底部的进行，出现了温度梯度。下表描述了在反应过程早期获得的温度曲线。

深度/m	0	0.5	1	1.5	2	2.5	3
温度/℃	70	70	5	22	13	10	10

基于这些温度，反应器可以被建模为两个区域，由一个稳定的温度梯度或温跃层分开。温跃层的深度可以定义为温度-深度曲线的拐点，即 $d^2T/dz^2=0$ 的点。在这个深度，从表层到底层的热通量可以用傅里叶定律来计算：

$$J = -k\frac{dT}{dz}$$

使用具有零末端导数的固定三次样条拟合来确定温跃层深度。如果$k = 4.187$ J/(s·m·℃)，计算穿过该界面的通量。

18.3 下面是驼峰函数的一个具体版本：

$$f(x) = \frac{1}{(x-0.3)^2+0.01} + \frac{1}{(x-0.9)^2+0.04} - 6$$

驼峰函数在较短的 x 域中表现出既有平坦区域又有陡峭区域。下面是在 $0 \leq x \leq 1$ 的域中以 0.1 的间隔产生的一些数值。

x	0	0.1	0.2	0.3	0.4	0.5
$f(x)$	5.176	15.471	45.887	96.500	47.448	19.000
x	0.6	0.7	0.8	0.9	1	
$f(x)$	11.692	12.382	17.846	21.703	16.000	

用(a)具有非节点末端条件的三次样条和(b)分段三次 Hermite 插值来拟合这些数据。绘制这两个拟合与精确函数的对比图。

18.4 对以下数据绘制(a)自然末端条件和(b)非节点末端条件的三次样条拟合图。同时，(c)在该图中加入一条基于分段三次 Hermite 插值的曲线(pchip)。对拟合结果进行评论。

x	0	100	200	400
$f(x)$	0	0.82436	1.00000	0.73576
x	600	800	1000	
$f(x)$	0.40601	0.19915	0.09158	

18.5 下面的数据是从图 18.1 中描述的单位梯级函数中抽取的。

x	-1	-0.6	-0.2	0.2	0.6	1
$f(x)$	0	0	0	1	1	1

用(a)具有非节点末端条件的三次样条，(b)具有固定末端条件的三次样条(零导数)和(c)分段三次 Hermite 插值(pchip)来拟合这些数据。绘制结果图，与理想的梯级曲线进行比较。

18.6 开发一个与图 18.6 类似的 Python 函数，实现固定末端三次样条方法，只返回具有三次多项式系数的数组。将你的函数应用于表 18.3 中的数据，并采用零导数的技术参数。你的函数应该看起来像：

```
def clmpspline(x,y,d0,dn):
    .
    .
```

```
return b,c,d
```

其中 d0 和 dn 是导数的技术参数。注意，由于样条的要求，a 系数是平滑后的 y 值。使用 tridiag 函数来求解线性方程。

18.7　下列数据是用以下五阶多项式生成的。

$$f(x) = 0.0185x^5 - 0.444x^4 + 3.9125x^3 - 15.456x^2 + 27.069x - 14.1$$

x	1	3	5	6	7	9
$f(x)$	1.000	2.172	4.220	5.430	4.912	9.120

(a) 用具有自然末端条件的三次样条来拟合这些数据。创建一个拟合与函数的对比图。(b)重复 (a)，但使用固定末端条件，末端导数被设置为由函数微分决定的精确值。

18.8　贝塞尔函数经常出现在高级工程和科学分析中，如对电磁场的研究。这些函数通常不适合直接估算，因此，经常被编辑成标准的数学表格。例如，

x	1.8	2	2.2	2.4	2.6
$J_1(x)$	0.5815	0.5767	0.556	0.5202	0.4708

用(a)插值多项式和(b)三次样条估算 $J_1(2.1)$。注意，四位有效数字的真实值是 0.5683。

18.9　下面的数据定义了淡水中溶解氧的海平面浓度与温度的关系：

$T/℃$	0	8	16	24	32	40
$o/(mg/L)$	14.621	11.843	9.870	8.418	7.305	6.413

使用 Python 对数据进行拟合：(a)分段线性插值，(b)五阶多项式，(c)三次样条插值。用图形显示结果，并使用每种方法估算 $o(27)$。注意准确结果是 7.986 mg/L。

18.10　(a)使用 Python 对以下数据进行具有自然末端条件的三次样条拟合，以确定 x=1.5 处的 y 值。

x	0	2	4	7	10	12
y	20	20	12	7	6	6

(b) 重复，但是使用固定末端条件，一阶导数为零。

18.11　Runge 函数写为

$$f(x) = \frac{1}{1 + 25x^2}$$

在区间[-1,1]内生成该函数的五个等距值。用(a)四阶多项式，(b)线性样条，(c)非节点末端条件的三次样条来拟合这些数据。在同一幅图上用图形表示你的结果。

18.12　使用 Python 从以下函数中抽样：

$$f(t) = \sin^2(t)$$

在 $0 \leqslant t \leqslant 2\pi$ 的区域内生成 8 个等距的点。使用(a)非节点末端条件的三次样条，(b)三次样条曲线，其导数末端条件等于从微分函数中计算出的精确值，(c)分段三次 Hermite 插值来拟合这些数据。绘制拟合结果和函数图，以及每种方法的绝对误差(|近似值-真实值|)的比较图。

18.13　已知球体的阻力系数随雷诺数 R_e 的变化而变化，R_e 是一个无量纲的量，代表惯性力与黏性力的比例：

$$Re = \frac{\rho VD}{\mu}$$

其中 ρ=流体密度(kg/m³)，V=速度(m/s)，D=直径(m)，μ=流体黏度(Pa·s)。尽管阻力与雷诺数的关系有时可用公式来表示，但它经常来源于风洞中周密实验的测量结果所制成的表格。例如，下表提供一个光滑球体的数值：

Re (×10⁻⁴)	2	5.8	16.8	27.2	29.9	33.9	
C_D	0.52	0.52	0.52	0.5	0.49	0.44	
Re (×10⁻⁴)	36.3	40	46	60	100	200	400
C_D	0.18	0.074	0.067	0.08	0.12	0.16	0.19

(a) 开发一个 Python 函数，采用适当的插值方法来返回 C_D 的值作为雷诺数的函数。该函数定义的第一行应该是：

```
def Drag(ReCDTable,ReIn):
```

而最后一行应该是：

```
return CD
```

其中 ReCDTable 是包含表格数据的两行数组，ReIn 是你想用来估算阻力的雷诺数。返回的 CD 是对应于 ReIn 的估计阻力系数。

(b) 编写一个 Python 脚本，使用(a)中开发的函数来生成阻力与速度的标记图(回顾 1.4 节)。在脚本中使用以下参数值：$D = 22$ cm，$\rho = 1.3$ kg/m³，$\mu = 1.78 \times 10^{-5}$ Pa·s。在 4~40 m/s 的速度范围内绘图。

18.14 以下函数描述了矩形板上 $-2 \leqslant x \leqslant 0$ 和 $0 \leqslant y \leqslant 3$ 范围内的温度分布。

$$T = 2 + x - y + 2x^2 + 2xy + y^2$$

开发一个 Python 脚本，(a)使用 Matplotlib 模块生成这个函数的网格图。使用 NumPy linspace 函数，用默认间距(50 个内部点)来生成 x 和 y 值。(b)使用来自 SciPy interpolate 子模块的 Python 函数 interp2d，用 kind='linear' 来估算 x=−1.63、y=1.627 处的温度。确定你的结果的相对误差百分比。(c)重复 (b)，但是使用 kind='cubic'。注意，对于(b)和(c)部分，用 np.linspace 生成函数抽样点，有九个内部点。

18.15 美国标准大气规定了大气属性，它是海拔高度的函数。下表显示了温度、压力和密度的选定值。

海拔/km	T/℃	p/atm	ρ/(kg/m³)
-0.5	18.4	1.0607	1.285
2.5	-1.1	0.73702	0.95697
6	-23.8	0.46589	0.66015
11	-56.2	0.22394	0.36481
20	-56.3	0.054557	0.088911
28	-48.5	0.015946	0.025076
50	-2.3	7.8721×10⁻⁴	1.0269×10⁻³
60	-17.2	2.2165×10⁻⁴	3.0588×10⁻⁴
80	-92.3	1.0227×10⁻⁵	1.9992×10⁻⁵
90	-92.3	1.6216×10⁻⁶	3.1703×10⁻⁶

开发一个名为 StdAtm 的 Python 函数，返回给定高度的三个属性的值。StdAtm 以 SciPy 的 interpolate 函数 PchipInterpolator 为基础。检查函数的输入高度，以确定它在表格的范围内。如果不在范围内，则返回错误信息。该函数的定义应该是这样的：

```
def StdAtm(z,T,p,rho,zz):
    .
    .
    .
return Tint,pint,rhoint
```

将你的函数与生成下图所示的三个子图的脚本结合起来。

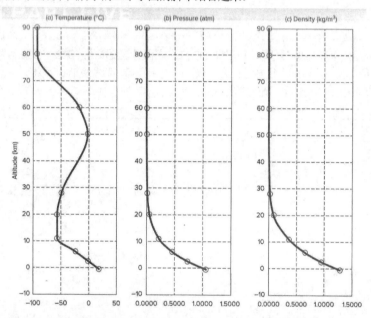

18.16 菲利克斯·鲍姆加特纳乘坐平流层气球升至 39 公里处，以超音速冲向地球进行自由落体跳跃，然后跳伞落地。随着他的下降，他的阻力系数主要是由于空气密度的变化而改变的。回顾第 1 章，自由落体的终点速度 $v_{terminal}$(米/秒)可以计算为：

$$v_{terminal} = \sqrt{\frac{m\,g}{c_d}}$$

其中 m=物体的质量(kg)，g=重力加速度(m/s²)，c_d=阻力系数(kg/m)。阻力系数可以通过以下公式计算出来：

$$c_d = 0.5\rho A C_d$$

其中 ρ=流体密度(kg/m³)，A=投影面积(m²)，c_d=无量纲阻力系数。注意，重力加速度 g 与海拔的关系如下：

$$g = g_0 \left(\frac{r_e}{r_e + z}\right)^2$$

其中 g_0=海平面的重力加速度(9.80667 m/s²)，r_e=地球的平均半径(6371km)，z=地球表面以上的海拔高度(km)，下面列出不同海拔高度的空气密度。

z /km	$\rho/(kg/m^3)$	z/km	$\rho/(kg/m^3)$	z/(km)	$\rho/ (kg/m^3)$
−1	1.347	6	0.6601	25	0.04008
0	1.225	7	0.5900	30	0.01841
1	1.112	8	0.5258	40	0.003996
2	1.007	9	0.4671	50	0.001027
3	0.9093	10	0.4135	60	0.0003097
4	0.8194	15	0.1948	70	8.283×10^{-5}
5	0.7364	20	0.08891	80	1.846×10^{-5}

假设 m= 80 kg，A=0.55 m^2，C_d= 1.1。开发一个 Python 脚本，绘制终点速度与海拔高度的关系图(0 到 40 公里，每步长 0.1 公里)。使用样条法来生成构建该图所需的密度。要估算从超音速过渡到亚音速时的海拔高度，你必须知道什么？哦，顺便说一句，菲利克斯活下来了。

18.17 从习题 15.17 来看，硫酸溶液的热容量与 H_2SO_4 的浓度有关，这一属性已经在实验室中被仔细测量过，数据见下表。

H_2SO_4浓度/wt%	C_P[kJ/(kg · K)]	H_2SO_4浓度/ wt %	C_P[kJ/(kg · K)]
0.34	4.173	35.25	3.030
0.68	4.160	37.69	2.940
1.34	4.135	40.49	2.834
2.65	4.087	43.75	2.711
3.50	4.056	47.57	2.576
5.16	3.998	52.13	2.429
9.82	3.842	57.65	2.269
15.36	3.671	64.47	2.098
21.40	3.491	73.13	1.938
22.27	3.465	77.91	1.892
23.22	3.435	81.33	1.876
24.25	3.403	82.49	1.870
25.39	3.367	84.48	1.846
26.63	3.326	85.48	1.820
28.00	3.281	89.36	1.681
29.52	3.231	91.81	1.586
30.34	3.202	94.82	1.488
31.20	3.173	97.44	1.425
33.11	3.107	100.00	1.403

在习题 15.17 中，我们发现不可能用高阶多项式来拟合这些数据并满足充分性。它的属性在曲线上呈现了一个小的"凸点"，这给多项式回归带来了困难。现在我们已经进入第 18 章，我们已经学会了用于从表格属性数据中检索和插值的回归的替代方法。对这些数据应用自然三次样条，并展示样条插值曲线和数据的图。讨论一下，样条拟合为什么能完成多项式回归无法完成的任务。

18.18　在 waterwatch.USGS.gov 网站上选择一条河流或溪流。对于不同的时间基数，从年、月、日平均数到每 15 分钟的读数，以立方英尺/秒(cfs)为单位的河流流量数据都可以获得。为溪流选择一个基数和一个你认为有趣的时间间隔。生成一个流量数据的文本文件，并将其加载到 Python 脚本中。对数据应用 LOESS 和样条平滑法。写下分析结果。比较这两种方法。将你的结果与你所研究的时期内影响水流的任何情况联系起来。

这里有几个建议：

- 挑选一个包含你感兴趣的河流或溪流的州，在地图上双击它或从下拉列表中选择它。
- 扫描州地图上的标记，找到一个感兴趣的标记，单击它，并单击窗口中显示的 USGS 的蓝色编号，以了解该地点的情况。
- 挑选你希望提取的流量数据的类型(排放)——如果你想频繁查看测量值，选择当前/历史观测数据。
- 选择一个时间间隔，并生成一个 Tab 格式的数据文件——你也可以显示一个图表，以确定你选择的数据对平滑任务来说是否"有趣"。
- 数据在一个文本文件中——你可能想用记事本"修剪"这个文件，把这个文件导入 Excel 以去除不相干的列，然后尝试把它"载入"Python 中。
- 从这里开始，你可以使用 Python 的例子来执行平滑的方法。

这里有一个极端的例子，科罗拉多州博尔德市，2013 年 9 月中旬。

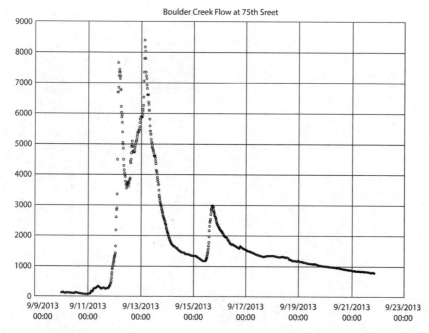

18.19 Covid-19 大流行为我们提供了大量的报告病例、住院和死亡的数据。挑选一个感兴趣的地理区域(国家、州/省、城市)，并为选定的统计数字寻找可下载的频率数据(不是累积的)。对数据进行三次样条或 LOESS 平滑处理，并调整平滑度以代表数据的一般趋势。对平滑曲线的形状以及它与大流行期间社会状况的关系进行评论。

第 V 部分

微积分

V.1 概述

在高中或大学第一年，你已经了解过导数和积分，并且学习了解析导数和积分的方法。

在数学上，导数表示因变量相对于自变量的变化率。例如，如果给定一个函数 $y(t)$，它将对象的位置指定为时间的函数，则导数提供了一种确定其速度的方法，如

$$v(t) = \frac{\mathrm{d}}{\mathrm{d}t}\, y(t)$$

如图 PTV.1(a)所示，导数可视为函数的斜率。

积分是导数的逆过程。正如导数使用差异来量化瞬时过程一样，积分涉及对瞬时信息求和以给出一个区间内的总结果。因此，如果我们提供了作为时间函数的速度，则可使用积分来确定行进距离：

$$y(t) = \int_0^t v(t)\, \mathrm{d}t$$

如图 PTV.1 所示，对于位于横坐标上方的函数，积分可视为从 0 到 t 的 $v(t)$曲线下的面积，因此正如可以将导数视为斜率一样，可以将积分视为求和。

由于导数和积分之间的密切关系，我们选择将本书的这一部分专门用于这两个过程，并从数字角度突出它们的异同。此外，该材料将与本书的下一部分相关，我们将在其中介绍导数方程。

虽然通常是先学习导数再学习积分，但我们在接下来的章节中将颠倒顺序。我们这样做有几个原因，首先，我们已经在第 4 章中介绍了数值导数的基础知识。其次，一定程度上，由于积分对舍入误差的敏感性要低得多，其代表了数值方法的一个更高度发展的领域。最后，虽然数值导数的应用并不广泛，但它对于导数方程的求解确实具有重要意义。因此，在第Ⅵ部分描述导数方程之前，将其作为最后一个主题是有意义的。

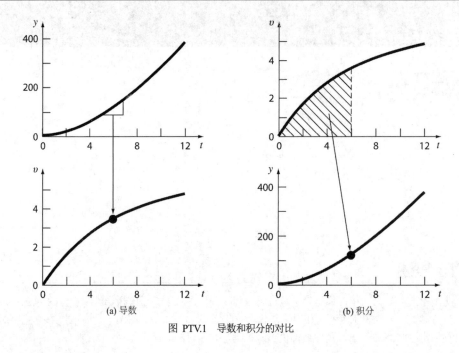

图 PTV.1　导数和积分的对比

V.2　章节结构

第 19 章专门讨论数值积分最常用的方法——牛顿-科特斯方程, 这些方程用易于积分的简单多项式替换复杂函数或列表数据。其中, 我们详细讨论了三个最广泛使用的牛顿-科特斯方程: 梯形法则、辛普森 1/3 规则和辛普森 3/8 规则, 所有这些方程都是为要积分的数据均匀分布的情况而设计的。此外, 我们还讨论了不等间距数据的数值积分。这是一个非常重要的话题, 因为许多现实世界的应用程序都处理这种形式的数据。

所有上述材料都与封闭积分有关, 其中积分极限末端的函数值是已知的。在 19 章结束时, 我们提出开放的积分方程, 其中积分限制超出了已知数据的范围。虽然它们不常用于定积分, 但这里给出了开放积分方程, 因为它们在第Ⅵ部分的常导数方程的解中有重要应用。

第 19 章所述的公式可用于分析表格数据和方程。第 20 章讨论了两种专门用于积分方程和函数的方法: Romberg 积分和 Gauss 积分, 为这两种方法都提供了计算机算法。此外, 还讨论了自适应积分。

在第 21 章, 我们提出关于数值微分的附加信息, 以补充第 4 章的介绍性材料。主题包括高精度有限差分方程、理查森外推以及不等间距数据的微分。该章还讨论了误差对数值微分和积分的影响。

第 19 章

数值积分方程

本章学习目标

本章的主要目的是介绍数值积分，所涵盖的具体目标和主题是：

- 认识到牛顿-科特斯积分方程是用易于积分的多项式替换复杂函数或表格数据的策略。
- 了解如何实现以下单一应用牛顿-科特斯方程：
  - 梯形规则
  - 辛普森 1/3 规则
  - 辛普森 3/8 规则
- 了解如何实现以下复合的牛顿-科特斯方程：
  - 梯形规则
  - 辛普森 1/3 规则
- 认识到像辛普森 1/3 规则这样的偶数段奇点方程实现了出乎意料的准确度。
- 理解如何使用梯形规则来积分不等间距的数据。
- 了解开放积分方程和封闭积分方程之间的区别。

问题引入

回想一下，蹦极者自由落体时的速度是时间的函数，可以表示为：

$$v(t) = \sqrt{\frac{gm}{c_d}} \tanh\left(\sqrt{\frac{gc_d}{m}}\, t\right) \tag{19.1}$$

假设我们想知道蹦极者在某个时间 t 后下降的垂直距离 z。这个距离可通过积分来计算：

$$z(t) = \int_0^t v(t)\, \mathrm{d}t \tag{19.2}$$

将式(19.1)代入式(19.2)可得：

$$z(t) = \int_0^t \sqrt{\frac{gm}{c_d}} \tanh\left(\sqrt{\frac{gc_d}{m}}\, t\right) \mathrm{d}t \tag{19.3}$$

因此，积分提供了确定速度与距离关系的方法。微积分可用来求解式(19.3)：

$$z(t) = \frac{m}{c_d} \ln\left[\cosh\left(\sqrt{\frac{gc_d}{m}}\, t\right)\right] \tag{19.4}$$

尽管可为这种情况开发一个封闭形式的解，但还有其他类型函数无法得到积分的解析解。此外，假设有某种方法可以测量蹦极者在下落期间不同时间的速度，这些速度及其相关时间可以组合成一个离散值表，这种情况下，也可对离散数据积分来确定距离。这两种情况下，都可以使用数值积分方法来获得所求解：第 19 章和第 20 章将介绍其中一些方法。

19.1　背景简介

19.1.1　什么是积分

根据字典的定义，积分的意思是"将部分组合成一个整体；联合；表示总量……"。在数学上，积分被定义为

$$I = \int_a^b f(x)\mathrm{d}x \tag{19.5}$$

它代表函数 $f(x)$ 关于自变量 x 的积分，在极限 $x=a$ 和 $x=b$ 之间进行计算。

正如字典定义的那样，式(19.5)的含义是 $f(x)\mathrm{d}x$ 在 $x=a$ 到 b 围内的总值或总和。事实上，符号 $\int$ 实际上是一个风格化的大写 S，意在表示积分和求和之间的紧密联系。

图 19.1 以图形形式展示了积分概念。对于位于 x 轴上方的函数，由式(19.5)表示的积分对应于 $x=a$ 和 b 之间 $f(x)$ 曲线下的面积。

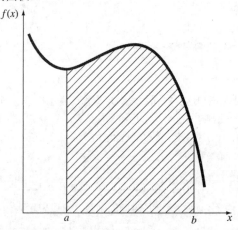

图 19.1　$f(x)$ 在极限 $x=a$ 和 b 之间的积分的图形表示。积分等于曲线下的面积

数值积分有时被称为求积。这是一个古老的术语，最初的意思是建造一个与某些曲线图形具有相同面积的正方形。今天，术语"正交"通常被认为是数值定积分的同义词。

19.1.2　工程与科学中的积分

积分有如此多的工程和科学应用，以至于你必须在大学第一年学习积分。在工程和科学的所有领域都有积分应用的许多具体例子，许多例子与积分等于曲线下面积的概念直接相关。图 19.2 描述了以此概念使用积分的几个案例。

其他常见的应用与积分和求和之间的类比有关，例如，一个常见的应用是确定连续函数的均值，n 个离散数据点的平均值可以通过下式求得。

$$平均值 = \frac{\sum_{i=1}^{n} y_i}{n} \tag{19.6}$$

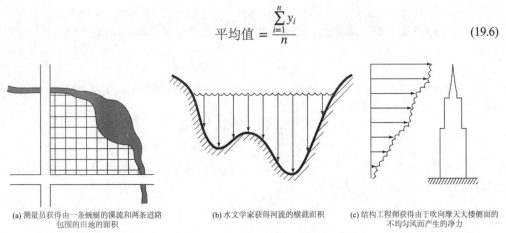

(a) 测量员获得由一条蜿蜒的溪流和两条道路
包围的田地的面积　　　　(b) 水文学家获得河流的横截面积　　(c) 结构工程师获得由于吹向摩天大楼侧面的
不均匀风而产生的净力

图 19.2　积分用于计算工程和科学应用领域的例子

其中 y_i 是单独测量值，图 19.3(a)所示是离散点平均值的确定。

相反，假设 y 是自变量 x 的连续函数，如图 19.3(b)所示。对于这种情况，a 和 b 之间的值是无限的。正如式(19.6)可用于确定离散读数的平均值一样，你可能还对计算从 a 到 b 的区间的连续函数 $y = f(x)$ 的平均值感兴趣。积分正是此目的：

$$平均值 = \frac{\int_a^b f(x)\,\mathrm{d}x}{b - a} \tag{19.7}$$

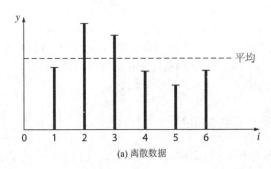

(a) 离散数据

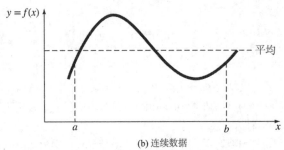

(b) 连续数据

图 19.3　平均值说明

这个方程有数百个工程和科学应用，例如，在机械和土木工程中用于计算不法则物体的重心，在电气工程中用于确定电流的均方根。

工程师和科学家也使用积分来计算给定物理变量的总量或数量。积分可以在一条线、一个区域或一个块上进行计算, 例如, 反应器中所含化学物质的总质量为化学物质浓度与反应器体积的乘积, 或

$$质量＝浓度×体积$$

其中浓度的单位是每体积质量。然而, 假设浓度在反应器内因位置而异; 这种情况下, 有必要将局部浓度 c_i 和相应元素体积 ΔV_i 的乘积相加:

$$质量 = \sum_{i=1}^{n} c_i \Delta V_i$$

其中 n 是离散体积的数量。对于连续情况, $c(x, y, z)$ 是已知函数, x, y 和 z 是指定笛卡儿坐标中位置的自变量, 积分可用于相同目的:

$$质量 = \iiint c(x, y, z) \, dx \, dy \, dz$$

或

$$质量 = \iiint_{V} c(V) \, dV$$

这称为体积积分。需要注意求和与积分之间的对比。

工程和科学的其他领域也可以提供类似的例子。例如, 当通量(以焦耳/平方厘米/秒为单位)是位置的函数时, 平面上的总能量传递速率由下式给出:

$$质量 = \iint_{A} 通用 \, dA$$

这被称为面积积分, 其中 A 是面积。

这些只是你工作中可能经常遇到的一些积分应用。当要分析的函数很简单时, 可以选择解析计算, 然而当函数很复杂时, 求解析解通常是困难的或不可能的。实际应用中通常如此, 而且其基本函数通常是未知的, 只能通过离散点的测量来定义。对于这两种情况, 必须能够使用如下所述的数值技术求得积分的近似值。

19.2　牛顿-科特斯方程

牛顿-科特斯方程是最常见的数值积分方案。它们基于用易于积分的多项式替换复杂函数或列表数据的策略:

$$I = \int_a^b f(x) \, dx \approx \int_a^b f_n(x) \, dx \tag{19.8}$$

$f_n(x)$ 是多项式:

$$f_n(x) = a_0 + a_1 x + \cdots + a_{n-1} x^{n-1} + a_n x^n \tag{19.9}$$

其中 n 是多项式的阶数。例如, 在图 19.4(a)中, 一阶多项式(一条直线)用作近似值。在图 19.4(b)中, 抛物线也可用于相同目的。

积分也可以使用一系列多项式在恒定长度的段上分段应用于函数或数据来近似。例如, 在图 19.5 中, 使用三个直线段近似积分。高阶多项式可用于相同目的。

牛顿-科特斯方程的封闭式和开放式都可存在, 封闭式指积分限制的开始和结束处的数据点是已知的, 见图 19.6(a); 开放式是积分限制超出了数据范围, 见图 19.6(b)。本章强调封闭式, 关于

开放牛顿-科特斯方程的相关材料，将在第 19.7 节中简要介绍。

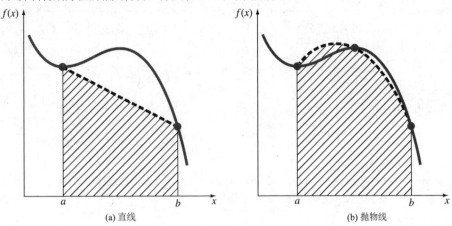

(a) 直线   (b) 抛物线

图 19.4　面积的积分近似值

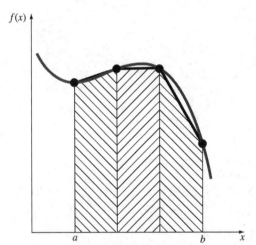

图 19.5　通过三个直线段下的面积来近似积分

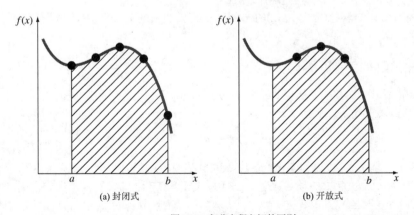

(a) 封闭式   (b) 开放式

图 19.6　积分方程之间的区别

19.3　梯形法则

梯形法则是牛顿-科特斯封闭积分公式的第一个法则。它对应于式(19.8)中的多项式是一阶的情况：

$$I = \int_a^b \left[f(a) + \frac{f(b) - f(a)}{b - a}(x - a) \right] dx \tag{19.10}$$

积分结果是：

$$I = (b - a)\frac{f(a) + f(b)}{2} \tag{19.11}$$

这就是所谓的梯形法则。

在几何上，梯形法则等价于在图 19.7 中连接 f(a) 和 f(b) 的直线下近似梯形的面积。回顾一下几何学，计算梯形面积的公式是高度乘以底的平均值。

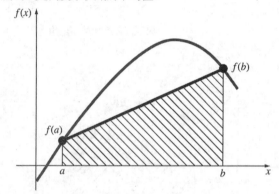

图 19.7　梯形法则的图形描述

在我们的例子中，这个概念是相同的。因此，积分估计可以表示为：

$$I = 宽度 \times 平均高度 \tag{19.12}$$

或者

$$I = (b-a) \times 平均高度 \tag{19.13}$$

其中，对于梯形法则，平均高度是端点处函数值的平均值，或[f(a)+f(b)]/2。

牛顿-科特斯封闭方程可以用式(19.13)的一般格式表示。也就是说，它们的不同之处仅在于平均高度的公式。

19.3.1　梯形法则的误差

当我们使用直线段下的积分来近似曲线下的积分时，可能会产生很大的误差(图 19.8)。单次应用梯形法则的局部截断误差估计为：

$$E_t = -\frac{1}{12} f''(\xi)(b - a)^3 \tag{19.14}$$

其中 ξ 位于从 a 到 b 的区间中的某个位置。式(19.14)表明，如果被积分的函数是线性的，则梯形法则将是精确的，因为直线的二阶导数为零。否则，对于具有二阶和高阶导数(即具有曲率)的函数，可能会出现一些误差。

例 19.1　梯形法则的单一应用

问题描述。 使用式(19.11)进行数值积分。

$$f(x) = 0.2 + 25x - 200x^2 + 675x^3 - 900x^4 + 400x^5$$

积分区间是从 $a=0$ 到 $b=0.8$。注意，积分的精确值可通过解析解得到，为 1.640533。

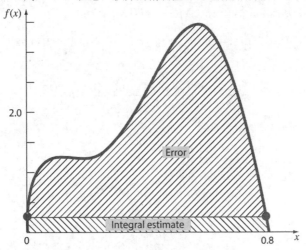

图 19.8　使用梯形法则的单个应用来估计 $f(x) = 0.2 + 25x - 200x^2 + 675x^3 - 900x^4 + 400x^5$ 从 $x=0$ 到 0.8 的积分的图形描述

解决方案。 函数值 $f(0)=0.2$ 和 $f(0.8)=0.232$ 代入式(19.11)可得:

$$I = (0.8 - 0) \frac{0.2 + 0.232}{2} = 0.1728$$

这表示 E_t=1.640533-0.1728=1.467733 的误差，对应于 ε_t =89.5%的百分比相对误差。从图 19.8 的图形描述中可以看出误差如此大的原因，直线下方的区域忽略了位于直线上方的大部分积分。

在实际情况下，我们无法预知真正的值。因此，需要一个近似的误差估计。为了获得这个估计，函数在区间上的二阶导数可以通过对原始函数进行两次求导来计算得到:

$$f''(x) = -400 + 4\,050x - 10\,800x^2 + 8\,000x^3$$

二阶导数的平均值可以计算为[式(19.7)]:

$$\bar{f}''(x) = \frac{\int_0^{0.8} (-400 + 4\,050x - 10\,800x^2 + 8\,000x^3)\,\mathrm{d}x}{0.8 - 0} = -60$$

代入式(19.14)可得:

$$E_a = -\frac{1}{12} (-60)(0.8)^3 = 2.56$$

它与真实误差具有相同的数量级和符号，但是误差依然是存在的，因为对于这种大小的区间，平均二阶导数不一定是 $f''(\xi)$ 的准确近似值。因此，我们使用符号 E_a 来表示近似误差，而不是使用 E_t 来表示精确误差。

19.3.2　复合梯形法则

提高梯形法则精度的一种方法是将积分区间从 a 到 b 划分为多个段，并将该方法应用于每个段 (图 19.9)。然后可以添加各个段的面积以产生整个区间的积分。得到的方程称为复合或多段积分方程。

图 19.9 显示了我们将用来表征复合积分的一般格式和命名法，其中有 $n+1$ 个等距基点 $(x_0, x_1, x_2, \ldots, x_n)$，因此有 n 个等宽段：

$$h = \frac{b - a}{n} \tag{19.15}$$

如果将 a 和 b 分别指定为 x_0 和 x_n，则总积分可以表示为：

$$I = \int_{x_0}^{x_1} f(x)\, \mathrm{d}x + \int_{x_1}^{x_2} f(x)\, \mathrm{d}x + \cdots + \int_{x_{n-1}}^{x_n} f(x)\, \mathrm{d}x$$

用梯形法则代替每个积分可得：

$$I = h\frac{f(x_0) + f(x_1)}{2} + h\frac{f(x_1) + f(x_2)}{2} + \cdots + h\frac{f(x_{n-1}) + f(x_n)}{2} \tag{19.16}$$

或者，合并公式可得：

$$I = \frac{h}{2}\left[f(x_0) + 2\sum_{i=1}^{n-1} f(x_i) + f(x_n) \right] \tag{19.17}$$

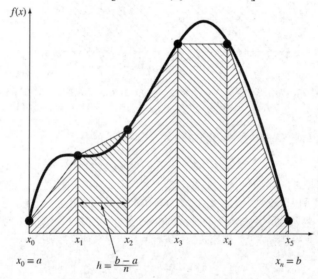

图 19.9　复合梯形法则

或者，使用式(19.15)将式(19.17)表达为式(19.13)的一般形式：

$$I = \underbrace{(b - a)}_{\text{宽度}} \; \underbrace{\frac{f(x_0) + 2\sum_{i=1}^{n-1} f(x_i) + f(x_n)}{2n}}_{\text{平均高度}} \tag{19.18}$$

因为分子中 $f(x)$ 的系数的总和除以 $2n$ 等于 1，所以平均高度表示函数值的加权平均值。由式(19.18)可知，内部点的权重是两个端点 $f(x_0)$ 和 $f(x_n)$ 的两倍。

复合梯形法则的误差可以通过将每个段的单个误差相加得到：

$$E_t = -\frac{(b - a)^3}{12n^3}\sum_{i=1}^{n} f''(\xi_i) \tag{19.19}$$

其中$f''(\xi_i)$是位于段i中的点ξ_i处的二阶导数。可以通过估计整个区间的二阶导数的平均值来简化这个结果。

$$\bar{f}'' \approx \frac{\sum_{i=1}^{n} f''(\xi_i)}{n} \tag{19.20}$$

$\sum f''(\xi_i) \approx n\bar{f}''$和式(19.19)可以改写为

$$E_a = -\frac{(b-a)^3}{12n^2} \bar{f}'' \tag{19.21}$$

因此，段数加倍，则截断误差将减半。需要注意的是，由于式(19.20)的近似性质，式(19.21)是一个近似误差。

例 19.2 梯形法则的复合应用

问题描述。 使用两段梯形法则来估计积分：

$$f(x) = 0.2 + 25x - 200x^2 + 675x^3 - 900x^4 + 400x^5$$

积分区间是从a=0 到b=0.8，使用式(19.21)估计误差。积分的确切值是 1.640533。

问题解答。 对于n=2(h=0.4)：

$$f(0) = 0.2 \qquad f(0.4) = 2.456 \qquad f(0.8) = 0.232$$

$$I = 0.8 \frac{0.2 + 2(2.456) + 0.232}{4} = 1.0688$$

$$E_t = 1.640533 - 1.0688 = 0.57173 \qquad \varepsilon_t = 34.9\,\%$$

$$E_a = -\frac{0.8^3}{12(2)^2}(-60) = 0.64$$

其中-60 是前面例 19.1 中确定的平均二阶导数。

表 19.1 总结了前面示例的结果以及梯形法则的 3 到 10 段应用，注意误差如何随着段数的增加而减小。但是，还要注意到下降的速度是逐渐降低的，这是因为误差与n的平方成反比[式(19.21)]。因此，段数加倍会使误差减半。在随后的部分中，我们发展了更准确的高阶方程，并且随着段的增加，它们会更快地收敛到确切值。但是，在研究这些方程之前，我们将首先讨论如何使用 Python 来实现梯形法则。

表 19.1 用复合梯形法则估计 $f(x)$=0.2+25x-200x^2+675x^3-900x^4+400x^5 从 x=0 到 0.8 的积分值。精确值为 1.640533

n	h	I	ε_t(%)
2	0.4	1.0688	34.9
3	0.2667	1.3695	16.5
4	0.2	1.4848	9.5
5	0.16	1.5399	6.1
6	0.1333	1.5703	4.3

			(续表)
n	h	I	$\varepsilon_t (\%)$
7	0.1143	1.5887	3.2
8	0.1	1.6008	2.4
9	0.0889	1.6091	1.9
10	0.08	1.6150	1.6

19.3.3　Python 函数：trap

实现复合梯形法则的简单算法可以写成如图 19.10 所示的形式。要积分的函数与积分限和段数一起传递到 trap 函数中，然后使用一个循环来得到遵循等式(19.18)的积分。

可以开发 Python 函数的应用程序，通过计算式(19.3)的积分来确定自由下落的蹦极者在前三秒内下降的距离，此例假设以下参数值：m=68.1kg 和 c_d=0.25kg/m。注意，积分的确切值可以用式(19.4)计算，为 41.94805。

```
def trap(func,a,b,n=100):
    """
    Composite trapezoidal rule quadrature
    Input:
        func = name of function to be integrated
        a,b = integration limits
        n = number of segments (default = 100)
    Output:
        I = estimate of integral
    """
    if b <= a: return 'upper bound must be greater than lower bound'
    x = a
    h = (b-a)/n
    s = func(a)
    for i in range(n-1):
        x = x + h
        s = s + 2*func(x)
    s = s + func(b)
    I = (b-a)*s/2/n
    return I
```

图 19.10　Python 函数 trap 实现复合梯形法则

需要积分的函数可以用单独的 def 格式编写，也可用 lambda 格式编写。这里使用 def 格式。

```
import numpy as np

def zint(t):
    return np.sqrt(m*g/cd)*np.tanh(np.sqrt(g*cd/m)*t)
```

或

```
zint = lambda t: np.sqrt(m*g/cd)*np.tanh(np.sqrt(g*cd/m)*t)
```

在后一种情况下，我们可将 lambda 定义直接嵌入 trap 调用中。这里进行五段积分。

```
z = trap(lambda t: np.sqrt(m*g/cd)*np.tanh(np.sqrt(g*cd/m)*t),0.,3.,5)
print(z)
```

结果是：

```
41.86992959072735
```

该结果的真实绝对误差为 0.186%。为了获得更准确的结果，我们可以使用默认的 100 个间隔。

```
z = trap(lambda t: np.sqrt(m*g/cd)*np.tanh(np.sqrt(g*cd/m)*t),0.,3.)
print(z)
```

结果更接近确切值：

```
41.94785498810134
```

19.4　辛普森法则

除了应用具有更精细分割的梯形法则，获得更准确的积分估计的另一种方法是使用高阶多项式来连接点，例如，如果在 $f(a)$ 和 $f(b)$ 中间有一个额外的点，则这三个点可以用抛物线连接，见图 19.11(a)。如果在 $f(a)$ 和 $f(b)$ 之间有两个等距的点，则这四个点可以用三阶多项式连接，见图 19.11(b)。在这些多项式下进行积分得出的方程称为辛普森法则。

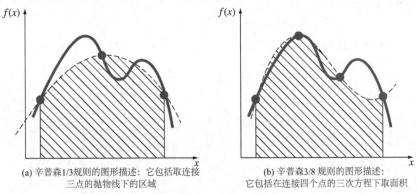

(a) 辛普森1/3规则的图形描述：它包括取连接三点的抛物线下的区域

(b) 辛普森3/8 规则的图形描述：它包括在连接四个点的三次方程下取面积

图 19.11　使用高阶多项式来连接点

19.4.1　辛普森 1/3 法则

辛普森的 1/3 法则对应于等式(19.8)中的多项式是二阶的情况：

$$I = \int_{x_0}^{x_2} \left[\frac{(x-x_1)(x-x_2)}{(x_0-x_1)(x_0-x_2)} f(x_0) + \frac{(x-x_0)(x-x_2)}{(x_1-x_0)(x_1-x_2)} f(x_1) + \frac{(x-x_0)(x-x_1)}{(x_2-x_0)(x_2-x_1)} f(x_2) \right] \mathrm{d}x$$

将 a 和 b 分别指定为 x_0 和 x_2，积分的结果是：

$$I = \frac{h}{3} [f(x_0) + 4f(x_1) + f(x_2)] \tag{19.22}$$

其中，$h=(b-a)/2$。这个方程被称为辛普森 1/3 法则。标签 "1/3" 源于式(19.22)中 h 除以 3。辛普森 1/3 法则也可用式(19.13)的格式表示：

$$I = (b - a)\frac{f(x_0) + 4 f(x_1) + f(x_2)}{6} \tag{19.23}$$

其中 $a=x_0$，$b=x_2$，x_1 是 a 和 b 之间的中间点，由 $(a+b)/2$ 给出。注意，根据式(19.23)，中间点的权重为三分之二，两个端点的权重为六分之一。

可以证明，辛普森 1/3 法则的单段应用的截断误差为：

$$E_t = -\frac{1}{90} h^5 f^{(4)}(\xi)$$

或者，因为 $h=(b-a)/2$：

$$E_t = -\frac{(b - a)^5}{2880} f^{(4)}(\xi) \tag{19.24}$$

其中 ξ 位于从 a 到 b 的区间中的某个位置。因此，辛普森 1/3 法则比梯形法则更准确。然而，与式(19.14)的比较表明它比预期的更准确，其误差不是与三阶导数成正比，而是正比于四阶导数。因此，辛普森 1/3 法则是三阶精确的，即使它仅基于三个点。换句话说，即使它是从抛物线推导出来的，它也能产生三次多项式的精确结果！

例 19.3 辛普森 1/3 法则的单一应用

问题描述。 使用式(19.23)求积分：

$$f(x) = 0.2 + 25x - 200x^2 + 675x^3 - 900x^4 + 400x^5$$

积分区间从 $a=0$ 到 $b=0.8$，使用式(19.24)估计误差。其精确的积分是 1.640533。

问题解答。 $n=2(h=0.4)$

$$f(0) = 0.2 \qquad f(0.4) = 2.456 \qquad f(0.8) = 0.232$$

$$I = 0.8 \frac{0.2 + 4(2.456) + 0.232}{6} \approx 1.367467$$

$$E_t = 1.640533 - 1.367467 = 0.273066 \qquad \varepsilon_t = 16.6\%$$

这大约比梯形法则的单次应用准确五倍(示例 19.1)。近似误差可以估计为：

$$E_a = -\frac{0.8^5}{2880}(-2400) \approx 0.2730667$$

其中-2400 是区间的平均四阶导数。与示例 19.1 中的情况一样，误差是近似的(E_a)，因为平均四阶导数通常不是 $f^{(4)}(\xi)$ 的精确估计。但是，因为这种情况处理的是五阶多项式，所以结果几乎完全匹配。

19.4.2 复合辛普森 1/3 法则

就像梯形法则一样，可通过将积分区间划分为多个等宽的段来改进辛普森法则(图 19.12)。

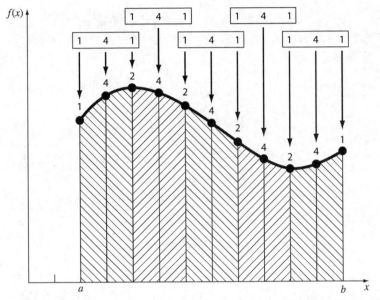

图 19.12 复合辛普森 1/3 法则。相对权重在函数值上方标明。注意，仅当段数为偶数时才能使用该方法

总积分可表示为：

$$I = \int_{x_0}^{x_2} f(x)\,\mathrm{d}x + \int_{x_2}^{x_4} f(x)\,\mathrm{d}x + \cdots + \int_{x_{n-2}}^{x_n} f(x)\,\mathrm{d}x \tag{19.25}$$

用辛普森 1/3 法则代入每个积分得到：

$$I = 2h\frac{f(x_0) + 4f(x_1) + f(x_2)}{6} + 2h\frac{f(x_2) + 4f(x_3) + f(x_4)}{6}$$

$$+ \cdots + 2h\frac{f(x_{n-2}) + 4f(x_{n-1}) + f(x_n)}{6}$$

或者，使用式(19.15)，合并可得：

$$I = (b - a)\frac{f(x_0) + 4\sum_{i=1,3,5}^{n-1} f(x_i) + 2\sum_{j=2,4,6}^{n-2} f(x_j) + f(x_n)}{3n} \tag{19.26}$$

注意，如图 19.12 所示，必须使用偶数段来实现该方法。此外，式(19.26)中的系数 4 和 2 乍一看似乎很奇怪，但它们自然地遵循辛普森 1/3 法则。如图 19.12 所示，奇数点代表每个应用程序的中间项，因此从式(19.23)中携带 4 的权重；偶数点是相邻应用程序共有的，因此被计算了两次，权重减半。

复合辛普森法则的误差估计值与梯形法则相同，方法是对分段的各个误差求和并对导数求平均以得到：

$$E_a = -\frac{(b - a)^5}{180n^4}\bar{f}^{(4)} \tag{19.27}$$

其中 $f^{(4)}$ 是区间的平均四阶导数。

例 19.4 复合辛普森 1/3 法则

问题描述。使用式(19.26)用 $n=4$ 估计积分。

$$f(x) = 0.2 + 25x - 200x^2 + 675x^3 - 900x^4 + 400x^5$$

积分区间是从 a=0 到 b=0.8，使用式(19.27)估计误差。精确的积分是 1.640533。

问题解答。 n=4(h=0.2)：

$$f(0) = 0.2 \qquad f(0.2) = 1.288$$

$$f(0.4) = 2.456 \qquad f(0.6) = 3.464$$

$$f(0.8) = 0.232$$

由式(19.26)可得：

$$I = 0.8 \times \frac{0.2 + 4 \times (1.288 + 3.464) + 2 \times 2.456 + 0.232}{12} \approx 1.623467$$

$$E_t = 1.640533 - 1.623467 = 0.017066 \qquad \varepsilon_t = 1.04\%$$

估计误差[式(19.27)]为：

$$E_a = -\frac{0.8^5}{180 \times 4^4} \times (-2400) \approx 0.017067$$

这是准确的(例 19.3 也是如此)。

与例 19.4 中一样，对于大多数应用，辛普森 1/3 法则的复合版本都要优于梯形法则。但是，如前所述，它仅限于值等间距的情况。此外，它仅限于存在偶数段和奇数点的情况。因此，如第 19.4.3 节所述，辛普森 3/8 法则的奇数段-偶数点方程可与 1/3 法则一起使用，以允许对等距段的偶数和奇数进行计算。

19.4.3　辛普森 3/8 法则

与推导梯形和辛普森 1/3 法则的方法一样，三阶拉格朗日多项式可以拟合到四个点并积分以得到

$$I = \frac{3h}{8} [f(x_0) + 3f(x_1) + 3f(x_2) + f(x_3)]$$

其中 h=(b-a)/3。这个方程被称为辛普森 3/8 法则，因为 h 乘以 3/8。它是第三个牛顿-科特斯封闭积分方程。3/8 法则也可以用式(19.13)表示：

$$I = (b - a) \frac{f(x_0) + 3f(x_1) + 3f(x_2) + f(x_3)}{8} \tag{19.28}$$

因此，两个内部点的权重为 3/8，而端点的权重为 1/8。辛普森 3/8 法则的误差是：

$$E_t = -\frac{3}{80} h^5 f^{(4)}(\xi)$$

或者，由于 h=(b-a)/3：

$$E_t = -\frac{(b - a)^5}{6480} f^{(4)}(\xi) \tag{19.29}$$

因为式(19.29)的分母大于式(19.24)的，所以 3/8 法则比 1/3 法则更准确。

辛普森 1/3 法则通常是首选方法，因为它以三分而不是 3/8 版本所需的四分达到三阶精度。但当段数为奇数时，3/8 法则很有用。例如，在例 19.4 中，我们使用辛普森法则将函数积分为四个段。假设你需要对五个段进行估计。一种选择是使用梯形法则的复合版本，如例 19.2 中所做的那样。然而，这可能是不可取的，因为与此方法相关的截断误差很大。另一种方法是将辛普森 1/3 法则应用于前两个段，辛普森 3/8 法则应用于后三个(图 19.13)。通过这种方式，我们可在整个区间内获得

具有三阶精度的估计。

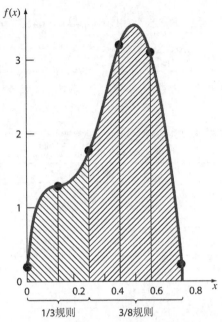

图 19.13　说明如何串联应用辛普森 1/3 和 3/8 法则来处理具有奇数间隔的多个应用程序

例 19.5　辛普森 3/8 法则

问题描述。(a)使用辛普森的 3/8 法则积分：

$$f(x) = 0.2 + 25x - 200x^2 + 675x^3 - 900x^4 + 400x^5$$

积分区间是从 $a=0$ 到 $b=0.8$，(b)将其与辛普森的 1/3 法则结合使用，为相同函数进行五段积分。

问题解答。(a)辛普森 3/8 法则的一次应用需要四个等距点：

$$f(0) = 0.2 \qquad f(0.2667) = 1.432724$$

$$f(0.5333) = 3.487177 \qquad f(0.8) = 0.232$$

使用式(19.28)：

$$I = 0.8 \times \frac{0.2 + 3 \times (1.432724 + 3.487177) + 0.232}{8} \approx 1.51917$$

(b)五段应用($h=0.16$)所需的数据是：

$$f(0) = 0.2 \qquad f(0.16) = 1.296919$$

$$f(0.32) = 1.743393 \qquad f(0.48) = 3.186015$$

$$f(0.64) = 3.181929 \qquad f(0.80) = 0.232$$

前两段的积分是使用辛普森的 1/3 法则得到的：

$$I = 0.32 \times \frac{0.2 + 4 \times 1.296919 + 1.743393}{6} \approx 0.3803237$$

对于最后三个段，可使用 3/8 法则得到：

$$I = 0.48 \times \frac{1.743393 + 3 \times (3.186015 + 3.181929) + 0.232}{8} \approx 1.264754$$

将两个结果相加，计算总积分：

$$I = 0.3803237 + 1.264754 = 1.6450777$$

19.5 高阶牛顿-科特斯方程

如前所述，梯形法则和辛普森法则都是牛顿-科特斯闭积分方程家族的成员。表 19.2 总结了一些方程及其截断误差估计。

表 19.2 牛顿-科特斯封闭积分方程，这些公式以式(19.13)的格式呈现，因此用于估计平均身高的数据点的权重是显而易见的。步长是 $h=(b-a)/n$

段(n)	点	名称	方程	截断误差
1	2	梯形法则	$(b-a)\dfrac{f(x_0)+f(x_1)}{2}$	$-(1/12)h^3 f''(\xi)$
2	3	辛普森 1/3 法则	$(b-a)\dfrac{f(x_0)+4f(x_1)+f(x_2)}{6}$	$-(1/90)h^5 f^{(4)}(\xi)$
3	4	辛普森 3/8 法则	$(b-a)\dfrac{f(x_0)+3f(x_1)+3f(x_2)+f(x_3)}{8}$	$-(3/80)h^5 f^{(4)}(\xi)$
4	5	布尔法则	$(b-a)\dfrac{7f(x_0)+32f(x_1)+12f(x_2)+32f(x_3)+7f(x_4)}{90}$	$-(8/945)h^7 f^{(6)}(\xi)$
5	6		$(b-a)\dfrac{19f(x_0)+75f(x_1)+50f(x_2)+50f(x_3)+75f(x_4)+19f(x_5)}{288}$	$-(275/12\,096)h^7 f^{(6)}(\xi)$

注意，与辛普森的 1/3 和 3/8 法则的情况一样，五点和六点方程具有相同的误差阶数，这一普遍特征适用于高点方程，因此偶数段奇点方程(例如，1/3 法则和布尔法则)通常是更好的方法。

然而，还必须强调的是，在工程和科学实践中，高阶(即大于四点)方程并不常用。辛普森法则对于大多数应用程序来说已经足够了，也使用复合版本可以提高准确性。此外，当函数已知且需要高精度时，可以使用第 20 章中的 Romberg 积分或高斯积分等方法，提供可行且有吸引力的替代方案。

19.6 不等段积分

至此，所有数值积分方程都基于等间距数据点，但是在实际情况中有很多这种假设不成立的情况，我们必须处理大小不等的段。例如，实验得出的数据通常属于这种类型。对于这些情况，一种方法是将梯形法则应用于每个段并对结果求和：

$$I = h_1\frac{f(x_0)+f(x_1)}{2} + h_2\frac{f(x_1)+f(x_2)}{2} + \cdots + h_n\frac{f(x_{n-1})+f(x_n)}{2} \tag{19.30}$$

其中 h_i 是段 i 的宽度，这与用于复合梯形法则的方法相同。式(19.16)和式(19.30)之间的唯一区别是前者中的 h 是常数。

例 19.6 不等段梯形法则

问题描述。表 19.3 中的信息是使用例 19.1 中的相同多项式生成的，使用式(19.30)来确定这些数据的积分。正确答案是 1.640533。

表 19.3　$f(x) = 0.2 + 25x - 200x^2 + 675x^3 - 900x^4 + 400x^5$ 的数据，其中 x 的间隔不相等

x	f(x)	x	f(x)
0.00	0.200000	0.44	2.842985
0.12	1.309729	0.54	3.507297
0.22	1.305241	0.64	3.181929
0.32	1.743393	0.70	2.363000
0.36	2.074903	0.80	0.232000
0.40	2.456000		

问题解答。 应用式(19.30)可得

$$I = 0.12 \times \frac{0.2 + 1.309729}{2} + 0.10 \times \frac{1.309729 + 1.305241}{2}$$

$$+ \cdots + 0.10 \times \frac{2.363 + 0.232}{2} = 1.594801$$

这表示绝对百分比相对误差是 $\varepsilon_t = 2.8\%$。

19.6.1　Python 函数：trapuneq

可以编写一个 Python 函数来实现不等间距数据的梯形法则，如图 19.14 所示。保存自变量和因变量值的两个数组 x 和 y 被传递给函数。使用两个错误陷阱来确保(a)两个数组的长度相同，并且(b) x 是升序排列的。使用 for 循环对积分求和。

```python
def trapuneq(x,y):
    """
    trapezoidal rule for unequally spaced data
    returns an array of cumulative sums
    Input:
        x = array of independent variable values
        y = array of dependent variable values
        x and y arrays must be of equal length
            and in ascending order of x
    Output:
        s = array of sums
    """
    n = len(x)
    if len(y) != n: return 'x and y arrays must be of equal length'
    for i in range(n-1):
        if x[i+1] < x[i]: return 'x array not in ascending order'
    s = 0
    for k in range(0,n-1):
        s = s + (x[k+1]-x[k])*(y[k+1]+y[k])/2
    return s
```

图 19.14　Python 函数 trapuneq 为不等距数据执行梯形法则运算

将 trapuneq 函数应用于例 19.6 中。

```python
import numpy as np

x = np.array([0., 0.12, 0.22, 0.32, 0.36, 0.4, 0.44, 0.54, 0.64, 0.7, 0.8])
y = 0.2 + 25.*x - 200.*x**2 + 675.*x**3 - 900.*x**4 + 400.*x**5

Iest = trapuneq(x, y)
```

```
print('Integral estimate = {0:6.4f}'.format(Iest))
```

结果与例 19.6 中获得的结果相同：

```
Integral estimate = 1.5948
```

19.6.2　Python 函数：trapz 和 trap_cumulative

Python 中的 NumPy 模块有一个内置函数，它以与图 19.14 的 trapuneq 函数相同的方式计算数据的积分，但是 x 和 y 参数在调用这个函数 trapz 时是相反的。这里使用 trapz 对表 19.3 中的数据进行积分。

```
import numpy as np
x = np.array([0., 0.12, 0.22, 0.32, 0.36, 0.4, 0.44, 0.54, 0.64, 0.7, 0.8])
y = 0.2 + 25.*x - 200.*x**2 + 675.*x**3 - 900.*x**4 + 400.*x**5
Iest = np.trapz(y, x)
print('Integral estimate = {0:6.4f}'.format(Iest))
```

结果与我们使用 trapuneq 获得的结果相同。

```
Integral estimate = 1.5948
```

在某些应用程序中，我们希望跟踪积分域上的累积积分。一个例子是从概率密度创建累积概率。以下对图 19.14 的 trapuneq 函数的进行修改，以返回累积积分和的数组，而不是仅返回最终和。

```
def trap_cumulative(x,y):
    """
    trapezoidal rule for unequally spaced data
    returns an array of cumulative sums
    Input:
        x = array of independent variable values
        y = array of dependent variable values
        x and y arrays must be of equal length
            and in ascending order of x
    Output:
        s = array of sums
    """
    n = len(x)
    if len(y) != n: return 'x and y arrays must be of equal length'
    for i in range(n-1):
        if x[i+1] < x[i]: return 'x array not in ascending order'
    s = np.zeros((n))
    for k in range(1,n):
        s[k] = s[k-1] + (x[k]-x[k-1])*(y[k]+y[k-1])/2
    return s
```

当将此函数应用于表 19.3 中的数据时，结果为：

```
import numpy as np

x = np.array([0.,0.12,0.22,0.32,0.36,0.4,0.44,0.54,0.64,0.7,0.8])
y = 0.2 + 25.*x - 200.*x**2 + 675.*x**3 - 900.*x**4 + 400.*x**5

cumI = trap_cumulative(x,y)
print(cumI)

[0.         0.09058376 0.22133228 0.37376401 0.45012994 0.540748
 0.6467277  0.9642418  1.29870309 1.46505096 1.59480096]
```

可以注意到数组的最后一个元素是我们使用之前的函数(如 trapuneq 和 trapz)得到的结果。

例 19.7 使用数值积分计算累积正态概率

问题描述。概率和统计中最重要的函数之一是正态或高斯密度函数，由下式给出：

$$f(x) = \frac{1}{\sqrt{2\pi}\,\sigma} e^{-\frac{(x-\mu)^2}{2\sigma^2}} \qquad -\infty \leq x \leq +\infty$$

该函数定义了经典的"钟形曲线"，要计算 x 落在区间$[a, b]$内的概率，必须计算积分：

$$P[a \leq x \leq b] = \int_a^b f(x)\mathrm{d}x$$

这个积分没有解析解，因此必须进行数值计算。此外，统计学家喜欢使用累积概率表，此概率表由以下公式计算：

$$P[x \leq b] = F(x) = \int_{-\infty}^x f(x)\mathrm{d}x$$

实际上等同于：

$$P[a \leq x \leq b] = F(b) - F(a)$$

同样的，实际上$(x - \mu)/\sigma < -5$的密度值可忽略不计。

(a) 开发一个名为 normprob 的 Python 函数，其输入参数为 a、b、μ 和 σ，并返回$P[a \leq x \leq b]$。测试积分区间为$a = -6$，$b = 12$，$\mu = 4$和$\sigma = 5$ 的函数。使用 100 个间隔，用百分比表示概率。

(b) 开发一个 Python 脚本，计算并绘制累积标准正态分布($\mu=0$ 和 $\sigma=1$)，对于 $5 \leq x \leq 5$ 区间积分，使用 100 个间隔。

问题解答。由于我们知道高斯密度的解析形式，可将 trap 函数用于(a)部分。

```
sigma = 5.
a = -6.
b = 12.

import numpy as np

def normal_density(x):
    f = 1/np.sqrt(2*np.pi)/sigma*np.exp(-(x-mu)**2/sigma**2/2)
    return f

P = trap(normal_density,a,b)*100
print(P)
```

得到结果：

```
92.24197472531215
```

因此，对于这些 μ 和 σ 值，随机样本 x 落在-6 和 12 区间的概率约为 92%。

对于(b)部分，我们可使用 trap_cumulative 函数，如下所示：

```
import numpy as np

mu = 0.
sigma = 1.
a = -5.
b = 5.
x = np.linspace(a,b,100)
f = 1/np.sqrt(2*np.pi)/sigma*np.exp(-(x-mu)**2/sigma**2/2)
```

```
F = trap_cumulative(x,f)

import pylab
pylab.plot(x,F,c='k')
pylab.grid()
pylab.xlabel('x')
pylab.ylabel('cumulative probability - %')
pylab.title('Cumulative Standard Normal Probability')
```

结果如图 19.15 所示。

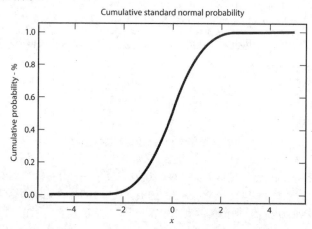

图 19.15　对正态概率密度进行积分以得到累积概率

19.7　开放式方法

回顾图 19.6(b)，开放积分方程具有超出数据范围的限制。表 19.4 总结了牛顿-科特斯开放积分公式。这些公式以式(19.13)的形式表示，因此权重因子是显而易见的。与封闭版本一样，连续的方程对具有相同的误差阶数，偶数段奇点方程通常是首选方法，因为它们需要更少的点就能达到与奇段偶数点方程相同的精度。

表 19.4　牛顿-科特斯开放积分方程。公式以式(19.13)的格式呈现，因此用于估计平均身高的数据点的权重是显而易见的。步长由 $h=(b-a)/n$ 给出

段 (n)	点	名称	方程	截断误差
2	1	中点法	$(b-a)f(x_1)$	$(1/3)h^3 f''(\xi)$
3	2		$(b-a)\dfrac{f(x_1)+f(x_2)}{2}$	$(3/4)h^3 f''(\xi)$
4	3		$(b-a)\dfrac{2f(x_1)-f(x_2)+2f(x_3)}{3}$	$(14/45)h^5 f^{(4)}(\xi)$
5	4		$(b-a)\dfrac{11f(x_1)+f(x_2)+f(x_3)+11f(x_4)}{24}$	$(95/144)h^5 f^{(4)}(\xi)$
6	5		$(b-a)\dfrac{11f(x_1)-14f(x_2)+26f(x_3)-14f(x_4)+11f(x_5)}{20}$	$(41/140)h^7 f^{(6)}(\xi)$

开放方程不经常用于确定积分，但对于分析不正确的积分很有用。此外，它们将与我们在第 22 和 23 章中求解常导数方程的讨论相关。

19.8 多重积分

多重积分广泛应用于工程和科学领域。例如，计算二维函数平均值的一般方程可以写成：

$$\bar{f} = \frac{\int_c^d \left(\int_a^b f(x, y) \, dx \right) dy}{(d-c)(b-a)} \tag{19.31}$$

该计算被称为二重积分。

本章和第 20 章中讨论的技术可以很容易地用于计算多重积分，其中一个简单例子是在一个矩形区域对一个函数进行二重积分(图 19.16)。

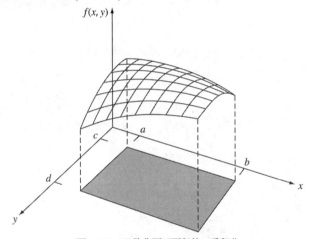

图 19.16 函数曲面下面积的二重积分

这样的积分可计算为迭代积分：

$$\int_c^d \left(\int_a^b f(x, y) \, dx \right) dy = \int_a^b \left(\int_c^d f(x, y) \, dy \right) dx \tag{19.32}$$

因此，首先计算一个维度中的积分，然后第一次积分的结果在第二个维度中再次积分。式(19.32)表明积分的顺序不重要。

数值双积分将基于相同的思想。首先，诸如复合梯形或辛普森法则的方法将应用于第一维，第二维的每个值都保持不变，然后将同样的方法应用于第二维的积分。该方法在以下示例中进行了说明。

例 19.8 使用双重积分确定平均温度

问题描述。 假设矩形加热板的温度由以下函数描述：

$$T(x, y) = 2xy + 2x - x^2 - 2y^2 + 72$$

如果板长 8m(x 轴)，宽 6m(y 轴)，计算平均温度。

问题解答。 首先，让我们仅在每个维度中使用梯形法则的两段应用，必要的 x 和 y 值处的温度如图 19.17 所示。注意，这些值的简单平均值为 47.33，也可以对函数进行解析积分以得到 58.66667。

为在数值上进行相同的计算，首先对每个 y 值沿 x 维度使用梯形法则，然后将这些值沿 y 维度积分，最终得到的结果为 2544，将其除以面积得出平均温度为 2544/(6×8)=53。

现在，我们可采用同样的方式应用单段辛普森 1/3 法则，得到的积分值为 2816，平均值为 58.66667，和解析值完全相同。为什么会出现这种情况？回想一下，对于三次多项式，辛普森 1/3 法则可得到完美的结果；由于函数中的最高阶项是二阶的，因此本例中会出现相同的精确结果。

对于高阶代数函数和超越函数，有必要使用复合应用程序来获得准确的积分估计。此外，第 20 章将介绍比牛顿-科特斯方程更有效的计算给定函数积分的技术，这些为实现多重积分的数值积分提供了一种更优越的方法。

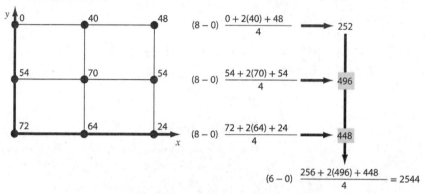

图 19.17　使用两段梯形法则对双重积分进行数值计算

Python 函数：db1quad 和 tplquad

Python 中的 SciPy 积分子模块具有双重和三重积分的功能。

dblquad 函数计算积分：

$$\int_a^b \int_{g(x)}^{h(x)} f(x, y)\mathrm{d}y\mathrm{d}x$$

它允许将 y 上的积分限制确定为 x 的函数。当这些限制是常数时，将 $g(x)$ 和 $h(x)$ 函数定义为常数。dblquad 的语法是：

```
from scipy.integrate import dblquad
(y,abserr) = dblquad(func,a,b,gfun,hfun)
```

我们可以使用这个函数来计算例 19.8 中的二重积分：

```
from scipy.integrate import dblquad

def f(y,x):
    return 2*x*y + 2*x - x**2 -2*y**2 + 72.

Iest,Ierr = dblquad(f,0.,8.,lambda x: 0.,lambda x: 6.)
print(Iest)
print(Ierr)
```

结果可得

```
2816.0
3.126388037344441e-11
```

SciPy 还包括一个 tplquad 函数，在三个维度上进行积分，语法类似于二维积分，详细信息可在 Spyder 帮助中的 SciPy 参考指南找到。

19.9 案例研究：数值积分的计算

背景。 功的计算是许多工程和科学领域的重要组成部分，其一般性方程是：

$$功 ＝ 力 × 距离$$

当你在高中物理中接触到这个概念时，看到过一些简单的应用，即整个位移过程中力是恒定的。例如，如果使用 10N 的力将块体拉出 5m 的距离，则功为 50J(1J=1N·m)

尽管这样一个简单计算对于引入这个概念很有用，但实际问题通常更复杂。例如，假设力在计算过程中发生变化。这种情况下，功方程将重新表示为：

$$W = \int_{x_0}^{x_n} F(x)\,\mathrm{d}x \tag{19.33}$$

其中 W 是功(J)，x_0 和 x_n 分别为初始和最终位置(m)，$F(x)$ 是随位置变化的力(N)。如果 $F(x)$ 易于积分，则式(19.33)可以进行解析计算。然而，在现实问题中，力可能不会以这种方式表达，事实上，在分析测量数据时，力可能仅以表格形式提供。对于这种情况，数值积分是计算的唯一可行的选择。

如果力和运动方向之间的角度也随位置而变化(图 19.18)，则会进一步引入复杂性，可修改功方程以考虑这种效应，如：

$$W = \int_{x_0}^{x_n} F(x)\,\cos[\theta(x)]\,\mathrm{d}x \tag{19.34}$$

同样，如果 $F(x)$ 和 $\theta(x)$ 是简单函数，则式(19.34)可以解析求解。然而，如图 19.18 所示，函数关系更可能是复杂的；对于这种情况，数值方法提供了计算积分的唯一选择。

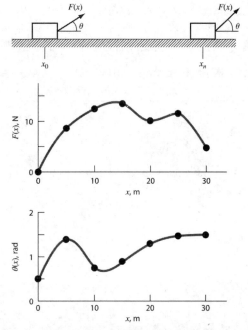

图 19.18　作用在块上的可变力的情况。这种情况下，力的角度和大小都会发生变化

　　假设你必须针对图 19.18 中描述的情况执行计算。尽管该图显示了 $F(x)$ 和 $\theta(x)$ 的连续值，但假设由于实验限制，你只能获得 x=5-m 间隔的离散测量值(表 19.5)。使用梯形法则的单一和复合版本以及辛普森的 1/3 和 3/8 法则来计算这些数据的功。

　　问题解答。分析结果总结在表 19.6 中。百分比相对误差 ε_t 是相对 129.52 积分的真实值计算的，该积分的真实值是根据从图 19.18 中以 1-m 米间隔获取的值估计的。

表 19.5　力 $F(x)$ 和角度 $\theta(x)$ 的数据作为位置 x 的函数

x/m	$F(x)$/N	θ/rad	$F(x)\cos\theta$
0	0.0	0.50	0.0000
5	9.0	1.40	1.5297
10	13.0	0.74	9.5120
15	14.0	0.90	8.7025
20	10.5	1.30	2.8087
25	12.0	1.48	1.0881
30	5.0	1.50	0.3537

　　有趣的是，最准确的结果出现在简单的两段梯形法则中，而使用更多段以及辛普森法则进行更精确的估计反而导致不太准确的结果。

　　这个明显违反直觉的结果的原因是点的粗略间距不足以捕捉力和角度的变化。这在图 19.19 中尤其明显，其中我们绘制了 $F(x)$ 和 $\cos[\theta(x)]$ 乘积的连续曲线。注意使用七个点来表征连续变化的函数如何错过了 x=2.5 和 12.5m 处的两个峰值，这两点的遗漏限制了表 19.6 中数值积分估计的准确性。两段梯形法则产生最准确结果的事实是由于这个特定问题的点的定位(图 19.20)。

表 19.6　使用梯形法则和辛普森法则计算量的估计值，相对误差百分比 ε_t 参考积分的真实值(129.53, J)计算得出，该积分的真实值是根据 1-m 间隔的值估计的

方法	段	计算量	ε_t/%
梯形法则	1	5.31	95.9
	2	133.19	2.84
	3	124.98	3.51
	6	119.09	8.05
辛普森 1/3 法则	2	175.82	35.75
	6	117.13	9.57
辛普森 3/8 法则	3	139.93	8.04

从图 19.20 得出的结论是，必须进行足够数量的测量才能准确计算积分。对于本例，如果数据在 $F(2.5)\cos(\theta(2.5)) = 3.9007$ 和 $F(12.5)\cos(\theta(12.5)) = 11.3940$ 处可用，我们可以得到改进的积分估计。例如，计算时可以使用 Python 的 trapz 函数：

```
import numpy as np

x = np.array([0., 2.5, 5., 10., 12.5, 15., 20., 25., 30.])
y = np.array([0., 3.9007, 1.5297, 9.5120, 11.3940,
              8.7025, 2.8087, 1.0881, 0.3537])

Iest = np.trapz(y,x)
print(Iest)
```

结果为：

```
132.64575000000002
```

包含这两个额外的点会得到 132.64575（ε_t=2.16%）这一改进积分估计。因此，包含的附加数据包含了以前遗漏的峰，可以得到更准确的结果。

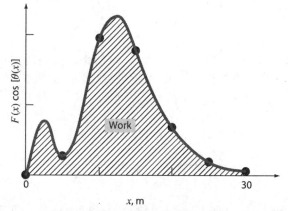

图 19.19 $F(x)\,cos[\theta(x)]$ 与位置的连续图，其中七个离散点用于得到表 19.6 中的数值积分估计。
注意使用七个点来表征这个连续变化的函数如何错过了 x=2.5 和 12.5m 处的两个峰值

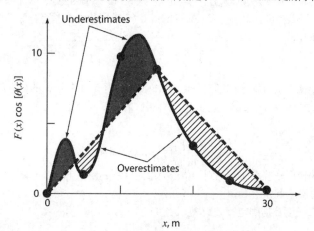

图 19.20 图形描述了为什么两段梯形法则可以很好地估计这种特殊情况的积分。
使用两个梯形恰好导致正负误差之间的平衡

习题

19.1 通过积分式(19.3)推导式(19.4)。

19.2 计算以下积分：$\int_0^4 (1-e^{-x})dx$

(a) 解析法，(b) 梯形法则的单一应用，(c) $n=2$ 和 4 的复合梯形法则，(d) 辛普森 1/3 法则的单一应用，(e) 复合辛普森 1/3 法则，$n=4$，(f) 辛普森的 3/8 法则，(g) $n=5$ 的复合辛普森法则。对于(b)到(g)的每个数值估计，确定相对于真实值的误差百分比；真实值基于(a)。

19.3 计算以下积分：

$$\int_0^{\pi/2} (8+4\cos(x))dx$$

(a) 解析法，(b) 梯形法则的单一应用，(c) $n=2$ 和 $n=4$ 的复合梯形，(d) 辛普森 1/3 法则的单一应用，(e) $n=4$ 的复合辛普森 1/3 法则，(f) 辛普森的 3/8 法则，(g) $n=5$ 的复合辛普森法则。对(b)到(g)的每个数值估计相对于真实值的误差百分比；真实值基于(a)。

19.4 计算以下积分：

$$\int_{-2}^4 [1-x-4x^3+2x^5]dx$$

(a)解析法，(b)梯形法则的单一应用，(c) $n=2$ 和 $n=4$ 的复合梯形法则，(d)辛普森 1/3 法则的单一应用，(e)辛普森 3/8 法则，(f)布尔法则。对(b)到(f)的每个数值估计相对于真实值的误差百分比；真实值基于(a)。

19.5 以下函数

$$f(x) = e^{-x}$$

可用于生成下表的不等间距数据：

x	0	0.1	0.3	0.5	0.7	0.95	1.2
$f(x)$	1	0.9048	0.7408	0.6065	0.4966	0.3867	0.3012

使用 (a)解析法、(b)梯形法则以及(c)尽可能结合梯形和辛普森法则，来计算从 $a=0$ 到 $b=1.2$ 的函数积分，以获得最高精度。对于(b)和(c)，计算相对于真实值的误差百分比。

19.6 计算二重积分

$$\int_{-2}^2 \int_0^4 [x^2-3y^2+xy^3]dxdy$$

(a)解析法，(b)使用复合梯形法则，$n=2$，(c)使用辛普森 1/3 法则的单个应用程序，(d)使用 db1quad 函数。对于(b)、(c)和(d)，计算相对于真实值的误差百分比。

19.7 计算三重积分

$$\int_{-4}^4 \int_0^6 \int_{-1}^3 [x^3-2yz]dxdydz$$

(a)解析法；(b)使用辛普森 1/3 法则的单一应用，以及(c)使用 tp1quad 函数。对于(b)和(c)，计算相对于真实值的误差百分比。

19.8 根据以下速度数据确定行驶距离。

t	1	2	3.25	4.5	6	7	8	8.5	9	10
v	5	6	5.5	7	8.5	8	6	7	7	5

(a) 使用梯形法则计算距离，另外需要计算平均速度。

(b) 使用多项式回归将数据与三次方程拟合，对多项式进行积分以确定距离。

19.9 水对大坝的上游面施加压力，如下图所示。压力可以用流体静力关系来描述：

$$p(z) = \rho g(D - z)$$

其中 $p(z)$ 是在水库底部上方 z(m)高程处施加在坝面上的压力(Pa)，ρ 是水的密度(1000kg/m³)，D 是水库底部以上的水面标高(m)。根据上述关系，压力随深度线性增加，如下图(a)所示。忽略大气压力(表压)，大坝上的力 f_t 可以通过将压力乘以坝面面积来确定，如下图(b)所示。由于压力和面积都随深度而变化，所以总压力可通过计算获得：

$$f_t = \int_0^D [\rho g w(z)(D - z)]\,dz$$

其中 $w(z)$ 是高程 z 处坝面的宽度，力的作用线也可以通过计算获得：

$$d = \frac{\int_0^D [\rho g z w(z)(D - z)]\,dz}{\int_0^D [\rho g w(z)(D - z)]\,dz}$$

使用辛普森法则计算 f_t 和 d。

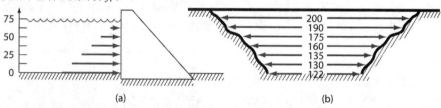

(a) (b)

19.10 帆船桅杆上的力可用以下函数表示：

$$f(z) = 200 \left(\frac{z}{5 + z}\right) e^{-2z/H}$$

其中 $f(z)$ 是单位桅杆高度的力，z 是甲板上方的高度，H 是桅杆的高度。施加在桅杆上的总力可通过将该函数在桅杆高度上积分来计算：

$$F = \int_0^H f(z)\,dz$$

行动路线也可通过积分求得：

$$d = \frac{\int_0^H z f(z)\,dz}{\int_0^H f(z)\,dz}$$

(a) 对于 $H=30$ 且 $n=6$ 的情况，使用复合梯形法则计算 F 和 d。

(b) 使用复合辛普森 1/3 法则重复(a)的计算。

19.11 摩天大楼侧面的风力分布测量如下:

Height l/m	0	30	60	90	120
Force, $F(l)$/(N/m)	0	340	1200	1550	2700
Height l/m	150	180	210	240	
Force, $F(l)$/(N/m)	3100	3200	3500	3750	

计算由于这种分布式风而产生的净力和作用线。

19.12 一根 11 米长的梁承受荷载,剪力遵循方程:

$$V(x) = 5 + 0.25x^2$$

其中 V 是剪切力,x 是沿梁的距离。我们知道 $V=\mathrm{d}M/\mathrm{d}x$,其中 M 是弯矩,积分可得:

$$M = M_0 + \int_0^x V \mathrm{d}x$$

如果 M_0 为零且 $x=11$,则计算 M;分别使用(a)解析法、(b)复合梯形法则和(c)复合辛普森法则。对于(b)和(c),使用 1-m 增量。

19.13 变截面变密度棒的总质量由下式给出。

$$m = \int_0^L \rho(x) A(x) \mathrm{d}x$$

其中 m 是质量,ρ 是密度,A 是横截面积,x 是沿杆的距离,L 是杆的总长度。以下数据是 20m 杆测量的。使用 Python 函数 trapz 和 simps 确定杆的质量(单位:g)。两种计算结果之间的百分比差异是多少?

x/m	0	4	6	8	12	16	20
ρ/(g/cm^3)	4.00	3.95	3.89	3.80	3.60	3.41	3.30
Ac/(cm^2)	100	103	106	110	120	133	150

19.14 交通工程研究要求你确定早高峰时段通过交叉路口的汽车数量。你站在路边,数每四分钟通过的汽车数量,如下表所示。使用最佳数值方法来确定(a)在 7:30 到 9:15 之间通过的汽车总数,以及(b)每分钟通过交叉路口的汽车数量。需要注意 Rate 的单位是每四分钟通过的汽车数量。

Time/hr	7:30	7:45	8:00	8:15	8:45	9:15
Rate	18	23	14	24	20	9

19.15 确定下图所示数据的平均值。按以下等式所示的顺序积分以求得平均值:

$$I = \int_{x_0}^{x_n} \left[\int_{y_0}^{y_m} f(x, y) \mathrm{d}y \right] \mathrm{d}x$$

注意函数 $f(x)$ 在域 $a \leqslant x \leqslant b$ 上的平均值是:

$$\bar{f} = \frac{\int_a^b f(x) \mathrm{d}x}{b - a}$$

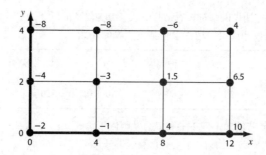

19.16 在通过管道输送流体时，了解给定时间段内通过了多少流体至关重要，这将决定支付金额，包括农业灌溉用水的分配，以及将乙烯等中间化学产品从生产天然气的工厂传输到使用它来制造聚乙烯的工厂。这种核算过程称为流量累计，相当于在给定时间段内对流量测量值进行积分。这是一个非常有趣且重要的问题。另一种方法是，传输的总量等于流量与时间曲线下的面积。下表显示了 24 小时内从渠道输送到农田的灌溉水的流量测量值。使用数值积分来估计输送的总水量。

时间/h	0	4	8	12	16	20	24
流速/(m³/s)	0.906	0.595	1.331	1.841	1.218	2.095	0.538

19.17 通道的横截面积可以计算为：

$$A = \int_0^B H(y)\,\mathrm{d}y$$

其中 B 是总通道宽度(m)，H 是给定 y 处的通道深度(m)，y 是距堤岸的距离(m)。以类似的方式，通道流量 Q(m³/s)可以计算为：

$$Q = \int_0^B U(y)\,H(y)\,\mathrm{d}y$$

其中 U 是距离 y 处的水流速度(m/s)。使用这些关系和数值方法来确定以下数据的 A 和 Q：

y/m	0	2	4	5	6	9
H/m	0.5	1.3	1.25	1.8	1	0.25
U/(m/s)	0.03	0.06	0.05	0.13	0.11	0.02

19.18 求湖中物质的平均浓度 $\overline{c}$ (g/m³)，面积 A(m²)随深度 z(m)变化，平均浓度可以由以下积分计算：

$$\overline{c} = \frac{\int_0^Z c(z)A(z)\,\mathrm{d}z}{\int_0^Z A(z)\,\mathrm{d}z}$$

其中 Z 是总深度(m)。根据以下数据确定平均浓度：

z/m	0	4	8	12	16
A/10⁶m²	9.8175	5.1051	1.9635	0.3927	0.0000
c/(g/m³)	10.2	8.5	7.4	5.2	4.1

19.19 如第 19.9 节中所做的那样，计算以角度 θ 施加 1N 的恒定力导致以下位移时所做的功。使用 trap_cumulative 函数计算累积功并绘制结果与 θ 的关系。

x/m	0	1	2.8	3.9	3.8	3.2	1.3
θ/deg	0	30	60	90	120	150	180

19.20 计算第 19.9 节的功，但 $F(x)$ 和 $\theta(x)$ 使用以下等式：

$$F(x) = 1.6x - 0.045x^2$$
$$\theta(x) = -0.00055x^3 + 0.0123x^2 + 0.13x$$

力的单位是 N，角度单位是弧度。计算从 $x=0$ 到 30m 的积分。

19.21 如下表所示，制造的球形颗粒的密度随着距中心的距离($r=0$)的变化而变化。

r/mm	0	0.12	0.24	0.36	0.49
ρ/(g/cm^3)	6	5.81	5.14	4.29	3.39
r/mm	0.62	0.79	0.86	0.93	1
ρ/(g/cm^3)	2.7	2.19	2.1	2.04	2

使用数值积分来估计粒子的质量(g)和平均密度(g/cm^3)。

19.22 如下表所示，地球的密度随着距地心距离的变化而变化($r=0$)。

r/km	0	1100	1500	2450	3400	3630
ρ/(g/cm^3)	13	12.4	12	11.2	9.7	5.7
r/mm	4500	5380	6060	6280	6380	
ρ/(g/cm^3)	5.2	4.7	3.6	3.4	3	

使用数值积分来估计地球的质量(以公吨为单位)和平均密度(kg/m^3)，画出密度与半径以及质量与半径的垂直堆叠子图。

19.23 球形罐的底部有一个圆形孔口，液体通过该孔口排出。以下数据收集到时间与通过孔口的流速的关系。在最后时刻，水箱是空的。

t/s	0	500	1000	1500	2200	2900
Q/(m^3/ht)	10.55	9.576	9.072	8.640	8.100	7.560
t/s	3600	4300	5200	6500	7000	7500
Q/(m^3/ht)	7.020	6.480	5.688	4.752	3.348	1.404

编写一个 Python 脚本。(a)估计整个期间排出的液体量(升)，(b)估计初始液位。这个罐子的 $r=1.5$m。注意：液体体积 V、半径 r 和深度 H 之间的关系由下式给出：

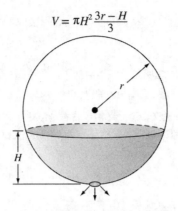

$$V = \pi H^2 \frac{3r - H}{3}$$

19.24 开发一个名为 simp3 的 Python 函数来实现等间距数据的复合辛普森 1/3 法则。该函数应检查(1)输入数组的长度是否相同，以及(2)数据是否等距，如果不等距，则返回错误消息。如果只有两个数据点，请使用梯形法则；如果有偶数个数据点和奇数段，则对最后三个数据点使用辛普森 3/8 法则。使用习题 19.11 的数据测试函数。将你的结果与使用 SciPy integrate 子模块中的 simps 函数的结果进行比较。通过计算误差(1)和(2)、将数据集减少到仅两个点以及从偶数间隔更改为奇数间隔来检查函数。

19.25 在暴风雨中，大风沿着矩形摩天大楼的一侧吹来，如图 P19.25 所示。如习题 19.9 所述，使用最佳低阶牛顿-科特斯方程(梯形、辛普森的 1/3 和辛普森的 3/8 法则)来确定建筑物上的受力(N)，以及力线(m)。

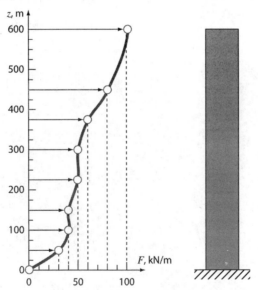

19.26 以下数据提供了一个物体的速度作为时间的函数。

t/s	0	4	8	12	16	20	24	28	30
v/(m/s)	0	18	31	42	50	56	61	65	70

(a) 将自己限制在梯形法则和辛普森的 1/3 和 3/8 法则中，对物体从 0 到 30 秒行进的距离做出最佳估计。

(b) 使用(a)的结果来计算平均速度。

19.27　当活塞在发动机气缸中缩回时，气体会膨胀，并遵循规律：

$$PV^\gamma = 常量$$

其中 P 是压力，V 是体积，γ 是 C_p/C_v 的比值，后者是恒定压力和恒定体积下的热容量。假定 γ 为 1.3，气体从 p=2550kPa 膨胀到 210kPa，最终体积为 0.75m³，计算气体所做的功。注意，功由热力学关系给出：

$$W = \int_{V_1}^{V_2} PdV$$

19.28　给定质量气体的压力 p 和体积 v 由下列关系式连接：

$$\left(p + \frac{a}{v^2}\right)(v - b) = k$$

其中 a、b 和 k 是常数。用 v 表示 p，编写一个 Python 脚本来计算气体在从初始体积膨胀到最终体积时所做的功，并计算最终压力。其中 a=0.01kPam³，b=0.001m³，初始压力和体积分别为 100kPa 和 1m³，最终体积是 2m³。

第 20 章

函数的数值积分

本章学习目标

本章的主要目的是介绍函数积分的数值方法，涵盖的具体目标和主题是：

- 了解 Richardson(理查森)外推法如何通过结合两个非准确计算来更准确地计算积分值。
- 了解高斯求积如何通过选择计算函数的最佳横坐标来计算积分值。
- 了解自适应正交如何通过使用函数快速变化的精细分割和函数逐渐变化的粗略分割来有效地计算积分值。
- 了解如何使用 Python SciPy integrate 子模块系列函数进行数学函数积分。

20.1　简介

在第 19 章中，我们了解了以数值方式积分的函数通常有两种形式：值表或函数。数据的形式对可用于计算积分的方法有重要影响。表格信息会受到给出的点数的限制。相反，如果函数可用，则可以生成所需的 $f(x)$ 值以获得可接受的精度。

从表面看，复合辛普森 1/3 规则似乎是解决此类问题的合理工具。尽管它对于许多问题肯定是足够的，但还有更有效的方法可用。本章专门讨论三种这样的技术，它们利用生成函数值的能力来提供有效的数值积分。

第一种技术是基于理查森外推法(Richardson extrapolation)，这是一种将两个数值积分计算值组合起来以获得第三个更准确值的方法。以高效方式实现理查森外推的计算算法称为 Romberg 积分。该技术可用于在预先指定的误差容限内计算积分值。

第二种方法称为高斯求积。回想一下，在第 19 章中牛顿-科特斯公式的 $f(x)$ 值是在指定的 x 值下确定的。例如，如果我们使用梯形法则来确定积分，就必须在区间末端取 $f(x)$ 的加权平均值。高斯正交公式采用位于积分极限之间的 x 值，从而得到更准确的积分计算值。

第三种方法称为自适应正交。该技术以允许计算误差的方式将复合辛普森 1/3 规则应用于积分范围的子区间。然后使用这些误差计算来确定子区间是否需要更精确的计算。更精细的分割只在必要时使用。

20.2　Romberg 积分

Romberg 积分是一种旨在获得函数的有效数值积分的技术。它与第 19 章中讨论的技术非常相似。在某种意义上，它基于梯形法则的连续应用，但是通过数学运算可以更少的努力获得更好的结果。

20.2.1　Richardson 外推

在积分计算本身的基础上，可以使用一些技术来提高数值积分的准确度，通常称为理查森外推法。这些方法使用积分的两个计算来计算第三个更准确的近似值。

与复合梯形法则相关的计算和误差通常可以表示为

$$I = I(h) + E(h)$$

其中 I 是积分的精确值，$I(h)$ 是梯形法则的 n 段应用的近似值，步长为 $h = (b - a)/n$ 是截断误差。如果我们使用 h_1 和 h_2 的步长进行两个单独的计算，并得到准确的误差值：

$$I(h_1) + E(h_1) = I(h_2) + E(h_2) \tag{20.1}$$

现在，回想一下复合梯形法则的误差可以用式(19.21)近似表示 $[n = (b - a)/h]$：

$$E \approx -\frac{b - a}{12} h^2 \bar{f}'' \tag{20.2}$$

如果假设 $\bar{f}''$ 无论步长如何都是常数，则式(20.2)可用于确定两个误差的比值

$$\frac{E(h_1)}{E(h_2)} \approx \frac{h_1^2}{h_2^2} \tag{20.3}$$

此计算具有从计算中删除项 $\bar{f}''$ 的重要效果。这样做，我们可以在不知道函数二阶导数的情况下使用式(20.2)，重新排列式(20.3)可得：

$$E(h_1) \approx E(h_2)\left(\frac{h_1}{h_2}\right)^2$$

代入式(20.1)：

$$I(h_1) + E(h_2)\left(\frac{h_1}{h_2}\right)^2 = I(h_2) + E(h_2)$$

可得：

$$E(h_2) = \frac{I(h_1) - I(h_2)}{1 - (h_1/h_2)^2}$$

因此，我们可以根据积分计算及其步长来进行截断误差的计算，代入

$$I = I(h_2) + E(h_2)$$

得到改进的积分计算：

$$I = I(h_2) + \frac{1}{(h_1/h_2)^2 - 1}[I(h_2) - I(h_1)] \tag{20.4}$$

可以证明(Ralston 和 Rabinowitz，1978 年)该计算的误差为 $O(h^4)$。因此，我们结合了 $O(h^2)$ 的两个梯形法则计算来生成 $O(h^4)$ 的新计算。对于间隔减半的特殊情况 $(h_2 = h_1/2)$，这个等式变为：

$$I = \frac{4}{3}I(h_2) - \frac{1}{3}I(h_1) \tag{20.5}$$

例 20.1 Richardson(理查森)外推

问题描述。 使用理查森外推法计算$f(x) = 0.2 + 25x - 200x^2 + 675x^3 - 900x^4 + 400x^5$的积分，从$a=0$到$b=0.8$。

问题解答。 梯形法则的单一和复合应用可用于计算积分误差。

分段	h	积分	ε_t
1	0.8	0.1728	89.5%
2	0.4	1.0688	34.9%
4	0.2	1.4848	9.5%

理查森外推法可结合这些结果以得到更精确的积分计算。例如，一个和两个分段的计算可以结合起来产生：

$$I = \frac{4}{3}(1.0688) - \frac{1}{3}(0.1728) \approx 1.367467$$

积分的误差为$E_t = 1.640533 - 1.367467 = 0.273066(\varepsilon_t = 16.6\%)$，优于各部分的计算值。以同样的方式，两个和四个段的计算值可以组合起来给出

$$I = \frac{4}{3}(1.4848) - \frac{1}{3}(1.0688) \approx 1.623467$$

积分误差为$E_t = 1.640533 - 1.623467 = 0.017066(\varepsilon_t = 1.0\%)$。

式(20.4)提供了一种将梯形法则的两个应用与误差$O(h^2)$结合起来以计算具有误差$O(h^4)$的第三个计算值的方法。这种方法是用于组合积分以获得改进计算的更通用方法的子集。例如，在例 20.1 中，我们基于三个梯形法则计算了$O(h^4)$的两个积分。反过来，这两个组合积分可以结合起来，在$O(h^6)$的情况下产生更精确的积分值。对于原始梯形计算基于步长连续减半的特殊情况，用于计算$O(h^6)$精度的方程为：

$$I = \frac{16}{15}I_m - \frac{1}{15}I_l \tag{20.6}$$

其中I_m和I_l分别是更准确和更不准确的计算。类似地，可以组合两个$O(h^6)$结果来计算$O(h^8)$的积分，其计算方程是：

$$I = \frac{64}{63}I_m - \frac{1}{63}I_l \tag{20.7}$$

例 20.2 高阶修正

问题描述。 在例 20.1 中，我们使用 Richardson 外推法计算$O(h^4)$的两个积分计算值。利用式(20.6)结合这些计算来计算$O(h^6)$的积分。

问题解答。 在例 20.1 中获得的$O(h^4)$的两个积分计算值为 1.367467 和 1.623467。这些值可以代入式(20.6)得到：

$$I = \frac{16}{15}(1.623467) - \frac{1}{15}(1.367467) \approx 1.640533$$

即积分的准确值。

20.2.2 Romberg 积分算法

注意，每个外推方程中的系数[式(20.5)、式(20.6)和式(20.7)]加起来为 1。这些系数代表了加权因子，随着精度的提高，它们对积分计算赋予了相对更大的权重。这些公式可以表示为非常适合计算机运算的一般形式：

$$I_{j,k} = \frac{4^{k-1} I_{j+1,k-1} - I_{j,k-1}}{4^{k-1} - 1} \tag{20.8}$$

其中 $I_{j+1,k-1}$ 和 $I_{j,k-1}$ 分别为精度更高和精度更低的积分，$I_{j,k}$ 是改进的积分。索引 k 表示集成的级别，其中 $k=1$ 对应于原始梯形法则计算，$k=2$ 对应于 $O(h^4)$ 计算，$k=3$ 对应于 $O(h^6)$，以此类推。索引 j 用于区分更准确($j+1$)和不准确(j)的计算。例如，对于 $k=2$ 和 $j=1$，等式(20.8)变为

$$I_{1,2} = \frac{4I_{2,1} - I_{1,1}}{3}$$

等同于式(20.5)。

式(20.8)的一般形式属于 Romberg 类，它在求积分方面的系统应用被称为 Romberg 积分。图 20.1 是使用这种方法生成的积分计算序列的图形描述。每个步骤(a、b 和 c)对应于一次迭代。第一列包含指定为 $I_{j,1}$ 的梯形法则计算，其中 $j=1$ 用于单段应用程序(步长为 $b-a$)，$j=2$ 用于两段应用程序[步长为$(b-a)/2$]，$j=3$ 用于四段应用[步长为$(b-a)/4$]，以此类推。矩阵的其他列是式(20.8)生成的，以获得连续的、更好的积分计算。

例如，第一次迭代涉及单段和两段梯形法则计算($I_{1,1}$ 和 $I_{2,1}$)，见图 20.1(a)。然后使用式(20.8)计算元素 $I_{1,2}=1.367467$，其误差为 $O(h^4)$。

现在，我们检查这个结果是否足满足准确性要求。与本书中的其他近似方法一样，需要终止或停止标准来计算结果的准确性。一种方法是

$$|\varepsilon_a| = \left| \frac{I_{1,k} - I_{2,k-1}}{I_{1,k}} \right| \times 100\% \tag{20.9}$$

其中 ε_a 是相对误差百分比的计算值。正如之前在其他迭代过程中所做的那样，我们将新计算值与先前值进行比较。对于式(20.9)，其前一个值是前一个积分的最准确估计(即 $k-1$ 级的积分，$j=2$)。当由 ε_a 表示的新旧值之间的变化低于目标误差标准 ε_s 时，终止计算。对于图 20.1(a)，该计算表明在第一次迭代过程中的百分比变化如下：

$$|\varepsilon_a| = \left| \frac{1.367467 - 1.068800}{1.367467} \right| \times 100\% \approx 21.8\%$$

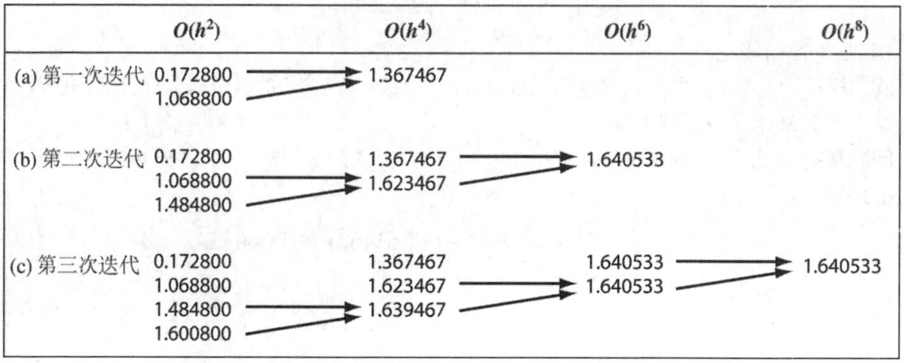

图 20.1　使用 Romberg 积分生成的积分计算序列的图形描述

　　第二次迭代的目的是获得 $O(h^6)$ 计算值 $I_{1,3}$，见图 20.1(b)。首先确定四段梯形法则计算值 $I_{3,1}$ = 1.4848，然后使用式(20.8)将其与 $I_{2,1}$ 结合得到 $I_{2,2}$=1.623467，所得结果与 $I_{1,2}$ 结合得到 $I_{1,3}$=1.640533。应用式(20.9)知该结果与之前的结果 $I_{2,2}$ 相比变化了 1.0%。

　　第三次迭代以同样的方式继续进行，见图 20.1(c)。八段梯形计算被添加到第一列，然后是应用式(20.8)计算沿下对角线的连续的、更精确的积分。鉴于我们只是为了计算一个五阶多项式，仅经过 3 次迭代后便可得到准确结果($I_{1,4}$=1.640533)。

　　Romberg 积分比梯形法则和辛普森法则更有效。例如，为了确定如图 20.1 所示的积分，辛普森 1/3 规则将需要大约 48 段的双精度应用程序来产生对七位有效数字的积分计算：1.640533。相比之下，Romberg 积分基于组合一、二、四和八段梯形法则产生相同的结果，但只有 15 次函数计算！

```python
def romberg(func,a,b,es=1.e-8,maxit=30):
    """
    Romberg integration quadrature
    input:
        func = name of function to be integrated
        a, b = integration limits
        es = desired relative error (default = 1.e-8)
        maxit = iteration limit (defaul = 30)
    output:
        q = integral estimate
        ea = approximate relative error achieved
        iter = iterations taken
    """
    n = 1
    I = np.zeros((2*maxit,maxit+1))
    I[0,0] = trap(func,a,b,n)
    for iter in range(1,maxit+1):
        n = 2**iter
        I[iter,0] = trap(func,a,b,n)
        for k in range(1,iter+1):
            j = iter-k
            I[j,k] = (4**(k)*I[j+1,k-1] - I[j,k-1])/(4**(k)-1)
        ea = abs((I[0,iter]-I[1,iter-1])/I[0,iter])
        if ea <= es: break
    q = I[0,iter]
    return q,ea,iter
```

图 20.2　Romberg 积分的 Python 函数

　　图 20.2 展示了一个用于 Romberg 积分的 Python 函数，经过循环过程，该算法可以有效实现 Romberg 积分。需要注意，该函数使用另一个函数 trap 来实现复合梯形法则计算(回忆图 19.10)。通过研究该函数，你会发现将式(20.8)和式(20.9)中的索引下标转换为 Python 从零开始的数组索引是很棘手的。下面是额外的 Python 代码，展示了如何使用 Romberg 函数来确定例 20.1 中多项式的积分：

```python
def f(x):
    return 0.2 + 25.*x - 200.*x**2 + 675.*x**3 - 900*x**4 + 400*x**5

Ival,errel,iter = romberg(f,0.,0.8)
print(Ival)
print(errel)
print(iter)
```

计算结果如下：

```
1.6405333333333318
0.0
3
```

如例 20.2 所示，该函数在 3 次迭代后返回精确结果，因此误差为零。

SciPy 的 integrate 子模块也有一个 romberg 函数，语法如下：

```
from scipy. integrate import romberg
result = romberg ( func, a, b)
```

还有一个用于绝对和相对误差容限的可选参数，以及一个允许将参数传递给 func 的参数。我们可以使用代码测试功能：

```
from scipy. integrate import romberg
result = romberg (f, 0, 0.8)
print(result)
```

得到

```
1.6405333333333363
```

这与我们使用图 20.2 中的函数获得的结果几乎相同。

20.3　高斯求积法

在第 19 章我们采用了牛顿-科特斯方程，这些方程的一个特点(不等间距数据的特殊情况除外)是积分计算基于均匀分布的函数值。因此，这些方程中使用的基点的位置是预先确定的或固定的。

例如，如图 20.3(a)所示，梯形法则基于积分区间末端连接函数值的直线下方的面积。用于计算该面积的方程是

$$I \approx (b - a)\frac{f(a) + f(b)}{2} \tag{20.10}$$

其中 a 和 b 是积分上下限，$b-a$ 是积分区间。由于梯形法则必须通过端点，所以存在如图 20.3(a)这样的情况，导致较大的计算误差。

现在，假设固定基点的约束被移除，我们可以自由地计算连接曲线上任意两点的直线下的面积。通过合理选择点的位置，我们可以定义一条平衡正负误差的直线，如图 20.3(b)所示，我们将得到一个改进的积分计算。

高斯求积法是实现这种策略的技术统称。本节中描述的特定高斯求积公式称为高斯-勒让德(Gauss-Legendre)公式，在描述该方法之前，我们将展示如何使用待定系数法导出诸如梯形法则的数值积分公式，然后将使用该方法来推导高斯-勒让德公式。

20.3.1　待定系数法

在第 19 章我们通过积分线性插值多项式和几何推理推导出梯形法则。待定系数法提供了第三种方法，也可用于推导其他积分技术，例如高斯求积。

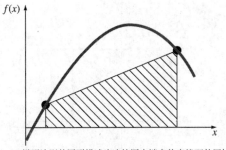

(a) 梯形法则的图形描述为连接固定端点的直线下的区域

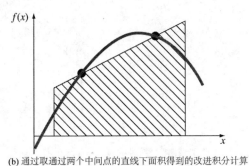

(b) 通过取通过两个中间点的直线下面积得到的改进积分计算

图 20.3　通过合理地定位点，可以更好地平衡正负误差，并改进积分计算结果

为说明这种方法，式(20.10)可表示为

$$I \approx c_0 f(a) + c_1 f(b) \tag{20.11}$$

其中 c 是常数。考虑到当被积分的函数是常数或直线时，梯形法则应该产生精确的结果，这种情况的两个简单方程是 $y=1$ 和 $y=x$ (图 20.4)。因此，以下等式应该成立：

$$c_0 + c_1 = \int_{-(b-a)/2}^{(b-a)/2} 1 \, dx$$

和

$$-c_0 \frac{b-a}{2} + c_1 \frac{b-a}{2} = \int_{-(b-a)/2}^{(b-a)/2} x \, dx$$

或计算积分：

$$c_0 + c_1 = b - a$$

和

$$-c_0 \frac{b-a}{2} + c_1 \frac{b-a}{2} = 0$$

这是两个方程，有两个未知数，可以求解：

$$c_0 = c_1 = \frac{b-a}{2}$$

其中，当代回式(20.11)时可得：

$$I = \frac{b-a}{2} f(a) + \frac{b-a}{2} f(b)$$

即相当于梯形法则。

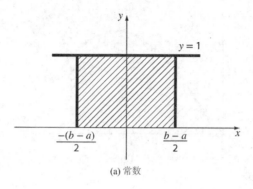

(a) 常数

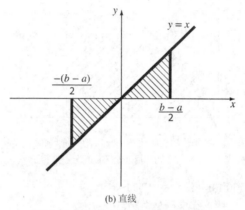

(b) 直线

图 20.4 梯形法则可精确计算的两个积分

20.3.2 两点高斯-勒让德公式的推导

正如前面推导梯形法则的情况一样，高斯求积的目的是确定以下形式的方程的系数：

$$I \approx c_0 f(x_0) + c_1 f(x_1) \tag{20.12}$$

其中 c 是未知系数。然而，与使用固定端点 a 和 b 的梯形法则相反，函数参数 x_0 和 x_1 不是固定在端点处，而是未知数(图 20.5)；共有四个必须计算的未知数。因此，需要四个条件来准确地确定这些系数。

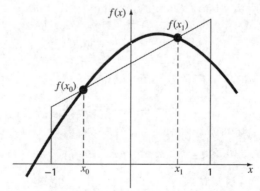

图 20.5 用于通过高斯求积积分的未知变量 x_0 和 x_1 的图形描述

与梯形法则一样，可通过假设式(20.12)精确地拟合一个常数和一个线性函数的积分来获得其中两个条件。为确定其他两个条件，我们姑且假设其满足二次($y = x^2$)和三次($y = x^3$)函数积分。通过这种方法，我们确定了所有四个未知数，并推导出一个精确的三次线性两点积分公式。要求解的四个方程如下。

$$c_0 + c_1 = \int_{-1}^{1} 1 \, \mathrm{d}x = 2 \tag{20.13}$$

$$c_0 x_0 + c_1 x_1 = \int_{-1}^{1} x \, \mathrm{d}x = 0 \tag{20.14}$$

$$c_0 x_0^2 + c_1 x_1^2 = \int_{-1}^{1} x^2 \, \mathrm{d}x = \frac{2}{3} \tag{20.15}$$

$$c_0 x_0^3 + c_1 x_1^3 = \int_{-1}^{1} x^3 \, \mathrm{d}x = 0 \tag{20.16}$$

式(20.13)到式(20.16)可同时求解四个未知数，首先求解式(20.14)得到 c_1 并将结果代入式(20.16)，可得

$$x_0^2 = x_1^2$$

由于 x_0 和 x_1 不能相等，因此 $x_0 = -x_1$，代入式(20.14)得出 $c_0 = c_1$。因此式(20.13)可得

$$c_0 = c_1 = 1$$

代入式(20.15)可得

$$x_0 = -\frac{1}{\sqrt{3}} = -0.5773503 \ldots$$

$$x_1 = \frac{1}{\sqrt{3}} = 0.5773503 \ldots$$

因此，两点高斯-勒让德方程为

$$I = f\left(\frac{-1}{\sqrt{3}}\right) + f\left(\frac{1}{\sqrt{3}}\right) \tag{20.17}$$

因此，我们得到了一个有趣的结果，即在 $x = -1/\sqrt{3}$ 和 $1/\sqrt{3}$ 处的函数值的简单相加可得到一个三阶准确的积分计算。

注意，式(20.13)到式(20.16)中的积分限是从-1 到 1，这是为简化数学并使所得方程尽可能通用。变量的简单变化可将其他类型积分限转换为这种形式，即通过假设新变量 x_d 以线性方式与原始变量 x 相关来实现，如

$$x = a_1 + a_2 x_d \tag{20.18}$$

如果下限 $x = a$ 对应于 $x_d = -1$，则这些值可以代入式(20.18)，得到

$$a = a_1 + a_2(-1) \tag{20.19}$$

类似地，上限 $x = b$ 对应于 $x_d = 1$，可得

$$b = a_1 + a_2(1) \tag{20.20}$$

式(20.19)和式(20.20)可以同时求解得

$$a_1 = \frac{b+a}{2} \quad 和 \quad a_2 = \frac{b-a}{2} \tag{20.21}$$

代入式(20.18)可得

$$x = \frac{(b + a) + (b - a)x_d}{2} \tag{20.22}$$

对方程两边微分可得

$$\mathrm{d}x = \frac{b - a}{2}\mathrm{d}x_d \tag{20.23}$$

式(20.22)和式(20.23)可以分别代替待积分方程中的 x 和 $\mathrm{d}x$，这些替换在不改变积分值的情况下有效地转换了积分区间。下例说明了如何在具体应用中进行积分限转换。

例 20.3　两点高斯-勒让德方程

问题描述。使用式(20.17)来计算积分：

$$f(x) = 0.2 + 25x - 200x^2 + 675x^3 - 900x^4 + 400x^5$$

积分区间在 $x=0$ 到 0.8 之间。积分的准确值为 1.640533。

问题解答。对函数进行积分之前，首先进行变量转换使积分范围从-1 变为+1。将 $a=0$ 和 $b=0.8$ 代入式(20.22)和式(20.23)可得：

$$x = 0.4 + 0.4x_d \text{ 和 } \mathrm{d}x = 0.4\,\mathrm{d}x_d$$

代入原方程得到：

$$\int_0^{0.8} (0.2 + 25x - 200x^2 + 675x^3 - 900x^4 + 400x^5)\,\mathrm{d}x$$
$$= \int_{-1}^{1} [0.2 + 25(0.4 + 0.4x_d) - 200(0.4 + 0.4x_d)^2 + 675(0.4 + 0.4x_d)^3$$
$$-900(0.4 + 0.4x_d)^4 + 400(0.4 + 0.4x_d)^5]0.4\mathrm{d}_d$$

因此，右侧是适合使用高斯求积进行计算的形式，转换后的函数可以在 $x_d = -1/\sqrt{3}$ 处计算为 0.516741，在 $x_d = 1/\sqrt{3}$ 处计算为 1.305837。根据式(20.17)可得积分为 0.516741+1.305837= 1.822578，相对误差百分比为-11.1%。这个结果在量级上与梯形法则的四段应用或辛普森 1/3 和 3/8 规则的单个应用相似。后一种结果是意料之中的，因为辛普森规则也是三阶准确的，然而，通过巧妙选择基点，高斯求积仅在两个函数计算的基础上就达到了这种精度。

20.3.3　高点公式

除了上一节中描述的两点公式，可采用一般形式开发更高点的版本：

$$I \approx c_0 f(x_0) + c_1 f(x_1) + \cdots + c_{n-1} f(x_{n-1}) \tag{20.24}$$

其中 n 是点数。表 20.1 总结了 1~6 点公式的 c 和 x 值。

例 20.4　三点高斯-勒让德公式

问题描述。使用表 20.1 中的三点公式来计算与例 20.3 中相同的函数的积分。

问题解答。根据表 20.1，三点公式为：

$$I = 0.5555556\,f(-0.7745967) + 0.8888889\,f(0) + 0.5555556\,f(0.7745967)$$

等效于：

$$I = 0.2813013 + 0.8732444 + 0.4859876 = 1.6405333$$

可得准确积分值。

表 20.1　高斯-勒让德方程中的加权因子和函数参数

点数	加权因子	函数参数	截断误差
1	$c_0 = 2$	$x_0 = 0.0$	$\approx f^{(2)}(\xi)$
2	$c_0 = 1$ $c_1 = 1$	$x_0 = -1/\sqrt{3}$ $x_1 = 1/\sqrt{3}$	$\approx f^{(4)}(\xi)$
3	$c_0 = 5/9$ $c_1 = 8/9$ $c_2 = 5/9$	$x_0 = -\sqrt{3/5}$ $x_1 = 0.0$ $x_2 = \sqrt{3/5}$	$\approx f^{(6)}(\xi)$
4	$c_0 = (18 - \sqrt{30})/36$ $c_1 = (18 + \sqrt{30})/36$ $c_2 = (18 + \sqrt{30})/36$ $c_3 = (18 - \sqrt{30})/36$	$x_0 = -\sqrt{525 + 70\sqrt{30}}/35$ $x_1 = -\sqrt{525 - 70\sqrt{30}}/35$ $x_2 = \sqrt{525 - 70\sqrt{30}}/35$ $x_3 = \sqrt{525 + 70\sqrt{30}}/35$	$\approx f^{(8)}(\xi)$
5	$c_0 = (322 - 13\sqrt{70})/900$ $c_1 = (322 + 13\sqrt{70})/900$ $c_2 = 128/225$ $c_3 = (322 + 13\sqrt{70})/900$ $c_4 = (322 - 13\sqrt{70})/900$	$x_0 = -\sqrt{245 + 14\sqrt{70}}/21$ $x_1 = -\sqrt{245 - 14\sqrt{70}}/21$ $x_2 = 0.0$ $x_3 = \sqrt{245 - 14\sqrt{70}}/21$ $x_4 = \sqrt{245 + 14\sqrt{70}}/21$	$\approx f^{(10)}(\xi)$
6	$c_0 = 0.171324492379170$ $c_1 = 0.360761573048139$ $c_2 = 0.467913934572691$ $c_3 = 0.467913934572691$ $c_4 = 0.360761573048131$ $c_5 = 0.171324492379170$	$x_0 = -0.932469514203152$ $x_1 = -0.661209386466265$ $x_2 = -0.238619186083197$ $x_3 = 0.238619186083197$ $x_4 = 0.661209386466265$ $x_5 = 0.932469514203152$	$\approx f^{(12)}(\xi)$

由于高斯求积需要在积分区间内的非均匀间隔点处进行函数计算，不适用于函数未知的情况，因此不适于处理表格数据的工程问题。然而，在已知函数的情况下，其计算效率具有决定性优势，当计算大量积分时优势尤其明显。

20.4　自适应求积法

尽管 Romberg 积分比复合辛普森的 1/3 规则更有效，两者都使用等距点，没有考虑某些函数具有相对突然变化的区域，在这些区域可能需要更精细的间距。因此，为达到所需的精度，必须在任何地方应用精细间距，即使它只需要用于急剧变化的区域也同样如此。自适应正交方法通过自动调整步长来弥补这种缺陷，在急剧变化的区域采取小步，在函数缓慢变化的区域采取大步。

20.4.1　Python 函数: quadadapt

自适应正交方法适应这样一个事实，即许多函数具有急剧变化和缓慢变化的区域，通过调整步长来实现在快速变化的区域使用小区间，在函数逐渐变化的区域使用较大区间。其中许多技术基于将复合辛普森的 1/3 规则应用于子区间，其方式与在 Richardson 外推中使用复合梯形法则的方式非常相似，即在细化的两个层次上应用 1/3 规则，用这两个层次的差值来计算截断误差。如果截断误差是可以接受的，则不需要进一步细化，并且子区间的积分计算被认为是可以接受的。如果误差计算太大，则调整步长并重复该过程，直到误差降至可接受的水平。然后将总积分计算为子区间的积分计算值的总和。

　　该方法的理论基础可以用积分为 $h_1=b-a$ 的区间 $x=a$ 到 $x=b$ 来说明，使用辛普森的 1/3 规则来执行积分的第一次计算：

$$I(h_1) = \frac{h_1}{6}[f(a) + 4f(c) + f(b)] \tag{20.25}$$

其中 $c=(a+b)/2$。

　　与 Richardson 外推一样，通过将步长减半可以获得更精确的计算，即应用 $n=4$ 的复合辛普森 1/3 规则：

$$I(h_2) = \frac{h_2}{6}[f(a) + 4f(d) + 2f(c) + 4f(e) + f(b)] \tag{20.26}$$

其中 $d = (a + c)/2$, $e = (c + b)/2$, $h_2 = h_1/2$。

　　由于 $I(h_1)$ 和 $I(h_2)$ 都是相同积分的计算值，所以它们的差异提供了误差的度量。

$$E \approx I(h_2) - I(h_1) \tag{20.27}$$

　　此外，与任一应用方法相关的计算和误差通常可以表示为：

$$I = I(h) + E(h) \tag{20.28}$$

　　其中 I 是积分的精确值，$I(h)$ 是辛普森 1/3 规则的 n 段应用的近似值，步长为 $h = (b - a)/n$，$E(h)$ 是相应的截断误差。

　　使用类似于 Richardson 外推的方法，我们可根据两个积分计算之间的差值推导出更精确的 $I(h_2)$ 的误差计算：

$$E(h_2) = \frac{1}{15}[I(h_2) - I(h_1)] \tag{20.29}$$

　　然后，将误差添加到 $I(h_2)$ 以得到更好的计算：

$$I = I(h_2) + \frac{1}{15}[I(h_2) - I(h_1)] \tag{20.30}$$

　　这个结果等价于布尔法则(表 19.2)。

　　刚刚推导的方程可以组合成一个有效的算法。图 20.6 基于由 CleveMoler(2004)开发的算法而得到的 Python 函数。

　　该函数由一个主调用函数 quadadapt 和一个实际执行积分的递归函数 quadstep 组成。主调用函数通过函数 func 和积分限制 a 和 b。收敛容差 tol 也可以传递给函数，但如果省略该参数，则默认值为 1×10^{-8}，应用辛普森 1/3 规则的初始应用的函数值计算[式(20.25)]，然后将这些值连同积分限制、函数名称、func 和容差传递给 quadstep。在 quadstep 中，确定了剩余的步长和函数值，并计算两个积分的计算值[式(20.25)和式(20.26)]。

　　此时，误差被计算为积分计算之间的绝对差。根据误差值，有两种选择：

　　(1) 如果误差小于容差 tol，计算布尔法则；函数终止并将结果传递回 quadadapt。

　　(2) 如果误差大于或等于容差 tol，则调用 quadstep 两次以计算当前调用的两个子区间。

　　第二步中的两个递归调用(quadstep 调用自身)展现了这个算法真正优美的地方：继续细分，直到满足误差要求。一旦发生这种情况，它们的结果将沿递归路径传回，并与其他积分计算相结合。当满足最终调用时，此过程结束，计算总积分并返回到主调用函数。

```
    def quadadapt(func,a,b,tol=1.e-8):
        """
        Evaluates the definite integral of f(x) from a to b
        """
        c = (a+b)/2
        fa = func(a) ; fb = func(b) ; fc = func(c)
        q = quadstep(func,a,b,tol,fa,fc,fb)
        return q
    def quadstep(func,a,b,tol,fa,fc,fb):
        h = b - a ; c = (a+b)/2
        fd = func((a+c)/2) ; fe = func((c+b)/2)
        q1 = h/6 * (fa + 4*fc + fb)
        q2 = h/12 * (fa + 4*fd + 2*fc + 4*fe + fb)
        if abs(q1-q2) < tol:
            q = q2 + (q2-q1)/15
        else:
            qa = quadstep(func,a,c,tol,fa,fd,fc)
            qb = quadstep(func,c,b,tol,fc,fe,fb)
            q = qa + qb
        return q
```

图 20.6　基于 Cleve Moler(2004)开发的算法实现自适应正交算法的 Python 函数

需要强调的是，图 20.6 中的算法是 SciPy 集成子模块中 quad 函数的精简版本，该算法无法处理异常情况，例如不存在积分的情况。此外，它不提供相对误差容限，quad 函数提供绝对和相对误差容限。然而，这个 quadadapt 函数适用于许多应用，并用于说明自适应正交的工作原理。这是一个 Python 脚本，展示了如何使用 quadadapt 来确定例 20.1 中多项式的积分：

```
deff(x):
    return0.2+25.*x-200.*x**2+675.*x**3-900*x**4+400*x**5

fint=quadadapt(f, 0., 0.8)
print(fint)
```

计算结果是：

```
1.6405333333333347
```

20.4.2　Python SciPy 积分函数：quad

Python SciPy 的集成子模块有一个实现自适应求积分的函数：

```
from scipy.integrate import quad
Ival, abserr=quad(func, a, b)
```

其中 func 是被积分的函数，a 和 b 是积分区间，该函数返回积分计算值 Ival 和绝对误差计算值 abserr。可选参数 epsabs 和 epsre1 分别用于绝对和相对误差限制，默认值为 1.5×10^{-8}。使用的子间隔的数量也有限制，limit 的默认值为 50。有一些规定允许将 func 的附加参数传递给 quad 的计算，详细信息可通过 SciPy 模块上的 Spyder 帮助获得。

例 20.5　自适应正交求积分
问题描述。使用 quad 函数对以下函数求积分：

$$f(x) = \frac{1}{(x-q)^2 + 0.01} + \frac{1}{(x-r)^2 + 0.04} - s$$

积分区间是 x=0 到 1。需要注意，对于 q=0.3、r=0.9 和 s=6，这是驼峰函数，在较短的 x 范围内表现出平坦和陡峭的区域。因此，它对于演示和测试积分的数值方法很有用，例如 quad。而且，此版本的驼峰函数可以在给定限制之间进行分析积分，以得到积分值 29.85832539549867。

问题解答。用于计算此积分的 Python 脚本和结果如下：

```
from scipy.integrate import quad

q = 0.3
r = 0.9
s = 6.

def f(x):
    return 1./((x-q)**2+0.01) + 1./((x-r)**2+0.04) - s

Ival,abserr = quad(f,0.,1.)
print(Ival)
print(abserr)

29.85832539549867
4.346562361912858e-11
```

该解决方案将分析值复制到机器精度，即 16 位有效数字。

20.5 案例研究：均方根电流

背景。相比直流电(DC)，交流电(AC)是电力传输的常用方法。交流电路中的电流可用正弦波的形式表示：

$$i = i_{peak} \sin(\omega t)$$

其中 i 是电流(A=C/s)，i_{peak} 是峰值电流(A)，ω 是角频率(弧度/s)，t 是时间(s)。角频率与周期 T(s) 相关，$\omega=2\pi/T$。

产生的功率与电流的大小有关。积分可用于确定一个周期内的平均电流：

$$\bar{i} = \frac{1}{T}\int_0^T i_{peak} \sin(\omega t)\,\mathrm{d}t = \frac{i_{peak}}{T}(-\cos(2\pi) + \cos(0)) = 0$$

尽管平均值为零，但这样的电流能够发电。因此必须推导出描述平均电流的替代方案。

为此，电气工程师和科学家确定均方根电流 i_{rms}(A)，其计算公式为

$$i_{rms} = \sqrt{\frac{1}{T}\int_0^T i_{peak}^2 \sin^2(\omega t)\,\mathrm{d}t} = \frac{i_{peak}}{\sqrt{2}} \tag{20.31}$$

顾名思义，均方根电流是电流平方平均值的平方根，由于 $1/\sqrt{2} = 0.70711$，i_{rms} 等于我们假设的正弦波形峰值电流的 70% 左右。

这个数值是有意义的，因为它与交流电路中元件吸收的平均功率直接相关。为了理解这一点，可以参考焦耳定律，即电路元件吸收的瞬时功率等于它两端的电压和通过它的电流的乘积：

$$P = iV \tag{20.32}$$

其中 P 是功率(W=J/s)，V 是电压(V=J/C)。对于电阻，欧姆定律指出电压与电流成正比：

$$V = iR \tag{20.33}$$

其中 R 是电阻(Ω = V/A = J·s/C^2)。代入式(20.33)和式(20.32)可得

$$P = i^2R \tag{20.34}$$

平均功率可以通过在一段时间内积分式(20.34)来确定:

$$\overline{P} = i_{rms}^2 R$$

因此,交流电路产生的等效功率与具有恒定电流 i_{rms} 的直流电路相同。

目前,虽然简单的正弦波被广泛使用,但它绝不是唯一使用的波形。对于其中一些形式,例如三角波或方波,i_{rms} 可以通过闭合形式积分进行分析计算。但是,某些波形必须使用数值积分方法进行分析。

在本案例研究中,我们将计算非正弦波形的均方根电流。我们将使用第 19 章中的牛顿-科特斯公式以及本章中的方法。

问题解答。 需要进行的积分是

$$i_{rms}^2 = \int_0^{1/2} \left[10e^{-t}\sin(2\pi t)\right]\mathrm{d}t \tag{20.35}$$

出于比较目的,该积分对 16 个有效数字的精确值为 15.41260804810169。

表 20.2 列出了梯形法则和辛普森 1/3 规则的各种应用的积分计算。注意,辛普森规则比梯形法则更准确,通过 128 段梯形法则获得的 11 位有效数字的积分值大致相当于使用 32 段辛普森法则的积分值,但两者都能不完全匹配最后两位数字的确切值。

表 20.2 使用牛顿-科特斯公式计算的积分值

方法	段数	积分	ε_t (%)误差
梯形法则	1	0.0	100.0000
	2	15.163266493	1.6178
	4	15.401429095	0.0725
	8	15.411958360	4.22×10^{-3}
	16	15.412568151	2.59×10^{-4}
	32	15.412605565	1.61×10^{-5}
	64	15.412607893	1.01×10^{-6}
	128	15.412608038	6.28×10^{-8}
辛普森1/3 法则	2	20.217688657	31.1763
	4	15.480816629	0.4426
	8	15.415468115	0.0186
	16	15.412771415	1.06×10^{-3}
	32	15.412618037	6.48×10^{-5}

我们在图 20.2 中导出的函数可用于计算带有 Romberg 积分的积分：

```
f=lambda t: (10.*np.exp(-t)*np.sin(2*np.pi*t))**2

Ival, errel, iter=romberg(f, 0., 0.5)
print('integral estimate=', Ival)
print('relative error=', errel)
print('iterations required=', iter)

integral estimate=15.412608042889765
relative error=1.4800587873269456e-10
iterations required=5
```

默认的截至误差是 $1×10^{-8}$，我们在五次迭代中获得了精确到十位有效数字的结果。施加更严格的截至误差可获得更好的结果：

```
Ival, errel, iter=romberg(f, 0., 0.5, es=1.e-15)

integral estimate=15.412608048101685
relative error=0.0
iterations required=7
```

高斯积分法也可用于进行相同的计算。首先通过应用式(20.22)和式(20.23)执行变量变换可得：

$$t = \frac{1}{4} + \frac{1}{4}t_d \quad \text{和} \quad dt = \frac{1}{4}dt_d\frac{v(t_{i+1}) - v(t_i)}{t_{i+1} - t_i}$$

代入式(20.35)可得：

$$i_{\text{rms}}^2 = \int_{-1}^{1} [10e^{-(0.25+0.25t_d)}\sin(2\pi[0.25 + 0.25t_d])]^2\,0.25dt_d$$

对于两点 Gauss-Legendre 公式，此函数在 $t_d = -1/\sqrt{3}$ 和 $1/\sqrt{3}$ 处计算结果分别为 7.684096 和 4.313728，这些值代入式(20.17)可得 11.99782 的积分计算值，误差为 ε_t=22.1%。

参见表 20.1，三点公式为：

$$I = 0.555556×1.237449 + 0.888889×15.16327 + 0.555556×2.684915 = 15.65755$$

其中 ε_t=1.6%。表 20.3 总结了使用更高点公式的结果。

最后，可使用 SciPy 积分 quad 函数计算积分：

```
from scipy.integrate import quad
irms2, irmserr=quad(f, 0., 0.5)
print(irms2)

15.412608048101674
```

该结果精确到 15 位有效数字。

现在可以仅通过积分计算的平方根来计算 i_{rms}。例如，使用 quad 计算的结果如下：

```
irms=np.sqrt(irms2)
print(irms)

3.925889459485796
```

然后可使用该结果来指导电路设计和操作的其他方面，如功耗计算。

正如我们对式(20.31)中的简单正弦曲线所做的那样，在此将此结果与峰值电流进行比较。既然这是一个优化问题，就可以很容易地使用 SciPy 的优化子模块中的最小化标量函数。因为我们正在寻找最大值，所以计算函数的负数：

```
from scipy.optimize import minimize_scalar
func=lambda t: -10.*np.exp(-t)*np.sin(2.*np.pi*t)
result=minimize_scalar(func, bounds=(0., 0.5), method='bounded')
print(result.x)
print(-func(result.x))
```

```
0.22487940319319893
7.886853873932577
```

在 $t=0.2249$s 时出现最大电流 7.887A。因此，对于这个特定波形，均方根值约为最大值的 49.8%。

表 20.3 使用多点高斯求积公式逼近积分的结果

点数	估算	ε_t (%)
2	11.9978243	22.1
3	15.6575502	1.59
4	15.4058023	4.42×10^{-2}
5	15.4126391	2.01×10^{-4}
6	15.4126109	1.82×10^{-5}

习题

20.1 使用 Romberg 积分计算

$$I = \int_1^2 \left(x + \frac{1}{x}\right)^2 \mathrm{d}x$$

准确度为 $\varepsilon_s=0.5\%$。你的结果应该以图 20.1 的格式呈现。使用积分的解析解来确定通过 Romberg 积分获得的结果的百分比相对误差，检查 ε_t 是否小于 ε_s。

20.2 计算以下积分的(a)解析解，(b)Romberg 积分解，$\varepsilon_s=0.5\%$，(c)三点高斯求积，(d)Python 的 SciPy integrate 子模块中的 quad 函数求解。

$$I = \int_0^8 (-0.055x^4 + 0.86x^3 - 4.2x^2 + 6.3x + 2)\mathrm{d}x$$

20.3 使用(a)Romberg 积分($\varepsilon_s=0.5\%$)、(b)两点高斯积分公式和(c)Python 的 SciPy integrate 子模块中的 quad 函数，来计算以下积分：

$$I = \int_0^3 x\mathrm{e}^{2x}\mathrm{d}x$$

20.4 误差函数没有闭式解：

$$\mathrm{erf}(a) = \frac{2}{\sqrt{\pi}} \int_0^a \mathrm{e}^{-x^2}\mathrm{d}x$$

使用(a)两点和(b)三点 Gauss-Legendre 公式来计算 erf(1.5)，根据使用 SciPy 特殊子模块中的 erf 函数确定的真实值确定每种情况的百分比误差。

20.5 帆船桅杆上的力可用以下积分建模：

$$F = \int_0^H \left[200 \left(\frac{z}{5+z}\right) \mathrm{e}^{-\frac{2z}{H}}\right] \mathrm{d}z$$

其中 z 是甲板以上的标高，H 是桅杆的高度。使用(a)Romberg 积分、满足 $\varepsilon_s=0.5\%$ 的容差，(b)

两点 Gauss-Legendre 公式和(c)Python 的 SciPy integrate 子模块中的 quad 函数，计算 $H=30$ 的情况下的 F。

20.6 均方根电流可由下式计算：

$$I_{rms} = \sqrt{\frac{1}{T} \int_0^T i^2(t) \mathrm{d}t}$$

对于 $T=1$，假设 $i(t)$ 定义为：

$$i(t) = 8e^{-t/T} \sin\left(2\pi \frac{t}{T}\right) \qquad 0 \le t \le T/2$$
$$i(t) = 0 \qquad\qquad\qquad\qquad T/2 \le t \le T$$

使用(a)Romberg 积分并满足 0.1%的误差，(b)两点和三点高斯-勒让德公式，以及(c)Python 的 SciPy integrate 子模块中的 quad 函数，来计算这种情况下的 I_{rms}。

20.7 材料中引起温度变化$\Delta T = T - T_0$(℃)所需的热量ΔH (kJ)可计算为：

$$\Delta H = m \int_{T_0}^T C_P(T) \mathrm{d}T$$

其中 m 是质量(kg)，$C_p(T)$是热容量[kJ/(kg·℃)]，且热容量随温度 T(℃)而增加，常用多项式建模。对于适用理想气体定律的较低压力的甲烷气体(CH₄)，此模型为：

$$C_P(T) = 3.431 \times 10^{-2} + 5.469 \times 10^{-5}T + 3.661 \times 10^{-9}T^2$$
$$- 1.10 \times 10^{-11}T^3$$

编写一个 Python 脚本，使用 quad 函数生成 ΔH 与 ΔT 的关系图，其中基础温度为 0℃，ΔT 范围为 100℃到 120℃。

20.8 管道在一段时间内输送的微量物质的量可以计算为：

$$M = \int_{t_1}^{t_2} Q(t)\, c(t)\, \mathrm{d}t$$

其中 M 是物质的质量，t_1 是初始时间(min)，t_2 是最终时间(min)，$Q(t)$是体积流量(m³/min)，$c(t)$是物质浓度(mg/m³)。以下函数表示定义了流速和浓度的时间变化：

$$Q(t) = 9 + 5\cos^2(0.4t)$$
$$c(t) = 5e^{-0.5t} + 2e^{0.15t}$$

使用(a)容差为 0.1%的 Romberg 积分和(b)SciPy integrate 子模块的 quad 函数，确定在 $t_1=2$ 分钟和 $t_2=8$ 分钟之间传输的物质质量。

20.9 计算二重积分：

$$\int_{-2}^2 \int_0^4 (x^2 - 3y^2 + xy^3)\, \mathrm{d}x\, \mathrm{d}y$$

(a)解析求解，(b)使用 SciPy integrate 子模块中的 dblquad 函数进行计算。

20.10 计算第 20.5 节的工作，但对 $f(x)$ 和 $\theta(x)$ 使用以下公式：

$$F(x) = 1.6x - 0.045x^2$$
$$\theta(x) = -0.00055x^3 + 0.0123x^2 + 0.13x$$

力的单位是牛顿，角度的单位是弧度。计算从 $x=0$ 到 30m 的积分。

20.11 进行与第 20.5 节中相同的计算，但电流为：

$$I = 6e^{-1.25t} \sin(2\pi t) \qquad 0 \le t \le T/2$$
$$I = 0 \qquad\qquad\qquad\quad T/2 \le t \le T$$

其中 $T=1$。

20.12 计算 20.5 节电路中元件吸收的平均功率，但对于简单的正弦电流，$I = \sin(2\pi t/T)$，其中 $T=1\text{s}$。

(a) 假设欧姆定律成立且 $R=5\Omega$。

(b) 假设欧姆定律不成立,电压和电流之间存在非线性关系,$V=5i-1.25i^3$。

20.13 假设通过电阻的电流由以下函数描述:

$$i(t) = (60 - t)^2 + (60 - t)\sin(\sqrt{t})$$

电阻是电流的函数:

$$R = 10i + 2i^{2/3}$$

使用复合辛普森 1/3 规则计算 $t=0$ 到 60s 秒内的平均电压。

20.14 如果电容器最初没有电荷,则作为时间函数的电容两端的电压可计算为:

$$V(t) = \frac{1}{C}\int_0^t i(t)\,\mathrm{d}t$$

使用 Python 用五阶多项式拟合下表中的数据,然后使用数值积分技术以及 $C=10^{-5}$F 生成电压与时间的关系图。

i/s	0	0.2	0.4	0.6
i/10^{-3} A	0.2	0.3683	0.3819	0.2282
t/s	0.8	1	1.2	
i/10^{-3} A	0.0486	0.0082	0.1441	

20.15 对物体所做的功等于力乘以力方向移动的距离,物体在力方向上的速度由下式给出:

$$\begin{aligned} v &= 4t && 0 \leqslant t \leqslant 5 \\ v &= 20 + (5 - t)^2 && 5 \leqslant t \leqslant 15 \end{aligned}$$

其中 v 的单位是 m/s。对所有 t 施加 200N 的恒定力,计算所做的功。

20.16 承受轴向载荷的杆将变形,如下图中的应力-应变曲线所示。从零应力到断裂点的曲线下面积称为材料的韧性模量。它提供了导致材料破裂所需的每单位体积能量的量度,因此代表了材料承受冲击载荷的能力。使用数值积分计算下图(b)中的曲线下面积的韧性模量。

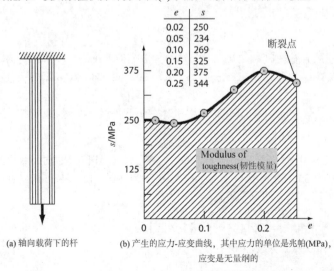

e	s
0.02	250
0.05	234
0.10	269
0.15	325
0.20	375
0.25	344

(a) 轴向载荷下的杆

(b) 产生的应力-应变曲线,其中应力的单位是兆帕(MPa),应变是无量纲的

20.17 如果流过管道的流体的速度分布已知，则流量 Q (每单位时间通过管道的流体体积)可以计算为：

$$Q = \int v \, dA$$

其中 v 是速度，dA 是管道横截面的微分。对于圆管，$A = \pi r^2$，则 $dA = 2\pi r \, dr$：

$$Q = \int_0^{r_0} v(2\pi r) \, dr$$

其中 r_0 是管道的内半径。湍流中速度分布的典型模式是：

$$v = 2 \left(1 - \frac{r}{r_0} \right)^{1/6}$$

对于 $r_0 = 3\text{cm}$，v 的单位是 cm/s，使用复合梯形法则计算以 cm^3/s 为单位的 Q。讨论结果。

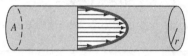

20.18 使用下列数据，计算将弹簧拉伸到位移 $x = 0.35\text{m}$ 所做的功。首先用多项式拟合数据，然后对多项式进行数值积分，计算做功。

$F/10^3\,\text{N}$	0	0.01	0.028	0.046
x/m	0	0.05	0.10	0.15
$F/10^3\,\text{N}$	0.063	0.282	0.11	0.13
x/m	0.20	0.25	0.30	0.35

20.19 如果垂直速度 v 由下式给出，则计算火箭行进的垂直距离。

$$v = \begin{cases} 11t^2 - 5t & 0 \leqslant t \leqslant 10 \\ 1100 - 5t & 10 \leqslant t \leqslant 20 \\ 50t + 2(t-20)^2 & 20 \leqslant t \leqslant 30 \end{cases}$$

得到行驶距离与时间的关系图。

20.20 火箭的向上速度 v 可通过以下公式计算：

$$v = u \ln \left(\frac{m_0}{m_0 - qt} \right) - gt$$

其中 u 是燃料从火箭向下喷射的速度，m_0 是火箭在时间为 0 时的初始质量，q 是燃料消耗率，g 是重力加速度(9.81m/s^2)。如果 $u = 1850\text{m/s}$，$m_0 = 160\,000\text{kg}$，$q = 2500\text{kg/s}$，确定火箭在 $t = 30\text{s}$ 时达到的高度。

20.21 Weibull 统计分布经常用于模拟过程和设备的可靠性，可用密度函数来描述：

$$f(x) = \frac{\beta}{\delta} \left(\frac{x}{\delta} \right)^{\beta-1} e^{-\left(\frac{x}{\delta} \right)^\beta}$$

其中，$\delta > 0$ 是比例参数，$\beta > 0$ 是形状参数。这些参数适合研究中的过程或设备。机械轴中的轴承失效时间 t 由 Weibull 分布建模，其中 $\beta = 0.5$，$\delta = 5000$ 小时。使用 Weibull 密度积分来确定轴承寿命超过 7500 小时的概率。可回顾下式：

$$P[\text{failure} < t_f] = \int_0^{t_f} f(t) \, dt$$

20.22 使用 Romberg 积分进行评估：

$$\int_0^2 \frac{e^x \sin(x)}{1 + x^2} \, dx$$

准确度为 ε_s =0.5%。将计算结果以图 20.1 的格式呈现。

20.23 回顾一下,对于自由下落蹦极者的速度,可以通过解析推导出式(1.9):

$$v(t) = \sqrt{\frac{mg}{c_d}} \tanh\left(\sqrt{\frac{gc_d}{m}}\,t\right)$$

其中 $v(t)$ 是速度(m/s),t 是时间(s),g=9.81m/s^2,m 是质量(kg),c_d 是阻力系数(kg/m)。

(a)在给定 m =80kg 和 c_d=0.2kg/m 的情况下,使用 Romberg 积分计算蹦极者在自由下落的前 8 秒内移动了多远(容差 ε_s =1%)。

(b)使用 SciPy integrate 子模块中的 quad 函数执行相同的计算。

20.24 证明式(20.30)等效于布尔法则。

20.25 如下表所示,地球的密度随与地心(r =0)的距离而变化。

r/km	0	1100	1500	2450	3400	3630	4500
ρ/(kg/m^3)	13000	12400	12000	11200	9700	5700	5200
r/km	5380	6060	6280	6380			
ρ/(kg/m^3)	4700	3600	3400	3000			

使用 SciPy interpolate 子模块中的 PchipInterpolator 函数开发一个脚本来拟合这些数据,生成拟合数据图,显示拟合结果以及数据点。然后使用 SciPy integrate 子模块中的函数,通过对 interp1d 函数的输出进行积分来计算地球质量(以吨为单位)。

20.26 (a)使用图 20.2 所示的 Romberg 函数来确定例 20.1 中多项式的积分,(b)使用函数高精度求解习题 20.1。

20.27 使用图 20.6 的自适应求积函数求解习题 20.20。

20.28 断面不规则的河道的平均流量 Q(m^3/s)可计算为流速和深度乘积在水面通道宽度上的积分。

$$Q = \int_0^B U(y)\,H(y)\mathrm{d}y$$

其中 $U(y)$ 是距离岸边 y(m)处的水流速度(m/s),$H(y)$ 是距离岸边 y 处的水深(m)。使用 Python SciPy quad 函数以及 U 和 H 的三次样条拟合到下面的数据中,来计算河流中的流速。

y/m	H/m	Y/m	U/(m/s)
0	0	0	0
1.1	0.21	1.6	0.08
2.8	0.78	4.1	0.61
4.6	1.87	4.8	0.68
6	1.44	6.1	0.55
8.1	1.28	6.8	0.42
9	0.2	9	0

20.29 使用四点高斯求积法计算以下函数在 $x=1$ 和 $x=5$ 之间的平均值。

$$f(x) = \frac{2}{1+x^2}$$

20.30 计算以下积分:

$$I = \int_0^4 x^3 \, \mathrm{d}x$$

(a)解析求解,(b)使用 SciPy integrate 子模块中的 quad 函数进行计算。

20.31 驼峰函数的一个例子是:

$$f(x) = \frac{1}{(x-0.3)^2 + 0.01} + \frac{1}{(x-0.9)^2 + 0.04} - 6$$

使用 SciPy integrate 子模块中的 quad 函数来计算

$$\int_0^2 f(x) \, \mathrm{d}x$$

20.32 计算下列二重积分:

$$I = \int_0^2 \int_{-3}^1 y^4(x^2 + xy) \, \mathrm{d}x \, \mathrm{d}y$$

(a) 在每个维度上使用辛普森 1/3 法则的单一应用。

(b) 通过 SciPy integrate 子模块中的 dblquad 函数计算。

第 21 章

数值导数

本章学习目标

本章的主要目的是介绍数值导数。涵盖的具体目标和主题如下：

- 了解如何对等间距数据应用高精度数值导数公式。
- 学习如何评估不等间距数据的导数。
- 了解理查森(Richardson)外推法如何应用于数值导数。
- 理解数值导数对数据中随机内容的敏感性。
- 了解如何使用 NumPy 模块中的差异和梯度函数在 Python 中计算导数。
- 了解如何在 Python 中使用渐变箭头创建二维等高线图以可视化向量场。

问题引入

回想一下，基于时间函数的自由下落的蹦极者的速度可以计算为：

$$v(t) = \sqrt{\frac{gm}{c_d}} \tanh\left(\sqrt{\frac{gc_d}{m}}\, t\right) \tag{21.1}$$

从第 19 章开始，我们用微积分对此方程进行积分，以确定自由落体在一段时间后下落的垂直距离：

$$z(t) = \frac{m}{c_d} \ln\left[\cosh\left(\sqrt{\frac{gc_d}{m}}\, t\right)\right] \tag{21.2}$$

那么，假设遇到了相反的问题，即根据作为时间函数的蹦极者位置来确定速度。由于速度是位置的导数，可以使用导数来确定：

$$v(t) = \frac{dz(t)}{dt} \tag{21.3}$$

将式(21.2)代入式(21.3)并进行微分计算，即回到式(21.1)。

除了速度，你可能还需要计算蹦极者的加速度。我们可以计算速度的一阶导数或位移的二阶导数：

$$a(t) = \frac{dv(t)}{dt} = \frac{d^2z(t)}{dt^2} \tag{21.4}$$

在任何一种情况下，结果都是：

$$a(t) = g \ \text{sech}^2\left(\sqrt{\frac{gc_d}{m}}t\right) \tag{21.5}$$

尽管这种情况得到解析解，但还有其他函数可能难以或不能得到解析解。此外，假设有某种方法可以在降落期间的不同时间测量蹦极者的位置，这些距离及其相关时间可以组合成一个离散值表，这种情况下，可以对离散数据求导以确定速度和加速度。这两种情况下，都可以使用数值导数方法来获得解。本章将介绍其中的一些方法。

21.1　背景简介

21.1.1　什么是导数

工程师和科学家必须处理不断变化的系统和过程，微积分是重要工具。微积分的核心是导数。

根据字典定义，导数的意思是"用差异来区分；……感知其中或之间的差异"。在数学上，作为导数的基本工具的导数表示因变量相对于自变量的变化率。如图 21.1 所示，导数的数学定义首先从差分近似开始：

$$\frac{\Delta y}{\Delta x} = \frac{f(x_i + \Delta x) - f(x_i)}{\Delta x} \tag{21.6}$$

其中 y 和 $f(x)$ 是因变量的替代值，x 是自变量。让 Δx 接近零，就像从图 21.1(a) 移动到 (c) 时发生的那样，则差值变为导数：

$$\frac{\text{d}y}{\text{d}x} = \lim_{\Delta x \to 0} \frac{f(x_i + \Delta x) - f(x_i)}{\Delta x} \tag{21.7}$$

其中 dy/dx[也可以指定为 y' 或 $f(x_i)$]是 y 关于在 x_i 处计算的 x 的一阶导数。从图 21.1(c) 的可视化描述中可以看出，导数是曲线在 x_i 处的切线斜率。

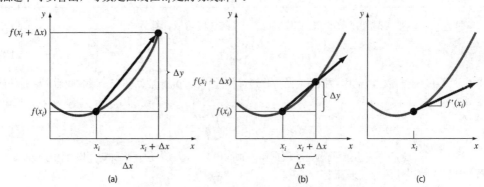

图 21.1　导数的图形定义：当 Δx 在从(a)到(c)的过程中趋近于零时，差分近似变为导数

二阶导数表示一阶导数的导数：

$$\frac{\text{d}^2 y}{\text{d}x^2} = \frac{\text{d}}{\text{d}x}\left(\frac{\text{d}y}{\text{d}x}\right) \tag{21.8}$$

因此，二阶导数代表斜率变化的速度，通常称为曲率，因为二阶导数的高值意味着高曲率。

最后，偏导数用于依赖多个变量的函数。偏导数可以被认为是在除一个变量之外的所有变量保持不变的情况下对函数求导。例如，给定一个同时依赖于 x 和 y 的函数 f，f 关于 x 在任意点(x, y)的

偏导数定义为:

$$\frac{\partial f}{\partial x} = \lim_{\Delta x \to 0} \frac{f(x + \Delta x, y) - f(x, y)}{\Delta x} \tag{21.9}$$

类似地, f 对 y 的偏导数定义为:

$$\frac{\partial f}{\partial y} = \lim_{\Delta y \to 0} \frac{f(x, y + \Delta y) - f(x, y)}{\Delta y} \tag{21.10}$$

要直观地了解偏导数, 需要认识到依赖于两个变量的函数是曲面而不是曲线。假设你正在爬山, 并且可以访问函数 f, 该函数将海拔高度作为经度(东西方向的 x 轴)和纬度(南北方向的 y 轴)的函数, 如果你停在特定点 (x_0, y_0), 则向东的坡度为 $\partial f(x_0, y_0)/\partial x$, 向北的坡度为 $\partial f(x_0, y_0)/\partial y$。

21.1.2　工程与科学的导数

函数的导数具有非常多的工程和科学应用, 以至于你必须在大学一年级学习微积分。在工程和科学的所有领域都可以给出此类应用的许多具体示例。导数在工程和科学领域是司空见惯的, 因为我们的很多工作都涉及表征变量在时间和空间上的变化。事实上, 在我们的工作中许多定律和其他概括都基于物理世界中表现出的可预测变化方式。一个典型例子是牛顿第二定律, 它不是根据物体的位置来表达的, 而是根据物体随时间的变化来表达的。

除了这些时间相关的举例, 许多涉及变量空间行为的定律都用导数表示。其中最常见的是定义电位或梯度如何影响物理过程的基本定律。例如, 傅里叶热传导定律量化了热量从高温区域流向低温区域的模式。对于一维情况, 这可以在数学上表示为:

$$q = -k\frac{\mathrm{d}T}{\mathrm{d}x} \tag{21.11}$$

其中 $q(x)$ 是热通量(W/m^2), k 是导热系数[W/(m·K)], T 是温度(K), x 是距离(m)。因此, 导数或梯度可以衡量空间温度变化的强度, 从而驱动热量传递(图 21.2)。

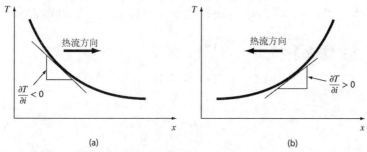

图 21.2　温度梯度的图形描述。因为热量从高温到低温 "下坡", 所以(a)中的流动是从左到右的。然而, 由于笛卡儿坐标的方向, 这种情况下的斜率是负的。因此, 负梯度导致正流量。这就是傅里叶热传导定律中减号的由来。(b)中描绘了相反的情况, 其中正梯度导致从右到左的负热流

类似的定律在许多其他工程和科学领域提供了可行的模型, 包括流体动力学、传质、化学反应动力学、电学和固体力学的建模(表 21.1)。准确计算导数运算的能力是我们在这些领域高效展开工作的一个重要要求。

除了直接的工程和科学应用, 数值导数在各种一般数学环境中也很重要, 包括数值方法的其他领域。例如, 第 6 章中正割法是基于导数的有限差分近似。此外, 数值导数最重要的应用可能涉及导数方程的求解。我们已经在第 1 章中看到了欧拉法形式的例子。在第 24 章中, 我们将研究数值微分如何为求解常微分方程的边值问题提供基础。

表 21.1　工程和科学中常用的一些基本定律的一维形式

定律	方程式	物理领域	梯度	流	比例
傅里叶定律	$q = -k\dfrac{dT}{dx}$	热传导	温度	热通量	导热性能
菲克定律	$J = -D\dfrac{dc}{dx}$	质量扩散	浓度	质量通量	扩散性
达西定律	$q = -k\dfrac{dh}{dx}$	流经多孔介质	水头	流量	水力传导率
欧姆定律	$J = -\sigma\dfrac{dV}{dx}$	电流	电压	电流通量	电导率
牛顿黏性定律	$\tau = \mu\dfrac{du}{dx}$	流体	速度	剪切应力	动态黏度
胡克定律	$\sigma = E\dfrac{\Delta L}{L}$	弹性	形变	应力	杨氏模量

　　这些只是你在职业中可能经常面临的导数应用中的一小部分。对于简单函数，可以直接计算其导数的解析解。然而对于复杂函数，这往往很难或不可能。此外，基本函数通常是未知的，只能通过离散点的测量来定义。对于这两种情况，你必须能够使用下面描述的数值技术获得导数的近似值。

21.2　高精度导数公式

　　我们已在第 4 章介绍了数值导数的概念，使用泰勒级数展开来推导导数的有限差分逼近。在第 4 章，我们开发了一阶和更高阶导数的前向、后向和居中差分逼近，这些计算最多有 $O(h^2)$ 的误差——也就是说，它们的误差与步长的平方成正比。这种误差水平是在推导这些公式期间保留的泰勒级数的数量造成的。我们现在将说明如何通过包含来自泰勒级数展开的附加项来生成高精度有限差分公式。

　　例如，前向泰勒级数展开可写成[式(4.13)]：

$$f(x_{i+1}) = f(x_i) + f'(x_i)\,h + \frac{f''(x_i)}{2!}\,h^2 + \cdots \tag{21.12}$$

可得：

$$f'(x_i) = \frac{f(x_{i+1}) - f(x_i)}{h} - \frac{f''(x_i)}{2!}\,h + O(h^2) \tag{21.13}$$

在第 4 章中，我们通过排除二阶和高阶导数项来截断该结果，因此留下了一个正向差分公式：

$$f'(x_i) = \frac{f(x_{i+1}) - f(x_i)}{h} + O(h) \tag{21.14}$$

与这种方法相反，我们现在通过代入以下二阶导数的前向差分近似来保留二阶导数项[回忆式(4.27)]：

$$f''(x_i) = \frac{f(x_{i+2}) - 2f(x_{i+1}) + f(x_i)}{h^2} + O(h) \tag{21.15}$$

代入式(21.13)可得：

$$f'(x_i) = \frac{f(x_{i+1}) - f(x_i)}{h} - \frac{f(x_{i+2}) - 2f(x_{i+1}) + f(x_i)}{2h^2}\,h + O(h^2) \tag{21.16}$$

或者，整合系数：

$$f'(x_i) = \frac{-f(x_{i+2}) + 4f(x_{i+1}) - 3f(x_i)}{2h} + O(h^2) \tag{21.17}$$

注意，包含二阶导数项已将精度提高到 $O(h^2)$，可以为后向和中心公式以及高阶导数的近似开发类似的改进版本。图 21.3 到图 21.5 总结了这些公式以及第 4 章中的低阶版本。下面的例子展示这些公式在计算导数方面的应用。

一阶导数	误差
$f'(x_i) = \dfrac{f(x_{i+1}) - f(x_i)}{h}$	$O(h)$
$f'(x_i) = \dfrac{-f(x_{i+2}) + 4f(x_{i+1}) - 3f(x_i)}{2h}$	$O(h^2)$
二阶导数	
$f''(x_i) = \dfrac{f(x_{i+2}) - 2f(x_{i+1}) + f(x_i)}{h^2}$	$O(h)$
$f''(x_i) = \dfrac{-f(x_{i+3}) + 4f(x_{i+2}) - 5f(x_{i+1}) + 2f(x_i)}{h^2}$	$O(h^2)$
三阶导数	
$f'''(x_i) = \dfrac{f(x_{i+3}) - 3f(x_{i+2}) + 3f(x_{i+1}) - f(x_i)}{h^3}$	$O(h)$
$f'''(x_i) = \dfrac{-3f(x_{i+4}) + 14f(x_{i+3}) - 24f(x_{i+2}) + 18f(x_{i+1}) - 5f(x_i)}{2h^3}$	$O(h^2)$
四阶导数	
$f''''(x_i) = \dfrac{f(x_{i+4}) - 4f(x_{i+3}) + 6f(x_{i+2}) - 4f(x_{i+1}) + f(x_i)}{h^4}$	$O(h)$
$f''''(x_i) = \dfrac{-2f(x_{i+5}) + 11f(x_{i+4}) - 24f(x_{i+3}) + 26f(x_{i+2}) - 14f(x_{i+1}) + 3f(x_i)}{h^4}$	$O(h^2)$

图 21.3　前向有限差分公式：每个导数都有两个版本，后一个版本包含更多的泰勒级数展开项，因此更准确

一阶导数	误差
$f'(x_i) = \dfrac{f(x_i) - f(x_{i-1})}{h}$	$O(h)$
$f'(x_i) = \dfrac{3f(x_i) - 4f(x_{i-1}) + f(x_{i-2})}{2h}$	$O(h^2)$
二阶导数	
$f''(x_i) = \dfrac{f(x_i) - 2f(x_{i-1}) + f(x_{i-2})}{h^2}$	$O(h)$
$f''(x_i) = \dfrac{2f(x_i) - 5f(x_{i-1}) + 4f(x_{i-2}) - f(x_{i-3})}{h^2}$	$O(h^2)$
三阶导数	
$f'''(x_i) = \dfrac{f(x_i) - 3f(x_{i-1}) + 3f(x_{i-2}) - f(x_{i-3})}{h^3}$	$O(h)$
$f'''(x_i) = \dfrac{5f(x_i) - 18f(x_{i-1}) + 24f(x_{i-2}) - 14f(x_{i-3}) + 3f(x_{i-4})}{2h^3}$	$O(h^2)$
四阶导数	
$f''''(x_i) = \dfrac{f(x_i) - 4f(x_{i-1}) + 6f(x_{i-2}) - 4f(x_{i-3}) + f(x_{i-4})}{h^4}$	$O(h)$
$f''''(x_i) = \dfrac{3f(x_i) - 14f(x_{i-1}) + 26f(x_{i-2}) - 24f(x_{i-3}) + 11f(x_{i-4}) - 2f(x_{i-5})}{h^4}$	$O(h^2)$

图 21.4　后向有限差分公式：每个导数都有两个版本。后一个版本包含更多的泰勒级数展开项，因此更准确

一阶导数	误差
$f'(x_i) = \dfrac{f(x_{i+1}) - f(x_{i-1})}{2h}$	$O(h)$
$f'(x_i) = \dfrac{-f(x_{i+2}) + 8f(x_{i+1}) - 8f(x_{i-1}) + f(x_{i-2})}{12h}$	$O(h^2)$
二阶导数	
$f''(x_i) = \dfrac{f(x_{i+1}) - 2f(x_i) + f(x_{i-1})}{h^2}$	$O(h)$
$f''(x_i) = \dfrac{-f(x_{i+2}) + 16f(x_{i+1}) - 30f(x_i) + 16f(x_{i-1}) - f(x_{i-2})}{12h^2}$	$O(h^2)$
三阶导数	
$f'''(x_i) = \dfrac{f(x_{i+2}) - 2f(x_{i+1}) + 2f(x_{i-1}) - f(x_{i-2})}{2h^3}$	$O(h)$
$f'''(x_i) = \dfrac{-f(x_{i+3}) + 8f(x_{i+2}) - 13f(x_{i+1}) + 13f(x_{i-1}) - 8f(x_{i-2}) + f(x_{i-3})}{8h^3}$	$O(h^2)$
四阶导数	
$f''''(x_i) = \dfrac{f(x_{i+2}) - 4f(x_{i+1}) + 6f(x_i) - 4f(x_{i-1}) + f(x_{i-2})}{h^4}$	$O(h)$
$f''''(x_i) = \dfrac{-f(x_{i+3}) + 12f(x_{i+2}) - 39f(x_{i+1}) + 56f(x_i) - 39f(x_{i-1}) + 12f(x_{i-2}) - f(x_{i-3})}{6h^4}$	$O(h^2)$

图 21.5　中心有限差分公式：每个导数都有两个版本。后一个版本包含更多的泰勒级数展开项，因此更准确

例 21.1　高精度导数公式

问题描述。回想一下，在例 4.4 中，我们计算了下面函数的导数：

$$f(x) = -0.1x^4 - 0.15x^3 - 0.5x^2 - 0.25x + 1.2$$

在 $x{=}0.5$ 使用有限差分和 $h{=}0.25$ 的步长，结果总结在下表中。注意，误差是基于 $f'(0.5) = -0.9125$ 的真实值。

	后向	中心	前向
	$O(h)$	$O(h^2)$	$O(h)$
估计	-0.714	-0.934	-1.155
ε_t	21.7%	-2.4%	-26.5%

重复此计算，但使用图 21.3 到图 21.5 中的高精度公式。

问题解答。这个例子需要的数据如下。

$$
\begin{aligned}
x_{i-2} &= 0 & f(x_{i-2}) &= 1.2 \\
x_{i-1} &= 0.25 & f(x_{i-1}) &= 1.1035156 \\
x_i &= 0.5 & f(x_i) &= 0.925 \\
x_{i+1} &= 0.75 & f(x_{i+1}) &= 0.6363281 \\
x_{i+2} &= 1 & f(x_{i+2}) &= 0.2
\end{aligned}
$$

前向差分计算的精度 $O(h^2)$ 如下。

$$f'(0.5) = \frac{-0.2 + 4 \times 0.6363281 - 3 \times 0.925}{2 \times 0.25} \approx -0.859375 \quad \varepsilon_t = 5.82\%$$

后向差分计算的精度 $O(h^2)$ 如下。

$$f'(0.5) = \frac{3(0.925) - 4(1.1035156) + 1.2}{2(0.25)} \approx -0.878125 \qquad \varepsilon_t = 3.77\%$$

中心差分计算的精度 $O(h^4)$ 如下。

$$f'(0.5) = \frac{-0.2 + 8(0.6363281) - 8(1.1035156) + 1.2}{12(0.25)} \approx -0.9125 \qquad \varepsilon_t = \%$$

如预期的那样，前向和后向差异的误差大大低于例 4.4 的结果。令人惊讶的是，中心差在 $x=0.5$ 处得到精确导数。这是因为基于泰勒级数的公式等效于该数据点上的四阶多项式。

21.3　Richardson 外推法

至此，我们已经看到在使用有限差分时有两种方法可以改进导数计算：①减小步长，②使用采用更多点的高阶公式。第三种方法基于 Richardson 外推法，使用两个导数计算来计算第三种更准确的近似值。

回忆 20.2.1 节 Richardson(理查森)外推法提供了一种公式[式(20.4)]：

$$I = I(h_2) + \frac{1}{(h_1/h_2)^2 - 1}[I(h_2) - I(h_1)] \tag{21.18}$$

其中 $I(h_1)$ 和 $I(h_2)$ 是使用两个步长(h_1 和 h_2)的积分计算。由于它可以方便地以计算机算法形式表示，因此通常为 $h_2 = h_1/2$ 的情况编写此公式，如：

$$I = \frac{4}{3}I(h_2) - \frac{1}{3}I(h_1) \tag{21.19}$$

以此类推，式(21.19)的导数可以写为：

$$D = \frac{4}{3}D(h_2) - \frac{1}{3}D(h_1) \tag{21.20}$$

对于 $O(h^2)$ 的中心差分近似，应用此公式将产生 $O(h^4)$ 的新导数计算。

例 21.2 Richardson 外推

问题描述。使用与例 21.1 中相同的函数，使用 $h_1=0.5$ 和 $h_2=0.25$ 的步长计算 $x=0.5$ 处的一阶导数。然后使用式(21.20)用 Richardson 外推法改进计算(真实值为-0.9125)。

问题解答。一阶导数计算可用中心差计算为：

$$D(0.5) = \frac{0.2 - 1.2}{1} = -1.0 \qquad \varepsilon_t = -9.6\%$$

和

$$D(0.25) = \frac{0.6363281 - 1.103516}{0.5} = -0.934376 \qquad \varepsilon_t = -2.4\%$$

改进的计算可通过应用式(21.20)来确定：

$$D = \frac{4}{3}(-0.934376) - \frac{1}{3}(-1) \approx -0.9125$$

在本例中计算结果是准确的。

前面的例子得到了一个精确结果，因为被分析的函数是一个四阶多项式。而确切结果是由于 Richardson 外推法实际上等同于通过数据拟合一个高阶多项式，然后通过中心均差来评估导数。因此，本案例精确地匹配了四阶多项式的导数。当然，对于大多数其他函数，这不会发生，我们的导数计算会有所改进，但并不准确。因此，与应用 Richardson 外推法的情况一样，可以使用 Romberg 算法迭代地应用该方法，直到结果低于可接受的误差标准。

21.4 不等间距数据的导数

至此讨论的方法主要用于确定给定函数的导数。对于第 21.2 节的有限差分近似，数据必须均匀分布，而对于第 21.3 节的 Richardson 外推法，数据也必须均匀分布并生成连续减半的间隔。这种对数据间距的控制通常仅在我们可以使用函数生成值表的情况下才可用。

相比之下，实际数据(即来自实验或实地研究的数据)通常以不等间隔收集。此类信息无法用目前讨论的技术进行分析。

处理非等间距数据的一种方法是将拉格朗日插值多项式[回忆式(17.21)]拟合到一组相邻点，这些点将要计算导数的位置值括起来。请记住，该多项式不要求点等距。然后可对多项式进行分析求导以产生可用于计算导数的公式。

例如，可将二阶拉格朗日多项式拟合到三个相邻点(x_0, y_0)、(x_1, y_1)和(x_2, y_2)，对多项式进行求导：

$$f'(x) = f(x_0)\frac{2x - x_1 - x_2}{(x_0 - x_1)(x_0 - x_2)} + f(x_1)\frac{2x - x_0 - x_2}{(x_1 - x_0)(x_1 - x_2)} + f(x_2)\frac{2x - x_0 - x_1}{(x_2 - x_0)(x_2 - x_1)} \quad (21.21)$$

其中 x 是计算导数的值。虽然这个方程肯定比图 21.3 到图 21.5 的一阶导数近似更复杂，但它有一些重要优点。首先，它可以在三点规定的范围内的任何地方提供计算；其次，点本身不必等间距；第三，导数计算与中心差具有相同的精度[式(4.25)]。事实上，对于等间距点，式(21.21)在 $x = x_1$ 处简化为式(4.25)。

例 21.3 不等间距数据的求导

问题描述。如图 21.6 所示，温度梯度可以测量，一直测到土壤中。土壤-空气界面处的热通量可以用傅里叶定律计算(表 21.1)：

$$q(z = 0) = -k\left.\frac{\mathrm{d}T}{\mathrm{d}z}\right|_{z=0}$$

其中 $q(z)$ 是热通量(W/m²)，k 是土壤导热系数[0.5W/(m·K)]，T 是温度(K)，z 是从地表向下进入土壤的测量距离(m)。注意，通量是正值意味着热量从空气传递到土壤。使用数值求导来评估土壤-空气界面处的梯度，并使用此计算来确定进入地下的热通量。

问题解答。式(21.21)可用于计算气土界面的导数：

$$f'(0) = 13.5\frac{2(0) - 0.0125 - 0.0375}{(0 - 0.0125) \times (0 - 0.0375)} + 12\frac{2(0) - 0 - 0.0375}{(0.0125 - 0) \times (0.0125 - 0.0375)}$$

$$+ 10\frac{2(0) - 0 - 0.0125}{(0.0375 - 0) \times (0.0375 - 0.0125)}$$

$$= -1440 + 1440 - 133.333 = -133.333 \text{ K/m}$$

由此可得：

$$q(z = 0) = -0.5\frac{\text{W}}{\text{m K}}\left(-133.333\frac{\text{K}}{\text{m}}\right) \approx 66.667\frac{\text{W}}{\text{m}^2}$$

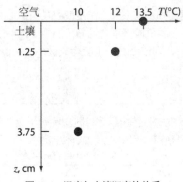

图 21.6 温度与土壤深度的关系

21.5 有误差数据的导数和积分

除了不等间距，与实际数据求导有关的另一个问题是这些数据通常包含测量误差。数值导数的一个缺点是它倾向于放大数据中的误差。

图 21.7(a)显示了平滑、无错误的数据，因此数值求导也会产生平滑的结果，见图 21.7(b)。相比之下，图 21.7(c)使用了相同的数据，但交替的点略有升高和降低。在图 21.7(c)中，这种微小的修改几乎看不出来；然而，在图 21.7(d)中，误差求导的影响是很明显的。

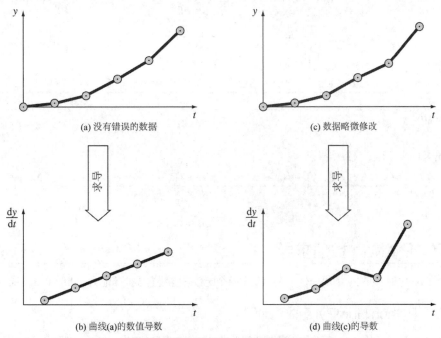

图 21.7 数值导数如何放大小数据错误的说明

误差放大的发生是因为导数是减法的，因此随机正负误差往往会增加。相比之下，积分是一个求和过程，这使得它对于不确定的数据非常宽容；本质而言，当点相加形成一个积分时，随机正负误差抵消了。

正如所料，确定不精确数据的导数的主要方法是使用最小二乘回归来拟合数据的平滑、可微函数，在没有任何其他信息的情况下，低阶多项式回归可能是一个不错的首选。显然，如果已知因变量和自变量之间的基本函数关系，则该函数关系应构成最小二乘拟合的基础。

21.6 偏导数

沿单个维度的偏导数的计算方式与普通导数相同。例如，假设我们要确定二维函数 $f(x, y)$ 的偏导数。对于等距数据，一阶偏导数可以用中心差来近似：

$$\frac{\partial f}{\partial x} = \frac{f(x + \Delta x, y) - f(x - \Delta x, y)}{2\Delta x} \tag{21.22}$$

$$\frac{\partial f}{\partial y} = \frac{f(x, y + \Delta y) - f(x, y - \Delta y)}{2\Delta y} \tag{21.23}$$

到目前为止讨论的所有其他公式和方法都可用于以类似方式计算偏导数。

对于高阶导数，我们可能希望针对两个或多个不同的变量来区分一个函数。结果称为混合偏导数。例如，我们可能想要对两个自变量取 $f(x, y)$ 的偏导数：

$$\frac{\partial^2 f}{\partial x \partial y} = \frac{\partial}{\partial x}\left(\frac{\partial f}{\partial y}\right) \tag{21.24}$$

为得到有限差分近似，我们可以首先计算 y 的偏导数的在 x 自变量的导数：

$$\frac{\partial^2 f}{\partial x \partial y} = \frac{\dfrac{\partial f}{\partial y}(x + \Delta x, y) - \dfrac{\partial f}{\partial y}(x - \Delta x, y)}{2\Delta x} \tag{21.25}$$

然后，可使用有限差分来计算 y 中的每个部分：

$$\frac{\partial^2 f}{\partial x \partial y} = \frac{\dfrac{f(x + \Delta x, y + \Delta y) - f(x + \Delta x, y - \Delta y)}{2\Delta y} - \dfrac{f(x - \Delta x, y + \Delta y) - f(x - \Delta x, y - \Delta y)}{2\Delta y}}{2\Delta x} \tag{21.26}$$

合并同类项得到最终结果：

$$\frac{\partial^2 f}{\partial x \partial y} = \frac{f(x + \Delta x, y + \Delta y) - f(x + \Delta x, y - \Delta y) - f(x - \Delta x, y + \Delta y) + f(x - \Delta x, y - \Delta y)}{4\Delta x \Delta y} \tag{21.27}$$

21.7 Python 数值求导

Python 中的 NumPy 模块提供了主要基于两个函数确定数据导数的能力：diff 和 gradient。

21.7.1 Python NumPy 函数：diff

毫无疑问，可以在 Python 中创建一个简单的"自制"函数来对一组数据求导。一个可能的版本如下。

```
import numpy as np
def diffdata(x):
    n = len(x)
```

```
    xd = np.zeros(n-1)
    for i in range(n-1):
        xd[i] = x[i+1] - x[i]
    return xd
```

可使用 Python 脚本测试此代码，该脚本使用从均匀分布中抽取的随机数数组。

```
x = np.random.uniform(-1., 1., 100)
xdiff = diffdata(x)

import pylab
pylab.plot(x, c='k', ls=':', label='x data')
pylab.plot(xdiff, c='k', lw=0.5, label='diff data')
pylab.grid()
pylab.legend()
```

结果如图 21.8 所示。

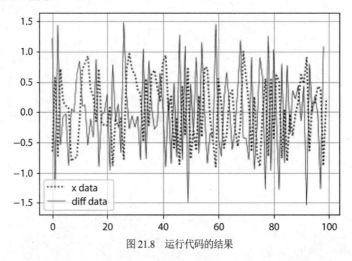

图 21.8 运行代码的结果

仔细观察发现差分数据比原始数据具有更高的方差，这就是具有随机内容的差分数据的本质。积分会衰减噪声，而导数会放大噪声。

Python 的 NumPy 模块中的 diff 函数的操作方式与上面的 diffdata 函数一样。如下例所述，可以使用 diff 来计算一阶导数的有限差分逼近。

例 21.4 使用 diff 求导

问题描述。探索如何使用 Python diff 函数对以下函数求导：

$$f(x) = 0.2 + 25x - 200x^2 + 675x^3 - 900x^4 + 400x^5$$

从 $x=0$ 到 0.8，将你的结果与精确解进行比较：

$$f'(x) = 25 - 400x + 2025x^2 - 3600x^3 + 2000x^4$$

问题解答。可以首先将 $f(x)$ 表示为匿名函数：

```
f = lambda x: 0.2 + 25.*x -200.*x**2 + 675*x**3 - 900.x**4 +400.*x**5
```

然后，可以生成一系列等距的自变量和因变量值：

```
import numpy as np
x = np.arange(0.,0.9,0.1)
y = f(x)
```

然后可以使用 diff 函数来确定每个向量的相邻元素之间的差值。例如：

```
dx = np.diff(x)
print(dx)
```

```
    [0.1 0.1 0.1 0.1 0.1 0.1 0.1 0.1]
```

计算结果表示 x 的每对元素之间的差值。为了计算导数的除差近似值，我们只需要通过添加代码，将 dy 除以 dx，进行数组除法。

```
dy = np.diff(y)
dydx = dy/dx
print(dydx)
```

```
[ 1.089e+01 -1.000e-02 3.190e+00 8.490e+00 8.690e+00 1.390e+00
 -1.101e+01 -2.131e+01]
```

注意，因为我们使用的是等间距的值，所以在生成 x 值之后，可以简单地执行上述计算：

```
dydx = np.diff(f(x))/0.1
```

数组 dydx 现在包含对应于相邻元素之间中点的导数计算。因此，为了绘制结果图，应该首先生成一个数组，其中包含每个区间中点的 x 值：

```
n = len(x)
xmid = []
for i in range(n-1):
    xmid.append((x[i]+x[i+1])/2.)
```

最后一步，我们可以计算解析导数的值作为更精细的分辨率水平，以包含在图上进行比较。

```
xa=np.linspace(0, 0.8, 100)
ya=25.-400.*xa+2025.*xa**2-3600.*xa**3+2000.*xa**4
```

可使用以下方法生成数值和解析计算图：

```
importpylab
pylab.scatter(xmid, dydx, c='k')
pylab.plot(xa, ya, c='k')
pylab.grid()
pylab.xlabel('x')
pylab.ylabel("f'(x)")
```

如图 21.9 所示，这种情况下，结果比较正确。

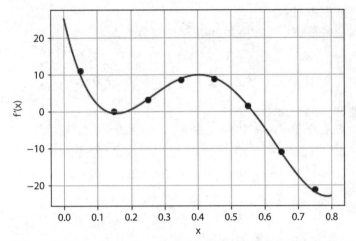

图 21.9　使用 Python NumPy 的 diff 函数计算的精确导数(线)和数值计算(•)的比较

注意，除了计算导数，diff 函数还可作为测试数组某些特性的编程工具。例如，如果数组的间距不相等，以下代码行将显示错误消息：

```
if np.any(np.diff(np.diff(x)) >= 1.e-15): print('unequal spacing')
```

由于精度极限处的舍入差异，在测试"不等于零"时必须小心。如果将上面的语句修改为：

```
if np.any(np.diff(np.diff(x)) != 0 ): print('unequal spacing')
```

即使对于(表面上)等间距创建的 x 数组，我们也会得到"不等间距"显示。

另一个常见用途是检测数组是升序还是降序。例如，下面的代码行拒绝不是升序排列的数组：

```
if np.any(np.diff(x) < 0): print('not in ascending order')
```

通过将<反转为>，我们可以测试降序。如果想避免重复的相邻值，我们乐意在测试运算符中包含等号，即<=或>=。

21.7.2　Python NumPy 函数：gradient

NumPy 的梯度函数也返回差值，但是这样做的方式更适于在自变量值本身而不是在 x 值之间的区间中计算导数。梯度函数的语法是：

```
fx = np.gradient(f)
```

其中 f 是长度为 n 的一维数组，fx 是长度为 n 的数组，其中包含基于 f 的差值。与 diff 函数一样，返回的第一个值是第一个值和第二个值之间的差。但是，对于内部值，将返回基于相邻值的居中差异：

$$\text{diff}_i = \frac{f_{i+1} - f_{i-1}}{2}$$

然后，将最后一个值计算为最后两个值之间的差，因此其结果类似于对所有中间值使用中心差异，并在末端具有前向和后向差异。

要注意的是，点之间的间距假定为 1。如果数组表示等距数据，则以下版本将所有结果除以区间从而返回导数的实际值。

```
fx = gradient(f,h)
```

其中 h 是点之间的间距。另一种语法可用于不等间距的数据：

```
fx = gradient(f,x)
```

其中 x 是一个数组，其中 n 个值对应于 n 个 f 值对应的自变量值。

例 21.5 使用 gradient 求导

问题描述。使用 gradient 函数对例 21.4 中使用 diff 函数分析的相同函数进行求导。

问题解答。以与例 21.4 相同的方式，我们可以生成一系列等距的自变量和因变量值：

```
f = lambda x: 0.2 + 25.*x -200.*x**2 + 675.*x**3 - 900.*x**4 + 400.*x**5
import numpy as np
x = np.arange(0., 0.9, 0.1)
y = f(x)
```

然后，我们可以使用梯度函数来计算导数：

```
dydx=np.gradient(y, 0.1)
print (dydx)

[ 10.89 5.44 1.59 5.84 8.59 5.04 −4.81 −16.16 −21.31]
```

如例 21.4 所示，我们可以生成导数解析值，并在绘图上同时显示数值解和解析解：

```
import pylab
pylab.scatter(x, dydx, c='k')
pylab.plot(xa, ya, c='k')
pylab.grid()
pylab.xlabel('x')
pylab.ylabel("f'(x)")
```

如图 21.10 所示，结果不如例 21.4 中使用 diff 函数获得的结果准确，主要原因是梯度使用的间隔是用于 diff(0.1) 的间隔的两倍(0.2)。

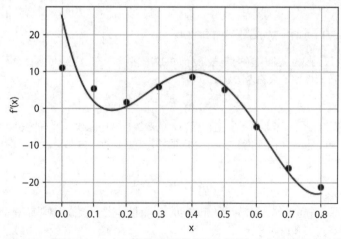

图 21.10　使用 Python NumPy 的梯度函数计算的精确导数(线)与数值解(•)的比较

除了一维数组，梯度函数还可进行多维数组偏导数计算。例如，对于二维数组 f，函数调用方式为：

```
fx, fy=np.gradient(f, h)
```

其中 fx 对应于 x(列)方向的差值，fy 对应于 y(行)方向的差值，h 是点的间距。如果省略 h，则假定点之间的间距为 1。或者可将 hx 和 hy 指定为这些维度中的不同间距，并可为 x 和 y 提供不等间距的数组。在下一节中，我们将说明如何使用梯度函数来可视化向量场。

21.8　案例研究：场的可视化

背景。除了计算一维导数，梯度函数还可计算二维或更多维的偏导数，特别是它可以与 Python Matplotlib 模块结合使用来生成向量场的可视化。

为了理解这一点，我们可以回到第 21.1.1 节末尾对偏导数的讨论，即使用山的海拔作为二维函数示例。在数学上将这样的函数表示为：

$$z = f(x, y)$$

其中 z 表示海拔，x 是东西轴的距离，y 是南北轴的距离。

在此例中，偏导数确定了轴方向上的斜率，但如果你正在爬山，你可能会对确定最大坡度的方向更感兴趣。如果将两个偏导数视为分量向量，则答案由下式可得：

$$\nabla f = \frac{\partial f}{\partial x} \mathrm{i} + \frac{\partial f}{\partial y} \mathrm{j}$$

其中 ∇f 被称为 f 的梯度，这个代表最陡坡度的向量有一个大小：

$$|\nabla f| = \sqrt{\left(\frac{\partial f}{\partial x}\right)^2 + \left(\frac{\partial f}{\partial y}\right)^2}$$

和一个方向：

$$\angle(\nabla f) = \theta = \tan^{-1}\left(\frac{\partial f/\partial y}{\partial f/\partial x}\right)$$

其中 θ 是从 x 轴顺时针测量的角度。

现在，假设我们在 x-y 平面上生成一个点网格，并使用前面的方程来绘制每个点的梯度向量。结果将是一个箭头字段，指示从任何点到峰的最陡峭方向。相反，如果我们绘制梯度的负值，它将表明若球被释放以从任何点滚下山，它将如何行进。

这种图形表示方法非常有用，以至于 Python Matplotlib 有一个特殊的函数 quiver 来创建这样的图。其语法的简单表示是：

```
import matplotlib.pyplot as plt
plt.quiver([X,Y],U,V,[C])
```

其中 X 和 Y 是包含位置坐标的二维数组，U 和 V 是包含偏导数的二维数组，还有一个可选参数 C 来指定颜色。下例展示如何使用 quiver 来可视化字段。

问题描述。使用 gradient 函数来确定以下二维函数的偏导数：

$$f(x, y) = y - x - 2x^2 - 2xy - y^2$$

从 x=-2 到 2 和 y=1 到 3。然后，使用 quiver 在函数的等高线图上叠加一个向量场。

问题解答。可以首先将 $f(x, y)$ 表示为匿名 lambda 函数：

```
f = lambda x,y: y - x - 2.*x**2 -2.*x*y - y**2
```

可以使用这些代码行生成自变量 x 和 y 的一系列等距值以及相应的 z 值：

```
import numpy as np
x = np.arange(-2., 0.25, 0.25)
y = np.arange(1., 3.25, 0.25)
X, Y = np.meshgrid(x, y)
Z = f(X, Y)
```

gradient 函数可用于确定偏导数：

```
fx, fy=np.gradient(Z, 0.25)
```

然后我们可以创建结果的等高线图：

```
fig = plt.figure()
ax = fig.add_subplot(111)
ax.contour(X, Y, Z, colors='k')
ax.grid()
```

最后，可将偏导数的结果叠加为等高线图上的向量箭头：

```
plt.quiver(X, Y, -fx, -fy, color='k', width=0.005)
```

注意，我们显示了结果的负数，以便它们指向 "下坡"。

结果如图 21.11 所示。该函数的峰值出现在 $x=-1$ 和 $y=1.5$ 处，然后向所有方向下降。如加长箭头所示，向东北和西南方向梯度下降的幅度更大。

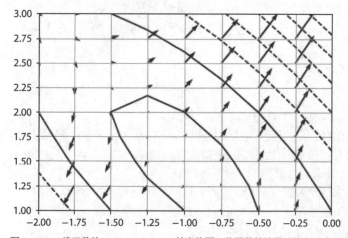

图 21.11　二维函数的 Python Matplotlib 等高线图，偏导数的结果以箭头形式显示

习题

21.1　在 $x=\pi/4$ 处，使用 $h=\pi/12$，计算 $y=\sin(x)$ 的一阶导数的 $O(h)$ 和 $O(h^2)$ 的前向和后向差分逼近，以及 $O(h^2)$ 和 $O(h^4)$ 的中心差分逼近。计算每个近似值的真实百分比相对误差 ε_t。

21.2　使用中心差分近似来计算 $y=e^x$ 在 $x=2$ 处 $h=0.1$ 的一阶和二阶导数，使用 $O(h^2)$ 和 $O(h^4)$ 公式，并计算每个近似值的真实百分比相对误差 ε_t。

21.3　使用泰勒级数展开推导出二阶精确的三阶导数的中心差分近似。为此，必须对点 x_{i-2}、x_{i-1}、x_{i+1} 和 x_{i+2} 使用四种不同的展开式；每种情况下，围绕点 x_i 展开。在 $i-1$ 和 $i+1$ 的每种情况下使用间隔Δx，在 $i-2$ 和 $i+2$ 的每种情况下使用 $2\Delta x$。这四个方程必须以某种方式组合以消除一阶和二阶导数。携带足够的可被删除的项以确定近似阶数。

21.4 使用 Richardson 外推法计算 $y=\cos(x)$ 在 $x=\pi/4$ 处的一阶导数，步长为 $h_1=\pi/3$ 和 $h_2=\pi/6$。对初始计算使用 $O(h^2)$ 的中心差。

21.5 重复习题 21.4，但对于 $\ln(x)$ 在 $x=5$ 处使用 $h_1=2$ 和 $h_2=1$ 的一阶导数。

21.6 根据 $x_0=-0.5$、$x_1=1$ 和 $x_2=2$，使用式(21.21)确定 $y=2x^4-6x^3-12x-8$ 在 $x=0$ 处的一阶导数。将此结果与真实值以及使用基于 $h=1$ 的中心差近似获得的计算值进行比较。

21.7 证明对于等距点，式(21.21)在 $x=x_1$ 处简化为式(4.25)。

21.8 开发一个名为 romdiff 的 Python 函数以应用 Romberg 算法计算给定函数的导数。函数参数应包括函数的名称、计算导数的自变量值、停止标准和迭代限制，后者应分别具有默认值 1×10^{-8} 和 30。通过计算 $f(x)=e^{-0.5x}$ 在 $x=1$ 处的导数来检验你的函数，将计算结果与真实值进行比较。提示：参考图 20.2。

21.9 开发一个 Python 脚本以实现不等间距数据的一阶导数计算。使用以下数据对其进行测试。

x	0.6	1.5	1.6	2.5	3.5
$f(x)$	0.9036	0.3734	0.3261	0.08422	0.01596

将预估导数与 x 的关系作图，与真实导数 $f'(x) = 5e^{-2x} - 10xe^{-2x}$ 相对 x 的连续曲线比较。

21.10 开发一个名为 diffeq 的 Python 函数，该函数根据图 21.3~图 21.5 计算并返回 $O(h^2)$ 阶的一阶和二阶导数。函数的第一行应该是：

```
def diffeq(x, y):
```

其中 x 和 y 是长度为 n 的输入数组，分别包含自变量和因变量的值。该函数应返回 dydx 和 dydx2 作为长度为 n 的输出数组，包含每个自变量值的一阶和二阶导数计算值。如果输入数组的长度不同，或者自变量的值不是等间距的，或者没有足够的数据来完成计算，则该函数返回错误消息。使用来自题 21.11 的数据测试你的程序。创建一个图，其中包含一阶和二阶导数计算值与 x 的两个水平关系子图。此外，创建测试来演示错误检查。

21.11 下面列出火箭运行距离与时间的关系。

t/s	0	25	50	75	100	125
y/km	0	32	58	78	92	100

使用数值导数计算火箭每个时间的速度和加速度。

21.12 一架喷气式战斗机在航空母舰跑道上各个时刻的位置如下。

t/s	0	0.52	1.04	1.75	2.37	3.25	3.83
x/m	153	185	208	249	261	271	273

其中 x 是距航母甲板起点的距离。使用数值导数计算速度和加速度。

21.13 使用下列数据求 $t=10s$ 时的速度和加速度。

时间 t/s	0	2	4	6	8	10	12	14	16
位置 x/m	0	0.7	1.8	3.4	5.1	6.3	7.3	8.0	8.4

使用二阶修正(a)中心、(b)前向和(c)后向有限差分方法。

21.14 一架飞机正在被雷达跟踪，在极坐标 θ 和 r 中每秒采集一次数据。

t/s	200	202	204	206	208	210
θ/rad	0.75	0.72	0.70	0.68	0.67	0.66
θ/rad	5120	5370	5560	5800	6030	6240

在 206 秒时，使用中心差(二阶修正)来计算速度 $\vec{v}$ 和加速度 $\vec{a}$ 的向量表达式。以极坐标表示的速度和加速度为

$$\vec{v} = \dot{r}\vec{e}_r + r\dot{\theta}\vec{e}_\theta \quad \text{和} \quad \vec{a} = (\ddot{r} - r\dot{\theta}^2)\vec{e}_r + (r\ddot{\theta} + 2\dot{r}\dot{\theta})\vec{e}_\theta$$

21.15 对于下表中的数据，使用二阶、三阶和四阶多项式，使用回归计算以下数据在每个时间的加速度，绘制结果。

t	1	2	3.25	4.5	6	7	8	8.5	9.3	10
v	10	12	11	14	17	16	12	14	14	10

21.16 标准正态(高斯)分布由密度函数定义：

$$f(z) = \frac{1}{\sqrt{2\pi}} \cdot e^{-z^2/2}$$

开发一个 Python 脚本，通过二阶导数的数值计算来确定该函数的拐点。

21.17 以下数据来自标准正态分布，使用 Python 计算分布的拐点。

z	-2	-1.5	-1	-0.5	0
$f(z)$	0.05399	0.12952	0.24197	0.35207	0.39894
z	0.5	1	1.5	2	
$f(z)$	0.35207	0.24197	0.12952	0.05399	

21.18 使用 diff 函数开发一个 Python 函数来计算下表中每个 x 值处一阶和二阶导数的有限差分逼近，使用二阶修正的有限差分近似值 $O(h^2)$。

x	0	1	2	3	4	5	6	7	8	9	10
y	1.4	2.1	3.3	4.8	6.8	6.6	8.6	7.5	8.9	10.9	10

21.19 比较一阶导数的二阶精确前向、后向和中心有限差分逼近函数导数的实际值，针对函数

$$f(x) = e^{-2x} - x$$

(a) 使用微积分确定 $x=2$ 处导数的准确值。

(b) 开发一个 Python 函数来评估中心有限差分近似，从 $\Delta x = 0.5$ 开始。因此，对于第一次评估，中心差近似的 x 值将是 $x = 2 \pm 0.5$ 或 $x = 1.5$ 和 2.5，然后以 0.01 的增量减小到最小值 0.01。

(c) 重复(b)计算二阶前向和后向导数。注意：这些可以在循环计算中心差的同时完成。

(d) 绘制(b)和(c)与 Δx 的结果，在图中应包含确切的结果以进行比较。

21.20 你必须测量通过一根小管道的水的流速。为了实现这一点，你将一个量筒放置在管道的出口处，并测量量筒中的体积随时间变化的函数，如下表所示。计算 $t=7$s 时的流速。

时间/s	0	1	5	8
体积/cm³	0	1	8	16.4

21.21　空气流过平坦表面的速度 v(m/s)是在垂直于该表面的几个距离 y(m)处测量的，数据如下表所示。使用牛顿黏度定律计算表面(y=0)处的剪切应力 τ(Pa)：

$$\tau = \mu \frac{\mathrm{d}u}{\mathrm{d}y}$$

其中 μ 是黏度，等于 1.8×10^{-5} Pa·s。

y/m	0	0.002	0.006	0.012	0.018	0.024
u/(m/s)	0	0.287	0.899	1.915	3.048	4.299

21.22　菲克的第一扩散定律指出：

$$质量通量 = -D \frac{\mathrm{d}c}{\mathrm{d}x} \tag{P21.22}$$

其中质量通量是 1s 内通过单位面积的质量(g/cm²)，D 是扩散系数(cm²/s)，c 是浓度(g/cm³)，x 是距离(cm)。一位环境工程师测量了湖泊下方沉积物孔隙水中的以下污染物浓度(x=0 在沉积物水界面处并向下增加)。

x/cm	0	1	3
c/(10^{-6}g/cm³)	0.06	0.32	0.6

使用可用的最优的数值导数方法计算 x=0 处的导数。将此计算与式(P21.22)结合，计算污染物从沉积物中流出并进入上覆水域的质量通量。假设扩散率为 1.52×10^{-6} cm²/s。对于一个沉积物表面积为 3.6×10^{6} m² 的湖泊，一年时间会有多少污染物从沉积物中运入湖中？

21.23　大型油轮装载时产生了以下数据。

t/min	0	10	20	30	45	60	75
V/10^6 桶	0.4	0.7	0.77	0.88	1.05	1.17	1.35

计算流量 $Q(=\mathrm{d}V/\mathrm{d}t)$ 到 h^2 的数量级。

21.24　建筑工程师通常使用傅里叶定律来确定通过传导的墙壁的热流。

$$q = -k \frac{\mathrm{d}T}{\mathrm{d}x}$$

其中 q 是热通量(W/m²)，k 是热导率[W/(m·℃)]，T 是温度(℃)，x 是距离(m)。从表面(x=0)到石墙间测量以下温度。

x/m	0	0.08	0.16
T/℃	20.2	17	15

如果 x=0 处的通量为 60W/m²，计算 k。

21.25　湖泊在特定深度的水平表面积 A_s(m²)可由体积导数计算：

$$A_s(z) = -\frac{\mathrm{d}V}{\mathrm{d}z}(z)$$

其中 V 是体积 m^3，z 是表面到底部测量的深度(m)。随深度变化的物质的平均浓度 $c(g/m^3)$ 可以通过积分计算：

$$\overline{c} = \frac{\int_0^Z c(z) A_s(z) \mathrm{d} z}{V_T}$$

其中 Z 是总深度(m)，V_T 是湖泊的总体积，也由下式给出：

$$V_T = \int_0^Z A_s(z) \mathrm{d} z$$

根据以下数据，确定平均浓度。

z/m	0	4	8	12	16
$V/10^6 \, m^3$	9.8175	5.1051	1.9635	0.3927	0.0000
$c/(g/m^3)$	10.2	8.5	7.4	5.2	4.1

21.26 法拉第定律将电感两端的电压降描述为：

$$V_L = L\frac{\mathrm{d} i}{\mathrm{d} t}$$

其中 V_L 是电压降(V)，L 是电感(henrys，1H=1V · s/A)，t 是时间(s)。根据以下数据确定 4H 电感的电压降随时间的变化情况。

t	0	0.1	0.2	0.3	0.5	0.7
i	0	0.16	0.32	0.56	0.84	2

21.27 物体的冷却速率可以表示为 $\dfrac{\mathrm{d} T}{\mathrm{d} t} = -k(T - T_a)$。

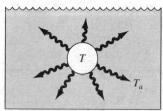

式中，T 是身体温度(℃)，T_a 是周围介质温度(℃)，k 是比例常数(min^{-1})。这个方程也称为牛顿冷却定律。假设整个身体相对恒定，并且周围介质的温度，则该方程表明冷却速率与身体温度之间的差异成正比。如果将加热到 80℃ 的金属球悬浮在大量水中，并通过搅拌保持在 20℃ 的恒定温度，则球的温度会发生变化，如下面的数据所示。

时间/min	0	5	10	15	20	25
$T/℃$	80	44.5	30.0	24.1	21.7	20.7

利用数值导数计算表中每个时间值的 $\mathrm{d}T/\mathrm{d}t$，绘制 $\mathrm{d}T/\mathrm{d}t$ 与 $(T-T_a)$ 的关系图，使用直线回归计算 k。

21.28 如下所述，真实气体的焓是压力的函数，表中显示针对这种真实气体获得的数据。计算气体在 400K 和 50atm 处的焓(计算从 0.1atm 到 50atm 的积分)。注意：焓的单位是 L · atm。

$$H = \int_0^P \left(V - T\left(\frac{\partial V}{\partial T}\right)_P \right) dP$$

	V/L		
P/atm	T=350K	T=400K	T=450K
0.1	220	250	282.5
5	4.1	4.7	5.23
10	2.2	2.5	2.7
20	1.35	1.49	1.55
25	1.1	1.2	1.24
30	0.90	0.99	1.03
40	0.68	0.75	0.78
45	0.61	0.675	0.7
50	0.54	0.6	0.62

21.29 对于在平面上流动的流体，由于传导而到达表面的热通量可以用傅里叶定律计算：

$$q = -k\frac{dT}{dy}$$

其中 q 是热通量(J/m^2)，k 是热导率[$W/(m \cdot K)$]，T 是温度(K)，y 为垂直于表面的距离。以下是一组此类情况的数据。

y/cm	0	1	3	5
T/K	900	480	270	210

如果板的尺寸是 200cm×50cm，并且 k=0.028W/(m · K)，请计算表面的通量，以及以瓦特(W)为单位的总热量传递。

21.30 层流通过恒定半径的光滑管道的压力梯度由 Hagen-Poiseuille 方程给出：

$$\frac{dp}{dx} = -\frac{8\mu Q}{\pi r^4}$$

其中 p 是压力(Pa)，x 是轴向距离(m)，μ 是流体黏度(Pa.s)，Q 是体积流量(m^3/s)，r 是管道半径(m)。

(a) 流量 Q=1×$10^{-5}m^3/s$ 时，求 10cm 长管和黏性液体(μ=0.005Pa·s)的压降(Pa)。其中，管道沿其长度具有不同的半径，如下表所示。

x/cm	0	2	4	5	6	7	10
r/mm	2	1.35	1.34	1.6	1.58	1.42	2

(b) 将计算结果与管的恒定半径等于平均半径时的压降进行比较。

(c) 确定平均半径时流动的雷诺数(Re)，验证它是否处于层流区域，其中

$$Re = \frac{\rho v D}{\mu}$$

ρ 是流体密度，这里 $\rho=1000 kg/m^3$，v 是平均流体速度(体积流量除以横截面积)。

21.31 苯的以下热容数据是由该属性的多项式模型生成的，使用数值导数来确定所用多项式的阶数 n。

T/K	300	400	500	600
$C_P/[KJ/(kmol \cdot K)]$	82.888	112.136	136.933	157.744
T/K	700	800	900	1000
$C_P/[KJ/(kmol \cdot K)]$	175.036	189.273	200.923	210.450

21.32 理想气体的恒压热容 C_P [kJ/(kg·K)]与焓的关系为

$$C_P = \frac{dh}{dT}$$

其中 h 是比焓(kJ/kg)，T 是绝对温度(K)。以下焓数据提供了 CO_2 在几个温度下的数据，使用这些来确定每个温度的热容量，单位为 KJ/(kg · K)。碳和氧的原子量分别为 12.011kg/kmol 和 15.994kg/kmol。

T/K	750	800	900	1000
$h/[KJ/kmol]$	29 629	32 179	37 405	42 769

21.33 n 阶速率定律通常用于模拟仅取决于单一反应物浓度的化学反应：

$$\frac{dc}{dt} = -kc^n$$

其中 c 是浓度(mol/L)，t 是时间(min)，n 是反应级数(无量纲)，k 是反应速率$[min^{-1} \cdot (mol/L)^{1-n}]$。导数法可用于计算参数 k 和 n，对速率方程应用对数变换以获得

$$\log\left(-\frac{dc}{dt}\right) = \log(k) + n \log(c)$$

注意：上面可以使用常用对数($\log_{10}$)或自然对数($\ln$)。如果速率表达式成立，则 $\log\left(-\frac{dc}{dt}\right)$ 与 $\log(c)$ 的关系图是一条斜率为 n 且截距为 $\log(k)$ 的直线。使用导数法和直线回归确定氰酸铵转化为尿素的以下数据的 k 和 n。

t/min	0	5	15	30	45
$c/(mol/L)$	0.750	0.594	0.420	0.291	0.223

21.34 沉积物需氧量(SOD，单位为 g/(m^2 · d))是确定天然水体溶解氧含量的重要参数。它是通过将沉积物芯放置在圆柱形容器中来测量的，在沉淀物上方小心地引入一层蒸馏过的含氧水后，盖上容器以防止气体转移。搅拌器用于轻轻混合水层，氧气探头跟踪水的氧气浓度如何随着时间的推移而降低。SOD 可以计算为

$$SOD = -H\frac{do}{dt}$$

其中 H 是水层深度(m)，o 是氧气浓度(g/m^3)，t 是时间(d)。基于以下数据和 H=0.1m，使用数值导数生成(a)SOD 与时间的关系图，以及(b)SOD 与氧气浓度的关系图。

t/d	0	0.125	0.25	0.375	0.5	0.625	0.75
o/(mg/L)	10	7.11	4.59	2.57	1.15	0.33	0.03

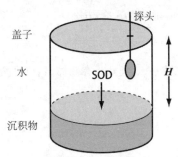

21.35 以下关系可用于分析受分布载荷作用的均匀梁：

$$\frac{dy}{dx} = \theta(x) \qquad \frac{d\theta}{dx} = \frac{M(x)}{EI} \qquad \frac{dM}{dx} = V(x) \qquad \frac{dV}{dx} = -w(x)$$

其中 x 是沿梁方向的距离(m)，y 是绕度(m)，$\theta(x)$ 是坡度(m/m)，E 是弹性模量(pa)，I 是惯性矩(m^4)，$M(x)$是动量(N·m)，$V(x)$是剪切力(N)，$w(x)$是分布载荷(N /m)。对于线性增加负载的情况，斜率可以通过解析计算为

$$\theta(x) = \frac{w_0}{120\,EIL}(-5x^4 + 6\cdot L^2x^2 - L^4) \tag{P21.35}$$

(a)使用数值积分来计算挠度 y；使用(b)数值导数来计算力矩、M 和 V，绘制与距离的关系图。基于式(P21.35)计算斜率，沿 3 米梁使用Δx=0.125m 的等间距间隔。在计算中使用以下参数值：E=200GPa，I=0.0003m^4，w_0=2.5kN/cm。此外，梁末端的偏转设置为 $y(0)$= $y(L)$=0。计算过程中需要注意单位。

21.36 沿简支均匀梁的长度测量以下挠度(见题 21.35)。

x/m	0	0.375	0.75	1.1.25	1.5
y/cm	0	−0.2571	−0.9484	−1.9689	−3.2262

x/m	1.875	2.25	2.625	3	
y/cm	−4.6414	−6.1503	−7.7051	−9.275	

使用数值导数来计算斜率、力矩(N·m)、剪力(N)和分布载荷(N /m)。在计算中使用以下参数：E=200GPa 和 I=0.0003m^4，绘制这些数量与距离 x 的关系图。

21.37 针对以下函数，计算 $x=y=1$ 时的 $\partial f/\partial x$、$\partial f/\partial y$ 和 $\partial^2 f/(\partial x \partial y)$。(a)使用解析方法，(b)使用 $\Delta x = \Delta y = 0.0001$ 的数值解。

$$f(x, y) = 3xy + 3x - x^3 - 3y^3$$

21.38 开发一个 Python 脚本来生成与第 21.8 节中相同的计算和图形，但应用以下函数，且 $-3 \leqslant x \leqslant 3$ 和 $-3 \leqslant y \leqslant 3$：

(a) $f(x, y) = e^{-(x^2+y^2)}$

(b) $f(x, y) = xe^{-(x^2+y^2)}$

21.39 物体在时间 t(s)的速度 v(m/s)由下式给出：

$$v = \frac{2t}{\sqrt{1 + t^2}}$$

通过 Richardson 外推法，使用 $h=0.5$ 和 0.25 求物体在 $t=5$s 处的加速度。使用精确解来计算每个计算值的真实百分比相对误差。

第 VI 部分

常微分方程

VI.1 概述

物理、力学、电学和热力学的基本定律通常基于解释物理特性和系统状态变化的经验观察。这些定律通常并不直接描述物理系统的状态，而是根据空间和时间的变化来表达。这些定律定义了变化的机制，当与能量、质量或动量的连续性定律相结合时，就得到微分方程。这些微分方程的后续积分会产生数学函数，根据能量、质量或速度变化来描述系统的空间和时间状态。如图 PT6.1 所示，积分可以用微积分分析实现，也可以用计算机通过数值实现。

第 1 章介绍的自由落体蹦极问题是从基本定律推导微分方程的示例。回想一下，牛顿第二定律曾被用于开发一个 ODE，该 ODE 描述了下落的蹦极者的速度变化：

$$\frac{\mathrm{d}v}{\mathrm{d}t} = g - \frac{c_d}{m}v^2 \tag{PT6.1}$$

其中 g 是引力常数，m 是质量，c_d 是阻力系数。这种由未知函数及其导数组成的方程称为微分方程。它有时被称为速率方程，因为其将变量的变化率表示为变量和参数的函数。

在式(PT6.1)中，被微分的量 v 称为因变量，v 与 t 微分的量称为自变量。当函数涉及一个自变量时，该方程称为常微分式(或 ODE)。相应地，当函数涉及两个或多个自变量时，该方程称为偏微分式(或 PDE)。

微分方程也按其阶数分类。例如，式(PT6.1)称为一阶方程，因为最高导数是一阶导数。二阶方程内包括二阶导数，例如，描述具有阻尼的非受力质量-弹簧系统的位置 x 的方程是二阶方程：

$$m\frac{\mathrm{d}^2x}{\mathrm{d}t^2} + c\frac{\mathrm{d}x}{\mathrm{d}t} + kx = 0 \tag{PT6.2}$$

其中 m 是质量，c 是阻尼系数，k 是弹簧常数。类似地，一个 n 阶方程将包括一个 n 阶导数。高阶微分方程可以简化为一阶方程组。这是通过定义因变量的一阶导数来实现的。

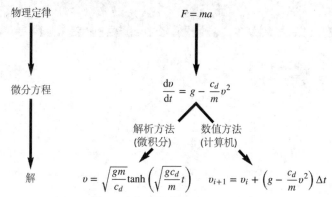

图 PT6.1   工程和科学中常微分方程开发和解决中的事件顺序，该示例针对自由落体蹦极者的速度变化

作为一个新变量。式(PT6.2)是通过创建一个新变量 v 作为位移的一阶导数来实现的：

$$v = \frac{\mathrm{d}x}{\mathrm{d}t}$$

(PT6.3)

其中 v 是速度。这个方程本身可以求导得到

$$\frac{\mathrm{d}v}{\mathrm{d}t} = \frac{\mathrm{d}^2 x}{\mathrm{d}t^2}$$

(PT6.4)

式(PT6.3)和式(PT6.4)可代入式(PT6.2)，将其转换为一阶方程：

$$m\frac{\mathrm{d}v}{\mathrm{d}t} + cv + kx = 0$$

(PT6.5)

最后，我们可以用式(PT6.3)和(PT6.5)描述速率方程：

$$\frac{\mathrm{d}x}{\mathrm{d}t} = v$$

(PT6.6)

$$\frac{\mathrm{d}v}{\mathrm{d}t} = -\frac{c}{m}v - \frac{k}{m}x$$

(PT6.7)

因此，式(PT6.6)和式(PT6.7)是一对一阶方程，等效于原二阶方程[式(PT6.2)]。由于其他 n 阶微分方程也可以类似地化简，本部分主要关注一阶方程的解。

常微分方程的解是满足原微分方程的自变量和参数的特定函数。为说明这个概念，让我们从一个简单的四阶多项式开始：

$$y = -0.5x^4 + 4x^3 - 10x^2 + 8.5x + 1$$

(PT6.8)

现在，如果我们对式(PT6.8)求导，可得到一个 ODE：

$$\frac{\mathrm{d}y}{\mathrm{d}x} = -2x^3 + 12x^2 - 20x + 8.5$$

(PT6.9)

这个方程也描述了多项式的行为，但与式 PT(6.8)不同。式(PT6.9)不是明确表示每个 x 值的 y 值，而是给出每个 x 值处 y 相对于 x 的变化率(即斜率)。图 PT6.2 描述函数和导数与 x 的关系，需要注意导数的零值如何对应于原函数平坦的点，即斜率为零。此外，导数的最大绝对值位于函数斜率最大的区间末端。

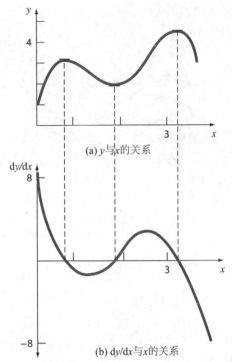

(a) y 与 x 的关系

(b) dy/dx 与 x 的关系

图 PT6.2　函数 $y=-0.5x^4+4x^3-10x^2+8.5x+1$ 的相关图形

虽然如刚才所述，可在给定原函数的情况下确定微分方程，但本章目的是在给定微分方程的情况下确定原函数，即函数的解。

在没有计算机前提下，通常使用微积分解析求解 ODE，例如式(PT6.9)可乘以 dx 并积得到：

$$y = \int (-2x^3 + 12x^2 - 20x + 8.5)dx \tag{PT6.10}$$

该等式的右侧称为不定积分，因为未指定积分的限制，之前在第 Ⅴ 部分中讨论的定积分形成不同[比较式(PT6.10)与式(19.5)]。

如果不定积分可以精确地以方程形式计算，则可以获得式(PT6.10)的解析解。对于简单的情况，可以使用以下结果执行此操作：

$$y = -0.5x^4 + 4x^3 - 10x^2 + 8.5x + C \tag{PT6.11}$$

这与原函数相同，但有一个明显的区别。在微分再积分的过程中，我们失去了原方程中的常数 1，得到了 C 值，这个 C 称为积分常数。出现这样一个任意常数的事实表明该解不是唯一的。事实上，它只是满足微分方程的无数可能函数之一(对应于 C 的无数可能值)。例如，图 **PT6.3** 展示了满足式(PT6.11)的六个可能函数。

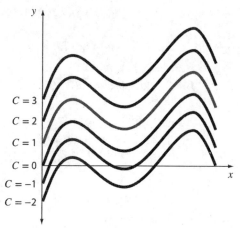

图 PT6.3　$-2x^3+12x^2-20x+8.5$ 的积分的六种可能解。每个都符合积分常数 C 的不同值

因此，要得到确切解，微分方程通常需要额外的条件。对于一阶 ODE，需要一种称为初始值的辅助条件来确定常数并获得唯一解。例如，原来的微分方程可以给定初始条件 $x=0, y=1$，可将这些值代入式(PT6.11)确定 $C=1$。因此，同时满足微分方程和指定初始条件的唯一解是：

$$y = -0.5x^4 + 4x^3 - 10x^2 + 8.5x + 1$$

因此，我们已经通过初始条件将式(PT6.11)"固定"。通过这样的方法，我们获得了 ODE 的唯一解，等同于原函数[式(PT6.8)]。

初始条件通常对源自物理问题的微分方程有非常具体的解释。例如，在蹦极问题中，初始条件反映了在零时刻垂直速度为零的物理事实。如果蹦极者在 0 时刻已经处于垂直运动状态，则考虑到该初始速度，解将发生变化。

在处理 n 阶微分方程时，需要 n 个条件来获得唯一解。如果所有条件都指定为自变量的相同值(例如，在 x 或 $t=0$ 处)，则该问题称为初始值问题。相比而言，边界值问题在自变量的不同值处发生条件规范。第 22 章和第 23 章将关注初值问题，边值问题将在第 24 章中讨论。

VI.2　章节结构

第 22 章专门介绍求解初值 ODE 的一步法。顾名思义，一步法计算未来的预测 y_{i+1}，仅基于单个点 y_i 的信息，而不是其他先前的信息。这与使用来自多个先前点的信息作为推断新值的基础的多步方法不同。

除了一个小例外，第 22 章中介绍的一步法属于所谓的龙格-库塔(Runge-Kutta)方法。尽管本章可以围绕这一理论概念组织，但我们选择了一种更形象、更直观的方法来介绍这些方法，因此我们从能够欧拉法开始讲起，因为它具有非常简单的图形解释。另外，因为我们已经在第 1 章介绍过欧拉法，这里的重点是量化其截断误差并描述其稳定性。

接下来，我们使用视觉导向的论据来研究欧拉法的两个改进版本，即 Heun 和中点技术。此后，我们正式得到 Runge-Kutta(或 RK)方法的概念，并演示了上述技术实际上是如何成为一阶和二阶 RK 方法的，随后讨论经常用于解决工程和科学问题的高阶 RK 公式。此外，我们还介绍了一步法在 ODE 系统中的应用。需要注意，第 22 章中的所有应用程序仅限于具有固定步长的情况。

在第 23 章我们涵盖了解决初始值问题的更高级方法。首先，我们描述了自适应 RK 方法，该方法自动调整步长以响应计算的截断误差。这些方法可用于 Python 计算 ODE，非常方便。

接下来，我们讨论多步骤方法。如上所述，这些算法保留了先前步骤的信息，以更有效地捕获解决方案的模式，还可以得到可用于实现步长控制的截断误差估计。我们描述了一种简单的方法——非自启动 Heun 方法——来介绍多步方法的基本特征。

最后，该章描述了刚性 ODE。这些都是 ODE 的个体和系统，它们的解决方案既有快速组件也有慢速组件。因此，它们需要特殊的解决方法。我们介绍了隐式解决技术的想法，还描述了 Python 用于求解刚性 ODE 的内置函数。

在第 24 章我们专注于解决边界值问题的两种方法：射击法和有限差分法。除了展示这些技术是如何实现的，我们还说明了它们如何处理导数边界条件和非线性 ODE。

第 22 章

初值问题

本章学习目标

本章的主要目的是介绍求解常微分方程(ODE)的初值问题。涵盖的具体目标和主题是:

- 了解局部和全局截断误差的含义以及它们与求解 ODE 的一步法的步长的关系。
- 了解如何为单个 ODE 实现以下 Runge-Kutta (RK)方法:
  - 欧拉(Euler)
  - Heun
  - 中点
  - 四阶 RK
- 知道如何迭代 Heun 方法的校正器。
- 了解如何为 ODE 系统实施以下 Runge-Kutta 方法:
  - 欧拉
  - 四阶 RK

问题引入

本书从模拟自由落体蹦极者速度的问题开始,相当于制定和求解一个常微分方程。现在我们回到这个问题,计算当蹦极者到达弹力绳末端时会发生什么。

要做到这一点,我们应该认识到,根据绳索是松弛还是拉伸,蹦极者会受到不同的力。如果它是松弛的,则情况是自由落体,其中唯一的作用力是重力和阻力。然而,因为蹦极的人可以上下移动,所以必须修改阻力的符号使其总是倾向于延迟速度:

$$\frac{\mathrm{d}v}{\mathrm{d}t} = g - \mathrm{sign}(v)\frac{c_d}{m}v^2 \tag{22.1a}$$

其中 v 是速度(m/s), t 是时间(s), g 是重力加速度(9.81m/s²), c_d 是阻力系数(kg/m), m 是质量(kg), signum[1]函数返回-1 或 1 取决于其参数是负数还是正数。当蹦极者向下坠落时(正速度, 符号=1), 阻力为负,因此降低速度。相反,当蹦极者向上移动时(负速度, 符号=-1), 阻力为正, 因此依然

---

[1] 一些计算机语言将符号函数表示为 sgn(x)。如此处所示,我们使用命名法符号(x)。此函数可从 Python 的 NumPy 模块获得。

是降低速度。

一旦绳子开始伸展，它显然会对蹦极者施加向上的力。如在第 8 章中所做的那样，胡克定律可以作为这个力的一阶近似。此外，还应包括阻尼力，以考虑绳索拉伸和收缩时的摩擦效应。当绳索被拉伸时，这些因素可以与重力和阻力一起归为第二阶平衡力。基于此，可得以下微分方程：

$$\frac{dv}{dt} = g - \text{sign}(v)\frac{c_d}{m}v^2 - \frac{k}{m}(x - L) - \frac{\gamma}{m}v \tag{22.1b}$$

其中 k 是绳索的弹簧常数(N/m)，x 是从蹦极平台向下测量的垂直距离(m)，L 是未拉伸绳索的长度(m)，γ 是阻尼系数(N·s/m)。

由于式(22.1b)仅在绳索拉伸($x > L$)时成立，因此弹簧力始终为负，也就是说，它将始终倾向于将蹦极者拉回。阻尼力的大小随着蹦极者速度的增加而增加，并且始终起到减慢蹦极者速度的作用。

如果我们想模拟蹦极者的速度，我们首先要求解式(22.1a)直到绳索完全伸展。然后，可切换到式(22.1b)绳索被拉伸的时期。虽然这相当简单，但这意味着需要了解蹦极者的位置。这可以通过计算另一个距离相关的微分方程来实现：

$$\frac{dx}{dt} = v \tag{22.2}$$

因此，求解蹦极的速度相当于求解两个常微分方程，其中方程之一根据因变量之一的值采用不同的形式。第 22 章和第 23 章将探讨解决这个问题和涉及 ODE 的类似问题的方法。

22.1　概述

本章致力于求解以下形式的常微分方程：

$$\frac{dy}{dt} = f(t, y) \tag{22.3}$$

在第 1 章，我们提出了一种数值方法来求解自由落体蹦极者速度类型方程。回顾一下，该方法具有一般形式：

新值 = 旧值 + 斜率×步长

或者用数学术语来说：

$$y_{i+1} = y_i + \phi h \tag{22.4}$$

其中斜率 φ 为增量函数。根据这个方程，φ 的斜率估计用于在距离 h 上从旧值 y_i 外推到新值 y_{i+1}。这个公式可以逐步应用以追踪解函数到未来的轨迹。由于增量函数的值基于单个点 i 的信息，这种方法被称为一步法，也被称为龙格-库塔方法。另一类称为多步法的方法使用来自多个先前点的信息作为推断新值的基础。我们将在第 23 章简要介绍多步法。

所有一步法都可用式(22.4)的一般形式，唯一的区别是斜率的估计方式，最简单的方法是使用微分方程以 t_i 处的一阶导数形式估计斜率。换言之，区间开始处的斜率被视为整个区间的平均斜率的近似值。这种方法称为欧拉法，将在下面讨论。接下来是其他一步法，这些方法采用替代斜率估计，从而产生更准确的预测。

22.2　欧拉法

一阶导数提供了对 t_i 斜率的直接估计(图 22.1)：

$$\phi = f(t_i, y_i)$$

其中 $f(t_i, y_i)$ 是在 t_i 和 y_i 处计算的微分方程，可代入式(22.1)：

$$y_{i+1} = y_i + f(t_i, y_i)h \tag{22.5}$$

该公式称为欧拉法(或欧拉-柯西法或点斜率法)，使用斜率(等于 t 原值的一阶导数)预测 y 的新值，以在步长 h 上线性外推(图 22.1)。

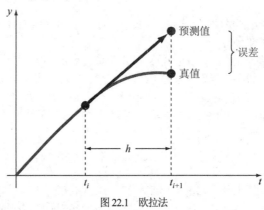

图 22.1 欧拉法

例 22.1 欧拉法

问题描述。使用欧拉法将 $y' = 4e^{0.8t} - 0.5y$ 从 $t=0$ 积分到 4，步长为 1，$t=0$ 时的初始条件是 $y=2$。注意到精确解为：

$$y = \frac{4}{1.3}(e^{0.8t} - e^{-0.5t}) + 2e^{-0.5t}$$

问题解答。式(22.5)可用于欧拉法：

$$y(1) = y(0) + f(0, 2)(1)$$

其中 $y(0)=2$ 并且 $t=0$ 处的斜率估计为：

$$f(0, 2) = 4e^0 - 0.5(2) = 3$$

所以：

$$y(1) = 2 + 3(1) = 5$$

$t=1$ 时的真实解是：

$$y = \frac{4}{1.3}(e^{0.8(1)} - e^{-0.5(1)}) + 2e^{-0.5(1)} = 6.19463$$

因此，相对误差百分比为：

$$\varepsilon_t = \left| \frac{6.19463 - 5}{6.19463} \right| \times 100\% = 19.28\%$$

接下来：

$$y(2) = y(1) + f(1, 5)(1)$$
$$= 5 + [4e^{0.8(1)} - 0.5(5)] (1) = 11.40216$$

$t=2.0$ 时的真实解为 14.84392，因此，真实百分比相对误差为 23.19%，重复计算，并将结果汇总在表 22.1 和图 22.2 中。注意到虽然计算捕捉到了真解的一般趋势，但误差相当大。如下一节所述，可以通过使用更小的步长来减少误差。

表 22.1 $y' = 4e^{0.8t} - 0.5y$积分的数值和解析解比较，初始条件是 $t=0$ 时 $y=2$，数值使用欧拉法计算，步长为 1

t	y_{true}	y_{Euler}	$\|\varepsilon_t\|/\%$
0	2.00000	2.00000	
1	6.19463	5.00000	19.28
2	14.84392	11.40216	23.19
3	33.67717	25.51321	24.24
4	75.33896	56.84931	24.54

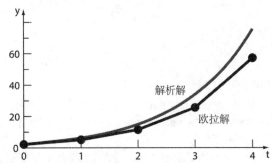

图 22.2 $y' = 4e^{0.8t} - 0.5y$积分的欧拉法数值解和解析解比较，初始条件是 $t=0$ 时 $y=2$，数值使用 Euler 方法计算，步长为 1

22.2.1 欧拉法的误差分析

ODE 的数值解涉及两种类型的误差(回顾第 4 章)：

(1) 截断或离散化误差是由用于近似 y 值的技术的性质引起的。

(2) 由于计算机可保留的有效数字数量有限，可能引起舍入误差。

截断误差由两部分组成。第一个是局部截断错误，它是由于在单个步骤中应用所讨论的方法而导致的；第二个是传播的截断误差，它是由前面步骤中产生的近似值引起的。两者之和为总误差，称为全局截断误差。

通过直接从泰勒级数展开推导出欧拉法，可以深入了解截断误差的大小和性质。要做到这一点，意识到被积分的微分方程将是式(22.3)的一般形式，其中dy/d$t = y'$，t 和 y 分别是自变量和因变量。如果解(即描述 y 行为的函数)具有连续导数，则它可以用关于起始值 (t_i, y_i) 的泰勒级数展开来表示，如式(4.13)：

$$y_{i+1} = y_i + y_i'h + \frac{y_i''}{2!}h^2 + \cdots + \frac{y_i^{(n)}}{n!}h^n + R_n \tag{22.6}$$

其中$h = t_{i+1} - t_i$，R_n 是余项，定义为：

$$R_n = \frac{y^{(n+1)}(\xi)}{(n+1)!}h^{n+1} \tag{22.7}$$

其中ξ位于从 t_i 到 t_{i+1} 的区间内，通过将式(22.3)代入式(22.6)和式(22.7)可得到另一种形式：

$$y_{i+1} = y_i + f(t_i, y_i)h + \frac{f'(t_i, y_i)}{2!}h^2 + \cdots + \frac{f^{(n-1)}(t_i, y_i)}{n!}h^n + O(h^{n+1}) \tag{22.8}$$

其中 $O(h^{n+1})$指定局部截断误差与步长的$(n+1)$次方成正比。

通过比较式(22.5)和式(22.8)可以看出欧拉法对应于泰勒级数，直到项 $f(t_i, y_i)h$(包含这一项)。此外，欧拉法会导致明显的截断错误，这是因为我们使用泰勒级数中的有限项来近似真实解。因此，我们截断或遗漏了真正解的一部分。例如，欧拉法中的截断误差可归因于泰勒级数展开中未包含在式(22.5)中的剩余项。从式(22.8)中减去式(22.5)得到：

$$E_t = \frac{f'(t_i, y_i)}{2!} h^2 + \cdots + O(h^{n+1}) \tag{22.9}$$

其中 E_t 是真正的局部截断误差。对于足够小的 h，式(22.9)中的高阶项通常可以忽略不计，其结果通常表示为：

$$E_a = \frac{f'(t_i, y_i)}{2!} h^2 \tag{22.10}$$

或者

$$E_a = O(h^2) \tag{22.11}$$

其中 E_a 是局部截断误差的近似值。

根据式(22.11)，我们看到局部误差与步长的平方和微分方程的一阶导数成正比，还可以得出全局截断误差为 $O(h)$，即与步长成正比(Carnahanetal，1969)。这些分析可以得出一些有用的结论：

(1) 可以通过减小步长来减少全局误差。

(2) 如果基础函数(即微分方程的解)是线性的，该方法将提供无误差预测，因为直线的二阶导数为零。

后一个结论具有直观意义，因为欧拉的方法使用直线段来近似解。因此，欧拉法被称为一阶方法。

还应该注意，这种一般模式适用于后面几页中描述的高阶一步法。也就是说，如果基础解是 n 阶多项式，则 n 阶方法将产生完美结果。此外，局部截断误差将是 $O(h^{n+1})$ 和全局误差 $O(h^n)$。

22.2.2　欧拉法的稳定性

在上一节中我们了解到，欧拉法的截断误差以基于泰勒级数的可预测方式依赖于步长。这是一个准确性问题。

求解方法的稳定性是求解 ODE 时必须考虑的另一个重要考虑因素。如果对于有界解的问题，误差呈指数增长，则称数值解是不稳定的。特定应用程序的稳定性取决于三个因素：微分方程、数值方法和步长。

可通过研究一个非常简单的 ODE 来深入了解稳定性所需的步长：

$$\frac{\mathrm{d}y}{\mathrm{d}t} = -ay \tag{22.12}$$

如果 $y(0)=y_0$，其精确解为

$$y = y_0 e^{-at}$$

因此，函数解从 y_0 开始并逐渐接近零。

现在假设我们使用欧拉法在数值上解决相同的问题。

$$y_{i+1} = y_i + \frac{\mathrm{d}y_i}{\mathrm{d}t} h$$

代入式(22.12)可得

$$y_{i+1} = y_i - a y_i h$$

或

$$y_{i+1} = y_i (1 - ah) \tag{22.13}$$

括号中的量 1-ah 称为放大因子，如果其绝对值大于 1，则解将以无界方式增长。所以很明显，稳定性所依赖的就是条件稳定。

需要注意在某些 ODE 中，无论采用何种方法，误差总是会增长，则称这种 ODE 是病态的。

不准确和不稳定经常被混淆，这可能是因为(a)两者都代表数值解失效的情况，并且(b)两者都受步长的影响。但它们是不同的问题。例如，不准确的方法可能非常稳定。当我们在第 23 章讨论刚性系统时，将回到这个主题。

22.2.3 Python 函数：eulode

为解决第 3 章中的蹦极问题，我们开发了一个简单的 Python 脚本来实现欧拉法。回想一下 3.6 节，这个函数使用欧拉法来计算给定时间自由落体的速度。现在我们来开发一个更通用的算法。

图 22.3 展示了一个 Python 函数 eulode，它使用欧拉法在自变量 t 的值范围内计算因变量 y 的值。dydt 也就是计算微分方程右侧的函数名称，被传递给 eulode 函数。自变量的初始值和最终值作为数组 tspan 传递，初始值和所需步长分别作为 y0 和 h 传递。eulode 函数还允许附加参数*args 传递给 dydt 函数。

```python
import numpy as np

def eulode(dydt,tspan,y0,h,*args):
    """
    solve initial-value single ODEs with the Euler method
    input:
        dydt = function name that evaluates the derivative
        tspan = array of [ti,tf] where
            ti and tf are the initial and final values
            of the independent variable
        y0 = initial value of the dependent variable
        h = step size
        *args = additional argument to be passed to dydt
    output:
        t = an array of independent variable values
        y - an array of dependent variable values
    """
    ti = tspan[0] ; tf = tspan[1]
    if not(tf>ti+h): return 'upper limit must be greater than lower limit'
    t = []
    t.append(ti) # start the t array with ti
    nsteps = int((tf-ti)/h)
    for i in range(nsteps): # add the rest of the t values
        t.append(ti+(i+1)*h)
    n = len(t)
    if t[n-1] < tf: # check if t array is short of tf
        t.append(tf)
        n = n+1
    y = np.zeros((n)) ; y[0] = y0 # initialize y array
    for i in range(n-1):
        y[i+1] = y[i] + dydt(t[i],y[i],*args)*(t[i+1]-t[i]) # Euler step
    return t,y
```

图 22.3　Python 函数实现欧拉法

　　该函数首先使用增量 h 在因变量的所需范围内生成一个数组 t，如果步长不能均匀地整除到该范围内，则最后一个值将低于该范围的最终值。如果发生这种情况，则将最终值附加到 t 数组，以便该系列跨越整个所需范围。此外，创建了一个因变量 y 的数组，并将其第一个元素设置为 y_0。

　　此时，欧拉法[式(22.5)]可由一个简单的循环实现：

```
for i in range(n-1):
y[i+1] = y[i] + dydt(t[i],y[i],*args)*h
```

　　需要注意函数 dydt 如何用于在自变量和因变量的适当值处生成导数的值，还要注意如何根据 t 数组中相邻值的差异自动计算时间步长。另外，不要在此处使用 h，因为可能最终还会调整其步长。

　　可通过两种方式设置正在求解的 ODE，首先，可通过 lambda 匿名函数定义微分方程。例如，对于例 22.1 中的 ODE：

```
for i in range(n-1):
    y[i+1] = y[i] + dydt(t[i],y[i],*args)*(t[i+1]-t[i])


    dydt = lambda t,y,a,b,c: b*np.exp(a*t) - c*y
```

其中 a、b 和 c 是必须通过 eulode 传递给 dydt 的附加参数。

　　然后可以使用脚本生成函数的解：

```
tspan = np.array([0.,4.])
y0 = 2.
h = 1.0
a = 0.8
b = 4.
c = 0.5
t,y = eulode(dydt,tspan,y0,h,a,b,c)
n = len(t)
for i in range(n):
    print('{0:4.1f} {1:7.4f}'.format(t[i],y[i]))
```

结果为：

```
0.0 2.0000
1.0 5.0000
2.0 11.4022
3.0 25.5132
4.0 56.8493
```

还可检查 h 不提供正好跨越 tf-ti 区间的情况：

```
h = 0.9

0.0 2.0000
0.9 4.7000
1.8 9.9810
2.7 20.6840
3.6 42.5923
4.0 62.5767
```

　　尽管在该情况下使用 lambda 函数是可行的，但这会带来更复杂的问题，其中定义 ODE 需要更多行代码。这种情况下，将需要使用 def 创建一个 dydt 函数。

22.3 改进欧拉法

欧拉法的一个基本误差来源是假定区间开始处的导数适用于整个区间。有两个简单方法可以帮助规避这个问题。如 22.4 节中所示，这两种改进方法(以及欧拉法本身)实际上都属于称为龙格-库塔方法的更大类别的求解技术。由于它们具有非常直接的图形解释，我们将在它们正式推导之前简单将其视为龙格-库塔方法。

22.3.1 Heun 方法

改进斜率估计的一种方法涉及确定区间的两个导数——一个在开始处，另一个在结束处。然后对这两个导数进行平均以获得整个区间的斜率的改进估计。这种方法称为 Heun 方法，如图 22.4 所示。

在欧拉法中，区间开始处的斜率：

$$y_i' = f(t_i, y_i) \tag{22.14}$$

用于线性外推到 y_{i+1}：

$$y_{i+1}^0 = y_i + f(t_i, y_i)h \tag{22.15}$$

对于标准欧拉法，我们将在此停止计算。然而，在 Heun 的方法中，y_{i+1}^0 在式(22.15)中计算还不是最终答案，而是中间预测，这就是为什么我们用上标 0 来区分它。式(22.15)称为预测方程。它提供了一个估计值，允许在间隔结束时计算斜率：

$$y_{i+1}' = f(t_{i+1}, y_{i+1}^0) \tag{22.16}$$

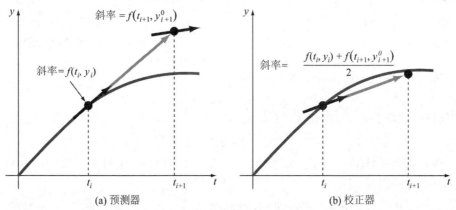

图 22.4　Heun 方法的图形描述

因此，两个斜率[式(22.14)和式(22.16)]可以组合以获得区间的平均斜率：

$$\bar{y}' = \frac{f(t_i, y_i) + f(t_{i+1}, y_{i+1}^0)}{2}$$

然后使用欧拉法将此平均斜率用于从 y_i 到 y_{i+1} 的线性外推：

$$y_{i+1} = y_i + \frac{f(t_i, y_i) + f(t_{i+1}, y_{i+1}^0)}{2} h \tag{22.17}$$

称之为校正方程。

Heun 方法是一种预测校正方法。正如刚推导的那样，它可以简明地表示为如下形式。

预测值[图 22.4(a)]：

$$y_{i+1}^0 = y_i^m + f(t_i, y_i)h \tag{22.18}$$

校正值[图 22.4(b)]:

$$y_{i+1}^j = y_i^m + \frac{f(t_i, y_i^m) + f(t_{i+1}, y_{i+1}^{j-1})}{2} h \tag{22.19}$$

$$(j = 1, 2, \ldots, m)$$

需要注意,因为式(22.19)等号两边都有 y_{i+1},因此以迭代方式进行,即可以重复使用原计算结果来实现 y_{i+1} 的改进计算。该过程如图 22.5 所示。

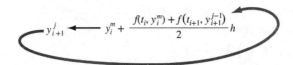

图 22.5　迭代 Heun 方法的校正器以获得改进计算的图形表示

与本书前面讨论的类似迭代方法一样,校正器收敛的终止标准由下式提供:

$$|\varepsilon_a| = \left| \frac{y_{i+1}^j - y_{i+1}^{j-1}}{y_{i+1}^j} \right| \times 100 \%$$

其中 y_{i+1}^{j-1} 和 y_{i+1}^j 分别是校正器先前和当前迭代的结果。需要理解的是,迭代过程不一定会收敛于真实答案,而会收敛于具有有限截断误差的估计,如下例所示。

例 22.2 Heun 方法

问题描述。 使用带有迭代的 Heun 方法将 $y' = 4e^{0.8t} - 0.5y$ 从 $t=0$ 积分到 4,步长为 1。$t=0$ 时的初始条件是 $y=2$。使用 0.00001% 的停止标准来终止校正器迭代。

问题解答。 首先,(t_0, y_0) 处的斜率计算为:

$$y_0' = 4e^0 - 0.5(2) = 3$$

然后,应用预测器以计算 1.0 处的值:

$$y_1^0 = 2 + 3(1) = 5$$

注意,这是通过标准欧拉法获得的结果。表 22.2 中的真实值表明它对应于 19.28% 的相对误差百分比。

表 22.2 $y' = 4e^{0.8t} - 0.5y$ 积分的解析值和数值比较, 初始条件是 $t=0$ 时 $y=2$, 其中数值是使用步长为 1 的欧拉和 Heun 方法计算的, Heun 方法是在有/无迭代校正器的情况下实现的

				无迭代		有迭代	
t	y_{true}	y_{Euler}	$|\varepsilon_t|(\%)$	y_{Heun}	$|\varepsilon_t|(\%)$	y_{Heun}	$|\varepsilon_t|(\%)$
0	2.00000	2.00000		2.00000		2.00000	
1	6.19463	5.00000	19.28	6.70108	8.18	6.36087	2.68
2	14.84392	11.40216	23.19	16.31978	9.94	15.30224	3.09
3	33.67717	25.51321	24.24	37.19925	10.46	34.74328	3.17
4	75.33896	56.84931	24.54	83.33777	10.62	77.73510	3.18

为改进对 y_{i+1} 的估计,我们使用值 y_1^0 来预测区间末端的斜率:

$$y_1' = f(x_1, y_1^0) = 4e^{0.8(1)} - 0.5(5) = 6.402164$$

它可与初始斜率相结合，以产生从 $t=0$ 到 1 区间内的平均斜率：

$$\bar{y}' = \frac{3 + 6.402164}{2} = 4.701082$$

然后可将该结果代入校正器[式(22.19)]在 $t=1$ 处给出预测：

$$y_1^1 = 2 + 4.701082(1) = 6.701082$$

这代表了-8.18%的真实百分比相对误差，因此与欧拉法相比，没有校正器迭代的 Heun 方法将误差的绝对值减少了大约 2.4 倍。我们还可计算一个近似误差为：

$$|\varepsilon_a| = \left| \frac{6.701082 - 5}{6.701082} \right| \times 100\% \approx 25.39\%$$

y_1 的估计值可以通过将新结果代回式(22.19)的侧来改进，可得

$$y_1^2 = 2 + \frac{3 + 4e^{0.8(1)} - 0.5(6.701082)}{2} 1 \approx 6.275811$$

这表示真实百分比相对误差为 1.31，近似误差为：

$$|\varepsilon_a| = \left| \frac{6.275811 - 6.701082}{6.275811} \right| \times 100\% \approx 6.776\%$$

下一次迭代计算给出：

$$y_1^2 = 2 + \frac{3 + 4e^{0.8(1)} - 0.5(6.275811)}{2} 1 \approx 6.382129$$

表明 3.03%的真实误差和 1.666%的近似误差。

随着迭代过程收敛到稳定的最终结果，近似误差不断下降。在此例中，经过 12 次迭代后，近似误差低于停止标准，此时 $t=1$ 时的结果为 6.36087，表示真正的相对误差为 2.68%。表 22.2 显示了剩余计算的结果以及欧拉法和无需迭代校正器 Heun 方法的结果。

应当认识到 Heun 方法的局部误差与梯形规则有关。在前面的例中，导数是因变量 y 和自变量 t 的函数。对于多项式等情况，ODE 仅是自变量的函数，预测步骤[式(22.18)]不是必需的，并且每次迭代仅应用一次校正器。对于这种情况，该方法可简明扼要地表示为如下形式。

$$y_{i+1} = y_i + \frac{f(t_i) + f(t_{i+1})}{2} h \tag{22.20}$$

注意式(22.20)右侧第二项和梯形规则[式(19.11)]之间的相似性，两种方法之间的联系可以从常微分方程开始：

$$\frac{dy}{dt} = f(t) \tag{22.21}$$

这个方程可以通过积分求解 y：

$$\int_{y_i}^{y_{i+1}} dy = \int_{t_i}^{t_{i+1}} f(t)\, dt \tag{22.22}$$

可得

$$y_{i+1} - y_i = \int_{t_i}^{t_{i+1}} f(t)\, dt \tag{22.23}$$

或者

$$y_{i+1} = y_i + \int_{t_i}^{t_{i+1}} f(t)\, dt \tag{22.24}$$

现在，回想一下梯形规则[式(19.11)]的定义：

$$\int_{t_i}^{t_{i+1}} f(t)\,\mathrm{d}t = \frac{f(t_i) + f(t_{i+1})}{2}h \tag{22.25}$$

其中 $h = t_{i+1} - t_i$。将式(22.25)代入式(22.24)可得：

$$y_{i+1} = y_i + \frac{f(t_i) + f(t_{i+1})}{2}h \tag{22.26}$$

等同于式(22.20)，因此 Heun 方法有时被称为梯形法则。

由于式(22.26)是梯形规则的直接表达，局部截断误差为[回顾式(19.14)]：

$$E_t = -\frac{f''(\xi)}{12}h^3 \tag{22.27}$$

其中 ξ 在 t_i 和 t_{i+1} 之间。因此，该方法是二阶的，这是因为当真解为二次时，ODE 的二阶导数为零。此外，局部和全局误差分别为 $O(h^3)$ 和 $O(h^2)$。因此，Heun 法通过减小步长可以比欧拉法更快的速度减小误差。

22.3.2　中点法

图 22.6 说明了欧拉法的另一个简单修改方法，称为中点法，即使用欧拉法预测区间中点的 y 值，可见图 22.6(a)：

$$y_{i+1/2} = y_i + f(t_i, y_i)\frac{h}{2} \tag{22.28}$$

然后，用该预测值计算中点处的斜率：

$$y'_{i+1/2} = f(t_{i+1/2}, y_{i+1/2}) \tag{22.29}$$

假定它代表整个区间的平均斜率的有效近似值。然后使用该斜率从 t_i 线性外推到 t_{i+1}，见图 22.6(b)：

$$y_{i+1} = y_i + f(t_{i+1/2}, y_{i+1/2})h \tag{22.30}$$

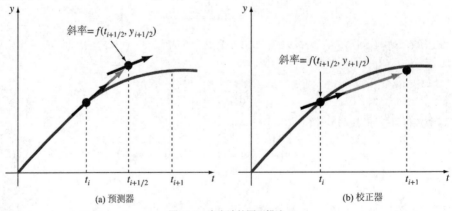

图 22.6　中点法的图形描述

观察到因为 y_{i+1} 不在两边，所以校正器[式(22.30)]不能像 Heun 的方法那样迭代地应用来改进解决方案。

正如我们对 Heun 方法的讨论，中点法也与牛顿-科特斯积分公式相关。回顾表 19.4，最简单的牛顿-科特斯开放积分公式称为中点法，可以表示为：

$$\int_a^b f(x)\,dx \approx (b-a)f(x_1) \tag{22.31}$$

其中 x_1 是区间(a, b)的中点。使用本案例的命名法，它可以表示为：

$$\int_{t_i}^{t_{i+1}} f(t)\,dt \approx hf(t_{i+1/2}) \tag{22.32}$$

将此公式代入式(22.24)得到式(22.30)。因此，同 Heun 方法可称为梯形规则一样，中点方法的名称来源于它所基于的基本积分公式。

中点法优于欧拉法，因为它利用预测区间中点的斜率估计。回顾一下我们在 4.3.4 节中对数值微分的讨论，中心有限差分比前向或后向版本更好地逼近导数。同样，像式(22.29)这样的居中近似与欧拉法的前向近似相比具有 $O(h^2)$ 的局部截断误差，后者的误差为 $O(h)$。因此，中点法的局部和全局误差分别为 $O(h^3)$ 和 $O(h^2)$。

22.4　Runge-Kutta 方法

Runge-Kutta(RK)方法在不需要计算更高阶导数的情况下实现了泰勒级数法的准确性。存在许多变体，但都可以式(22.4)的广义形式进行转换：

$$y_{i+1} = y_i + \phi h \tag{22.33}$$

其中 φ 称为增量函数，可理解为区间上的代表性斜率。增量函数可写成一般形式：

$$\phi = a_1 k_1 + a_2 k_2 + \cdots + a_n k_n \tag{22.34}$$

其中 a 是常数，而 k 是：

$$k_1 = f(t_i, y_i) \tag{22.34a}$$
$$k_2 = f(t_i + p_1 h, y_i + q_{11}k_1 h) \tag{22.34b}$$
$$k_3 = f(t_i + p_2 h, y_i + q_{21}k_1 h + q_{22}k_2 h) \tag{22.34c}$$
$$\vdots$$
$$k_n = f(t_i + p_{n-1}h, y_i + q_{n-1,1}k_1 h + q_{n-1,2}k_2 h + \cdots + q_{n-1,n-1}k_{n-1}h) \tag{22.34d}$$

其中 p 和 q 是常数。注意 k 是递归关系，也就是说，k_1 出现在 k_2 的等式中，k_2 出现在 k_3 的等式中，以此类推。因为每个 k 都是函数评估，所以这种递归使得 RK 方法通过计算机程序运行时十分有效。

可通过在由 n 指定的增量函数中采用不同数量的项来设计各种类型的 RK 方法。注意到 $n=0$ 的一阶 RK 方法实际上是欧拉法。选择 n 后，通过将式(22.33)设置为等于泰勒级数展开中的项来评估 a、p 和 q 的值。因此对于低阶版本，术语的数量 n 通常代表方法的顺序。例如，在 22.4.1 节中，二阶 RK 方法使用具有两项($n=2$)的增量函数。如果微分方程的解是二次的，则这些二阶方法将是精确的。此外，由于在推导过程中删除了 h^3 及更高的项，因此局部截断误差为 $O(h^3)$，全局误差为 $O(h^2)$。在第 22.4.2 节将提出全局截断误差为 $O(h^4)$ 的四阶 RK 方法($n=4$)。

22.4.1　二阶 Runge-Kutta 法

式(22.33)的二阶版本是：

$$y_{i+1} = y_i + (a_1 k_1 + a_2 k_2)h \tag{22.35}$$

其中

$$k_1 = f(t_i, y_i) \tag{22.35a}$$

$$k_2 = f(t_i + p_1 h, y_i + q_{11} k_1 h) \tag{22.35b}$$

a_1、a_2、p_1 和 q_{11} 的值通过使式(22.35)等于二阶泰勒级数来计算，这样可以导出三个方程来评估四个未知常数(详见 Chapra 和 Canale，2010 年)。这三个方程是：

$$a_1 + a_2 = 1 \tag{22.36}$$

$$a_2 p_1 = 1/2 \tag{22.37}$$

$$a_2 q_{11} = 1/2 \tag{22.38}$$

因为我们有三个方程和四个未知数，所以我们说这些方程是欠定的。因此必须假设未知数之一的值来确定其他三个。假设为 a_2 指定一个值，那么式(22.36)到式(22.38)就可以同时求解：

$$a_1 = 1 - a_2 \tag{22.39}$$

$$p_1 = q_{11} = \frac{1}{2a_2} \tag{22.40}$$

由于 a_2 可以有无数个值，因此有无数个二阶 RK 方法。如果 ODE 的解是二次的、线性的或常数，则每个版本都会产生完全相同的结果。但当(通常情况下)解决方案更复杂时，它们会产生不同的结果。接下来介绍三个最常用和首选的版本。

无迭代的 Heun 方法(a_2=1/2)。如果 a_2 假定为 1/2，则式(22.39)和式(22.40)可求解 a_1=1/2 和 p_1=q_{11}=1 的情况。将这些参数代入式(22.35)可得：

$$y_{i+1} = y_i + \left(\frac{1}{2} k_1 + \frac{1}{2} k_2 \right) h \tag{22.41}$$

其中

$$k_1 = f(t_i, y_i) \tag{22.41a}$$

$$k_2 = f(t_i + h, y_i + k_1 h) \tag{22.41b}$$

注意 k_1 是区间开始时的斜率，k_2 是区间结束时的斜率。因此，这种二阶 RK 方法实际上是无需迭代校正器的 Heun 方法。

中点法(a_2=1)。如果假定为 $a_2$1，则 a_1=0，p_1=q_{11}=1/2，且式(22.35)变为：

$$y_{i+1} = y_i + k_2 h \tag{22.42}$$

其中

$$k_1 = f(t_i, y_i) \tag{22.42a}$$

$$k_2 = f(t_i + h/2, y_i + k_1 h/2) \tag{22.42b}$$

这就是中点法。

Ralston 方法(a_2=3/4)。Ralston(1962)和 Ralston 和 Rabinowitz(1978)确定选择 a_2=3/4 可为二阶 RK 算法提供截断误差的最小界限。对于这个方法，a_1=1/4 和 p_1=q_{11}=2/3，且式(22.35)变为：

$$y_{i+1} = y_i + \left(\frac{1}{4} k_1 + \frac{3}{4} k_2 \right) h \tag{22.43}$$

其中

$$k_1 = f(t_i, y_i) \tag{22.43a}$$

$$k_2 = f\left(t_i + \frac{2}{3} h, y_i + \frac{2}{3} k_1 h \right) \tag{22.43b}$$

22.4.2 经典四阶 Runge-Kutta 法

最常用的 RK 方法是四阶方法，其与二阶方法一样，有无数个版本。以下是最常用的形式，因此我们称其为经典的四阶 RK 方法：

$$y_{i+1} = y_i + \frac{1}{6}(k_1 + 2k_2 + 2k_3 + k_4)h \tag{22.44}$$

其中

$$k_1 = f(t_i, y_i) \tag{22.44a}$$

$$k_2 = f\left(t_i + \frac{1}{2}h, y_i + \frac{1}{2}k_1 h\right) \tag{22.44b}$$

$$k_3 = f\left(t_i + \frac{1}{2}h, y_i + \frac{1}{2}k_2 h\right) \tag{22.44c}$$

$$k_4 = f(t_i + h, y_i + k_3 h) \tag{22.44d}$$

注意对于仅是 t 的函数的 ODE，经典的四阶 RK 方法类似于辛普森的 1/3 规则。此外，四阶 RK 方法与 Heun 方法的相似之处在于涉及多个斜率估计值，以得出改进的区间平均斜率。如图 22.7 所示，其中每个 k 代表一个斜率，式(22.44)代表这些加权平均值以得到改进斜率。

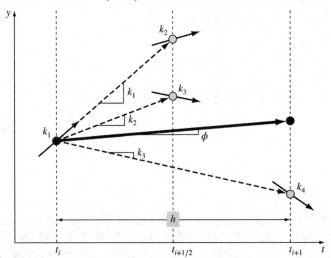

图 22.7　包含四阶 RK 方法的斜率估计的图形描述

例 22.3 经典的四阶 RK 方法

问题描述。使用经典的四阶 RK 方法将 $y' = 4e^{0.8t} - 0.5y$ 从 $t=0$ 积分到 1，步长为 1，$y(0)=2$。

问题解答。对于这种情况，区间开始处的斜率计算为：

$$k_1 = f(0, 2) = 4e^{0.8 \times 0} - 0.5 \times 2 = 3$$

该值用于计算 y 值和中点处的斜率：

$$y(0.5) = 2 + 3 \times 0.5 = 3.5$$

$$k_2 = f(0.5, 3.5) = 4e^{0.8 \times 0.5} - 0.5 \times 3.5 \approx 4.217299$$

该斜率又用于计算 y 的另一个值和中点的另一个斜率：

$$y(0.5) = 2 + 4.217299 \times 0.5 = 4.108649$$

$$k_3 = f(0.5, 4.108649) = 4e^{0.8 \times 0.5} - 0.5 \times 4.108649 \approx 3.912974$$

接下来，该斜率用于计算 y 的值和区间末端的斜率：

$$y(1.0) = 2 + 3.912974(1.0) = 5.912974$$

$$k_4 = f(1.0, 5.912974) = 4e^{0.8(1.0)} - 0.5(5.912974) \approx 5.945677$$

最后，将四个斜率估计值结合以得到平均斜率，然后使用该平均斜率在区间结束时进行最终计算。

$$\phi = \frac{1}{6}[3 + 2(4.217299) + 2(3.912974) + 5.945677] \approx 4.201037$$

$$y(1.0) = 2 + 4.201037(1.0) = 6.201037$$

这与 $6.194631(\varepsilon_s{=}0.103\%)$ 的真实解相差很小。

当然可以开发五阶和更高阶的 RK 方法。例如，Butcher(1964) 的五阶 RK 方法写为

$$y_{i+1} = y_i + \frac{1}{90}(7k_1 + 32k_3 + 12k_4 + 32k_5 + 7k_6)h \tag{22.45}$$

其中

$$k_1 = f(t_i, y_i) \tag{22.45a}$$

$$k_2 = f\left(t_i + \frac{1}{4}h, y_i + \frac{1}{4}k_1 h\right) \tag{22.45b}$$

$$k_3 = f\left(t_i + \frac{1}{4}h, y_i + \frac{1}{8}k_1 h + \frac{1}{8}k_2 h\right) \tag{22.45c}$$

$$k_4 = f\left(t_i + \frac{1}{2}h, y_i - \frac{1}{2}k_2 h + k_3 h\right) \tag{22.45d}$$

$$k_5 = f\left(t_i + \frac{3}{4}h, y_i + \frac{3}{16}k_1 h + \frac{9}{16}k_4 h\right) \tag{22.45e}$$

$$k_6 = f\left(t_i + h, y_i - \frac{3}{7}k_1 h + \frac{2}{7}k_2 h + \frac{12}{7}k_3 h - \frac{12}{7}k_4 h + \frac{8}{7}k_5 h\right) \tag{22.45f}$$

该方法的全局截断误差为 $O(h^5)$，与预期一致。

虽然五阶版本提供了更高的准确性，但需要六次函数计算。回想一下，一直到四阶版本，n 阶 RK 方法都需要 n 次函数计算。有趣的是，对于高于四阶的，需要一到两个额外的函数计算，因为函数评估占用了最长的计算时间，所以通常认为五阶以及更高阶的方法比四阶版本的效率低，这是四阶 RK 方法最常用的主要原因之一。

22.5　方程组

工程和科学中的许多实际问题需要求解联立常微分方程组，而不是单个方程。这样的方程组通常可以表示为：

$$\frac{dy_1}{dt} = f_1(t, y_1, y_2, \ldots, y_n)$$

$$\frac{dy_2}{dt} = f_2(t, y_1, y_2, \ldots, y_n)$$

$$\vdots \tag{22.46}$$

$$\frac{dy_n}{dt} = f_n(t, y_1, y_2, \ldots, y_n)$$

这种方程组求解要求已知 t 的起始处的 n 个初始条件。

一个例子是我们在本章开头设置的蹦极速度和位置的计算。对于跳跃的自由落体部分，这个问题相当于求解以下 ODE 方程组：

$$\frac{\mathrm{d}x}{\mathrm{d}t} = v \tag{22.47}$$

$$\frac{\mathrm{d}v}{\mathrm{d}t} = g - \frac{c_d}{m}v^2 \tag{22.48}$$

如果将发射的固定平台定义为 $x=0$，则初始条件将是 $x(0)=v(0)=0$。

22.5.1　欧拉法

本章中针对单个方程讨论的所有方法都可以扩展到 ODE 系统。工程应用可能涉及数以千计的联立方程。每种情况下，求解方程组的过程只涉及在进行下一步之前，在每一步对每个方程应用一步技术，下文中的欧拉法示例可以非常好地说明这一点。

例 22.4 用欧拉法求解 ODE 系统

问题描述。 使用欧拉法求解自由下落的蹦极者的速度和位置。假设 $t=0$，$x=v=0$，并以 2s 的步长积分到 $t=10$s。如之前在例 1.1 和例 1.2 中所做的那样，重力加速度为 $9.81\mathrm{m/s}^2$，蹦极者的质量为 68.0kg，阻力系数为 0.25kg/m。

回顾一下，速度的解析解是[式(1.9)]：

$$v(t) = \sqrt{\frac{gm}{c_d}}\tanh\left(\sqrt{\frac{gc_d}{m}}\,t\right)$$

将这个结果代入式(22.47)，积分以确定距离的解析解：

$$x(t) = \frac{m}{c_d}\ln\left[\cosh\left(\sqrt{\frac{gc_d}{m}}\,t\right)\right]$$

使用这些解析解来计算结果的真实相对误差。

问题解答。 ODE 可用于计算 $t=0$ 处的斜率：

$$\frac{\mathrm{d}x}{\mathrm{d}t} = 0$$

$$\frac{\mathrm{d}v}{\mathrm{d}t} = 9.81 - \frac{0.25}{68.1}\times 0^2 = 9.81$$

然后使用欧拉法计算 $t=2$s 处的值：

$$x = 0 + 0\times 2 = 0$$
$$v = 0 + 9.81\times 2 = 19.62$$

解析解的 $x(2)=19.16629$ 和 $v(2)=18.72919$，因此相对误差百分比分别为 100% 和 4.756%。

可以重复该过程以计算 $t=4$ 时的值：

$$x = 0 + 19.62\times 2 = 39.24$$

$$v = 19.62 + \left(9.81 - \frac{0.25}{68.1}\times 19.62^2\right)\times 2 \approx 36.41368$$

以此类推，得到表 22.3 中显示的结果。

表 22.3 使用欧拉法数值计算自由下落的蹦极者的距离和速度

t	x_{true}	v_{true}	x_{Euler}	v_{Euler}	$\varepsilon_t(x)$	$\varepsilon_t(v)$
0	0	0	0	0		
2	19.1663	18.7292	0	19.6200	100.00%	4.76%
4	71.9304	33.1118	39.2400	36.4137	45.45%	9.97%
6	147.9462	42.0762	112.0674	46.2983	24.25%	10.03%
8	237.5104	46.9575	204.6640	50.1802	13.83%	6.86%
10	334.1782	49.4214	305.0244	51.3123	8.72%	3.83%

尽管前面的例子说明了欧拉法如何应用于 ODE 方程组，但由于步长较大，结果不是很准确。此外，计算所得距离的误差太大，x 直到第二次迭代才改变，但使用小得多的步长可以大大减小这些误差。下文将说明，即使步长较大，使用高阶求解器也能提供不错的结果。

22.5.2 Runge-Kutta 法

注意，本章中的任何高阶 RK 方法都可以应用于方程组，但是在确定坡度时必须小心。图 22.7 有助于可视化为四阶方法来执行此操作，即首先在初始值处为所有变量开发斜率，然后使用这些斜率(一组 k_1)来预测区间中点的因变量。这些中点值又用于计算中点处的一组斜率(一组 k_2)，然后将这些新斜率带回起点以进行另一组中点预测，从而在中点(一组 k_3)产生新的斜率预测。再将这些用于在间隔结束时进行预测，产生斜率(一组 k_4)。最后，将 k 组合成一组增量函数[如式(22.44)]，这些函数被带回到开头执行最后的计算。下例说明了该方法。

例 22.5 用四阶 RK 方法求解 ODE 系统

问题描述。使用四阶 RK 方法来解决我们在例 22.4 中解决过的相同问题。

问题解答。首先，可很方便地用式(22.46)的函数形式表示 ODE：

$$\frac{dx}{dt} = f_1(t, x, v) = v$$

$$\frac{dv}{dt} = f_2(t, x, v) = g - \frac{c_d}{m}v^2$$

获得解的第一步是求解区间开始处的所有斜率：

$$k_{1,1} = f_1(0, 0, 0) = 0$$

$$k_{1,2} = f_2(0, 0, 0) = 9.81 - \frac{0.25}{68.1} \times 0^2 = 9.81$$

其中 $k_{i,j}$ 是第 j 个因变量 k 的第 i 个值。接下来，我们必须在第一步的中点计算 x 和 v 的第一个值：

$$x(1) = x(0) + k_{1,1}\frac{h}{2} = 0 + 0 \times \frac{2}{2} = 0$$

$$v(1) = v(0) + k_{1,2}\frac{h}{2} = 0 + 9.81 \times \frac{2}{2} = 9.81$$

可用于计算第一组中点斜率：

$$k_{2,1} = f_1(1, 0, 9.81) = 9.8100$$
$$k_{2,2} = f_2(1, 0, 9.81) = 9.4567$$

计算所得中点斜率用于确定第二组中点：

$$x(1) = x(0) + k_{2,1}\frac{h}{2} = 0 + 9.8100\frac{2}{2} = 9.8100$$

$$v(1) = v(0) + k_{2,2}\frac{h}{2} = 0 + 9.4567\frac{2}{2} = 9.4567$$

然后计算第二组中点斜率：

$$k_{3,1} = f_1(1, 9.8100, 9.4567) = 9.4567$$
$$k_{3,2} = f_2(1, 9.8100, 9.4567) = 9.4817$$

用第二组中点斜率得到间隔结束时的计算值：

$$x(2) = x(0) + k_{3,1}h = 0 + 9.4567(2) = 18.9134$$
$$v(2) = v(0) + k_{3,2}h = 0 + 9.4817(2) = 18.9634$$

然后计算端点的斜率：

$$k_{4,1} = f_1(2, 18.9134, 18.9634) = 18.9634$$
$$k_{4,2} = f_2(2, 18.9134, 18.9634) = 8.4898$$

然后可使用 k 值来计算[式(22.44)]：

$$x(2) = 0 + \frac{1}{6}[0 + 2(9.8100 + 9.4567) + 18.9634]\,2 = 19.1656$$

$$v(2) = 0 + \frac{1}{6}[9.8100 + 2(9.4567 + 9.4817) + 8.4898]\,2 \approx 18.7255$$

以此类推可得到表 22.4。与欧拉法得到的结果相比，四阶 RK 计算值更接近真实值。此外，在第一步计算距离可得高度准确的非零值。

表 22.4　使用四阶 RK 方法数值计算的自由下落的蹦极者的距离和速度

t	x_{true}	v_{true}	x_{RK4}	v_{RK4}	$\varepsilon_t(x)$	$\varepsilon_t(v)$
0	0	0	0	0		
2	19.1663	18.7292	19.1656	18.7256	0.004%	0.019%
4	71.9304	33.1118	71.9311	33.0995	0.001%	0.037%
6	147.9462	42.0762	147.9521	42.0547	0.004%	0.051%
8	237.5104	46.9575	237.5104	46.9345	0.000%	0.049%
10	334.1782	49.4214	334.1626	49.4027	0.005%	0.038%

22.5.3　Python 函数：rk4sys

图 22.8 展示了 Python 函数 rk4sys，它实现了使用四阶 RK 方法求解 ODE 系统，其代码在很多地方都与之前使用欧拉法求解单个 ODE 的函数(图 22.3)比较相似。例如，定义导数的函数名 dydt

作为其第一个参数传递。

```python
import numpy as np

def rk4sys(dydt,tspan,y0,h= -1.,*args):
    """
    fourth-order Runge-Kutta method
    for solving a system of ODEs
    input:
        dydt = function name that evaluates the derivatives
        tspan = array of independent variable values where either
            ti and tf are the initial and final values
            of the independent variable when h is specified,
            or the array specifies the values of t for
            solution (h is not specified)
        y0 = initial value of the dependent variable
        h = step size, default = 0.1
        *args = additional argument to be passed to dydt
    output:
        t = array of independent variable values
        y = array of dependent variable values
    """
    if np.any(np.diff(tspan) < 0): return 'tspan times must be ascending'
    # check if only ti and tf spec'd and no value for h
    if len(tspan) = = 2 and h != -1.:
            ti = tspan[0] ; tf = tspan[1]
            nsteps = int((tf-ti)/h)
            t = []
            t.append(ti)
            for i in range(nsteps): # add the rest of the t values
                t.append(ti+(i+1)*h)
            n = len(t)
            if t[n-1] < tf: # check if t array is short of tf
                t.append(tf)
                n = n+1
    else:
        n = len(tspan) # here if tspan contains step times
        t = tspan
    neq = len(y0)
    y = np.zeros((n,neq)) # set up 2-D array for dependent variables
    for j in range(neq):
        y[0,j] = y0[j] # set first elements to initial conditions
    for i in range(n-1): # 4th order RK
        hh = t[i+1] - t[i]
        k1 = dydt(t[i],y[i,:],*args)
        ymid = y[i,:] + k1*hh/2.
        k2 = dydt(t[i]+hh/2.,ymid,*args)
        ymid = y[i,:] + k2*hh/2.
        k3 = dydt(t[i]+hh/2.,ymid,*args)
        yend = y[i,:] + k3*hh
        k4 = dydt(t[i]+hh,yend,*args)
        phi = (k1 + 2.*(k2+k3) + k4)/6.
        y[i+1,:] = y[i,:] + phi*hh
    return t,y
```

图 22.8　Python 函数 rk4sys 使用 RK4 方法实现 ODE 方程组计算

但是，它的另一个附加功能允许以两种方式计算，具体取决于是否在对 rk4sys 的调用中指定了步长 h。如果 h 指定了一个值，则 tspan 数组必须只包含两个值，ti 和 tf；如果 h 不作为参数包含在内，则解将在 tspan 数组中的值处进行。这种情况下，如果 tspan 数组只有两个值，ti 和 tf，则 RK4 方法将只执行一步。但是，如果 tspan 数组有多个值，则这些值将用作解决方案的中间步骤。

例 22.6　使用 rk4sys 求解耦合 ODE

问题描述。 使用 rk4sys 函数求解以下耦合微分方程：

$$\frac{\mathrm{d}y_1}{\mathrm{d}t} = -2y_1^2 + 2y_1 + y_2 - 1 \qquad y_1(0) = 2$$

$$\frac{\mathrm{d}y_2}{\mathrm{d}t} = -y_1 - 3y_2^2 + 2y_2 + 2 \qquad y_2(0) = 0$$

范围为 $0 \leqslant t \leqslant 2$，步长为 $h=0.01$。

问题解答。 这是执行解决方案并绘制结果的 Python 脚本：

```python
def dydtsys(t,y):
    n = len(y)
    dy = np.zeros((n))
    dy[0] = -2.*y[0]**2 +2.*y[0] + y[1] - 1.
    dy[1] = -y[0] -3*y[1]**2 +2.*y[1] + 2.
    return dy

h = 0.01
ti = 0. ; tf = 2.
tspan = [0.,2.]
y0 = np.array([2.,0.])
t,y = rk4sys(dydtsys,tspan,y0,h)
import pylab
pylab.plot(t,y[:,0],c='k',label='y1')
pylab.plot(t,y[:,1],c='k',ls='- -',label='y2')
pylab.grid()
pylab.xlabel('t')
pylab.ylabel('y')
pylab.legend()
```

将解绘制在图 22.9。

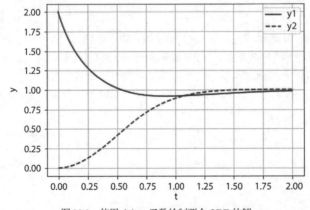

图 22.9　使用 rk4sys 函数绘制两个 ODE 的解

或者，可在 tspan 中指定一组 t 值并执行使用这些值的解。注意省略了 h 的规范，因为它并不重要。

```
tspan = [0.,0.1,0.2,0.3,0.5,0.75,1.,1.25,1.5,1.75,2.]
y0 = np.array([2.,0.])
t,y = rk4sys(dydtsys,tspan,y0)

n = len(t)
print(' t y1 y2')
for i in range(n):
    print('{0:5.2f} {1:7.4f} {2:7.4f}'.format(t[i],y[i,0],y[i,1]))
```

结果如下：

```
  t      y1      y2
0.00  2.0000  0.0000
0.10  1.6151  0.0225
0.20  1.3745  0.0830
0.30  1.2124  0.1744
0.50  1.0225  0.4160
0.75  0.9306  0.7103
1.00  0.9199  0.8899
1.25  0.9376  0.9683
1.50  0.9585  0.9958
1.75  0.9746  1.0033
2.00  0.9853  1.0041
```

22.6　案例研究：捕食者—猎物模型和变体

背景： 工程师和科学家处理涉及非线性常微分方程系统的各种问题。本案例研究侧重于其中两个应用，第一个涉及用于研究物种相互作用的捕食者-猎物模型，第二个是用于模拟大气的流体动力学方程。

捕食者-猎物模型由意大利数学家 Vito Volterra 和美国生物学家 Alfred Lotka 在 20 世纪初开发。因此，这些方程通常称为 Lotka-Volterra 方程。最简单的版本是以下一组 ODE：

$$\frac{\mathrm{d}x}{\mathrm{d}t} = ax - bxy \tag{22.49}$$

$$\frac{\mathrm{d}y}{\mathrm{d}t} = -cy + \mathrm{d}xy \tag{22.50}$$

其中 x 和 y 是猎物和捕食者的数量，a 是猎物增长率，c 是捕食者死亡率，b 和 d 分别表征捕食者-猎物相互作用对猎物死亡和捕食者生长的影响的速率。双线性(乘法，涉及 $x \cdot y$)项是使此类方程非线性的原因。由于每个方程都涉及两个因变量，因此方程是耦合的。

由美国气象学家 Edward Lorenz 创建的 Lorenz 方程，即基于大气流体动力学的简单非线性模型，是另一组典型例子：

$$\frac{\mathrm{d}x}{\mathrm{d}t} = -ax + ay$$

$$\frac{\mathrm{d}y}{\mathrm{d}t} = rx - y - xz$$

$$\frac{\mathrm{d}z}{\mathrm{d}t} = -bz + xy$$

Lorenz 开发了这些方程，以分别将大气流体运动的强度 x 与水平和垂直方向上的温度变化 y 和 z 联系起来。与捕食者-猎物模型一样，非线性源于双线性项 $x \cdot z$ 和 $x \cdot y$，方程是耦合的。

问题描述。使用数值方法获得 Lotka-Volterra 方程的解。绘制结果以可视化因变量如何随时间变化。同时，创建因变量相互对比的图，观察是否会出现有趣的模式。

以下参数值可用于捕食者-猎物模拟：$a=1.2$，$b=0.6$，$c=0.8$ 和 $d=0.3$。初始条件为 $x=2$ 和 $y=1$，将在 0 到 30 的时间范围内求解，步长为 0.0625。

问题解答。首先，可开发一个函数，用微分方程计算导数值：

```
import numpy as np

def predprey(t,y,a,b,c,d):
    dy = np.zeros((2))
    dy[0] = a*y[0] - b*y[0]*y[1]
    dy[1] = -c*y[1] + d*y[0]*y[1]
    return dy
```

以下脚本使用此函数生成具有欧拉法和四阶 RK 方法的解。注意，函数 eulersys 是基于修改 rk4sys 函数(图 22.8)得到的，我们将把开发这样的函数作为一个习题。除了将解显示为时间序列图 (x 和 y 与 t)外，该脚本还生成 y 与 x 的关系图。这种相平面图通常有助于阐明模型底层结构的特征，因为在时间序列图中这些特征可能不明显。

```
import matplotlib.pyplot as plt

h = 0.0625
tspan = np.array([0.,40.])
y0 = np.array([2.,1.])
a = 1.2 ; b = 0.6 ; c = 0.8 ; d = 0.3

t,y = eulersys(predprey,tspan,y0,h,a,b,c,d)
fig = plt.figure()
ax1 = fig.add_subplot(221)
ax1.plot(t,y[:,0],c='k',label='prey')
ax1.plot(t,y[:,1],c='k',ls='- -',label='predator')
ax1.grid()
ax1.set_xlabel('a) Euler time plot')
ax2 = fig.add_subplot(222)
ax2.plot(y[:,0],y[:,1],c='k')
ax2.grid()
ax2.set_xlabel('b) Euler phase plot')

t,y = rk4sys(predprey,tspan,y0,h,a,b,c,d)
ax3 = fig.add_subplot(223)
ax3.plot(t,y[:,0],c='k',label='prey')
ax3.plot(t,y[:,1],c='k',ls='- -',label='predator')
ax3.grid()
ax3.set_xlabel('c) RK4 time plot')
ax4 = fig.add_subplot(224)
ax4.plot(y[:,0],y[:,1],c='k')
ax4.grid()
ax4.set_xlabel('d) RK4 phase plot')
plt.subplots_adjust(hspace=0.5)
```

用欧拉法得到的解如图 22.10 的顶部所示，图 22.10(a)中的时间序列表明振荡幅度正在扩大，

图 22.10(b)中的相位序列进一步说明了这一点，因此，这表明欧拉法需要更小的时间步才能获得准确结果。

相比之下，由于其截断误差小得多，RK4方法在相同的时间步长下得到了良好结果。如图22.10(c)所示，周期性模式随时间出现。因为捕食者的种群最初很小，所以猎物呈指数级增长。在某个时刻，猎物变得如此之多，以至于捕食者的数量开始增长。最终，增加的捕食者导致猎物减少。反过来，这种减少会导致捕食者的减少。最终，该过程再次重复。注意到捕食者的峰值落后于猎物，这是符合我们的常识和预期的。另外，我们观察到观察这个过程有一个固定的周期，这说明它在设定的时间内重复发生。

图 22.9(d)中更准确的 RK4 解决方案的相位序列图表明捕食者和猎物之间的相互作用相当于一个封闭的逆时针轨道。有趣的是，在轨道中心有一个静止点或临界点。该点的确切位置可以通过将式(22.49)和式(22.50)设置为稳态(dy/dt=dx/dt=0)并求解(x, y)=(0, 0)和(c/d, a/b)。前者的结论比较普通，如果我们从既不从捕食者也不从猎物开始，什么都不会发生。后者的结果比较有趣，即如果初始条件设置为 $x = c/d$ 和 $y = a/b$，则导数将为零，且总体将保持不变。

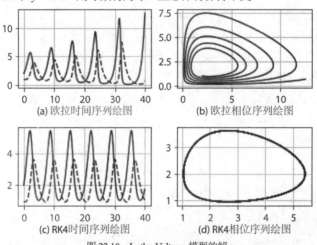

(a) 欧拉时间序列绘图　　(b) 欧拉相位序列绘图

(c) RK4时间序列绘图　　(d) RK4相位序列绘图

图 22.10　Lotka-Volterra 模型的解

现在，我们使用相同的方法来研究具有以下参数值的 Lorenz 方程的轨迹：a=10, b=8/3 和 r=28。使用 x=y=z=5 的初始条件并从 t=0 积分到 20。对于这种情况，我们将使用 RK4 方法获得时间步长为 0.03125 的解。

结果与 Lotka-Volterra 方程的行为完全不同。如图 22.11 所示，变量 x 似乎正在经历一种几乎随机的振荡模式，从负值到正值反弹。其他变量 y 和 z 表现出类似行为。然而，即使模式具有随机特征，振荡的频率和幅度似乎也相当一致。

可通过将 x 的初始条件从 5 略微更改为 5.001 来展现此类解的一个有趣特征，将结果迭加为图 22.11 中的虚线。可以发现，尽管解相互重叠了一段时间，大约到 t=15，但它们是明显不同的。因此，我们可看到 Lorenz 方程对初始条件非常敏感。术语"混沌"用于描述这样的问题。在 Lorenz 最初的研究中，他得出结论：几乎不可能进行准确的长期天气预报！

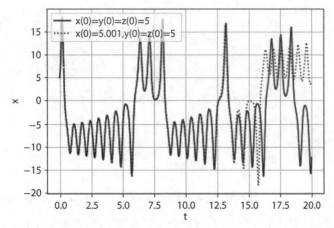

图 22.11　Lorenz 方程的 x 与 t 的时域表示。实线时间序列适用于初始条件$(5, 5, 5)$。虚线是 x 的初始条件受到轻微扰动的位置$(5.001, 5, 5)$

　　动力系统在其初始条件下对小扰动的敏感性有时被称为蝴蝶效应。这个想法是，蝴蝶翅膀的拍打可能会引起大气的微小变化，最终导致像龙卷风或旋风这样的大规模天气现象。

　　尽管时间序列图是混乱的，但相平面图可以揭示底层结构。由于处理三个因变量，我们可以得到一些预测。图 22.12 显示了 xy、xz 和 yz 平面上的投影。注意从相平面的角度观察时图案和结构是如何出现的，这几组解似乎是围绕两个关键点形成轨道，在研究这种非线性系统的数学家的行话中，这些点被称为奇异吸引子。

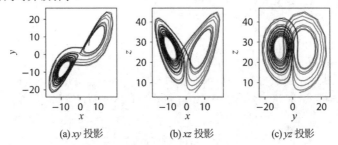

(a) xy 投影　　　　　(b) xz 投影　　　　　(c) yz 投影

图 22.12　Lorenz 方程的相平面表示

除了两变量投影，Python 的 Matplotlib 模块还提供了使用代码显示三维相平面图的能力：

```
from mpl_toolkits.mplot3d import Axes3D
fig1 = plt.figure(figsize=[7.,4.])
ax = fig1.add_subplot(111,projection='3d')
ax.plot(y[:,0],y[:,1],y[:,2],c='k',lw=0.7)
ax.grid()
ax.set_xlabel('x')
ax.set_ylabel('y')
ax.set_zlabel('z')
```

　　与图 22.12 中的情况一样，三维图(图 22.13)描绘了在围绕一对临界点的两个模式之间切换的循环模式中的轨迹。

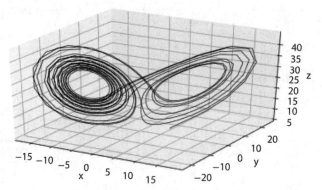

图 22.13　使用 Python 的 Matplotlib 模块生成的 Lorenz 方程的三维相平面表示

　　最后，混沌系统对初始条件的敏感性对数值计算有影响。除了初始条件本身，不同步长或不同算法可能会在解决方案中引入微小差异。与图 22.11 类似，这些差异最终可能导致较大的偏差。本章和第 23 章中的一些问题旨在说明这个情况。

习题

　　22.1 在 t=0 到 2 的区间内求解以下初始值问题，其中 $y(0)$=1。在同一张图表上画出所有结果。

$$\frac{dy}{dt} = yt^2 - 1.1y$$

(a) 解析解。

(b) 使用欧拉法，h=0.5 和 0.25。

(c) 使用 h=0.5 的中点法。

(d) 使用 h=0.5 的四阶 RK 方法。

可以选择手动计算，或者创建一个 Python 脚本，其中包含各方法的 Python 函数。

　　22.2 在从 x=0 到 1 的区间内，使用 $y(0)$=1 的步长 0.25 求解以下问题。在同一张图显示所有结果。

$$\frac{dy}{dx} = (1 + 2 \cdot x)\sqrt{y}$$

(a) 解析解。

(b) 使用欧拉法。

(c) 使用 Heun 方法而不进行迭代。

(d) 使用 Ralston 的方法。

(e) 使用四阶 RK 方法。

可以选择手动计算，或者创建一个 Python 脚本，其中包含各方法的 Python 函数。

　　22.3 在 t=0 到 3 的区间内求解以下问题，使用步长 0.5 和 $y(0)$=1。在图表上画出所有结果。

$$\frac{dy}{dt} = -y + t^2$$

(a)使用 Heun 方法而不迭代校正器，(b)使用 Heun 方法迭代校正器，直到 ε_s <0.1%，(c)使用中点方法，(d)使用 Ralston 方法。可以选择手动计算，或者创建一个 Python 脚本，其中包含各方法的 Python 函数。

　　22.4 生物种群的增长模式在许多工程和科学领域有重要应用。最简单的模型之一假设人口的

变化率 p 在任何时候与现有人口 t 成正比:

$$\frac{\mathrm{d}p}{\mathrm{d}t} = k_g p \tag{P22.4}$$

从 1960 年到 2020 年,世界人口数量变化记录在下表中,人口数量以十亿(10^9)为单位。

年份	1960	1965	1970	1975	1980	1985	1990
人口数量	3.035	3.340	3.700	4.079	4.458	4.871	5.327

年份	1995	2000	2005	2010	2015	2020	
人口数量	5.744	6.143	6.542	6.957	7.380	7.795	

(a) 假设式(P22.4)成立,使用 1960 年到 2020 年的数据来估计 k_g。

(b) 使用四阶 RK 方法和(a)的结果来模拟 1960 年到 2060 年的世界人口,步长为 5 年。作图并显示模拟结果以及数据。

22.5 虽然习题 22.4 中的模型在人口增长不受限制时可能会充分发挥作用,但当存在诸如食物短缺、污染、疾病和空间不足等抑制增长的约束因素时,它就会崩溃。这种情况下,增长率不是一个常数,但可通过以下方式建模:

$$k_g = k_{gm}\left(1 - \frac{p}{p_{max}}\right)$$

其中 k_{gm} 是无约束条件下的最大增长率,p 是人口,p_{max} 是给定约束条件下可达到的最大人口,有时也称为承载能力。因此,在低人口密度下,$p << p_{max}$,$k_g \to k_{gm}$,当 p 接近 p_{max} 时,增长率接近于零。使用这个增长率公式,人口的变化率可建模为如下形式。

$$\frac{\mathrm{d}p}{\mathrm{d}t} = k_{gm}\left(1 - \frac{p}{p_{max}}\right)p$$

这被称为人口物流模型。该模型的解析解为:

$$p = p_0 \frac{p_{max}}{p_0 + (p_{max} - p_0) \cdot \mathrm{e}^{-k_{gm}t}}$$

使用(a)解析解和(b)步长为 5 年的四阶 RK 方法模拟 1960 年至 2060 年的世界人口。模拟使用以下初始条件和参数值:

$$p_0 = 30.35 亿 \qquad k_{gm} = 0.0281 \qquad p_{max} = 120.6 亿$$

注意:对于 1960 年 k_{gm} 的值,$t=0$。将你的结果与习题 22.4 的数据作图(人口 vs 年份)。

22.6 假设抛射体从地球表面向上发射,且假设作用在物体上的唯一力是向下的重力。在这些条件下,可以使用力平衡来推导:

$$\frac{\mathrm{d}v}{\mathrm{d}t} = -g_0 \frac{R^2}{(R+x)^2}$$

其中 v 是向上速度(m/s),t 是时间(s),x 是从地球表面向上测量的高度(m),g_0 是地球表面重力加速度(≈ 9.81 m/s²),R 是地球半径($\approx 6.36 \times 10^6$ m)。注意到 $\mathrm{d}x/\mathrm{d}t = v$,使用 rk4sys 函数(图 22.8)确定在 $v(t=0)=1500$m/s 时可达到的最大高度。

22.7 使用 0.1 的步长在 $t=0$ 到 4 的区间内求解以下 ODE 方程,初始条件是 $y(0)=2$ 和 $z(0)=4$。使用(a)欧拉法和(b)四阶 RK 方法求解并作图。

$$\frac{\mathrm{d}y}{\mathrm{d}t} = -2y + 4e^{-t}$$

$$\frac{\mathrm{d}z}{\mathrm{d}t} = -\frac{yz^2}{3}$$

22.8 van der Pol 方程是一个电子电路模型，其可以追溯到真空管时代：

$$\frac{\mathrm{d}^2 y}{\mathrm{d}t^2} - (1 - y^2)\frac{y}{\mathrm{d}t} + y = 0$$

给定初始条件 $y(0) = y'(0) = 1$，使用欧拉法求解从 $t=0$ 到 10 的方程，步长为(a)0.2 和(b)0.1，将结果画在同一张图上。

22.9 给定初始条件 $y(0)=1$，$y'(0)=0$，求解下列从 $t=0$ 到 4 的初始值问题。

$$\frac{\mathrm{d}^2 y}{\mathrm{d}t^2} + 9y = 0$$

使用(a)欧拉法和(b)四阶 RK 方法求解(在这两种情况下，都使用 0.1 的步长)。将两个解连同精确解 $y = \cos(3t)$ 画在同一张图上。

22.10 开发一个 Python 函数，用 Heun 的迭代法求解单个 ODE。函数定义语句应该是：

def heuniter(dydt，tspan，y0，h，es＝1.e-8，maxiter＝30，*args)

其中 dydt 函数使用自变量和因变量的值，以及任何所需的附加参数计算导数。tspan 是包含自变量的初始值和最终值的数组，y0 是因变量的初始值变量，h 是步长，es 是相对误差容限，maxiter 是允许收敛的 Heun 校正器的最大迭代次数，*args 将传递给 dydt 的附加参数。

通过求解习题 22.2 中描述的微分方程来检验你的函数(改用 0.05 的步长)。比较使用默认误差容限与指定为 1%的容差，并在同一张图作图。

22.11 开发一个 Python 函数以用中点法求解单个 ODE，函数定义语句应为 def midpt(dydt，tspan，y0，h，*args)

其中 dydt 函数使用自变量和因变量的值，以及任何所需的附加参数计算导数。tspan 是包含自变量的初始值和最终值的数组，y0 是因变量的初始值，h 是步长，*args 是将传递给 dydt 的任何附加参数。通过求解习题 22.2 中描述的微分方程来检验你的函数(改用 0.05 的步长)并作图。

22.12 开发一个 Python 函数，用四阶 RK 方法求解单个 ODE。函数定义语句应该是 defr k4(dydt，tspan，y0，h，*args)

其中 dydt 函数使用自变量和因变量的值，以及任何所需的附加参数计算导数。tspan 是包含自变量的初始值和最终值的数组，y0 是因变量的初始值，h 是步长，*args 是将传递给 dydt 的任何附加参数。通过求解习题 22.2 中描述的微分方程来检验你的函数(改用 0.1 的步长)并作图。

22.13 开发一个 Python 函数来用欧拉法求解一个 ODE 系统。函数定义语句应该是 def eulsys(dydt，tspan，y0，h，*args)

其中 dydt 函数使用自变量和因变量的值，以及任何所需的附加参数计算导数，tspan 是包含自变量的初始值和最终值的数组，y0 是因变量的初始值，h 是步长，*args 是将传递给 dydt 的任何附加参数。通过求解习题 22.7 中描述的微分方程来检验你的函数(改用 0.005 的步长)并作图。

22.14 皇家岛公园是一个 540 平方公里的群岛，由一个大岛和苏必利尔湖中的许多小岛组成。驼鹿在 1900 年左右到达那里，而到 1930 年它们的总量就接近 3000，破坏了公园的植被。1949 年，狼群从安大略穿过冰桥进入群岛。自 1959 年以来一直记录了驼鹿和狼的数量，下表显示了从 1959 年到 2006 年的数据。

(a) 使用以下系数对从 1960 年到 2020 年的 Lotka-Volterra 式(第 22.6 节)进行积分：$a=0.23$、$b=0.0133$、$c=0.4$ 和 $d=0.0004$。使用时间序列图将你的模拟与数据进行比较。

(b) 在相平面图中展示模拟结果。

年份	驼鹿数量	狼的数量	年份	驼鹿数量	狼的数量	年份	驼鹿数量	狼的数量
1959	563	20	1975	1355	41	1991	1313	12
1960	610	22	1976	1282	44	1992	1590	12
1961	628	22	1977	1143	34	1993	1879	13
1962	639	23	1978	1001	40	1994	1770	17
1963	663	20	1979	1028	43	1995	2422	16
1964	707	26	1980	910	50	1996	1163	22
1965	733	28	1981	863	30	1997	500	24
1966	765	26	1982	872	14	1998	699	14
1967	912	22	1983	932	23	1999	750	25
1968	1042	22	1984	1038	24	2000	850	29
1969	1268	17	1985	1115	22	2001	900	19
1970	1295	18	1986	1192	20	2002	1100	17
1971	1439	20	1987	1268	16	2003	900	19
1972	1493	23	1988	1335	12	2004	750	29
1973	1435	24	1989	1397	12	2005	540	30
1974	1467	31	1990	1216	15	2006	450	30

可用文本文件形式展示数据。

22.15 阻尼弹簧质量系统的运动由以下常微分方程描述：

$$m\frac{d^2x}{dt^2} + c\frac{dx}{dt} + kx = 0$$

其中 x 是平衡位置的位移(m)，t 是时间(s)，c 是阻尼系数$(N \cdot s/m)$。阻尼系数 c 取 5(欠阻尼)、40(临界阻尼)和 200(过阻尼)三个值。弹簧常数为 20N/m。初速度为零，初位移 $x=1m$。在 0 到 15s 的时间段内，使用你选择的数值方法求解此方程，在同一个图上绘制三种阻尼系数情况下的位移与时间关系。

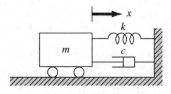

22.16 球形罐在其底部中心有一个圆形孔口，液体通过该孔口流出。通过孔口的流速由托里切利定律描述：

$$Q = CA\sqrt{gh}$$

其中 Q 是体积出口流量(m^3/s)，C 是流量系数，典型值在 0.6 左右，A 是孔口面积(m^2)，h 是液体深度(m)。使用本章中描述的一种数值方法来确定水从直径为 3 米、初始水位为 2.75m 的水箱中完全排出所需的时间，孔口直径为 0.1m。球体中的液体体积 V 由下式给出：

$$V = \pi H^2 \frac{(3r - H)}{3} \qquad \text{且} \qquad \frac{dV}{dt} = -Q$$

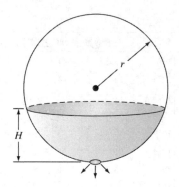

22.17 在调查凶杀案或意外死亡事件时，估计死亡时间通常很重要。从实验观察可知，物体表面温度的变化速率与物体温度与周围环境温度的差值成正比，即牛顿冷却定律。因此，如果 $T(t)$ 是 t 时刻物体表面的温度，T_a 是一个恒定的环境温度，那么

$$\frac{\mathrm{d}T}{\mathrm{d}t} = -K(T - T_a)$$

其中 $K > 0$ 是比例常数。假设在 $t=0$ 时发现了一具尸体，其温度为 T_0。我们假设在死亡时，体温 T_d 处于正常的标准值 $37℃(98.6℉)$，假设尸体被发现时的温度为 $29.5℃$，两小时后为 $23.5℃$，环境温度为 $20℃$。

(a) 确定 K 和死亡时间。

(b) 数值求解 ODE 并绘制体温与时间的关系图。

22.18 以 $A \rightarrow B$ 表示的化学反应发生在两个串联的反应罐中。反应器混合良好，但它们不会在稳定状态下运行。两个反应堆的非稳态质量平衡如下：

$$\frac{\mathrm{d}C_{A1}}{\mathrm{d}t} = \frac{q}{V_1}(C_{A0} - C_{A1}) - kC_{A1}$$

$$\frac{\mathrm{d}C_{B1}}{\mathrm{d}t} = -\frac{q}{V_1}C_{B1} + kC_{A1}$$

$$\frac{\mathrm{d}C_{A2}}{\mathrm{d}t} = \frac{q}{V_2}(C_{A1} - C_{A2}) - kC_{A2}$$

$$\frac{\mathrm{d}C_{B2}}{\mathrm{d}t} = \frac{q}{V_2}(C_{B1} - C_{B2}) + kC_{A2}$$

其中 V_1 是第一个反应器的体积(L)，q 是通过反应器的体积流量(L/min)，C_{A0} 是进入第一个反应器的进料流中反应物的浓度，C_{A1} 和 C_{B1} 分别是 A 和 B 在第一反应器和第二反应器入口处的浓度，C_{A2} 是在第二反应器中的 A 浓度，C_{B2} 是在第二反应器中的 B 浓度，k 是反应速率参数。所有浓度均以 mol/L 为单位，k 的单位为 1/min。第一反应器的进料流中没有 B。V/q 比率代表平均值。

若 $V_1 = 1000$ L，$V_2 = 500$ L，$q = 150$ L/min，$C_{A0} = 20$ mol/L，$k = 0.12$ min^{-1}，初始反应器中的浓度为零(启动条件)，模拟最初 30 分钟运行的反应器行为。以图形方式描述你的结果。

22.19 非等温间歇反应器由以下等式描述：

$$\frac{\mathrm{d}C}{\mathrm{d}t} = -0.35\mathrm{e}^{-\frac{10}{T+273}}C$$

$$\frac{\mathrm{d}T}{\mathrm{d}t} = 1000\mathrm{e}^{-\frac{10}{T+273}}C - 15(T - 20)$$

其中 C 是反应物的浓度(mol/L)，T 是反应器的温度(℃)，t 是以分钟为单位的时间。最初，反应器的温度为 $15℃$，反应物 C 的浓度为 1.0mol/L，确定反应器中的浓度和温度随时间的变化，以

图形方式展示你的结果。

22.20 以下方程可用于模拟帆船桅杆在风力作用下的偏转：

$$\frac{d^2y}{dz^2} = \frac{f(z)}{2EI}(L-z)^2$$

其中 $f(z)$ 是风力，E 是弹性模量，L 是桅杆长度，I 是惯性矩。桅杆上的力随高度 z 变化：

$$f(z) = \frac{200z}{5+z} e^{-2z/30}$$

如果在 $z=0$ 时 $y=0$，$dy/dz=0$，则计算挠度与高度的关系。使用 $L=30$、$E=1.25 \times 10^8$ 和 $I=0.05$ 参数进行计算，在图中展示结果。

22.21 池塘通过管道排水。简化后，以下微分方程描述了深度如何随时间变化：

$$\frac{dh}{dt} = -\frac{\pi d^2}{4A(h)}\sqrt{2g(h+e)}$$

其中 h 是深度(m)，t 是时间(s)，d 是管道直径(m)，$A(h)$ 是池塘表面积(m²)与深度的函数关系，e 是管道出口低于池底的深度(m)。根据下面的面积-深度表，假设 $h(0)=6m$，$d=0.25m$，$e=1m$，求解微分方程以确定池塘排空需要多长时间。此外，作图显示池塘水位与时间的关系图。

h/m	6	5	4	3	2	1	0
$A(h)$/m²	1.17×10^4	0.97×10^4	0.67×10^4	0.45×10^4	0.32×10^4	0.18×10^4	0

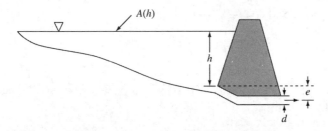

22.22 工程师和科学家使用质量弹簧模型来深入了解在地震等干扰影响下的结构动力学，图中显示了三层建筑的这种表示。对于这种情况，分析仅限于结构的水平运动。使用牛顿第二定律，可以描述该系统的平衡为：

$$\frac{d^2x_1}{dt^2} = -\frac{k_1}{m_1}x_1 + \frac{k_2}{m_1}(x_2 - x_1)$$

$$\frac{d^2x_2}{dt^2} = -\frac{k_2}{m_2}(x_1 - x_2) + \frac{k_3}{m_2}(x_3 - x_2)$$

$$\frac{d^2x_3}{dt^2} = \frac{k_3}{m_3}(x_2 - x_3)$$

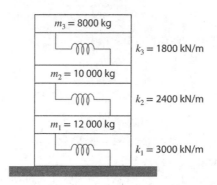

模拟该结构从 $t=0$ 到 20s 的动力变化。给定初始条件为：底层的速度为 $\mathrm{d}x_1/\mathrm{d}t=1\mathrm{m/s}$，其他所有位移和速度的初始值均为零。将结果显示为(a)位移和(b)速度的两个时间序列图，并画出位移的三维相平面图。

22.23 对 Lorenz 方程重复与第 22.6 节中相同的模拟，但使用中点法生成解。

22.24 对 Lorenz 方程重复与第 22.6 节中相同的模拟，但使用 $r=99.96$。采用 $h=0.001$ 的步长来实现"更平滑"的解，并将计算结果与本节中获得的结果进行比较。

22.25 下图显示了在连续流动搅拌罐反应器(CSTR)中控制细菌培养物及其营养源(反应物)浓度的动力学相互作用。

细菌生物量 $X(\mathrm{gC/m^3})$ 和反应物浓度$(\mathrm{gC/m^3})$ 的质量平衡可写为：

$$\frac{\mathrm{d}X}{\mathrm{d}t} = \left(k_{g,\max} \frac{S}{K_s + S} - k_d - k_r - \frac{1}{\tau_w} \right) X$$

$$\frac{\mathrm{d}S}{\mathrm{d}t} = \left(-\frac{1}{Y} k_{g,\max} \frac{S}{K_s + S} + k_d \right) X + \frac{1}{\tau_w} (S_{\text{in}} - S)$$

其中 t 是时间(h)，$k_{g,\max}$ 是最大细菌生长速率(1/h)，K_s 是半饱和常数$(\mathrm{gC/m^3})$，k_d 是死亡率(1/h)，k_r 是呼吸速率(1/h)，Y 是 gC-细胞/gC-反应物的产率系数，S_{in} 是流入反应物浓度$(\mathrm{mgC/m^3})$，τ_w 是反应器停留时间(h)，由下式给出：

$$\tau_w = \frac{V}{Q}$$

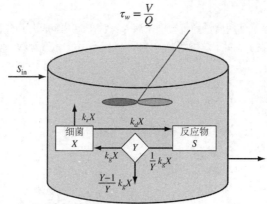

其中 V 是反应器体积$(\mathrm{m^3})$，Q 是体积流量$(\mathrm{m^3/h})$。模拟细菌和反应物如何在该反应器中运行 100 小时，停留时间有三个：20h、10h 和 5h。使用以下参数进行模拟：

$$X(0) = 100\ \mathrm{gC/m^3},\ S(0) = 0,\ k_{g,\max} = 0.2\ 1/\mathrm{h},\ K_s = 150\ \mathrm{gC/m^3},\ k_d =$$
$$k_r = 0.01\ 1/\mathrm{h},\ Y = 0.5\ \mathrm{gC\text{-}细胞/gC\text{-}反应物},\ S_{\text{in}} = 1000\ \mathrm{gC/m^3}$$

以图形方式展示结果。一张图中，左轴为 X 比例，右轴为 S 比例(提示：参见第 3.2 节)。

第23章

自适应方法和刚性系统

本章学习目标

本章的主要目的是介绍解决常微分方程初值问题的更高级方法。涵盖的具体目标和主题如下：

- 理解 RKF(Runge-Kutta-Fehlberg)方法如何使用不同阶的 RK 方法来实现可调整步长的误差估计。
- 了解 rkf45 方法是如何在 Python 中使用四阶和五阶 Runge-Kutta(龙格-库塔)公式实现的。
- 熟悉 SciPy 模块的 integrate 子模块提供的可求解 ODE 的内置 Python 函数。
- 学习如何调整 Python solve_ivp 函数的选项。
- 理解如何将参数传递给计算导数的函数所需的 solve_ivp 函数。
- 理解求解 ODE 的一步法和多步法之间的区别。
- 理解刚度的含义及其应用。

23.1 自适应 Runge-Kutta 方法

至此，我们已经提出了求解采用恒定步长的 ODE 的方法。但对于大量实际问题，恒定步长是一个严重的限制。例如，假设我们正在将 ODE 与图 23.1 所示类型的解集成，对于大多数情况，解都是缓慢变化的，因此使用较大的步长来获得足够准确的结果。然而，对于从 t=1.75 到 2.25 的局部区域，解会发生突变，处理这种行为的实际结果是需要非常小的步长才能准确地捕捉冲动行为。如果采用恒定步长算法，则必须将突变区域所需的较小步长应用于整个计算，结果比必要的步长小得多，因此大量的计算将浪费于逐渐变化的区域上。

自动调整步长的算法可以避免这种过度运算和低效率，因此具有很大的优势。因为它们能"适应"解决方案的轨迹，所以称它们具有自适应步长控制。这种方法的实施需要在每一步获得局部截断误差的估计，然后该误差估计可以作为缩短或延长步长的基础。

在工程和科学中经常出现的一种建议使用自适应方法的场景是模拟过程或现象的动态行为。通常情况下，随着初始条件的偏离，变化会非常迅速，但随后，随着模拟接近稳态条件，响应变慢。最初需要小的，也许是微小的步长；然而这些最终可以延伸到较长的步长，并且仍然保持解的准确性。当解嵌入另一种算法(例如优化或非线性回归)中时，自适应方法获得的效率会被放大，因为这种情况可能需要一次又一次，乃至成百上千次地求解 ODE。

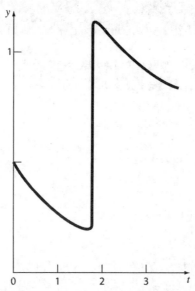

图 23.1 例子：出现突然变化的 ODE 解，对于这种情况，自动步长调整有很大的优势

在继续之前，我们应该提到，除了求解 ODE，本章描述的方法也可用于计算定积分。以下积分的计算：

$$I = \int_a^b f(x)\,dx$$

相当于求解微分方程

$$\frac{dy}{dx} = f(x)$$

对于 $y(b)$，给定初始条件 $y(a)=0$，可以采用以下方法有效地计算涉及通常平滑但表现出突变区域的函数的定积分。

有两种主要方法可将自适应步长控制合并到一步法中。第一种方法是减半步骤，即将每个步骤执行两次，一次作为全步，然后作为两个半步。两个结果的差异用来局部截断误差，然后可以根据这个误差估计调整步长。人们自然会想到减小步长以满足误差标准，但也可考虑在首次满足错误标准时尝试增加步长。换句话说，算法必须适应两个方向的步长调整——更小和更大。

在第二种方法中，称为嵌入式 RK 方法，局部截断误差估计为使用不同阶 RK 方法的两个预测之间的差异，这是常用的方法，比步骤减半更有效。

嵌入式方法首先由 Fehlberg 发展。因此，它们通常被称为 RKF 方法。从表面看，使用两个不同顺序的预测的想法在计算上似乎过于烦琐，例如四阶和五阶预测相当于每步总共进行十次函数评估[回顾式(22.44)和式(22.45)]。Fehlberg 通过推导五阶 RK 方法巧妙地规避了这个问题，该方法采用了随附的四阶 RK 方法中大部分的函数评估，因此仅需要六个函数评估就可以得到误差估计！

23.1.1　RKF 4/5 算法的 Python 函数：rkf45

如上所述，RKF 算法的基础是为给定的步长生成两个不同的估计值，并将它们进行比较以确定应该减小还是增大步长。最流行的 RKF 算法版本使用四阶和五阶龙格-库塔(Runge-Kutta)方法来最小化函数评估的数量(至六个)。

考虑微分方程：

$$\frac{\mathrm{d}y}{\mathrm{d}x} = f(x, y)$$

当前步骤 h 从 $\{x_k, y_k\}$ 到 $\{x_{k+1}, y_{k+1}\}$，其中 $h = x_{k+1} - x_k$。

所需的六个函数评估如下(每个都建立在前值的基础上)。

$$k_1 = hf(x_k, y_k)$$

$$k_2 = hf\left(x_k + \frac{1}{4}h, y_k + \frac{1}{4}k_1\right)$$

$$k_3 = hf\left(x_k + \frac{3}{8}h, y_k + \frac{3}{32}k_1 + \frac{9}{32}k_2\right)$$

$$k_4 = hf\left(x_k + \frac{12}{13}h, y_k + \frac{1932}{2197}k_1 - \frac{7200}{2197}k_2 + \frac{7296}{2197}k_3\right) \quad (23.1)$$

$$k_5 = hf\left(x_k + h, y_k + \frac{439}{216}k_1 - 8k_2 + \frac{3680}{513}k_3 - \frac{845}{4104}k_4\right)$$

$$k_6 = hf\left(x_k + \frac{1}{2}h, y_k - \frac{8}{27}k_1 + 2k_2 - \frac{3544}{2565}k_3 + \frac{1859}{4104}k_4 - \frac{11}{40}k_5\right)$$

然后是四阶和五阶 RK 方法的单步计算：

$$y_{k+1}^{[4]} = y_k + \frac{25}{216}k_1 + \frac{1408}{2565}k_3 + \frac{2197}{4101}k_4 - \frac{1}{5}k_5 \quad (23.2)$$

$$y_{k+1}^{[5]} = y_k + \frac{16}{135}k_1 + \frac{6656}{12825}k_3 + \frac{28561}{56430}k_4 - \frac{9}{50}k_5 + \frac{2}{55}k_6 \quad (23.3)$$

请注意在式(23.2)和式(23.3)中没有明确使用 k_2 因子。

为提高算法效率，式(23.1)、式(23.2)和式(23.3)中的分数是先验计算的。局部相对误差 e_{k+1} 可计算为：

$$e_{k+1} = \left| \frac{y_{k+1}^{[5]} - y_{k+1}^{[4]}}{y_{k+1}^{[5]}} \right|$$

然后决定是否以及如何调整 h。可使用比例因子 s：

$$s = \left(\frac{\varepsilon_s}{2e_{k+1}}\right)^{1/4} \approx 0.84\left(\frac{\varepsilon_s}{e_{k+1}}\right)^{1/4}$$

其中 ε_s 是指定的局部误差容限。比例因子通常限制在不会对 h 进行太大或太小的更改，例如 $0.25 \leqslant s \leqslant 4$。然后 h 的新值由下式给出：

$$h^{\text{new}} = sh$$

在编写 Python 函数执行 rkf45 算法时，还要考虑其他几个实际因素。

(1) 在计算过程中必须确定自变量的特定值。这种情况下，如果 h 的新值超过这些值之一，例如最终值，则必须将其重置以满足该特定值。

(2) 如果函数要能够积分一个或一组以上的微分方程，则需要修改误差准则以适应多个局部误差结果。一种常见方法是将比例因子 s 基于那些局部误差进行归一化。

(3) 函数中应该有一个规定，用于将附加参数传递给用户函数，该函数根据微分方程计算导数值。

(4) 有时，我们希望一个或多个微分方程的解能够记录特定的变化或"事件"，并在该事件发生的位置提供精确结果，例如给出因变量达到给定值时的解；我们可能还需要选择在该事件发生时终止继续求解。正如我们将看到的，更高级的 rkf45 版本具有容纳事件的方法，这些更基础的 Python

函数没有此功能。

(5) 应考虑具有适当默认值的步长最小值，需要等于或略大于计算机的精度(机器误差)。考虑到这些因素后，图 23.2 展示了函数 rkf45。

```python
def rkf45(dydx,xspan,y0,es=1.e-6,maxit=50,hmin=1.e-15,*args):
    """
    Runge-Kutta-Fehlberg 4/5 algorithm for the
    solution of one or more ODEs
    input:
        dydx = function name that evaluates the derivatives
        xspan = an array of independent variable values
            where the solution will be returned
        y0 = an array initial values of the dependent variable(s)
        es = local relative error tolerance (default = 1.e-10)
        hmin = minimum step size
        *args = additional arguments to be passed to dydt
    output:
        t = array of independent variable values
        y = array of dependent variable values
    """
    # compute all coefficients
    a2 = 0.25 ; a3 = 0.375 ; a4 = 12./13. ; a5 = 1.; a6 = 0.5
    b21 = 0.25 ;
    b31 = 3./32. ; b32 = 9./32.
    b41 = 1932./2197. ; b42 = -7200./2197. ; b43 = 7296./2197.
    b51 = 439./216. ; b52 = -8. ; b53 = 3680./513. ; b54 = -845./4104.
    b61 = -8./27. ; b62 = 2. ; b63 = -3544./2565. ; b64 = 1859./4104.
    b65 = -11./40.
    c1 = 25./216. ; c3 = 1408./2565. ; c4 = 2197./4101. ; c5 = -0.2
    d1 = 16./135. ; d3 = 6656./12825. ; d4 = 28561./56430.
    d5 = -9./50. ; d6 = 2./55.

    n = len(xspan)  # here if tspan contains step times
    x = xspan
    neq = np.size(y0)  # determine no. of ODEs
    y = np.zeros((n,neq))  # set up 2-D array for dependent variables
    if neq > 1:  # set initial conditions
        y[0,:] = y0[:]
    else:
        y[0] = y0
    cd = -1  # set code to h < hmin exit
    hnew = x[1]-x[0]
    for i in range(n-1):  # integrate steps given in tspan
        h = hnew
        xk = x[i] ; yk = y[i,:]
        while True:  # while loop until next x[i+1] met
            for k in range(maxit):  # for loop to meet tolerance
                if xk + h > x[i+1]:  # if necessary, reduce h to
                    h = x[i+1] - xk  # meet x[i+1]
                k1 = h*dydx(xk,yk,*args)  # compute k factors
                k2 = h*dydx(xk+a2*h,yk+b21*k1,*args)
                k3 = h*dydx(xk+a3*h,yk+b31*k1+b32*k2,*args)
                k4 = h*dydx(xk+a4*h,yk+b41*k1+b42*k2+b43*k3,*args)
                k5 = h*dydx(xk+a5*h,yk+b51*k1+b52*k2+b53*k3+b54*k4,*args)
                k6 = h*dydx(xk+a6*h,yk+b61*k1+b62*k2+b63*k3+b64*k4+b65*k5,*args)
```

图 23.2　Python 函数 rkf45 实现 RKF 算法

```
                    y4 = yk + c1*k1 + c3*k3 + c4*k4 + c5*k5  # 4th-order
                    y5 = yk + d1*k1 + d3*k3 + d4*k4 + d5*k6 + d6*k6  # 5th order
                    yerr = y5 - y4
                    ynorm = np.linalg.norm(y4)
                    # error, perhaps array of errors
                    yerrm = np.linalg.norm(yerr)/ynorm  # normed error
                    s = 1.
                    if yerrm != 0:
                        s = 0.84 * (es/yerrm)**0.25  # s factor
                        if s < 0.125: # clamp s factor, if necessary
                            s = 0.125
                        elif s > 4.0:
                            s = 4.0
                    hnew = s*h  # adjust h for next iteration
                    if yerrm < es: break  # check if tolerance met
                    if hnew < hmin: return x,y,cd  # bail out if hnew < hmin
                    h = hnew  # set h for next iteration
                if k == maxit-1: # check iteration limit
                    cd = 0  # exit with this code if limit reached
                    return x,y,cd
                if abs(xk + h - x[i+1]) < hmin: break  # check if at x[i+1]
                xk = xk + h ; yk = y4 ; h = hnew  # update for next step
            y[i+1,:] = y4  # store y
        cd=1 # set success code value
        return x,y,cd
```

图 23.2(续)

函数的参数包括提供导数值的函数的名称 dydx；包括 span 参数 xspan，它必须是一个数组，有两个或多个值，即自变量的起始值(通常为零)和将确定并返回解的自变量；包括因变量的初始值 yo、局部误差容差值 es、最小步长值 hmin(均具有默认值和规定)和*args(传递给 dydx 的附加参数)。

为测试 rkf45 函数，我们将使用例 22.6 中要求解的 ODE：

$$\frac{dy_1}{dt} = -2y_1^2 + 2y_1 + y_2 - 1 \qquad\qquad y_1(0) = 2$$

$$\frac{dy_2}{dt} = -y_1 - 3y_2^2 + 2y_2 + 2 \qquad\qquad y_2(0) = 0$$

所需的 Python 脚本如下。

```
def dydtsys(t,y):
    n = len(y)
    dy = np.zeros((n))
    dy[0] = -2.*y[0]**2 +2.*y[0] + y[1] - 1.
    dy[1] = -y[0] -3*y[1]**2 +2.*y[1] + 2.
    return dy

tspan = np.linspace(0.,2.)
y0 = np.array([2.,0.])
t,y,cd = rkf45(dydtsys,tspan,y0)
print(cd)
```

cd 值为 1，表明我们计算得到解。-1(未能在最大迭代中收敛)和 0(达到最小步长)表示算法不成功。此处的结果可参考图 22.9。

尽管 rkf45 已经成功实现 RKF 的计算，它还缺少一些更复杂算法的函数，例如下一节中描述的

SciPy integrate 子模块中的功能。

23.1.2　求解 IVP ODE 的 Python 函数：SciPy solve_ivp 积分函数

SciPy integrate 模块中有许多功能可用于求解 ODE，它们的介绍可在 SciPy 文档中找到。一种流行的并且你可能会在其他地方找到引用的方法是基于 LSODA FORTRAN 例程的 odeint。一个更流行和通用的函数是 solve_ivp，这里说明的 solve_ivp 语法的简化版本是：

```
result = solve_ivp(dydt,(ti,tf),y0,method='RK45',t_eval=tspan)
```

其中 dydt 是计算给定 t、y 和可能的附加参数的导数的函数，(ti,tf) 是自变量的初始值和最终值，$y0$ 是因变量的初始条件数组。method 定义要使用的算法，有六种可供选择，默认为 RK45。RK45 方法不完全是 RKF 算法，但与其相似。t_eval 参数指定将返回解决方案的自变量值。附加参数 args=(...) 提供传递给 dydt 的参数值。

这是一个使用 solve_ivp 求解单个 ODE 的示例，其中包含要传递给 dydt 函数的三个参数：a、b 和 c：

$$\frac{\mathrm{d}y}{\mathrm{d}t} = ae^{bt} - cy \qquad 0 \leq t \leq 4 \qquad y(0) = 2$$

$$a = 4, \, b = 0.8, \, c = 0.5$$

我们将要求以 1.0 的间隔显示解。

```
import numpy as np
from scipy.integrate import solve_ivp

a = 4.
b = 0.8
c = 0.5

def dydt(t,y,a,b,c):
    return a*np.exp(b*t)-c*y

ti = 0 ; tf = 4.
y0 = [2.]
tspan = np.array([0.,1.,2.,3.,4.])
result = solve_ivp(dydt,(ti,tf),y0,t_eval=tspan,args=(a,b,c))
t = result.t
y = result.y

print(' t     y')
for i in range(5):
    print('{0:4.1f} {1:6.3f}'.format(t[i],y[0,i]))
```

显示的结果如下：

```
t     y
0.0   2.000
1.0   6.195
2.0  14.838
3.0  33.678
4.0  75.345
```

例 23.1　使用 Python 求解 ODE 方程组

问题描述。使用 solve_ivp 求解以下从 $t=0$ 到 20 的非线性 ODE 集。

$$\frac{dy_1}{dt} = 1.2y_1 - 0.6y_1y_2 \qquad \frac{dy_2}{dt} = -0.8y_2 + 0.3y_1y_2$$

其中 $y_1(0)=2$，$y_2(0)=1$。这样的方程被称为捕食者-猎物描述。

问题解答。在使用 solve_ivp 函数之前，必须定义一个函数来计算上述导数。即使这些表达式不包含 t，自变量也必须包含在函数定义中。这里使用 Python 中的 def 语句：

```
def dydt(t,y):
    n = len(y)
    dy = np.zeros((n))
    dy[0] = 1.2*y[0] - 0.6*y[0]*y[1]
    dy[1] = -0.8*y[1] + 0.3*y[0]*y[1]
    return dy
```

在本例中，作为说明，我们选择将此函数保存在单独的文件 Example231dydt.py 中。
接下来，我们在一个单独的文件中创建一个脚本：

```
import numpy as np
from scipy.integrate import solve_ivp
import pylab
from Example231dydt import dydt

ti = 0. ; tf = 20.
y0 = np.array([2.,1.])
tspan = np.linspace(ti,tf,100)
result = solve_ivp(dydt,(ti,tf),y0,t_eval=tspan)
t = result.t
y = result.y

pylab.plot(t,y[0,:],c='k',label='y1')
pylab.plot(t,y[1,:],c='k',ls='- -',label='y2')
pylab.grid()
pylab.xlabel('t')
pylab.ylabel('y')
pylab.legend()
```

上面说明了如何在单独的 py 文件中划分函数，这对于较长的脚本很重要。提供了一个模块化组织，其中元素存储在 bitesize 段中。大多数情况下，这些段可以单独进行测试和验证。
上面创建的图显示在图 23.3(a)中。此外，可通过添加代码来创建 y_2 与 y_1 的相位图：

```
pylab.figure()
pylab.plot(y[0,:],y[1,:],c='k')
pylab.grid()
pylab.xlabel('y1')
pylab.ylabel('y2')
```

结果如图 23.3 所示。

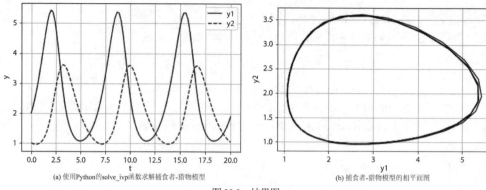

图 23.3　结果图

solve_ivp 还有其他参数可以控制积分的各个方面。通常比较有用的四个参数如表 23.1 所示。

表 23.1　控制积分的以数

参数	作用
rtol	相对误差容限
atol	绝对误差容限
first_step	初始步长
max_step	最大允许步长

求解器保持局部误差小于 atol + rtol*abs(y)。

例 23.2 设置参数以控制积分选项

问题描述。使用 RK23 方法和 solve_ivp 从 $t=0$ 到 4 求解以下 ODE:

$$\frac{\mathrm{d}y}{\mathrm{d}t} = 10e^{-(t-2)^2/(2 \cdot 0.075^2)} - 0.6y \qquad y(0) = 0.5$$

得到默认相对误差容限(10^{-3})和更严格误差容限(10^{-5})的解，并进行比较。

问题解答。首先，我们将创建一个 Python 函数来计算 ODE 的右侧:

```
dydt = lambda t,y: 10.*np.exp(-(t-2.)**2/(2*0.075**2)) - 0.6*y
```

然后，我们调用 solve_ivp 函数而不设置任何特殊参数。

```
ti = 0. ; tf = 4.
tspan = np.linspace(0.,4.,100)
y0 = [0.5]

res = solve_ivp(dydt,(ti,tf),y0,method='RK23')
t = res.t
y = res.y[0,:]
```

注意我们没有指定 t_eval 参数。这种情况下，RK23 例程根据所需的步数选择自己的点来返回解。我们用代码将结果作图，如图 23.4(a)所示。

```
pylab.plot(t,y,c='k',marker='o',markerfacecolor='w')
pylab.grid()
pylab.xlabel('a) rtol = 0.001')
```

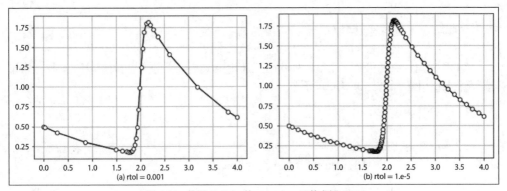

图 23.4 使用 Python 的 solve-ivp 函数求解 ODE

随后，再次求解 ODE，但将 rtol 设置为 10^{-5}。

```
res = solve_ivp(dydt,(ti,tf),y0,method='RK23',rtol=1.e-5)
t1 = res.t
y1 = res.y[0,:]
```

结果显示在图 23.4(b) 中。注意更多的点表明求解器使用更小的步长以满足更严格的 rtol 容差。

23.1.3 事件

Python 的 ODE 求解器(包括 solve_ivp)通常针对预先指定的积分区间实现。也就是说，它们最常用于计算从自变量的初始值到最终值的解。但很多时候我们并不知道最终的积分时间。

一个很好的例子与我们在本书中一直使用的自由下落的蹦极者有关。假设无意中忽略了将绳索连接到蹦极者。这种情况的最后时间对应于蹦极者不幸击中地面，但并未给出具体时间。事实上，求解 ODE 的目标是确定这种情况发生的时间。

solve_ivp 函数提供了一个 events 参数来解决此类问题，以及在模拟过程中发生突然变化的其他问题。通过测试条件以查看它是否为零或在积分步骤中是否有符号变化，然后求解器将找到出现零的自变量的准确值。有两个选项可以设置。

- terminal(终端)：如果设置为 True，则积分将结束(默认为 False)。
- direction(方向)：如果为+1，事件只会在从负到正时触发；如果为-1，事件只会在从正到负时触发。

我们将使用蹦极问题说明事件功能的应用。ODE 方程组可表述为：

$$\frac{\mathrm{d}x}{\mathrm{d}t} = v$$

$$\frac{\mathrm{d}v}{\mathrm{d}t} = g - \frac{c_d}{m}v|v|$$

其中 x 是距离(m)，t 是时间(s)，v 是速度(m/s)，其中正速度沿向下方向，c_d 是二阶阻力系数(kg/m)，m 是质量(kg)。注意，在这个公式中，距离和速度在向下方向都是正的，地平面定义为 $x=0$。

对于本例，将假设蹦极者最初距地面 200m，向上方向的初速度为 20m/s，即 $x(0) = -200\,\mathrm{m}$，$v(0) = -20$ m/s。第一步是制定一个定义 ODE 的函数：

```
def dydt(t,y,cd,m):
    v = y[1]
    dy = np.zeros((2))
```

```
    dy[0] = v
    dy[1] = g - cd/m*v*abs(v)
    return dy
```

为实现该事件，必须创建一个单独的函数，当返回值达到零或超过零时将触发该事件。然后，求解器将尝试调整步长以精确满足零条件。

```
def hit_ground(t,y,cd,m):
    return y[0]
```

在这里，因为我们感兴趣的是何时在 $x=0$ 处遇到地面，所以仅表示 $y[0]$，其中 x 表示高程变量。此外，我们使用语句将事件的 terminal 属性设置为 True。

```
hit_ground.terminal = True
```

这是为了在满足条件时停止积分。最后，我们完成 Python 脚本以进行模拟并生成绘图。

```
y0 = np.array([-200, -20])
ti = 0 ; tf = math.inf
result = solve_ivp(dydt,(ti,tf),y0,rtol=1.e-8, \
events=hit_ground,args=(cd,m))

t = result.t
y = result.y
x = y[0,:]
v = y[1,:]
n = len(t)
print(t[n-1],x[n-1],v[n-1])

pylab.plot(t,-x,c='k',label='height - m')
pylab.plot(t,v,c='k',ls='- -',label='velocity - m/s)')
pylab.grid()
pylab.xlabel('time -s')
pylab.legend()
```

为完整起见，以下导入命令位于脚本顶部：

```
import numpy as np
import math
from scipy.integrate import solve_ivp
import pylab
```

注意使用数学模块中的 inf 值将最终时间 tf 设置为∞，这是因为我们希望事件会停止积分。事件函数名称 hit_ground 包含在 solve_ivp 的参数中。相对容差设置得很小(1×10^{-8})只是为了让求解器在积分期间保存更多点以进行绘图。使用时间值设置 t_eval 参数会干扰事件操作，因此将其省略。

运行脚本时产生的显示是：

```
9.548027838470393 -2.6645352591003757e-14 46.227508170602206
```

在~9.548 秒处碰到地面。第二个结果展示了求解器非常接近于实现零高程。第三个结果是撞击速度，约为 46.23m/s。

绘图如图 23.5 所示，展示了事件如何控制终止。请注意该图的高程符号是如何反转的。

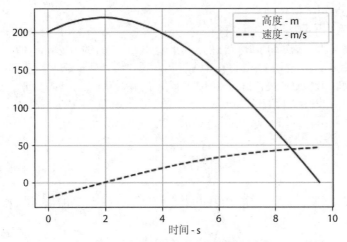

图 23.5 没有绳索的自由落体蹦极者的海拔高度和速度的 Python 绘图

我们也可能对找到蹦极运动轨迹的顶点感兴趣，如图 23.5 中高度曲线的最大值和速度曲线的零交叉点所示，后者定义另一个事件：

```
def apex(t,y,cd,m):
    return y[1]
```

并将其包含在 solve_ivp 函数的 events 参数中：

```
result = solve_ivp(dydt,(ti,tf),y0,rtol=1.e-8, \
                   events=(hit_ground,apex),args=(cd,m))
```

我们不包含顶点事件的终止条件，但保留它以用于 hit_ground 事件。为在它们被触发时找到事件值，我们可以包含以下命令：

```
print(result.y_events)
```

```
[array([[-2.66453526e-14, 4.62275082e+01]]), array([[-2.18998493e+02, 1.11022302e-
15]]))]
```

第一对值就是 hit_ground 事件；而第二对显示顶点处地面以上 219m 的高度，但不显示事件发生的时间。如果包括声明：

```
print(result.t_events)
```

以下内容将被添加到输出中：

```
[array([9.54802784]), array([1.94527347])]
```

在这里，我们可以看到到达顶点的时间是 1.945 秒。

通过创造性地使用事件功能可以在模拟过程中记录各种情况。求解 ODE 时常常遇到的一个问题是出现不连续性，例如电磁流量阀被"迅速"打开或关闭，或者电加热器被打开或关闭。自适应求解器(如 solve_ivp)不能很好地处理此类变化，因为它将步长减小到最小，以找到具有最小误差的连续解。包含事件功能将适应此类更改。

23.2 多步法

前几节中描述的一步法利用单个点 t_i 的信息来预测未来点 t_{i+1} 的因变量 y_{i+1} 的值，见图 23.6(a)。其替代方法称为多步法，见图 23.6(b)。多步法基于以下思考：一旦计算开始，先前点的有效信息就可以被利用起来。连接这些先前值的线的曲率提供了有关解轨迹的信息，可利用此信息来求解 ODE。在本节中，我们将介绍一种简单的二阶方法，用于演示多步法的一般特征。

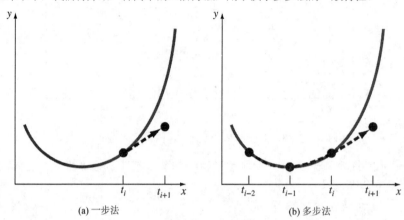

(a) 一步法　　　　　　　　　(b) 多步法

图 23.6　两种求解 ODE 的方法的根本区别的图形描述

23.2.1　非自启动 Heun 方法

回顾一下，Heun 方法使用 Euler 方法作为预测变量[式(22.15)]：

$$y_{i+1}^0 = y_i + f(t_i, y_i)h \tag{23.4}$$

使用梯形规则作为校正器[式(22.17)]：

$$y_{i+1} = y_i + \frac{f(t_i, y_i) + f\left(t_{i+1}, y_{i+1}^0\right)}{2} h \tag{23.5}$$

因此，预测器和校正器分别具有 $O(h^2)$ 和 $O(h^3)$ 的局部截断误差。这表明预测器是该方法中的薄弱环节，因为它具有最大的误差。这个弱点很重要，因为迭代校正步骤的效率取决于初始预测的准确性。因此，改进 Heun 方法的一种方法是开发一个局部误差为 $O(h^3)$ 的预测器。这可以通过使用欧拉法和 y_i 处的斜率以及来目前一点 y_{i-1} 的额外信息来完成，如：

$$y_{i+1}^0 = y_{i-1} + f(t_i, y_i)2h \tag{23.6}$$

该公式以采用更大的步长 $2h$ 为代价得到 $O(h^3)$，需要注意方程不是自启动的，因为它涉及因变量的先前值 y_{i-1}，这在典型的初始值问题中是不存在的。由于这个事实，式(23.5)和式(23.6)称为非自启动 Heun 方法。如图 23.7 所示，式(23.6)中的导数估计现在位于中点，而不是在进行预测的区间的开始处，这种居中估计将预测器的局部误差提高到 $O(h^3)$。

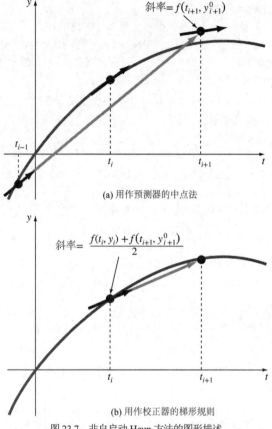

(a) 用作预测器的中点法

(b) 用作校正器的梯形规则

图 23.7 非自启动 Heun 方法的图形描述

非自启动 Heun 方法可以概括如下。

预测器，见图 23.7(a)：

$$y_{i+1}^0 = y_{i-1}^m + f(t_i, y_i^m)\, 2h \tag{23.7}$$

校正器，见图 23.7(b)：

$$y_{i+1}^j = y_i^m + \frac{f(t_i, y_i^m) + f(t_{i+1}, y_{i+1}^{j-1})}{2} h \tag{23.8}$$

$$(j = 1, 2, \ldots, m)$$

其中上标表示从 j=1 到 m 迭代地应用校正器以获得精细的解，注意 y_i^m 和 y_{i-1}^m 是先前一步校正器迭代的最终结果。基于近似误差的估计终止迭代：

$$|\varepsilon_a| = \left| \frac{y_{i+1}^j - y_{i+1}^{j-1}}{y_{i+1}^j} \right| \times 100\% \tag{23.9}$$

当 $|\varepsilon_a|$ 小于预先指定的误差容限 ε_s 时终止迭代，此时 j=m。下例演示了使用式(23.7)到式(23.9)求解 ODE。

例23.3 非自启动Heun方法

问题描述。 使用非自启动 Heun 方法执行之前例 22.2 中使用 Heun 方法执行的相同计算。也就是说，将 $y' = 4e^{0.8t} - 0.5y$ 从 $t=0$ 积分到 4，步长为 1。与例 22.2 一样，$t=0$ 时的初始条件是 $y=2$。但是，因为我们现在处理的是多步方法，所以需要额外的信息，即 y 在 $t=-1$ 时等于 -0.3929953。

问题解答。 预测器[式(23.7)]用于从 $t=-1$ 线性外推到 1：

$$y_1^0 = -0.3929953 + \left[4e^{0.8(0)} - 0.5(2)\right]2 = 5.607005$$

然后将校正器[式(23.8)]用于计算：

$$y_1^1 = 2 + \frac{4e^{0.8(0)} - 0.5(2) + 4e^{0.8(1)} - 0.5(5.607005)}{2}1 = 6.549331$$

这表示真实百分比相对误差 -5.73%(真实值 $=6.194631$)，该误差略小于自启动 Heun 中产生的值 -8.18%。

接下来，式(23.8)可迭代地应用来得到更准确的解：

$$y_1^2 = 2 + \frac{3 + 4e^{0.8(1)} - 0.5(6.549331)}{2}1 = 6.313749$$

误差为 -1.92%。使用式(23.9)确定误差的近似估计：

$$|\varepsilon_a| = \left|\frac{6.313749 - 6.549331}{6.313749}\right| \times 100\% \approx 3.7\%$$

式(23.8)可以迭代地应用，直到 ε_a 小于预先指定的 ε_s 值。与 Heun 方法的情况一样(例 22.2)，迭代收敛于 $6.36087(\varepsilon_t=-2.68\%)$，但是由于多步法初始预测值更准确，因此其收敛速度稍快。

预测器是：

$$y_2^0 = 2 + \left[4e^{0.8(1)} - 0.5(6.36087)\right]2 = 13.44346 \qquad \varepsilon_t = 9.43\%$$

这优于使用原始 Heun 方法计算的 $12.0826(\varepsilon_t=18\%)$ 的预测。第一个校正器得到 $15.76693(\varepsilon_t=6.8\%)$，随后的迭代收敛到使用自启动 Heun 方法获得的相同结果：$15.30224(\varepsilon_t=-3.09\%)$。与上一步一样，由于具有更好的初始预测，校正器的收敛速度有所提高。

23.2.2 误差估计

除了提高效率外，非自启动 Heun 还可用于估计局部截断误差。与第 23.1 节中的自适应 RK 方法一样，误差估计提供了改变步长的标准。

通过设定预测器等同于中点规则，可以推导误差估计，它的局部截断误差为：

$$E_p = \frac{1}{3} h^3 y^{(3)}(\xi_p) = \frac{1}{3} h^3 f''(\xi_p) \tag{23.10}$$

其中下标 p 表示这是预测器的误差。这个误差估计可以与预测步骤中对 y_{i+1} 的估计相结合，以得到：

$$\text{True value} = y_{i+1}^0 + \frac{1}{3} h^3 y^{(3)}(\xi_p) \tag{23.11}$$

通过认识到校正器等效于梯形规则，校正器的局部截断误差的类似估计是：

$$E_c = -\frac{1}{12} h^3 y^{(3)}(\xi_c) = -\frac{1}{12} h^3 f''(\xi_c) \tag{23.12}$$

这个误差估计可以与校正结果 y_{i+1} 结合起来给出：

$$\text{True value} = y_{i+1}^m - \frac{1}{12} h^3 y^{(3)}(\xi_c) \tag{23.13}$$

从式(23.13)中减去式(23.11)得到：

$$0 = y_{i+1}^m - y_{i+1}^0 - \frac{5}{12} h^3 y^{(3)}(\xi) \tag{23.14}$$

其中ξ介于 t_{i-1} 和 t_i 之间。随后，现在，将式(23.14)除以 5 并重新排列可得：

$$\frac{y_{i+1}^0 - y_{i+1}^m}{5} = -\frac{1}{12} h^3 y^{(3)}(\xi) \tag{23.15}$$

注意式(23.12)和式(23.15)的右侧是相同的，除了三阶导数。如果三阶导数在所讨论的区间内没有明显变化，我们可以假设右侧相等，因此，左侧也应该是等价的，如：

$$E_c = -\frac{y_{i+1}^0 - y_{i+1}^m}{5} \tag{23.16}$$

因此，我们得出关系式，从而根据作为计算的常规副产品的两个量来估计每步截断误差：预测器(y_{i+1}^0)和校正器(y_{i+1}^m)

例 23.4　估计每步的截断误差

问题描述。使用式(23.16)估计例 23.3 每步的截断误差。$t=1$ 和 2 处的真实值分别为 6.194631 和 14.84392。

问题解答。在 $t_{i+1}=1$ 时，预测器给出 5.607005，校正器得到 6.360865。将这些值代入式(23.16)可得：

$$E_c = -\frac{6.360865 - 5.607005}{5} = -0.150772$$

就绝对误差而言，计算结果比较准确。

$$E_t = 6.194631 - 6.360865 = -0.166234$$

在 $t_{i+1}=2$，时，预测器给出 13.44346，校正器得到 15.30224，然后计算：

$$E_c = -\frac{15.30224 - 13.44346}{5} \approx -0.37176$$

与绝对误差 $E_t = 14.84392 - 15.30224 = -0.45832$ 相比，这也具有优势。

以上是对多步法的简要介绍，其他相关信息可以在其他地方找到(例如，Chapra 和 Canale，2010)。尽管它们仍然在解决某些类型的问题方面占有一席之地，但多步方法通常不是工程和科学中经常遇到的大多数问题的首选方法。因此，包括本节在内，我们将介绍它们的基本原理。

23.3　刚度

刚度是常微分方程解中可能出现的一个特殊问题。刚性系统是一个包含快速变化的组件和缓慢变化的组件的系统。某些情况下，快速变化的部分是瞬变，很快就会消失，之后解将由缓慢变化的成分主导。尽管瞬态现象仅存在于积分区间的一小部分，但它们可以决定整个解的时间步长。

ODE 的个体和系统都可能是刚性的，单个刚性 ODE 的示例是：

$$\frac{dy}{dt} = -1000y + 3000 - 2000e^{-t} \tag{23.17}$$

如果 $y(0)=0$，可以得到解析解为：

$$y = 3 - 0.998e^{-1000t} - 2.002e^{-t} \tag{23.18}$$

如图 23.8 所示，解最初由快速指数项(e^{-1000t})主导。在短时间($t<0.005$)之后，这种瞬态消失并且解决方案由慢指数(e^{-t})控制。

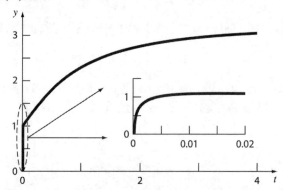

图 23.8 单个 ODE 的刚性解的图。尽管解看起来似乎是从 1 开始的，但实际上从 $y=0$ 到 1 的快速瞬变发生在小于 0.005 的时间单位内。只有在更精细的时间尺度上查看时，才能观察到这种瞬态

通过检查式(23.17)的均匀部分，可深入了解这种解决方案的稳定性所需的步长。

$$\frac{dy}{dt} = -ay \tag{23.19}$$

如果 $y(0)=y_0$，应用微积分可知其解析解为：

$$y = y_0 e^{-at}$$

因此，解从 y_0 开始并逐渐接近零。

欧拉法可用于数值求解相同的问题。

$$y_{i+1} = y_i + \frac{dy_i}{dt} h$$

代入式(23.19)给出：

$$y_{i+1} = y_i - ay_i h$$

或者

$$y_{i+1} = y_i(1 - ah) \tag{23.20}$$

这个公式的稳定性显然取决于步长 h，即 $|1-ah|$ 必须小于 1。因此，如果 $h > 2/a$，$i \to \infty$，$|y_i| \to \infty$。

对于式(23.18)的快速瞬态部分，该准则表明保持稳定的步长必须 $<2/1000=0.002$。此外，我们应该注意到，虽然这个标准保持了稳定性(即有界解)，但需要更小的步长才能获得准确的解。因此，虽然瞬态只发生在积分间隔的一小部分，但它决定了最大允许步长。

隐式方法不是使用显式方法，而是提供了另一种补救措施，这种表示被称为隐式表示，因为未知数出现在等式的两边。欧拉法的隐式形式可通过评估未来时间的导数来得到：

$$y_{i+1} = y_i + \frac{dy_{i+1}}{dt} h$$

这称为后向或隐式欧拉法。代入式(23.19)可得：

$$y_{i+1} = y_i - ay_{i+1} h$$

求解：

$$y_{i+1} = \frac{y_i}{1 + ah}$$ (23.21)

对于这种情况，无论步长如何，$i \to \infty$时，$|y_i| \to 0$，因此该方法被称为无条件稳定。

例 23.5 显式和隐式欧拉法

问题描述。使用显式和隐式欧拉法来求解式(23.17)，其中$y(0)=0$。(a)使用步长为 0.0005 和 0.0015 的显式欧拉法求解 $t=0$ 和 0.006 之间的 y。(b)使用步长为 0.05 的隐式欧拉法求解 0 到 0.4 之间的 y。

问题解答。(a)对于这个问题，显式欧拉法是：

$$y_{i+1} = y_i + (-1000y_i + 3000 - 2000e^{-t_i})h$$

将 $h=0.0005$ 的结果与解析解一起显示在图 23.9(a)中，虽然它表现出一些截断误差，但其数值解捕获了解析解的一般形状。相反，当步长增加到刚好低于稳定性极限($h=0.0015$)的值时，解会出现振荡，使用 $h>0.002$ 将导致完全不稳定的解，也就是说，随着求解的进行，它会变得无限大。

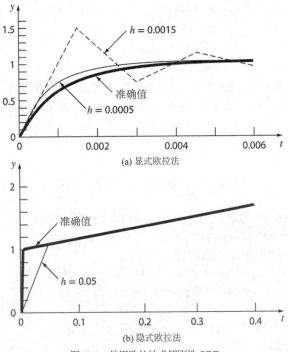

图 23.9　使用欧拉法求解刚性 ODE

(b)隐式欧拉法是：

$$y_{i+1} = y_i + (-1000y_{i+1} + 3000 - 2000e^{-t_{i+1}})h$$

因为 ODE 是线性的，我们可重新排列这个方程，使 y_{i+1} 放在左侧：

$$y_{i+1} = \frac{y_i + 3000h - 2000he^{-t_{i+1}}}{1 + 1000h}$$

$h=0.05$ 的结果与解析解一起显示在图 23.9(b)中。请注意，即使我们使用的步长比显式欧拉法引起不稳定性的步长大得多，数值结果也能很好地跟踪解析解。

ODE 系统也可能是刚性的。下面是一个示例。

$$\frac{dy_1}{dt} = -5y_1 + 3y_2 \tag{23.22a}$$

$$\frac{dy_2}{dt} = 100y_1 - 301y_2 \tag{23.22b}$$

对于初始条件 $y_1(0) = 52.29$，$y_2(0) = 83.82$，其精确解为：

$$y_1 = 52.96e^{-3.9899t} - 0.67e^{-302.0101t} \tag{23.23a}$$
$$y_2 = 17.83e^{-3.9899t} + 65.99e^{-302.0101t} \tag{23.23b}$$

需要注意，指数是负数，相差大约两个数量级。与单个方程一样，大指数反应迅速，是系统刚度的核心。

对于本例，系统的隐式欧拉法可以表述为：

$$y_{1,i+1} = y_{1,i} + (-5y_{1,i+1} + 3y_{2,i+1})h \tag{23.24a}$$
$$y_{2,i+1} = y_{2,i} + (100y_{1,i+1} - 301y_{2,i+1})h \tag{23.24b}$$

合并同类项可得：

$$(1 + 5h)y_{1,i+1} - 3y_{2,i+1} = y_{1,i} \tag{23.25a}$$
$$-100y_{1,i+1} + (1 + 301h)y_{2,i+1} = y_{2,i} \tag{23.25b}$$

因此，我们可以看到该问题包括为每个时间步求解一组联立方程。

对于非线性 ODE，求解变得更困难，因为它涉及求解非线性联立方程组。因此，尽管通过隐式方法获得了稳定性，但代价是增加了解的复杂性。

用于刚性系统的 Python ODE 求解器

Python 通过 SciPy 集成模块提供了几个函数和选项，这些函数和选项可有效解决 ODE 的刚性系统。简介如下：

solve_ivp	通过为方法参数指定 "LSODA"，实现了具有自动刚度检测和算法切换的 Adams/BDF 方法。使用源自 ODEPACK 中的 FORTRAN 求解器的算法
LSODA	这个函数能直接实现 LSODA 算法
odient	这个函数是一个较早的版本，其算法改编自 ODEPACK
Ode	可变阶 ODE 求解器(VODE)提供了多种方法，同时劳伦斯·利弗莫尔实验室的欣德马什也提供了原始资料

我们通常建议使用前两个，因为其代表着最新版本。

例 23.6 使用 solve_ivp/LSODA 求解刚性系统
问题描述。 van der Pol 方程是一个电子电路模型，可以追溯到真空管时代。

$$\frac{d^2y_1}{dt^2} - \mu(1 - y_1^2)\frac{dy_1}{dt} + y_1 = 0$$

$$\tag{E23.6.1}$$

随着 μ 变大，该方程的解逐渐变得刚性。给定初始条件 $y_1(0)=1$ 和 $dy_1/dt=1$，使用 Python 求解以下两种情况：(a)对于 $\mu=1$，使用 solve_ivp 中默认的 RK45 方法求解 $t=0$ 到 20；(b)对于 $\mu=1000$，使用 LSODA 方法从 $t=0$ 求解到 6000。

问题解答。

(a)第一步通过定义将二阶 ODE 转换为一对一阶 ODE：

$$\frac{dy_1}{dt} = y_2$$

使用新的 y_2 的定义，式(E23.6.1)可以写成：

$$\frac{dy_2}{dt} = \mu\left(1 - y_1^2\right)y_2 - y_1$$

现在可以创建一个 Python 函数来根据这两个方程计算导数值：

```
def dydt(t,y,mu):
    dy = np.zeros((2))
    dy[0] = y[1]
    dy[1] = mu*(1-y[0]**2)*y[1]-y[0]
```

注意 μ 是如何作为参数值传递给函数的。我们现在设置调用 solve_ivp 的时间和初始条件，然后提取解并创建一个绘图。

```
mu = 1.
ti = 0. ; tf = 20.
tspan = np.linspace(ti,tf,100)
y0 = np.array([1.,1.])
soln = solve_ivp(dydt,(ti,tf),y0,t_eval=tspan,args=(mu,))
# method RK45 is the default

t = soln.t
y = soln.y

pylab.plot(t,y[0,:],c='k',label='y1')
pylab.plot(t,y[1,:],c='k',ls='- -',label='y2')
pylab.grid()
pylab.xlabel('a) mu = 1')
pylab.legend()
```

我们应该为单个额外参数指出 mu 的 args 规范。这显得我们很挑剔，但是 mu 确实不起作用。对不起，但不要责怪作者。

如图 23.10(a)所示，该图相对平滑的性质表明 $\mu=1$ 的 van der Pol 方程不是一个刚性系统。

(b)如果对刚性情况($\mu=1000$)使用默认的 RK45 方法，将无法完成求解。但是，如果我们指定 LSODA 方法，则可以快速得到准确的解：

```
mu = 1000.
ti = 0. ; tf = 6000.
tspan = np.linspace(ti,tf,100)
y0 = np.array([1.,1.])
soln = solve_ivp(dydt,(ti,tf),y0,t_eval=tspan,method='LSODA',args=(mu,))

t = soln.t
y = soln.y

pylab.figure()
pylab.plot(t,y[0,:],c='k')
pylab.grid()
pylab.xlabel('a) mu = 1000')
```

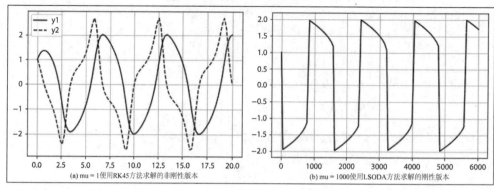

图 23.10 van der Pol 方程的解

这里只显示 y_1 分量，因为 y_2 分量的比例要小得多，并且比 y_1 快得多。它可能会显示在右轴上，但这里没有选择这样做。如图 23.10(b)所示，请注意这个解如何比前一种情况具有更清晰的过渡。这种伴随着两个变量的动态响应时间而变化的特性就是第二种情况"刚度"的体现。

23.4 Python 应用：带绳的蹦极者

在本节中，我们考虑描述如下微分方程模型：弹力绳连接到固定平台时，蹦极者的垂直运动方式。正如第 22 章开头所研究的那样，该问题包括求解垂直位置和速度的两个耦合微分方程。各个时刻位置的 ODE 是

$$\frac{\mathrm{d}x}{\mathrm{d}t} = v \tag{23.26}$$

蹦极者下降到绳索完全伸展(处于张力下)的前后距离，速度的微分方程会不同。如果下降的距离小于绳索长度，则蹦极者仅受到重力和阻力：

$$\frac{\mathrm{d}v}{\mathrm{d}t} = g - \mathrm{sign}(v)\frac{c_d}{m}v^2 \tag{23.27a}$$

一旦绳索开始拉伸，则需要考虑绳索的弹力和阻尼力：

$$\frac{\mathrm{d}v}{\mathrm{d}t} = g - \mathrm{sign}(v)\frac{c_d}{m}v^2 - \frac{k}{m}(x-L) - \frac{\gamma}{m}v \tag{23.27b}$$

以下示例展示了如何使用 Python 的 solve_ivp 函数来模拟此行为。

例 23.7 带绳的蹦极者
问题描述。使用以下参数确定蹦极者的位置和速度：$L = 30$ m，$m = 68.1$ kg，$c_d = 0.25$ kg/m，$k = 40$ N/m，$\gamma = 8$ N·s/m。假设零初始条件，计算从 t=0 到 50 积分。

问题解答。可设置以下函数来计算基于上述三个微分方程的导数值：

```
def dydt(t,y,L,cd,m,k,gamma):
    x = y[0] ; v = y[1]
    dy = np.zeros((2))
    dy[0] = v
    if x < L:
        dy[1] = g - np.sign(v)*cd/m*v**2
    else:
```

```
        dy[1] = g - np.sign(v)*cd/m*v**2 - k/m*(x-L) - gamma/m*v
    return dy
```

因为这两个 ODE 不是刚性的，所以可使用默认的 RK45 方法求解 solve_ivp 并作图：

```
import numpy as np
from scipy.integrate import solve_ivp
import pylab

g = 9.81  # m/s2
L = 30.  # m
m = 68.1  # kg
cd = 0.25  # kg/m
k = 40.  # N/m
gamma = 8.  # N*s/m

ti = 0. ; tf = 50.  # s
y0 = np.array([0.,0.])
tspan = np.linspace(ti,tf,100)

res = solve_ivp(dydt,(ti,tf),y0,t_eval=tspan,args=(L,cd,m,k,gamma))

t = res.t
x = res.y[0,:]
v = res.y[1,:]

pylab.plot(t,-x,c='k',label='x (m)')
pylab.plot(t,v,c='k',ls='--',label='v (m/s)')
pylab.grid()
pylab.xlabel('time - s')
pylab.legend()
```

如图 23.11 所示，我们反转了绘图的距离符号，使负距离表示向下方向。请注意模拟是如何捕捉蹦极者的弹跳运动的。如果想跟踪从松弛到紧张的转换时间，可以使用 $L-x$ (或 $L-y[0]$)函数作为返回的事件。

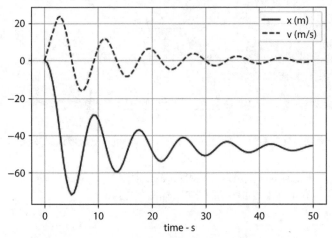

图 23.11　带绳索的蹦极者的距离和速度图

23.5 案例研究：普林尼的间歇喷泉

背景。据说罗马自然哲学家老普林尼在他的花园里有一个间歇泉。如图 23.12 所示，水以恒定流速 Q_{in} 进入圆柱形水箱，并注满水，直到水位到达 y_{high}。此时，水通过排放管从水箱中吸出，在管道出口处产生喷泉喷雾，喷泉一直运行，直到水位下降到 y_{low}，此时虹吸管充满空气，喷泉停止。然后随着水箱的注水重复该循环，直到水再次达到 y_{high}，然后喷泉再次流动。

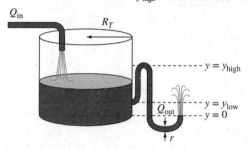

图 23.12 间歇泉

当虹吸管运行时，流出量 Q_{out} 是液位的函数，满足托里切利定律：

$$Q_{out} = C\pi r^2\sqrt{2gy} \tag{23.28}$$

问题描述。忽略管道中的水量，计算并绘制水箱中的水位作为 100 秒内时间的函数。假设空罐的初始条件为 $y(0)=0$，并使用以下参数值：

$$R_T = 0.05 \text{ m} \qquad r = 7 \text{ mm} \qquad y_{low} = 25 \text{ mm}$$
$$y_{high} = 0.1 \text{ m} \qquad C = 0.6 \qquad Q_{in} = 50 \text{ cm}^3/\text{s}$$

我们必须注意运算中各参数的单位。

问题解答。喷泉运行时，水池容积的变化率 $V(\text{m}^3/\text{s})$ 由流入和流出的简单平衡决定：

$$\frac{dV}{dt} = Q_{in} - Q_{out} \tag{23.29}$$

因为水箱是一个垂直的圆柱体，满足 $V = \pi R_T^2 y$。将此式与式(23.28)代入式(23.29)可得：

$$\frac{dy}{dt} = \frac{Q_{in} - C\pi r^2\sqrt{2gy}}{\pi R_T^2} \tag{23.30}$$

当喷泉不工作时，分子中的第二项变为零。可通过引入一个新变量 siphon(y)表示这种机制，当喷泉不运行时它等于 0，而运行时它等于 1：

$$\frac{dy}{dt} = \frac{Q_{in} - \text{siphon}(y)C\pi r^2\sqrt{2gy}}{\pi R_T^2} \tag{23.31}$$

接下来，我们必须量化控制虹吸变量切换的关系，称为布尔变量或逻辑变量，其中 0 等于 False，1 等于 True。

当液位低于 y_{low} 时，siphon 变量为 0，相反，液位上升到 y_{high} 以上时 siphon 变量为 1，即是滞后关系，因为发生变化取决于液位移动的方向。如图 23.13 所示。

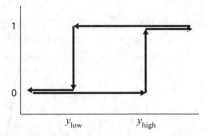

图 23.13　虹吸开关逻辑。当 y 增加并高于 y_{high} 时打开，一直保持到 y 减小并低于 y_{low}

确定虹吸值的 Python 函数可以写成 y 的函数。

```
def siphon(t,y,ylow,yhigh):
    if y < ylow:
        siphon.sw = 0
    elif y > yhigh:
        siphon.sw = 1
siphon.sw = 0
```

该函数首先检查水位是否低于 y_{low}。如果是，则开关始终为零。如果不低于 y_{low}，则再检查它是否高于 y_{high}，并将开关设置为1，如图 23.13 所示。如果水位 y 介于 y_{low} 和 y_{high} 之间，则该函数不会对开关进行任何更改，这里是需要特别考虑的地方。如果 siphon 函数对开关没有任何改变，则保持之前的开关值，这是通过将开关函数 siphon.sw 预先设置为 0 来实现的，注意这个函数没有返回结果[1]。然后可将该函数纳入计算 y 导数的函数中：

```
def dydt(t,y,ylow,yhigh,Qin):
    if y < 0: y = 0
    siphon(t,y,ylow,yhigh)
    dy = (Qin - siphon.swtch * C*np.pi*r**2*np.sqrt(2*g*y))/np.pi/RT**2
    return dy
```

此处有两个功能：

- y 的值不允许为负数。这可防止随后的平方根计算出现错误。事实证明，solve_ivp RK45 方法可"试验"包含负值的 y 值。
- siphon 函数没有返回值，因此它只是被执行而不是分配给结果变量。

现在引入以下代码以使用 solve_ivp 求解并绘图。

```
ti = 0. ; tf = 100.
y0 = 0.
tspan = np.linspace(ti,tf,200)
soln = solve_ivp(dydt,(ti,tf),[y0],t_eval=tspan,args=(ylow,yhigh,Qin))

t = soln.t
y = soln.y

pylab.plot(t,y[0,:],c='k')
pylab.grid()
pylab.xlabel('t - s')
pylab.ylabel('y - m')
```

---

1 其他编程语言也可提供在子程序中定义静态变量的功能，这样的静态变量会记住它们从一个子程序执行到下一个子程序的值。Python 不提供静态变量，我们必须提供解决方法，这是方法之一。还有其他更复杂的。

结果如图 23.14 所示，但该结果显然有问题，水位转换应在 0.025 和 0.1 处发生。solve_ivp 函数显然难以处理虹吸管打开和关闭时出现的不连续性。这种情况该怎么办？

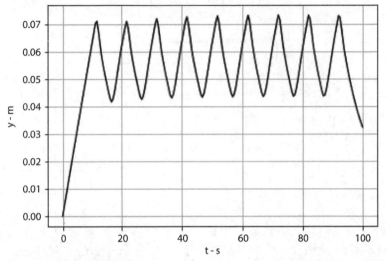

图 23.14　使用 solve_ivp 模拟普林尼喷泉中的水位与时间的关系

一种方法是放弃调整步长的自适应方法。例如，可以替换第 22 章中研究的四阶固定步长 Runge-Kutta 算法，这种方法不会试图调整步长以适应不连续性，而会跨过不连续的点。如果步长很小，应该能得到正确的解。我们用以下代码测试这个概念：

```
ti = 0. ; tf = 100.
y0 = 0.
tspan = np.array([ti,tf])
h = 0.01
t,y = rk4(dydt,tspan,y0,h,ylow,yhigh,Qin)
```

以与上述类似的方式计算，结果如图 23.15 所示。该计算结果令人满意。罐液位在 y_{low}=0.025m 和 y_{high}=0.1m 之间循环，在数值计算过程中打开和关闭虹吸管没有报错。

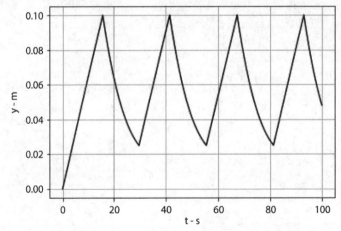

图 23.15　使用小步长的四阶固定步长 Runge-Kutta 方法模拟的普林尼喷泉中的水位与时间的关系

从这个案例研究中可以总结出两个要点。首先，虽然逆向思维是人类的天性，但有时越简单越好。毕竟，套用爱因斯坦的话，"一切都应该尽可能简单，但不能简单。"其次，你永远不应该盲目相信计算机产生的每一个结果。你可能听说过关于数据质量对计算机输出有效性的影响的老话："垃圾数据只能得到垃圾结果"。遗憾的是，有些人认为无论输入了什么(数据)和内部发生了什么(算法)，总是"傻人有傻福"。图 23.14 所示的情况特别危险，也就是说，虽然不正确，但并不是明显错误的，即模拟不会变得不稳定或产生负水平。事实上，溶液以间歇喷泉的方式上下移动，尽管是错的。

希望这个案例研究表明，即使是一个很棒的软件，如 SciPy integrate 模块中可用的功能，也不是万无一失的。因此，工程师和科学家总是基于他们所解决的问题的丰富经验和知识，以怀疑态度检验输出的数值。

习题

23.1 重复第 23.5 节中对普林尼喷泉进行的模拟，但将 solve_ivp 函数中的 rtol 规范从默认值 10^{-3} 更改为 10^{-5} 和 10^{-8}。将三个解绘制成一组堆叠子图并观察三组结果的差异。

23.2 已提出以下 ODE 作为流行病模型：

$$\frac{\mathrm{d}S}{\mathrm{d}t} = -aSI$$

$$\frac{\mathrm{d}I}{\mathrm{d}t} = aSI - rI$$

$$\frac{\mathrm{d}R}{\mathrm{d}t} = rI$$

其中 S 是易感个体，I 是感染人群，R 是康复组，a 是感染率，r 是康复率。某城市有一万人易感。

(a) 如果单个感染者在 t=0 进入城市，计算流行病的进展，直到感染者数量低于 10(提示：需要使用事件)。使用以下参数：a=0.0002/(人·周)和 r=0.15/d。绘制 S、I 和 R 的时间序列图。

(b) 假设在康复后，免疫力丧失导致康复者再次变得易感，这种再感染机制可以建模为 ρR，其中 ρ 是返回率。修改模型以包含此现象并使用 ρ=0.03/d 重复(a)中的计算。

23.3 在区间 t=2 到 3 上求解下列初值问题。

$$\frac{\mathrm{d}y}{\mathrm{d}t} = -0.5y + \mathrm{e}^{-t}$$

使用非自启动 Heun 方法，步长为 0.5，初始条件为 $y(1.5)$=5.222138 和 $y(2.0)$=4.143883。将校正器迭代到 ε_s=0.1%。根据分析获得的精确解计算结果的相对误差百分比：$y(2.5)$=3.273888 和 $y(3.0)$=2.577988。

23.4 在 t=0 到 0.5 的区间内求解下列初值问题。

$$\frac{\mathrm{d}y}{\mathrm{d}t} = yt^2 - y$$

使用四阶 RK 方法预测 t=0.25 处的第一个值。然后，使用非自启动 Heun 方法在 t=0.5 时进行预测。注意，$y(0)$=1。

23.5 给定方程

$$\frac{dy}{dt} = -100\,000y + 99\,999e^{-t}$$

(a) 使用显式欧拉法估计保持稳定性所需的步长。

(b) 如果 $y(0)=0$，使用隐式欧拉法，以 0.1 的步长获得从 $t=0$ 到 2 的解。

23.6 给定方程

$$\frac{dy}{dt} = 30\,[\sin(t) - y] + 3\cos(t)$$

如果 $y(0)=0$，则使用隐式欧拉法来获得从 $t=0$ 到 4 的解，步长为 0.4。

23.7 给定方程

$$\frac{dx_1}{dt} = 999x_1 + 1999x_2$$

$$\frac{dx_2}{dt} = -1000x_1 - 2000x_2$$

如果 $x_1(0)=x_2(0)=1$，使用(a)显式和(b)隐式欧拉法，使用步长 0.5 获得从 $t=0$ 到 0.2 的解。

23.8 Hornbeck(1975)将以下 ODE 描述为具有 $y(0)=0.08$ 的"寄生"解：

$$\frac{dy}{dt} = 5(y - t^2)$$

从 $t=0$ 到 5 求解这个 ODE：

(a) 求解析解；

(b) 使用具有默认容错的 solve_ivp；

(c) 设置 solve_ivp 中 rtol 和 atol 为 1×10^{-12}，然后计算。

在同一个图上显示计算结果，讨论并推测任何结果之间差异的原因。

23.9 回想例 20.5，"驼峰"函数在较短的 x 域上表现出平坦和陡峭的变化区域。示例中的函数是

$$f(x) = \frac{1}{(x-0.3)^2 + 0.01} + \frac{1}{(x-0.9)^2 + 0.04} - 6$$

使用(a)quad 函数和(b)solve_ivp 函数估计 $f(x)$ 在 $x=0$ 和 1 之间的定积分值，两者均来自 SciPy integrate 子模块。如果后者与前者明显不同，请降低 rtol 规格并再次比较。

23.10 摆锤的振荡可以用以下非线性 ODE 模型模拟，假设空气阻力为 0：

$$\frac{d^2\theta}{dt^2} + \frac{g}{l}\sin(\theta) = 0$$

其中 θ 是与垂直方向的位移角，l 是摆的长度。对于小角位移，$\sin(\theta) \approx \theta$，模型可以线性化为

$$\frac{d^2\theta}{dt^2} + \frac{g}{l}\theta = 0$$

对于 $l=0.6$m 的非线性和线性模型，使用 solve_ivp 函数求解 θ 作为时间的函数，首先求解初始条件为小位移($\theta=\pi/8$ 和 $d\theta/dt=0$)的情况，然后对大位移($\theta=\pi/2$)进行重复计算。对于每种情况，将 θ 与时间的关系作图。

23.11 使用第 23.1.2 节中描述的 solve_ivp 函数的事件特征来确定 1 米长的线性摆的周期。计算以下初始条件周期：(a) $\theta=\pi/8$，(b) $\theta=\pi/4$ 和(c) $\theta=\pi/2$。对于所有三种情况，初始角速度为零。计算周期的一个好方法是将初始角速度设为零，可使用弧度($\theta=0$)计算周期。

23.12 针对问题 23.10 中描述的非线性摆，重复问题 23.11 的计算。

23.13 以下系统是在化学反应动力学建模中可能出现的刚性 ODE 的经典示例：

$$\frac{dc_1}{dt} = -0.013c_1 - 1000c_1c_3$$

$$\frac{dc_2}{dt} = -2500c_2c_3$$

$$\frac{dc_3}{dt} = 0.013c_1 - 1000c_1c_3 - 2500c_2c_3$$

对这些方程使用如上所示的初始条件求解(从 $t=0$ 到 2)。使用 solve_ivp 函数将解与 RK45 和 LSODA 方法进行比较，对于每种方法，分别将 c_1 和 c_2 以及 c_3 作图。

23.14 以下二阶 ODE 被认为是刚性的：

$$\frac{d^2y}{dx^2} = -1001\frac{dy}{dx} - 1000y$$

对于 $x=0$ 到 5，对微分方程(a)进行解析求解和(b)进行数值求解。对于(b)使用 $h=0.5$ 的隐式方法，初始条件是 $y(0)=1$ 和 $y'(0)=0$。以图形方式显示两个结果。最后，使用 solve_ivp 的 LSODA 方法求解方程并显示其结果与解析解。

23.15 考虑长度为 l 的细杆在平面内旋转，如图所示。杆的一端用销钉固定，另一端有质量，此示例中 $l=0.5$m。该系统可以建模为：

$$\ddot{\theta} - \frac{g}{l}\theta = 0$$

令 $\theta(0)=0$ 且 $\theta'(0)=0.25$rad/s。可以使用本章中的任何方法求解，当角度达到 60° 时终止计算。绘制角度(单位是度)与时间的关系。提示：将 ODE 分解为两个一阶 ODE。

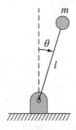

23.16 给定一阶 ODE：

$$\frac{dx}{dt} = -700x - 1000e^{-t} \qquad x(0) = 4$$

在域 $0 \leqslant t \leqslant 5$ 上，选择合适的数值方法求解此方程。对方程进行解析求解，并对两个解作图，一个图是时间尺度的快速瞬态阶段，另一个图是时间尺度的慢瞬态阶段。

23.17 求解下列从 $t=0$ 到 2 的微分方程：

$$\frac{dy}{dt} = -10y \qquad y(0) = 1$$

使用以下方法求解：(a)解析求解，(b)显式欧拉法，(c)隐式欧拉法。对于(b)和(c)，使用 $h=0.1$ 和 0.2，将所得结果作图。

23.18 修正第 22.6 节中描述的 Lotka-Volterra 方程以包括影响捕食者-猎物动态的其他因素。例如，除了捕食，猎物的数量可能受到空间等其他因素的限制，空间限制可以作为承载能力纳入模型中(回顾问题 22.5 中描述的逻辑模型)，如：

$$\frac{dx}{dt} = a\left(1 - \frac{x}{K}\right)x - bxy$$

$$\frac{dy}{dt} = -cy + dxy$$

其中 K 是承载能力。使用与第 22.6 节中相同的参数值和初始条件，使用 solve_ivp 对这些方程求积分，将结果绘制为时间序列和相平面图。

(a) 使用较大的 K 值，例如 1×10^{-8}，以验证你获得的结果与第 22.6 节中的结果相同。求解 $t=0$ 到 40 的方程，用 200 个点绘图。

(b) 将(a)与更现实的承载能力 $K=200$ 进行比较，求解 $t=0$ 到 100 的方程。用 1000 个点绘图。

23.19 两个重物通过线性弹簧固定在墙上。基于牛顿第二定律的力平衡可以写成：

$$\frac{d^2 x_1}{dt^2} = -\frac{k_1}{m_1}(x_1 - L_1) + \frac{k_2}{m_1}(x_2 - x_1 - w_1 - L_2)$$

$$\frac{d^2 x_2}{dt^2} = -\frac{k_2}{m_2}(x_2 - x_1 - w_1 - L_2)$$

其中 k 是弹簧常数，m 是质量，L 是松弛弹簧长度，w 是质量的宽度。使用以下参数值计算质量 x 的位置作为时间的函数：$k_1 = k_2 = 5$，$m_1 = m_2 = 2$，$w_1 = w_2 = 5$，$L_1 = L_2 = 2$，从 $t=0$ 到 20 进行模拟。设置初始条件为 $x_1 = L_1$，$x_2 = L_1 + w_1 + L_2 + 6$，初始速度为零。绘制两个位移(同一个图)和两个速度(也是同一个图)的时间序列图，并绘制 x_2 与 x_1 的相平面图。

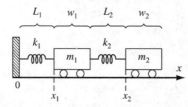

23.20 使用 solve_ivp 函数对习题 23.19 中描述的方程进行积分，生成一个带有两个垂直堆叠的子图的绘图。上子图应显示位移与时间的关系，下子图应显示速度与时间的关系。使用 SciPy 的 fft 子模块中的 fft 函数来计算第一个质量位移的离散傅里叶变换(DFT)，生成并绘制功率谱以识别系统的谐振频率。

23.21 基于习题 22.22 中结构的底层位移，重复习题 23.20 中的计算。

23.22 如图所示，双摆由一个摆与另一个摆相连，我们分别用下标 1 和 2 表示上摆和下摆，将原点置于上摆的枢轴点上，y 向上增加。我们进一步假设系统在受重力影响的垂直平面内振荡，摆杆的质量可以忽略不计，摆质量在一个点上。在这些假设下，力平衡可用于推导以下运动方程：

$$\frac{d\theta_1^2}{dt^2} = \frac{-g(2m_1 + m_2)\sin(\theta_1) - m_2 g \sin(\theta_1 - 2\theta_2) - 2\sin(\theta_1 - \theta_2)m_2\left((d\theta_2/dt)^2 L_2 + (d\theta_1/dt)^2 L_1 \cos(\theta_1 - \theta_2)\right)}{L_1(2m_1 + m_2 - m_2\cos(2\theta_1 - \theta_2))}$$

$$\frac{d\theta_2^2}{dt^2} = \frac{2\sin(\theta_1 - \theta_2)\left((d\theta_1/dt)^2 L_1(m_1 + m_2) + g(m_1 + m_2)\cos(\theta_1) + (d\theta_2/dt)^2 L_2 m_2 \cos(\theta_1 - \theta_2)\right)}{L_2(2m_1 + m_2 - m_2\cos(2\theta_1 - \theta_2))}$$

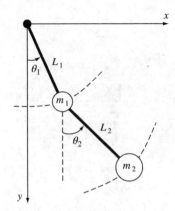

其中下标 1 和 2 分别表示顶部和底部钟摆，θ 是角度(弧度)，0 是垂直向上，逆时针为正，t 是时间(s)，m 是质量(kg)，L 是长度(m)。注意质量的 x 和 y 坐标与角度的关系为:

$$x_1 = L_1 \sin(\theta_1) \qquad\qquad y_1 = -L_1 \cos(\theta_1)$$
$$x_2 = x_1 + L_2 \sin(\theta_2) \qquad y_2 = y_1 - L_2 \cos(\theta_2)$$

使用 solve_ivp 求解两个质量的角度和角速度作为时间的函数，积分范围从 t=0 到 10s。创建角度与时间的关系图(一个图)和 θ_2 与 θ_1 的相位图(另一个图)。在你的解中使用足够多的点来获得平滑曲线。针对以下两种情况测试你的代码。

情况一(小位移)。$L_1 = L_2 = 1$ m, $m_1 = m_2 = 0.25$ kg；初始条件：θ_1=0.05, θ_2、$d\theta_1/dt$、$d\theta_2/dt$ 均为零。

情况二(大位移)。$L_1 = L_2 = 1$ m, $m_1 = 0.5$ kg, $m_2 = 0.25$ kg；初始条件：θ_1=0.2, θ_2, $d\theta_1/dt$, $d\theta_2/dt$ 都等于零。

23.23 图中显示了施加在热气球系统上的力，阻力公式为:

$$F_D = \frac{1}{2} \rho_a v^2 A C_d$$

其中 ρ_a 是空气密度(kg/m^3)，v 是速度(m/s)，A 是投影正面面积(m^2)，C_d 是无量纲阻力系数(对于球体，约为 0.47)。气球的总质量由两部分组成:

$$m = m_G + m_P$$

其中 m_G 是膨胀气球内的气体质量(kg)，m_p 是有效载荷(篮子、乘客和未膨胀的气球的总质量是265kg)。假设理想气体定律成立($P = \rho RT/MW$)，气球是一个直径为 17.3m 的完美球体，且外壳内的加热空气与外部空气的压力大致相同。其他必要的参数是空气的分子量($MW = 28.97$ kg/kmol)，常压 P=101300Pa，气体定律常数 $R = 8314.5$ m^3·Pa/(kmol·K)，气球内部的平均温度 T=100℃，空气的正常环境密度 $\rho_a = 1.2$ kg/m^3。

(a) 使用力平衡来开发作为模型参数函数的 dv/dt 的微分方程。

(b) 在稳定状态下，计算气球的终端速度。

(c) 给定先前的参数以及初始条件：v(0)=0，使用 solve_ivp 计算气球从 t=0 到 60s 的速度和位置，对计算结果作图。

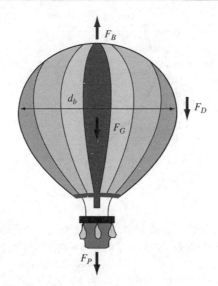

23.24 如习题 23.23 所述，使用 solve_ivp 开发一个 Python 脚本，计算热气球的速度 v 和位置 z，执行从 t=0 到 60s 的计算。在 z=200m 时，假设有效载荷的一部分(不是人！)从气球中掉出，计算并作图。

23.25 你要度一个两周的假期，把你的宠物金鱼"弗雷迪"放到浴缸里(请注意要对水进行脱氯！)。然后，你在浴缸顶部放置一个密封的丙烯酸盖，以保护弗雷迪免受你的猫"杀手"的伤害。你错误地将一汤匙(~15mL)糖混合到浴缸中(你很着急，以为是鱼食！)。遗憾的是，水中有细菌(记住你已经摆脱了氯)，它们会分解糖，而且在这个过程中消耗溶解氧。氧化反应遵循一级动力学规律，反应速率 k_d=0.029/d。浴缸最初的糖(蔗糖)浓度为 20mgO$_2$/L(氧当量)，氧浓度为 8.4mgO$_2$/L。糖和溶解氧的质量平衡可以写成：

$$\frac{\mathrm{d}L}{\mathrm{d}t} = -k_\mathrm{d} L$$

$$\frac{\mathrm{d}o}{\mathrm{d}t} = -k_\mathrm{d} L$$

其中 L 是糖浓度，单位为氧当量(mgO$_2$/L)；t 是时间(d)，o 是溶解氧浓度(mgO$_2$/L)。因此，当糖被氧化时，等量的氧气会从桶中流失。

使用 solve_ivp 开发一个 Python 脚本来计算两个浓度，并在图中显示结果。当氧气浓度下降到 2mgO$_2$/L 时，使用事件功能停止模拟，表明弗雷迪死亡了。结果可能导致你改变假期计划，也可能不会。

23.26 细菌从反应物的生长可用以下一对 ODE 表示：

$$\frac{\mathrm{d}X}{\mathrm{d}t} = Y k_{\max} \frac{S}{k_s + S} X$$

$$\frac{\mathrm{d}S}{\mathrm{d}t} = -k_{\max} \frac{S}{k_s + S} X$$

其中 X 是细菌生物量，t 是时间(d)，Y 是产量系数，$k_{\max}$ 是最大细菌生长速率，S 是反应物浓度，k_s 是半饱和常数。参数值为 Y=0.75，$k_{\max}$=0.3，k_s=1×10^{-4}，初始条件为 $S(0)$=5，$X(0)$=0.05。注意 X 和 S 都不能低于零，因为不可能出现负值。

(a) 使用 solve_ivp 求解从 t=0 到 25 的 X 和 S。(b)将 rtol 参数设置为 $1×10^{-6}$(默认为 0.001)，重

复(a)。

23.27　许多人从非常高的高度进行跳伞。假设一名 80kg 的跳伞者从地球表面以上 36.5km 的高度跳伞，跳伞者投影面积 A=0.55m^2，无量纲阻力系数 C_d=0.94，重力加速度 g(m/s^2)随海拔变化：

$$g = 9.806412 - 3.039734 \times 10^{-6}\, z$$

其中 z 是海拔(米)。空气密度随海拔的变化如下表所示。

z/km	ρ/(kg/m^3)	z/km	ρ/(kg/m^3)	z/km	ρ/(kg/m^3)
−1	1.3470	6	0.6601	25	0.04008
0	1.2250	7	0.5900	30	0.01841
1	1.1120	8	0.5258	40	0.003996
2	1.0070	9	0.4671	50	0.001027
3	0.9093	10	0.4135	60	0.0003097
4	0.8194	15	0.1948	70	8.283×10^{-5}
5	0.7364	20	0.08891	80	1.846×10^{-5}

(a)　基于重力和阻力之间的力平衡，推导出跳伞者的速度和高度的微分方程。

(b)　使用数值方法求解当跳伞者在地球表面上方一公里处展开降落伞时终止的速度和高度，显示展开点的条件(时间、海拔、速度)，绘制你的结果。

23.28　如图所示，一名跳伞者从一架平行于地面的直线飞行的飞机上跳下。(a)使用力平衡，推导出距离和速度的 x 和 y 分量的变化率的四个微分方程。提示：$\sin(\theta) = v_y/v$，$\cos(\theta) = v_x/v$。(b) 使用带有事件选项的 solve_ivp 从 t=0 生成一个解，直到跳伞者落地(如果伞没有打开，我们不希望发生这种情况！)。阻力系数为 0.25kg/m，质量为 80kg，地面在飞机初始垂直位置以下 2000m，初始条件为 $v_x = 135$ m/s，$v_y = x = y = 0$。在笛卡儿(x–y)坐标上显示你的结果。

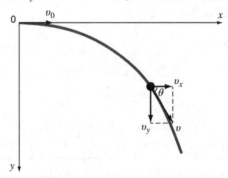

23.29　悬臂梁弹性曲线的基本微分方程为：

$$EI\frac{d^2 y}{dx^2} = -P(L - x)$$

其中 E 是弹性模量，I 是惯性矩。使用 solve_ivp 求解梁的偏转，$E = 2 \times 10^{11}$ Pa，$I = 0.00033$ m^4，$P = 4.5$ kN，L=3m。在绘图中显示结果以及解析解：

$$y = -\frac{PLx^2}{2EI} + \frac{Px^3}{6EI}$$

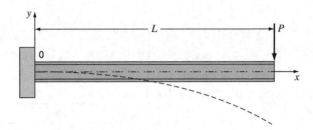

23.30 三个同时发生的化学反应由化学方程式模拟:

$$A + B \xrightarrow{k_1} C + F$$

$$A + C \xrightarrow{k_2} D + F$$

$$A + D \xrightarrow{k_3} E + F$$

字母 A-F 代表不同的化学物质, 在下面的 ODE 中, 也代表它们的浓度, 单位为 mol/L。这些代表了由 Svirbely 和 Blauer(1961)记录的真实反应系统, 也包括在 Himmelblau(1970)中。反应速率参数为 k, 采用二级动力学表达式量化系统模型。

$$\frac{\mathrm{d}A}{\mathrm{d}t} = -k_1 AB - k_2 AC - k_3 AD \qquad A(0) = 0.0209 \frac{\mathrm{mol}}{\mathrm{L}}$$

$$\frac{\mathrm{d}B}{\mathrm{d}t} = -k_1 AB \qquad B(0) = \frac{A(0)}{3}$$

$$\frac{\mathrm{d}C}{\mathrm{d}t} = k_1 AB - k_2 AC \qquad C(0) = 0$$

$$\frac{\mathrm{d}D}{\mathrm{d}t} = k_2 AC - k_3 AD \qquad D(0) = 0$$

E 和 F 分量可根据反应化学计量计算为:

$$E = \frac{A(0) - A - C - 2D}{3} \qquad 且 \qquad F = A(0) - A$$

此处建议速率参数的以下值:

$$k_1 = 12 \frac{1}{\mathrm{mol/L}} \times \frac{1}{\mathrm{min}}$$

$$k_2 = 3 \frac{1}{\mathrm{mol/L}} \times \frac{1}{\mathrm{min}}$$

$$k_3 = 0.5 \frac{1}{\mathrm{mol/L}} \times \frac{1}{\mathrm{min}}$$

在间歇反应装置上测量 A 组分的浓度与时间的关系, 如下表所示。

时间/min	$A \times 10^3$/(mol/L)	时间/min	$A \times 10^3$/(mol/L)
4.50	15.4	76.75	8.395
8.67	14.22	90.00	7.891
12.67	13.35	102.00	7.51
17.75	12.32	108.00	7.37
22.67	11.81	147.92	6.646

(续表)

时间/min	$A \times 10^3$/(mol/L)	时间/min	$A \times 10^3$/(mol/L)
27.08	11.39	198.00	5.883
32.00	10.92	241.75	5.322
36.00	10.54	270.25	4.96
46.33	9.78	326.25	4.518
57.00	9.157	418.00	4.075
69.00	8.594	501.00	3.715

(a) 使用 solve_ivp 生成上述四组 ODE 的解，时间范围是 0 到 510 分钟。根据你的计算结果，计算 E 和 F 组分的相应浓度。使用不同颜色创建所有六个分量的图以区分曲线，并将表中的实验数据作为标记添加到图中。

(b) 以(a)中的代码为基础，计算模拟值和实验值之间的差的平方和。注意，为了做到这一点，你的模拟必须在表中给出的时间生成值。使用 SciPy 优化子模块中的优化函数来调整所有三个 k 值并最小化平方和性能标准。重复(a)中的绘图，但使用 k 的新值。评论模型在(a)和(b)中复制数据的能力。

23.31　一个涉及 10 种物质的复杂间歇化学反应系统称为光化学异构化，由 8 种可逆化学反应表示：

$$y_1 \underset{k_{-1}}{\overset{k_1}{\rightleftharpoons}} y_2 + y_{10} \qquad y_2 \underset{k_{-2}}{\overset{k_2}{\rightleftharpoons}} y_3$$

$$y_3 \underset{k_{-3}}{\overset{k_3}{\rightleftharpoons}} y_4 \qquad y_4 + y_{10} \underset{k_{-4}}{\overset{k_4}{\rightleftharpoons}} y_5$$

$$y_5 \underset{k_{-5}}{\overset{k_5}{\rightleftharpoons}} y_6 + y_{10} \qquad y_6 \underset{k_{-6}}{\overset{k_6}{\rightleftharpoons}} y_7$$

$$y_7 \underset{k_{-7}}{\overset{k_7}{\rightleftharpoons}} y_8 \qquad y_8 + y_{10} \underset{k_{-8}}{\overset{k_8}{\rightleftharpoons}} y_9$$

根据二阶动力学可以编写 10 个 ODE 来跟踪每个组分：

$$\dot{y}_1 = -k_1 y_1 + k_{-1} y_2 y_{10}$$
$$\dot{y}_2 = -k_{-1} y_2 y_{10} - k_2 y_2 + k_{-2} y_3 + k_1 y_1$$
$$\dot{y}_3 = k_2 y_2 - k_{-2} y_3 - k_3 y_3 + k_{-3} y_4$$
$$\dot{y}_4 = k_3 y_3 - k_{-3} y_4 - k_4 y_4 y_{10} + k_{-4} y_5$$
$$\dot{y}_5 = k_4 y_4 y_{10} - k_{-4} y_5 - k_5 y_5 + k_{-5} y_6 y_{10}$$
$$\dot{y}_6 = k_5 y_5 - k_{-5} y_6 y_{10} - k_6 y_6 + k_{-6} y_7$$
$$\dot{y}_7 = k_6 y_6 - k_{-6} y_7 - k_7 y_7 + k_{-7} y_8$$
$$\dot{y}_8 = k_7 y_7 - k_{-7} y_8 - k_8 y_8 y_{10} + k_{-8} y_9$$
$$\dot{y}_9 = k_8 y_8 y_{10} - k_{-8} y_9$$
$$\dot{y}_{10} = k_1 y_1 - k_{-1} y_2 y_{10} - k_4 y_4 y_{10} + k_{-4} y_5 - k_{-5} y_6 y_{10} - k_8 y_8 y_{10} + k_{-8} y_9$$

反应的速率参数 k 为：

$$k_1 = 5 \qquad k_{-1} = 10^{10}$$
$$k_2 = 10^6 \qquad k_{-2} = 10^6$$
$$k_3 = 10^5 \qquad k_{-3} = 2 \times 10^5$$
$$k_4 = 10^6 \qquad k_{-4} = 10^{-2}$$
$$k_5 = 10 \qquad k_{-5} = 10^9$$
$$k_6 = 10^6 \qquad k_{-6} = 10^6$$
$$k_7 = 5 \times 10^5 \qquad k_{-7} = 10^5$$
$$k_8 = 5 \times 10^5 \qquad k_{-8} = 2.5 \times 10^{-4}$$

初始条件为:

$$y_1(0) = 0.1$$
$$y_{10}(0) = 1$$
$$y_2(0) = y_3(0) = \cdots = y_9(0) = 0$$

k 值表明化学反应的相对速度在多个数量级上变化,意味着在极端情况下这是一个刚性方程组。用传统的 RK 方法成功地求解这个系统是不可能的。一般来说,直到引入自适应刚性积分方法,如 Gear(1969)的开创性工作,才能求解此类方程组。

这是你的挑战,应当选择接受它,或者必须完成该任务:

在时间域 $0 \leqslant t \leqslant 10^6$ s 上使用 solve_ivp 求解该系统,返回从 $t=10^{-14}$ 到 10^6 的 1000 个对数间隔点的解(提示:时间数量级差是 20,使用 np.logspace 函数)。你必须使用 LSODA 方法,用于处理刚性系统。将 rtol 和 atol 参数设置为 1×10^{-12},并使用不同颜色和线型的组合在对数图上显示结果。将结果放在桌子上,远距离地欣赏这个图,你一定会感到非常震惊。

第 24 章

边值问题

本章学习目标

本章的主要目的是介绍常微分方程的边值问题。涵盖的具体目标和主题如下：

- 理解初值问题和边值问题之间的区别。
- 知道如何将 n 阶 ODE 表示为 n 个一阶 ODE 组。
- 了解如何通过使用线性插值生成准确的"射击"实现线性 ODE 打靶法求解。
- 知道如何实施有限差分法。
- 了解如何将导数边界条件纳入有限差分法。
- 能够通过对非线性代数方程组使用根定位方法，使用有限差分法求解非线性 ODE。
- 熟悉 SciPy integrate 子模块中用于求解边界值 ODE 的 Python 函数 solve_bvp。

问题引入

至此，我们一直在通过积分单个 ODE 来计算自由落体蹦极者的速度：

$$\frac{\mathrm{d}v}{\mathrm{d}t} = g - \frac{c_d}{m}v^2 \tag{24.1}$$

假设要求的不是速度，而是蹦极者的位置作为时间的函数，一种方法是考虑速度是距离的一阶导数：

$$\frac{\mathrm{d}x}{\mathrm{d}t} = v \tag{24.2}$$

因此，通过求解方程表示的两个 ODE 方程组(24.1)和(24.2)，我们可同时确定速度和位置。

但由于我们现在需要积分两个 ODE，所以需要两个条件来求解。我们已经熟悉了一种方法来处理在初始时间点有位置和速度值的情况：

$$x(t = 0) = x_i$$
$$v(t = 0) = v_i$$

给定这样的条件，我们可使用第 22 章和第 23 章中描述的数值方法轻松地积分 ODE，这也被称为初始值问题。

但是，如果不知道 $t=0$ 时的位置和速度值怎么办？假设我们知道初始位置而不是初始速度，但是希望蹦极者稍后能到达指定位置，也即：

$$x(t = 0) = x_i$$
$$x(t = t_f) = x_f$$

因为这两个条件是在自变量的不同值下给出的，所以这称为边界值问题。

此类问题需要特殊的解决方法，其中一些与前两章中描述的初始值问题方法有关，但也可以采用完全不同的策略来求解，本章旨在介绍这些方法中较常见的一种。

24.1　背景简介

24.1.1　什么是边值问题

常微分方程伴随着辅助条件，用于评估在方程求解过程中产生的积分常数，对于 n 阶方程，需要 n 个条件。如果所有条件都指定为自变量的相同值，那么我们处理的就是一个初始值问题，见图 24.1(a)。第 22 章和第 23 章中的内容一直致力于解决这类问题。

相比而言，通常情况下，条件在单个点上是未知的，但是在自变量的不同值下给出的。由于这些值通常在系统的极值点或边界处指定，所以通常被称为边界值问题，见图 24.1(b)。很多重要的工程应用都属于此类。本章中将讨论解决此类问题的一些基本方法。

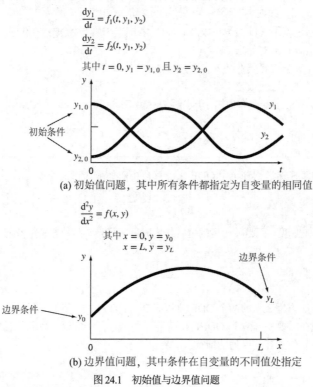

(a) 初始值问题，其中所有条件都指定为自变量的相同值

(b) 边界值问题，其中条件在自变量的不同值处指定

图 24.1　初始值与边界值问题

24.1.2　工程和科学中的边值问题

本章开头展示了如何将下落物体的位置和速度的确定表述为一个边界值问题，例如 ODE 的时域积分。尽管可以提出其他时变示例，但在空间积分时会更自然地出现边界值问题。这是因为辅助条件

通常是在空间的不同位置指定的。

一个典型例子是模拟位于两个恒温壁之间细长棒的稳态温度分布(图 24.2)。棒的横截面尺寸足够小,因此径向温度梯度可以忽略,因此,温度仅是轴向坐标 x 的函数。热量通过热传导作用沿棒的纵轴传递,并且通过对流在棒与周围气体之间传递。此例中假设辐射可以忽略不计。

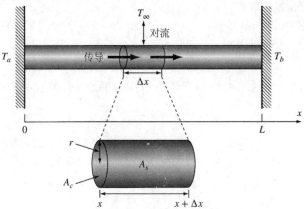

图 24.2　受传导和对流作用的加热棒的差动组件的热平衡

如图 24.2 所示,可以在厚度为Δx 的微分组件周围进行热平衡计算,如下所示:

$$0 = q(x)A_c - q(x + \Delta x)A_c + hA_s(T_\infty - T) \tag{24.3}$$

其中 $q(x)$是由于传导而流入组件的通量[J/(m²·s)]; $q(x + \Delta x)$是由于传导而流出组件的通量[J/(m²·s)]; A_c是截面积(m²),等于 πr^2, r 是半径(m); h 是对流换热系数[J/(m²·K·s)]; A_s是组件表面积(m²),等于 $2\pi r\Delta x$; T_∞是周围气体温度(K); T 是棒的温度(K)。

式(24.3)可除以组件体积($\pi r^2\Delta x$)得到:

$$0 = \frac{q(x) - q(x + \Delta x)}{\Delta x} + \frac{2h}{r}(T_\infty - T)$$

取极限$\Delta x \to 0$,可得:

$$0 = -\frac{dq}{dx} + \frac{2h}{r}(T_\infty - T) \tag{24.4}$$

通量可通过傅里叶定律与温度梯度联系起来:

$$q = -k\frac{dT}{dx} \tag{24.5}$$

其中 k 是导热系数[J/(s·m·K)]。

式(24.5)可对 x 微分,代入式(24.4),结果除以 k 可得

$$0 = \frac{d^2T}{dx^2} + h'(T_\infty - T) \tag{24.6}$$

其中 $h'=a$ 反映对流和传导相对影响的整体传热参数[m⁻²]=2h/(rk)。

式(24.6)表示一个可用于计算沿棒轴向尺寸的温度的数学模型,由于是二阶 ODE,所以需要两个条件才能得到准确解。如图 24.2 所示,一个常见情况是棒末端的温度保持恒定,这些可以在数学上表示为:

$$T(0) = T_a$$
$$T(L) = T_b$$

它们在物理上表示杆的"边界"处的条件这一事实是术语的起源：边界条件。

给定这些条件，可以求解式(24.6)所表示的模型。因为这个特定的 ODE 是线性的，所以也可求得解析解，如下例所示。

例 24.1 加热棒的解析解

问题描述。使用微积分求解式(24.6)，杆长 10 米，$h' = 0.05$ m$^{-2}[h = 1$ J/(m^2·K·s)，$r = 0.2$ m, $k = 200$ J/(s·m·K)]，$T_\infty = 200$ K。边界条件为：

$$T(0) = 300 \text{ K} \qquad T(10) = 400 \text{ K}$$

问题解答。此 ODE 可通过多种方式求解。一种直接的方法是首先将方程表示为：

$$\frac{\mathrm{d}^2 T}{\mathrm{d}x^2} - h'T = -h'T_\infty$$

因为这是一个具有常数系数的线性 ODE，所以可通过将右手边设置为零，并假设解的形式为 $T = e^{\lambda x}$ 获得一般解，将此解连同其二阶导数代入 ODE 的均质形式，得到：

$$\lambda^2 e^{\lambda x} - h' e^{\lambda x} = 0$$

可求解 $\lambda = \pm\sqrt{h'}$。因此，其一般的解是：

$$T = A e^{\lambda x} + B e^{-\lambda x}$$

其中 A 和 B 是积分常数。使用待定系数法，我们可推导出特解 $T = T_\infty$。因此，总解为：

$$T = T_\infty + A e^{\lambda x} + B e^{-\lambda x}$$

常数可以通过应用边界条件来评估：

$$T_a = T_\infty + A + B$$
$$T_b = T_\infty + A e^{\lambda L} + B e^{-\lambda L}$$

联立方程可以解得：

$$A = \frac{(T_a - T_\infty)e^{-\lambda L} - (T_b - T_\infty)}{e^{-\lambda L} - e^{\lambda L}}$$

$$B = \frac{(T_b - T_\infty) - (T_a - T_\infty)e^{\lambda L}}{e^{-\lambda L} - e^{\lambda L}}$$

用这个问题的参数值代入 A=20.4671 和 B=79.5329，得到最终解是：

$$T = 200 + 20.4671 e^{\sqrt{0.05}x} + 79.5329 e^{-\sqrt{0.05}x} \tag{24.7}$$

如图 24.3 所示，解是一条连接两个边界温度的平滑曲线，由于对流热损失到较冷的周围气体，中间的温度降低。

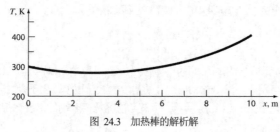

图 24.3 加热棒的解析解

在接下来的部分，我们将对同一个问题使用的数值法求解，精确解析解将有助于评估使用近似数值方法获得的解的准确性。

24.2　打靶法

打靶法是基于将边值问题转化为等价的初值问题,然后使用试错法以得到满足给定边界条件的初始值的求解方法。

尽管该方法可用于高阶和非线性方程,但用二阶线性 ODE 可很好地描述其基本方法,例如上一节中描述的加热棒问题。

$$0 = \frac{d^2T}{dx^2} + h'(T_\infty - T) \tag{24.8}$$

受限于边界条件:

$$T(0) = T_a$$
$$T(L) = T_b$$

我们通过定义温度的变化率或梯度将这个边值问题转换为初始值问题,如下:

$$\frac{dT}{dx} = z \tag{24.9}$$

重新表示式(24.8)为:

$$\frac{dz}{dx} = -h'(T_\infty - T) \tag{24.10}$$

至此,我们已经将单个二阶方程(24.8)转换为一对一阶 ODE[式(24.9)和式(24.10)]。

如果初始条件包含 T 和 z,我们可使用第 22 章和第 23 章中描述的方法将这些方程作为初始值问题求解。但是,因为初始值只有一个变量 $T(0)=T_a$,我们只需要对另一个变量 $Z(0)=Z_{a1}$ 进行猜测,然后积分。

执行完积分运算后,将在区间末尾生成一个 T 值,我们将其称为 T_{b1},除非非常幸运,否则一般情况下这个结果将与期望的结果 T_b 不同。

假设 T_{b1} 值太大($T_{b1}>T_b$),这将导致较低的初始斜率 $z(0)=z_{a2}$,可能会产生更好的预测值。使用这个新的猜测,我们可以再次在积分 T_{b2} 结束时生成第二个结果,然后可以继续以试错方式猜测,直到某个猜测值 $z(0)$ 可以积分得到正确的 $T(L)=T_b$ 条件。

至此,打靶法名称的由来应该已经很清楚了,就像调整大炮的角度以击中目标一样,我们通过猜测 $z(0)$ 的值来调整求解的轨迹,直到击中目标 $T(L)=T_b$。

我们当然可以继续猜测,但对于线性 ODE 来说,可能有更有效的策略。这种情况下,完美射击 z_a 的轨迹与我们的两个错误打靶(z_{a1}, T_{b1})和(z_{a2}, T_{b2})的结果线性相关。因此,可以采用线性插值来达到所需的轨迹:

$$z_a = z_{a1} + \frac{z_{a2} - z_{a1}}{T_{b2} - T_{b1}}(T_b - T_{b1}) \tag{24.11}$$

该方法可以通过一个例子来说明。

例 24.2　线性 ODE 的打靶法

问题描述。使用打靶法求解式(24.6)。条件与例 24.1 相同:L=10m,h'=0.05m^{-2},T_∞=200K,$T(0)$=300K,并且 $T(10)$=400K。

问题解答。首先将式(24.6)表示为一组一阶 ODE：

$$\frac{\mathrm{d}T}{\mathrm{d}x} = z$$

$$\frac{\mathrm{d}z}{\mathrm{d}x} = -0.05\,(200 - T)$$

连同温度的初始值 $T(0)=300$K，我们任意猜测初始值 $z(0)$ 的值 $z_{a1} = -5$ K/m，然后通过对从 $x=0$ 到 10 的 ODE 对进行积分来得到解，可使用 Python 的 solve_ivp 函数来做到这一点，方法是首先设置一个函数使用 ODE 计算导数：

```
def dydx(x,y):
T = y[0] ; z = y[1]
dy = np.zeros((2))
dy[0] = z
dy[1] = -0.05*(200.-T)
return dy
```

然后可以得到如下解：

```
import numpy as np
from scipy.integrate import solve_ivp
xi = 0. ; xf = 10.
xspan = np.linspace(xi,xf)
y0 = np.array([300.,-5.])
res = solve_ivp(dydx,(xi,xf),y0,t_eval=xspan)
t = res.t
T = res.y[0,:]
n = len(t)
print('Tb1 = {0:7.2f} K'.format(T[n-1]))
```

结果为：

```
Tb1 = 569.77 K
```

因此，我们在 $T_{b1}=569.77$K 的区间结束时获得一个值[见图 24.4(a)]，这与 $T_b=400$K 的期望边界条件不同。因此，我们进行另一个猜测 $z_{a2}=-20$ 并再次执行计算。

```
y0 = np.array([300.,-20.])
Tb1 = 259.53 K
```

这次的结果低于目标，见图 24.4(b)。

因为 ODE 是线性的，所以可使用式(24.11)确定正确的轨迹以实现完美的打靶：

$$z_a = -5 + \frac{-20 - (-5)}{259.53 - 569.77}(400 - 569.77) \approx -13.208$$

然后，可将该值与 solve_ivp 结合使用以得到正确的解，如图 24.4(c)所示。

解析解其实也在图 24.4(c)上，虽然从图中很难看出来。因此，打靶法得到的解与精确结果几乎一样。

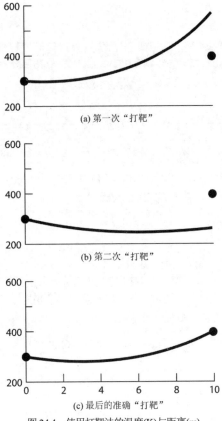

图 24.4　使用打靶法的温度(K)与距离(m)

24.2.1　导数边界条件

至此讨论的固定或狄利克雷边界条件只是工程和科学中使用的几种类型之一，一种常见的替代方法是导数作为一个边界条件给出的情况，这被称为诺伊曼边界条件。

因为它已经设定为计算因变量及其导数，所以可以比较简单地将导数边界条件合并到打靶法。

与固定边界条件的情况一样，首先将二阶 ODE 表示为两个一阶 ODE，此时所需的初始条件之一，无论是因变量还是其导数，都将是未知的。基于对缺失初始条件的猜测，我们积分来计算给定的结束条件。与初始条件一样，这个结束条件可以是因变量，也可以是其导数。对于线性 ODE，然后可以使用插值法来确定生成满足结束条件的最终、完美"打靶"所需的缺失初始条件。

例 24.3 具有导数边界条件的打靶法

问题描述。使用打靶法求解例 24.1 中杆的式 24.6：$L = 10$ m, $h' = 0.05$ m^{-2}, $h = 1$ W/(m^2·K), $r = 0.2$ m, $k = 200$ W/(m·K), $T_\infty = 200$ K。然而，此情况中左端温度不是固定在 300K，而是经受对流传热，如图 24.5 所示。

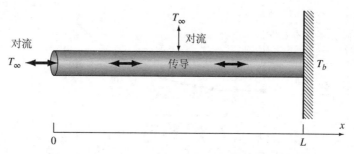

图 24.5　一端具有对流边界条件，另一端具有固定温度的棒

为简单起见，我们假设杆端区域的对流换热系数与杆表面的对流换热系数相同。

问题解答。 如例 24.2 所示，首先将式(24.6)表示为：

$$\frac{\mathrm{d}T}{\mathrm{d}x} = z$$

$$\frac{\mathrm{d}z}{\mathrm{d}x} = -0.05(200 - T)$$

尽管可能并不直观，但杆末端的对流等效于指定梯度或导数边界条件。为理解这一点，我们必须认识到，因为系统处于稳态，所以对流必须在棒的左边界(x=0)处等于传导。使用傅里叶定律[式(24.5)]来表示传导，最后的能量平衡可以表示为：

$$hA_c(T_\infty - T(0)) = -kA_c\frac{\mathrm{d}T}{\mathrm{d}x}(0) \tag{24.12}$$

如果我们猜测一个温度值，可以看到这个方程指定了梯度。

打靶法是通过任意猜测 $T(0)$ 的值来实现的。如果选择 $T(0)= T_{a1}$=300K，则式(24.13)产生梯度的初始值：

$$z_{a1} = \frac{\mathrm{d}T}{\mathrm{d}x}(0) = \frac{1}{200} \times (300 - 200) = 0.5 \tag{24.13}$$

解是 ODE 从 x=0 到 10 的积分。可使用 Python 的 solve_ivp 函数来实现这一点，方法是首先设置一个函数，使用 ODE 以与例 24.2 中相同的方式计算导数值，然后自动求解：

```
xi = 0. ; xf = 10.
xspan = np.linspace(xi,xf)
y0 = np.array([300.,0.5])
res = solve_ivp(dydx,(xi,xf),y0,t_eval=xspan)
t = res.t
T = res.y[0,:]
n = len(t)
print('Tb1 = {0:7.2f} K'.format(T[n-1]))
Tb1 = 683.53 K
```

正如预期的那样，T_{b1}=683.53K 的区间末尾的值与期望的边界条件 T_b=400K 不同。因此，我们再次猜测 T_{b2}=150K，对应于 z_{a2}=−0.25，然后再次计算。

```
y0 = np.array([150.,-0.25])
Tb1 = -41.76 K
```

然后可以使用线性插值来计算正确的初始温度：

$$T_a = 300 + \frac{150 - 300}{-41.76 - 683.53} \times (400 - 683.53) \approx 241.36 \text{ K}$$

这对应于 z_a=0.207 的梯度。利用这些初始条件，可使用 solve_ivp 来求得正确的解，如图 24.6 所示。

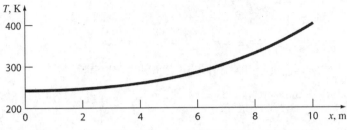

图 24.6　一端为对流边界条件，另一端为固定温度的二阶 ODE 的解

注意，可通过将初始条件代入式(24.12)来验证边界条件是否得到满足：

$$1\frac{W}{m^2{\cdot}K}\pi\,(0.2\ m)^2\,(200-241.36\ K)=-200\frac{W}{m{\cdot}K}\pi\,(0.2\ m)^2\,0.207\frac{K}{m}$$

得到-5.20W=-5.20W，传导和对流大致相等，并以 5.2W 的速率将热量从棒的左端传出。

24.2.2　非线性常微分方程的打靶法

对于非线性边界值问题，跨两个解点的线性插值或外推不一定会得到对所需边界条件的准确估计，从而获得精确解。另一种方法是执行打靶法的三个应用程序，并使用二次插值多项式来估计适当的边界条件，然而这种方法不太可能产生确切答案，并且需要额外的迭代来求解。

非线性问题的另一种方法是将其重铸为根问题，寻根任务的一般目标是找到使函数 $f(x)$=0 的 x 值，现在，让我们用热棒问题来了解打靶法如何以这种形式重铸。

首先，我们认识到一对微分方程的解也是一个"函数"，即我们猜测杆左端的条件 z_a，积分产生对右端温度的预测 T_b。因此，可将积分视为表示一个函数：

$$T_b = f(z_a)$$

也就是说，它代表了一个过程，其中对 z_a 的猜测会产生对 T_b 的预测。从这种方式看，我们想要的是 z_a 的值，它产生 T_b 的目标值，如果如例中那样，T_b=400K，则问题等同于：

$$400 = f(z_a)$$

通过将目标或目标温度带到等式的右侧，我们得到一个新函数 res(z_a)，表示 $f(z_a)$ 和目标(400)之间的差异、误差或残差。

$$\mathrm{res}(z_a) = f(z_a) - 400$$

如果 res(z_a)等于零，则解是正确的。下例说明了该方法。

例 24.4　非线性 ODE 的打靶法

问题描述。 尽管它有助于我们说明打靶法，但式(24.6)不是一个完全真实的加热棒模型。一方面，这样的棒会通过非线性的辐射等机制失去热量。

假设使用以下非线性 ODE 来模拟加热棒的温度：

$$0 = \frac{\mathrm{d}^2T}{\mathrm{d}x^2} + h'(T_\infty - T) + \sigma'(T_\infty^4 - T^4)$$

其中 σ'是反映辐射和传导相对影响的体传热参数($2.7\times10^{-9}\ \mathrm{K^{-3}m^{-2}}$)，注意辐射项中必须使用绝对温度。这个方程可以用来说明打靶法是如何解决两点边值问题的。其余条件和例 24.2 中的一样：$L = 10$ m, $h' = 0.05$ m^{-2}, $T_\infty = 200$ K, $T(0) = 300$ K, $T(L) = 400$ K。

　　问题解答。 与线性 ODE 一样，非线性二阶方程首先分解为两个一阶 ODE：

$$\frac{\mathrm{d}T}{\mathrm{d}x} = z$$

$$\frac{\mathrm{d}z}{\mathrm{d}x} = -h'(T_\infty - T) - \sigma'(T_\infty^4 - T^4)$$

　　下面编写一个 Python 函数，用来计算基于上述微分方程的导数：

```python
def dydx(x,y,hp,sigp,Tinf):
    T = y[0] ; z = y[1]
    dy = np.zeros((2))
    dy[0] = z
    dy[1] = -hp*(Tinf-T) - sigp*(Tinf**4-T**4)
    return dy
```

　　接下来，我们可以构建一个函数来计算误差，将尝试将其变成零，如：

```python
def res(za,hp,sigp,L,Tinf,T0,TL):
    xi = 0. ; xf = L
    y0 = np.array([T0,za])
    result = solve_ivp(dydx,(xi,xf),y0,args=(hp,sigp,Tinf))
    n = len(result.t)
    return result.y[0,n-1]-TL
```

　　注意我们如何使用 solve_ivp 函数求解两个 ODE 以生成杆末端的温度 result.y[n-1]，然后可以用 SciPy integrate 子模块中的 brentq 函数得到根。

```python
L = 10 # m
hp = 0.05 # 1/m2
sigp = 2.7e-9 # 1/(K3*m2)
Tinf = 200. # K
TL = 400. # K
T0 = 300. # K

za_soln = brentq(res,-10.,-100.,args=(hp,sigp,L,Tinf,T0,TL))
print('za = {0:7.2f} K/m'.format(za_soln))
```

可求得 z_a：

```python
za = -41.74 K/m
```

这可通过为此 z_a 生成解并绘制温度与 x 的关系来验证。

```python
xi = 0. ; xf = L
xspan = np.linspace(xi,xf)
y0 = np.array([T0,za_soln])
sol_out = solve_ivp(dydx,(xi,xf),y0,t_eval=xspan,args=(hp,sigp,Tinf))
x = sol_out.t
T = sol_out.y[0,:]

pylab.plot(x,T,c='k')
pylab.grid()
pylab.xlabel('distance - m')
pylab.ylabel('temperature - K')
```

结果与例 24.2 中的原始线性情况一起显示在图 24.7 中。正如所料，由于辐射向周围环境损失了额外的能量，非线性情况被压低到线性模型之下。

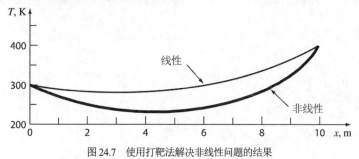

图 24.7 使用打靶法解决非线性问题的结果

24.3 有限差分法

打靶法最常见的替代方法是有限差分方法，在这些方法中，有限差分(第 21 章)被替换为原始方程中的导数。因此，线性微分方程被转换为一组联立代数方程，可以使用第三部分中的方法求解。

我们可以用加热棒模型来说明该方法[式(24.6)]：

$$0 = \frac{\mathrm{d}^2 T}{\mathrm{d}x^2} + h'(T_\infty - T) \tag{24.14}$$

解的域首先被划分为一系列节点(图 24.8)，在每个节点处可以用有限差分近似表示导数。例如，在节点 i 处，二阶导数可表示为：

$$\frac{\mathrm{d}^2 T}{\mathrm{d}x^2} = \frac{T_{i-1} - 2T_i + T_{i+1}}{\Delta x^2} \tag{24.15}$$

这个近似值代入式(24.14)可得：

$$\frac{T_{i-1} - 2T_i + T_{i+1}}{\Delta x^2} + h'(T_\infty - T_i) = 0$$

至此，微分方程已转换为代数方程，合并各项可得：

$$-T_{i-1} + (2 + h'\Delta x^2)T_i - T_{i+1} = h'x^2 T_\infty \tag{24.16}$$

可为杆的 $n-1$ 个内部节点中的每一个编写此方程，第一个和最后一个节点 T_0 和 T_n 分别由边界条件指定。因此，问题归结为求解 $n-1$ 个未知数的 $n-1$ 个联立线性代数方程。

在提供示例之前，我们应该提到式(24.16)的两个不错的功能。首先，由于节点是连续编号的，并且由于每个方程都包含一个节点(i)及其相邻节点($i-1$ 和 $i+1$)，因此生成的线性代数方程组将是三对角的。因此，可使用第 9.4 节的算法来非常有效地计算此类系统。

此外，式(24.16)左侧的系数表明线性方程组也将是对角线占优的。因此，收敛解也可以通过迭代法生成，例如 Gauss-Seidel 方法(第 12.1 节)。

例 24.5 边值问题的有限差分逼近

问题描述。 使用有限差分方法解决与例 24.1 和例 24.2 中的问题，分段长度为Δ*x*=2m 的四个内部节点。

问题解答。 使用例 24.1 中的参数，并且Δ*x*=2m，可为杆的每个内部节点写出式(24.16)。例如，对于节点 1：

$$-T_0 + 2.2T_1 - T_2 = 40$$

代入边界条件 T_0=300 可得：

$$2.2T_1 - T_2 = 340$$

在为所有内部节点写成式(24.16)之后，该方程组可以矩阵形式写为：

$$\begin{bmatrix} 2.2 & -1 & 0 & 0 \\ -1 & 2.2 & -1 & 0 \\ 0 & -1 & 2.2 & -1 \\ 0 & 0 & -1 & 2.2 \end{bmatrix} \begin{bmatrix} T_1 \\ T_2 \\ T_3 \\ T_4 \end{bmatrix} = \begin{bmatrix} 340 \\ 40 \\ 40 \\ 440 \end{bmatrix}$$

注意，该矩阵既是三对角矩阵又是对角占优矩阵，计算此类矩阵的 Python 脚本如下：

```python
import numpy as np
A = np.array([[2.2, -1., 0., 0.],
              [-1., 2.2, -1., 0.],
              [0., -1., 2.2, -1.],
              [0., 0., -1., 2.2]])
b = np.array([340., 40., 40., 440.])
T = np.linalg.solve(A,b)
for i in range(4):
    print('{0:7.2f}'.format(T[i]))
```

得到的温度如下：

```
283.27
283.19
299.74
336.25
```

表 24.1 是解析解(式 24.7)与打靶法(例 24.2)和有限差分方法(例 24.5)所得数值解的比较。可以看到，尽管结果之间存在一定的差异，但数值解与解析解相当吻合。此外，我们在例 24.5 中使用了粗节点间距，导致有限差分法的误差最大，如果使用更小的节点间距，则会产生更好的一致性。

表 24.1　温度的精确解析解与使用打靶法和有限差分方法获得的结果的比较

x	解析解	打靶法	有限差分法
0	300	300	300
2	282.8634	282.8889	283.2660
4	282.5775	282.6158	283.1853
6	299.0843	299.1254	299.7416
8	335.7404	335.7718	336.2462
10	400	400	400

24.3.1 导数边界条件

正如我们在讨论打靶法中提到的，固定或狄利克雷边界条件只是工程和科学中使用的几种类型之一。一个常见的替代方案是给定导数的情况，称为 Neumann 边界条件。

可使用本章前面介绍的加热棒来演示如何将导数边界条件合并到有限差分方法中：

$$0 = \frac{d^2T}{dx^2} + h'(T_\infty - T)$$

与我们之前的讨论不同的是，我们将在杆的一端规定一个导数边界条件：

$$\frac{dT}{dx}(0) = T_a'$$

$$T(L) = T_b$$

因此，我们在解域的一端有一个导数边界条件，而在另一端有一个固定的边界条件。

就像在上一节中一样，杆被分成一系列节点，并将微分方程的有限差分版本(式 24.16)应用于每个内部节点。但是，因为没有指定它的温度，所以左端的节点也必须包括在内。图 24.9 描绘了在加热棒左边缘的节点(0)，微分边界条件适用于该节点。给这个节点应用式(24.16)：

$$-T_{-1} + (2 + h'\Delta x^2)T_0 - T_1 = h'\Delta x^2 T_\infty \tag{24.17}$$

注意，此方程需要位于杆端左侧的假想节点(-1)。尽管这个外部点似乎代表了一个难点，但它实际上起到了作用。

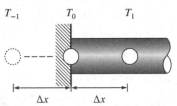

图 24.9　加热棒左端的边界节点。为了近似边界处的导数，假想节点位于杆端左侧距离 Δx 处

使用中心差[式(4.25)]：

$$\frac{dT}{dx} = \frac{T_1 - T_{-1}}{2\Delta x}$$

可以得到：

$$T_{-1} = T_1 - 2\Delta x \frac{dT}{dx}$$

现在我们得到了 T_{-1} 的公式，它实际上反映了导数的影响，然后将其代入式(24.17)可得：

$$(2 + h'\Delta x^2)T_0 - 2T_1 = h'\Delta x^2 T_\infty - 2\Delta x \frac{dT}{dx} \tag{24.18}$$

因此，我们已将导数纳入平衡方程中。

导数边界条件的一个常见例子是杆端绝缘的情况，在这种情况下，导数设置为零。这个结论直接由 Fourier 定律[式(24.5)]决定，因为绝缘边界意味着热通量和梯度必须为零。下例说明了解是如何受此类边界条件的影响的。

例 24.6　引入导数边界条件

问题描述。计算 10 米杆的有限差分解，Δx=2m，h'=0.05m^{-2}，T_∞=200K；边界条件：$T_a' = 0$，

T_b=400K。注意第一个条件意味着解的斜率应该在杆的左端接近零。除了这种情况，还要在 x=0 处得到 dT/dx=-20 的解。

问题解答。应用式(24.18)，将节点 0 表示为：

$$2.2T_0 - 2T_1 = 40$$

可以用式(24.16)表示节点。例如，对于节点 1：

$$-T_0 + 2.2T_1 - T_2 = 40$$

对剩余的内部节点使用类似的方法，最终的方程组可以矩阵形式表示为：

$$\begin{bmatrix} 2.2 & -2 & & & \\ -1 & 2.2 & -1 & & \\ & -1 & 2.2 & -1 & \\ & & -1 & 2.2 & -1 \\ & & & -1 & 2.2 \end{bmatrix} \begin{Bmatrix} T_0 \\ T_1 \\ T_2 \\ T_3 \\ T_4 \end{Bmatrix} = \begin{Bmatrix} 40 \\ 40 \\ 40 \\ 40 \\ 440 \end{Bmatrix}$$

这些方程可以解出以下结果。

$$T_0 = 243.0278$$
$$T_1 = 247.3306$$
$$T_2 = 261.0994$$
$$T_3 = 287.0882$$
$$T_4 = 330.4946$$

如图 24.10 所示，由于零导数条件，解在 x=0 处是平坦的，然后在 x=10 处向上弯曲到 T=400 的固定条件。

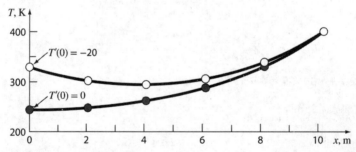

图 24.10 一端为导数边界条件，另一端为固定边界条件的二阶 ODE 的解。两种情况反映了 x=0 处的不同导数值

对于 x=0 处的导数设置为-20 的情况，联立方程为

$$\begin{bmatrix} 2.2 & -2 & & & \\ -1 & 2.2 & -1 & & \\ & -1 & 2.2 & -1 & \\ & & -1 & 2.2 & -1 \\ & & & -1 & 2.2 \end{bmatrix} \begin{Bmatrix} T_0 \\ T_1 \\ T_2 \\ T_3 \\ T_4 \end{Bmatrix} = \begin{Bmatrix} 120 \\ 40 \\ 40 \\ 40 \\ 440 \end{Bmatrix}$$

可以解得

$$T_0 = 328.2710$$
$$T_1 = 301.0981$$
$$T_2 = 294.1448$$
$$T_3 = 306.0204$$
$$T_4 = 339.1002$$

如图 24.10 所示，由于我们在边界处施加的负导数，$x=0$ 处的解向下弯曲。

24.3.2　非线性 ODE 的有限差分方法

对于非线性 ODE，替换有限差分可以得到一个非线性联立方程组。因此，解决此类问题的最通用方法是对方程组使用根定位方法，例如 12.2.2 节中描述的 Newton-Raphson 方法。虽然这种方法肯定是可行的，但通过连续替换，有时可以提供更简单的替代方案。

例 24.4 中介绍的具有对流和辐射的加热棒提供了一个很好的说明：

$$0 = \frac{\mathrm{d}^2 T}{\mathrm{d}x^2} + h'(T_\infty - T) + \sigma'(T_\infty^4 - T^4)$$

可将这个微分方程转换为代数形式，方法是把它写成节点 i 并用式(24.15)代替二阶导数：

$$0 = \frac{T_{i-1} - 2T_i + T_{i+1}}{\Delta x^2} + h'(T_\infty - T_i) + \sigma'(T_\infty^4 - T_i^4)$$

合并各项可得：

$$-T_{i-1} + (2 + h'\Delta x^2)T_i - T_{i+1} = h'\Delta x^2 T_\infty + \sigma'\Delta x^2(T_\infty^4 - T_i^4)$$

注意尽管右侧有一个非线性项，但左侧是对角占优的线性代数系统的形式。如果我们假设右边的未知非线性项等于它上一次迭代的值，则方程可以解为：

$$T_i = \frac{h'\Delta x^2 T_\infty + \sigma'\Delta x^2(T_\infty^4 - T_i^4) + T_{i-1} + T_{i+1}}{2 + h'\Delta x^2} \tag{24.19}$$

与 Gauss-Seidel 方法一样，可使用式(24.19)连续计算每个节点的温度并迭代，直到收敛到可接受的容差。尽管此方法不适用于所有情况，但对于许多基于物理系统的 ODE 都会收敛，因此对解决工程和科学中经常遇到的问题很有用。

例 24.7 非线性 ODE 的有限差分法

问题描述。使用有限差分法模拟受对流和辐射影响的加热棒的温度：

$$0 = \frac{\mathrm{d}^2 T}{\mathrm{d}x^2} + h'(T_\infty - T) + \sigma'(T_\infty^4 - T^4)$$

其中 $\sigma' = 2.7 \times 10^{-9}$ $K^{-3}m^{-2}$，$L = 10$ m，$h' = 0.05$ m^{-2}，$T_\infty = 200$K，$T(0) = 300$K，$T(10) = 400$K。使用四个内部节点，段长 $\Delta x = 2$m。回顾一下，我们在例 24.4 中用打靶法解决了同样的问题。

问题解答。使用式(24.19)可以连续求解棒内部节点的温度。与标准的 Gauss-Seidel 技术一样，内部节点的初始值为零，边界节点的固定条件为 $T_0 = 300$ 和 $T_5 = 400$。第一次迭代的结果是：

$$T_1 = \frac{0.05(2)^2 \, 200 + 2.7 \times 10^{-9'}(2)^2(200^4 - 0^4) + 300 + 0}{2 + 0.05(2)^2} \approx 159.2432$$

$$T_2 = \frac{0.05(2)^2 \, 200 + 2.7 \times 10^{-9'}(2)^2(200^4 - 0^4) + 159.2432 + 0}{2 + 0.05(2)^2} \approx 97.9674$$

$$T_3 = \frac{0.05(2)^2 \, 200 + 2.7 \times 10^{-9'}(2)^2(200^4 - 0^4) + 97.9674 + 0}{2 + 0.05(2)^2} \approx 70.4461$$

$$T_4 = \frac{0.05(2)^2 \, 200 + 2.7 \times 10^{-9'}(2)^2(200^4 - 0^4) + 70.4461 + 400}{2 + 0.05(2)^2} \approx 226.8704$$

继续此过程，直至收敛到最终结果：

$$T_0 = 300$$
$$T_1 = 250.4827$$
$$T_2 = 236.2962$$
$$T_3 = 245.7596$$
$$T_4 = 286.4921$$
$$T_5 = 400$$

这些结果与例 24.4 中使用打靶法得到的结果一起显示在图 24.11 中。

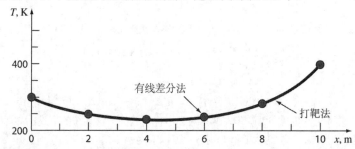

图 24.11 实心圆圈是使用有限差分方法解决非线性问题的结果，可以与例 24.4 中的打靶法生成的线条比较

24.4 Python 函数：solve_bvp

SciPy integrate 子模块中的 solve_bvp 函数基于更高级的有限差分算法(称为四阶搭配)和阻尼牛顿法求解 ODE 边界值问题。solve_bvp 的简化语法是：

```
from scipy.integrate import solve_bvp
sol = solve_bvp(func,bc,x,y)
```

其中 sol 是包含各种解元素的对象结果，func 是提供基于 ODE 的导数的函数，bc 是另一个在边界条件下评估残差的函数，x 是定义 m 个网格或节点的 $m \times 1$ 数组自变量，y 是一个 $n \times m$ 数组，由节点位置的因变量初始猜测组成。

func 的格式如下。

```
def func(x,y):
  .
  .
  return dy
```

其中 x 是 a 自变量的值，y 是 n 个因变量值的数组。

bc 的格式是：

```
def bc(ya,yb):
  .
  .
  return res
```

其中 ya 和 yb 是因变量的开始值和结束值的 $n \times 1$ 数组，并且 res 是引用 ya 和 yb 值的 n 个残差数组。

需要注意，虽然选择某个初始网格和因变量猜测对于线性 ODE 并不重要，但它们对成功、有效地求解非线性方程至关重要。

例 24.8　用 solve_bvp 求解边值问题

问题描述。使用 solve_ivp 求解以下二阶 ODE:

$$\frac{\mathrm{d}^2 y}{\mathrm{d}x^2} + y = 1$$

边界条件是:

$$y(0) = 1 \qquad y(\pi/2) = 0$$

问题解答。首先,我们将二阶方程表示为一对一阶 ODE。

$$\frac{\mathrm{d}y}{\mathrm{d}x} = z$$

$$\frac{\mathrm{d}z}{\mathrm{d}x} = 1 - y$$

然后编写一个函数来计算基于 ODE 的导数。

```
def dydx(x,y):
    dy = []
    dy.append(y[1])
    dy.append(1.-y[0])
    return dy
```

可以编写函数来指定边界条件残差,与根问题类似,因为我们指定了两个条件,当满足边界条件时,它们的值应为零。为此,从左右边界值的 ya 和 yb 数组开始,第一个条件 $y(0)=1$ 可被公式化为 2ya[0]-1,第二个条件 $y(\pi/2)=0$ 单独对应于 yb[0]。

```
def bc(ya,yb):
    return np.array([ya[0]-1,yb[0]])
```

最后,我们可以编写脚本,使用由十个等距点组成的网格以及整个网格中 $y=1$ 和 $z=\mathrm{d}y/\mathrm{d}x=-1$ 的初始猜测来求解:

```
y = np.zeros((2,10))
y[0,:] = 1 ; y[1,:] = -1
sol = solve_bvp(dydx,bc,x,y)
y = sol.y[0,:]

pylab.plot(x,y,c='k')
pylab.grid()
pylab.xlabel('x')
pylab.ylabel('y')
```

运行脚本会生成图 24.12。在此例中开发的脚本和函数只需要稍作调整,就可以应用于其他边界值问题。本章末尾的几个习题为你提供学习如何做到这一点的机会。

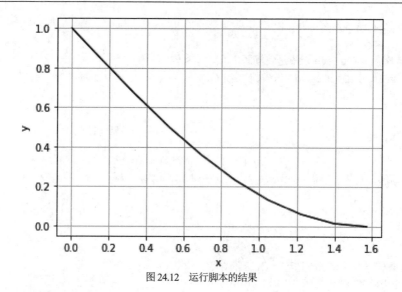

图 24.12　运行脚本的结果

习题

24.1 棒的稳态能量平衡可以表示为：

$$\frac{\mathrm{d}^2 T}{\mathrm{d} x^2} - 0.15\, T = 0$$

杆长是 10m，$T(0)$=240，$T(L)$=150。

(a) 解析法求解

(b) 使用打靶法

(c) 使用Δx=1m 的有限差分法

24.2 棒的一端($x=L$=10m)绝缘，另一端(x=0)处于 240 的固定温度，重复习题 24.1。

24.3 使用打靶法求解。

$$7\frac{\mathrm{d}^2 y}{\mathrm{d} x^2} - 2\frac{\mathrm{d} y}{\mathrm{d} x} - y + x = 0$$

边界条件为$y(0)$=5，$y(20)$=8。

24.4 使用Δx=2 的有限差分法求解习题 24.3。

24.5 在例 24.4 和例 24.7 中求解了以下非线性微分方程：

$$0 = \frac{\mathrm{d}^2 T}{\mathrm{d} x^2} + h'(T_\infty - T) + \sigma'(T_\infty^4 - T^4)$$

这些方程有时被线性化以获得近似解，即通过一阶泰勒级数展开将方程中 T 中的四次项线性化为

$$T^4 \approx \bar{T}^4 + 4 \cdot \bar{T}^3 \cdot (T - \bar{T})$$

其中$\bar{T}$是项线性化的基础温度。将此关系代入式(P24.5)，然后用有限差分法求解得到的线性方程。使用$\bar{T}$=300，Δx=1m 和例 24.4 中的参数求解。将你的结果与例 24.4 中非线性版本的结果一起作图。

24.6 开发一个名为 linshoot 的 Python 函数，使用打靶法求解具有以下形式的 Dirichlet 边界条

件的线性二阶 ODE：

$$a\frac{d^2y}{dx^2} + b\frac{dt}{dx} + cy = f(x) \quad L_1 \leqslant x \leqslant L_2 \quad y(L_1) = y_1 \quad y(L_2) = y_2$$

使用习题 24.1(b)测试程序。

24.7 开发一个名为 lin_finite 的 Python 函数来实现线性二阶 ODE 的有限差分法，其 Dirichlet 边界条件为：

$$a\frac{d^2y}{dx^2} + b\frac{dt}{dx} + cy = f(x) \quad L_1 \leqslant x \leqslant L_2 \quad y(L_1) = y_1 \quad y(L_2) = y_2$$

使用习题 24.5 测试程序。

24.8 具有均匀热源的绝缘加热棒可用泊松方程建模为：

$$\frac{d^2T}{dx^2} = -f(x)$$

给定一个恒定热源 $f(x)=25℃/m^2$ 和边界条件 $T(0)=40℃$，$T(10)=200℃$。(a)使用打靶法，(b)使用 $\Delta x=2$ 的有限差分法。

24.9 重复习题 24.8，但热源改为如下空间分布：

$$f(x) = 0.12x^3 - 2.4x^2 + 12x$$

24.10 锥形散热片中的温度分布由以下微分方程描述，该方程已无量纲化：

$$\frac{d^2u}{dx^2} + \left(\frac{2}{x}\right)\left(\frac{du}{dx} - p\right) = 0$$

其中 u 是无量纲温度($0 \leqslant u \leqslant 1$)，x=轴向距离($0 \leqslant x \leqslant 1$)，$p$ 是描述传热几何形状的无量纲参数：

$$p = \frac{hL}{k}\sqrt{1 + \frac{2}{m^2}}$$

其中 h 是传热系数，k 是翅片材料的热导率，L 是锥体的长度，m 是锥体壁的斜率。微分方程的边界条件是 $u(0)=1$，$u(1)=1$。

使用有限差分方法求解该温度分布方程，对导数使用二阶精确近似。编写 Python 脚本求解并生成 p=10、20、50 和 100 的温度曲线图。

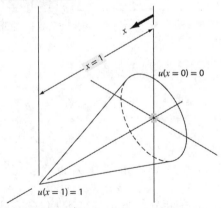

24.11 化合物 A 通过 4 厘米长的管子扩散并在发生反应，控制扩散与反应的方程是：

$$D\frac{d^2A}{dx^2} - kA = 0$$

其中 D 是扩散率(cm^2/s)，A 是浓度(M-摩尔浓度)，k 是反应速率(s^{-1})。在管的一端($x=0$)有一个

大的 A 源，浓度固定为0.1M。在管子的另一端，有一种物质会迅速吸收并保留 A，使那里 A 的浓度为零。如果 $D=1.5\times10^{-6}\mathrm{cm^2/s}$ 且 $k=5\times10^{-6}\mathrm{s^{-1}}$，确定 A 的浓度随管的距离变化的函数。

24.12　以下微分方程描述了物质在轴向分散的管式反应器中与一级动力学反应的稳态浓度曲线：

$$D\frac{\mathrm{d}^2c}{\mathrm{d}x^2} - U\frac{\mathrm{d}c}{\mathrm{d}x} - kc = 0$$

其中 D 是分散系数($\mathrm{m^2/h}$)，c 是浓度(mol/L)，x 是轴向距离(m)，U 速度(m/h)，k 为反应速率($\mathrm{s^{-1}}$)。边界条件可以表示为：

$$Uc_{\mathrm{in}} = Uc(0) - D\frac{\mathrm{d}c}{\mathrm{d}x}(0)$$

$$\frac{\mathrm{d}c}{\mathrm{d}x}(L) = 0$$

其中 c_{in} 是流入液中的浓度(mol/L)，L 是反应器管的长度(m)，以上被称为 Danckwerts 边界条件。给定以下参数值，使用有限差分法求解浓度曲线：$D = 5000\ \mathrm{m^3/h}$，$U = 100\ \mathrm{m/h}$，$k = 2\ \mathrm{hr^{-1}}$，$L = 100\ \mathrm{m}$，$c_{\mathrm{in}} = 1\ \mathrm{mol/L}$，使用$\Delta x=10\mathrm{m}$的中心差近似。将你的数值结果与解析解进行比较：

$$c = \frac{Uc_{\mathrm{in}}\left(\lambda_2 e^{\lambda_2 L}e^{\lambda_1 x} - \lambda_1\cdot e^{\lambda_1 L}e^{\lambda_2 x}\right)}{(U - D\lambda_1)\lambda_2 e^{\lambda_2 L} - (U - D\lambda_2)\lambda_1 e^{\lambda_1 L}}$$

其中特征值 λ_1 和 λ_2 由下式给出：

$$\lambda_1, \lambda_2 = \frac{2U}{D}\left(1 \pm \sqrt{1 + \frac{4kD}{U^2}}\right)$$

$x = 0$　　　　　　　　　　　　　　　　$x = L$

24.13　一级液相反应产生所需的产物 B 和不需要的副产物 C 的串联反应：

$$A \xrightarrow{\ k_1\ } B \xrightarrow{\ k_2\ } C$$

如果反应发生在具有轴向分散的管式反应器中可参见题 24.12 中的图，则可以使用稳态材料平衡来得到以下一组二阶 ODE：

$$D\frac{\mathrm{d}^2c_a}{\mathrm{d}x^2} - U\frac{\mathrm{d}c_a}{\mathrm{d}x} - k_1 c_a = 0$$

$$D\frac{\mathrm{d}^2c_b}{\mathrm{d}x^2} - U\frac{\mathrm{d}c_b}{\mathrm{d}x} + k_1 c_a - k_2 c_b = 0$$

$$D\frac{\mathrm{d}^2c_c}{\mathrm{d}x^2} - U\frac{\mathrm{d}c_c}{\mathrm{d}x} + k_2 c_b = 0$$

给定参数值，使用有限差分法求解作为距离函数的每种物质的浓度：$D = 0.1\ \mathrm{m^2/min}$，$U = 1\ \mathrm{m/min}$，$k_1 = 3\ \mathrm{min^{-1}}$，$k_2 = 1\ \mathrm{min^{-1}}$，$L = 0.5\ \mathrm{m}$，$c_{a,\mathrm{in}} = 1\ \mathrm{mol/L}$。如习题 24.12 中所述，假设 Danckwerts 边界条件，使用$\Delta x=0.05\mathrm{m}$的中心差近似求解，并计算作为距离函数的物质浓度总和，检查你的结果是否合理。

24.14 厚度为 L_f(cm)的生物膜在固体表面生长。穿过厚度为 L(cm)的扩散层后，化合物 A 扩散到生物膜中，并在此发生不可逆的一级反应，将其转化为产物 B。稳态物质平衡可用于推导化合物 A 的微分方程：

$$D\frac{\mathrm{d}^2 c_a}{\mathrm{d}x^2} = 0 \qquad\qquad 0 \leqslant x \leqslant L$$

$$D_f\frac{\mathrm{d}^2 c_a}{\mathrm{d}x^2} - k c_a = 0 \qquad L \leqslant x \leqslant L + L_f$$

其中 D=0.08cm^2/d，是扩散层中的扩散系数；D_f=0.04cm^2/d，是生物膜中的扩散系数；k=2000d^{-1}，是 A 到 B 的一级转换速率参数，下列边界条件成立：

$$c_a = c_{a0} \qquad\qquad x = 0$$

$$\frac{\mathrm{d}c_a}{\mathrm{d}x} = 0 \qquad\qquad x = L + L_f$$

其中 c_{a0}=1mol/L 是 A 在本体液体中的浓度。此外，在扩散层和生物膜之间的边界处，A 的浓度和通量是连续的，后者遵循 Fick 定律，其中：

$$D\frac{\mathrm{d}c_a}{\mathrm{d}x} = D_f\frac{\mathrm{d}c_a'}{\mathrm{d}x}$$

这里，c_a'表示生物膜中的浓度。应该考虑一阶有限差分近似以结合上述内容。使用有限差分法计算 A 从 x=0 到 $L+L_f$ 的稳态浓度分布，其中 L=0.008cm，L_f=0.004cm。使用Δx=0.001cm 的中心差分近似值。

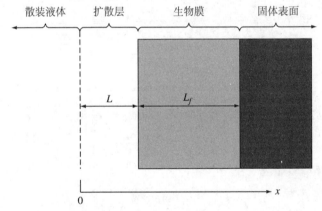

24.15 一根电缆悬挂在两个支架 A 和 B 上。电缆具有分布负载，其幅度随 x 变化为：

$$w = w_0 \left[1 + \sin\left(\frac{\pi x}{2 l_\mathrm{A}}\right)\right]$$

其中 w_0=450N/m。在 x=0 处电缆的斜率(dy/dx)=0，这是电缆的最低点，也是电缆中的张力最小为 T_0 的点。描述电缆状态的微分方程是：

$$\frac{\mathrm{d}^2 y}{\mathrm{d}x^2} = \frac{w_0}{T_0}\left[1 + \sin\left(\frac{\pi x}{2 l_\mathrm{A}}\right)\right]$$

使用数值方法求解此方程并绘制电缆的形状(y 与 x)。对于数值解，T_0 的值是未知的，因此必须使用类似于打靶法的迭代法求解，以针对 T_0 的各种值收敛到正确的 h_A 值。

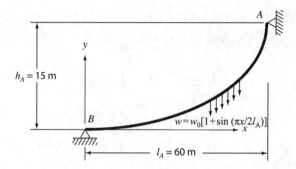

24.16 简支均匀加载梁弹性曲线的基本微分方程为：

$$EI\frac{\mathrm{d}^2 y}{\mathrm{d}x^2} = \frac{wLx}{2} - \frac{wx^2}{2}$$

其中 E 是弹性模量，I 是惯性矩。边界条件为 $y(0)=y(L)=0$。使用(a)有限差分法($\Delta x=0.6$m)和(b)打靶法求解光束的偏转。其他参数是：$E=200$GPa，$I=30\ 000$cm^4，$w=15$kN/m，$L=3$m。将你的数值结果与解析解进行比较：

$$y = \frac{wLx^3}{12EI} - \frac{wx^4}{24EI} - \frac{wL^3 x}{24EI}$$

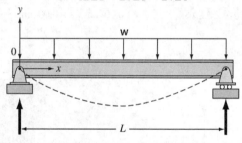

24.17 在习题24.16，均布荷载梁弹性曲线的基本微分方程为：

$$EI\frac{\mathrm{d}^2 y}{\mathrm{d}x^2} = \frac{wLx}{2} - \frac{wx^2}{2}$$

右侧表示作为 x 函数的矩。等效于：

$$EI\frac{\mathrm{d}^4 y}{\mathrm{d}x^2} = -w$$

求解这个方程需要四个边界条件。对于习题24.16的图中所示的支座，边界条件是末端位移为零，$y(0)=y(L)=0$，并且末端力矩也为零，$y''(0)=y''(L)=0$。使用 $\Delta x =0.6$m 的有限差分求解梁的偏转，其他参数是：$E=200$GPa，$I=3\times 10^{-4}$m^4，$w=15$kN/m，$L=3$m。将结果与习题24.16的解析解进行比较。

24.18 基于几个简化假设，一维、无承压的地下水含水层中地下水位的稳态高度可用以下二阶ODE建模：

$$K\bar{h}\frac{\mathrm{d}^2 h}{\mathrm{d}x^2} + N = 0$$

其中 x 是距离(m)，K 是导水率(m/d)，h 是地下水位高度(m)，$\bar{h}$ 是地下水位平均高度(m)，N 是入渗率(m/d)。求解从 $x=0$ 到 1000m 的地下水位高度，其中 $h(0)=10$m，$y(1000)=5$m。使用以下参数值进行计算：$K=1$m/d 和 $N=0.0001$m/d，并将地下水位的平均高度设置为两个边界条件的平均值。使用(a)打靶法和(b)有限差分法($\Delta x=10$m)求解。

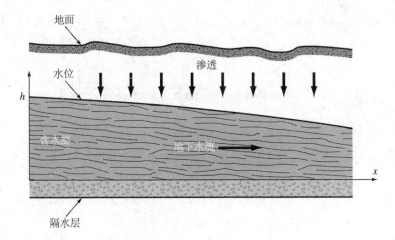

24.19 在习题 24.18，线性化地下水模型用于模拟非承压含水层的地下水位高度。使用以下非线性 ODE 可以获得更真实的结果：

$$\frac{\mathrm{d}}{\mathrm{d}x}\left(Kh\frac{\mathrm{d}h}{\mathrm{d}x}\right)+N=0$$

其中 x 是距离(m)，K 是水力传导率(m/d)，h 是地下水位高度(m)，N 是入渗率(m/d)。求解与习题 24.18 相同情况下的地下水位高度，即从 $x=0$ 求解到 1000m，其中 $h(0)=10$m，$h(1000)=5$m，$K=1$m/d，$N=0.0001$m/d。使用打靶法求解。

24.20 正如傅里叶定律和能量平衡可以用来描述温度分布一样，类似的关系也可用于模拟其他工程领域的场问题，例如电气工程师在模拟静电场时可使用类似的方法。在简化假设条件下，傅里叶定律的类比可在一维中表示为：

$$D=-\varepsilon\frac{\mathrm{d}V}{\mathrm{d}x}$$

其中 D 称为电通量密度，ε 是材料的介电常数，V 是静电势。类似地，静电场的泊松方程(参见习题 24.8)可以在一维中表示为：

$$\frac{\mathrm{d}^2V}{\mathrm{d}x^2}=-\frac{\rho_v}{\varepsilon}$$

其中 ρ_v 是电荷密度。使用 $\Delta x=2$ 的有限差分技术，来确定边界条件为 $V(0)=1000$、$V(20)=0$、$\varepsilon=2$、$L=20$、$\rho_v=30$ 的 V。

24.21 假设下落物体的位置遵循以下微分方程：

$$\frac{\mathrm{d}^2x}{\mathrm{d}t^2}+\frac{c}{m}\frac{\mathrm{d}x}{\mathrm{d}t}-g=0$$

其中 $c=12.5$kg/s 是一阶阻力系数，$m=70$kg 是物体的质量。使用打靶法求解以下边界条件下的解：

$$x(0)=0 \qquad x(12)=-500$$

24.22 如图所示，绝缘金属棒在其左端有一个固定的温度边界条件(T_0)。在它的右端，它与一个装满水的薄壁管相连，通过该管传导热量。该管在其右端绝缘，并与周围固定的空气温度 T_∞ 对流。沿管的位置处的对流热通量 W/m² 可表示为：

$$q=h(T_\infty-T_2(x))$$

其中 h 是对流传热系数[W/(m² · K)]。使用 $\Delta x=0.1$m 的有限差分法来计算棒和管的温度曲线，两者都是具有相同半径 r(m)的圆柱形。使用以下参数值进行分析：$L_{rod}=0.6$m，$L_{tube}=0.8$m，$T_0=400$K，

T_∞=300K，r=3cm，k_1=80.2W/(m・K)，k_2=0.615W/(m・K)，h=1W/(m²・K)，下标 1 和 2 分别表示棒和管。

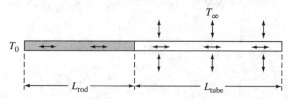

24.23 执行与习题 24.22 相同的模拟运算，但此时管也是绝缘的，且管子的右端保持在 300K 的固定温度。

24.24 使用 Python SciPy integrate 子模块中的 solve_bvp 函数解决以下问题并作图。

$$\frac{\mathrm{d}^2 y}{\mathrm{d} x^2} + y = 0 \quad y(0) = 1 \quad \frac{\mathrm{d}y}{\mathrm{d}x}(1) = 0$$

24.25 下图显示了一个均匀的梁受到线性增加的分布载荷，其弹性曲线方程为：

$$EI\frac{\mathrm{d}^2 y}{\mathrm{d} x^2} - \frac{w_0}{6}\left(0.6Lx - \frac{x^3}{L}\right) = 0$$

弹性曲线的解析解是：

$$y = \frac{w_0}{120 EIL}(-x^5 + 2L^2 x^3 - L^4 x)$$

使用 solve_bvp 求解微分方程，然后在同一图上显示数值解和解析解。使用以下参数值：L=600cm，E=50 000kN/cm²，I=30 000cm⁴，w_0=2.5kN/cm。

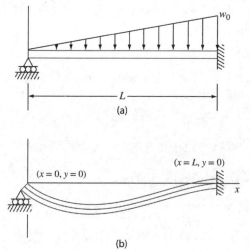

24.26 使用 solve_bvp 计算微分方程的解：

$$\frac{\mathrm{d}^2 u}{\mathrm{d} x^2} + 6\frac{\mathrm{d}u}{\mathrm{d}x} - u = 2$$

边界条件 $u(0)$=10，$u(2)$=1。将结果 u 与 x 作图。

24.27 使用 solve_bvp 求解以下无量纲常微分方程，该微分方程描述了具有内部热源 S 的圆柱棒中的温度分布。

$$\frac{d^2 T}{dr^2} + \frac{1}{r}\frac{dT}{dr} + S = 0$$

在 $0 \leqslant r \leqslant 1$ 范围内，边界条件为：

$$\frac{dT}{dr}(0) = 0 \qquad T(1) = 1$$

对于 $S=1 K/m^2$、$10 \ K/m^2$ 和 $50 K/m^2$ 这些情况计算，并在同一图上显示三种情况的温度曲线。

24.28　图中描述的管中逆流换热器是工业中用于在两种流体之间交换能量的简单装置。描述冷热流体温度分布的数学模型是：

$$\frac{dT_c}{dz} = \frac{h_i A_i}{w_c C_c}(T_h - T_c) \qquad T_c(0) = T_{ci}$$

$$\frac{dT_h}{dz} = \frac{h_o A_o}{w_h C_h}(T_h - T_c) \qquad T_h(L) = T_{hi} \qquad h_o = \frac{h_i D_i}{D_o}$$

其中，z 是从冷流体入口到热交换器向下的距离，T_c 和 T_h 分别为冷流体和热流体的温度，h_i 是基于每单位长度内管内部面积的传热系数。h_0 是基于内管外部面积的传热系数，与 h_i 相关。D_i 和 D_o 分别为内管内径和外径，C_c 是冷流体的热容量，C_h 是热流体的热容量，w_c 是冷流体的质量流量，w_h 是流体的质量流量，T_{ci} 是冷流体的入口温度，T_{hi} 是热流体的入口温度。以下参数值描述了一个典型的换热器单元：$L=5m$, $D_o=0.0254m$, $D_i=0.0193m$, $T_c=10℃$, $T_h=50℃$, $w_c=0.292kg/s$, $w_h=1.050kg/s$, $C_{pc}=C_{ph}=4.2kJ/(kg \cdot ℃)$, $h_i=14.2kW/(m^2 \cdot ℃)$。

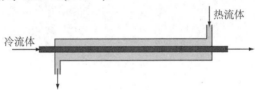

使用 solve_bvp 函数计算这些条件和参数值对应的流体温度曲线。在同一幅图上作图，用蓝线(上图中为深色)表示冷流体，红线(上图中为浅色)表示热流体。